Seidel/Hahn ♦ Werkstofftechnik

Lernbücher der Technik

herausgegeben von Dipl.-Gewerbelehrer Manfred Mettke,
Oberstudiendirektor a. D.

Bisher liegen vor:

Bauckholt, *Grundlagen und Bauelemente der Elektrotechnik*

Felderhoff, *Elektrische und elektronische Messtechnik*

Felderhoff/Busch, *Leistungselektronik*

Hofmann/Spindler, *Werkstoffe in der Elektrotechnik*

Freyer, *Nachrichten-Übertragungstechnik*

Knies/Schierack, *Elektrische Anlagentechnik*

Schaaf, *Mikrocomputertechnik*

Seidel/Hahn, *Werkstofftechnik*

Werkstofftechnik

Werkstoffe – Eigenschaften – Prüfung – Anwendung

von Wolfgang W. Seidel und Frank Hahn

10., aktualisierte Auflage

mit 389 Bildern sowie zahlreichen Tabellen,
Beispielen, Übungen und Testaufgaben

HANSER

Dipl.-Ing. Wolfgang W. Seidel
Chemnitz

Kapitel 1 bis 4, 7 bis 9

Prof. Dr.-Ing. Frank Hahn
Hochschule Mittweida
Fakultät Maschinenbau
www.hs-mittweida.de
hahn1@hs-mittweida.de

Kapitel 5 und 6, 10 bis 12

Prof. Dr.-Ing. Bernd Thoden
Jade Hochschule Wilhelmshaven
Fachbereich Ingenieurwissenschaften

Kapitel 9
(bearbeitet bis zur 8. Auflage)

MIX
Papier aus verantwortungsvollen Quellen
FSC® C014889

Bibliografische Information der Deutschen Nationalbibliothek
Die Deutsche Nationalbibliothek verzeichnet diese Publikation in der Deutschen Nationalbibliografie; detaillierte bibliografische Daten sind im Internet über http://dnb.d-nb.de abrufbar.

ISBN 978-3-446-44142-2
E-Book-ISBN 978-3-446-44099-9

Quelle Einbandbild: Dipl.-Ing. Andreas Eysert (Hochschule Mittweida)

www.hanser-fachbuch.de
Lektorat: Christine Fritzsch
Herstellung: Katrin Wulst
Satz: Dr. Steffen Naake, Brand-Erbisdorf
Coverrealisierung: Stephan Rönigk
Druck und Bindung: Friedrich Pustet, Regensburg

Printed in Germany

Vorwort des Herausgebers

Was können Sie mit diesem Buch lernen?

Wenn Sie dieses Lernbuch durcharbeiten, dann erwerben Sie umfassende Kenntnisse über Werkstoffe, die Sie bei der Entwicklung von Projekten und für die Lösung produktionstechnischer Aufgaben benötigen.

Der Umfang dessen, was wir Ihnen anbieten, orientiert sich an
- den Studienplänen der Hochschulen und Berufsakademien für Technik,
- den Lehrplänen der Fachschulen für Technik in den Bundesländern.

Jeder Problemkreis wird in praxisgerechter, dem Stand der Technik entsprechender Form aufgearbeitet.
Das heißt, Sie können dabei stets folgenden Fragen nachgehen:
- Welches werkstofftechnologische Problem stellt sich dar?
- Welche Struktur und Eigenschaften der Werkstoffe liegen vor?
- Wo liegen die Lösungsmöglichkeiten und Grenzen?
- Welche Prüfverfahren sind einzusetzen?

Wer kann mit diesem Buch lernen?

Jeder, der
- sich weiterbilden möchte,
- elementare Kenntnisse in der Mathematik und den Naturwissenschaften besitzt,
- grundlegende Kenntnisse in der Mechanik erworben hat.

Das können sein:
- Studierende an Fachhochschulen und Berufsakademien und Ingenieure,
- Studierende an Fachschulen für Technik und Techniker,
- Schüler an beruflichen Gymnasien, Berufsoberschulen und Berufsfachschulen,
- Facharbeiter, Gesellen und Meister während und nach der Berufsausbildung,
- Umschüler und Rehabilitanden,
- Teilnehmer an Fort- und Weiterbildungskursen,
- Autodidakten

vor allem im Bereich der Maschinenbautechnik.

Wie können Sie mit diesem Buch arbeiten?

Ganz gleich, ob Sie mit diesem Buch in Schule, Betrieb, Lehrgang oder zu Hause im „stillen Kämmerlein“ arbeiten, es wird Ihnen endlich Freude machen.

Warum?

Ganz einfach, weil Ihnen hierzu, unseres Wissens, zum ersten Male in der technischen Literatur ein Buch vorgelegt wird, das bei der Gestaltung die Gesetze des menschlichen Lernens zur Grundlage machte. Deshalb werden Sie in jedem Kapitel zuerst mit dem bekanntgemacht, was Sie am Ende können sollen: mit den Lernzielen.

– Ein Lernbuch also! –

Danach beginnen Sie, sich mit dem Lerninhalt, dem Lernstoff, auseinanderzusetzen. Schrittweise dargestellt, ausführlich beschrieben in der linken Spalte des Buches und umgesetzt in die technisch-wissenschaftliche Darstellung auf der rechten Seite des Buches. Die eindeutige Zuordnung des behandelten Stoffes in beiden Spalten macht das Lernen viel leichter, umblättern ist nicht mehr nötig. Zur Vertiefung stellen Ihnen die Autoren Beispiele vor.

– Ein unterrichtsbegleitendes Lehrbuch. –

Jetzt können und sollten Sie sofort die Übungsaufgaben durcharbeiten, um das Gelernte so abzusichern, festzumachen. Den wesentlichen Lösungsgang und das Ergebnis der Übungen haben die Autoren am Ende des Buches für Sie aufgeschrieben.

– Also auch ein Arbeitsbuch mit Lösungen. –

Sie wollen sicher sein, dass Sie richtig und vollständig gelernt haben. Deshalb bieten Ihnen die Autoren nun einen lernzielorientierten Test an, zur Lernerfolgskontrolle. Ob Sie richtig geantwortet haben, sagt Ihnen die Testauflösung am Ende des Buches.

– Ein lernzielorientierter Test mit Lösungen. –

Trotz intensiven Lernens über Beispiele und Übungen und der Bestätigung des Gelernten im Test als erste Wiederholung verliert sich ein Teil des Wissens und Könnens wieder, wenn Sie nicht bereit sind, am Anfang oft und dann in immer längeren Zeiträumen zu wiederholen!

Das wollen Ihnen die Autoren erleichtern.

Sie haben die jeweils rechten Spalten des Buches auch noch so geschrieben, dass hier die wichtigsten Lerninhalte als Satz, stichwortartig, als Formel oder als Skizze zusammengefasst sind. Sie brauchen deshalb beim Wiederholen und auch Nachschlagen meistens nur die rechten Buchspalten zu lesen.

– Schließlich noch Repetitorium! –

Diese Arbeit ist notwendigerweise mit dem Aufsuchen der entsprechenden Kapitel oder gar dem Suchen von bestimmten Begriffen verbunden. Dafür verwenden Sie bitte das Inhaltsverzeichnis am Anfang und das Sachwortverzeichnis am Ende des Buches.

– Selbstverständlich mit Inhalts- und Sachwortverzeichnis. –

Sicherlich werden Sie durch die intensive Arbeit mit dem Buch „Ihre Bemerkungen zur Sache“ unterbringen wollen, um es so zum individuellen Arbeitsmittel zu machen, das Sie auch später gern benutzen. Deshalb haben wir für Ihre Notizen auf den Seiten Platz gelassen.

– Am Ende ist „Ihr“ Buch entstanden. –

Möglich wurde dieses Lernbuch für Sie durch die Bereitschaft der Autoren und die intensive Unterstützung durch den Verlag und seine Mitarbeiter. Beiden sollten wir herzlich danken.

Nun darf ich Ihnen viel Freude und Erfolg beim Lernen wünschen!

Manfred Mettke

Vorwort

Die Eigenschaften von Bauteilen für Maschinen, Anlagen, Geräte, Fahrzeuge, Apparate usw. hängen sehr wesentlich davon ab, ob der richtige Werkstoff verwendet wird. Für technische Berufe sind deshalb Kenntnisse über Werkstoffe unerlässlich.

Das vorliegende *Lernbuch* folgt dem Wunsch, angehenden Technikern, Studenten technischer Fachrichtungen und Teilnehmern von Fortbildungsveranstaltungen das Studium werkstofftechnischer Grundlagen nach einer bewährten didaktischen Konzeption zu ermöglichen. In leicht erlernbarer Form vermittelt die zweispaltige Darstellung die chemischen und physikalischen Grundlagen der Werkstoffe, die daraus abzuleitenden Eigenschaften und deren Prüfung sowie die Verarbeitbarkeit und die Anwendungsmöglichkeiten. Werkstoffgruppen, einzelne Werkstoffe und Verfahren zur Veredlung und zur Ermittlung von Eigenschaften sind *exemplarisch* beschrieben.

Vordergründig wird der Zusammenhang zwischen Struktur und Eigenschaften und deren mögliche Beeinflussung (Wärmebehandlung, Veredlung etc.) deutlich gemacht. Eine unendlich scheinende Vielfalt ist mit dieser innewohnenden Ordnung überschaubar.

Neben wichtigen Konstruktionswerkstoffen einschließlich der *Verbundwerkstoffe* sind die Themen *Werkstoffprüfung* sowie *Korrosion* und *Korrosionsschutz* Gegenstand des Buches.

Die 9., überarbeitete Auflage berücksichtigt vor allem neue Normen im Bereich der Werkstoffprüfung und die Auswirkung auf den Buchinhalt. Eine Reihe von Bildern wurde angepasst und einheitlich gestaltet.

Das Kapitel *Eisenknetwerkstoffe* liegt komplett überarbeitet vor. Es wurde durch Abschnitte der Stahlerzeugung ergänzt. Der Einfluss der chemischen Zusammensetzung auf die Eigenschaften erfuhr eine wesentliche erweiterte Darstellung. Einteilung und Bezeichnung der Stähle erfolgen in Anlehnung an das gültige Normenwerk. Der Abschnitt Stahlgruppen konzentriert sich auf die wichtigsten Konstruktions- und Werkzeugstähle, deren Eigenschaften und Aspekte zur Auswahl.

Dank der guten Aufnahme des Buches konnten in der 10., aktualisierten Auflage einige Fehler beseitigt werden.

Besonderer Dank gilt Frau Angela Bergner, Hochschule Mittweida, für ihre Unterstützung bei der weiteren Aktualisierung der grafischen Darstellungen und Frau Christine Fritzsch vom Verlag für die kontinuierliche Förderung des Buches.

Chemnitz und Mittweida, im Sommer 2014 *Die Autoren*

Inhaltsverzeichnis

Verwendete Formelzeichen und Abkürzungen

A	Anode	–
A	Fläche	mm^2
A	Bruchdehnung	%
A_g	Gleichmaßdehnung	%
A_i	Haltepunkt (-temperatur)	°C, K
A_s	momentane Eindruckoberfläche (Martenshärte)	mm^2
A_1 (A_{c1}/ A_{r1})	Eutektoide im EKD, 723 °C, Perlitkennlinie	–
A_{c1b}/ A_{c1e}	Beginn/Ende der Perlitauflösung	–
A_{r1b}/ A_{r1e}	Beginn/Ende der Perlitbildung	–
A_3	Linie GOS im EKD	–
A_{c3}	Austenitbildung abgeschlossen	–
A_{r3}	Beginn der Austenitumwandlung	–
A_m (A_{rm}/ A_{cm})	Sättigungslinie ES der γ-Mk für C (Abkühlung/Erwärmung)	–
DMS	Dehnungsmessstreifen	–
D	Kugeldurchmesser (Brinellhärteprüfung)	mm
E	Elastizitätsmodul	N/mm^2
EKD	Eisen-Kohlenstoff-Diagramm = Eisen-Eisencarbid-Diagramm	N/mm^2
ETB	Erweichungstemperaturbereich	–
F	Kraft	N
F_m	Höchstzugkraft	N
F_0	Prüfvorkraft (Rockwellhärteprüfung)	N
F_1	Prüfzusatzkraft (Rockwellhärteprüfung)	N
FBM	Fließbruchmechanik	–
G	Schubmodul (Gleitmodul)	N/mm^2
HB	Härte nach Brinell	–
HM	Martenshärte	N/mm^2
HR, *HRC*	Härte nach Rockwell	–
HV	Härte nach Vickers	–
I	Intensität der austretenden Strahlung (Durchstrahlungsprüfung)	–
J	J-Integral	N/mm
K	Katode	–
K	verbrauchte Schlagenergie (Kerbschlagbiegeversuch)	J
K, K_1	Spannungsintensitätsfaktor	$N \cdot mm^{-2} \cdot mm^{1/2}$
K_c	kritischer Spannungsintensitätsfaktor	$N \cdot mm^{-2} \cdot mm^{1/2}$
K_p	potentielle Energie eines Pendelhammers vor dem Kerbschlagbiegeversuch (Fallarbeit)	J
KG	Kristallgemisch	–
KKs	katodischer Korrosionsschutz	–
KT	Kristallisationstemperaturbereich	°C
L_c	Versuchslänge einer Zugprobe	mm
L_e	Extensometermesslänge (Zugversuch)	mm
L_u	Messlänge der Zugprobe nach dem Bruch	mm
L_0	Anfangsmesslänge einer Zugprobe	mm
L_1	Probenlänge zum Zeitpunkt 1 (momentane Probenlänge während des Zugversuchs)	mm
LEBM	linear elastische Bruchmechanik	–
M_b	Biegemoment	$N \cdot m$
M_f	Ende der Martensitbildung (finish)	–
M_s	Beginn der Martensitbildung (start)	–

Mk	Mischkristall	–
N	Schwingspielzahl	–
N_B	Bruchlastspielzahl	–
N_G	Grenzlastspielzahl	–
$N_{Ü10}$; $N_{Ü50}$; $N_{Ü90}$	Schwingspielzahl mit 10 %-, 50 % bzw. 90 %-Überlebenswahrscheinlichkeit	–
NiP	Nickelschicht (stromlos)	–
O	Oberfläche	mm^2
$P_Ü$	Überlebenswahrscheinlichkeit	%
PD	Packungsdichte	–
R	elektrischer Widerstand	Ω
R	technische Spannung	N/mm^2
R_{eH}	obere Streckgrenze	N/mm^2
R_{eL}	untere Streckgrenze	N/mm^2
R_m	Zugfestigkeit	N/mm^2
$R_{p\,0,2}$	0,2-Dehngrenze	N/mm^2
R_σ	Spannungsverhältnis	–
RT	Raumtemperatur	°C
S_u	kleinster Querschnitt der Zugprobe nach dem Bruch im Bereich der Brucheinschnürung	mm^2
S_0	Anfangsquerschnitt einer Zugprobe	mm^2
S_1	Probenquerschnitt zum Zeitpunkt 1 (momentaner Probenquerschnitt während des Zugversuchs)	mm^2
SB	Schmelztemperaturbereich	–
T	Temperatur	°C
T_s	Schmelztemperatur	°C
T_g	Glasübergangstemperatur	°C
T_t	Übergangstemperatur (Kerbschlagbiegeversuch)	°C
T_z	Zersetzungstemperatur	°C
SEW	Stahl-Eisen-Werkstoffblatt	–
SpRK	Spannungsrisskorrosion	–
W	Widerstandsmoment	mm^3
W	Energie	J
Y	Geometriefaktor	–
Z	Brucheinschnürung	%
ΔL	Längenänderung der Anfangsmesslänge (Zugversuch)	mm
ΔL_e	Verlängerung der Extensometermesslänge (Zugversuch)	mm
ΔL_{elast}	elastische Verlängerung der Extensometermesslänge bei Höchstzugkraft (Zugversuch)	mm
ΔL_m	Verlängerung der Extensometermesslänge bei Höchstzugkraft (Zugversuch)	mm

a	Anrisslänge	mm
a, b, c	Gitterkonstante	10^{-10} m
a_0	Anfangsdicke einer Flachzugprobe	mm
b_0	Anfangsbreite einer Flachzugprobe	mm
c	Konzentration	Masse-%
d	Netzebenenabstand	10^{-10} m
d	Durchmesser des Härteeindrucks (Brinellhärteprüfung)	mm
d_0	Anfangsdurchmesser einer Zugprobe	mm
d_1, d_2	Diagonalenlängen (Vickershärteprüfung)	mm
d. h.	das heißt	–
e	Änderung der Thermospannung	V/K
e	Dehnung bzw. Extensometerdehnung	%
$\dot{e}$	Dehnungsgeschwindigkeit	s^{-1}
e_p	plastische Extensometerdehnung	%

f	Durchbiegung	mm
g, g_n	Fallbeschleunigung	m/s^2
h	bleibende Eindringtiefe	mm
h	Fallhöhe des Pendelhammers	m
h_1	Steighöhe des Pendelhammers	m
hex, hp	hexagonal primitives Gitter	–
hdP	hexagonales Gitter dichtester Packung	–
i	Ordnungszahl (Dauerschwingversuch)	–
i. d. R.	in der Regel	
k	Proportionalitätsfaktor (Zugversuch)	–
k_f	Fließspannung	N/mm^2
kfz	kubisch-flächenzentriertes Gitter	–
kp	kubisch-primitives Gitter	–
krz	kubisch-raumzentriertes Gitter	–
m	Masse des Pendelhammers	kg
m_e	experimentell bestimmter Anstieg der Hooke'schen Geraden (Zugversuch)	N/mm^2
n	Anzahl der geprüften Proben (Dauerschwingversuch)	–
n	Polymerisationsgrad	–
n	Anzahl der Atome je Elementarzelle	–
p	Druck, Flächenpressung	N/mm^2
s	Durchbiegung (Kerbschlagbiegeversuch)	mm
t	Zeit	s
t_b	bleibende Eindringtiefe	mm
t_H	Haltezeit	s, min
v	Kerbaufweitung	mm
v	Prüfgeschwindigkeit	mm/s
v_A	Abkühlgeschwindigkeit	K/s
z. B.	zum Beispiel	–
α, β, γ	Achsenwinkel	°, ′, ″
$\alpha, \beta, \ldots$	Gittermodifikationen (verschiedene Gitterarten)	–
$\alpha, \beta, \ldots$	verschiedene Phasen (z. B. Mischkristallarten)	–
β_K	Kerbwirkzahl	–
δ	Rissöffnung	mm
ε_B	Bruchdehnung (bei Kunststoffen)	%
ϑ	Temperatur	°C
λ	Wellenlänge	10^{-10} m
λ	Wärmeleitfähigkeit	$W/(m \cdot K)$
ν	Querkontraktionszahl bzw. Poisson'sche Zahl	–
ϱ	spezifischer elektrischer Widerstand	$\Omega \cdot mm^2/m$
σ	Normalspannung	N/mm^2
σ	wahre Spannung	N/mm^2
$\sigma_{A, P_Ü=10\,\%}$	Dauerfestigkeit mit 10 % Überlebenswahrscheinlichkeit	N/mm^2
σ_D	Dauerfestigkeit	N/mm^2
σ_{nD}	Gestaltfestigkeit	N/mm^2
σ_M	Zugfestigkeit (bei Kunststoffen)	N/mm^2
σ_{Sch}	Schwellfestigkeit	N/mm^2
σ_W	Wechselfestigkeit	N/mm^2
σ_a	Spannungsamplitude	N/mm^2
σ_m	Mittelspannung	N/mm^2
σ_o	Oberspannung	N/mm^2
σ_u	Unterspannung	N/mm^2
τ	Tangentialspannung bzw. Schubspannung	N/mm^2
φ	Umformgrad, Verformungsgrad	–

Symbole für Elemente und chemische Verbindungen sowie Werkstoffbezeichnungen sind in dieser Übersicht nicht enthalten.

1 Struktur und Eigenschaften der Metalle

1.0 Überblick

Die *Gebrauchseigenschaften* der metallischen Werkstoffe bestimmen neben dem Preis deren praktische Anwendung. Die chemische Zusammensetzung und die Struktur der Festkörper haben in hohem Maße Einfluss auf die technisch nutzbaren Eigenschaften. Die Beschreibung der Zusammenhänge zwischen Struktur und Eigenschaften bildet die Grundlage für das Verständnis aller folgenden Themenkreise, die metallische Stoffe zum Gegenstand haben. Die Ausführungen lassen außerdem prinzipielle Schlussfolgerungen auch für nichtmetallische Stoffe zu. Struktur und Eigenschaften lassen sich technologisch gezielt verändern.
Themenkreis 1 „Struktur und Eigenschaften der Metalle" beantwortet folgende Fragen:

- Wie sind die Atome in metallischen Stoffen im festen Zustand räumlich angeordnet? (Wesen der Gitterstruktur = Kristallaufbau)
- Weshalb bestimmen Gittertyp und Gitterfehler wichtige Eigenschaften?
- Wie entsteht die Gitterstruktur (Vorgänge bei der Kristallisation)?
- Was bewirkt eine mechanische Beanspruchung des kristallinen Stoffes?
- Welche Vorgänge im Gitter werden durch Zufuhr von Wärmeenergie ausgelöst?

Die Eigenschaften entscheiden darüber, für welche *Beanspruchungen* der jeweilige Werkstoff eingesetzt werden kann. Außerdem ist wichtig, das günstigste Verfahren für die *Formgebung* auszuwählen. Die Kenntnisse über das Werkstoffverhalten ermöglichen in vielen Fällen einen modernen *Veredlungsprozess*, der die mechanische, thermische oder auch chemische Beanspruchbarkeit erhöht.
Die Auswahl der theoretischen Grundlagen, der Verfahren und Beispiele erfolgt nach den Bedürfnissen des Maschinenbaus. Alle Aussagen sind jedoch ebenso zutreffend für ähnliche Industriezweige wie Anlagen-, Apparate-, Kran-, Brücken- und Schiffbau, Fahrzeugbau und andere metallverarbeitende Branchen.

1.1 Metallbindung und Gitterstruktur

Lernziele

Der Lernende kann …

- die Wechselwirkungen zwischen Atomen in einem Festkörper erläutern,
- die Besonderheiten der Metallbindung nennen,
- Ideal- und Realkristall beschreiben,
- den Zusammenhang Kristallstruktur/Werkstoffeigenschaften an wesentlichen Merkmalen erklären.

1.1.0 Übersicht

Metalle bzw. *Legierungen* (metallische Stoffe) haben von allen Stoffgruppen mit Abstand die größte Bedeutung im Maschinenbau und in artverwandten Industriezweigen. Dementsprechend werden im Lernbuch die Struktur und die Eigenschaften der metallischen Stoffe berücksichtigt.

Neben allgemein hoher Festigkeit und plastischer Verformbarkeit mit dabei auftretendem Anstieg der *Streckgrenze* (*Verfestigungsvermögen*) zeichnen sich Metalle durch hervorragende elektrische und thermische *Leitfähigkeit* aus. Die kristalline Struktur der Metalle reflektiert Licht. Ein „blankes" Metallstück oder eine Bruchfläche weist stets den charakteristischen *metallischen Glanz* auf. Die meisten Eigenschaften werden durch die Art der chemischen Bindung, die *Metallbindung*, bestimmt. Ein massives Stück Metall erscheint als homogener Stoff. Fertigt man jedoch einen Schliff an, d. h., wird durch Schleifen und Polieren eine möglichst ideal ebene und saubere Fläche angearbeitet und durch geeignete Chemikalien angeätzt, so erkennt man bei einer Betrachtung im Auflichtmikroskop das *Gefüge*. Im Schliffquerschnitt, d. h. in dem optischen Ausschnitt, der durch das Mikroskop vergrößert zu sehen ist, erkennt man *Körner* (Kristallite) verschiedener Art und Orientierung, *Korngrenzen* und dazwischenliegende *Korngrenzensubstanz*. Art und Größe der Kristallite bestimmen sehr stark die Eigenschaften der metallischen Stoffe. Die chemische Zusammensetzung allein ist für die Beurteilung der Werkstoffe nicht ausreichend. Die Entstehung und der Aufbau des Gefüges spielen in diesem Kapitel eine große Rolle.
In diesem Kapitel sollen Kristalleigenschaften, insbesondere durch eine Gegenüberstellung idealer und realer Struktur, deutlich gemacht werden.

homogen = einheitlich, gleiche Beschaffenheit

1.1.1 Wechselwirkung zwischen Atomen

Aufbau der Atome:
Jedes Atom besteht aus einem Kern (*Atomkern*) und einer ihn umschließenden Hülle (*Elektronenhülle*). Bild 1.1–1 zeigt eine Modellvorstellung in stark vereinfachter Form. Wissenschaftler nennen Atomkern und Elektronenhüllen zwei *Energiebereiche* des Atoms. Im Kern existieren die positiv geladenen *Protonen* und die elektrisch neutralen *Neutronen*.

Hauptquantenbahnen (Elektronenschalen)	1, 2, 3, 4 usw. oder K, L, M, N usw.
Nebenquantenbahnen (Unterschalen)	s, p, d, f

Atomkern: Protonen (+) und Neutronen
Atomhülle: Elektronen (−)

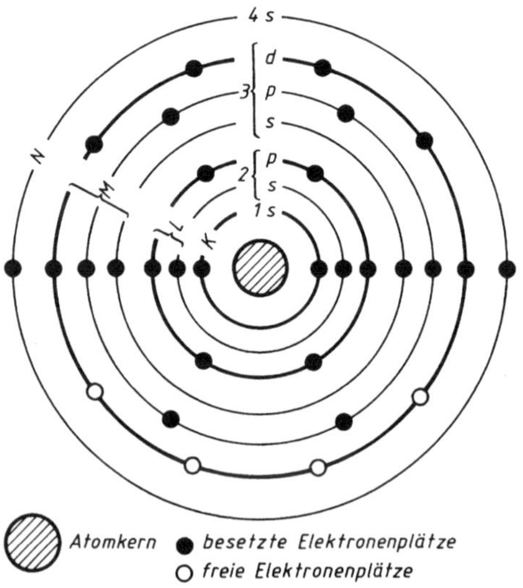

Bild 1.1–1 Atomaufbau (schematisch)

Ursachen der Wechselwirkungen:
Die Grundeigenschaften der Elemente hängen von der Anzahl und der Anordnung der Elektronen ab. Sie nehmen zunächst energiearme Zustände ein. Der Energiegehalt eines Elektrons lässt sich in seiner relativen Lage zum Kern durch die *Haupt-* und *Nebenquantenbahnen* (auch *Elektronenschalen* genannt) beschreiben.

Chemische Bindung:
Bei Elektronenabgabe bzw. -aufnahme entstehen Atomrümpfe mit elektropositiver bzw. elektronegativer Ladung (*Ionen*).
Ladungsunterschiede lassen elektrostatische Kräfte entstehen, die für die *Bindung* (= Zusammenhalt des Stoffes durch das sich aufbauende Kraftfeld) zwischen den Ionen verantwortlich sind. Nach der Art der Zusammenlagerung werden typische Bindungsarten unterschieden, die durch verschiedene Zwischenformen nahezu stufenlos ineinander übergehen.

Bildung von Ionen:
- *Elektronenabgabe*: Atomrumpf elektropositiv (*Kation*)
  Anzahl der Protonen > Anzahl der Elektronen
- *Elektronenaufnahme*: Atom elektronegativ (*Anion*)
  Anzahl der Elektronen > Anzahl der Protonen

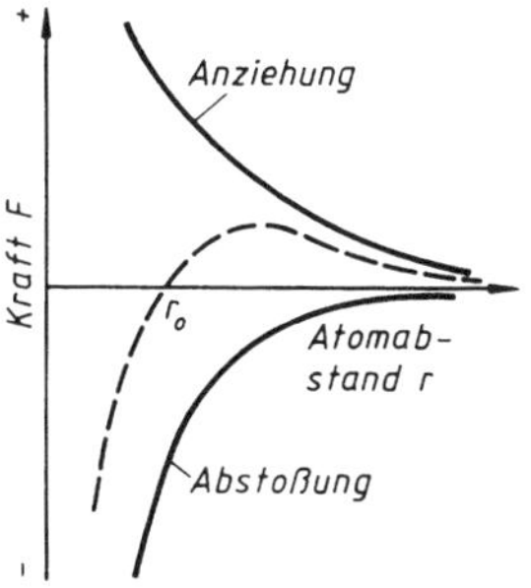

Bild 1.1–2 Kraftwirkungen zwischen zwei Atomen (schematisch)
r_0 Bindungslänge, die sich bei einer resultierenden Kraft (gestrichelte Kurve) $F_{ges} = 0$ einstellt. Es herrscht Gleichgewicht zwischen Anziehung und Abstoßung.

Mit steigender *Kernladungszahl* (= Anzahl der Protonen) und damit zunehmender Anzahl von Elektronen werden auch energiereichere Schalen besetzt. Zu einer hohen Stabilität kommt es, wenn Haupt- und Nebenquantenbahnen vollständig besetzt sind (bei den Edelgasen: Helium, Neon, Argon, Krypton, Xenon, Radon). Man spricht von *Edelgaskonfiguration.* Edelgase sind reaktionsträge und ermöglichen keine stabilen chemischen Verbindungen. Alle anderen Elemente streben einen möglichst stabilen Zustand an.

Jede Schale kann nur eine bestimmte Anzahl von Elektronen enthalten:
1. Schale: $2 \cdot 1^2 = 2$
2. Schale: $2 \cdot 2^2 = 8$
3. Schale: $2 \cdot 3^2 = 18$ usw.

Konfiguration = bestimmte Anordnung von Teilchen (Elektronen)
Edelgaskonfiguration = Edelgaszustand

Werkstoffeigenschaften werden fast ausschließlich durch die Atomhülle bestimmt.

Infolge dieses Strebens geben teilweise besetzte Schalen leicht Elektronen ab (trifft für Metalle zu) oder nehmen von anderen Atomen Elektronen auf. Die Differenz zwischen der Normalzahl der Elektronen in der äußeren Schale und dem stabilen Zustand abgeschlossener Schalen bezeichnet man als *Wertigkeit* (*Valenz*) des Elements. Sie drückt aus, welches gegenseitige Bindungsvermögen der Elemente miteinander besteht. Bei sehr stabilen Bindungen, die auf Elektronenaustausch oder -paarbildung beruhen, spricht man von *Hauptvalenzbindungen*.

Die *Ionenbindung* entsteht durch den Übergang von Elektronen (Bild 1.1–3a). Sie ist zwischen einem elektropositiven und einem elektronegativen Element möglich. Die meisten anorganischen Stoffe haben diese Bindungsart. Die Ionenbindung wird auch *Elektrovalenz* genannt.

Ursache der chemischen Bindung:
Jedes Atom hat das Bestreben, die äußere Elektronenschale in einen stabilen Zustand, den so genannten Edelgaszustand (= *Edelgaskonfiguration*) zu bringen. Dies geschieht durch Elektronenpaarbildung, Elektronenabgabe oder -aufnahme.

Wertigkeit (Valenz) = Anzahl der Einfachbindungen, die ein Atom eines Elementes eingehen kann

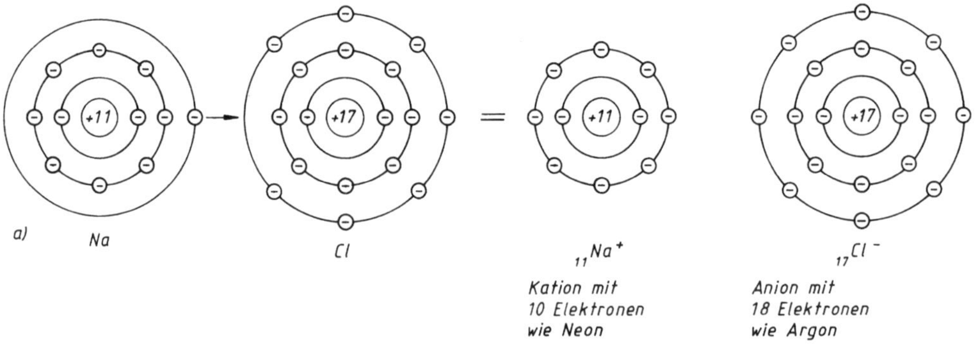

Die *Atombindung* (Bild 1.1–3b) kommt dadurch zustande, dass Elektronenpaare durch zwei Atome gemeinsam benutzt werden. Es ist die typische Bindungsart organischer Stoffe.

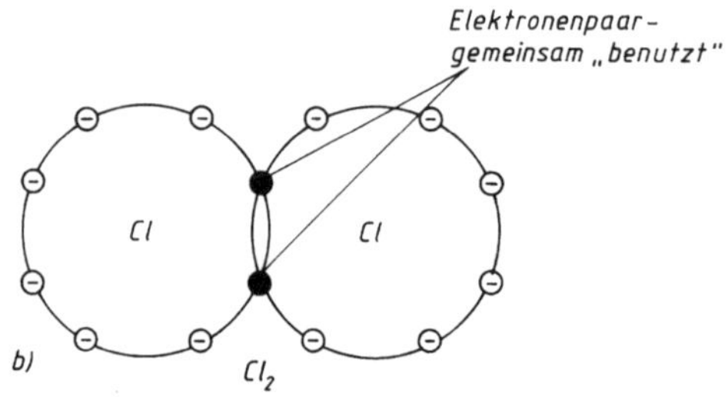

Bild 1.1–3 Chemische Bindungen
a) Entstehung der Ionenbeziehung (Elektrovalenz) am Beispiel von NaCl (Kochsalz)
b) Die Atombindung (Elektronenpaarbindung) liegt in einfacher Form beim Chlor-Molekül Cl_2 vor.

Hauptvalenzbindungen:

- *Ionenbindung* (elektrostatische Anziehung von Kat- und Anionen), z. B. Alkalimetallverbindungen, Halogenverbindungen
- *homöopolare Atombindung* (Elektronenpaarbindung), z. B. Diamant, Moleküle der Halogenide (z. B. Cl_2)
- *polare Atombindung* (Verschiebung der Elektronenpaare zum elektronegativen Atom), z. B. organische Verbindungen (zwischen Cl- und C-Atomen im PVC)
- *Metallbindung* (Anziehung von frei beweglichen Elektronen im Elektronengas und den Metallionen)

Der Vergleich lässt erkennen, dass die Grundeigenschaften der Stoffe durch die Art der chemischen Bindung bestimmt werden. Je nach dem chemischen Charakter sind folgende Kombinationen möglich:

- Nichtmetall + Nichtmetall → Atombindung, nicht leitend
- Nichtmetall + Metall → Ionenbindung, schwach leitend
- Metall + Metall → Metallbindung, gut leitend

Tabelle 1.1–1 Vergleich der Grenzfälle Atombindung und Ionenbindung

	Nichtmetall + Nichtmetall	Metall + Nichtmetall
Art der Bindung	Atombindung	Ionenbindung
Prinzip	Elektronenpaar	Abgabe und Aufnahme von Elektronen
Thermisches Verhalten	niedrige Schmelz- und Siedepunkte	hohe Schmelz- und Siedepunkte
Elektrische Eigenschaften	Isolator	Ionenleiter
Beispiel	CH_4	NaCl

Für die *Metallbindung* ist charakteristisch:

- Metalle besitzen durchweg wenig Außenelektronen (Valenzelektronen). Edelgaskonfiguration wird durch das Abstoßen von Valenzelektronen erreicht.
- Zwischen den Metallionen (+) und den „freien" Elektronen (man spricht auch von Elektronengas, Elektronenwolke) besteht eine intensive Kraftwirkung, es entsteht das *Metallgitter*.
- hohe Festigkeit, gute Verformbarkeit, sehr gute Leitfähigkeit für Wärme und Elektrizität, teilweise hohe Schmelz- und Verdampfungstemperaturen.

Wir merken uns über die Metallbindung:

- Metalle haben wenige Elektronen auf der äußeren Schale des Atoms.
- Elektronen werden abgegeben (Streben nach Edelgaskonfiguration).

Beispiel:
$$\cdot\dot{Al}\cdot \rightarrow \underbrace{\begin{array}{ccc} Al^{3+} & + & 3\,e^- \\ \text{Ion} & \leftrightarrow & \text{Elektronengas} \\ + & & - \end{array}}_{\text{Gitterstruktur}}$$

Die beschriebenen Bindungsarten sind Grenzfälle. Die tatsächlich vorhandenen Bindungen sind häufig Übergänge und Zwischenformen.

Wichtige Eigenschaften der metallischen Stoffe:

- gute Festigkeitseigenschaften,
- plastisch formbar, verfestigend,
- gute thermische und elektrische Leitfähigkeit,
- Reflexionsfähigkeit für Licht (metallischer Glanz).

Außer den Hauptvalenzbindungen können auch schwache Bindungen zwischen den einzelnen Molekülen auftreten. Ein Austausch von Elektronen bzw. die Bildung gemeinsamer Elektronenpaare wie bei den Hauptvalenzbindungen findet nicht statt. Diese Nebenvalenzbindungen (auch Van-der-Waals-Bindungen) beruhen auf der Bildung von Ladungsschwerpunkten (Dipole) in den Molekülen. Der positive Ladungsschwerpunkt eines Moleküls zieht den negativen Ladungsschwerpunkt des benachbarten Moleküls an. Es handelt sich um elektrostatische Anziehung.
In Polymerwerkstoffen sind die Nebenvalenzbindungen für den Zusammenhalt der Makromoleküle untereinander verantwortlich (siehe Kapitel 10).

Die Ladungsschwerpunkte entstehen durch:

- gemeinsame Elektronenpaare mit Verschiebung zum elektronegativeren Bindungspartner (Dipol-Dipol-Kräfte)
- Bildung starker Ladungsschwerpunkte durch gemeinsame Elektronenpaare von Wasserstoff mit einem anderen elektronegativeren Element wie z. B. Sauerstoff (Wasserstoffbrückenbindung, Bild 1.1–3c)
- die induzierenden Kräfte eines permanenten Dipols, welche Ladungsverschiebung im benachbarten polarisierbaren Molekül zur Folge haben (Induktionskräfte)
- rein statistisch bedingte Elektronenkonzentration auf einer Seite der Atomhülle eines Moleküls, die wiederum Ladungsverschiebungen im benachbarten Molekül zur Folge haben

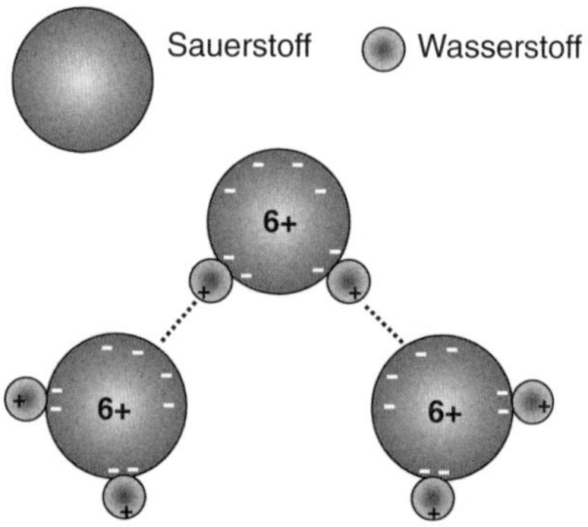

Bild 1.1-3c Prinzip der Wasserstoffbrückenbindung – positive und negative Ladungsschwerpunkte der Wassermoleküle ziehen sich an

Übung 1.1–1
Welcher Energiebereich des Atoms ist für die meisten Eigenschaften der Stoffe bestimmend?

Übung 1.1–2
Nennen Sie die wichtigsten Arten der chemischen Bindung!

Übung 1.1–3
Wodurch ist die Metallbindung charakterisiert?

1.1.2 Kristallstruktur der Metalle

1.1.2.1 Der kristalline Zustand (Idealkristall)

Metalle sind so genannte *echte Festkörper*, d. h., die Atome sind regelmäßig im Raum angeordnet. Zwischen den Atomen (eigentlich Ionen mit dazwischenliegendem Elektronengas) herrschen große Bindungskräfte. Diesen geordneten Teilchenverband nennt man *Kristall* (Bild 1.1–4).

Nicht nur bei Metallen liegen Kristalle vor. Das Wort krystallos (griech. Eis) führt uns z. B. zur Struktur des Eises und der Schneeflocken. Die Kristallstruktur ist demzufolge auch äußerlich, mit bloßem Auge, durch ihre regelmäßigen Flächen und symmetrischen Anordnungen erkennbar. Viele Mineralien, Salze, Metallkristalle in Hohlräumen gegossener Metallblöcke usw. machen durch Glanz und Schönheit auf sich aufmerksam.

Kristalle sind Anordnungen von Atomen, Ionen, Molekülen oder Molekülgruppen, deren Abstände sich periodisch im Raum wiederholen.
Entsprechend den wirkenden Kräften stellt sich jeweils eine bestimmte *Bindungslänge* (Atomabstand) ein.
Kristallstruktur = *Gitterstruktur*

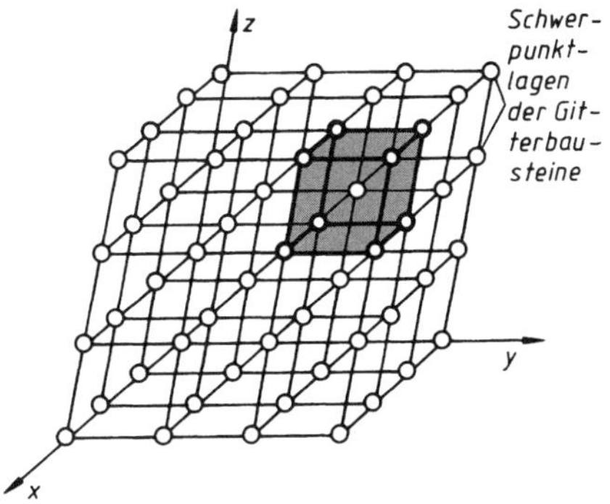

Bild 1.1–4 Einfache Gitterstruktur im schiefwinkligen Koordinatensystem. Die Elementarzelle ist hervorgehoben.

Flüssigkeiten und „unechte" Festkörper (z. B. Fensterglas, viele Kunststoffe usw.) sind *amorph* (= gestaltlos). Ihre Atome unterscheiden sich in ihrer Ordnung und Beweglichkeit von der beschriebenen Kristallstruktur. Oft ist der Unterschied nur graduell. Man spricht bei Festkörpern von einer vorliegenden *Fernordnung*, bei Flüssigkeiten und Gläsern von einer existierenden *Nahordnung*, z. B.

- $(H_2O)_n$ geordnetes Großmolekül des Wassers
- teilweise Kristallinität bei Kunststoffen (organische Hochpolymere)

Kristalle zeigen beim Bestrahlen mit Röntgenstrahlen Interferenzerscheinungen, da die Wellenlängen in der Größenordnung der Atomabstände liegen.

kristallin	= geordnet (Gitter)
amorph	= ungeordnet, gestaltlos

Nahordnung:	Bausteine in kleinen Bereichen geordnet (z. B. in Flüssigkeiten)
Fernordnung:	Bausteine endlos in Gittern geordnet (Kristallstruktur)

Die Methoden zum Nachweis und zum Ausmessen der Kristalle nennt man *Röntgenfeinstrukturanalyse*. Grundlage bietet die *Bragg'sche Gleichung* (Bild 1.1–5).

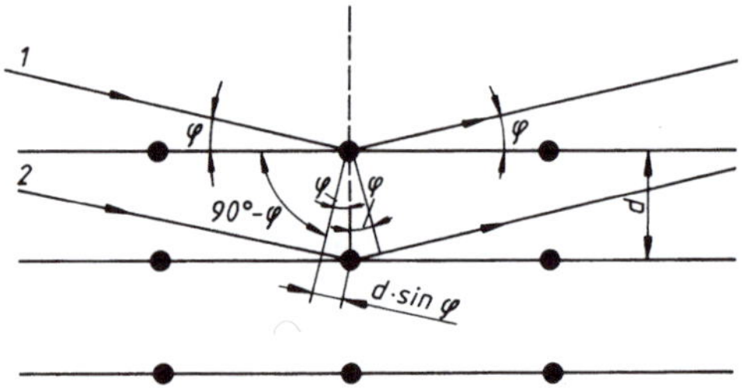

Bild 1.1–5 Beugung von Röntgenstrahlen am Gitter
1 und *2* parallele Strahlen

Gleichung nach Bragg

$$2d \cdot \sin\varphi = n \cdot \lambda$$

φ Glanzwinkel
d Netzebenenabstand
λ Wellenlänge
n Beugungsordnung (1, 2 bis n)

> *Gitterstruktur* (Kristallstruktur) ist durch Röntgenstrahlen nachweisbar, da Interferenzen (Beugungserscheinungen) durch die geringe Wellenlänge möglich sind (*Röntgenfeinstrukturanalyse*).

Begriffe, mit denen sich das Raumgitter beschreiben lässt:

- *Gittergerade* – Gerade, auf der in regelmäßigen Gitterabständen Atome liegen
- *Gitterebene*, Netzebene – Ebene, die regelmäßig mit Atomen besetzt ist
- *Raumgitter* Bild 1.1–4 – räumliche, vollständige Betrachtung der Atomanordnung (*Idealkristall*)
- *Elementarzelle* Bilder 1.1–4 und 1.1–7 – kleinste Einheit des Kristallgitters, die alle Merkmale des Gesamtgitters aufweist. Ein Kristall ist aus vielen Elementarzellen zusammengesetzt, die mithilfe der geometrischen Operationen Verschiebung, Rotation und/oder Spiegelung exakt positioniert sind.

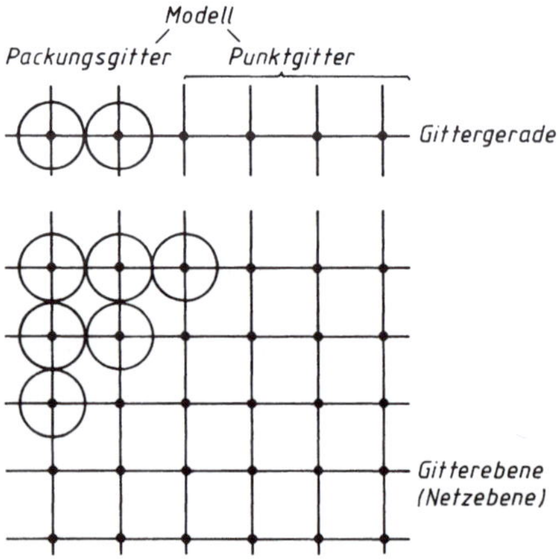

Bild 1.1–6 Begriffe für die Beschreibung von Gitterstrukturen

Die Elementarzelle (Bild 1.1–7) dient der näheren Beschreibung des Gitters. Die Achsabschnitte a, b und c werden als *Gitterkonstanten* oder *Gitterparameter* (*Gitterabstände*) bezeichnet. Bei den meisten Metallen liegt ihre Größe bei 0,25 bis 0,5 nm, d. h., auf einen Millimeter kommen 2 bis 4 Millionen Atome. Die Gitterparameter werden vom Gittertyp und vom Durchmesser der eingebauten Atome bestimmt. Die Achsenwinkel α, β und γ können von 90 Grad abweichen, wie die Übersicht über die möglichen Kristallsysteme (Tabelle 1.1–2) zeigt.

1 nm = 1 Nanometer = 10^{-9} m

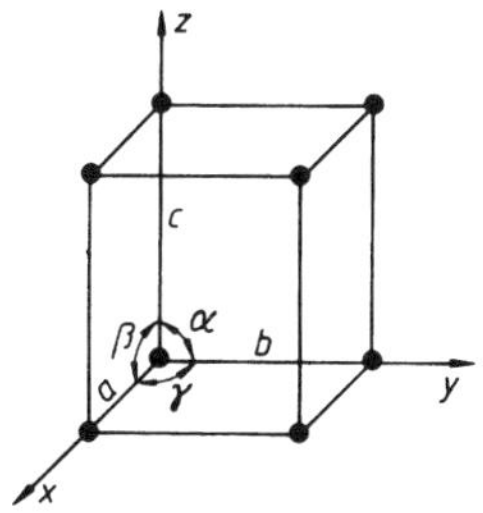

Bild 1.1–7 Kenngrößen für die Beschreibung eines Gittertyps:
x, y, z Achsen
α, β, γ Achsenwinkel
a, b, c Gitterkonstanten oder Gitterparameter

> Ein *Kristallsystem* verkörpert die Gesamtheit von Bausteinanordnungen in einem Raumgitter mit gemeinsamen geometrischen Merkmalen, gekennzeichnet durch die *Gitterparameter* a, b, c und die *Achsenwinkel* α, β, γ.

Tabelle 1.1–2 Kristallsysteme

Kristallsystem	Gitterkonstanten/Achsenwinkel	Gestalt der Elementarzelle (Vergleich)
Triklin	$a \neq b \neq c$ $\alpha \neq \beta \neq \gamma \neq 90°$	allseitig schiefer Ziegelstein
Monoklin	$a \neq b \neq c$ $\alpha = \gamma = 90°$ $\beta \neq 90°$	in einer Richtung schiefer Ziegelstein
Orthorhombisch	$a \neq b \neq c$ $\alpha = \beta = \gamma = 90°$	normaler Ziegelstein
Tetragonal	$a = b \neq c$ $\alpha = \beta = \gamma = 90°$	in einer Richtung gestreckter Würfel
Rhomboedrisch	$a = b = c$ $\alpha = \beta = \gamma \neq 90°$	allseitig schiefer Würfel
Hexagonal	$a_1 = a_2 \neq c$ $\alpha = \beta = 90°$ $\gamma = 120°$	ein Stück Sechskantmaterial, gerade abgeschnitten
Kubisch	$a = b = c$ $\alpha = \beta = \gamma = 90°$	Würfel

1.1.2.2 Gittertypen

Die meisten Metalle kristallisieren kubisch oder *hexagonal*. In diesem Abschnitt werden die wichtigsten Gittertypen im Überblick behandelt.
Die *Anzahl der Atome je Elementarzelle* und die *Packungsdichte* sind zwei Kenngrößen, die anschaulich machen, wie dicht die „Kugeln“ (grobe Modellvorstellung für die Atome) räumlich angeordnet sind.

n = *Anzahl der Atome je Elementarzelle* (Eckatome und in Flächen des einfachen geometrischen Grundkörpers eingelagerte Atome gehören nicht nur einer Elementarzelle an)

Beispiel: krz = kubisch-raumzentriert

$$n = 8 \cdot \frac{1}{8} + 1 \cdot 1 = 2$$

Jedes Eckatom gehört im Raumgitter gleichzeitig 8 Elementarzellen an.
In der Mitte des Würfels ist ein Atom eingelagert.

Die *Packungsdichte* gibt den von den Atomen besetzten Raumanteil wieder.

$$PD = \frac{\text{Atomvolumen in einer Elementarzelle}}{\text{Volumen der Elementarzelle}}$$

PD Packungsdichte

a) *Kubisch-primitives Gitter* kp

$$n = 8 \cdot \frac{1}{8} = 1$$

$PD = 0{,}52$

Beispiel: Polonium Po

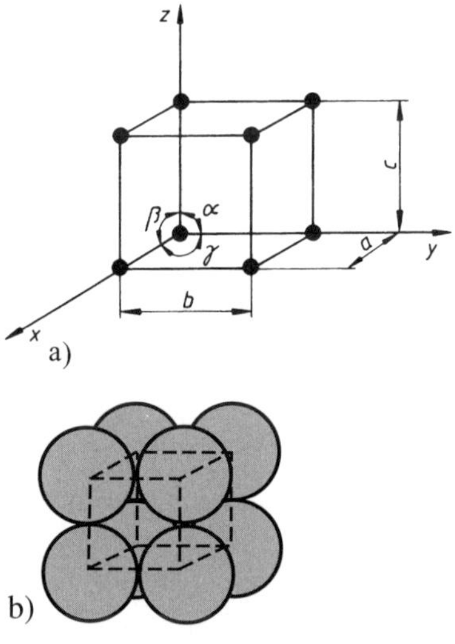

Bild 1.1–8 Kubisch-primitives Gitter (kp)
a) Punktgitter (Atome punktförmig dargestellt)
b) Packungsgitter (Atom-Kugelpackung)

b) *Kubisch-raumzentriertes Gitter* krz

	Beispiele:	
$n = 2$	Chrom	Cr
$PD = 0{,}68$	Vanadium	V
	Molybdän	Mo
	Wolfram	W
	α-Eisen	α-Fe
	β-Titan	β-Ti

Das krz-Gitter kann man sich als zwei ineinander gestellte kp-Gitter vorstellen; zusätzlich zu den Eckatomen befindet sich noch ein Atom in der Würfelmitte.

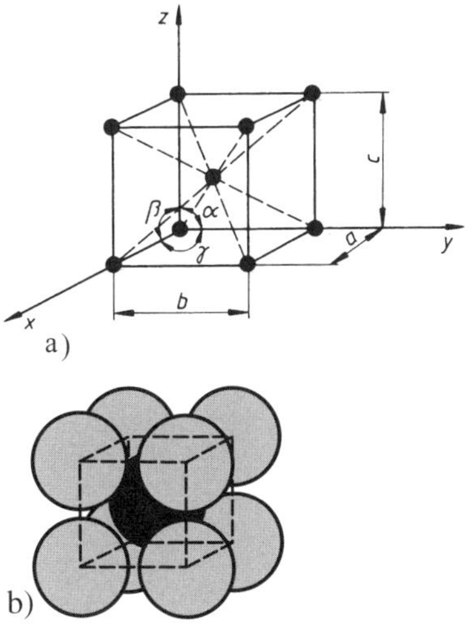

Bild 1.1–9 Kubisch-raumzentriertes Gitter (krz)
a) Punktgitter
b) Packungsgitter

c) *Kubisch-flächenzentriertes Gitter* kfz

	Beispiele:	
$n = 4$	Nickel	Ni
$PD = 0{,}74$	Kupfer	Cu
	Aluminium	Al
	Gold	Au
	Silber	Ag
	β-Cobalt	β-Co
	γ-Eisen	γ-Fe

$$n = 8 \cdot \frac{1}{8} + 6 \cdot \frac{1}{2} = 4$$

Beim kfz-Gitter befindet sich zusätzlich zu den Eckatomen im Schnittpunkt der Flächendiagonalen (im Zentrum der Flächen) noch je ein Atom.
Mit 0,74 ist die maximal mögliche Packungsdichte PD erreicht.

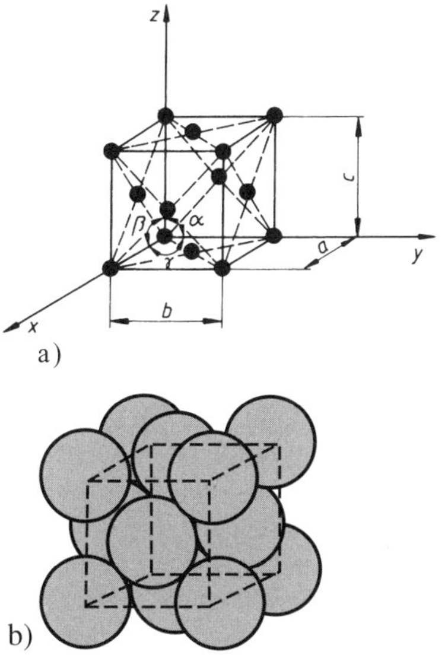

Bild 1.1–10 Kubisch-flächenzentriertes Gitter (kfz)
a) Punktgitter
b) Packungsgitter

d) *Hexagonal primitives Gitter* hp
Beispiel: Graphit C
Ausgesprochenes Schichtgitter. Während die Bindung der Atome innerhalb einer Schicht stark ist, ist der Zusammenhalt zwischen den Schichten infolge ihres relativ großen Abstandes ziemlich schwach. Dadurch gute Spaltbarkeit des Graphits parallel zu den Schichtebenen.

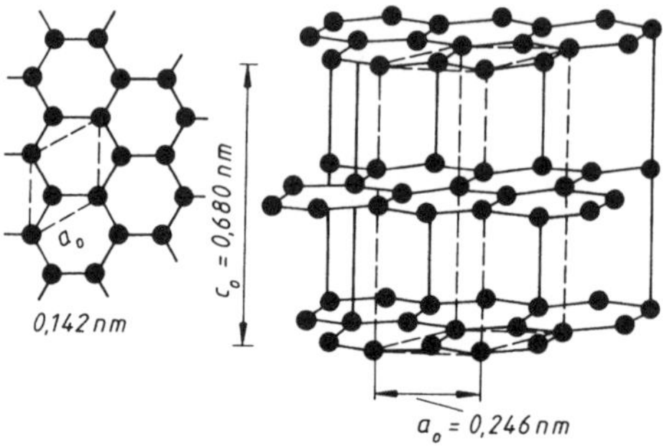

Bild 1.1–11 Hexagonal-primitives Gitter (hex) – Punktgitter
$n = 10^{-9}$ (Nano); $1 \text{ nm} = 10^{-9}$ m

e) *Hexagonal dichteste Packung* hdP

$n = 6$	Beispiele:	
	Zink	Zn
$PD = 0{,}74$	Cadmium	Cd
	Magnesium	Mg
	α-Cobalt	α-Co
	α-Titan	α-Ti

Mit der Packungsdichte von 0,74 liegt, wie im kfz-Gitter, die dichteste Kugelanordnung im Raum vor. Die Elementarzelle besitzt eine sechseckige Basisfläche. Die Kugelschichten liegen so aufeinander, dass sie sich untereinander berühren, alle Lücken ausfüllen und eine ideal dichte Anordnung ergeben. Bezeichnet man die beiden Kugelschichten mit A und B, so ergibt sich für das hdP-Gitter die Stapelfolge der dichtest gepackten Gitterebenen:

⋮
A
B — Stapelfolge hdP
A
B
⋮

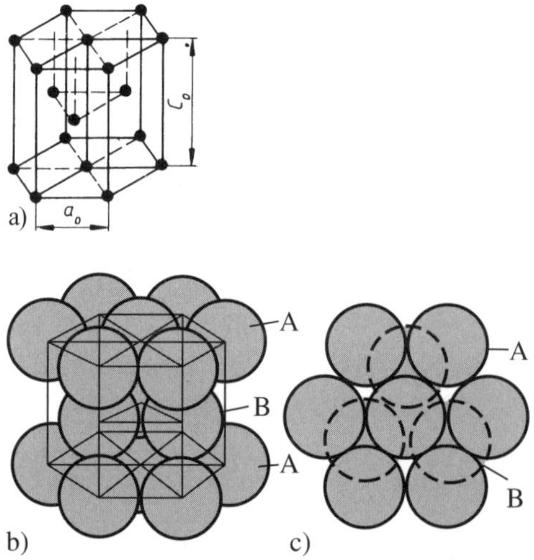

Bild 1.1–12 Hexagonal dichteste Packung (hdP)
a) Punktgitter
b) Packungsgitter (Ansicht von vorn)
c) Packungsgitter (Ansicht von oben)

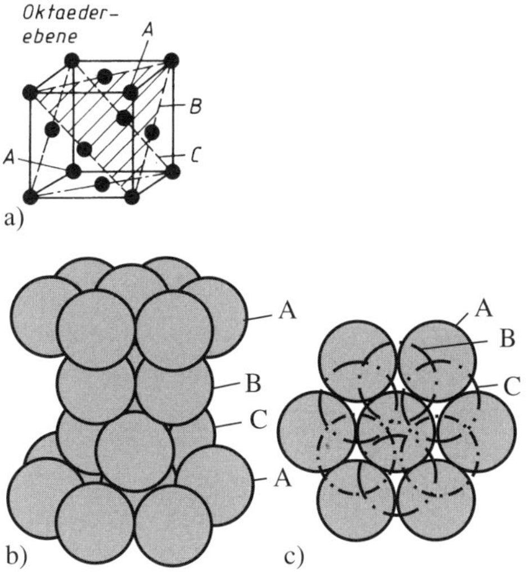

Bild 1.1–13 Stapelfolge beim kfz-Gitter
a) Punktgitter
b) Packungsgitter (Ansicht von vorn)
c) Packungsgitter (Ansicht von oben)

Anmerkung: Bild 1.1–13 zeigt, dass sich das ebenfalls ideal dicht gepackte kfz-Gitter nur durch die Stapelfolge der dichtest gepackten Gitterebenen vom hdP-Gitter unterscheidet. Beim kfz-Gitter sind alle Raumdiagonalen der Elementarzelle dichtest gepackte Ebenen (Bild 1.1–13a, die Ebenen A, B und C).

⋮
A
B
C
A — Stapelfolge kfz
B
C
A
⋮

Einige Metalle haben in verschiedenen Temperaturbereichen des kristallinen Zustandes zwei oder mehrere unterschiedliche Gittertypen. Diese Erscheinung nennt man *Polymorphie* (= Vielgestaltigkeit). So hat z. B. Zinn bei der Erstarrung bei 232 °C ein tetragonales Gitter, das sich bei 13 °C in kubisches Gitter (Diamantgittertyp) umwandelt. Diese Umwandlung verläuft erst unterhalb −20 °C mit nennenswerter Geschwindigkeit. Sie ist mit einer erheblichen Volumenzunahme (≈ 20 %) verbunden.

Das Zinn zerfällt dabei zu einem grauen Pulver. Diese Erscheinung trägt den überlieferten Namen *Zinnpest.*
Ein anderes Beispiel ist Eisen. Es erstarrt zunächst krz als δ-Fe, wandelt sich in das kfz-Gitter γ-Fe und schließlich wieder in eine krz-Struktur α-Fe um. Die genannte γ-α-Umwandlung ermöglicht weitreichende und technisch wichtige Eigenschaftsänderungen, wie die Wärmebehandlungsverfahren *Härten* und *Normalglühen.*

Polymorphe Werkstoffe haben verschiedene Gitterstrukturen.

Beispiele:	Eisen	Fe
	Titan	Ti
	Cobalt	Co
	Zinn	Sn
	Mangan	Mn

Nicht nur Metalle können polymorph sein. Es gibt eine große Zahl kristalliner Substanzen, die ihre Kristallstrukturen in Abhängigkeit von Temperatur und Druck ändern, auch Nichtmetalle und chemische Verbindungen.

Beispiele:	P	Phosphor
	S	Schwefel
	C	Kohlenstoff
	NH_4NO_3	Ammoniumnitrat
	SiO_2	Siliciumdioxid

Beim Auftreten unterschiedlicher Strukturen spricht man bei reinen Elementen auch von *allotropen Modifikationen.*

Übung 1.1–4
Wann spricht man von „echten“ Festkörpern?

Übung 1.1–5
Was ist eine Elementarzelle?

Übung 1.1–6
Welche Größen bestimmen einen Gittertyp eindeutig?

Übung 1.1–7
Beschreiben Sie die Struktur eines kfz-Gitters!

Übung 1.1–8
Erklären Sie den Begriff Stapelfolge!

Übung 1.1–9
Was versteht man unter einem polymorphen Metall?

Beachten Sie: Griechische Buchstaben werden in der Metallkunde mit unterschiedlicher Bedeutung verwendet!
a) Gittermodifikationen reiner Metalle, z. B. α-Fe, γ-Fe, δ-Fe
b) Mischkristallarten bei Legierungen (s. Abschnitt 2.2.2)

1.1.2.3 Realstruktur

Die bisherige Beschreibung der Anordnung der Atome als Idealkristall enthält bedeutende Fehler. Abgesehen davon, dass die Atome bzw. Metallionen in Wirklichkeit keine Kugelgestalt haben und sich nicht in Ruhe befinden, sondern um die Ruhelage herum schwingen, berücksichtigt der *Realkristall*

a) die endliche Begrenzung (d. h., es ist eine Oberfläche des Kristalls vorhanden – Begriff *Kristallit*),
b) die Existenz gestörter Bereiche (d. h., die Ordnung ist in bestimmten, kleinen Volumeneinheiten gestört – Begriffe *Fehlordnung*, *Gitterbaufehler* oder *Defekte*).

Die Gitterdefekte werden nach ihrer räumlichen Ausdehnung in ein-, zwei- und dreidimensionale Baufehler bzw. Punkt-, Linien-, Flächen- und Raumdefekte unterschieden.

Idealkristall	idealisiertes Modell, mathematisch beschreibbar, existiert in Wirklichkeit nicht
Realkristall	gestörter Kristall (Kristall mit Fehlordnung), die Abweichungen vom idealen Aufbau (Gitterfehler oder Defekte) werden berücksichtigt; Kristallwachstum unregelmäßig, unreine Kristallsubstanz

Punktdefekte

Leerstellen (Gitterlücken) sind nicht besetzte Gitterplätze. Ihre Anzahl vergrößert sich z. B. bei plastischer Verformung und mit zunehmender Temperatur.

Fremdatome (Bild 1.1–14) können gleiche Gitterplätze wie Atome des Wirtsgitters (substituiert = ersetzt, ausgetauscht) oder Zwischengitterplätze (eingelagert) einnehmen. Die Zwischengitteratome müssen deutlich kleiner sein als die Atome des Wirtsgitters. Die Austauschatome können größer, aber auch kleiner sein als die Wirtsgitteratome (Prinzip der Mischkristallbildung bei Legierungen; s. Abschnitt 2.1.1).
Die Punktdefekte führen zur Gittereinengung oder -aufweitung. Bei eingebauten Fremdatomen hängt die Größe der hervorgerufenen Gitterverspannung vom Unterschied der Atomdurchmesser ab.

Wirtsgitter = Grundgitter (= Matrix)

Liniendefekte

Versetzungen sind Liniendefekte, die in großer Dichte im Gitter vorkommen und die Werkstoffeigenschaften in hohem Maße beeinflussen.
Stufenversetzungen kann man sich als Randlinie einer zusätzlich eingeschobenen Gitterebene vorstellen (Bild 1.1–15).
Schraubenversetzungen unterscheiden sich vor allem in ihrer Geometrie von den Stufenversetzungen (Bild 1.1–16).
Versetzungen entstehen bei der Kristallisation und sie vervielfachen sich bei der plastischen Verformung (s. Abschnitt 1.3.3).

Versetzungen haben folgende Eigenschaften:
a) Sie haben einen *Richtungssinn* (+, −); ziehen sich an oder stoßen sich ab.
b) Sie können sich bewegen; bei der Deformation der Metalle und Legierungen wird das *plastische Verhalten* (= Fließverhalten) durch ein massenhaftes Wandern von Versetzungen bewirkt. Ein versetzungsfreier Idealkristall wäre nicht plastisch formbar, er würde bei genügend hoher mechanischer Belastung spröde brechen.
c) Versetzungen bilden eine Ursache für *Eigenspannungen* und *Verfestigung* (s. angegebene, hohe Versetzungsdichte nach einer plastischen Deformation).
(s. Tabelle 1.1–3)

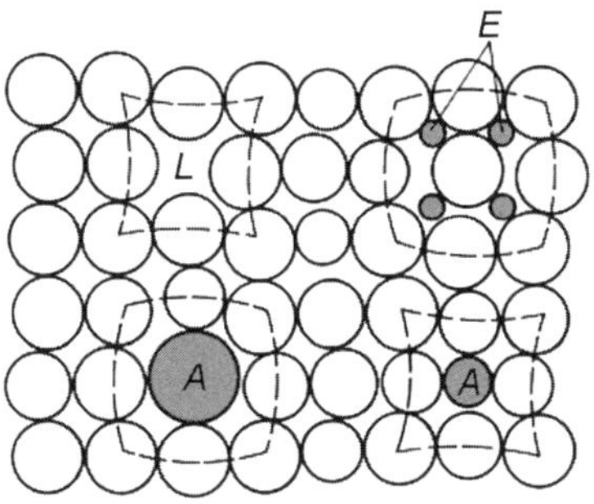

Bild 1.1–14 Punktförmige Gitterdefekte
L Leerstelle, A Austauschatome, E Einlagerungsatome

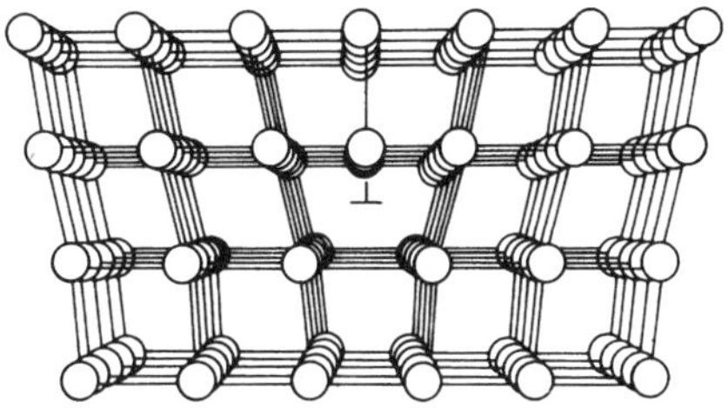

Bild 1.1–15 Stufenversetzung in einem primitiven Gitter (räumliche Anordnung der Atome angedeutet)

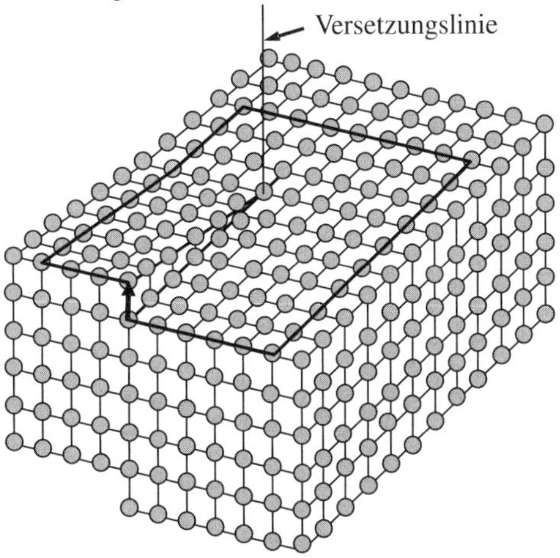

Bild 1.1–16 Schraubenversetzung

Tabelle 1.1–3 Versetzungsdichte bei Metallen (in $cm/cm^3 = cm^{-2}$)

Normal	$10^7 \ldots 10^8$ cm^{-2}
Nach plastischer Deformation	bis 10^{12} cm^{-2}

Flächendefekte

Zu den *Flächendefekten* gehören die *Korngrenzen* und *Stapelfehler*.

Ein *Kristallit* (auch Korn genannt) ist in sich noch in *Subkörner* unterteilt, d. h. Bereiche, deren Gitterorientierung bis zu etwa 10° voneinander abweichen. Diese *Kleinwinkelkorngrenzen* (Subkorngrenzen) werden durch aneinandergereihte Versetzungen gebildet (Bild 1.1–17).

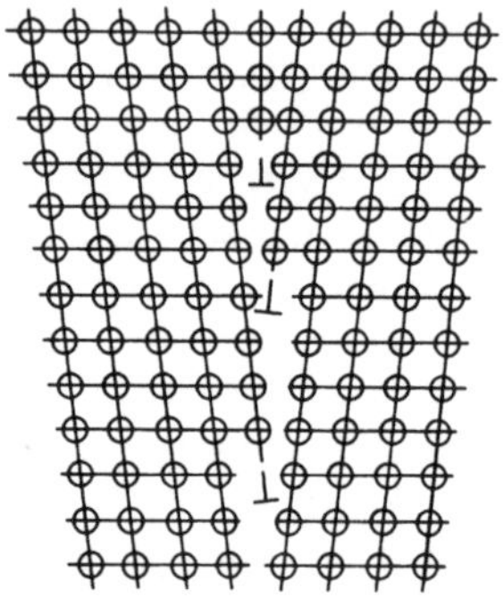

Bild 1.1–17 Kleinwinkelkorngrenze

Großwinkelkorngrenzen (normale Korngrenzen) trennen Kristallite gleicher oder verschiedener Atomarten voneinander (Bild 1.1–18). Die Gitterorientierung der Bereiche schließt größere Winkel ein, und die Abstände der Kristallite betragen mehrere Atomabstände.

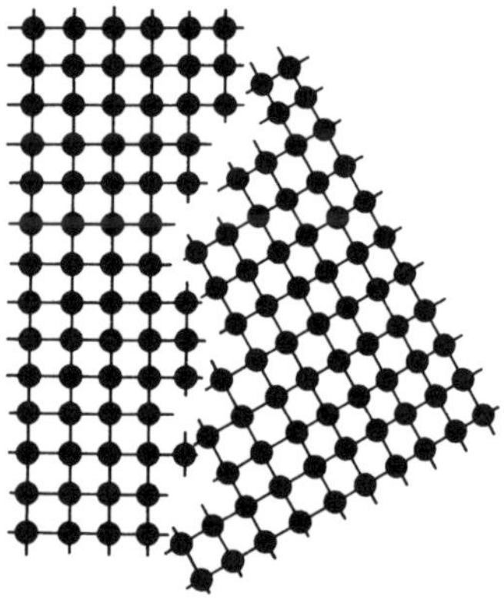

Bild 1.1–18 Großwinkelkorngrenze

Phasengrenzen trennen Bereiche voneinander, die sich in der chemischen Zusammensetzung und/oder der kristallinen Struktur unterscheiden.

Herkömmlich hergestellte technische Legierungen (z. B. Stähle, Gusseisenwerkstoffe, Aluminiumlegierungen) bestehen nicht nur aus einem Einzelkristall sondern aus sehr vielen Kristallen.

Betrachtet man eine präparierte Probe eines metallischen Werkstoffes mit einem Auflichtmikroskop, so erkennt man das *Gefüge*. Einzelheiten mikroskopischer Untersuchungen werden im Abschnitt 12.4.2 behandelt.

Das Gefüge besteht aus vielen Körnern (Kristalliten), Korngrenzen (Großwinkelkorngrenzen) und einer mehr oder weniger deutlich sichtbaren Korngrenzensubstanz (Ablagerungen).

Die Entstehung des Gefüges bei der Erstarrung einer Metallschmelze wird im Abschnitt 1.2.3 ausführlich beschrieben.

Nebenstehend: Kurzfassung der Technik der Probenpräparation und des Mikroskopierens.

massives Stück Metall

↓

Probe abtrennen

↓

Schleifen, Polieren

↓

Ätzen

↓

Betrachtung
im Auflichtmikroskop

↓

Anordnung einzelner Kristalle
(Gefüge) wird sichtbar

Einen Sonderfall bilden die *Zwillingsgrenzen.* Zwei Kristallite sind spiegelsymmetrisch angeordnet (Bild 1.1–19a). Die sich auf der Zwillingsgrenze befindenden Atome liegen auf Gitterplätzen, die beiden Kristallzwillingen gemeinsam sind. Die Zwillingsgrenze ist die Spiegelebene der beiden benachbarten Kristalle.
Zwillingsgrenzen lassen sich als Großwinkelkorngrenzen mit ungestörtem Gitteraufbau auffassen. Zwillinge entstehen, wenn Atome durch Schwerkraft aus ihrer Lage verschoben werden.

Von einem *Stapelfehler* spricht man, wenn z. B. die Schichtfolge der Gitterebene wie folgt ausfällt:

$$\cdots\underbrace{A\,B\,C}_{\text{kfz}}\underbrace{A\,B\,A\,B}_{\text{hdP}}\underbrace{A\,B\,C\,A\,B\,C\,A}_{\text{kfz}}\cdots$$

Innerhalb eines Kugelstapels existieren die kubisch-flächenzentrierte und die hexagonale Struktur dichtester Packung nebeneinander.

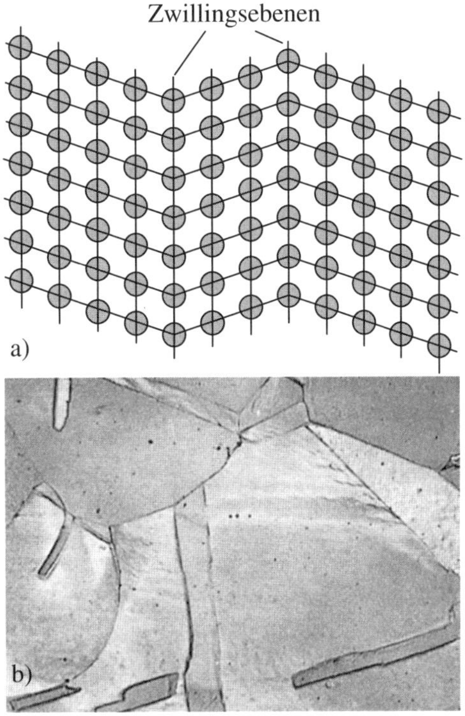

Bild 1.1–19 Zwillingsstruktur
a) Gitterstruktur eines Zwillings
b) mikroskopische Aufnahme von verformtem Reinkupfer. Die Streifen im Gefüge (durch Parallelen begrenzt) markieren die Zwillingsstruktur.
Vergrößerung: 200 : 1

Tabelle 1.1–4 Gitterbaufehler (Defekte)

Art des Defekts	Beispiele	
Punktdefekte	Leerstelle (L) Zwischengitterplatz (Z) Fremdbausteine	
Liniendefekte	Versetzungen Stufenversetzungen Schraubenversetzungen	als Spezialfälle
Flächendefekte	Korngrenzen Zwillingsgrenzen Stapelfehler Phasengrenzflächen	

Übung 1.1–10
Was ist ein Realkristall?

Übung 1.1–11
Wie verändern Gitterlücken (Leerstellen) und Zwischengitterplätze die Struktur des Gitters in ihrer Umgebung?

Übung 1.1–12
Welche Eigenschaften haben Versetzungen im Gitter?

Übung 1.1–13
Erklären Sie den Begriff Stapelfehler!

1.1.2.4 Gitterstruktur und technische Eigenschaften

Physikalische und technische Eigenschaften werden sowohl vom Grundgitter des Kristalls als auch von der Art, Anzahl und Anordnung der Gitterfehler und gitterfremden Bausteine bestimmt.
In diesem Abschnitt soll besonders auf das *Fließverhalten* (= plastische Verformbarkeit) eingegangen werden.
Die plastische Verformbarkeit der Metalle wird durch das Wandern von Versetzungen in bevorzugten Gleitebenen und Gleitrichtungen ermöglicht. Eine Mindestspannung (Fließgrenze, Streckgrenze) löst die Versetzungsbewegung aus. Der Widerstand gegen Fließen ist niedrig, wenn eine hohe Anzahl von *Gleitebenen* und *Gleitrichtungen* vorliegt. Bei hoher Packungsdichte und großer Symmetrie trifft das zu. Aluminium, Kupfer, Silber – aber auch Stahl bei über 900 °C – sind sehr gut bis hervorragend plastisch verformbar; durchweg liegt kfz-Gitter vor!

Hinweise:
Der Begriff Spannung wird hier bereits verwendet. Er wird im Abschnitt 1.3.1 ‚Mechanische Beanspruchung' definiert und erläutert.
Die Messung der Mindestspannung, die überschritten werden muss, wenn der Werkstoff fließen soll, wird beim Zugversuch (Abschnitt 12.2.1) beschrieben.

Fließgrenze = allgemein gültiger Begriff
Streckgrenze = Fließgrenze bei Zugbeanspruchung

Gitterdeformationen, hervorgerufen durch Gitterdefekte und Fremdatome, behindern die Versetzungsbewegung in den Gleitebenen (Ebenen dichtester Kugelpackung). Die Energie, die notwendig ist, um Versetzungen zu bewegen, steigt mit zunehmender Gitterspannung immer weiter an. Man benötigt eine hohe Mindestspannung zur Auslösung des Fließvorganges, *Verformungswiderstand* und *Festigkeit* sind angestiegen.

Gitterstruktur und *Fehlordnung* beeinflussen
- Leitfähigkeit für Elektrizität und Wärme
- Wärmedehnung
- Verformbarkeit (Fließverhalten)
- Festigkeitseigenschaften
- Diffusionsvorgänge

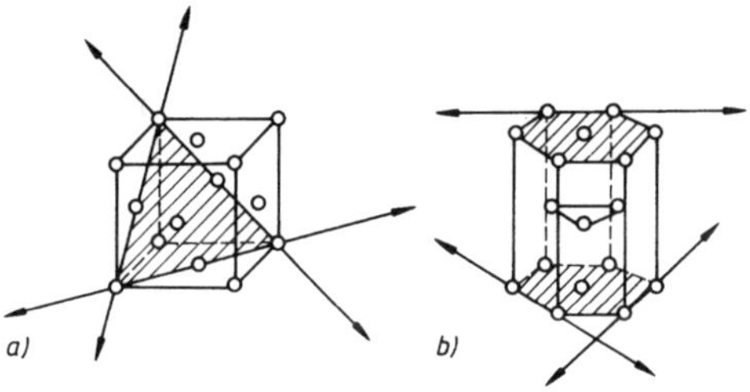

Bild 1.1–20 Bevorzugte Gleitebenen und -richtungen
a) kfz-Gitter b) hdP-Gitter

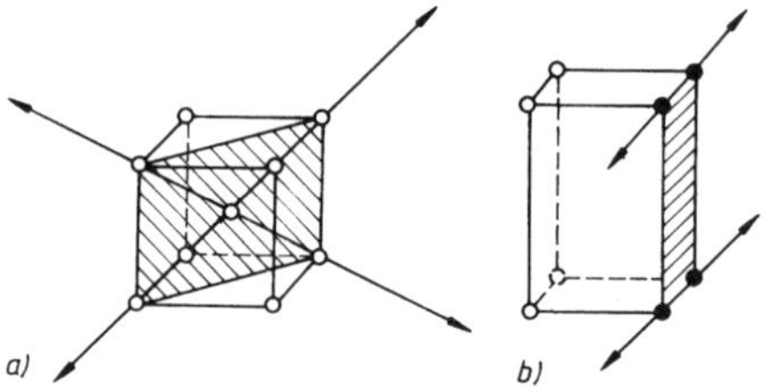

Bild 1.1–21 Bevorzugte Gleitebenen und -richtungen
a) krz-Gitter b) tp-Gitter (tetragonal primitiv)

Gleitebenen / Gleitrichtungen } ermöglichen das Fließen.

Kaltverformung (= Kaltumformung) erhöht die Anzahl der Versetzungen (höhere Versetzungsdichte). Das Fließen wird erschwert, d. h., der Widerstand gegen Formänderung erhöht sich (Kaltverfestigung der Metalle).

Eigenschaften, die in einer bestimmten Richtung gemessen werden, wie z. B. Elastizitätsmodul, elektrische Leitfähigkeit, können an einem Kristall recht unterschiedliche Werte annehmen. Tabelle 1.1–5 und Bild 1.1–22 zeigen für die genannten Größen, dass es darauf ankommt, in welcher Richtung zur Hauptachse des Gitters gemessen wird.
Die Richtungsabhängigkeit der Eigenschaften bezeichnet man als *Anisotropie.*
Anisotrop sind:

a) Elementarzelle, Raumgitter, Kristallit (Korn)
b) *Einkristall*: So bezeichnet man gezüchtete große Kristallite, die für bestimmte technische Anwendungen eine einheitliche Gitterorientierung über größere Bereiche, z. B. in einem Werkstück, besitzen.
c) *Vielkristall mit Textur*:
Kristallite sind durch Korngrenzen getrennt, haben jedoch eine nahezu einheitliche Gitterorientierung.

Elektrische Leitfähigkeit

$$\varkappa = \frac{l}{R \cdot A} \quad \text{in} \quad \frac{\text{m}}{\Omega \cdot \text{mm}^2}$$

l Länge des Leiters
R Ohm'scher Widerstand
A Querschnitt des Leiters

Tabelle 1.1–5 Anisotropie der elektrischen Leitfähigkeit (Beispiele)

Gittertyp		$\varkappa_{\parallel}$	$\varkappa_{\perp}$
Mg	hex	28,6	23,7
Sn	tetr	11,1	7,6
Zn	hex	17,9	18,6

bei 0 °C
$\varkappa_{\parallel}$ parallel zur Hauptachse
$\varkappa_{\perp}$ senkrecht zur Hauptachse des Gitters

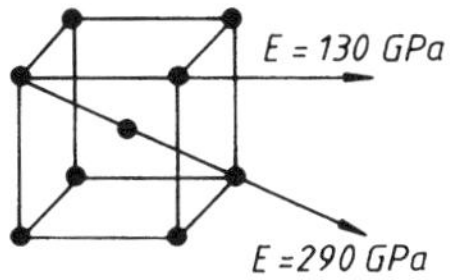

Bild 1.1–22 Richtungsabhängigkeit des Elastizitätsmoduls im krz-Gitter (*E* ist eine mechanische Werkstoffkenngröße, erläutert in Abschnitt 12.2.2)

Anwendungsbeispiele:

1. In der Halbleitertechnik benötigt man u. a. hochreines Silicium. Die großtechnische Herstellung erfolgt im *Zonenschmelzverfahren.* Man erhält *Einkristallstäbe* mit hohem Reinheitsgrad.
2. Bleche für den Bau elektrischer Maschinen (Dynamo- und Transformatorenbleche) erhalten z. T. eine geordnete (gerichtete) *Textur.* Sie werden so zugeschnitten und eingebaut, dass die Magnetisierungsrichtung mit der Richtung der geringsten Leistungsverluste übereinstimmt. Damit kann man bereits im metallurgischen Bereich auf günstigste Leistungsparameter von Transformatoren, Motoren, Generatoren usw. Einfluss nehmen.

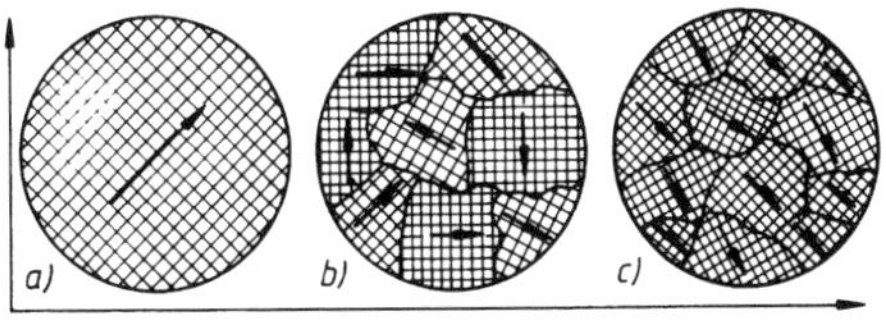

Bild 1.1–23 Anisotropie und Quasiisotropie
a) anisotroper Einkristall
b) quasiisotroper Vielkristall
c) anisotroper Vielkristall (geordnete Textur)

Textur (geordnete, gerichtete): Kristalle sind in eine/mehrere Richtungen bevorzugt ausgerichtet.

Ursachen für geordnete Texturen (gewollt oder ungewollt):

- Umformvorgänge, Deformationen (z. B. Zieh- und Walztexturen, s. Bild 1.1–24)
- Kristallisation aus der Schmelze unter bestimmten Bedingungen
- bestimmte Glühbehandlungen
- elektrolytische Abscheidung

Vielfach tritt die *Anisotropie* bestimmter Kristallbereiche störend auf, z. B. als unkontrollierbare unerwünschte Formänderung bei spanloser Formgebung (Verzug).

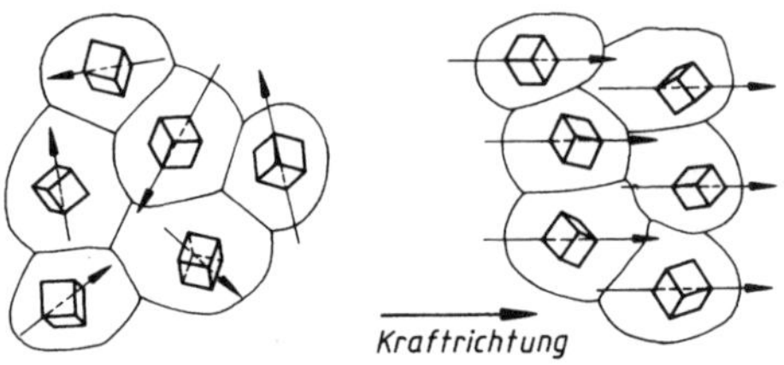

Bild 1.1–24 Entstehung einer geordneten Verformungstextur (Kristallite drehen sich unter Krafteinwirkung in eine Vorzugsorientierung ein)

Isotropie ist die völlige Richtungsunabhängigkeit der Eigenschaften. Die Mehrzahl aller metallischen Werkstoffe ist nahezu isotrop, da die unterschiedliche Gitterorientierung der Einzelkristallite im Mittelwert jeglichen Richtungseinfluss aufhebt. Man spricht von der *Quasiisotropie*. Dieser Zustand wird in der Technik im Allgemeinen angestrebt.

Chemische und physikalische Eigenschaften eines metallischen Werkstoffes sind unter gewissen Voraussetzungen von der Richtung abhängig, in der sie gemessen werden bzw. der Werkstoff beansprucht wird.

isotrop = richtungsunabhängig
anisotrop = richtungsabhängig,
z. B. Elementarzelle
Gitter (ungestört)
Kristallit (= Korn)
Einkristall
Whisker
geordnete Texturen
quasiisotrop = nahezu richtungsunabhängig,
z. B. Mehrzahl aller Werkstoffe (polykristalline Struktur mit regelloser Anordnung)

Übung 1.1–14
Was sind Gleitebenen?

Übung 1.1–15
Wie nennt man die Richtungsabhängigkeit vieler Eigenschaften?

Übung 1.1–16
Wie entstehen Texturen?

Übung 1.1–17
Was ist ein Einkristall?

Übung 1.1–18
Weshalb liegt bei metallischen Werkstoffen meist Quasiisotropie vor?

1.2 Kristallisation

Lernziele

Der Lernende kann ...

- Phasenumwandlungen beschreiben (thermische Analyse),
- den Kristallisationsvorgang erklären,
- den Gefügeaufbau metallischer Stoffe erläutern,
- Zusammenhänge zwischen Erstarrungsbedingungen, Kornstruktur und Werkstoffeigenschaften nennen.

1.2.0 Übersicht

Metalle können in vier Zuständen auftreten, als Plasma, Gas, Flüssigkeit und Festkörper. Physikalisch unterscheiden sich diese Zustände vor allem dadurch, dass die „Bausteine" zunehmend „strenger" geordnet sind.

Während sich im *Plasma* sowohl die Atomkerne als auch die Elektronen unabhängig voneinander bewegen können, ist in der Kristallstruktur des *echten Festkörpers* ein maximales Ordnungsprinzip verwirklicht. Die Werkstofftechnik befasst sich vorwiegend mit dem festen Zustand. Wichtig ist zu wissen, wie ein Werkstoff aus dem flüssigen Zustand entstanden ist. Dieser Abschnitt wird sich daher mit dem Begriff der *Phase* und den wichtigsten *Phasenumwandlungen* befassen. Als Untersuchungsmethode steht uns das klassische Verfahren der *thermischen Analyse* zur Verfügung. In herkömmlicher Weise werden Phasenumwandlungen an *Temperatur-Zeit-Verläufen* besprochen.

Die auftretenden Veränderungen werden am Übergang flüssig–fest ausführlich gezeigt. Sie lernen kennen, dass sich beim Abkühlen einer Schmelze zunächst *Keime* bilden und dass durch Anlagerung weiterer Atome in strenger Gitterorientierung ein *Kristallwachstum* einsetzt. Wenn alle Atome der Schmelze „aufgebraucht" sind, d. h. in Kristalle eingebaut sind, ist die Erstarrung abgeschlossen. Es ist das Gefüge des Festkörpers entstanden. Die reale Erstarrung in einer Form wird, exemplarisch für alle metallischen Gusswerkstoffe, im Kapitel 5 behandelt. Gießtechnische Einflussfaktoren bleiben hier unberücksichtigt.

1.2.1 Phasenumwandlungen

Die Bezeichnung eines Stoffzustandes durch seinen Aggregatzustand (gasförmig, flüssig, fest) ist für unsere Betrachtungen nicht ausreichend. Für das Verständnis der Werkstoffeigenschaften sind der Begriff *Phase* und die Einteilung in *ein-* und *mehrphasige Stoffsysteme* zweckmäßig.
Man bezeichnet Stoffe, die in sich *homogen* sind und durch eine Grenzfläche voneinander getrennt sind, als *Phasen*. Homogen bedeutet, dass hinsichtlich der Zusammensetzung und atomaren Anordnung eine einheitliche Substanz vorliegt. Wenn also bei identischem Druck und Temperatur zwei Kristalle in der chemischen Zusammensetzung, im Gittertyp und im Gitterparameter übereinstimmen, gehören sie zur gleichen Phase. Bereiche ein und derselben Phase haben die gleichen chemischen und physikalischen Eigenschaften.
Die *Zustandsgrößen* Druck und Temperatur und bei Mehrstoffsystemen die Konzentration der Einzelstoffe bestimmen, ob eine feste, flüssige oder gasförmige Phase einzeln oder ob zwei Phasen im *Gleichgewicht* nebeneinander vorliegen.

Ruhelage der Atome gibt es nur bei $T = 0\,\text{K}$ ($= -273{,}15$ °C). Mit zunehmender Erwärmung schwingen die Atome mehr um ihre Lage im Gitter. Die Wärmeenergie wandelt sich in eine *innere Energie* (Schwingungsenergie) um. Mit wachsender Schwingungsweite vergrößert sich der Abstand der Mittellagen der Atome. Sie kennen es bereits aus Erfahrung: Erwärmung dehnt die Körper aus, Abkühlung lässt sie schrumpfen.

> *Phasen* = homogene Bestandteile eines stofflichen Systems; abgegrenzte Volumina mit in sich (annähernd) gleichen chemischen und physikalischen Eigenschaften
> Ein stoffliches System kann auch aus *einer Phase* bestehen.

> Arten von Phasen
> - gasförmige, flüssige, feste Phasen z. B. Wasserdampf, Wasser, Eis
> - Lösungsphasen z. B. Salzlösung, Mischkristalle (Abschnitt 2.1.1)
> - Verbindungsphasen z. B. TiC Titancarbid (Abschnitt 2.1.3)

> Druck, Temperatur und Konzentration sind wichtige *Zustandsgrößen*. Sie bestimmen die Zustandsform (Phase) eines Stoffes. (s. Abschnitt 2.2.1)

> *(Gitter-) Schwingungsenergie* = Teil der inneren Energie
> Sie steigt mit zunehmender Temperatur.

Wird bei reinen Stoffen die *Schmelztemperatur* erreicht, steigt die Temperatur trotz weiterer Zufuhr von Wärmeenergie zunächst nicht weiter an (Bild 1.2–1). Diese Energie wird benötigt, um die Bindungskräfte zu überwinden, d. h. die Kristallstruktur aufzulösen und die Atome in willkürliche Anordnung und unbestimmte Bewegung zu bringen. Diese beim Schmelzen „verbrauchte" Energie heißt *Schmelzwärme* W_S. Um ihren Betrag erhöht sich der Wärmeinhalt des metallischen Körpers. Analog sind die Vorgänge beim Übergang flüssig–gasförmig. Der Energiebetrag der *Verdampfungswärme* ist erforderlich, um die Gasphase zu erzielen.

Obwohl dem Stoffsystem bei der Abkühlung ständig Wärme entzogen wird, führt die frei werdende Schmelz- bzw. Verdampfungswärme zu einer konstanten Temperatur, bis die *Phasenumwandlung* abgeschlossen ist. Man nennt diese Enthalpien *latente Wärme* (lat.: verborgene Wärme).

Enthalpie ist der Wärmeinhalt eines stofflichen Systems bei konstantem Druck.

Die Phasenumwandlungen sind reversibel (umkehrbar). Bild 1.2–2 zeigt die Erwärmungs- und Abkühlkurve eines reinen Metalls. Schmelz- und Erstarrungspunkt sind praktisch ein und dieselbe Temperatur T_S.

Voraussetzung für die Gültigkeit der hier angegebenen Kurven ist das *thermodynamische Gleichgewicht*, d. h. sehr langsames Erwärmen bzw. Abkühlen.

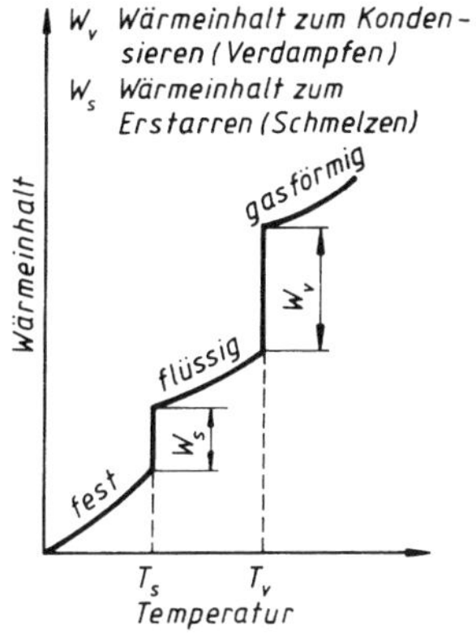

Bild 1.2–1 Wärmeinhalt eines reinen Stoffes in Abhängigkeit von der Temperatur

Schmelztemperatur: Übergang (= Phasenumwandlung) fest–flüssig
Erstarrungstemperatur: Übergang flüssig–fest (Kristallisation)

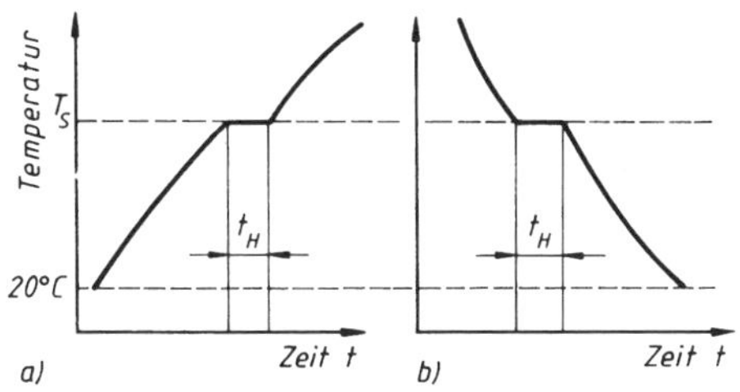

Bild 1.2–2 Temperatur-Zeit-Kurven eines reinen Metalls
a) Erwärmung
b) Abkühlung
T_S (Haltepunkt) Schmelz- und Erstarrungstemperatur, t_H Haltezeit

Gleichgewicht liegt vor, wenn unter gegebenen äußeren Bedingungen keine Veränderung (Stoff- oder Energieumsatz) erfolgt (s. a. Abschnitt 2.2.1).
Sehr langsames Erwärmen bzw. Abkühlen kommt dem theoretischen Gleichgewichtszustand nahe.

1.2.2 Thermische Analyse

Alle möglichen Phasenumwandlungen, sowohl bei Erwärmung als auch bei Abkühlung, werden in der Werkstofftechnik vorwiegend anhand von Temperatur-Zeit-Kurven diskutiert und gegenübergestellt. Es lohnt sich, einen bewährten, simplen Versuch zu besprechen: die *thermische Analyse*.
Die Temperatur wird mithilfe eines *Thermoelements* gemessen. Bild 1.2–3 erläutert die Versuchsanordnung. Das Prinzip dieser Art der Temperaturmessung beruht auf der Tatsache, dass in einem aus zwei Metallen bestehenden geschlossenen Kreis eine Thermospannung induziert wird, wenn die beiden Kontaktstellen (Lötstellen) auf verschiedene Temperaturen gebracht werden (auch *Seebeck-Effekt* genannt). Die *Thermospannung* ist temperaturabhängig. Das Verhalten der Metalle zueinander lässt sich in einer *thermoelektrischen Spannungsreihe* der Metalle beschreiben. Für praktische Messungen benutzt man genormte Metallpaarungen (Thermoelementpaarungen = dünne Drähte). Die Temperaturmessung mit dem Thermoelement ist technisch weit verbreitet. Die Anwendung ist im Bereich von −250 bis +1 300 °C möglich. Anlagen der metallurgischen Industrie, der Wärmebehandlungstechnik, Verzinkereien usw. arbeiten häufig mit diesem Messprinzip.
Beim vorliegenden Versuch befindet sich das zu untersuchende Metall in einem Schmelztiegel. Das Thermoelement wird in die Schmelze eingetaucht.

Thermische Analyse:
Exakte Messungen zur Ermittlung des Temperatur–Zeit-Verlaufes metallischer Stoffe. Wenn es zu Phasen- und Zustandsänderungen kommt, ändert sich bei Abkühlung und Erwärmung der Temperatur–Zeit-Verlauf. Die Geschwindigkeit, mit der die Temperatur geändert wird, ist gering (= gleichgewichtsnah!).

Zweck der thermischen Analyse:
- Ermittlung von Umwandlungstemperaturen (Phasenumwandlungen)
- Aufstellung von Zustandsdiagrammen (s. Abschnitt 2.2.2)

Thermoelektrische Spannungsreihe (Auswahl)
e in 10^{-5} V/K (Spannungsänderung je Kelvin, bezogen auf Platin Pt)

Co	Ni	Na	Pt	Al	Fb	Cu	Fe	Sb
−1,6	−1,5	−0,2	0,0	+0,4	+0,45	+0,75	+1,8	+4,7

Genormte *Thermoelementpaarungen* (Beispiele)

Paarung	Einsetzbar bis
Cu/CuNi 45	400 °C
NiCr 10/NiAl 12	900 °C
Pt/PtRh 10	1 300 °C

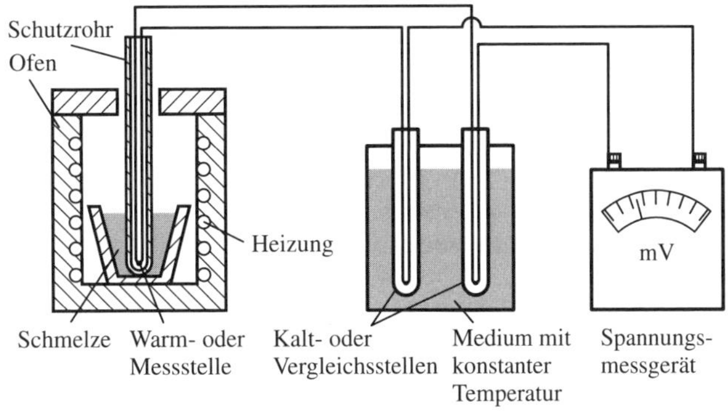

Bild 1.2–3 Temperaturmessung mit einem Thermoelement (Versuchsaufbau der thermischen Analyse)

Der Laborofen ermöglicht eine sehr langsame Abkühlung (bzw. Erwärmung). Die Vergleichsstelle wird während des Versuches auf konstanter Temperatur gehalten (z. B. Eis-Wasser-Gemisch bei 0 °C). Am Messgerät wird die Thermospannung abgelesen. Die Zeit wird mit einer Stoppuhr gemessen.

1.2.3 Übergang flüssig–kristallin

Beim langsamen Abkühlen einer Metallschmelze erhält man zunächst einen kontinuierlichen Temperatur–Zeit-Verlauf (Bild 1.2–4). Im Schmelztiegel liegt unverändert Schmelze vor (*1*). Kühlt man weiter ab, so bleibt die Temperaturanzeige eine gewisse Zeit (*Haltezeit* t_H) auf einem Wert stehen. Diese charakteristische Temperatur (z. B. bei Pb 327 °C) ist die *Erstarrungstemperatur* (= Schmelztemperatur) des Metalls. Man nennt diese Temperatur *Haltepunkt*.

Erstarrungs-/Schmelztemperaturen einiger Metalle in °C

Hg	Quecksilber	−38,9
Sn	Zinn	232
Pb	Blei	327
Zn	Zink	419
Al	Aluminium	660
Cu	Kupfer	1 083
Fe	Eisen	1 536
W	Wolfram	3 387

Die Punkte *1* bis *5* und die eingezeichneten Pfeile in Richtung der skizzierten Schmelztiegel bedeuten:

1 flüssig, d. h. 100 % Schmelze
2 Erstarrung hat bereits begonnen; eine kleine Menge fester (kristalliner) Substanz befindet sich in der Schmelze
3 ca. 50 % flüssig, ca. 50 % fest
4 geringe Restmenge Schmelze
5 nach Abschluss der Erstarrung: Es liegt kristallines Gefüge vor

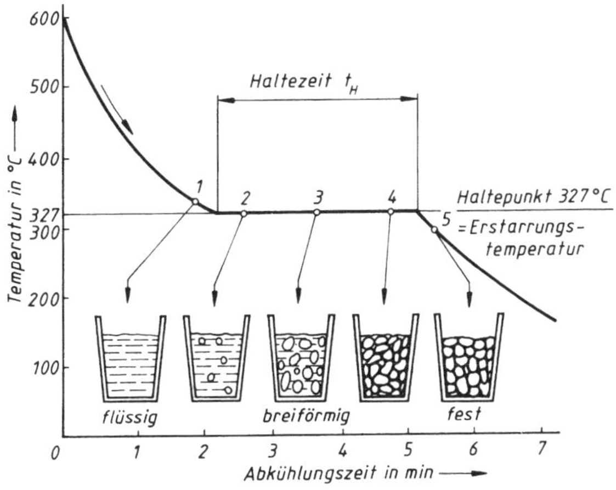

Bild 1.2–4 Abkühlkurve von reinem Blei (Pb) unter Gleichgewichtsbedingungen (bei sehr langsamer Abkühlung)

Die Temperatur bleibt konstant, weil durch die Erstarrung die Kristallisationswärme (latente Wärme) wieder freigesetzt wird.
Bei reinen Metallen und bei kristallinen nichtmetallischen Stoffen erhält man, stets wiederholbar, bei genügend langsamer Abkühlung diesen Haltepunkt, die *Erstarrungstemperatur* T_S.
So erhalten Sie einen Haltepunkt bei 0 °C, wenn Sie diesen Versuch mit Wasser im Eisbereiter Ihres Kühlschrankes durchführen.

Haltepunkte entstehen durch einen bei Phasenumwandlung zusätzlich freigesetzten Energiebetrag (z. B. Kristallisationswärme). Haltepunkte sind leicht messbare Temperaturen bei Phasenumwandlungen beliebiger reiner Stoffe,
z. B. 0 °C Kristallisation von Wasser
419 °C Schmelzen von reinem Zink
Voraussetzung: Thermodynamisches Gleichgewicht.

Erstarrungsvorgang (Kristallisation):
Bild 1.2–5
Wird bei der Abkühlung der Schmelze der Haltepunkt erreicht, so entstehen kleine Bereiche, in denen sich die Atome zum Gitter ordnen. Diese ersten Anfänge des kristallinen Zustandes nennt man *Keime*. Dieser der Biologie recht treffend entlehnte Begriff wird für jede Art der Phasenumwandlung verwendet. Von den Keimen ausgehend, wachsen die Kristalle nach allen Richtungen, d. h., die Atome der Schmelze lagern sich an. Stoßen die Kristalle aneinander und ist die Schmelze „aufgezehrt", so ist die Erstarrung beendet. Im Normalfall liegt nun ein polykristallines, quasiisotropes Gefüge vor. Es wird aus den *Kristalliten* (Körner), den *Korngrenzen* und der *Korngrenzensubstanz* (Verunreinigungen, Einlagerungen) gebildet. Man unterscheidet *homogene Keimbildung* (Eigenkeimbildung) und *heterogene Keimbildung* (s. Übersicht folgende Seite). Die Anzahl der Keime ist, ebenso wie die Geschwindigkeit, mit der der Kristallisationsprozess abläuft (Kristallisationsgeschwindigkeit), technisch sehr wichtig. Diese Parameter bestimmen die Korngröße des Gefüges und damit in erheblichem Maße die mechanischen Eigenschaften des Stoffes.

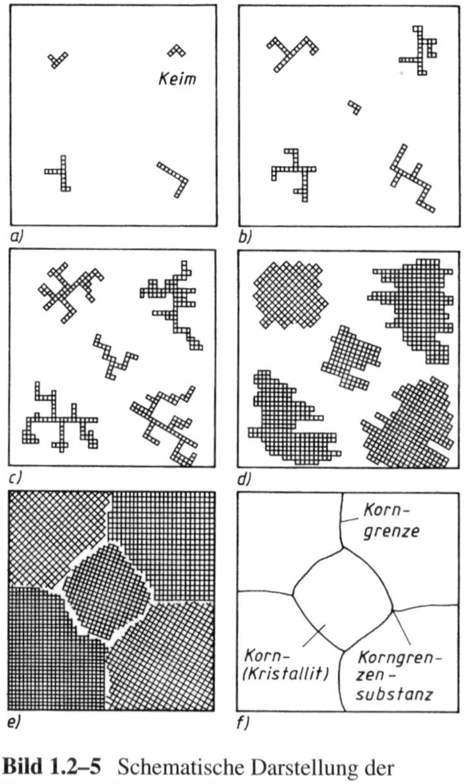

Bild 1.2–5 Schematische Darstellung der Erstarrung einer Metallschmelze

Wird die Schmelze *unterkühlt*, d. h. zu schnell abgekühlt, wird der richtige Haltepunkt erst nach Unterschreiten von T_S (Bild 1.2–6b) oder überhaupt nicht erreicht (Bild 1.2–6c).

Allgemein gilt: Rasche Abkühlung oder extrem rasche Erwärmung (Erhitzung) verschieben Umwandlungstemperaturen (Haltepunkte) zu niedrigeren bzw. höheren Werten, da die Gleichgewichtsbedingung nicht mehr erfüllt ist.

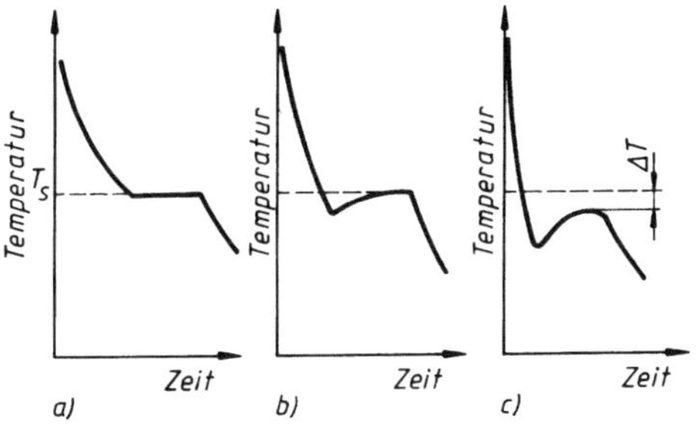

Bild 1.2–6 Abkühlkurven eines reinen Metalls
a) Gleichgewicht
b) beschleunigte Abkühlung
c) stark beschleunigte Abkühlung
T_S Erstarrungstemperatur
ΔT Temperaturdifferenz (thermische Hysterese)

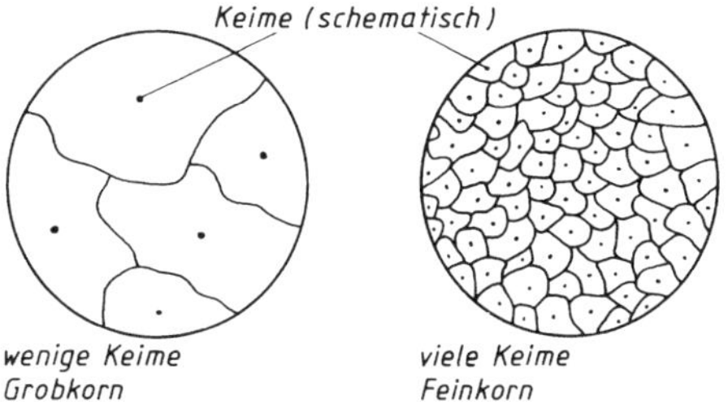

Bild 1.2–7 Einfluss der Keimzahl auf die Korngröße

Bild 1.2–9 zeigt, dass mit zunehmender Unterkühlung (= Temperaturdifferenz zwischen T_S und der vorhandenen Temperatur)

a) die *Anzahl n der Keime* stetig zunimmt,
b) die *Beweglichkeit der Atome* stetig abnimmt (diese Größe lernen Sie noch als *Diffusionskoeffizient D* kennen),
c) durch die Tendenzen von *n* und *D* die *Kristallisationsgeschwindigkeit* steigt.

Praktisch wird ein feinkörniges Gefüge angestrebt, da im Vergleich zu einem grobkörnigen Werkstoff eine höhere Festigkeit und eine verbesserte Zähigkeit vorliegen. Dazu muss die Keimzahl möglichst hoch sein. Das erreicht man durch eine rasche Abkühlung (z. B. Gießen in Metallformen; rasche Wärmeableitung – Druckguss, Schleuderguss) und/oder durch *Impfen* der Schmelze (Beeinflussung der Keimbildung durch Zugabe geeigneter Substanzen).

Keime sind zufällig entstandene, kristallähnliche Atom- bzw. Ionenanhäufungen, von denen die Kristallisation ausgeht.

Man unterscheidet:

- *homogene Keimbildung* (Eigenkeimbildung)
  gilt für den absolut reinen Stoff
- *heterogene Keimbildung*
  Fremdsubstanzen (Verunreinigungen, Begleitelemente, Legierungselemente) steuern ihre Oberflächenenergie zur Keimbildung bei; erleichtern sie damit!

Langsames Abkühlen (z. B. Gießen in Sandformen; längeres Warmhalten aus gießtechnischen Gründen) begünstigt die Bildung von Grobkorn. An dieser Stelle sei auch darauf hingewiesen, dass eine zu hohe Erwärmung der Schmelze (Schmelzüberhitzung) vor dem Abguss zu grobem Korn bei der Erstarrung führt. Ebenso ist ein längeres Halten dicht unterhalb der Erstarrungstemperatur unbedingt zu vermeiden.

Im Streben nach dem energieärmsten Zustand sind die Kristallite bei noch ausreichender Atombeweglichkeit stets bestrebt, Korngrenzen abzubauen, also zu größen Körnern zusammenzuwachsen.

Es besteht ein direkter Zusammenhang zwischen der Korngröße und den mechanischen Eigenschaften der metallischen Werkstoffe. Je feiner das Korn (kleiner Korndurchmesser bzw. kleine Kornfläche), desto geringer ist die freie Weglänge, die eine Versetzung bei der plastischen Verformung zurücklegen kann. Ein feinkörniges Gefüge erschwert damit die Versetzungsbewegung und führt zu einer höheren Festigkeit. Die vorhandenen Verunreinigungen verteilen sich bei feinkörnigen Werkstoffen auf eine größere Korngrenzenfläche, die Dicke *s* der Korngrenzensubstanz nimmt ab. Da das Werkstoffversagen (Rissbildung, Risswachstum und Bruch) i. d. R. von den größten Defekten ausgeht, die Defektgröße an den Korngrenzen bei feinkörnigen Werkstoffen aber kleiner wird, nimmt die Zähigkeit zu.

Der Vergleich der Korngrößen im nebenstehenden Bild gilt für eine konstante chemische Zusammensetzung.

Prüfen Sie die Logik dieses Vergleichs!

Mit zunehmender Unterkühlung sinkt die Beweglichkeit der Atome (ausgedrückt durch den Diffusionskoeffizienten *D*; s. a. Abschnitt 1.4.2) und die Zahl der sich bildenden Keime *n* (Bild 1.2–9) steigt. Daraus ergibt sich, dass bei einer mittleren Unterkühlung ein Maximum der Kristallisationsgeschwindigkeit liegt. Einflüsse gießtechnischer Art werden hier nicht betrachtet.

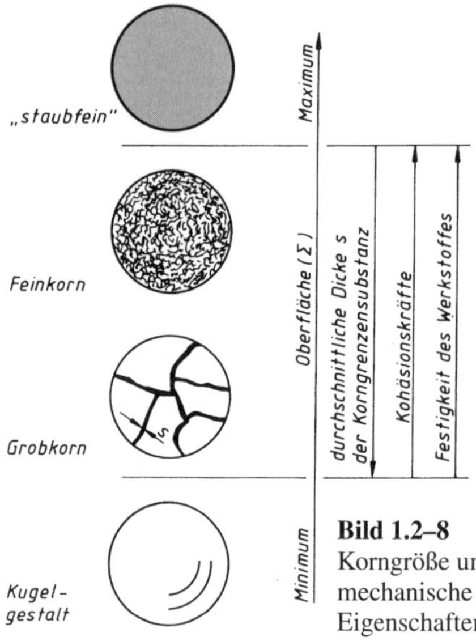

Bild 1.2–8 Korngröße und mechanische Eigenschaften

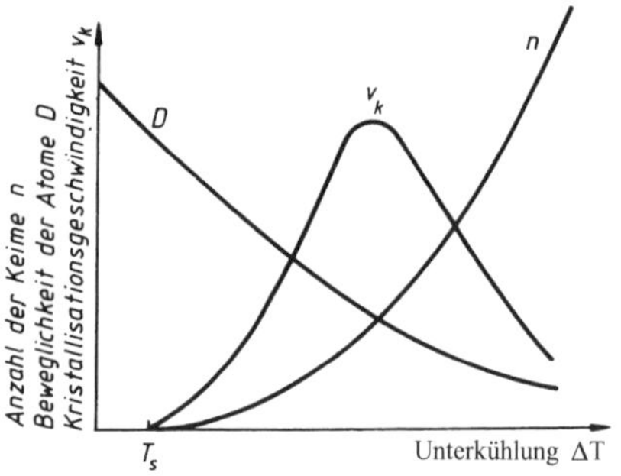

Bild 1.2–9 Einfluss der Unterkühlung
n Zahl der Keime (Keimzahl)
D Diffusionskoeffizient (≙ Beweglichkeit der Atome)
v_k Kristallisationsgeschwindigkeit

Feinkörniges Gefüge erhält man durch
- rasche Abkühlung der Schmelze,
- Impfen der Schmelze, d. h. Zugabe von keimbildungsfördernden Substanzen.

Grobkörniges Gefüge bildet sich
- bei Schmelzüberhitzung (vor der Erstarrung),
- bei langsamer Abkühlung der Schmelze,
- beim Glühen bzw. Halten dicht unterhalb der Erstarrungstemperatur.

Nicht nur beim Gießen entsteht ein Gefüge mit einer bestimmten Korngröße. Auch beim Erwärmen nach einer Kaltumformung (Rekristallisationsglühen, s. Abschnitt 4.2.1) und bei anderen Wärmebehandlungsverfahren (z. B. Normalglühen von Eisenlegierungen, s. Abschnitt 4.2.1) entstehen neue Gefüge. Dabei führen besonders hohe Temperaturen („Überhitzen") und zu lange Glühzeiten („Überzeiten") zu unerwünschtem Grobkorn.

Für metallische Werkstoffe gleicher chemischer Zusammensetzung gilt:
Feinkorn – hohe Festigkeit und Zähigkeit
Grobkorn – verringerte Festigkeit, erhöhte Sprödigkeit

Wärmebehandlung metallischer Werkstoffe, z. B. Glühen, bei hohen Temperaturen oder bzw. und bei zu langer Dauer führt zur Kornvergröberung.
Merke: „Überhitzen" und „Überzeiten" führen zu grobkörnigem Gefüge! Nachteilig!

Bestimmte Erstarrungsbedingungen führen dazu, dass der Kristall rasch, stängelförmig in die Schmelze hineinwächst (Bild 1.2–10). Verzweigen sich diese Kristalle tannenbaumähnlich, wird von *Dendriten* gesprochen.

Bild 1.2–10 Dendritenstruktur (1 : 1)

Übung 1.2–1
Was ist eine Phase und welche Arten kennen Sie?

Übung 1.2–2
Wie entstehen die Haltepunkte bei der Abkühlung oder Erwärmung reiner Stoffe (z. B. Metalle)?

Übung 1.2–3
Wie funktioniert ein Thermoelement?

Übung 1.2–4
Erklären Sie den Erstarrungsprozess einer Schmelze unter Gleichgewichtsbedingungen!

Übung 1.2–5
Weshalb strebt man meist ein feinkörniges Gefüge an? Wie wird es erzielt?

1.3 Elastische und plastische Verformung

Lernziele

Der Lernende kann …

- eine mechanische Beanspruchung fester Körper definieren und erläutern,
- Vorgänge bei der Kaltumformung metallischer Werkstoffe durch Walzen, Pressen, Ziehen usw. erklären,
- elastische und plastische Verformung unterscheiden,
- Eigenschaftsänderungen des Werkstoffes bei plastischer Verformung, insbesondere die Verfestigung, begründen,
- wichtige Einflussfaktoren des technologischen Umformprozesses nennen.

1.3.0 Übersicht

Die mechanische Beanspruchung (= Wirken von Spannungen) führt zu *elastischen* oder *plastischen* (bleibenden) *Verformungen* der Festkörper. Im Extremfall tritt der *Bruch* des beanspruchten Teiles ein. Den äußeren Kräften setzt der Werkstoff einen inneren Widerstand, die *Festigkeit*, entgegen.
Kalt umgeformte metallische Werkstoffe weisen andere Eigenschaften auf als im Gusszustand oder nach Glühbehandlung. Diese Eigenschaftsänderungen und deren Ursachen sind Hauptgegenstand dieses Abschnitts.

1.3.1 Mechanische Beanspruchung

Wirken Kräfte bzw. Momente auf feste Körper, so spricht man von *mechanischer Beanspruchung*. Als Maß verwendet man die spezifische Größe *Spannung*.
Man unterscheidet *Normalspannungen* σ und *Tangentialspannungen* τ (Bild 1.3–1). Eine Normalspannung wirkt stets senkrecht auf die Querschnittsebene des beanspruchten Bauteils. Tangentialspannungen wirken parallel zur betrachteten Ebene und streben nach gegenseitiger Verschiebung zweier Werkstoffbereiche.

Normalspannungen: Zug- und Druckspannungen, Biegespannungen
Tangentialspannungen: Scher- und Schubspannungen, Torsionsspannungen

Jede Spannung (Ursache) verursacht am Bauteil zeitweilig oder bleibend eine Änderung von Maß und Form (Wirkung).

$$\text{Spannung} = \frac{\text{Beanspruchungsgröße}}{\text{Querschnittsgröße}}$$

Einheit: 1 N/mm² = 1 MPa (Megapascal)

Bild 1.3–1 Normal- und Tangentialspannung

$$\sigma_{z(d)} = \frac{\pm F}{A} = \frac{\text{Normalkraft}}{\text{Querschnittsfläche}}$$

Zug-(Druck-)Spannung

Anmerkung: Im Zugversuch (vgl. Abschnitt 12.2.1.2) wird für den Probenquerschnitt der Buchstabe *S* verwendet.

Bei der Ermittlung des Werkstoffverhaltens unter mechanischer Beanspruchung und zur Gewinnung von Werkstoffkennwerten unterscheidet man *wahre Spannung* (σ bei Zugbeanspruchung) und *technische Spannung* (R beim Zugversuch). Bei der wahren Spannung wird die Kraft auf den augenblicklichen Querschnitt bezogen. Im Zugversuch (vgl. Abschnitt 12.2.1.2) wird vereinfachend die Kraft auf den Anfangsquerschnitt bezogen (technische Spannung R).

$$\sigma_b = \frac{M_b}{W} = \frac{\text{Biegemoment}}{\text{Widerstandsmoment}}$$

Biegespannung

$$\tau_a = \frac{F}{A} = \frac{\text{Scherkraft}}{\text{Scherfläche}}$$

Scherspannung

Ursache → Spannung → Formänderung ← Wirkung

(Ursache ↓ Spannung ——→ Formänderung ↑ Wirkung)

1.3.2 Elastische Verformung

Ein Werkstoff verhält sich rein *elastisch*, wenn die bei Beanspruchung eingetretene Formänderung nach Entlastung wieder null wird. Das Teil federt in seine Ausgangsform zurück (Bild 1.3–2). Elastische Formänderungen können somit nur auftreten, solange Spannungen wirken. Alle Maschinenteile, wie Federn, Wellen, Zahnräder; alle Bauteile überhaupt, dürfen sich nur elastisch verformen. Die Funktion der Teile erfordert eine Begrenzung der Formänderung, z. B. der Durchbiegung einer Getriebewelle, oder eine möglichst volle Nutzung des elastischen Bereichs, z. B. bei Federn.

Im kristallinen Gitter schwingen die Atome/Ionen um ihre Ruhelage. In der Ruhelage halten sich die anziehenden und abstoßenden Kräfte zwischen den Teilchen das Gleichgewicht. Unter der Wirkung der mechanischen Spannung werden die Teilchen aus ihrer Ruhelage herausbewegt. Die Atomabstände ändern sich nicht mehr im Gleichgewicht. Damit entsteht im Inneren des Werkstoffs eine Spannung, die der äußeren Spannung entgegengerichtet ist. Diese sorgt bei einer Entlastung dafür, dass der Werkstoff unverzüglich seine Ausgangslage wieder einnimmt (Bild 1.3–4).

Elastische Verformung tritt nur auf, solange eine Spannung wirkt (Maschinenteile, Federn usw.).

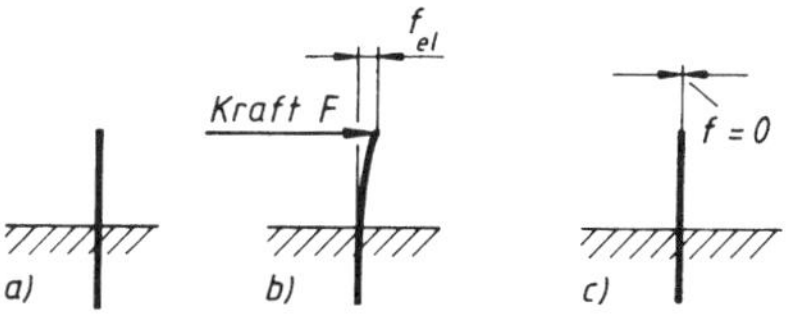

Bild 1.3–2 Elastische Verformung
a) Teil vor der Krafteinwirkung
b) Teil während der Krafteinwirkung
c) Teil nach Entlastung

$f = f_{el}$ = elastische Formänderung = Betrag der Durchbiegung des Stabes am Kraftangriffspunkt

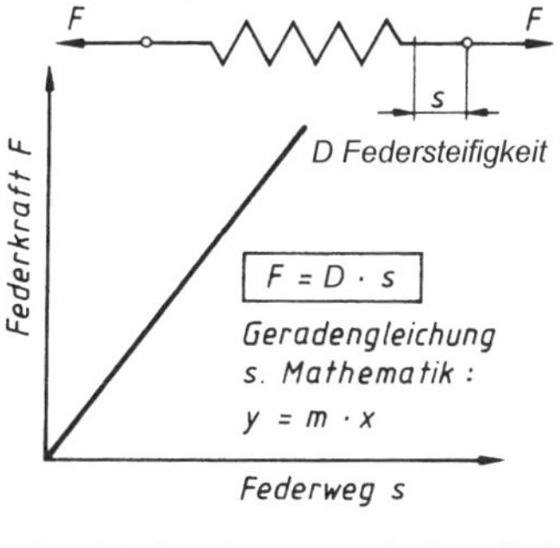

Bild 1.3–3 Lineare Federkennlinie

Solange die Spannung einen Grenzwert (z. B. die Streckgrenze im Zugversuch) nicht überschreitet, findet kein Abgleiten der Gitterebenen aufeinander bzw. keine Versetzungsbewegung (s. Abschnitt 1.3.3) statt und es werden keine Bindungen aufgehoben. Die Verformung ist vollständig reversibel. Wird der Werkstoff rein elastisch verformt, ist die aufgebrachte Spannung proportional zur elastischen Verformung (s. Abschnitt 12.2.1.2). Im Bereich der reinen elastischen Verformung gilt das Hooke'sche Gesetz:

für Zug-(Druck-)Beanspruchung

$\sigma = E \cdot e$

für Schubbeanspruchungen

$\tau = G \cdot \gamma$

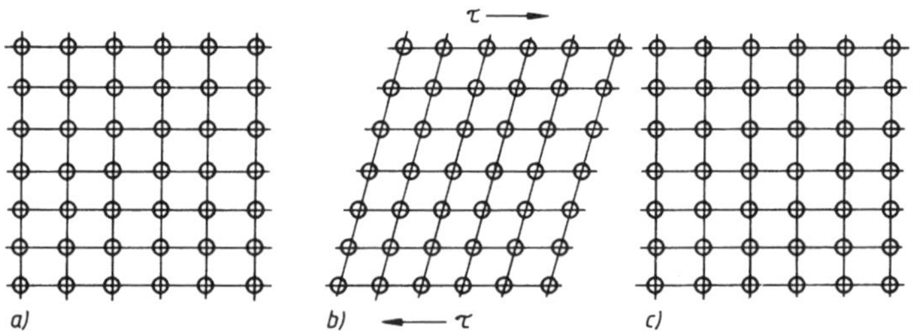

Bild 1.3–4 Gitterstruktur bei elastischer Formänderung (schematisch)
a) vor der Krafteinwirkung
b) während der Krafteinwirkung
c) nach Entlastung

1.3.3 Plastische Verformung

Bleibt nach Belastung ein bestimmter Formänderungsbetrag zurück, dann liegt eine *plastische* oder *bleibende Verformung* vor. Das Teil federt zwar bei Entlastung zurück, erreicht jedoch nicht wieder die Ausgangsform (Bild 1.3–5).

Plastische (bleibende) Verformung bleibt auch noch bestehen, wenn keine Spannung mehr wirkt (gewollter Vorgang bei allen Verfahren der Umformtechnik).

An Bauteilen von Maschinen, Anlagen, Fahrzeugen usw. darf keine plastische Formänderung eintreten, da Funktion und Sicherheit sofort gefährdet wären. Grundlage für die richtige *Dimensionierung* (Wahl der Abmessungen) beanspruchter Teile durch den Konstrukteur ist deshalb die elementare Forderung, dass im Bauteil vorhandene Spannungen stets kleiner oder höchstens gleich gegenüber den zulässigen Spannungen sein müssen.

Für alle Verfahren der Umformtechnik ist es erforderlich, entsprechend der gewünschten Formänderung die mechanische Beanspruchung des Werkstoffes durch geeignete Werkzeuge so hoch zu wählen, dass *Plastizität* (Fließverhalten) erzielt wird.

Bild 1.3–6 zeigt schematisch am Beispiel des Walzens, dass die Kornstruktur in Walzrichtung gestreckt wird. Durch diese plastische Verformung bildet sich eine *Walztextur* aus, d. h., die Kristalle nehmen eine Vorzugsrichtung in Walzrichtung an (Bild 1.1–24).

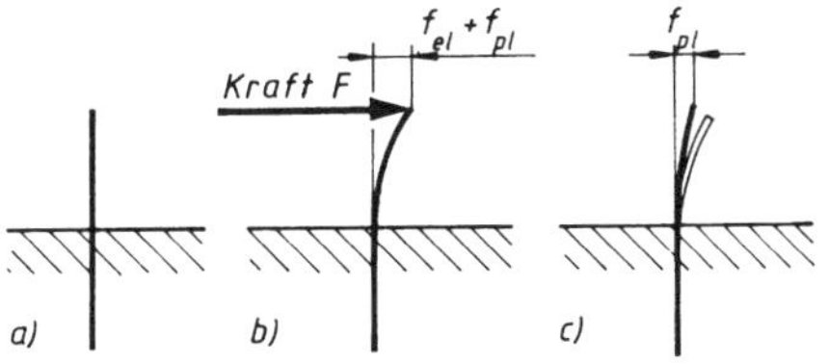

Bild 1.3–5 Plastische (bleibende) Verformung
a) Teil vor der Krafteinwirkung
b) Teil während der Krafteinwirkung
c) Teil nach Entlastung

f_{el} = elastische Formänderung
f_{pl} = plastische Formänderung = bleibender Betrag der Durchbiegung des Stabes am Kraftangriffspunkt

Voraussetzungen für die Haltbarkeit der Bauteile:

$$\sigma_{vorh} \leqq \sigma_{zul} \qquad \tau_{vorh} \leqq \tau_{zul}$$

vorh vorhanden
zul zulässig

> Zulässige Spannungen liegen deutlich unter der Fließgrenze des Werkstoffes. Sie werden branchenbezogen festgelegt.

Fertigungsverfahren der Umformtechnik (Beispiele)

Druckumformen:	Walzen, Gesenkformen
Zugdruckumformen:	Tiefziehen, Drücken
Zugumformen:	Längen, Weiten
Biegeumformung:	Biegen

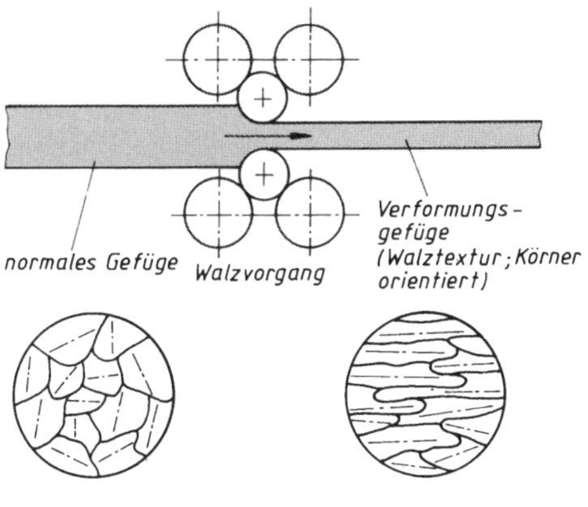

Bild 1.3–6 Kornstreckung durch Walzen (Walztextur)

Fließvorgang

Wird durch die äußeren Kräfte im Werkstoff eine Grenzspannung, die so genannte *Fließspannung* (= Fließgrenze), überschritten, so wird ein vielfaches Wandern von Versetzungen eingeleitet. Entsprechend der Geometrie des jeweiligen Metallgittertyps erfolgt das in bevorzugten Ebenen und Richtungen (*Gleitebenen und -richtungen*).

Bild 1.3–7 zeigt vereinfacht die Wirkung einer Schubspannung τ an einem Gitterausschnitt. Die Stufenversetzung bewegt sich (gleitet).

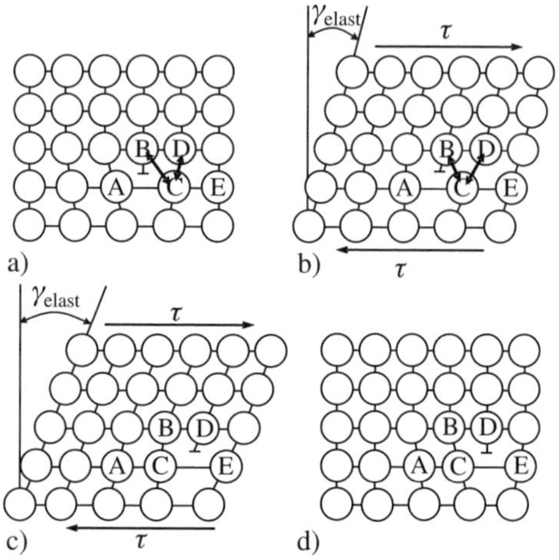

Bild 1.3–7 Gleiten von Stufenversetzungen

Neben dem Gleiten von Stufenversetzungen gibt es noch weitere Bewegungsarten, die z. T. nur mit anderen Gitterdefekten, wie Leerstellen, möglich sind oder nur bei erhöhten Temperaturen stattfinden (z. B. Klettern von Stufenversetzungen, Gleiten und Klettern von Schraubenversetzungen, kombinierte Versetzungsbewegung von Stufen- und Schraubenversetzungen).

Die Fließspannung erhöht sich beim realen Werkstoff (polykristallin, quasiisotrop) durch bereits vorhandene Versetzungen. Sie behindern die Bewegung neuer Versetzungen. Die Korngrenzen sind ein weiteres Hindernis. Dadurch vergrößert sich der Spannungswert recht erheblich.

Wird die Gesamtspannung σ_F aufgebracht und überschritten, wird ein *Fließen*, d. h. ein Umformen des betreffenden Werkstoffes, möglich.

Verfestigung

Festigkeit ist der Widerstand des Werkstoffs gegen eine bleibende Verformung. Die Plastizität beruht auf Versetzungsbewegung. Alle Mechanismen, welche die Bewegung der Versetzungen behindern, erhöhen die Festigkeit (Fließspannung):

Fließspannung beim Vielkristall:

$$\sigma_F = \sigma_0 + \Delta\sigma_v + \Delta\sigma_{KG} + \Delta\sigma_{Mk} + \Delta\sigma_T$$

- σ_0 Spannung, die Versetzungen erzeugt und bewegt
- $\Delta\sigma_v$ Spannungsanteil der Verformungsverfestigung
- $\Delta\sigma_{KG}$ Spannungsanteil der Korngrenzenverfestigung
- $\Delta\sigma_{Mk}$ Spannungsanteil der Mischkristallverfestigung
- $\Delta\sigma_T$ Spannungsanteil der Teilchenverfestigung

Anmerkungen:

- $\Delta\sigma_{Mk}$ und $\Delta\sigma_T$ sind nicht bei allen Werkstoffen vorhanden
- Begriff Mischkristall: s. Abschnitt 2.1.1

Eine zunehmende Menge im Gitter eingebauter Fremdatome, Ausscheidungen fremder Phasen, ein feinkörniges Gefüge und eine hohe Versetzungsdichte behindern die Versetzungsbewegung und führen zu einer erhöhten Festigkeit. Dementsprechend wird in Mischkristall-, Korngrenzen-, Teilchen- und Verformungsverfestigung unterschieden.

1. Mischkristallverfestigung
   Im Kristallgitter eingebaute Fremdatome (Einlagerungs- und Austauschmischkristalle) haben andere Teilchendurchmesser als die Atome des Wirtsgitters (Bild 1.1–14). Der verspannte Gitterbereich behindert die Versetzungsbewegung.
2. Teilchenverfestigung
   Kleine Ausscheidungen (Fremdphasen) innerhalb der Kristallite weichen im Gittertyp bzw. in der Gitterkonstanten vom Wirtsgitter ab. Sie behindern die Versetzungsbewegung.
3. Korngrenzenverfestigung
   Je feinkörniger ein polykristalliner Werkstoff ist, also je mehr er Korngrenzen aufweist, um so fester ist er. Korngrenzen sind für Versetzungen ein unüberwindliches Hindernis. Es kommt zum Stau der Versetzungen an den Korngrenzen.
4. Verformungsverfestigung
   Bei plastischer Verformung verfestigt sich der Werkstoff (Verformungs- oder Kaltverfestigung). Ursache ist die stetig zunehmende Versetzungsdichte.

Der *Verformungswiderstand* eines metallischen Werkstoffes steigt mit sinkender Temperatur und zunehmender Formänderungsgeschwindigkeit.

Die Verformungsverfestigung bei der Kaltumformung wird häufig absichtlich herbeigeführt, um höhere Festigkeiten des Materials nutzen zu können.

Beispiele
- Stahldraht: Kaltziehen zur Herstellung von Nägeln
- Messingblech: Kaltwalzen zur Herstellung von Federn

Bei der *Kaltumformung* verfestigt sich der metallische Werkstoff; physikalische und chemische Eigenschaften ändern sich teilweise ebenfalls.

Neben der Realstruktur wird der Verformungswiderstand maßgeblich von den Beanspruchungsbedingungen beeinflusst. Mit sinkender Temperatur und zunehmender Formänderungsgeschwindigkeit steigt die Fließspannung an.
Bis auf die Korngrenzenverfestigung führt die höhere Festigkeit durch die Verfestigungsmechanismen zur Verminderung der Zähigkeit und des Umformvermögens.

Zugversuch und Härtemessung (Kapitel 12) liefern Werkstoffkennwerte, die die Änderung der mechanischen Eigenschaften mit zunehmender Kaltumformung verdeutlichen. Bild 1.3–8 zeigt diesen Sachverhalt für Blech aus Reinaluminium.

Mit zunehmender Verformung sinkt die Bruchdehnung *A*, und Härte *HB* sowie Zugfestigkeit R_m steigen an.

Durch die Kaltumformung ändern sich auch andere, physikalische und chemische Eigenschaften, z. B. die

- elektrische Leitfähigkeit (sinkt bei Cu und Al bis zu 5 %)
- Korrosionsbeständigkeit (Beständigkeit gegen chemischen Angriff, ändert sich bei kaltverformter, z. B. kalibrierter Randschicht)

Das Verhalten der Werkstoffe bei Zugbeanspruchung vom unbelasteten Zustand bis zum Bruch wird ausführlich beim Zugversuch (Kapitel 12) beschrieben.

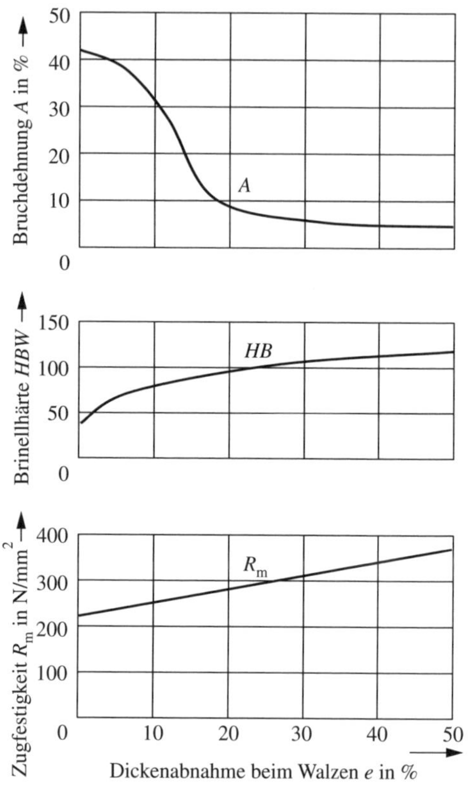

Bild 1.3–8 Einfluss der Dickenabnahme beim Walzen von Reinaluminium auf die mechanischen Eigenschaften von Tiefziehblech

Bruch

Bei einem Bruch werden die Bindungen in einem Bauteil oder einer Probe komplett überwunden. Die Trennung erfolgt dabei immer nur örtlich, also über Anrissbildung und Risswachstum.

Je nach Beanspruchungscharakteristik und Realstruktur des Werkstoffs ergeben sich ganz typische Erscheinungsformen des Bruchs. Es wird unterschieden in:

1. Gewaltbruch durch stetig zunehmende Belastung (Sprödbruch, Verformungsbruch: s. Bild 1.3–9)
2. Dauerbruch durch eine schwingende Beanspruchung (Bild 12.2–52).

Ein Bruch ist die Trennung eines Werkstoffs infolge von Anrissbildung und der Ausbreitung des Risses (Rissfortschritt).

Im Kapitel 12 wird eine Möglichkeit beschrieben, wie man die Zähigkeit von Werkstoffen bestimmen kann.
Rissbildung und Rissausbreitung werden wissenschaftlich in der *Bruchmechanik* näher untersucht.

a)

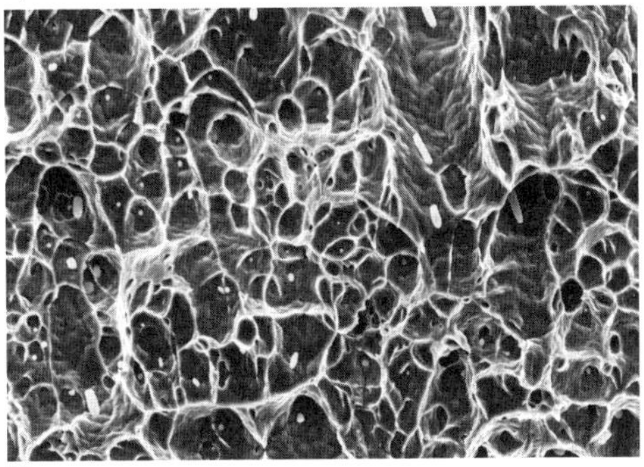

b)

Bild 1.3–9 Rasterelektronenmikroskopische Untersuchung von Brüchen an Stählen;
a) transkristallin verlaufender Sprödbruch,
b) Verformungsbruch mit den typischen Verformungswaben

Übung 1.3–1
Was ist eine Spannung? Wodurch unterscheiden sich Normal- und Tangentialspannung?

Übung 1.3–2
Erklären Sie den Begriff Formänderung! Stellen Sie die elastische Formänderung der plastischen gegenüber!

Übung 1.3–3
Weshalb tritt bei elastischer Formänderung keine Eigenschaftsänderung im Werkstoff ein?

Übung 1.3–4
Wie kommt es zur Kaltverfestigung?

1.4 Thermisch aktivierte Vorgänge

Lernziele

Der Lernende kann …

- erläutern, dass eine bestimmte Aktivierungsenergie erforderlich ist, um Atome und Leerstellen im Gitter zu „bewegen",
- mit mehreren Beispielen begründen, dass thermisch aktivierte Vorgänge von grundlegender Bedeutung sind,
- die Diffusion als einen elementaren Prozess beschreiben,
- die Wirkung einer Erwärmung auf kaltumgeformte Metallteile erklären,
- die Bedingungen und Gesetzmäßigkeiten der Rekristallisation prinzipiell nennen,
- angeben, wie Kornvergröberungen und damit Minderung der Festigkeit technologisch vermieden werden.

1.4.0 Übersicht

Alle Vorgänge, bei denen Atome durch thermische Schwingungen ihre Gitterplätze wechseln, bezeichnet man als *thermisch aktiviert*. Einlagerungsatome und Zwischengitterplätze, Leerstellen und andere Gitterbaufehler stehen dabei in Wechselwirkung. Ausgelöst durch zugeführte Energie (Erwärmung), kommt es bei Überschreitung einer bestimmten Aktivierungsenergie zum Platzwechsel von Atomen bzw. zur „Wanderung" von Leerstellen.

Praktische Bedeutung haben besonders der Ausgleich von Konzentrationsunterschieden (Unterschiede in der Zusammensetzung im Gitter bei zwei oder mehreren Atomarten) durch *Diffusion* sowie die *Erholung* und die *Rekristallisation* nach Verformungsvorgängen. Diese wichtigen Vorgänge werden im folgenden Abschnitt beschrieben. Soweit erforderlich, werden geltende Gesetzmäßigkeiten und Einflüsse deutlich gemacht. In anderen Kapiteln werden weitere thermisch aktivierte Vorgänge dargestellt:

- Umordnung von Atomen bei Gitterumwandlungen (z. B. γ-α-Umwandlung Fe–Fe_3C, Entmischung des γ-Eisens bei der eutektoiden Umwandlung zu Perlit)
- Ausscheidung von gelösten Atomen aus übersättigten Mischkristallen (z. B. Aushärtung von AlCuMg-Legierungen, Bildung von Sekundärzementit aus dem γ-Eisen, Fe–Fe_3C)

1.4.1 Gittervorgänge unter Temperatureinfluss

Vielfach wird angenommen, dass nach der Erstarrung metallischer Werkstoffe ein „Endzustand" mit unveränderlichen Eigenschaften erreicht ist. Das ist keineswegs so.
Sie lernten bereits kennen (s. Abschnitt 1.1.2.2), dass polymorphe Metalle bei Temperaturen unter dem Erstarrungspunkt unterschiedliche Gittertypen haben.
Die Atome eines Metalls können demzufolge auch im festen Zustand ihre Anordnung in Abhängigkeit von den Zustandsgrößen Druck und Temperatur ändern.

Auch durch Energiezufuhr (Erwärmung) können bei gleichem Gittertyp und bei allen Metallen die Atome ihre Plätze wechseln oder Leerstellen wandern. Auf diese Weise kann z. B. aus einer ungeordneten, willkürlichen (= statistischen) Atomverteilung eine geordnete Struktur entstehen.
Technologisch wichtig sind Vorgänge, die gleichzeitig mit einer Änderung der chemischen Zusammensetzung ablaufen. Dazu gehören Lösungs- und Ausscheidungsvorgänge.
Phasenumwandlungen dieser Art sind unterkühlbar, d. h., bei rascher Abkühlung kann der Ablauf unterdrückt werden (die Beweglichkeit der Atome ist bei niedrigen Temperaturen für eine Phasenumwandlung zu gering).

> Bei ausreichend hohen Temperaturen können im festen metallischen Werkstoff Atome wandern, und die strukturelle Fehlordnung kann sich verändern. Durch Temperaturänderungen kann es zu unterschiedlichen Ordnungsgraden bei verschiedenen Atomarten im Gitter und zur Bildung neuer Phasen kommen.

Thermisch aktivierte Vorgänge (Auswahl):

- Phasenumwandlungen
- Erholung
- Rekristallisation
- Kornwachstum
- Ordnungs- und Entmischungsvorgänge
- Ausscheidung

1.4.2 Diffusion

Atome sind nicht unveränderlich an ihren Platz gebunden. In Gasen und Flüssigkeiten wechseln die Atome bzw. Moleküle ständig ihre Position. Aber auch in kristallinen Festkörpern können die Atome bzw. Ionen in bestimmtem Maße wandern. Diese Platzwechselvorgänge sind temperaturabhängig und werden als Diffusion bezeichnet.

> *Diffusion* ist der thermisch aktivierte Platzwechsel der Atome.

Diffusion

Selbstdiffusion	*Fremddiffusion*
Platzwechsel gittereigener Atome	Platzwechsel gitterfremder Atome

Man unterscheidet:

a) *Selbstdiffusion*
   Platzwechsel der Atome mit Leerstellen (eine Atomart)

b) *Fremddiffusion* (konzentrationsabhängige Diffusion)
   Mechanismus wie unter a) beschrieben, verschiedene Atomarten, Konzentrationsunterschiede in Legierungen werden durch Diffusion ausgeglichen, Einstellung der Gleichgewichtskonzentration bzw. Ausgleich der chemischen Potenziale (Triebkraft der Diffusion)

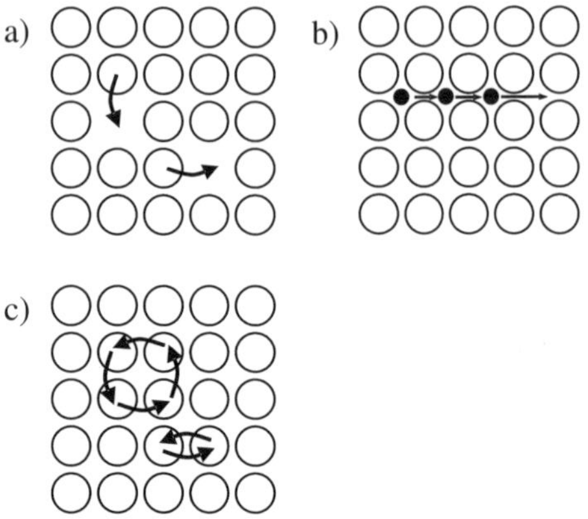

Bild 1.4–1 Platzwechselmöglichkeiten im Gitter
a) Leerstellenmechanismus
b) Zwischengittermechanismus
c) Austauschmechanismus

Zur Einleitung einer Atomwanderung ist eine Aktivierungsenergie erforderlich, die deutlich über dem Energiegrundzustand des Atoms liegt. Man kann sich vorstellen, dass das Atom aus einer „eingeklemmten Lage“ erst gelöst werden muss (Bild 1.4–2).

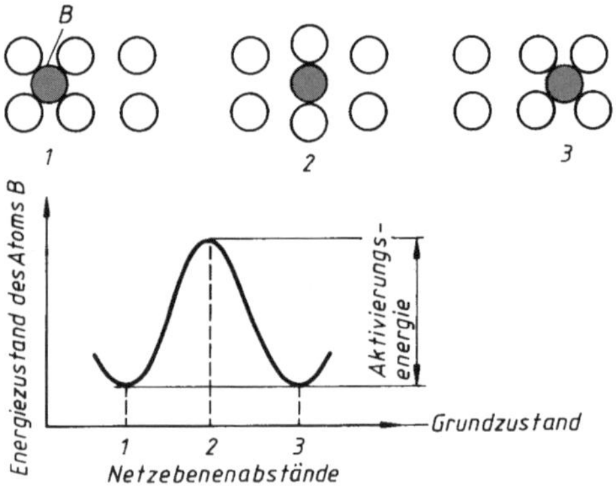

Bild 1.4–2 Erforderliche Energie für den Platzwechsel des Atoms B (Aktivierungsenergie)

Unter bestimmten Umständen kann die Diffusion auch gerichtet sein, d. h., die Teilchenwanderung hat dann eine Vorzugsrichtung. Diese gerichtete Diffusion verändert auch die mechanischen, physikalischen und chemischen Eigenschaften des Werkstoffs. Triebkräfte hierfür sind:

1. Konzentrationsunterschied (Bild 1.4–3)
   Beispiel: Bewirkt Aufkohlung beim Einsatzhärten
2. Temperaturunterschied
   Beispiel: Bewirkt gerichtete Erstarrung beim Gießen

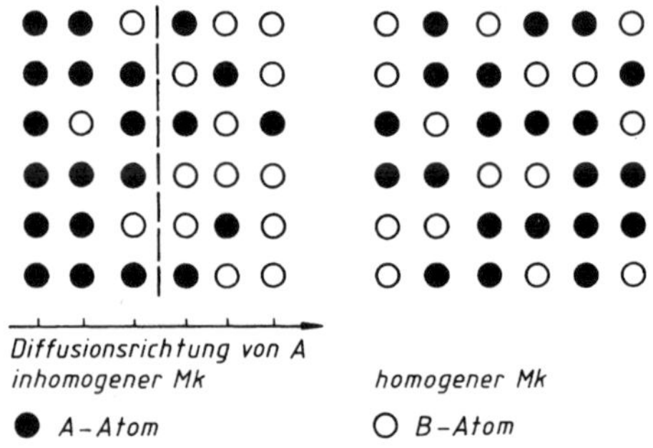

Bild 1.4–3 Schematische Darstellung zur Fremddiffusion (gerichtete Diffusion)

3. Umwandlungsbestreben instabiler Phasen
   Beispiel: Phasenumwandlung γ-/α-Eisen
4. Verringerung der Oberflächenenergie
   Beispiel: Einformung von lamellarem Zementit (s. Wärmebehandlung der Eisenwerkstoffe)

Zum Ausgleich der Konzentration zweier benachbarter Gitterebenen (d. h. Herstellen einer gleichmäßigen Verteilung verschiedener Atomarten auf beiden Gitterebenen) tritt ein Stofffluss infolge Diffusion ein (Bild 1.4–4). Wie die nebenstehende Gesetzmäßigkeit zeigt, ist dessen Größe dem Konzentrationsgefälle direkt proportional.

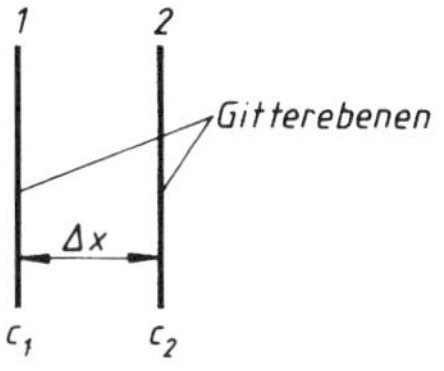

Bild 1.4–4 Diffusion zwischen den Gitterebenen *1* und *2* (schematisch)

$c_1 - c_2 = \Delta c$ Konzentrationsunterschied

$$F = -D\frac{\Delta c}{\Delta x}$$

Anmerkung:
Δ (griechisch groß Delta) wird für Differenzen verwendet (s. Mathematik)
$\Delta c/\Delta x$ ist ein Differenzenquotient

F Stofffluss durch Diffusion (d. h. transportierte Masse je Flächen- und Zeiteinheit)
D Diffusionskoeffizient
Δx Diffusionsweg
$\frac{\Delta c}{\Delta x}$ Konzentrationsgefälle

Der Proportionalitätsfaktor ist der *Diffusionskoeffizient D*. Er ist von den beteiligten Bausteinen und der Temperatur abhängig und charakterisiert die Geschwindigkeit des Diffusionsvorgangs. Bild 1.4–5 zeigt die Abhängigkeit des Diffusionskoeffizienten D für verschiedene Elemente, die erwünscht oder unerwünscht im α-Eisen-Mischkristall vorkommen.

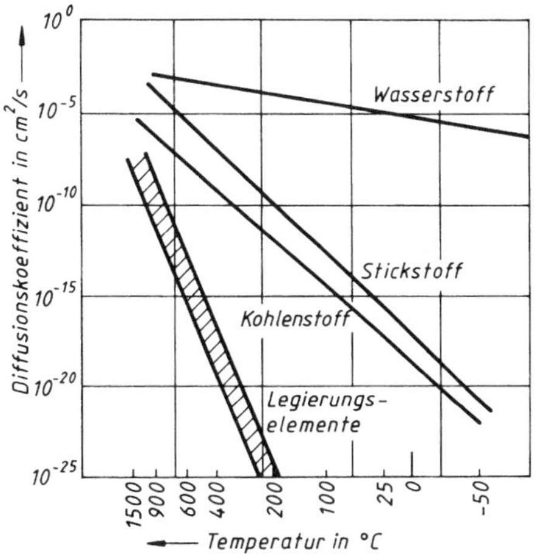

Bild 1.4–5 Temperaturabhängigkeit des Diffusionskoeffizienten

Die Erscheinung der Diffusion lässt sich wie folgt veranschaulichen: Werden ein Teil Cu und ein Teil Ni mit möglichst ebener und reiner Oberfläche aneinandergepresst, so wandern bei ausreichender thermischer Aktivierung Cu-Atome in das Ni-Gitter und Ni-Atome in das Cu-Gitter, bis im Extremfall eine homogene CuNi-Legierung, also ein Teil aus einem neuen Werkstoff, vorliegt (Bild 1.4–6).

Man erkennt:

- *D* fällt mit abnehmender Temperatur. Bei vielen Elementen ist bei Raumtemperatur keine Diffusion mehr möglich.
- Gase haben im Festkörper eine wesentlich größere Diffusionsmöglichkeit als die Atome vieler Legierungselemente.

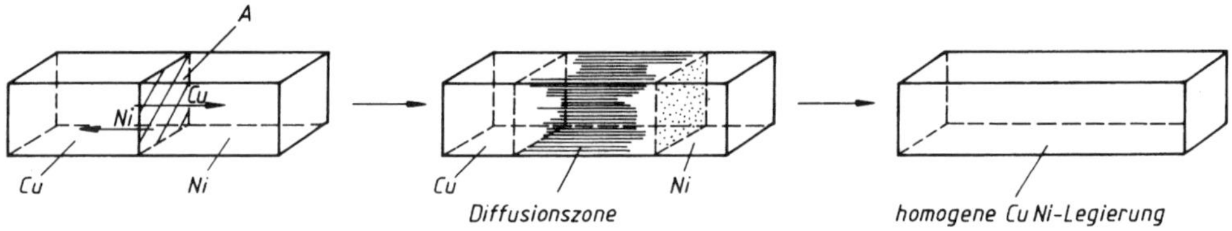

Bild 1.4–6 Schematische Darstellung der Diffusion am Beispiel Cu-Ni (nach Bergmann)
A Diffusionsquerschnitt (= gemeinsame Grenzfläche zwischen Kupfer und Nickel)

Im normalen polykristallinen Werkstoff kann die Diffusion von der Oberfläche her, im Gitter (d. h. im Korn) und an den Korngrenzen in der im Bild 1.4–7 angegebenen Weise erfolgen. Die Platzwechsel bei der Oberflächen- und Korngrenzendiffusion erfordern eine niedrigere Aktivierungsenergie als die Volumendiffusion im Korninneren. Sie finden deshalb häufiger, also insgesamt mit einer größeren Geschwindigkeit statt.

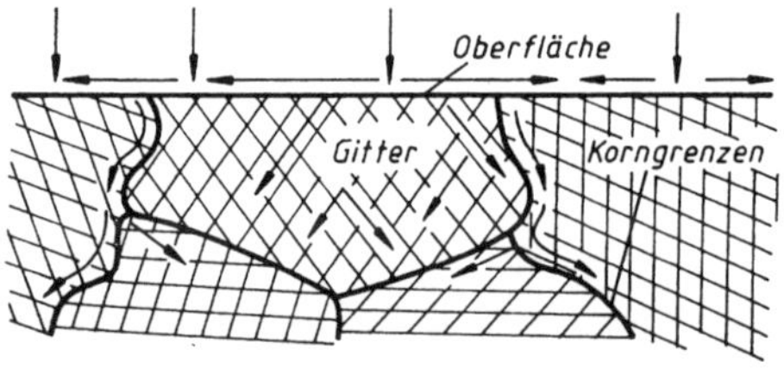

Bild 1.4–7 Schematische Darstellung der Oberflächen-, Korngrenzen- und Volumendiffusion

Bei konstantem Konzentrationsgefälle folgt die erreichbare *Eindringtiefe* einem parabolischen Zeitgesetz.
Dieser Zusammenhang ist technisch wichtig für thermochemische Behandlungen von Stahl und für die Ermittlung des Schichtdickenwachstums bei chemischer Korrosion.

Parabolisches Zeitgesetz der Diffusion für

$$\frac{\Delta c}{\Delta x} = \text{konst.}$$

$$x^2 = kt$$

$$\boxed{x = \sqrt{kt}}$$

x Eindringtiefe in cm
k Konstante
t Diffusionszeit in s

1.4.3 Erholung und Rekristallisation

Bei nachträglicher Erwärmung eines plastisch verformten Metalls kommt es infolge der mit steigender Temperatur zunehmenden Atom- und Versetzungsbeweglichkeit zunächst zu den ziemlich komplizierten Vorgängen der *Kristallerholung*, die nicht mit merklichen lichtmikroskopisch sichtbaren Gefügeänderungen und nur mit geringen Veränderungen der mechanischen Eigenschaften verbunden sind. Dabei ordnen sich die Versetzungen so an, dass innere Gitterverspannungen (Eigenspannungen) abgebaut werden.
Im Bestreben, die Folgen der Kaltumformung (erhöhte Versetzungsdichte, Gitterspannungen) wieder zu beseitigen, tritt in bestimmten, werkstoffabhängigen Temperaturbereichen eine teilweise Rückbildung, ein gewisses Ausheilen, ein. Eine Gefügeneubildung oder Verschiebung der Korngrenzen tritt bei der Erholung nicht auf. Einige Eigenschaften, z. B. die elektrische Leitfähigkeit, bilden sich fast vollkommen wieder zurück.
Beim Überschreiten einer bestimmten Mindesttemperatur, der Rekristallisationsschwelle ϑ_R, werden schließlich die verformungsbedingten Eigenschaftsänderungen durch Bildung neuer unverzerrter Kristallite unveränderten Gittertyps wieder beseitigt und damit im Zusammenhang die Versetzungsdichte des Werkstoffs etwa auf den Ausgangswert vor der Verformung herabgesetzt. Die Rekristallisationsschwelle ϑ_R von reinen Metallen ist vom Grad der vorangegangenen Umformung abhängig. Sie kann etwa mit 0,4-mal der Schmelztemperatur T_S abgeschätzt werden.
Den mit der Aufzehrung aller verformungsverzerrten Kristallite abgeschlossenen Vorgang der Kristallneubildung bezeichnet man als *Primärrekristallisation* (Bild 1.4–8).

> Als *Erholung* bezeichnet man komplexe Vorgänge in metallischen Werkstücken nach Kaltverformung. Bei Erwärmung (selten bei Raumtemperatur; z. B. Al) kommt es zum Ausheilen von Gitterfehlern und -spannungen und damit zur Rückbildung einiger Eigenschaften. Die Verfestigung bleibt im Wesentlichen noch erhalten.

Tabelle 1.4–1 Rekristallisationstemperaturen verschiedener Metalle ϑ_R

Metall	ϑ_R in °C
Al	150 . . . 240
Cu	200 . . . 230
Fe	350 . . . 450
Ni	$\approx$ 600
Pb	−3 . . . 0
Sn	0 . . . 30
Ta	$\approx$ 1 000
W	$\approx$ 1 200
Zn	10 . . . 80

> *Rekristallisationstemperatur* ϑ_R:
> - ist charakteristisch für den Werkstoff,
> - hängt von der Schmelztemperatur ab.

> *Rekristallisation* ist die Kristallneubildung bei kaltverformtem Gefüge durch Erwärmung über die Rekristallisationsschwelle ϑ_R. Es entsteht eine rundliche Kornstruktur. Die Verfestigung und alle anderen, bei der Verformung eingetretenen Eigenschaftsänderungen werden dadurch vollständig rückgängig gemacht.

Primärrekristallisation → Vorgang der Kristallneubildung

Sekundärrekristallisation → extremes Kornwachstum unter bestimmten Bedingungen

Die durch Primärkristallisation entstandenen Körner können bei längerer Glühdauer oder höherer Glühtemperatur nachträglich gleichmäßig oder ungleichmäßig weiterwachsen. Es tritt – je nach den speziellen Bedingungen – ein stetiges oder ein unstetiges Kornwachstum auf. Letzteres wird auch als *Sekundärrekristallisation* bezeichnet.

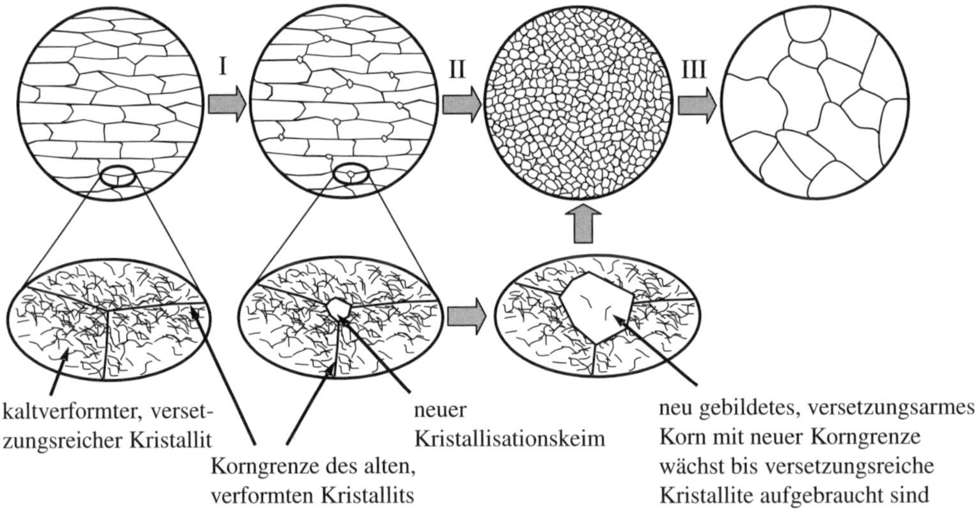

Bild 1.4–8 Rekristallisation
I Keimbildung und einsetzendes Wachstum des „neuen Gefüges"
II Kornneubildung, „Aufzehrung" des verformten Gefüges
III Kornwachstum nach Abschluss der Kornneubildung

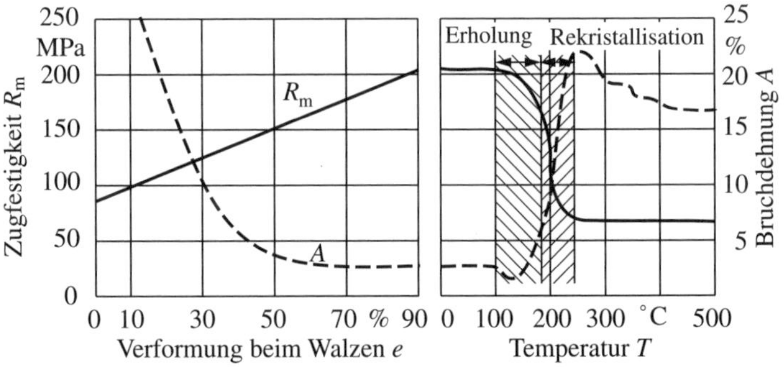

Bild 1.4–9 Einfluss einer Kaltumformung (links) und einer nachfolgenden Rekristallisationsglühung auf die mechanischen Eigenschaften R_m und A: siehe Abschnitt 12.2 Zugversuch

Die Größe der sich durch Rekristallisation bildenden Kristallite, die z. B. auch die mechanischen Eigenschaften beeinflusst, hängt von einer Reihe verschiedener Faktoren ab. In den herkömmlichen *Rekristallisationsdiagrammen* nach *Czochralski* wird die Abhängigkeit der Korngröße von der Glühtemperatur und vom Grad der vorangegangenen Verformung für eine bestimmte, konstant gewählte Glühdauer dargestellt. Deutlich wird am Beispiel des Rekristallisationsschaubildes von Zinn (Bild 1.4–10), dass eine große vorausgegangene Kaltverformung eine möglichst niedrige Temperatur ein feinkörniges Gefüge zur Folge hat. Nachteil dieses Diagrammtyps ist, dass bei ihm die Einflüsse von Primärrekristallisation sowie stetigem und unstetigem Kornwachstum nicht getrennt sind.

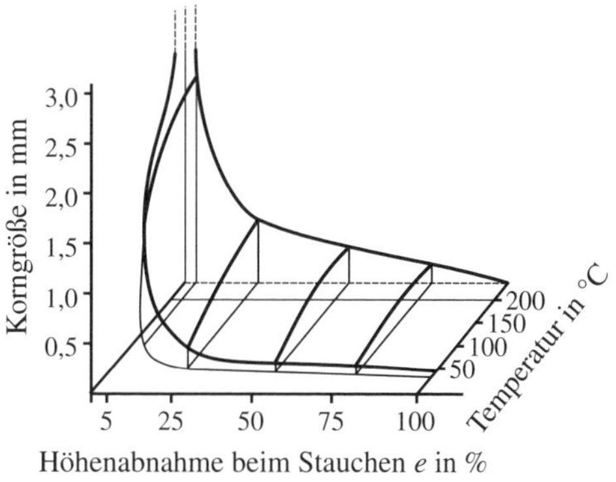

Bild 1.4–10 Rekristallisationsdiagramm des Zinns (nach Czochralski)

Korngröße $= f$(Verformung, Temperatur)

Die Intensität einer Verformung (Umformung) wird im praktischen Gebrauch häufig wie folgt angegeben: z. B.

- Höhenabnahme beim Stauchen in %
- Dickenabnahme beim Walzen oder Walzgrad in %
- Längenänderung beim Ziehen in %

In der Umformtechnik wird der Formänderungszustand durch den Umformgrad angegeben (vgl. Abschnitt 12.2.1.2). Betrachtet man die Formänderung in einer Achse (Verlängerung bei Zug, Verkürzung bei Druck), so ist der Umformgrad (Verformungsgrad) φ der natürliche Logarithmus des Quotienten L_1/L_0 (Länge nach erfolgter Verformung/Ausgangslänge).

Umformgrad (Verformungsgrad) für Zugbelastung

$$\varphi = \ln \frac{L_1}{L_0}$$

L_0 Ausgangslänge
L_1 Länge nach erfolgter Verformung

Anmerkung: In der Technischen Mechanik sowie im englischen Sprachraum wird für die logarithmische Formänderung das Symbol ε verwendet.

Zum besseren Verständnis wird jeweils eine der drei Größen (Temperatur, Umformgrad, sich einstellende Korngröße) konstant gehalten und der Zusammenhang zwischen zwei Größen betrachtet:

Bild 1.4–11: Es ist ein Minimum an Formänderung erforderlich, um überhaupt eine Rekristallisation einleiten zu können. Das Minimum ist der kritische Umformgrad φ_k. Je geringer der Umformgrad ist, um so gröber wird das Gefüge.
Geringe Umformgrade möglichst vermeiden!
Geringe Festigkeit durch Grobkorn!

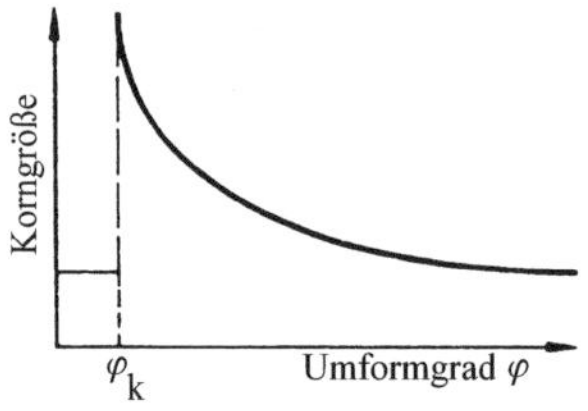

Bild 1.4–11 Abhängigkeit der Korngröße vom Umformgrad
φ_k kritischer Umformgrad

Bild 1.4–12: Nur durch eine Erwärmung über die Rekristallisationsschwelle bei ausreichend hohem Umformgrad wird die Rekristallisation eingeleitet. Niedrige Umformgrade erfordern höhere Glühtemperaturen.

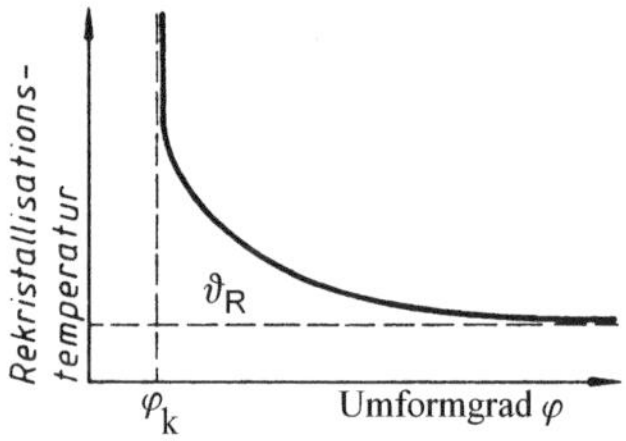

Bild 1.4–12 Abhängigkeit der Rekristallisationstemperatur vom Umformgrad

Bild 1.4–13: Mit zunehmender Temperatur vergröbert sich das Rekristallisationsgefüge (Gebiete des extremen Kornwachstums, der Sekundärrekristallisation, berücksichtigt diese Kurve nicht).

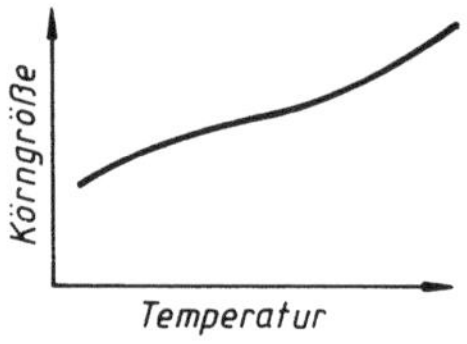

Bild 1.4–13 Abhängigkeit der Korngröße von der Temperatur

Der *Einfluss der Zeit* ist im herkömmlichen Rekristallisationsdiagramm nicht enthalten. Bild 1.4–14 zeigt, dass die Korngröße zunächst zügig zunimmt, bis der Neuaufbau des Gefüges abgeschlossen ist. Danach tritt allmählich ein weiteres Kornwachstum ein. Das Gefüge ist bestrebt, einen energieärmeren Zustand einzunehmen. Einige Körner wachsen auf Kosten anderer Körner, die verschwinden. Dadurch werden insgesamt Korngrenzen abgebaut, sodass sich die Gesamtoberfläche aller Körner verringert.

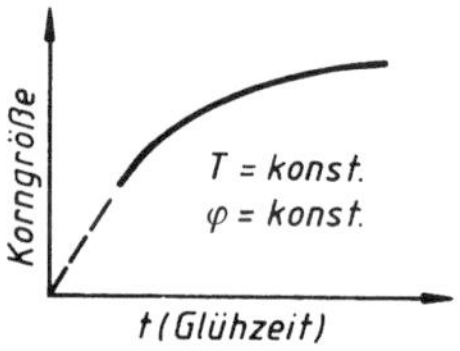

Bild 1.4–14 Abhängigkeit der Korngröße von der Glühzeit

Rekristallisationsglühen nennt man die gezielte Wärmebehandlung, die zum Abbau der Kaltverfestigung kaltumgeformter Teile führt.
Das Verfahren wird im Abschnitt 4.2.1.6 in seiner Anwendung auf Stahl beschrieben. Bild 4.2–10 zeigt den Gefügeaufbau von Zugproben aus Aluminium mit unterschiedlichem Umformgrad.

Die folgenden Rekristallisationsdiagramme zeigen deutlich ausgesprochene Grobkornbereiche (Sekundärrekristallisation)

- Bild 1.4–15: Aluminium (99,6 % Al) bei hohem Umformgrad und hoher Glühtemperatur
- Bild 1.4–16: Reineisen (gilt angenähert auch für C-armen Stahl) bei geringem Umformgrad und Temperaturen zwischen 700 und 800 °C

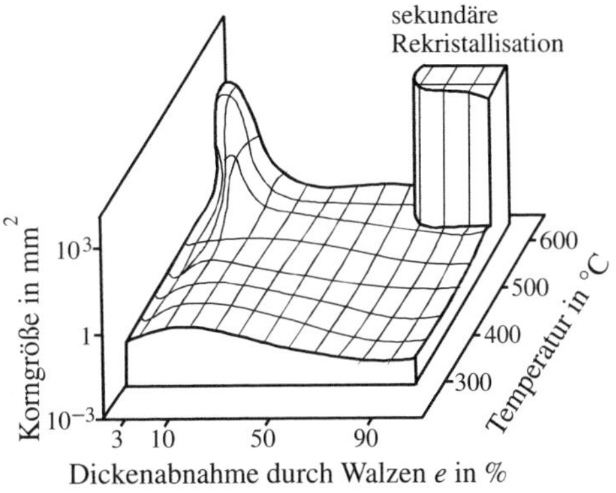

Bild 1.4–15 Rekristallisationsdiagramm für Aluminium (99,6 % Al) nach Dahl und Pawlek

Als *Warmverformung* bezeichnet man üblicherweise eine plastische Verformung bei Temperaturen oberhalb der Rekristallisationstemperatur.
Nach einer solchen Verformung liegt der Werkstoff bei Raumtemperatur im rekristallisierten Zustand vor. Obwohl auch bei der Warmumformung ständig neue Versetzungen entstehen, werden diese durch die parallel ablaufende Rekristallisation sofort wieder abgebaut.

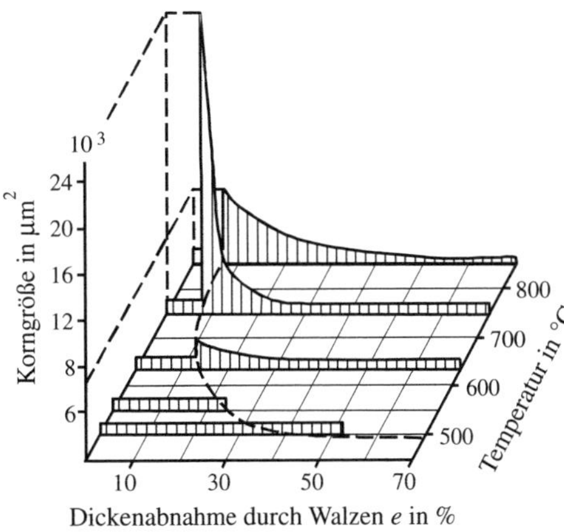

Bild 1.4–16 Rekristallisationsdiagramm von Reineisen

Der erreichbare Umformgrad ist bei einer Warmverformung sehr groß, da eine Verformungsverfestigung nicht wirksam wird. Die nach einer Warmverformung eventuell beobachtete Verbesserung der Festigkeit ist – im Unterschied zu einer Kaltverformung (Verformungstemperatur unterhalb der Rekristallisationstemperatur) – nicht mit einer Verschlechterung der Plastizität bzw. Zähigkeit verbunden und wird auf andere Ursachen zurückgeführt (Beseitigung einer ungünstigen Gussstruktur, Kornverfeinerung, „Zertrümmerung“ und feine Verteilung spröder Einschlüsse u. a.)

Warmverformung (Warmumformung) liegt vor, wenn die Umformtemperatur oberhalb der Rekristallisationstemperatur liegt.

Bemerkung: Alle Rekristallisationsdiagramme gelten jeweils nur für Metalle eines bestimmten Reinheitsgrades, bestimmter Verformungsbedingungen, bestimmter Erwärmungsgeschwindigkeit usw.

Übung 1.4–1
Was ist ein thermisch aktivierter Vorgang?

Übung 1.4–2
Wie nennt man die Energie, die zur Auslösung von Diffusionsvorgängen mindestens aufgebracht werden muss?

Übung 1.4–3
Welche Triebkraft bewirkt eine gerichtete Diffusion?

Übung 1.4–4
Wie verändert sich der Diffusionskoeffizient D mit zunehmender Temperatur?

Übung 1.4–5
Was setzen Erholung und Rekristallisation metallischer Stoffe gleichermaßen voraus?

Übung 1.4–6
Was ist eine Rekristallisation?

Übung 1.4–7
Weshalb ist grobkörniges Gefüge unerwünscht? Wie lässt es sich durch praktische Maßnahmen vermeiden?

Übung 1.4–8
Vergleichen Sie die Festigkeit eines Metalls vor und nach einer Kaltumformung und nach erfolgter Rekristallisation!

Lernzielorientierter Test zu Kapitel 1

1. Metallbindung
   A entsteht durch Elektronenaufnahme
   B entsteht durch Elektronenabgabe
   C bewirkt gute elektrische Leitfähigkeit
   D bewirkt Kristallstrukturen hoher Festigkeit bei guter Verformbarkeit
   E bewirkt niedrige Schmelz- und Siedepunkte
2. Wichtige Gitterstrukturen der häufigsten Gebrauchsmetalle sind
   A monoklin
   B kubisch-raumzentriert, kubisch-flächenzentriert (krz, kfz)
   C rhomboedrisch
   D hexagonal-dichtester Packung (hdP)
   E triklin
3. Polymorphe Metalle
   A sind transparent (durchsichtig)
   B oxidieren leicht
   C haben in verschiedenen Temperaturbereichen unterschiedliche Gitterstrukturen
   D nennt man auch Metalle mit allotropen Modifikationen
4. Ein Realkristall ist
   A eine Modellvorstellung einer Gitterstruktur
   B eine Gitterstruktur, die Fehler (Defekte) enthält
   C eine reine Kristallsubstanz
   D eine unreine Kristallsubstanz
   E wirklichkeitsnah
5. Anisotrop ist
   A jedes beliebige Stück Metall
   B Metallschmelze
   C ein Whisker
   D ein Vielkristall (Polykristall) ohne Textur
   E ein Silicium-Einkristall
6. Der Versuchsaufbau der thermischen Analyse veranschaulicht
   A Umwandlungstemperaturen (z. B. Erstarrungstemperaturen)
   B den Wärmeinhalt bei verschiedenen Temperaturen
   C Haltepunkte
   D die chemische Zusammensetzung
7. Feinkörniges Gefüge bei der Erstarrung
   A entsteht durch eine hohe Keimzahl
   B ist unerwünscht
   C besitzt gute Festigkeitseigenschaften
   D entsteht bei langsamer Abkühlung
   E ist erwünscht
8. Mechanische Beanspruchung der Werkstoffe
   A tritt nur bei bewegten Teilen auf
   B ist das Wirken von Spannungen
   C führt, je nach Intensität, zu elastischen und plastischen Formänderungen
   D erfordert die Berechnung der Mindestabmessungen der Teile (Dimensionierung)
9. Umformen metallischer Werkstoffe
   A ist das Gießen und Sintern von kleinen Werkstücken
   B ist die mechanische Beanspruchung oberhalb der Fließgrenze
   C ist z. B. Walzen, Tiefziehen, Drücken, Biegen
   D ist die Rückfederung entlasteter Teile
   E erzeugt und bewegt Versetzungen
10. Kaltumformung bewirkt
    A Festigkeitsanstieg (Kaltverfestigung, Kalthärtung)
    B Farbumschlag
    C Änderung der Gitterstruktur
    D Erhöhung der Korrosionsbeständigkeit
    E Verringerung der elektrischen Leitfähigkeit
11. „Wanderung“ von Atomen im Kristallgitter tritt bei ausreichender Erwärmung auf. Man bezeichnet diese Erscheinung als
    A Kristallerholung
    B Diffusion
    C Ausscheidung
    D Fremddiffusion (in Mischkristallen)
    E Selbstdiffusion (Thermodiffusion) – bei einer Atomart

12. Rekristallisation metallischer Werkstoffe
   A ist die Kristallbildung bei der Erstarrung der Schmelze
   B setzt vorangegangene Kaltumformung voraus
   C führt zu einer veränderten Gitterstruktur
   D ist eine Umkörnung, die bei Erwärmung auf eine Mindesttemperatur (Rekristallisationsschwelle) erfolgt
   E beseitigt Kaltverfestigung

2 Legierungen

2.0 Überblick

Metallische Werkstoffe begegnen uns überwiegend als Legierungen. Reine Metalle (technisch rein, d. h. mit bestimmten zulässigen Mengen an Verunreinigungen) finden sehr begrenzt, für spezielle Fälle Verwendung. Nachdem im Kapitel 1 die reinen Metalle in ihrem prinzipiellen Aufbau beschrieben und wichtige, daraus abzuleitende Eigenschaften erklärt wurden, wenden wir uns nun der Struktur realer technischer Werkstoffe zu. Neben Metallen können auch Nichtmetalle in Legierungen enthalten sein. Diese spielen für die Eigenschaften teilweise eine große Rolle. Anhand von Zweistofflegierungen wird in diesem Kapitel ein Überblick über den *Legierungsaufbau*, die so genannten *Zustandsdiagramme* und die *Eigenschaften der Legierungen* gegeben.
Sie lernen in diesem Kapitel Zusammenhänge kennen, die für das Verständnis metallurgischer Prozesse (Herstellung der Legierungen), von Aushärtevorgängen bei Leichtmetall-Legierungen, der Wärmebehandlung von Eisenwerkstoffen u. a. Vorgänge erforderlich sind.

2.1 Aufbau der Legierungen

Lernziele

Der Lernende kann ...

- erklären, was „im festen Zustand löslich" bedeutet,
- alle in Legierungen möglichen Phasen nennen und beschreiben,
- Beispiele für typische Mischkristallbildung nennen,
- intermetallische Phasen erklären (typische Kristallstruktur und Eigenschaften),
- das Gelernte prinzipiell auf Mehrstoffsysteme (Mehrstofflegierungen) übertragen.

2.1.0 Übersicht

Aufbau und Eigenschaften metallischer Werkstoffe lassen sich einfach beschreiben, indem zunächst die möglichen Phasen betrachtet werden, die allein oder nebeneinander existieren. Verschiedene Elemente können je nach Gittertyp, Gitterparameter und Atomradius gemeinsame Gitterstrukturen bilden.
Der Grad der Mischbarkeit oder Löslichkeit im festen Zustand und die Fähigkeit, gemeinsam Phasen zu bilden, unterscheidet die *Legierungssysteme*. Man kennt Einlagerungs- und Austauschmischkristalle, Überstrukturen und intermetallische Phasen. Liegen Kristallite der beteiligten Komponenten bzw. verschiedene Legierungsphasen im Gesamtgefüge nebeneinander vor, so spricht man von einem *Kristallgemisch* (Kristallgemenge).

Legierungen sind Stoffsysteme, die aus mindestens zwei Komponenten (Atome/Ionen von mindestens zwei verschiedenen Elementen) bestehen und überwiegend metallischen Charakter haben.

2.1.1 Mischkristall

Häufig sind Metalle bereits bei der Erstarrung fähig, andere Elemente (Metalle oder Nichtmetalle) im kristallinen Gitter mit einzubauen. Es entstehen *atomare Mischungen* oder *feste Lösungen.*

Im Gegensatz zu valenzmäßig abgesättigten chemischen Verbindungen kann das Mischungsverhältnis in weiten Grenzen variabel sein. Man unterscheidet *Austausch-* oder *Substitutionsmischkristalle* und *Einlagerungsmischkristalle*, s. Abschnitt 1.1.2.3.

Substitution = Austausch

> *Löslichkeit* oder *Mischbarkeit im festen Zustand* ist das Vermögen eines Elements, fremde Elemente im kristallinen Gitter mit einzubauen (während der Erstarrung oder durch Diffusion bei hohen Temperaturen).

Beispiele für Mischkristallbildung (Mk-Bildung)

Cu-Ni, γ-Fe-Ni, Ag-Au	lückenlose Mk-Reihen
Cu-Ag, Cu-Zn, Ni-Ag	begrenzte Mischbarkeit

- *Austausch-* oder *Substitutionsmischkristalle* (Bild 2.1–1)

Die Atome beider Elemente nehmen die gleichen Gitterplätze ein. Diese Phase bildet sich, wenn der Gittertyp gleich ist und sich die Gitterkonstante sowie die Atomradien (< 15 %) wenig unterscheiden. Es sind ausschließlich Metalle beteiligt, und man spricht von echten Legierungen.

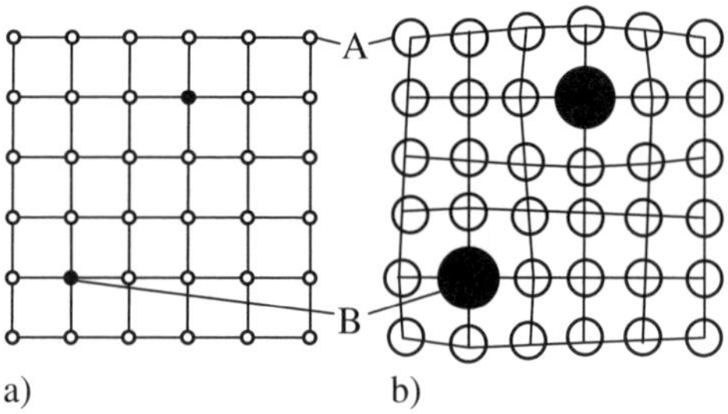

Bild 2.1–1 Austauschmischkristall (Substitutionsmischkristall)
A, B verschiedene Atomarten
a) Gittermodell
b) Kugelmodell (unterschiedliche Atomgröße bewirkt Gitterverzerrungen)

- *Einlagerungsmischkristalle* (Bild 2.1–2)

Atome des Zusatzelements (Metalle oder Nichtmetalle) lagern sich auf Zwischengitterplätzen des Wirtsgitters (Gitter des Grundmetalls) ein. Eingelagert werden kleinere Atome (Wasserstoff, Stickstoff, Kohlenstoff). Das System Eisen-Kohlenstoff ist ein technisch wichtiges Beispiel für diese Legierungsart.

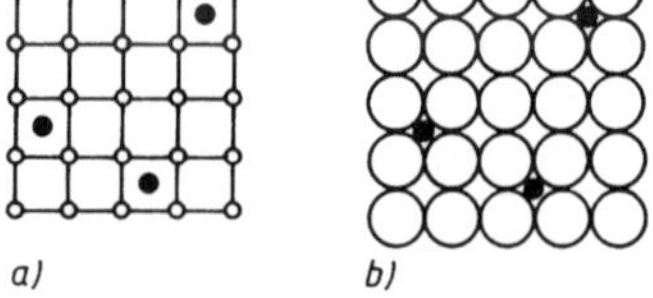

Bild 2.1–2 Einlagerungsmischkristall (ohne Gitterverzerrungen)
a) Gittermodell
b) Kugelmodell

Bei Mischkristallphasen bleibt das Grundgitter erhalten. Die substituierten oder eingelagerten Atome verursachen, schon allein durch die Unterschiede im Atomdurchmesser, Gitteraufweitungen. Diese Verzerrungen führen zu Eigenschaftsänderungen. Man erhält z. B. durch die Blockierung der Gleitebenen einen deutlich erhöhten *Verformungswiderstand* (so genannte *Mischkristallfestigkeit*). Auch andere, physikalische Eigenschaften ändern sich deutlich. Darauf wird im Abschnitt 2.3 näher eingegangen.
Die Verteilung der Fremdatome B in einem Grundgitter von A kann sehr unterschiedlich sein.

Verteilung gleichmäßig: *Homogener* Mischkristall
Verteilung ungleichmäßig: *Inhomogener* Mischkristall

Mischkristalle
(feste Lösungen)

Austauschmischkristall (Substitutionsmischkristall)	*Einlagerungsmischkristall*
alle Atome besetzen reguläre Gitterplätze (Substitutionsprinzip)	Zusatzelement besetzt Zwischengitterplätze im Wirtsgitter

> Mischkristalle werden mit griechischen Buchstaben bezeichnet.

Verwechslungsmöglichkeiten:
a) polymorphe Metalle, z. B. α-Fe, γ-Fe
b) bestimmte intermetallische Phasen, z. B. ϑ oder Θ, für Al_2Cu

2.1.2 Überstruktur

Überstrukturen (Bild 2.1–3b) sind Ordnungsphasen. Sie sind eine Sonderform des Austauschmischkristalls. Bei einem bestimmten Mengenverhältnis und in einem bestimmten Temperaturintervall stellt sich eine gleichmäßige und symmetrische Atomverteilung ein, ohne dass sich der Gittertyp ändert.
Die Bildung derartiger Ordnungsphasen führt teilweise zu sprunghaften Änderungen der elektrischen und magnetischen Eigenschaften in den betreffenden Werkstoffbereichen.

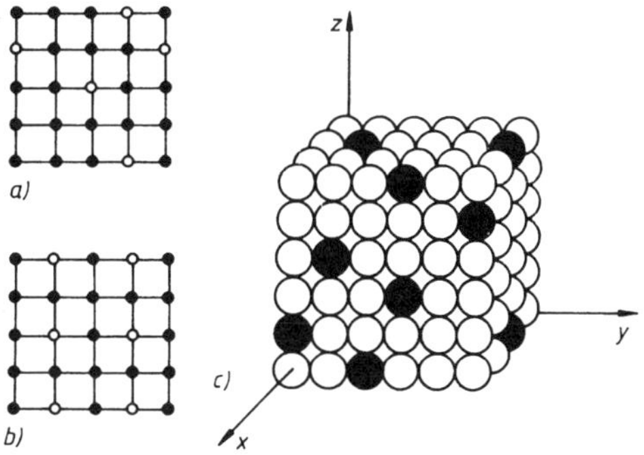

Bild 2.1–3 Atomanordnungen im Austauschmischkristall (ohne Gitterverzerrungen)
a) Mischkristall (Fremdatome zufällig im Gitter verteilt)
b) Überstruktur (geordnete Struktur der substituierten Atome)
c) räumliche Darstellung eines Austauschmischkristalles

> *Überstrukturen* sind Ordnungsphasen mit charakteristischen Eigenschaften.

Beispiele für Überstrukturen:
AuCu, $AuCu_3$, Fe_3Al, FeCo, Ni_3Fe

2.1.3 Intermetallische Verbindungen

Einige Metalle bilden miteinander oder mit Nichtmetallen Verbindungen mit metallischem Charakter. Man spricht auch von *intermetallischen Phasen* oder *intermediären Kristallarten* (Bilder 2.1–4 bis 2.1–6). Die Atome der Stoffe A und B sind darin im definierten Verhältnis $m : n$ eingebaut. Jede intermetallische Verbindung A_mB_n kristallisiert, abweichend vom Gittertyp des reinen Stoffs A oder B, in einem eigenen typischen Gitter.

Das Gitter ist meist kompliziert. Intermetallische Phasen weisen neben der metallischen Bindung auch ionische Bindungsanteile auf. Sie sind deshalb thermisch und mechanisch sehr stabil. Viele von ihnen sind hart und spröde.

Sie werden mit der Formel A_mB_n wie klassische chemische Verbindungen bezeichnet. Wertigkeiten, nicht exakt stöchiometrische Zusammensetzungen und Gitterstruktur (keine Molekülstruktur im Sinne der Chemie) unterscheiden intermetallische Phasen von chemischen Verbindungen.

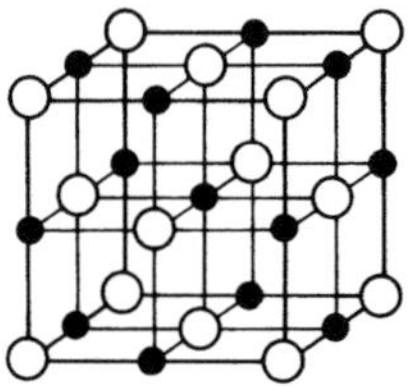

Bild 2.1–4 Intermetallische Phase, NaCl-Typ (z. B. Hartstoffe TiC, TiN, VC, NbC, TaC und in verschiedenen aushärtbaren Legierungen)

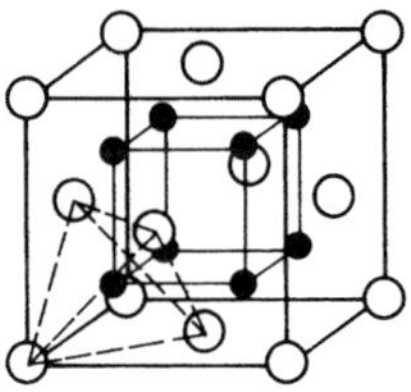

Bild 2.1–5 Intermetallische Phase, Mg_2Pb-Typ (z. B. Mg_2Si, Mg_2Pb, Al_2Cu)

Beachten Sie!
Griechische Buchstaben werden in der Werkstofftechnik mit unterschiedlicher Bedeutung verwendet:

a) Achsenwinkel zur Darstellung des Raumgitters und der Elementarzelle
b) Gittermodifikationen reiner Metalle (polymorphe Metalle, z. B. α-Fe, γ-Fe, δ-Fe)
c) Bezeichnung fester Phasen, z. B. Mischkristalle, Überstrukturen, Intermetallische Phasen

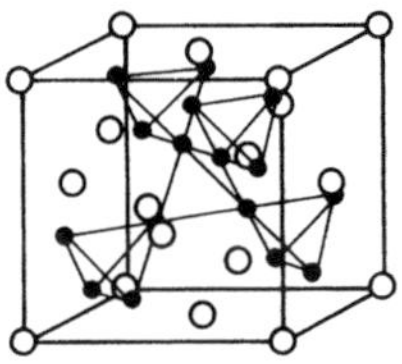

Bild 2.1–6 Intermetallische Phase, $MgCu_2$-Typ (z. B. $CuBe_2$, $MgCu_2$, aushärtbare Legierungen)

Intermetallische Verbindungen (Metall/Metall) oder intermediäre Verbindungen (Metall/Nichtmetall) zeichnen sich durch eine eigene, meist komplizierte Gitterstruktur aus. Dazu gehören die harten und spröden *Carbide* (z. B. WC, W_2C, Mo_2C, VC, TiC) und *Nitride* (z. B. TiN, Mo_2N, Fe_4N). Die Schmelztemperaturen und die Mikrohärtewerte dieser Phasen liegen hoch.

2.1.4 Gefügeaufbau der Legierungen

Erstarrt eine Schmelze, in der zwei Atomarten (A + B) als *homogene Lösung* vorliegen, so können je nach Art der beteiligten Elemente

a) Mischkristalle oder intermetallische Phasen (einzeln oder nebeneinander) oder

b) reine Kristalle der beteiligten Elemente (nebeneinander oder mit Phasen nach a) gemischt auftreten.

Besteht der Werkstoff nur aus Kristallen einer einzigen Phase, so weist er ein homogenes Gefüge auf.

Existieren verschiedene Phasen als Kristallite in einer Legierung nebeneinander, so spricht man von einem heterogenen Gefüge bzw. einem *Kristallgemisch* (Bild 2.1–7). Praktische Bedeutung:

- *Homogene Mischkristalle* werden z. B. bei korrosionsbeständigen Stählen gefordert.
- *Heterogene Gefüge* (harte und weiche Kristallite nebeneinander) sind z. B. bei verschiedenen Lagerwerkstoffen erwünscht.

Legierungen können im festen Zustand folgende *Phasen* enthalten:

- reine Kristalle von A und B
- Austauschmischkristalle, Überstrukturen
- Einlagerungsmischkristalle
- intermetallische Phasen

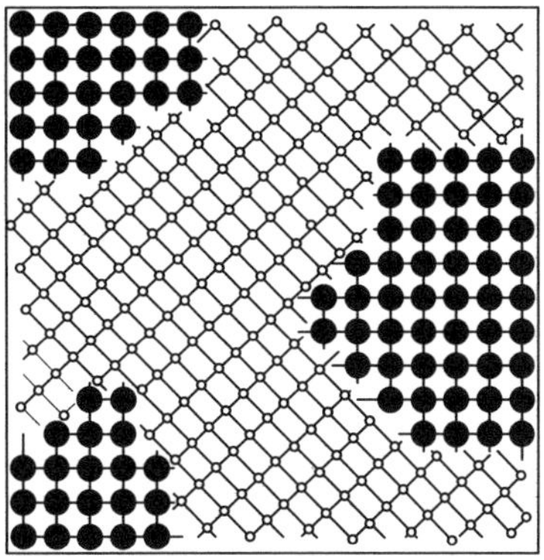

a)

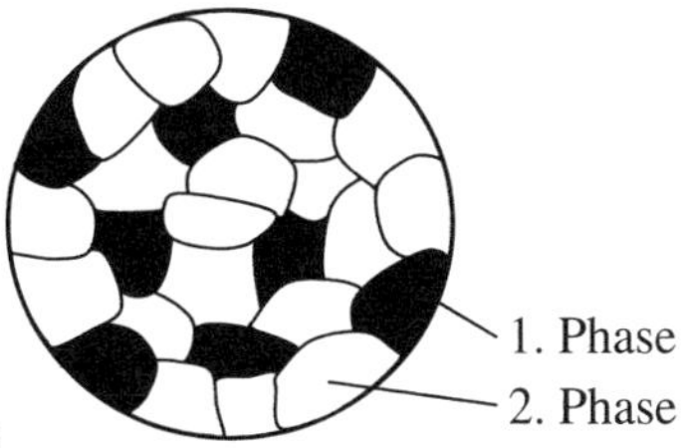

b)

Bild 2.1–7 Kristallgemisch (heterogenes Gefüge)
a) Kugelmodell (2 Atomarten)
b) Gefüge (2 beliebige, verschiedene feste Phasen)

In einem *Kristallgemisch* (Kristallgemenge) existieren mindestens zwei Phasen (nicht mischbar) im Gefüge nebeneinander (*heterogenes Gefüge*).

Übung 2.1–1
Welche Mischkristallarten kennen Sie?

Übung 2.1–2
Welche Haupteigenschaften haben intermetallische Phasen?

Übung 2.1–3
Was ist ein Kristallgemisch?

2.2 Zustandsdiagramme

Lernziele

Der Lernende kann ...

- den Begriff des thermischen Gleichgewichtes erklären,
- beschreiben, wie ein Zustandsdiagramm entsteht,
- die Grundtypen der Zweistoffsysteme nennen und anhand der vorliegenden Diagramme erläutern,
- die Vorgänge beim Abkühlen und Erwärmen an einfachen Diagrammen qualitativ und quantitativ beschreiben.

2.2.0 Übersicht

Hersteller und Anwender metallischer Werkstoffe benötigen gleichermaßen Kenntnisse über das Verhalten von Legierungen bei unterschiedlicher Zusammensetzung und in verschiedenen Temperaturbereichen.
Im Maschinenbau sind Grundkenntnisse über die Eigenschaften und die Verarbeitbarkeit der Werkstoffe erforderlich. Wie die Struktur der Legierungen bereits erkennen lässt, reicht die Kenntnis der chemischen Zusammensetzung nicht aus. Es kommt darauf an, *wie* die verschiedenen Phasen im Gefüge einer Legierung ausgebildet und zueinander angeordnet sind.
Der Abschnitt Zustandsdiagramme behandelt für Zweistoffsysteme (binäre Systeme) die Phasenänderungen bei extrem langsamer Abkühlung bzw. Erwärmung. Dieser Gleichgewichtsfall ermöglicht das Verständnis technisch realer Vorgänge.
Es wird erläutert, wie ein Zustandsdiagramm entsteht. Die Grundtypen der Zustandsdiagramme werden beschrieben. Durch Anwendung der Hebelbeziehung wird für den Lernenden deutlich, wie sich Menge und Konzentration der beteiligten Phasen ändern.

2.2.1 Begriffe, Einstoffsystem

Die Legierungslehre verwendet einige thermodynamische Begriffe. So versteht man unter einem *System* eine gegebene Menge Stoff (Materie), die von der Umgebung abgegrenzt wird. Die Zustandsform (Aggregatzustand, Struktur der Phasen) und damit die Eigenschaften des Stoffes werden durch *Zustandsgrößen* (Volumen, Druck, Temperatur) beschrieben.

Existieren mindestens zwei verschiedene Phasen nebeneinander, so spricht man von einem *heterogenen System*. Die Eigenschaften verändern sich an den *Phasengrenzflächen* sprunghaft auf minimalem Raum. Bild 2.2–1 zeigt, dass bei einem bestimmten Druck und bei gleich bleibender Temperatur z. B. die Phasen Wasser und Wasserdampf für sich (kleine Phasengrenzfläche) oder in sehr feiner Verteilung (sehr große Phasengrenzfläche) existieren können. Diese Feststellung werden wir später auf ausschließlich feste Phasen übertragen. Alle Systeme werden im Zustand des *thermodynamischen Gleichgewichts* betrachtet, d. h. alle ablaufenden Zustandsänderungen dauern im Prinzip unendlich lang bzw. die Änderung der Zustandsgrößen läuft unendlich langsam ab.

In Zustandsdiagrammen wird übersichtlich abgebildet, wie Druck und Temperatur die sich ausbildende Phase bestimmen.

V Volumen
p Druck
Normaldruck $p = 1{,}01 \cdot 10^5$ Pa
$1 \text{ Pa} = 1 \text{ N/m}^2$
T, ϑ Temperatur
T_r Tripelpunkt

Zustandsgrößen (V, p, T) sind messbare Größen, die ein stoffliches System näher beschreiben. Druck und Temperatur werden benutzt, um den thermischen Gleichgewichtszustand im Einstoffsystem zu charakterisieren.

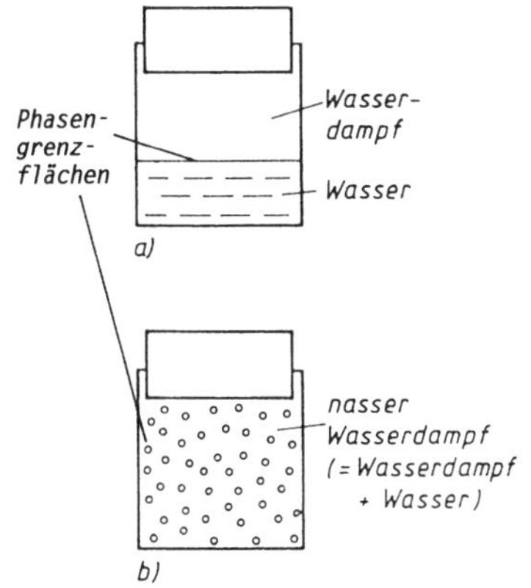

Bild 2.2–1 Heterogene Systeme Wasserdampf + Wasser
a) kleine Phasengrenzfläche
b) sehr große Phasengrenzfläche

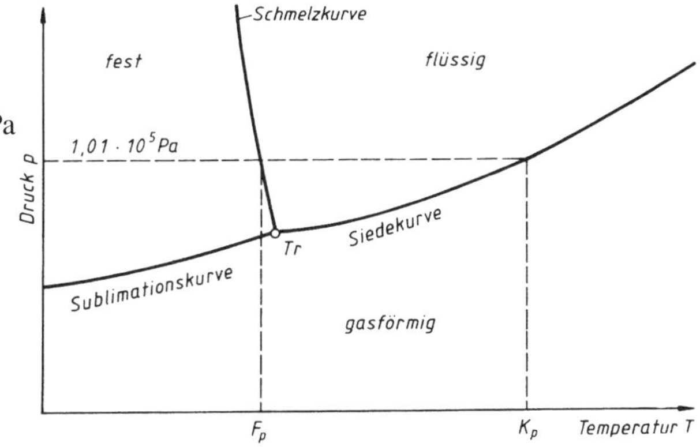

Bild 2.2–2 Zustandsdiagramm eines Einstoffsystems mit einer festen Phase (schematisch)
F_p Schmelzpunkt (Fusionspunkt) K_p Siedepunkt (Kochpunkt)

Bild 2.2–2 zeigt das Zustandssystem eines *Einstoffsystems*. Die Existenzgebiete der Phasen werden durch Gleichgewichtskurven getrennt. So trennt die Schmelzkurve die flüssige und die feste Phase. Nur wenn das Wertepaar von Druck und Temperatur exakt auf der Schmelzkurve liegt, können beide Phasen nebeneinander im Gleichgewicht existieren. *Schmelzkurve, Siedekurve* und *Sublimationskurve* laufen im *Tripelpunkt* T_r zusammen. Bei dieser Temperatur sind alle drei Phasen (gasförmig, flüssig, fest) im Gleichgewicht. Die *Sublimationskurve* trennt das Gebiet der gasförmigen von dem der festen Phase. Unter Sublimation versteht man den direkten Übergang aus der festen in die gasförmige Phase, ohne dass die flüssige Phase entsteht. Sublimation kann beispielsweise bei Schnee beobachtet werden, wenn die Temperatur unter dem Schmelzpunkt liegt.
Auf allen Punkten der *Siedekurve* sind die angrenzenden Phasen, flüssig und gasförmig, miteinander im Gleichgewicht.
(s. a. Physik, Teilgebiet Thermodynamik, Phasen und Aggregatzustände)

Für Wasser gilt bei Normaldruck
$p = 1{,}01 \cdot 10^5$ Pa:
Schmelzpunkt (= Fusionspunkt)
$F_p = T_s = 0\,°C = 273{,}15$ K
Siedepunkt (Kochpunkt)
$K_p = 100\,°C = 373{,}15$ K

2.2.2 Zweistoffsysteme (binäre Systeme)

2.2.2.0 Einführung

Bei Zweistoffsystemen muss die Konzentration der beteiligten Stoffe als weitere Zustandsgröße berücksichtigt werden.
Sieht man von speziellen Gießverfahren ab, erstarren metallische Werkstoffe bei atmosphärischem Druck $p = 1{,}01 \cdot 10^5$ Pa. Bei den *Zweistoffsystemen* (auch *binäre Systeme* genannt) gehen wir von diesem konstanten Druck aus. Die variablen Größen Temperatur und Konzentration (Anteile der Komponenten in Masseprozent) sind die beiden Achsen der Zustandsdiagramme (Bild 2.2–3).

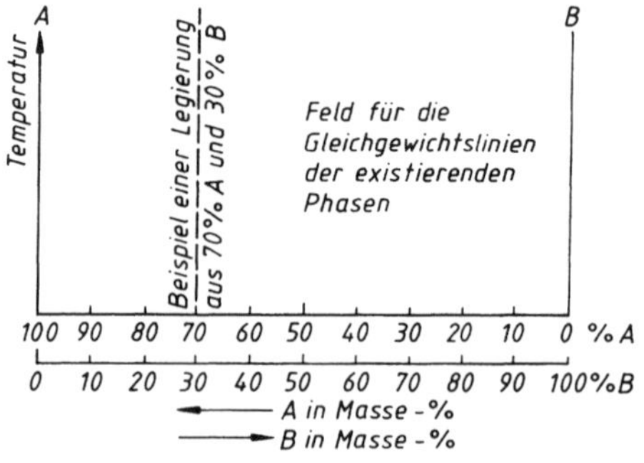

Bild 2.2–3 Achsenbezeichnungen eines Zustandsdiagrammes für die Komponenten A und B

bi = zwei

Abkühlkurven von Legierungen unterscheiden sich in den meisten Fällen von der Temperatur-Zeit-Kurve reiner Metalle (Bilder 2.2–4 und 2.2–5).
Während reine Metalle im Gleichgewichtsfall bei konstanter Temperatur kristallisieren (Bild 2.2–4, siehe auch Abschnitt 1.2.3), benötigt der Übergang zwischen flüssigem und festem Zustand bei binären Systemen meist ein Temperaturintervall (Bild 2.2–5). Zwischen dem *Liquiduspunkt* (liquid = flüssig) und dem *Soliduspunkt* (solid = fest) existieren beide Phasen nebeneinander. Diese Fixpunkte gelten auch für Erwärmung. Man erhält eine analoge Temperatur-Zeit-Kurve.

Komponenten = Stoffe, Elemente einer Legierung

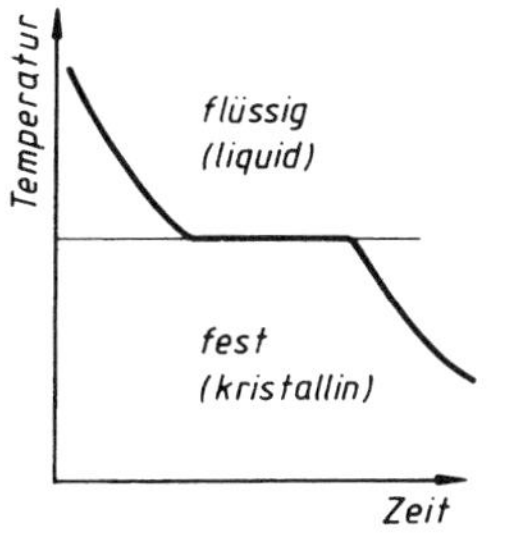

Bild 2.2–4 Erstarrung eines reinen Metalls

Wie kann man sich die Entstehung dieser *Knickpunkte* L und S in der Abkühlkurve erklären?
Auch bei Legierungen wird beim Erstarrungsprozess Wärme frei (*latente Wärme*). Sie reicht jedoch nicht aus, um die Temperatur bis zum Abschluss der Kristallisation konstant zu halten. Es kommt zu einer Verzögerung in der Abkühlkurve; d. h. zu einer weniger steil abfallenden Kurve (Punkt L). Man spricht von einer auftretenden *Wärmetönung*. Nachdem die Legierung völlig erstarrt ist (Punkt S), verläuft die Abkühlung wieder „ungebremst". (Anwendung: Abschnitt 2.2.2.1)

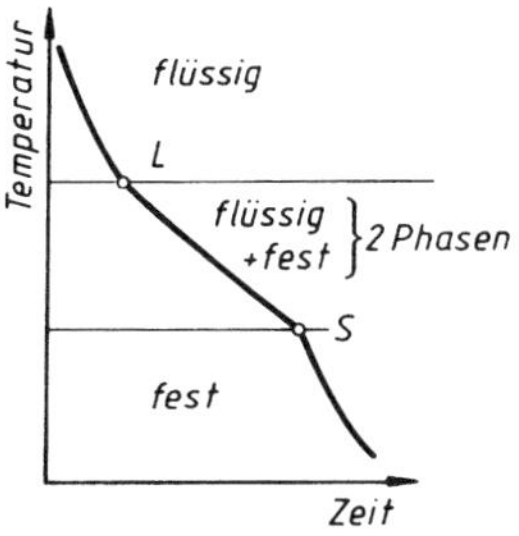

Bild 2.2–5 Erstarrung einer Legierung (schematisch)
L Liquiduspunkt (-temperatur)
S Soliduspunkt (-temperatur)

Liquiduspunkt: Oberhalb dieser Temperatur ist die Legierung flüssig.

Soliduspunkt: Unterhalb dieser Temperatur ist die Legierung kristallin (eine oder mehrere feste Phasen).

Aus Abkühlungs- oder Erwärmungsverläufen möglichst vieler Konzentrationen eines Legierungssystems kann man auf einfache Weise Zustandsdiagramme konstruieren. Hat man diesen Zusammenhang erfasst, kann man auch (umgekehrt) aus gegebenen Diagrammen die Abkühlungs- oder Erwärmungscharakteristik einer konkreten Legierung beschreiben. Es kommt besonders darauf an, die Zustandsdiagramme richtig anwenden zu können.
Wir unterscheiden die wichtigsten Zustandsdiagramme nach der *Löslichkeit* ihrer Komponenten im festen Zustand.

Zustandsdiagramme (Zustandsschaubilder) veranschaulichen Phasengleichgewichte.

Zweistoffsysteme: 2 Komponenten beteiligt

Aus den Zustandsdiagrammen lassen sich Änderungen des Aggregatzustandes bzw. Phasenänderungen von Legierungen bestimmter Konzentrationen bei der Erwärmung und Abkühlung unmittelbar beschreiben.

Praktische Bedeutung:
- Metallurgie, Schweißprozesse (Übergänge flüssig–fest und fest–flüssig)
- Wärmebehandlung (Verfahren zur gezielten Änderung von Stoffeigenschaften)

2.2.2.1 Völlige Löslichkeit im festen Zustand

Bei diesem System sind die Komponenten sowohl im flüssigen als auch im festen Zustand völlig löslich. Man spricht auch von der *ununterbrochenen Mischkristallreihe*.
Bild 2.2–6a zeigt die Abkühlkurven der Komponenten A und B (Kurven *1* und *4*) und zweier Legierungskonzentrationen (Kurven *2* und *3*). Projiziert man die *Halte-* und *Knickpunkte* der Abkühlkurven (also bei gleichen Temperaturen) auf die Ordinate der jeweiligen Zusammensetzung im Zustandsdiagramm (Bild 2.2–6b), so erhält man Kurvenpunkte der Gleichgewichtslinien. Es sind die *Liquidus-* und die *Soliduslinie* dieses einfachen Zustandsdiagrammes.
Man erkennt, dass die reinen Komponenten A und B in einem Haltepunkt kristallisieren. Alle Legierungen (eingezeichnet die Beispiele *2* und *3*) erstarren in einem Temperaturintervall. Aus der Schmelze S bilden sich unter Freiwerden von Wärme (verzögerte Abkühlung, Ausbildung zweier Knickpunkte) die *Mischkristalle* α. Bei tieferen Temperaturen liegen stets Mischkristalle (Mk) vor.

Beispiele:
Silber-Gold (Ag-Au), Gold-Platin (Au-Pt) Kupfer-Nickel (Cu-Ni), Cobalt-Nickel (Co-Ni)

> Liquidus- und Soliduslinien sind Gleichgewichtslinien. Wird die Liquiduslinie überschritten, liegt nur noch Schmelze vor. Wird die Soliduslinie unterschritten, ist die Legierung vollständig erstarrt. Zwischen Solidus- und Liquiduslinie liegen die Schmelze und eine feste Phase nebeneinander vor (= Zweiphasengebiet).

Bei der Liquiduslinie gilt:

$$S \leftrightarrow S + \alpha$$

Bei der Soliduslinie gilt:

$$S + \alpha \leftrightarrow \alpha$$

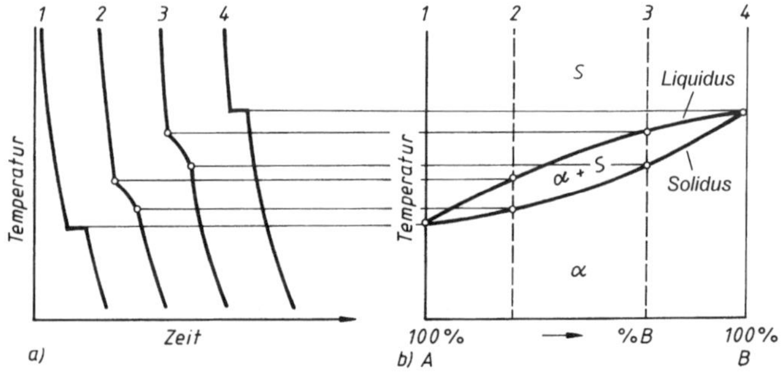

Bild 2.2–6 System mit vollständiger Löslichkeit der Komponenten im flüssigen und festen Zustand
a) Abkühlkurven b) Zustandsdiagramm
1 Komponente A; *2*, *3* Legierungen verschiedener Zusammensetzung; *4* Komponente B

2.2.2.2 Unlöslichkeit im festen Zustand

Ein völlig anderes Aussehen erhält das Zustandsdiagramm (Bild 2.2–7), wenn beide Komponenten zwar im flüssigen Zustand löslich, jedoch im festen Zustand völlig unlöslich sind. Es liegt ein *System mit eutektischer Entmischung* vor. Bei einer bestimmten Konzentration (*3*) erstarren beide Komponenten als feinkristallines Kristallgemisch (*Eutektikum*). Legierungen anderer Konzentrationen (z. B. *2* und *4*) scheiden vorher die überwiegende Komponente aus (A-Kristalle oder B-Kristalle). Im Gefüge liegen, ganz gleich, in welcher Form und Größe, nur A- und B-Kristalle vor. In den Abkühlkurven ist der Beginn der Kristallausscheidung durch einen Knickpunkt und die Bildung des Eutektikums durch einen Haltepunkt erkennbar.

Beispiele:
Bismut-Cadmium (Bi-Cd), Blei-Antimon (Pb-Sb)

Eutektische Reaktion: Aus der Schmelze S bilden sich bei konstanter Temperatur A- und B-Kristalle. Das eutektische Gefüge ist feinkristallin und besitzt oft eine schicht- oder lamellenartige Struktur.

$$S \leftrightarrow A + B$$

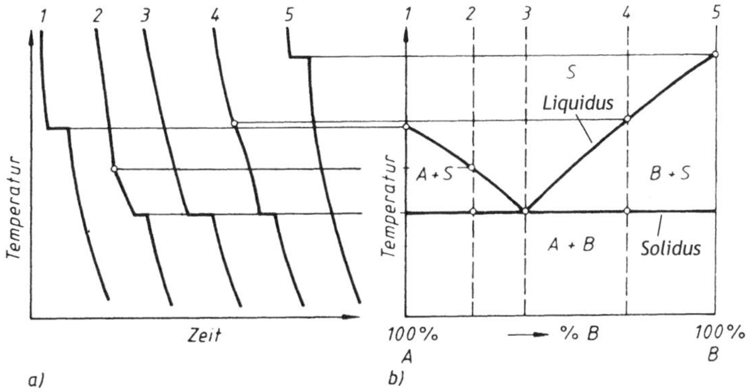

Bild 2.2–7 System mit vollständiger Löslichkeit der Komponenten im flüssigen Zustand und völliger Unlöslichkeit im festen Zustand (System mit eutektischer Entmischung)
a) Abkühlkurven
b) Zustandsdiagramm
1 Komponente A; *3* eutektische Legierung;
2, *4* Legierungen unter- bzw. übereutektischer Zusammensetzung; *5* Komponente B

2.2.2.3 System mit begrenzter Löslichkeit im festen Zustand – eutektisches System

Bei diesem Legierungstyp sind die beteiligten Komponenten im flüssigen Zustand vollständig und im festen Zustand *begrenzt löslich.*

Beispiele:
Silber-Kupfer (Ag-Cu), Aluminium-Kupfer (Al-Cu)

Bild 2.2–8 enthält die Phasenbezeichnungen:

α Mischkristalle mit einem Grundgitter aus A-Atomen und einer begrenzten Anzahl B-Atome

β Mischkristalle mit einem Grundgitter aus B-Atomen und einer begrenzten Anzahl A-Atome

Der Konzentrationsbereich zwischen den Einphasengebieten α und β wird *Mischungslücke* genannt. Hier liegen beide Mischkristallarten vor. Es handelt sich um ein Kristallgemisch aus Mischkristallen. Das Eutektikum besteht hier aus diesen beiden Kristallarten α und β.

Eine *Mischungslücke* entsteht bei begrenzter Löslichkeit. Im vorliegenden Fall bilden die beiden Mischkristallarten α und β bei konstanter Temperatur (Eutektikale) ein Eutektikum. Es liegt ein Kristallgemisch aus zwei Mischkristallen vor.

Eutektische Reaktion im System mit Mischungslücke:

$$\boldsymbol{S + \alpha \leftrightarrow \beta}$$

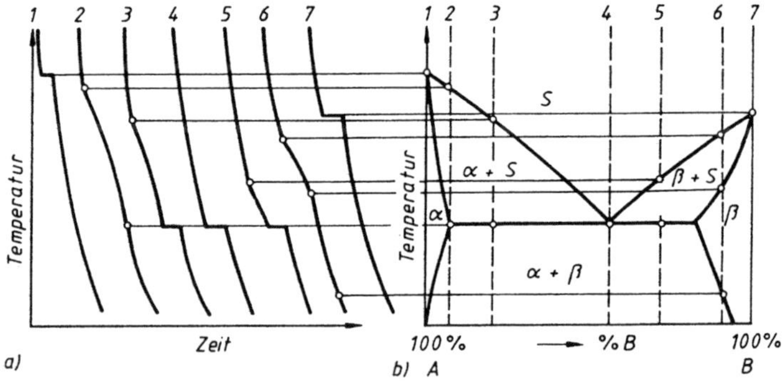

Bild 2.2–8 System mit vollständiger Löslichkeit der Komponenten im flüssigen Zustand und begrenzter Löslichkeit im festen Zustand (System mit Mischungslücke)
a) Abkühlkurven
b) Zustandsdiagramm
1 Komponente A; *2* Legierung am Beginn der Mischungslücke; *4* eutektische Legierung;
3, *5* Legierungen innerhalb der Mischungslücke;
6 Legierung außerhalb der Mischungslücke (Schneiden des Sättigungsverlaufes);
7 Komponente B

In den Abkühlkurven *3* und *5* (Bild 2.2–8a) erkennt man, dass die Kristallisation zu α bzw. β mit einer *Wärmetönung* (Knickpunkt in der Temperatur-Zeit-Kurve) eingeleitet wird. Das eutektische Gefüge bildet sich wiederum bei konstanter Temperatur. Der Haltepunkt ist zugleich die Solidustemperatur der betreffenden Legierung. Die Menge B-Atome, die im α-Mischkristall, bzw. die Menge A-Atome, die im β-Mischkristall gelöst werden kann, hängt von der Temperatur ab. In der Regel sinkt die Löslichkeit mit sinkender Temperatur. Weist eine Legierung z. B. eine Zusammensetzung zwischen *1* und *2* auf, kann der α-Mischkristall bei der eutektischen Temperatur alle B-Atome im Gitter aufnehmen. Sinkt die Temperatur, wird die Löslichkeitsgrenze überschritten. Der α-Mischkristall scheidet β-Mischkristalle mit überwiegend B-Atomen aus. Da sich diese β-Misch-

Haltepunkt bedeutet: Temperatur bleibt über eine Zeit t_H konstant; Freiwerden der latenten Wärme.
Knickpunkt bedeutet: Temperatur sinkt langsamer (bis z. B. Erstarrung abgeschlossen ist); es wird Wärme frei, jedoch führt sie nur zu einer Wärmetönung.

kristalle nicht aus der Schmelze, sondern bedingt durch die nachlassende Löslichkeit für B-Atome aus dem α-Mischkristall gebildet haben, wird von sekundären Ausscheidungen oder Segregaten gesprochen. Die Abkühlkurve *6* hat zwei Knickpunkte (Beginn und Abschluss der Kristallisation zur Mischkristallphase β). Weitere Unstetigkeitsstellen treten nicht auf. Die Ordinate *6* im Zustandsdiagramm schneidet jedoch noch bei einer tieferen Temperatur die *Löslichkeits-* oder *Sättigungslinie*. Wenn die Atombeweglichkeit noch Diffusion zulässt, scheiden sich bei weiterer Abkühlung α-Mischkristalle aus der nunmehr übersättigten β-Phase aus. Bild 2.2–9 enthält die praktisch wichtigeren *Gefügebezeichnungen* und notwendige Ergänzungen.

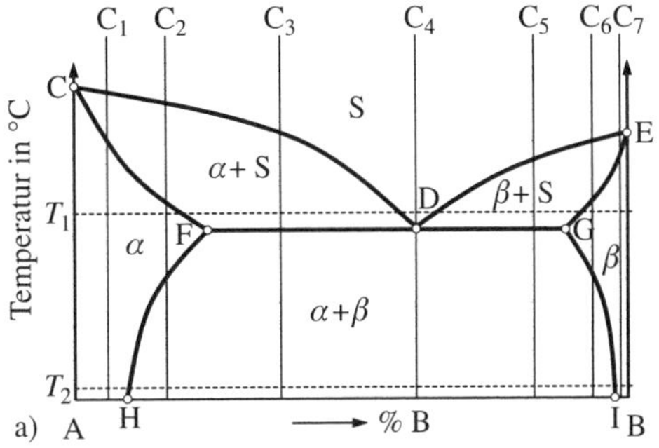

CDE	Liquiduslinie (oberhalb: Schmelze S)
CFDGE	Soliduslinie (unterhalb: alles fest)
FDG	Eutektikale
FH und *GI*	Löslichkeitslinien (Sättigungsgrenzen, Segregatlinien)

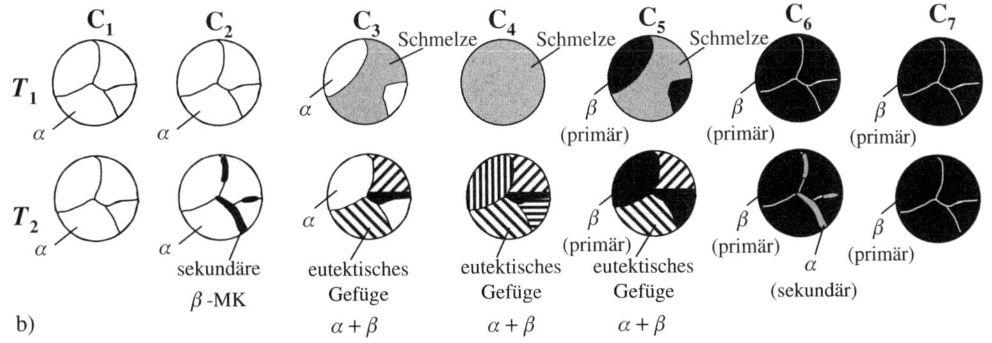

Bild 2.2–9 System mit Mischungslücke, Gefügeentwicklung in Abhängigkeit von der Legierungszusammensetzung und der Temperatur (mit Gefügebezeichnungen)

2.2.2.4 System mit begrenzter Löslichkeit im festen Zustand – peritektisches System

Bei einigen Legierungen kommt es zu einer *peritektischen Entmischung*. Für die beteiligten Komponenten ist charakteristisch, dass die Schmelz- und Erstarrungstemperaturen weit auseinander liegen (Bild 2.2–10). Bei einer peritektischen Reaktion bildet sich bei Abkühlung aus der Schmelze eine Kristallart α, die, bei konstanter Temperatur mit der Schmelze reagierend, eine zweite Kristallart β bildet. Diese Mischkristalle lagern sich um die zuerst gebildeten (peri = darum herum).

Beispiele:
Silber-Platin (Ag-Pt), Cadmium-Quecksilber (Cd-Hg)

> Bei einer *peritektischen Reaktion* entstehen aus der Schmelze und bereits ausgeschiedenen α-Mischkristallen bei gleich bleibender Temperatur neue β-Mischkristalle.

$$S + \alpha \leftrightarrow \beta$$

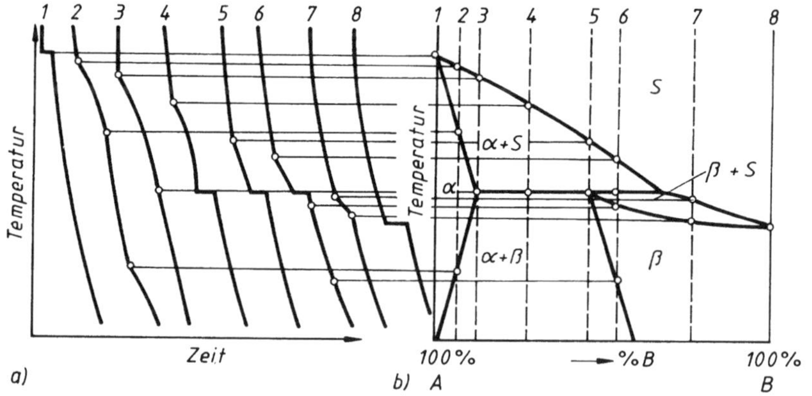

Bild 2.2–10 System mit peritektischer Entmischung
a) Abkühlkurven
b) Zustandsdiagramm
4 Legierung mit peritektischer Entmischung

2.2.3 Das Lesen der Zweistoffdiagramme

2.2.3.1 Regeln

Für jedes 2-Phasen-Feld des Zustandsdiagrammes eines beliebigen binären Systems gelten für den Gleichgewichtsfall folgende Regeln (Bild 2.2–11):

1. Die Schnittpunkte einer Linie konstanter Temperatur T_x (*Konode*) mit den beiden das 2-Phasen-Feld begrenzenden Diagrammlinien (= Gleichgewichtslinien) geben die Zusammensetzung der beiden bei der betreffenden Temperatur T_x im Gleichgewicht stehenden Phasen an.
2. Bei einer Legierung der Konzentration *c* verhalten sich die Massen (Mengen) der bei einer Temperatur T_x im Gleichgewicht stehenden beiden Phasen wie die Längen der abgewandten *Konodenabschnitte* (*Hebelbeziehung*).

Die Hebelbeziehung wird im Bild 2.2–11 durch Anwendung des Momentengleichgewichts der Mechanik gezeigt. Es ist offensichtlich, dass am größeren Hebel *x* eine kleinere Menge A-Kristalle und am kleineren Hebel *y* eine größere Menge Schmelze wirkt.

$$\sum M = 0 \qquad A \cdot x - S \cdot y = 0$$

daraus:

$$A \cdot x = S \cdot y$$

$$\frac{A}{S} = \frac{y}{x} \quad \text{Hebelbeziehung}$$

Verschiebt man die Linie gleicher Temperatur (Konode) zu höheren oder niedrigeren Temperaturen, erkennt man die Änderung des Mengenverhältnisses und der Konzentration der Phasen.

2.2.3.2 Beispiele

System Nickel-Kupfer (Bild 2.2–12)
Beide Komponenten sind unbegrenzt löslich, d. h., es liegt ein System mit ununterbrochener Mischkristallreihe vor.

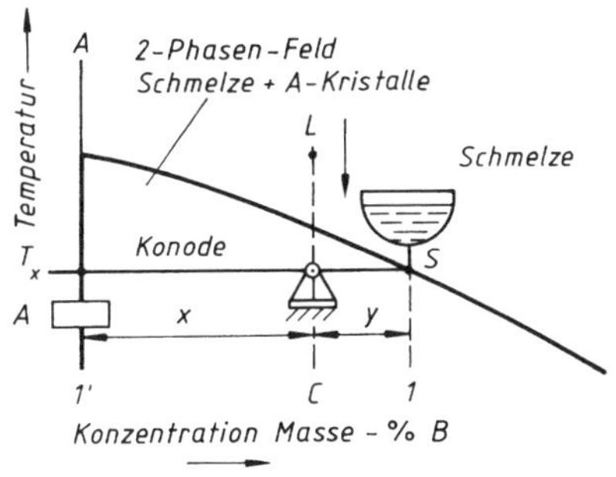

Bild 2.2–11 Regeln für den Gleichgewichtsfall

Für die Temperatur T_x gilt:

1' Konzentration der primär ausgeschiedenen A-Kristalle (100 % A)

1 Konzentration der noch vorhandenen Schmelze

(Anfangs- und Endpunkt der Linie gleicher Temperatur, auch *Konode* genannt)

Für eine Legierung L mit der Konzentration *c* gilt:

$$\frac{\text{Menge der A-Kristalle}}{\text{Menge der Schmelze}} = \frac{y}{x}$$

Ermittlung der Menge einer Phase:
z. B. A-Kristalle

$$\frac{\text{Menge A-Kristalle}}{100\ \%} = \frac{y}{x+y}$$

$$\text{Menge A-Kristalle} = \frac{y \cdot 100\ \%}{x+y}$$

Die Konodenabschnitte *x* und *y* kann man als Prozentdifferenzen an der Konzentrationsskale ablesen oder abmessen.

In einem Zweiphasengebiet sind die Menge und die chemische Zusammensetzung der Einzelphase von der Temperatur abhängig.

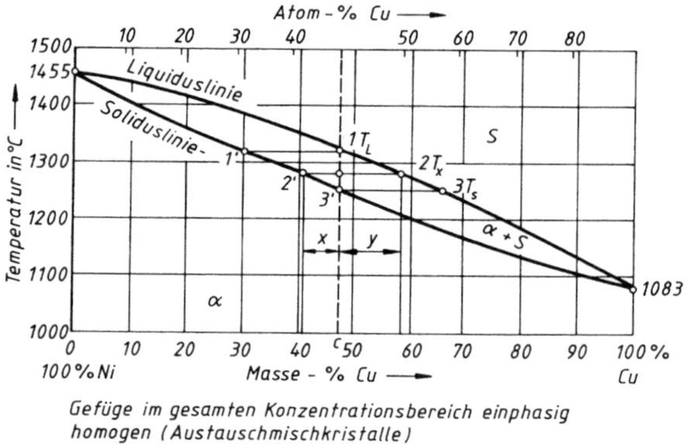

Bild 2.2–12 System Nickel-Kupfer (Ni-Cu)

Schmelz- und Erstarrungspunkte:

Ni 1 455 °C

Cu 1 083 °C

Maßeinheiten der Konzentration:

- Masseprozent (in der Technik allgemein üblich)
- Atomprozent (in den Naturwissenschaften üblich; s. Chemie)

Zwischen Liquidus- und Soliduslinie liegt ein Zweiphasengebiet (α-Mischkristalle + Schmelze S) vor.

Während der Erstarrung (Zweiphasengebiet $S + \alpha$) ändern sich die Mengenanteile der Phasen entsprechend dem Verhältnis $x : y$.

Die Konzentration der α-Mischkristalle ändert sich entsprechend *1', 2', 3'* usw. und die der Schmelze entsprechend *1, 2, 3* usw.

Die Zusammensetzung *c* der eingezeichneten Legierung bleibt stets unverändert.

Erläuterungen am Beispiel der Konzentration *c* (Legierung mit ca. 52,5 % Ni und 47,5 % Cu):

T_L ≈ 1 320 °C Liquiduspunkt, d. h. Erstarrung beginnt

T_S ≈ 1 250 °C Soliduspunkt, d. h. Erstarrung beendet

T_x beliebige Temperatur zwischen T_L und T_S

Mengenanteile der Phasen Schmelze und α-Mischkristalle bei der Temperatur T_x

$$m_{\alpha\text{-Mk}}/m_{\text{Schmelze}} = y/x$$

Konzentration der beiden Phasen (Ni- und Cu-Anteil in der Schmelze und in den α-Mk); jeweils ablesbar auf der Konzentrationsachse in Masse-%:

Konzentration der Schmelze

bei $T_L = 1$	52,5 % Ni; 47,5 % Cu (Beispiel)
bei $T_x = 2$ bei $T_s = 3$	} s. Zustandsdiagramm

Konzentration der α-Mk

bei $T_L = 1'$	70 % Ni; 30 % Cu (Beispiel)
bei $T_x = 2'$ bei $T_s = 3'$	} s. Zustandsdiagramm

Erläuterung: *1–1', 2–2', 3–3'* nennt man auch Konoden

Strecken x, y sind Konodenabschnitte

System Bismut-Cadmium (Bild 2.2–13)

In diesem Fall sind beide Komponenten im festen Zustand völlig unlöslich. Jede Legierungszusammensetzung ist ein heterogenes Kristallgemisch aus A- und B-Kristallen.

Schmelz- und Erstarrungspunkte:

Bi 271 °C

Cd 321 °C

Liquidus- und Soliduslinie schließen jeweils ein Gebiet mit primär ausgeschiedenen Kristallen und Schmelze ein. Die beiden Zweiphasengebiete werden durch das Eutektikum bei 60 % Bi und 40 % Cd getrennt. Beim eutektischen Punkt fallen Liquidus- und Solidustemperatur zusammen, d. h., diese Legierung erstarrt wie eine reine Komponente bei konstanter Temperatur (s. a. Bild 2.2–7).

Anwendung der Hebelbeziehung:

Für c gilt bei T_x:

$$\frac{m_{\text{Cd-Pr.-Kr.}}}{m_{\text{Schmelze}}} = \frac{y}{x}$$

Für c gilt bei T_s:

$$\frac{m_{\text{Cd-Pr.-Kr.}}}{m_{\text{Eutektikum}}} = \frac{v}{u}$$

Beachten Sie: Restschmelze erstarrt bei Temperatur T_S zu Eutektikum!

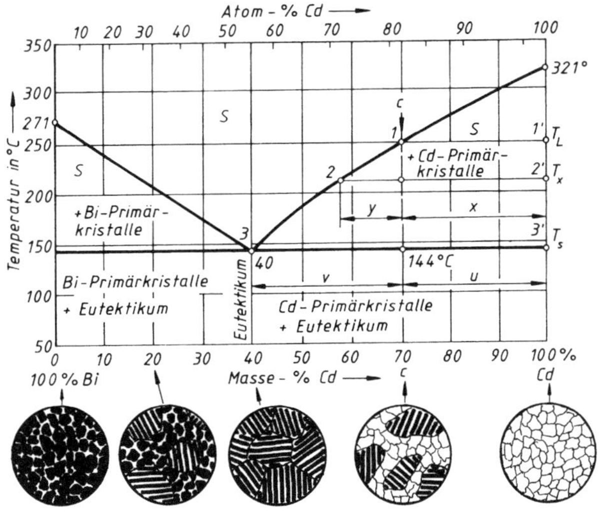

Bild 2.2–13 System Bismut-Cadmium (Bi-Cd)

Primärkristalle = durch Erstarrung (der Schmelze) entstanden

Sekundärkristalle = durch Veränderungen im festen Zustand entstanden

T_S = Solidustemperatur

x und y geben die Mengenanteile der Phasen, u und v die der Gefügearten nach abgeschlossener Erstarrung an. Die Konzentration der Schmelze ändert sich bei Abkühlung entsprechend *1*, *2*, *3* usw.

Zustandsdiagramme dieser Art können ausschließlich mit den Bezeichnungen der auftretenden Phasen (Bild 2.2–7) oder den Gefügenamen versehen sein (Bild 2.2–13). Für die praktische Anwendung sind die Gefügebezeichnungen wichtiger. Beispielsweise besitzt das feinkörnige, lamellare Eutektikum charakteristische Eigenschaften (u. a. höhere mechanische Festigkeit). Es ist deshalb wichtig, welche Menge Eutektikum im Gesamtgefüge vorliegt. Allein die Menge der Kristalle beider Komponenten anzugeben, würde zu wenig aussagen.

Alles, was über die Abkühlung von Legierungen gesagt wurde, gilt analog für die *Erwärmung*. Die geschilderten Prozesse sind ausnahmslos umkehrbar.

Erläuterung am Beispiel der Konzentration c (Legierung mit 30 % Bi und 70 % Cd): Mengenanteile der Phasen Schmelze und Cd-Primärkristalle bei T_x:
(Anwendung der Hebelbeziehung)

$$\frac{m_{\text{Cd-Pr.-Kr.}}}{100\,\%} = \frac{y}{x+y} \quad | \quad \text{im Schaubild}$$

gemessen $x = 19$ mm, $y = 8$ mm

$$m_{\text{Cd-Pr.-Kr.}} = \frac{y \cdot 100\,\%}{x+y} = \frac{8 \cdot 100\,\%}{19+8}$$

$$m_{\text{Cd-Pr.-Kr.}} = \frac{800}{27}\,\% \approx \underline{30\,\%}$$

$$m_{\text{Schmelze}} = \underline{70\,\%}$$

Gefügeanteil bei T_E und darunter (also auch bei Raumtemperatur)

$$\frac{m_{\text{Cd-Pr.-Kr.}}}{100\,\%} = \frac{u}{u+v} \quad |$$

gemessen $v = 20$ mm, $u = 20$ mm

ergibt $m_{\text{Cd-Pr.-Kr.}} = \underline{50\,\%}$

$m_{\text{Eutektikum}} = \underline{50\,\%}$

Änderung der Konzentration der Schmelze:

bei T_L	: *1*		30 % Bi 70 % Cd
bei T_x	: *2*	(ca.)	43 % Bi 57 % Cd
bei T_S(144 °C)	: *3*		60 % Bi 40 % Cd

Die Zustandsdiagramme gelten somit gleichermaßen für Abkühl- und Erwärmungsprozesse, solange diese langsam genug ablaufen, d. h. das thermodynamische Gleichgewicht annähernd gewahrt bleibt.

Übung 2.2–1
Welche Zustandsgrößen kennen Sie?

Übung 2.2–2
Erklären Sie Liquidus- und Soliduspunkt einer Legierung!

Übung 2.2–3
Beschreiben Sie die „Löslichkeit" zweier Komponenten im festen Zustand!

Übung 2.2–4
Wie läuft eine eutektische Reaktion ab?

Übung 2.2–5
Wie kann man das Masseverhältnis zweier Phasen aus dem Zustandsdiagramm ermitteln?

Übung 2.2–6
Was ist eine Mischungslücke?

2.3 Legierungseigenschaften

Lernziele

Der Lernende erkennt …

- dass die Eigenschaften von Legierungen von der Kristallstruktur und vom Gefügeaufbau abhängen,
- dass die Eigenschaften der Legierungen konzentrations- und temperaturabhängig sind,
- dass mit „geringen Mitteln" oft erhebliche Änderungen der Eigenschaften erzielt werden können.

2.3.0 Übersicht

Nachdem die Struktur der Legierungen und einige wichtige Zweistoffsysteme behandelt wurden, soll in diesem Abschnitt besprochen werden, wie und in welchem Maße sich Eigenschaften ändern können. Es werden vor allem immer wiederkehrende Tendenzen und exemplarisch einige Eigenschaften genannt.

2.3.1 Tendenzen

Allgemein gilt für Legierungen, deren Korngröße über 10^{-3} mm (mittlerer Korndurchmesser) liegt:

a) *bei heterogenem Gefüge* (Kristallgemisch): Die Eigenschaften der beteiligten Phasen addieren sich im Verhältnis ihrer Mengenanteile (Bild 2.3–1). Die Eigenschaft Streckgrenze ändert sich linear, d. h. proportional zur Konzentration (Zusammensetzung der Legierung)

b) *bei homogenem Gefüge* (Mischkristalle): Die Eigenschaften ändern sich nicht proportional mit der Zusammensetzung. Außerhalb der Mischungslücke liegt links und rechts jeweils eine Mischkristallart vor (Bild 2.3–1). Bei der ununterbrochenen Mischkristallreihe (Bild 2.3–2) gibt es insgesamt nur eine Mischkristallart.

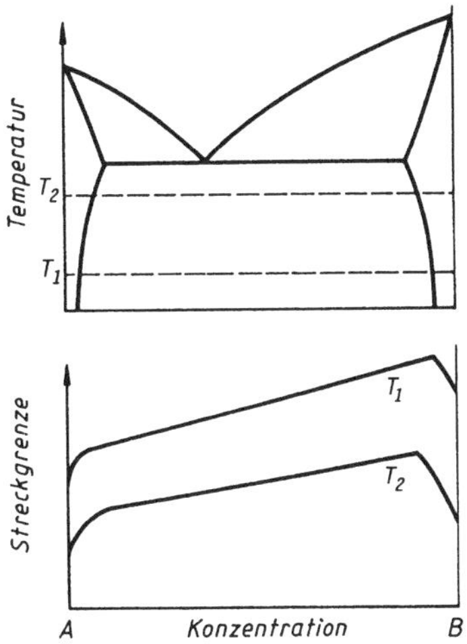

Bild 2.3–1 Verlauf der Streckgrenze im System begrenzter Löslichkeit mit Eutektikum (schematisch) – Temperaturen T_1 und T_2

In den Bildern 2.3–1 und 2.3–2 wurde die Festigkeitsgröße *Streckgrenze* (s. Abschnitt 12.2) zur Demonstration verwendet. Ist die Streckgrenze hoch, so ist der Widerstand des Werkstoffes gegen eine plastische (bleibende) Formänderung groß, d. h., es ist eine hohe mechanische Spannung erforderlich. Mit der Bildung von Mischkristallen ist stets ein Anstieg der Streckgrenze zu verzeichnen (s. Abschnitt 2.2.1).

Anmerkung:
Die Streckgrenze ist das wichtigste Maß für die Festigkeit zäher Werkstoffe. Sie ist eine Spannung mit der Maßeinheit N/mm^2. Man ermittelt die Streckgrenze im Zugversuch (Abschnitt 12.2).

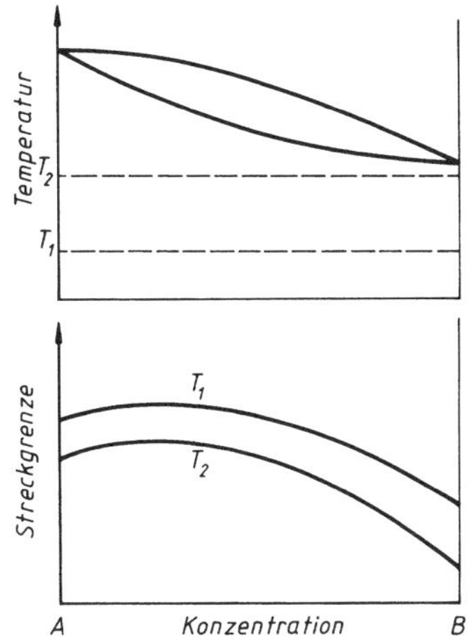

Bild 2.3–2 Verlauf der Streckgrenze im System völliger Löslichkeit (schematisch) – Temperaturen T_1 und T_2

Durch die Aufnahme von Atomen der Komponente B im Wirtsgitter A entstehen gegenseitige, atomare Beeinflussung und eine Verspannung des Gitters. Eigenschaftsänderungen durch Legieren können deshalb praktisch nicht aus den Eigenschaften der beteiligten Komponenten bestimmt werden.

Kristallgemisch: Eigenschaften proportional zur Zusammensetzung
Mischkristall: Eigenschaften ändern sich nichtlinear

Mischkristallfestigkeit: Anstieg der Streckgrenze durch Mischkristallbildung

Übung 2.3–1
Was versteht man unter Mischkristallfestigkeit?

Übung 2.3–2
Weshalb ist die Art der Einlagerung einer Phase von Bedeutung?

Neben den mechanischen Eigenschaften, wie *Streckgrenze*, *Elastizitätsmodul*, *Härte*, werden auch technologische Eigenschaften (Verarbeitungseigenschaften), z. B. die *Gießbarkeit*, durch die Konzentrationsänderung der Legierung beeinflusst (Bild 2.3–3). Die Gießbarkeit wird als Füllungsvermögen der Schmelze in einer sehr schmalen Form gemessen und gewertet.
Man erkennt beim System Blei-Antimon (Pb–Sb) deutlich, dass die eutektische Legierung (87 % Pb, 13 % Sb) besonders gut gießbar ist. Die Schmelzpunktminima bei eutektischen Legierungen werden zuweilen gießtechnisch genutzt, wenn Teile mit Rippen, schmalen Ansätzen usw. beim Abguss gut gelingen sollen.

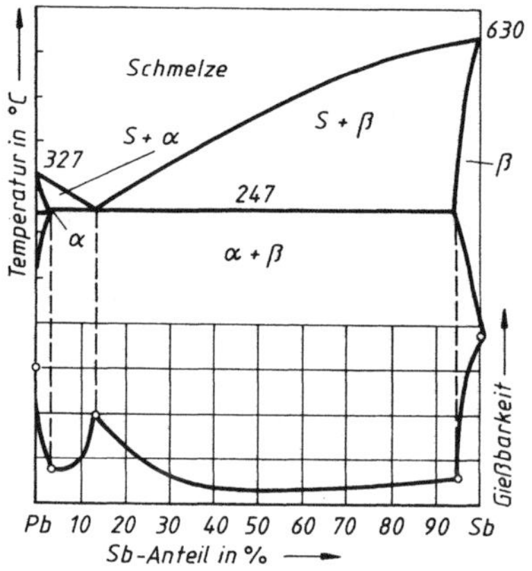

Bild 2.3–3 Verlauf der Gießbarkeit der Blei-Antimon-Legierungen

> *Eutektische Legierungen* haben ein Schmelzpunktminimum, d. h., Liquidus- und Soliduslinie fallen zusammen. Diese Legierungen sind häufig gut gießbar.

Beispiel:
Phosphideutektikum bei phosphorreichem, grau erstarrtem Gusseisen; Teile mit dünnen Rippen gut gießbar

Auch andere physikalische Eigenschaften ändern sich durch Legieren.
Der elektrische Widerstand eines Metalls oder einer Legierung setzt sich nach der Regel von Matthiessen zusammen.

> *Regel von Matthiesen*:
> $\varrho = \varrho_G + \varrho_R$

ϱ in Ωm spezifischer elektrischer Widerstand (s. Physik, Elektrizitätslehre)

ϱ_G Gitterschwingungsanteil, temperaturabhängiger Anteil des spezifischen elektrischen Widerstandes (thermischer Anteil)

ϱ_R Restwiderstand, temperaturabhängiger Anteil des spezifischen elektrischen Widerstandes (athermischer Anteil) resultierend aus der Menge der im Gitter eingebauten Fremdatome und den übrigen Gitterdefekten

Bild 2.3–4 zeigt den Einfluss der Konzentration bei der ununterbrochenen Mischkristallreihe. Die elektrische Leitfähigkeit vermindert sich demzufolge erheblich durch die Mischkristallbildung. Ebenso vermindert sich die Wärmeleitfähigkeit λ.

Tabelle 2.3–1 Wirkung der Mischkristallbildung auf die Wärmeleitfähigkeit λ (Beispiel: Eisen und Eisenlegierungen) bei 20 °C

Werkstoff	λ in W/(m · K)	
Fe (99,92 %)	72	zunehmende Mk-Bildung ↓
Stahl (0,2 % C)	47	
CrNi-Stahl (18 % Cr, 8 % Ni)	14	

λ in W/(m · K) Wärmeleitfähigkeit (Wärmeleitzahl) (s. Physik, Wärmeübertragung)

Bild 2.3–5 zeigt das schematische Zustandsdiagramm eines Legierungssystems mit zwei im festen Zustand ineinander völlig unlöslichen Komponenten, die bei der Konzentration *c* die intermetallische Phase A_mB_n bilden. In beiden Teilbereichen des Diagrammes ändert sich der elektrische Widerstand linear (bei beiden Temperaturen T_1 und T_2). Bedingt durch den ionischen Bindungsanteil weist die intermetallische Phase A_mB_n ein Widerstandsmaximum auf.

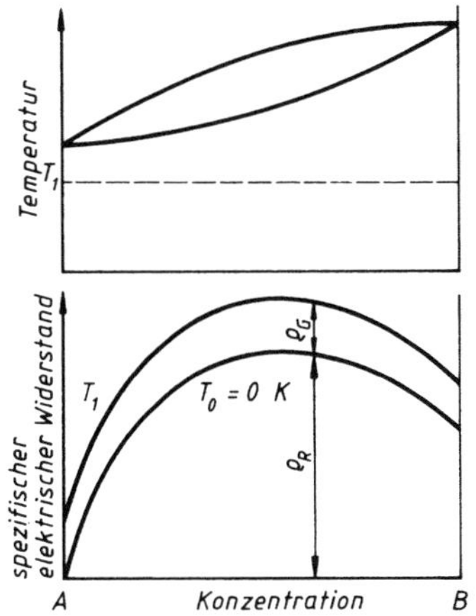

Bild 2.3–4 Verlauf des spezifischen elektrischen Widerstandes im System völliger Löslichkeit (schematisch)

ϱ_G Gitterschwingungsanteil (temperaturabhängig)

ϱ_R Restwiderstand (temperaturunabhängig)

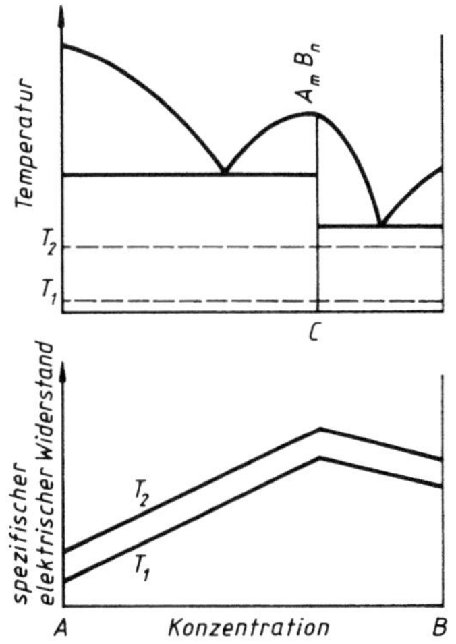

Bild 2.3–5 Verlauf des spezifischen elektrischen Widerstandes in einem System völliger Unlöslichkeit mit intermetallischer Phase A_mB_n
c Konzentration von A_mB_n (100 %), Temperaturen T_1 und T_2

Beispiele: Mg-Ca, Al-Sb

Ist eine 2. Phase in sehr feiner Verteilung eingelagert, so kann es zu extremen Eigenschaftsänderungen kommen. Beispiele hierfür:

1. Anstieg von Streckgrenze und Härte beim Aushärten von Legierungen
2. Ausscheidung von Carbiden beim Anlassen von Stahl (Erwärmung nach dem Härten)

Damit ändern sich andere physikalische Eigenschaften ebenfalls.

Eigenschaften der Legierungen sind konzentrations- und temperaturabhängig. Wie stark sich die Eigenschaften ändern, wird besonders durch die Art und Weise der Einlagerung bestimmt.

Lernzielorientierter Test zu Kapitel 2

1. Ordnen Sie den unter A bis D genannten, festen Phasen je ein Beispiel zu!
   A Überstruktur
   B Mischkristall, unbegrenzt löslich
   C Mischkristall, begrenzt löslich
   D intermetallische Verbindung
2. Welche Größen beschreiben den thermischen Gleichgewichtszustand bei Zweistofflegierungen?
   A Zeit
   B Temperatur
   C Affinität
   D Konzentration (Zusammensetzung der Legierung)
   E Molekülmasse
3. Eutektisches Gefüge
   A ist weich
   B besitzt eine lamellare Struktur
   C hat ein Schmelzpunktminimum in der Legierungsreihe
   D ist gut umformbar
   E tritt bei teilweiser oder völliger Unlöslichkeit der beteiligten Legierungskomponenten im festen Zustand auf
4. Bildung von Mischkristallen bewirkt
   A Verringerung der Härte
   B Anstieg der Streckgrenze (Erhöhung der Festigkeit)
   C Verbesserung der Schweißbarkeit
   D Erhöhung des elektrischen Widerstandes
   E Verbesserung der chemischen Beständigkeit

3 Eisen-Kohlenstoff-Legierungen

3.0 Überblick

Als Eisen-Kohlenstoff-Legierungen bezeichnet man in der Metallkunde alle *Stahlarten* und *Gusseisensorten* (Eisenwerkstoffe). Ihre Eigenschaften, ihre Vielfalt und ihre kostengünstige Herstellung verschaffen dieser Werkstoffgruppe eine Spitzenstellung in der Wirtschaft. Hochbau, Schiffbau, Maschinen-, Fahrzeug-, Anlagen- und Gerätebau usw. – in diesen Industriezweigen wird von allen metallischen Werkstoffen, meist von allen Materialien überhaupt, mengenmäßig am meisten *Stahl* verwendet. So erfahren die Eisenwerkstoffe auch im vorliegenden Lernbuch eine besondere Betonung. Nachdem Sie gelernt haben, was man unter *Legierungen* versteht, kommt nun mit Eisen-Kohlenstoff ein wichtiges Zweistoffsystem hinzu. In diesem Kapitel erfahren Sie, unter welchen Bedingungen sich das metastabile System Eisen-Eisencarbid (Fe-Fe_3C) bzw. das *stabile System Eisen-Graphit* (Fe-C) ausbildet. Die *Zustandsdiagramme* werden besprochen und durch Abkühlverläufe bestimmter Zusammensetzungen veranschaulicht. Praktisch von Interesse ist die Zuordnung der Gefügearten (Aufbau, Eigenschaften und bildliche Darstellung). Dieses Kapitel hilft Ihnen, Stahleigenschaften besser zu verstehen. Es vermittelt Ihnen außerdem Grundlagen für die Wärmebehandlung der Eisenwerkstoffe.

Lernziele

Der Lernende kann ...

- Grundlagen der Legierungslehre am System Eisen-Kohlenstoff anwenden,
- das Eisen-Kohlenstoff-Diagramm erklären,
- die Systeme Fe-Fe_3C und Fe-C (Dualsystem) unterscheiden,
- die wichtigsten Gefügearten nennen sowie deren Aufbau und Eigenschaften erläutern.

3.1 Reines Eisen

Eisen = *ferrum (lat.)*
Eisen ist ein *polymorphes Metall*. Bei 1 536 °C erstarrt eine reine Eisenschmelze zum krz-δ-Eisen. Kühlt man weiter ab, so wandelt es sich bei 1 392 °C in das dichtere kfz-γ-Eisen und dieses bei 911 °C wieder in das weniger dichte krz-α-Eisen um. Diese Gitterumwandlungen zeigen sich im Temperatur-Zeit-Verlauf bei der Erwärmung bzw. der Abkühlung (Bild 3.1–1) und im thermischen Ausdehnungsverhalten (Bild 3.1–2).

<u>Eisen</u>

Gitter	s. Bild 3.1–1
Schmelzpunkt	1 536 °C
Dichte	7,87 kg/dm^3
Festigkeit	$R_e \approx 100$ N/mm^2
	$R_m \approx 200$ N/mm^2

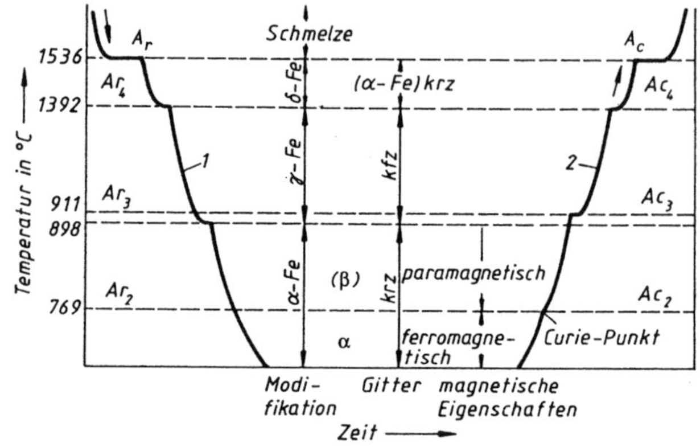

Im Abkühlverlauf sind durch frei werdende Wärme (latente Wärme) deutlich Haltepunkte zu erkennen.

Bild 3.1–1 Abkühlungskurve (*1*) und Erwärmungskurve (*2*) von reinem Eisen (Gleichgewicht, Kurven idealisiert)

Es ist üblich, die Umwandlungstemperaturen zu kennzeichnen. Darüber informiert die Tabelle 3.1–1. Prägen Sie sich diese Bezeichnungen und ihre Bedeutung ein!
Es bedeuten (franz.):
A (arrêt) Halte- oder Knickpunkt
c (chauffage) Erwärmung
r (refroidissement) Abkühlung

Tabelle 3.1–1 International übliche Abkürzungen für Fe-Umwandlungstemperaturen

Umwandlung	Beim Erwärmen	Beim Abkühlen
Schmelze $\rightleftarrows$ δ	A_c	A_r
$\delta \rightleftarrows \gamma$	A_{c4}	A_{r4}
$\gamma \rightleftarrows \alpha$	A_{c3}	A_{r3}
$\alpha_{param} \rightleftarrows \alpha_{ferrom}$	A_{c2}	A_{r2}

Die an einem Längenmessgerät aufgezeichnete Temperatur-Längenänderungs-Kurve zeigt sprunghafte Längenänderungen bei den charakteristischen Temperaturen (Bild 3.1–2).

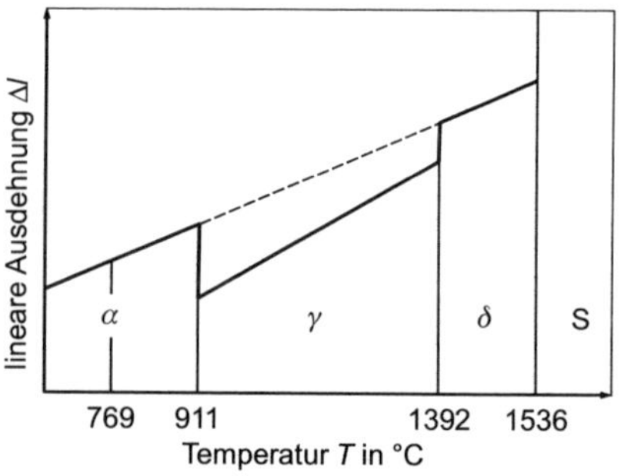

Bild 3.1–2 Lineares Ausdehnungsverhalten von reinem Eisen bei Erwärmung (Dilatometerkurve)

Anmerkung:
Reines Eisen ist magnetisierbar (*ferromagnetisch*). Diese Eigenschaft geht bei Erwärmung bei 769 °C (*Curie*-Punkt = A_{c2}) verloren.

Übung 3.1–1
Welche Gitterarten (Modifikationen) treten bei reinem Eisen auf? Nennen Sie dazu die entsprechenden Umwandlungstemperaturen!

Übung 3.1–2
Was bedeuten die Bezeichnungen A_{c3} und A_{r3}?

3.2 Komponente Kohlenstoff

Der Kohlenstoff existiert in Eisenlegierungen in verschiedenen Formen. Zunächst kann er in den Modifikationen des Eisens α, γ und δ gelöst vorkommen. Der Kohlenstoff wird in Zwischengitterplätzen eingebaut und bildet mit dem Eisen Einlagerungsmischkristalle. Die Menge an Kohlenstoff, die im α-, γ- und δ-Mischkristall gelöst werden kann, ist vom Gittertyp und der Temperatur abhängig. Der Kohlenstoff kann gebunden als Fe_3C (*Zementit* oder Eisencarbid) vorkommen. Unter bestimmten Bedingungen liegt der Kohlenstoff frei als selbstständige Phase in Form von *Graphit* vor.

Kohlenstoff	Erscheinungsform
gelöst	α (krz), γ (kfz), δ (krz); Mischkristalle
gebunden	Fe_3C (orthorhombisch)
frei	Graphit (hex)

Graphitgitter: hexagonal; dichte Atomanordnung in parallelen Ebenen; Schichtgitterstruktur (s. Bild 1.1–11)

Fe_3C kristallisiert in einem komplizierten rhomboedrischen Gitter. Die Härte dieser Phase beträgt 1 100 HV 10 (Näheres über die Messung der Härte erfahren Sie im Abschnitt 12.3). Der Schmelzpunkt von Fe_3C ist nicht genau bestimmbar, weil diese Phase beim Erwärmen bereits unter dieser Temperatur in Eisen und Kohlenstoff zerfällt. Im Fe-Fe_3C-Diagramm (Bild 3.4–1) ist die Liquiduslinie für C > 4,3 % deshalb gestrichelt gezeichnet.
Hinsichtlich Entstehung, Gefügeaufbau und -eigenschaften unterscheidet man:
Primärzementit: Primärgebiet → Linie *DC*
Sekundärzementit: Sekundärgebiet → Linie *ES*
(RT: Körner werden schalenförmig umgeben; damit starke Versprödung des Werkstoffes verbunden)
Tertiärzementit: Tertiärgebiet → Linie *PQ*
Die Bildung der Zementitarten entlang der genannten Linien bezieht sich auf das Zweistoffsystem Fe-Fe_3C (Bild 3.5–1). Wir kommen im Abschnitt 3.4 darauf zurück.

> *Eisencarbid* oder Zementit Fe_3C ist eine intermediäre Phase mit 6,67 % C. Einer chemischen Verbindung stark ähnelnd, liegt der Kohlenstoff im Gitter gebunden vor.
> Man unterscheidet:
> - *Primärzementit*
> - *Sekundärzementit*
> - *Tertiärzementit*

RT *Raumtemperatur*

Im *stabilen System* (es liegt im Werkstoff häufig neben dem metastabilen System vor) liegt Graphit in Form von groben Blättchen, Nestern oder Kugeln vor. Es handelt sich um nichtmetallische Einschlüsse, um ein *heterogenes Gefüge*. Graphit besitzt ein hexagonales Schichtgitter (Graphit als Schmierstoff!).

Übung 3.2–1
In welchen Formen existiert Kohlenstoff in Fe-Legierungen?

3.3 Allgemeines zum System Eisen-Kohlenstoff

Betrachtet werden Eisen-Kohlenstoff-Legierungen mit einem maximalen Kohlenstoffgehalt von 6,67 Masse-% (entspricht der Zusammensetzung von Fe_3C).
Bei hohen Temperaturen ist Kohlenstoff in der Eisenschmelze löslich. Je nach Abkühlgeschwindigkeit und chemischer Zusammensetzung kann die Erstarrung aus homogenen Fe-C-Schmelzen wie folgt ablaufen:

1. Die sich bildenden Gefüge enthalten nur die Komponenten Eisen und Zementit. Man spricht vom *metastabilen System* Fe-Fe_3C. Dieses System gilt für Stahl, Stahlguss und jede Art von weißem Gusseisen. In der technischen Literatur werden die Gleichgewichtslinien dieses Systems durch ausgezogene Linien dargestellt.
2. Die Gefüge enthalten nur die Komponenten Eisen und Kohlenstoff in Form von Graphit. Man nennt es das *stabile System* Fe-C (Eisen-Graphit). Der Begriff *stabil* deutet darauf hin, dass eine weitere Zerlegung des Kohlenstoffs in Form von Graphit nicht möglich ist. Dagegen zerfällt Fe_3C bei langzeitiger Glühung in Eisen und Temperkohle. Die Gleichgewichtslinien dieses Systems werden meist gestrichelt dargestellt.
3. Es bilden sich Gefüge, in denen neben Eisen sowohl elementarer Kohlenstoff als auch Fe_3C vorliegen. Das metastabile und das stabile System liegen nebeneinander vor.

	Stabiles System Fe-C	*Metastabiles System Fe-Fe_3C*
Kohlenstoff	Graphit Temperkohle	Zementit (Eisencarbid)
begünstigt durch	langsame Abkühlung carbidzerlegende Elemente	rasche Abkühlung carbidbildende Elemente

Dieser Zustand bestimmt den Gefügeaufbau technischer Gusseisensorten. Beide Diagramme (metastabil und stabil) gelten für extrem langsame Abkühlung, d. h. bei vollständiger Diffusionsmöglichkeit. Die Entstehung der Zustandsdiagramme erfolgt in gleicher Weise wie die anderer binärer Systeme (Zweistoffsysteme).

Übung 3.3–1
Wodurch unterscheiden sich das metastabile und das stabile System Eisen-Kohlenstoff?

Übung 3.3–2
Welche Faktoren begünstigen das stabile System Eisen-Kohlenstoff (Eisen-Graphit bzw. Eisen-Temperkohle)?

3.4 System Eisen-Eisencarbid (Fe-Fe$_3$C)

Die Gleichgewichtslinien dieser Zweistofflegierung sind etwas komplizierter als bei den im Abschnitt 2.2 besprochenen Diagrammen (Bild 3.4–1).

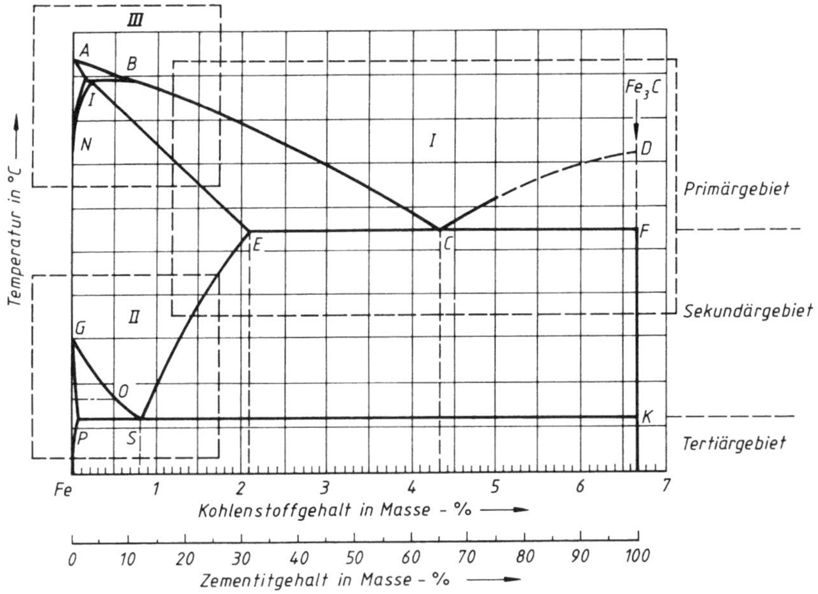

Bild 3.4–1 „Teilsysteme" des Eisen-Eisencarbid-Diagramms
I eutektisches Teilsystem
II eutektoides Teilsystem
III perlitisches Teilsystem

Gründe dafür sind:

1. die Polymorphie der Komponente Eisen. Bild 3.4–2 lässt die Umwandlungstemperaturen 911 °C und 1 392 °C an der Ordinate erkennen.
2. Der Kohlenstoff existiert im metastabilen System Fe-Fe_3C in gebundener Form nur bis zu bestimmten konzentrationsabhängigen Temperaturen. Darüber existiert er nur (atomar) in gelöster Form. Bild 3.4–2 zeigt, dass oberhalb des Linienzuges *QPSECD* die Phase Fe_3C nicht eingetragen ist.

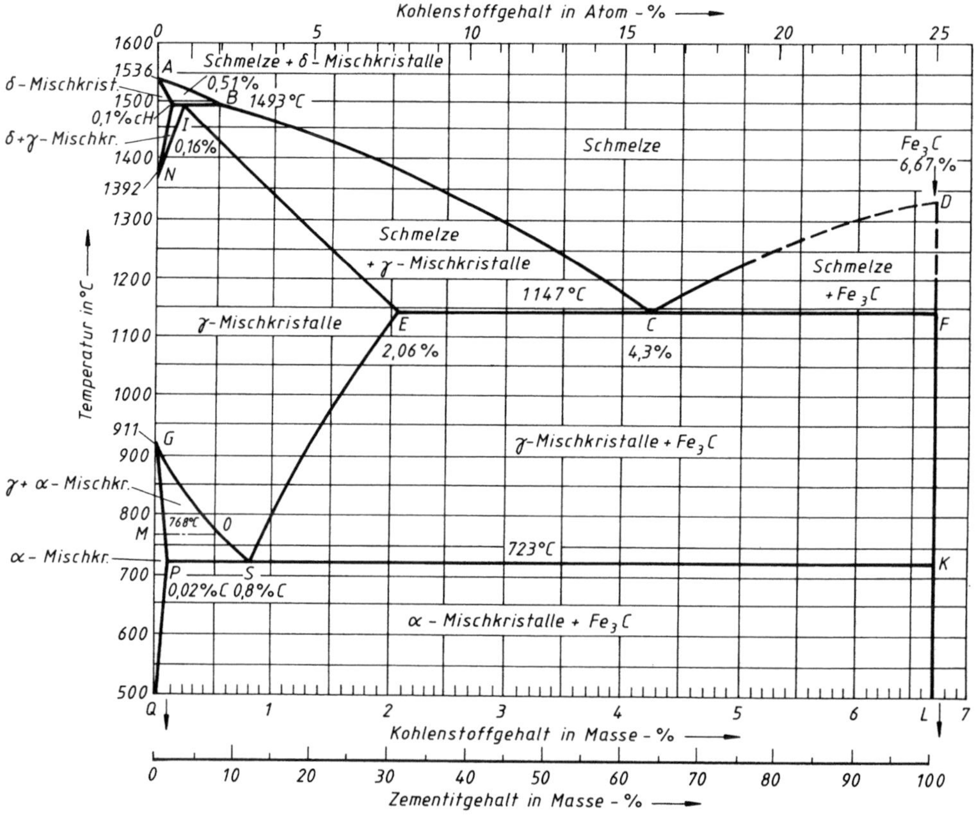

Bild 3.4–2 Eisen-Eisencarbid-Diagramm (System Fe-Fe_3C) mit Phasenbezeichnungen

Betrachtet man die im Bild 3.4–1 vorgenommene Aufteilung, so erkennt man, dass sich das gesamte Fe-Fe_3C-Diagramm (ein System mit *intermediärer* Phase) aus folgenden Teilsystemen zusammensetzt:

I Mischungslücke (Umwandlung flüssig/fest); Eutektikum bei Punkt *C*
II Mischungslücke (Umwandlung fest/fest); Eutektoid bei Punkt *S*
III Peritektikum (Umwandlung flüssig/fest)

Die Konzentrationsachse wird mit 0...100 % Fe_3C bzw. mit 0...6,67 % Kohlenstoff bezeichnet (Bild 3.4–1).
Oberhalb der Liquiduslinie *ABCD* liegt Schmelze vor. Bei Abkühlung beginnen entlang der Linie *ABC* die Ausscheidung von Eisenmischkristallen und entlang *CD* die primäre Kristallisation von Fe_3C. Wird die Soliduslinie *AHIECFD* erreicht, ist die Erstarrung abgeschlossen. Sie erkennen, dass die Schmelz- und Erstarrungstemperaturen (Intervall) mit zunehmendem Kohlenstoffgehalt abnehmen. So ist die Verflüssigung von Stahl (niedriger C-Gehalt) zur Herstellung von Formgussteilen energieaufwendiger als bei Gussteilen (Kohlenstoffgehalt über 2 %).
Nun wenden wir die im Abschnitt Zweistofflegierungen erworbenen Kenntnisse an, setzen die Teilsysteme zum Gesamtsystem zusammen und betrachten einzeln die bei Abkühlung auftretenden Umwandlungen (Bild 3.4–2):

- Nach der Primärausscheidung (primär, d. h. Kristallisation aus der Schmelze) von γ-Mischkristallen (2,06...4,3 % C) oder Fe_3C (4,3...6,67 % C) erstarrt die Schmelze, wenn die Linie *ECF* (Eutektikale oder eutektische Linie) erreicht ist.

  $$S \rightarrow \gamma\text{-Mk} + Fe_3C \qquad \text{(I)}$$

  Dieses eutektische Kristallgemisch trägt den Gefügenamen *Ledeburit*.
- Ein *Eutektoid* (Entmischung bei einer Umwandlung fest/fest) liegt beim Punkt *S* vor. Aus den γ-Mischkristallen, die den Gefügenamen *Austenit* erhielten, scheiden sich sekundär (d. h. aus dem festen Zustand) α-Mk (0,02...0,8 % C) oder Fe_3C (über 0,8 % C) aus. An der Linie *PSK* (A_1 = 723 °C) wird der Zerfall der γ-Mk abgeschlossen. Es bildet sich das eutektoide Kristallgemisch.

Wichtige Gleichgewichtslinien:
(mehrmals im Diagramm Fe-Fe_3C Punkt für Punkt nachgehen!)

Liquiduslinie	*ABCD*
Soliduslinie	*AHIECFD*
Eutektikale	*ECF*
Eutektoide	*PSK*
Sättigungslinien	*ES*
	PQ
Curie-Linie	*MOSK*
Bildung/Auflösung des Fe_3C	*QPSECD*

δ-Mischkristall: krz Fe-C-Mischkristall, maximal 0,1 % C bei 1493 °C im Mischkristall löslich
Gefügename: *δ-Ferrit*

γ-Mischkristall: kfz Fe-C-Mischkristall, maximal 2,06 % C bei 1147 °C im Mischkristall löslich
Gefügename: *Austenit*

Eutektikum des Systems Fe–Fe_3C: Phasengemisch aus γ und Fe_3C, entstanden durch eutektische Entmischungsreaktion (aus der Schmelze)
Gefügename: *Ledeburit*

γ-Mk → α-Mk + Fe_3C (II)

Der Gefügename dieses Eutektoids ist *Perlit.*

- Links oben ist im System Fe-Fe_3C das *Peritektikum* zu erkennen.

S + δ-Mk → γ-Mk (III)

Diese Umwandlung oberhalb 1 400 °C ist von geringer Bedeutung und wird nicht näher besprochen.

Eutektoid des Systems Fe–Fe_3C: Phasengemisch aus α und Fe_3C, entstanden durch eutektoide Entmischungsreaktion (aus dem γ-Mischkristall)
Gefügename: *Perlit*

Die Linie *SE* (Bild 3.4–3) ist eine Löslichkeits- oder Sättigungslinie, die das begrenzte temperaturabhängige Aufnahmevermögen des kfz-Eisens für atomaren Kohlenstoff erkennen lässt. Bei Abkühlung im Bereich 0,8 . . . 2,06 % C wird die Linie *SE*, auch A_{cm}-Linie genannt, geschnitten. Dabei wird der zuviel gelöste Kohlenstoff in Form von Fe_3C (Sekundärzementit) ausgeschieden.

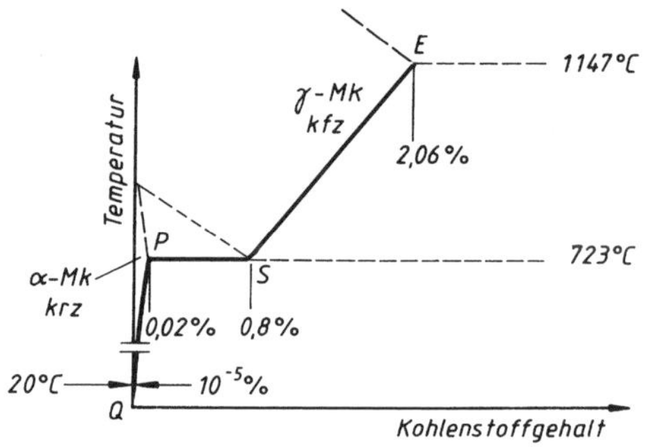

Bild 3.4–3 Maximale Löslichkeiten von Kohlenstoff in Eisen im kristallinen Zustand

Die γ-α-Umwandlung (bei reinem Eisen bei 911 °C; Punkt *G* im Bild 3.4–2) wird mit zunehmendem C-Gehalt zu tieferen Temperaturen verschoben. Sie ist für den Hauptteil der Eisen-Eisencarbid-Legierungen bei 723 °C (Temperatur A_1) abgeschlossen. Ganz links existiert ein Einphasengebiet α-Mischkristalle (Gefügename: *Ferrit*). Im α-Mk kann maximal 0,02 % Kohlenstoff (bei 723 °C) gelöst sein. Das ist ein Vierzigstel der Menge Kohlenstoff, die in der kfz-Struktur bei gleicher Temperatur aufgenommen werden kann. Sinkt die Temperatur weiter, so nimmt die Menge Kohlenstoff, die im α-Mischkristall gelöst werden kann, weiter ab. Bei Raumtemperatur sind es im Gleichgewichtsfall etwa 10^{-5} %. Der Kohlenstoff wird wiederum in Form von Fe_3C (*Tertiärzementit*) ausgeschieden.

α-Mischkristall: krz Fe-C-Mischkristall, C in sehr geringer Konzentration löslich (10^{-5} bis 0,02 %)
Gefügename: *Ferrit*

Übung 3.4–1
Welche Besonderheiten weisen die beiden Komponenten des Zweistoffsystems Eisen-Kohlenstoff (Fe-Fe_3C) gegenüber einfachen Grundtypen binärer Systeme auf?

Übung 3.4–2
Wie nennt man das eutektische Kristallgemisch des Systems Fe-Fe_3C?

3.5 Die Gefügearten des Systems Eisen-Eisencarbid

Um die Eigenschaften der verschiedenen Eisenwerkstoffe beurteilen zu können, sind Kenntnisse über die (nach dem Fe-Fe_3C-Diagramm vorliegenden) *Phasen* notwendig, jedoch noch nicht ausreichend. Bild 3.5–1 zeigt das Diagramm mit den eingetragenen *Gefügebezeichnungen* (im Abschnitt 3.4 bereits weitgehend eingeführt). Technisch interessiert, ob das Gefüge jeweils mit einer Phase identisch ist (γ-Mk = Austenit; α-Mk = Ferrit), oder ob es aus mehreren Phasen besteht (alle Konzentrationen zwischen 0 und 6,67 % C bei Raumtemperatur).

Die Eigenschaften werden einerseits durch die Arten der beteiligten Phasen bestimmt. Andererseits muss auch der mengenmäßige Anteil, die Größe, die Verteilung, die Form und die Orientierung der Phasen/Phasengemische berücksichtigt werden. Diese Aspekte werden unter dem Begriff *Gefüge* zusammengefasst.

Gefügeart	Phase(n)	Aufbau
Ferrit	α-Mk	krz, max. 0,02 % C gelöst
Austenit	γ-Mk	kfz, max. 2,06 % C gelöst
Zementit	Fe_3C	orthorhombisch
Ledeburit	Eutektikum des Systems α-Mk + Fe_3C bzw. γ-Mk + Fe_3C	
Perlit	Eutektoid α-Mk + Fe_3C	lamellar

Die Gefügemengen bei Raumtemperatur für das System Fe–Fe_3C sind im Bild 3.5–2 dargestellt. Man kann für jede Konzentration (Kohlenstoffgehalt in Masse-%) die Zusammensetzung des Gefüges ablesen.

Der Tertiärzementit bleibt unberücksichtigt (sehr geringe Mengen).

Überprüfen Sie die Richtigkeit dieses Diagrammes durch punktuelle Anwendung des Hebelgesetzes für Zweistoffsysteme!

Anmerkung:
Das Eisen-Eisencarbid-Diagramm wird häufig vereinfachend Eisen-Kohlenstoff-Diagramm (EKD) genannt.

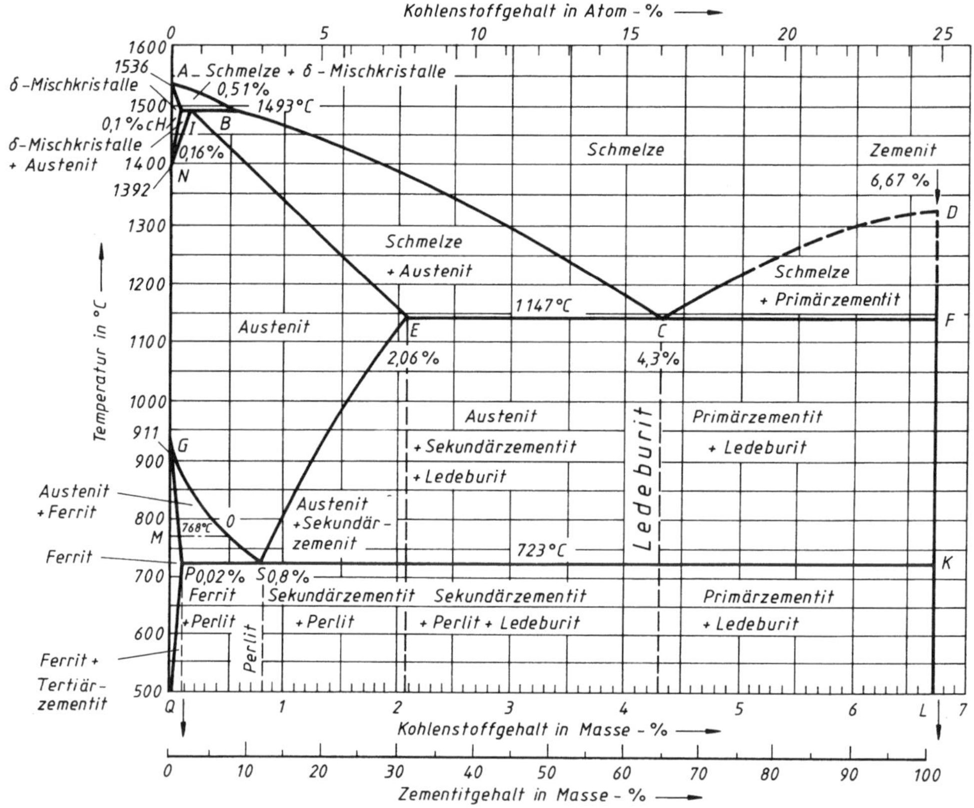

Bild 3.5–1 Eisen-Eisencarbid-Diagramm (System Fe-Fe_3C) mit Gefügebezeichnungen

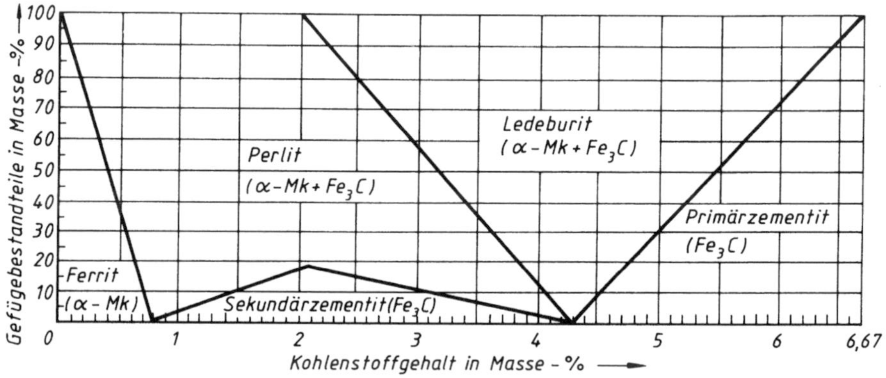

Bild 3.5–2 Gefügediagramm des Systems Fe-Fe_3C (Gefügemengen bei Raumtemperatur)

Der Techniker verwendet das Eisen-Eisencarbid-Diagramm mit eingetragenen Gefügebezeichnungen (Bild 3.5–1).

Ferrit (nach ferrum) – einphasiges Gefüge des α-Mischkristalls.

Es ist ein weiches, gut kaltumformbares Gefüge. Das Gefüge von Weicheisen, Relaiseisen und kohlenstoffarmem Stahl (Einsatzstahl) besteht vorwiegend aus Ferrit; die Festigkeit dieser Werkstoffe ist gering.

Austenit – einphasiges Gefüge des γ-Mischkristalls.

Benannt nach dem Forscher W. C. Roberts-Austen. Dieses Gefüge ist sehr gut umformbar (praktische Anwendung beim Walzen und Schmieden). Es ist unmagnetisch und kommt bei bestimmten, hochlegierten Stählen auch bei Raumtemperatur vor.

Zementit – einphasiges Gefüge aus Fe_3C (Eisencarbid).

Je nach Entstehung wird im Primär-, Sekundär- und Tertiärzementit unterschieden. Primärzementit bildet sich aus der Schmelze. Sekundär- und Tertiärzementit entstehen aus Austenit bzw. Ferrit durch nachlassende Löslichkeit für Kohlenstoff bei sinkender Temperatur im Mischkristall. Diese harte Phase vermindert die Umformbarkeit, erhöht die Festigkeit und in günstiger Verteilung im Gefüge den Widerstand gegen Verschleiß.

Ledeburit nach A. Ledebur

ist das eutektische Gefüge des Systems Eisen-Eisencarbid. Dicht unter 1147 °C, also unmittelbar nach abgeschlossener Kristallisation, besteht Ledeburit aus einem feinen Gemenge (Kristallgemisch)

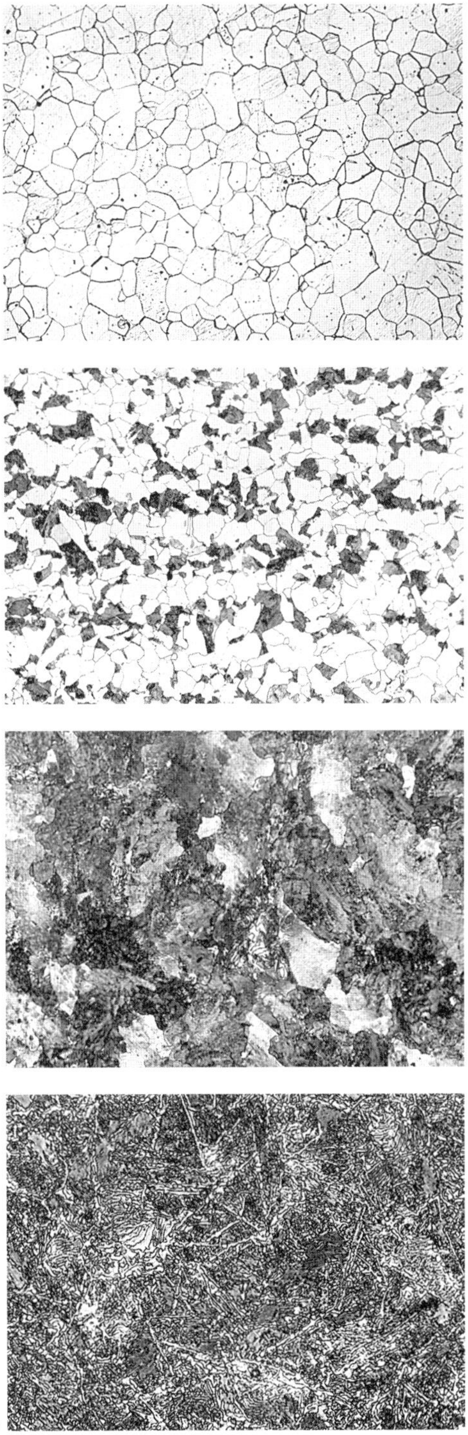

a) b) c) d)

Bild 3.5–3 Gefügearten des Systems Fe-Fe_3C bei langsamer Abkühlung

a) Ferrit; „Weicheisen“ 200 : 1
b) Ferrit + Perlit (dunkel); 0,35 % C – Vergütungsstahl C 35 200 : 1
c) Perlit 0,8 % C – Werkzeugstahl C 80 200 : 1
d) Perlit + Sekundärzementit (hell, an den Korngrenzen), 1,30 % C – Werkzeugstahl C 130 200 : 1

von Fe_3C und γ-Mk mit 2,06 % C (maximales Aufnahmevermögen). Bei weiterer Abkühlung scheidet sich aus dem γ-Mk im Ledeburit Zementit aus, der an den vorhandenen Fe_3C ankristallisiert. Auch im Ledeburit (γ + Fe_3C) findet bei 723 °C die γ-α-Umwandlung statt, d. h., die noch vorhandenen γ-Mk entmischen sich eutektoid zu α-Mk und Fe_3C. Im Auflichtmikroskop ist häufig die charakteristische Pantherfellstruktur dieses Gefüges sichtbar (siehe auch Bild 5.4–3a). Ledeburit ist schlecht formbar, d. h., die *Duktilität* ist denkbar gering. Sein Auftreten schafft eine deutliche *Grenze zwischen Stahl und weißem (ledeburitischem) Gusseisen* (etwa 2 % C). In hochlegierten Stählen für Werkzeuge (Schnellarbeitsstähle) bringt ein gewisser Ledeburitanteil mit möglichst feiner Carbidverteilung ein günstiges Verhalten bei Verschleißbeanspruchung.

Duktilität = Dehnbarkeit, Formbarkeit (besonders bei metallischen Werkstoffen)

Anmerkung: Man unterscheidet Ledeburit I (γ + Fe_3C; Primärgebiet) und Ledeburit II [(α + Fe_3C) + Fe_3C] nach eutektischer Entmischung ($\leq$ 723 °C).

Perlit entsteht bei der Abkühlung aus dem Austenit bei 723 °C. Er besteht aus lamellenartig oder schichtweise aneinandergereihten α-Mk und Fe_3C-Kristallen. Die Schichtstruktur des Perlits entsteht durch die Fe_3C-Bildung aus dem gelösten Kohlenstoff des Austenits, die γ-α-Umwandlung und die zwangsläufig notwendigen Diffusionswege des Kohlenstoffes.

Übung 3.5–1
Erklären Sie den Unterschied zwischen Phase und Gefügeart!

Übung 3.5–2
Welche Eigenschaften hat Ferrit?

Übung 3.5–3
Weshalb ist Austenit sehr gut formbar?

Übung 3.5–4
Was bewirkt feinverteilter Zementit in Werkzeugstählen?

Übung 3.5–5
Skizzieren Sie schematisch den Gefügeaufbau des Perlits (Anordnung der beiden Phasen)!

3.6 Einteilung der Eisenwerkstoffe

In der folgenden Übersicht werden die *Eisenwerkstoffe* (Begriff fasst alle Eisen-Kohlenstoff-Legierungen zusammen) der Abszisse (= Konzentrationsachse) des Zustandsdiagrammes zugeordnet. Bis etwa 2 % C spricht man von *Stahl*. Ein Stahl mit 0,8 % C wird *eutektoider Stahl* genannt. Das Schliffbild weist nur Perlit aus. *Untereutektoider Stahl* (C < 0,8 %) hat die Gefügebestandteile *Perlit* und *Ferrit*. *Übereutektoider Stahl* (C > 0,8 %) enthält nach Abkühlung auf Raumtemperatur einen Anteil *Sekundärzementit*, schalenförmig abgelagert.

Mit zunehmendem C-Gehalt ändern sich mit der Gefügestruktur auch die Eigenschaften. Härte und Festigkeit nehmen zu, die Umformbarkeit verringert sich, der Verschleißwiderstand erhöht sich, und die Härtbarkeit erfordert einen bestimmten Anteil an C im Eisenwerkstoff. Aus der Übersicht ist zu entnehmen, dass typische Werkstoffgruppen einem bestimmten Bereich des C-Gehaltes zugeordnet werden. In grau erstarrtem Gusseisen existiert außerdem das stabile System Fe-C.

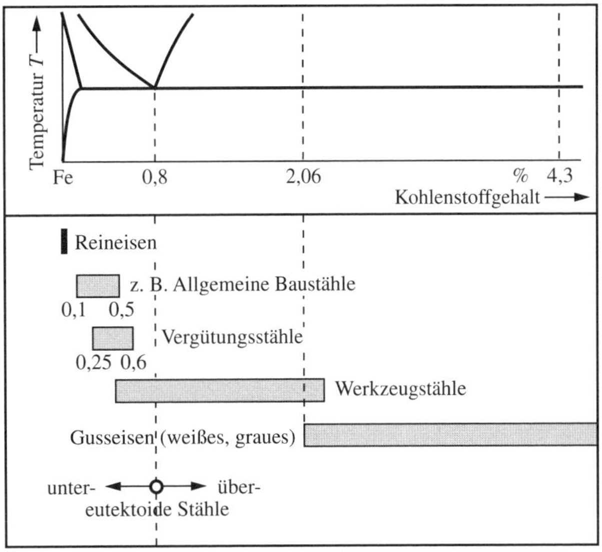

Bild 3.6–1 Werkstoffe des Systems Eisen-Eisencarbid

Übung 3.6–1
Nennen Sie Werkstoffarten, die ausschließlich im untereutektoiden Bereich liegen!

Übung 3.6–2
Wie viel Prozent C-Gehalt markiert eine eindeutige Grenze zwischen Stahl und Gusseisen?

3.7 Stabiles System Eisen-Kohlenstoff (Fe-C)

Der Begriff „stabil" deutet darauf hin, dass unter bestimmten Bedingungen die thermodynamisch stabilere Phase Graphit (ungebundener Kohlenstoff) gebildet wird. Während rasche Abkühlung, ein niedriger Kohlenstoffgehalt, vorhandene Carbidbildner (z. B. Cr, Mo) und das Element Mangan (Mn) das metastabile System fördern, wird durch langsame Abkühlung bzw. lange Glühung bei hohen Temperaturen, hohem Kohlenstoffgehalt und durch vorhandene carbidzerlegende Elemente (Si, Ti, Al) die Ausbildung des stabilen Systems Fe-C begünstigt.
Es können im Werkstoff beide Systeme koexistieren (z. B. bei Grauguss).
Der Graphit ist meist grob, in Form von Blättchen und Lamellen ausgebildet. Diese können sogar in Nestern angeordnet sein. Das Eutektikum wird *Graphiteutektikum* genannt. Entsprechend dem Sekundärzementit im metastabilen System scheidet sich hier aus dem Austenit *Sekundärgraphit* aus, der an die Graphitlamellen des Eutektikums ankristallisiert und mikroskopisch von diesen nicht unterschieden werden kann.
Der Ferrit, der sich beim eutektoiden Zerfall der γ-Mk bildet (ähnlich dem Perlit bildet sich ein Ferrit-Graphit-Eutektoid), erscheint im Schliffbild als C-armer Ferritsaum (Ferrithöfe) um die Graphitlamellen. Sinkt die Temperatur, so nimmt die Trägheit der Graphitkristallisation zu. Es wird immer wahrscheinlicher, dass der metastabile eutektoide Zerfall auftritt, d. h. Perlit gebildet wird.

Tabelle 3.7–1 Gegenüberstellung metastabiles System – stabiles System

	Metastabiles System	Stabiles System
System	Eisen-Eisencarbid Fe-Fe_3C	Eisen-Graphit Fe-C
Kohlenstoff	gebunden als Eisencarbid (Fe_3C) oder im Mk gelöst	elementar als Graphit (C) oder im Mk gelöst
Bruchfläche	hell	dunkel
Erstarrungsart	weiß	grau
Gefördert durch	Mn, Cr, Mo	Si, Ti, Al
Siliciumgehalt	niedrig (< 0,2 %)	hoch (> 0,2 %)
Abkühlung	rasch	sehr langsam
Gültig für	Stahl, Hartguss, weißes Roheisen	graues Roheisen
	Grauguss	

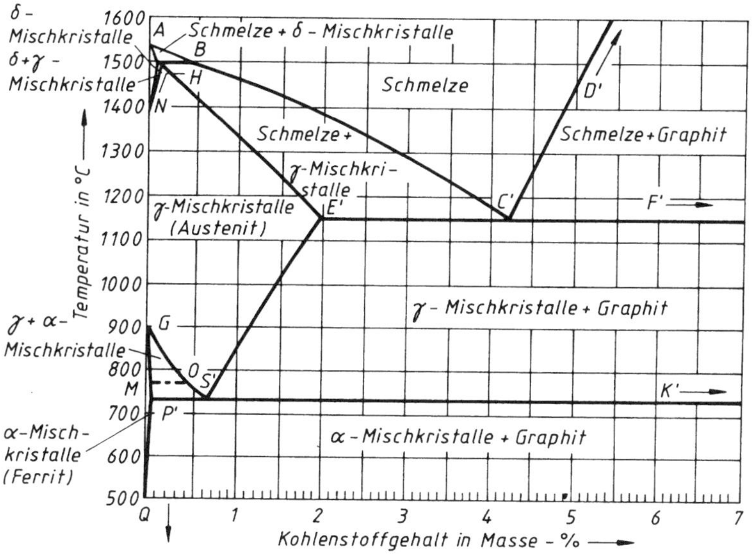

Bild 3.7–1 Stabiles System Fe-C

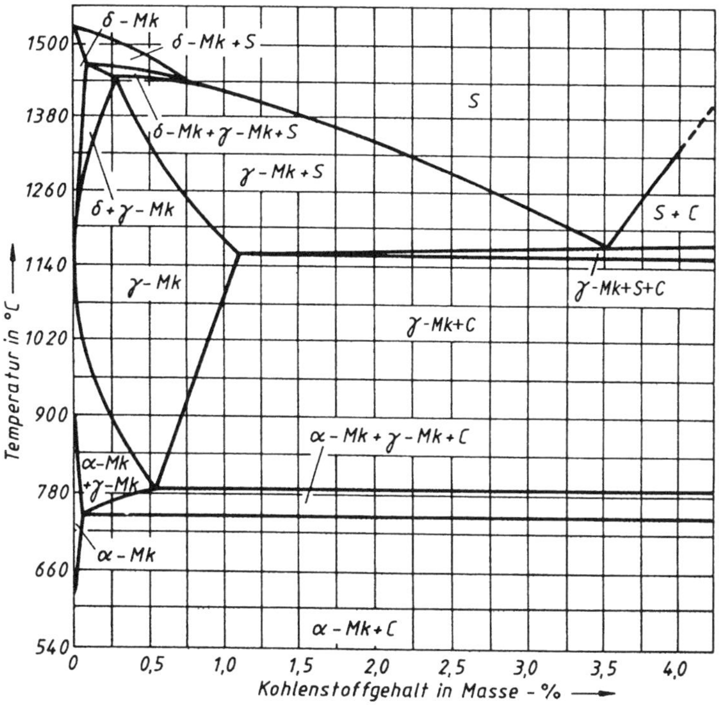

Bild 3.7–2 Quasibinärer Schnitt durch das Zustandsdiagramm des ternären Systems Fe-C-Si bei 2,4 % Si

Es ist technologisch beherrschbar, bei Grauguss die Bildung des Ferrit-Graphit-Eutektoids ganz zu unterdrücken. Man erhält Graphitlamellen in rein perlitischer Grundmasse. Dieser Werkstoff (*perlitischer Grauguss*) besitzt eine hohe Festigkeit und ein hervorragendes Ausgangsgefüge für Wärmebehandlungen. Das stabile System hat außer bei Grauguss auch bei Temperguss praktische Bedeutung. Durch *Tempern* (Glühen) wird eine sekundäre Zerlegung des Fe_3C in Eisen und Graphit (*Temperkohle*) erreicht. Der Einfluss des Elementes Si ist so hoch, dass man bei der Darstellung von Eisengusswerkstoffen von dem Dreistoffsystem Fe-C-Si ausgeht. Ein ebenes Zustandsdiagramm erhält man durch quasibinäre Schnitte (d. h. Si-Anteil konstant; Fe-C-Diagramm).

System	Primärausscheidung des Kohlenstoffs	Sekundärausscheidung des Kohlenstoffs
Fe-Fe_3C	Primärzementit	Sekundärzementit
Fe-C	Graphit	Sekundärgraphit

Übung 3.7–1
In welchem Werkstoff liegen das metastabile und das stabile System stets nebeneinander vor?

Übung 3.7–2
Gibt es chemisch einen Unterschied zwischen Graphit und Temperkohle?

Lernzielorientierter Test zu Kapitel 3

1. Reines Eisen
   A erstarrt (und schmilzt) bei 1 536 °C
   B ist elektrisch nicht leitend
   C ist nach Erstarrung und bei Raumtemperatur kubisch-raumzentriert
   D ist spröde
   E besitzt zwischen 911 und 1 392 °C eine kubisch-flächenzentrierte Gitterstruktur (Haltepunkte A_3 und A_4)

2. Ferromagnetismus
   A tritt nur bei reinem Eisen auf
   B ist eine physikalische Eigenschaft
   C tritt bei verschiedenen Metallen (z. B. Fe, Ni, Co), Metallverbindungen und in Sinterwerkstoffen (z. B. Haftmagnete) auf
   D verschwindet nach Glühbehandlung
   E existiert nur unterhalb der so genannten Curie-Temperatur eines jeden ferromagnetischen Werkstoffes

3. Den jeweils unter A, B und C zugeordneten Phasen sind Erscheinungsformen des Kohlenstoffs in Eisenlegierungen zugeordnet. Beschreiben Sie alle 3 Möglichkeiten!
   A α (krz); γ (kfz); δ (krz)
   B Fe_3C; ε-Carbid
   C Graphit, Temperkohle

4. Das Zustandsdiagramm Eisen-Eisencarbid (metastabiles System Eisen-Kohlenstoff) gilt für
   A die Werkstoffe Stahl und weißes Gusseisen
   B die Werkstoffe GG und GT

C Wärmebehandlungsverfahren mit langsamer Abkühlung (Glühen)
D legierten Stahl
E unlegierten Stahl

5. Die Aufnahmefähigkeit (Löslichkeit) für Kohlenstoff ist sehr unterschiedlich. Fe_3C bindet eine bestimmte Menge C. Nennen Sie die Grenzwerte!
A α-Mk bei 723 °C
B γ-Mk bei 1 147 °C
C Fe_3C
D Schmelze

6. Welche Gefügebezeichnungen des Systems Fe-Fe_3C sind bei Raumtemperatur nach sehr langsamer Abkühlung (Gleichgewicht) den unter A bis F genannten Kohlenstoffgehalten jeweils zuzuordnen?
A $0 < C < 0{,}8\ \%$
B $C = 0{,}8\ \%$
C $0{,}8\ \% < C \leqq 2{,}06\ \%$
D $2{,}06\ \% < C < 4{,}3\ \%$
E $C = 4{,}3\ \%$
F $4{,}3\ \% < C < 6{,}67\ \%$

7. Beim stabilen System Fe-C liegt der Kohlenstoff ungebunden als Graphit bzw. Temperkohle vor. Er tritt auf
A bei kaltumgeformten Stählen
B als unerwünschte Erscheinung bei Stahl
C als wesentliches System bei Grauguss
D bei Temperrohguss
E bei Temperguss (Endzustand)

8. Wie nennt man die Kohlenstoffausscheidungen bei langsamer Abkühlung im System Fe-Fe_3C, beginnend beim Schneiden der folgenden Sättigungslinien (Löslichkeitslinien):
A Linie *DC*
B Linie *ES*

4 Wärmebehandlung der Eisenwerkstoffe

4.0 Überblick

Nachdem besprochen wurde, wie Werkstoffe aufgebaut sind (Struktur) und welche typischen Eigenschaften daraus folgen, soll in diesem Kapitel darauf eingegangen werden, wie sich unterschiedliche Erwärmungs- und Abkühlvorgänge auf die Struktur und damit auf die Eigenschaften der Bauteile auswirken. Dazu gesellt sich oft zusätzlich eine chemische Beeinflussung oder ein gesteuerter Umformprozess. Es wird die Wärmebehandlung der Stähle, der wesentlichsten Werkstoffgruppe unter den Eisenwerkstoffen, hervorgehoben. Was erreicht man mit einer Wärmebehandlung?

- Werkstoffe lassen sich besser bearbeiten (Spanen, Umformen u. a.).
- Bestimmte Eigenschaften der Bauteile sind zu erreichen (z. B. durch Härten).
- Kleine Bauteile können hohe Belastungen aufnehmen (z. B. durch Vergüten).
- Erhöhung der Lebensdauer durch Verschleißminderung (z. B. durch Randschichthärten).

In der Fertigungstechnik ist *Stoffeigenschaftsänderung* eine Hauptgruppe aller Fertigungsverfahren. Die Vielfalt der Eigenschaftsänderungen, die man erreichen kann, trägt steigenden Anforderungen Rechnung und ermöglicht konstruktive und technologische Lösungen, die ohne Wärmebehandlung undenkbar sind. Das Kapitel Wärmebehandlung beginnt mit wesentlichen theoretischen Grundlagen. Neben wichtigen metallkundlichen Vorgängen bei Erwärmung und Abkühlung mit unterschiedlichen Geschwindigkeiten und Halten auf bestimmten Temperaturen werden die technischen Verfahren kurz dargestellt. Die gewählte Systematik entspricht dem heutigen Stand und ermöglicht die Einordnung neuer Verfahren. Das Aushärten metallischer Werkstoffe wird im Abschnitt 7.2.2.3 behandelt.

4.1 Grundlagen der Wärmebehandlung

Lernziele

Der Lernende kann ...

- angeben, weshalb Werkstoffe wärmebehandelt werden,
- begründen, warum sich Eigenschaften ändern und geändert werden sollen,
- anhand charakteristischer Temperatur-Zeit-Verläufe den Prozess beschreiben,
- wichtige Verfahren rein thermischer Art nennen und beschreiben,
- wichtige Verfahren chemisch-thermischer Art nennen und beschreiben,
- ein ausgewähltes Verfahren mechanisch-thermischer Art nennen und beschreiben,
- Verfahren für bestimmte, gewünschte Eigenschaftsänderungen auswählen.

4.1.0 Übersicht

Wärmebehandlung ist der gesamte Prozess der Eigenschaftsänderung von Werkstoffen im festen Zustand durch Beeinflussung ihrer Struktur. Das geschieht im Prinzip durch *thermische Einwirkung* (Wärme), mit der eine *chemische Einwirkung*, eine *gezielte Umformung* oder die Wirkung anderer Energieformen verbunden sein können. Dazu gehören die verfahrenstechnische Beherrschung und die anlagentechnische Realisierung.

Weshalb sollen Eigenschaften geändert werden? Mit Beispielen aus vier verschiedenen Bereichen soll die Frage beantwortet werden:

- *Fertigungsprozess*: Der Werkstoff soll gut bearbeitbar sein.
  Durch Wärmebehandlung kann man z. B. Stahl gut umformbar oder zerspanbar machen.
- *Leichtbau*: Der Werkstoff soll gut ausgenutzt werden, d. h., Querschnitte sind zu minimieren (bei gleicher oder höherer Leistungsübertragung). Das Verfahren Vergüten erlaubt, die Bauteile mechanisch wesentlich höher zu belasten.
- *Verschleißminderung*: Reibende, gleitende Teile müssen an der Oberfläche abriebfest sein. Nitrieren, Karbonitrieren und andere Verfahren führen zu gewünschten Eigenschaften an der Oberfläche (in einer Randzone).
- *Erhöhung der Dauerfestigkeit*: Oberflächenhärteverfahren mit und ohne Änderung der chemischen Zusammensetzung verändern nicht nur Eigenschaften an der Oberfläche (Randzone), sondern ergeben auch einen gewünschten Eigenspannungszustand im Bauteil. Für dynamische Beanspruchungen ist das vorteilhaft. Die Dauerfestigkeit kann sich wesentlich erhöhen.

Darüber hinaus kann man mit geeigneten Verfahren Eigenspannungen in Bauteilen verringern und Kristallseigerungen entgegenwirken.

Wärmebehandlung:
Verfahren oder Verbindung mehrerer Verfahren zur Erzeugung bestimmter Eigenschaften und/oder Gefüge. Dabei wird das Werkstück einem Temperatur-Zeit-Regime unterworfen. Zusätzlich können mechanische oder chemische Einflüsse wirken.
Das jeweilige Verfahren wird in geeigneten Wärmebehandlungsanlagen durchgeführt.

Ergebnisse einer Wärmebehandlung können sein:
- Werkstoffe sind besser bearbeitbar,
- Werkstoffe sind höher belastbar,
- Verschleiß ist geringer,
- Dauerfestigkeit ist erhöht,
- Eigenspannungen werden abgebaut,
- Legierungselemente werden homogen verteilt.

Die Technik der Wärmebehandlung hat sich aus der klassischen Härtereitechnik entwickelt. Sie umfasst heute sehr viele Verfahren, die zweckmäßig in folgende Gruppen eingeteilt werden:

1. *Thermische Verfahren* (TB)
   (eigentliche oder klassische Wärmebehandlung) Die Werkstücke werden in entsprechenden Anlagen einem bestimmten Temperatur-Zeit-Verlauf ausgesetzt (Erwärmung, Haltezeit, Abkühlung)
2. *Thermochemische Verfahren* (TCB)
   Der Temperatur-Zeit-Verlauf ist mit gewollten chemischen Reaktionen verknüpft. Über die Werkstückoberfläche kommt es zum Entzug oder zur Anreicherung von Elementen.
3. *Thermomechanische Verfahren* (TMB)
   Der Temperatur-Zeit-Verlauf ist mit einem gezielten Umformvorgang verknüpft.

Die Wärmebehandlung im Überblick:

1. Thermische Verfahren (Wärmebehandlung im eigentlichen Sinne)
   - Glühen
   - Härten
   - Anlassen, Altern
2. Thermochemische Verfahren
   - Nichtmetall-diffusion
   - Metall-diffusion
   - Metall-Nichtmetall-Diffusion
3. Thermomechanische Verfahren
   - NTMB (Niedertemperatur)
   - HTMB (Hochtemperatur)

In den Abkürzungen bedeutet B = Behandlung; gleiche Bedeutung wie Verfahren.

Übung 4.1–1
Welche Eigenschaften können durch Wärmebehandlung geändert werden?

Übung 4.1–2
In welche drei Gruppen lassen sich die Verfahren der Wärmebehandlung einteilen?

4.1.1 Erwärmung in das Austenitgebiet (Austenitisierung)

Wichtige Wärmebehandlungsverfahren (z. B. Härten, Normalglühen) beginnen mit einer Erwärmung bis in das Austenitgebiet des Systems Eisen-Eisencarbid. Bild 4.1–1 zeigt für den Gleichgewichtsfall schematisch die Erwärmung von der Raumtemperatur (I), bei der Perlit und Ferrit vorliegen, über die α-γ-Phasenumwandlung (II) $\leqq T <$ (III) bis in das Gebiet des homogenen *Austenits* (γ-Mischkristall).

Bei dieser Erwärmung bis in das Austenit-Temperatur-Intervall (auch *Austenitisieren* oder Glühen bei Temperaturen oberhalb A_{c3} genannt) werden der Ferrit, der Perlit und die Carbide (Zementit und Sondercarbide) aufgelöst. Austenit ist in der Lage, erheblich mehr Kohlenstoff im Gitter aufzunehmen als der Ferrit. Bei hinreichend großer Haltezeit werden sowohl der Kohlenstoff als auch andere Legierungselemente gleichmäßig im Gitter verteilt.

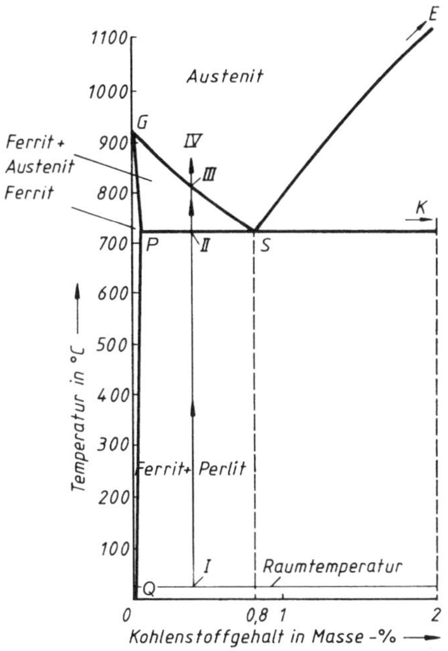

Bild 4.1–1 Erwärmung eines untereutektoiden Stahles
I Ausgangstemperatur (Raumtemperatur)
II Temperatur A_{c1} (723 °C)
III Temperatur A_{c3}, IV Austenitgebiet.

Damit erhält man gewünschte andere Eigenschaften des Stahls oder anderer Eisenwerkstoffe.

Auflösung bzw. Umwandlung der verschiedenen Phasen gehen mit unterschiedlichen Geschwindigkeiten vor sich. So benötigt die *Carbidauflösung* bei unlegierten Stählen etwa die 100fache Zeit gegenüber der Umwandlung des Ferrits.

Sind Werkstücke auf Austenittemperatur gebracht, so charakterisieren Korngröße, Konzentration und Homogenität der γ-Mk sowie Menge und Verteilung noch vorhandener Carbidphasen den *Austenitisierungszustand*. Er bestimmt wesentlich die erzielbaren Werkstoffeigenschaften.

Etappen der Austenitisierung:
1. Bildung von Austenitkeimen
2. Auflösung des Perlits; beginnende Umwandlung des Ferrits } (II)
3. Umwandlung des Ferrits (II) $\leqq T <$ (III)
4. Auflösung restlicher Carbide (IV)

Austenitisierungszustand[1] ist charakterisiert durch:
- Korngröße des Austenits (γ-Mk),
- Konzentration und Homogenität der γ-Mk,
- Menge und Verteilung der Carbide.

[1] Die Norm DIN 17022-1 sieht hierfür den Begriff *Austenitisiergrad* vor.

Neben der chemischen Zusammensetzung des Werkstoffes und den Prozessbedingungen (Temperatur-Zeit-Verlauf) wird der Austenitisierungszustand in erheblichem Maße von dem Gefüge vor Beginn der Wärmebehandlung (*Ausgangsgefüge*) bestimmt. Bei Stählen gleicher Zusammensetzung wird ein Gefüge mit feinkörnigem Zementit (z. B. Vergütungsgefüge) rasch aufgelöst. Bei grobkörnigem oder kugelig eingeformtem Zementit dauern die Vorgänge deutlich länger.

Der Einfluss der Zeit bei der Austenitisierung wird in *Zeit-Temperatur-Austenitisierungsdiagrammen* (ZTA-Diagramme) dargestellt (Bild 4.1–2). Die Zeitachse ist logarithmisch geteilt. Die Kurve *6* (von unten nach oben lesen!) schneidet den Verlauf A_{c1b} (723 °C) wie im Gleichgewichtsfall entsprechend dem Fe-Fe_3C-Diagramm. Die Austenitbildung bzw. die Ferrit/Perlitauflösung sind diffusionsgesteuerte Vorgänge. Die gerichteten Platzwechselvorgänge der Teilchen erfordern eine gewisse Zeit, laufen aber umso schneller ab, je höher die Temperatur ist (siehe Abschnitt 1.4.2). Deshalb werden die Umwandlungslinien bei schnellerer Erwärmung (kürzerer Erwärmungszeit; Kurven *4* bis *1*) zu höheren Werten verschoben, d. h., es kommt zur *Überhitzung*. Die Beschriftung „Carbid + Austenit“ oberhalb A_{c3} (Bild 4.1–3) lässt erkennen, dass auch nach Erreichen des Austenitfeldes die Carbide teilweise noch existieren. Unter den legierten Stählen gibt es viele, die besonders stabile Sondercarbide (Chrom-, Vanadium-, Molybdän- oder Wolframcarbide) besitzen. Man erkennt, dass die Bedingungen bei der Erwärmung, insbesondere die Erwärmungszeit, eine bedeutende Rolle spielen. Besonders führt eine extrem rasche Erwärmung auf Austenittemperatur (z. B. induktive Erwärmung mit hochfrequentem Strom) zu deutlichen Verschiebungen von A_{c1} und A_{c3} zu höheren Werten. Das muss technologisch entsprechend berücksichtigt werden.

Folgende *Faktoren* bestimmen den Austenitisierungszustand:

- chemische Zusammensetzung des Werkstoffes,
- Art und Struktur des Ausgangsgefüges,
- Prozessbedingungen (Temperatur-Zeit-Verlauf).

Auflösungsvermögen:

gut ← feinkörniger Zementit

schlecht ← grobkörniger, eingeformter Zementit

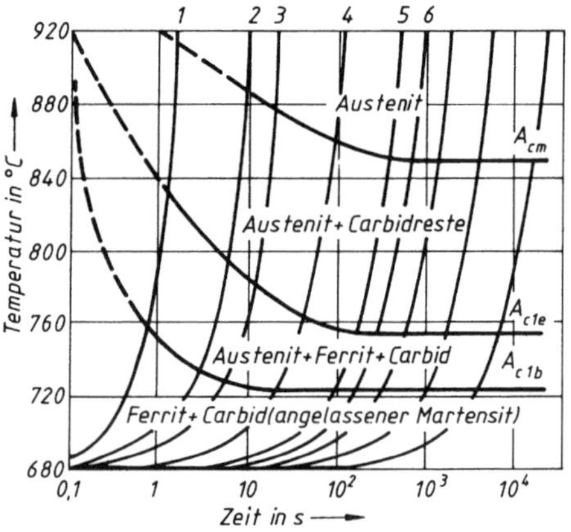

Bild 4.1–2 Zeit-Temperatur-Austenitisierungsdiagramm eines eutektoiden Stahles (kontinuierlich) *1* bis *6* Erwärmungskurven; geringer werdende Erwärmungsgeschwindigkeit

Anmerkung:

A_{c1b} Beginn der Perlitauflösung

A_{c1e} Ende der Perlitauflösung (Temperaturintervall im Gegensatz zum Gleichgewichtszustand)

A_{cm} Sättigungslinie der γ-Mk für C

Praktische Bedeutung des ZTA-Diagramms:

- Bestimmung der Haltezeiten beim Austenitisieren für verschiedene Wärmebehandlungsverfahren
- Abschätzung der Folgen von plötzlichen Erwärmvorgängen (z. B. beim Schweißen)
- wird zu rasch erwärmt, ist die Bildung des Austenits noch nicht abgeschlossen und die Carbide sind eventuell noch nicht vollständig aufgelöst
- wird sehr rasch erwärmt (z. B. bei induktiver HF-Erwärmung) sind deutlich höhere Austenitisierungstemperaturen erforderlich

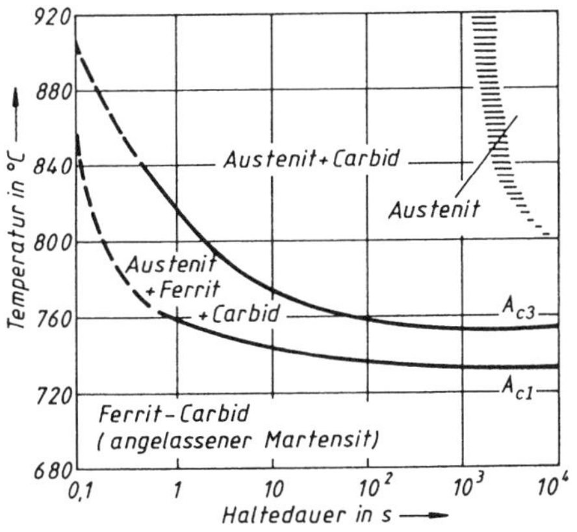

Bild 4.1–3 Zeit-Temperatur-Austenitisierungsdiagramm eines eutektoiden Stahles (isothermisch)

Übung 4.1–3
Beschreiben Sie die Etappen der Austenitisierung?

Übung 4.1–4
Welche drei Hauptfaktoren charakterisieren den Austenitisierungszustand (Austenitisierungsgrad)?

Übung 4.1–5
Was ist bei sehr rascher Erwärmung in das Austenitgebiet (z. B. bei HF-Erwärmung) zu beachten?

4.1.2 Abkühlung aus dem Austenitgebiet

Je nachdem, ob langsam oder rasch abgekühlt wird, stellen sich charakteristische Gefüge und Eigenschaften ein. Von *Austenitumwandlung* spricht man, wenn die γ-Mk-Phase durch kontinuierliches Abkühlen oder bei Halten auf konstanter Temperatur (isotherm) unterhalb der Umwandlungstemperaturen in andere Phasen übergeht. Dabei kann die Gitterumwandlung des Eisens diffusionslos oder diffusionsgesteuert ablaufen und die Diffusion des Kohlenstoffs stattfinden oder unterbunden werden. Die möglichen *Produkte des Zerfalls* (Gefügebezeichnungen) sind im Bild 4.1–4 genannt.

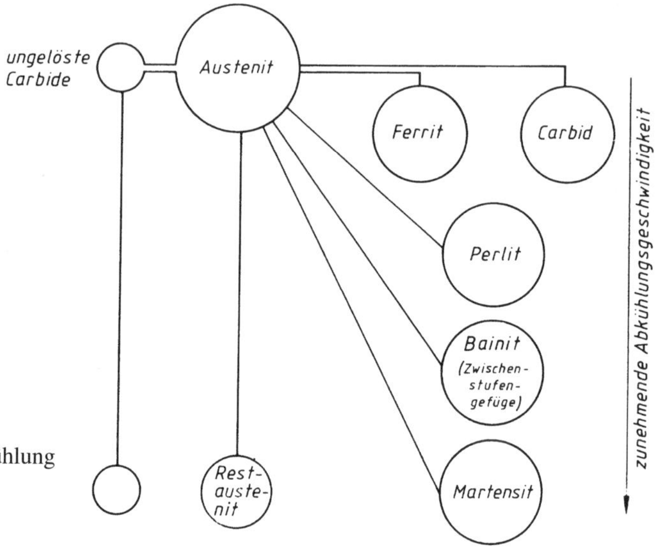

Bild 4.1–4 Gefüge, die bei Abkühlung aus dem Austenitgebiet entstehen können

Einfluss der Abkühlgeschwindigkeit

Wird ein unlegierter eutektoider Stahl (0,8 % C) sehr langsam abgekühlt (< 3 K/min), so geschieht bei geringfügigem Unterschreiten der Temperatur A_{r1} (723 °C):

1. Bildung von Fe_3C-Keimen an Korngrenzen des Austenits
2. Kohlenstoff diffundiert aus dem umgebenden γ-Gitter zu den Fe_3C-Keimen. Es bilden sich C-reiche Fe_3C-Lamellen. Dadurch verarmen die benachbarten austenitischen Bereiche an Kohlenstoff.
3. Umwandlung der an C verarmten austenitischen Kristallbereiche (kfz) in α-Keime (krz). Das Wachsen der α-Kristalle führt nun zur Anreicherung der benachbarten austenitischen Bereiche mit Kohlenstoff.

$$\text{Abkühlgeschwindigkeit} = \frac{\text{erzielte Temperaturdifferenz}}{\text{benötigte Zeit}}$$

$$v_A = \frac{\Delta T}{\Delta t} \quad \text{in K/s}$$

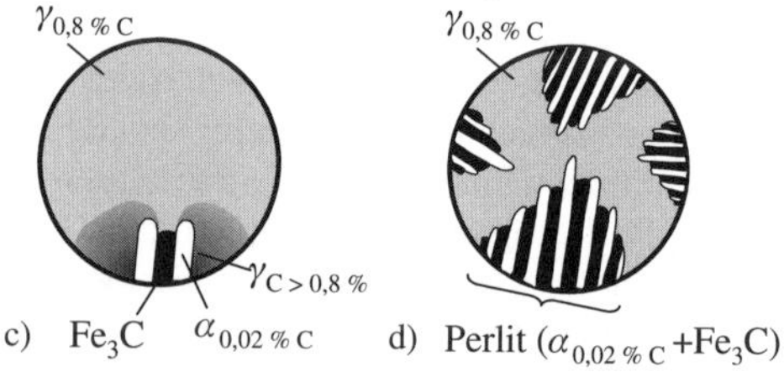

Bild 4.1–5 Entstehung des Perlits (schematisch) (siehe S. 115)

Dieser Vorgang läuft ab, bis der gesamte Austenit aufgebraucht und ein Gefüge aus Lamellen der Phasen α (krz) und Fe_3C entstanden ist, der *Perlit* (Bild 4.1–6).

Mit zunehmender Abkühlgeschwindigkeit verringern sich die Diffusionswege, die Lamellendicke und die Abstände.

Mit zunehmender Abkühlgeschwindigkeit werden die Umwandlungslinien (Gleichgewichtslinien) zu niedrigen Temperaturen verschoben. Im Bild 4.1–7 erkennt man, dass der Perlitpunkt S zu einem Bereich S'–S'' auseinandergezogen und zu tieferen Temperaturen verschoben wird.

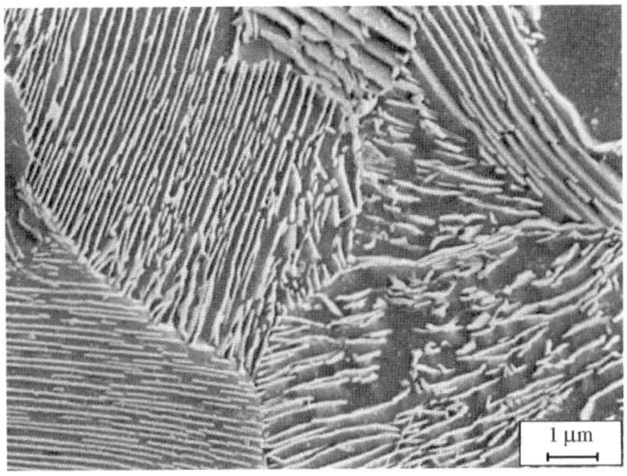

Bild 4.1–6 Lamellenartiger Aufbau des Perlits (REM-Aufnahme, E. Gehrke, Hochschule Mittweida)

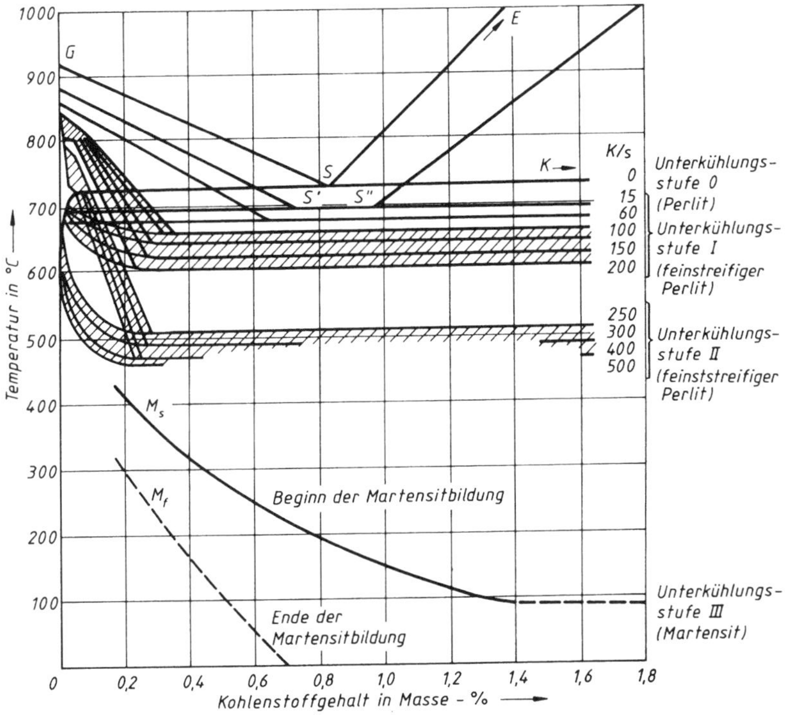

Anmerkung zu Bild 4.1–7:
M_s Martensitstarttemperatur
M_f Martensitfinishtemperatur
(siehe Wirkung sehr hoher Abkühlgeschwindigkeit)

Bild 4.1–7 Veränderung der Umwandlungslinien im Fe-Fe_3C-Diagramm bei zunehmend rascherer Abkühlung

Je feiner die Lamellenstruktur des Perlits ist, um so höher sind Festigkeit und Härte. Man bezeichnet den gesamten Temperaturbereich, in dem α- und Fe_3C-Lamellen durch eutektische Entmischung des γ-Mk entstehen, als *Perlitstufe*.

Im Bild 4.1–8 ist die Wirkung zunehmender Abkühlgeschwindigkeit schematisch für einen Stahl mit 0,6 % C dargestellt. Geht man von der Stahlecke des Eisen-Eisencarbid-Diagrammes aus (a), so gelten die Temperaturen A_{r3} (Beginn der *voreutektoiden Ferritausscheidung*) und A_{r1} (Ende der voreutektoiden Ferritausscheidung und Umwandlung des noch vorhandenen Austenits in Perlit) für eine Abkühlgeschwindigkeit $v_A \approx 0$ (Gleichgewicht). Die rechte Darstellung (b) bestätigt, dass A_{r3} und A_{r1} zu tieferen Temperaturen verschoben werden.

Mit zunehmender Abkühlgeschwindigkeit werden die Umwandlungstemperaturen zu tieferen Werten verschoben, und der entstehende Perlit wird in seiner Struktur feiner und damit härter und fester.

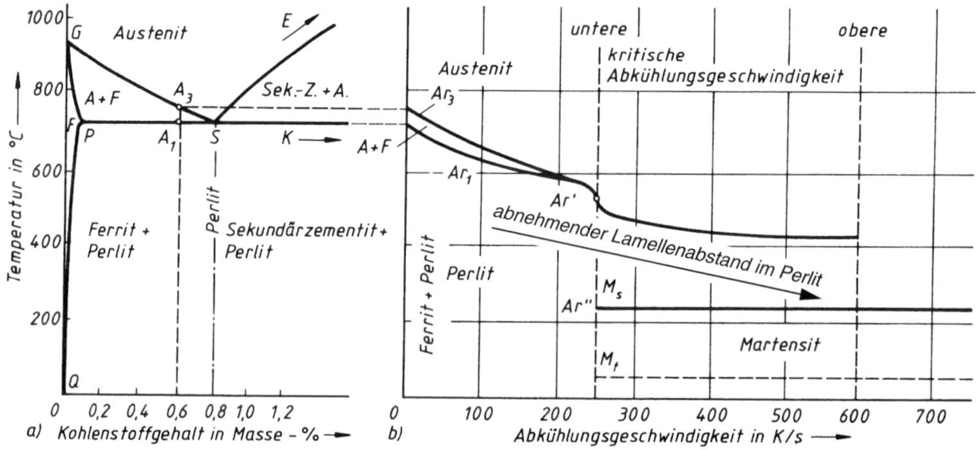

A Austenit
F Ferrit
Sek.-Z. Sekundärzementit

Bild 4.1–8 Veränderung der Umwandlungspunkte mit zunehmender Abkühlgeschwindigkeit
a) „Stahlecke" des Systems Fe-Fe_3C
b) Einfluss der Abkühlgeschwindigkeit, Stahl mit 0,6 % C
M_s Beginn der Martensitbildung (s start)
M_f Ende der Martensitbildung (f finish)

Erhöht man die Abkühlgeschwindigkeit weiter (z. B. Abschrecken in Wasser), wird die Diffusion unterdrückt. Das kfz-Gitter des γ-Mischkristalls klappt diffusionslos (trotz des gelösten C!) zum krz-Gitter um. Prinzipiell ist im kfz-Gitter des Austenits bereits eine (tetragonal-)raumzentrierte Elementarzelle enthalten (Bild 4.1–9). Beim Umklappvorgang muss es zu einer Änderung der Gitterkonstanten kommen. Wie im Abschnitt 3.5 erläutert, kann im krz-Gitter unter Gleichgewichtsbedingungen höchstens 0,02 % C (bei 723 °C) gelöst sein. Enthält der Austenit vor der Abkühlung mehr Kohlenstoff, bleibt er – bedingt durch den diffusionslosen Umklappvorgang – im krz-Gitter zwangsgelöst. Dies führt zu einer tetragonalen Aufweitung und damit zur Verzerrung des krz-Gitters (Bild 4.1–9b). Das entstandene Gefüge ist das Härtegefüge *Martensit.*

Der Umklappvorgang kann erst nach einer bestimmten Unterkühlung beginnen, die von der chemischen Zusammensetzung abhängig ist. Die hierfür charakteristische Temperatur ist die *Martensitstarttemperatur* M_s. Ist die Umwandlung des Austenits zu Martensit vollständig abgeschlossen, ist die Martensitfinishtemperatur M_f erreicht (s. Bild 4.1–7). Das Temperatutintervall, in dem dieses Umklappen vonstatten geht, nennt man *Martensitstufe*. Voraussetzung für die Martensitbildung ist die Überschreitung der *kritischen Abkühlgeschwindigkeit*, ab der eine diffusionsgesteuerte Umwandlung des Austenits nicht mehr möglich ist. Wird zunächst nur die untere kritische Abkühlgeschwindigkeit v_{uk} überschritten, so liegen anteilig neben dem Martensit noch andere diffusionsgesteuert gebildete Gefügebestandteile (z. B. Perlit, Bainit) vor. Die obere kritische Abkühlgeschwindigkeit v_{ok} wird erreicht, wenn erstmals aus dem Austenit ausschließlich Martensit gebildet wird.

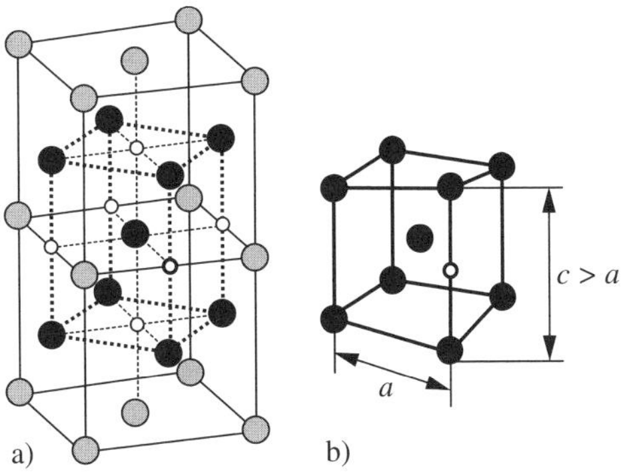

o eingelagertes C-Atom

o mögliche Einlagerungsstelle für C-Atom

○/● Position der Fe-Atome im kfz- bzw. krz-Gitter

.... Position der Fe-Atome im krz-Gitter des Martensits

Bild 4.1–9 Gittermodelle zur Martensitstruktur
a) kfz-Gitter (Austenit); die Lage der späteren Martensit-Elementarzelle ist markiert (stark gestrichelt)
b) kubisch-raumzentrierte Elementarzelle des Martensits, die durch Zwangslösung des Kohlenstoffs tetragonal verspannt wird

> *Martensit* ist ein Gefüge einer Eisen-Kohlenstoff-Legierung.
> Martensit ist metastabiles, diffusionslos entstandenes, kubisch-raumzentriertes Eisen, das durch einen Umklappvorgang bei rascher Abkühlung aus dem kfz-Gitter des Austenits entsteht. Ist C im Austenit gelöst, kommt es bei einer raschen Abkühlung ($v_{abkühl} > v_{kritisch}$) zur Zwangslösung im Mischkristall, die beim Umklappen des Gitters zu einer tetragonalen Verzerrung des krz-Gitters führt.

Die kritische Abkühlgeschwindigkeit wird beeinflusst durch:

- die *chemische Zusammensetzung* (Einfluss des Kohlenstoffes, siehe Bild 4.1–10)
- die *Korngröße des Austenits* (Temperatur und Haltezeit beim Austenitisieren maßgebend)
- die *Homogenität des Austenits* (u. a. Grad der Lösung und Verteilung der im Stahl vorhandenen Carbide)

Mit höherem Kohlenstoffgehalt und durch Zulegieren von Mn, Ni, Cr, Mo oder V wird der Austenit stabiler, d. h., die Temperaturen für Beginn und Ende der Martensitbildung (M_s und M_f) sind niedriger.

Martensitstarttemperatur M_s: charakteristische Temperatur, bei der unter der Voraussetzung einer genügend schnellen Abkühlung der diffusionslose Umklappvorgang vom kfz- in das (tetragonal verspannte) krz-Gitter (Martensitbildung) beginnt.
Martensitfinishtemperatur M_f: charakteristische Temperatur, bei der die Austenitumwandlung zu Martensit abgeschlossen ist.
M_s und M_f sind von der chemischen Zusammensetzung des Stahls abhängig.

Untere kritische Abkühlgeschwindigkeit v_{uk}: Abkühlgeschwindigkeit, bei der erstmals Martensit neben anderen Gefügebestandteilen nachzuweisen ist.
Obere kritische Abkühlgeschwindigkeit v_{ok}: geringste Abkühlgeschwindigkeit, bei der aus dem Austenit nur Martensit entsteht.

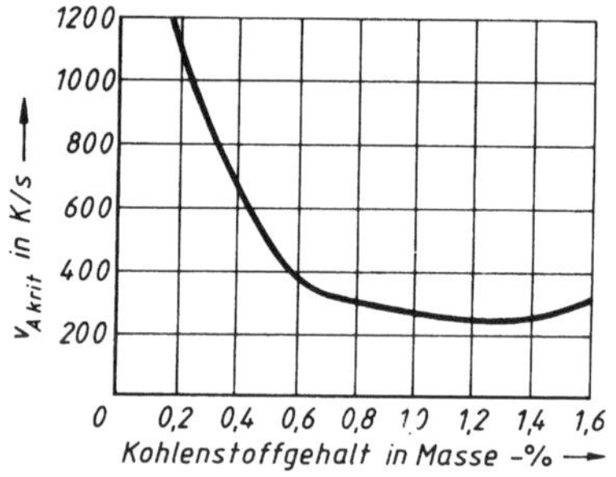

Bild 4.1–10 Einfluss des Kohlenstoffs auf die kritische Abkühlgeschwindigkeit unlegierter Stähle

Liegt die Martensitfinishtemperatur M_f unter der Raumtemperatur, so enthält das Gefüge *Restaustenit*. Diese zwischen Martensitnadeln eingeklemmten Austenitkristalle sind weich und damit (besonders bei Werkzeugen!) unerwünscht. Durch niedrige Temperaturen des Abschreckmediums lässt sich der Anteil des Restaustenits verringern, d. h. der Martensitanteil vergrößern.

Restaustenit sind beim Härten im Werkstück verbliebene (weiche) Anteile des Hochtemperaturgefüges Austenit. Unerwünscht! Muss beseitigt werden!

Das Zeit-Temperatur-Umwandlungsdiagramm (ZTU-Diagramm, ZTU-Schaubild)
Ebenso wie bei den Erwärmungsvorgängen lassen sich die Zusammenhänge bei Abkühlung aus dem Austenitgebiet systematisch und geschlossen in einem Umwandlungsdiagramm darstellen.
Zur Aufnahme eines ZTU-Diagrammes für *isotherme Umwandlung* (Bild 4.1–11) werden dünne Plättchen des betreffenden Stahles aus dem Austenitgebiet auf eine bestimmte Temperatur T_1 im Salzbad abgeschreckt (im Bild 4.1–11: T_1 = 375 °C).

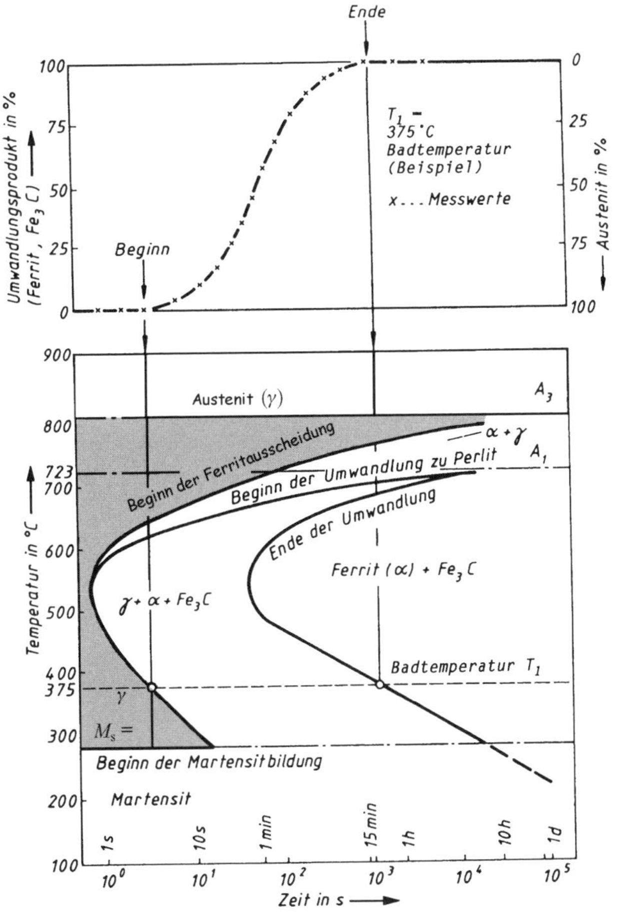

Bild 4.1–11 Entstehung eines isothermen ZTU-Diagramms für einen untereutektoiden Stahl (eine Probenreihe bei einer willkürlich gewählten Warmbadtemperatur T_1 = 375 °C ausgewertet)

Hier wird der so unterkühlte Austenit einige Zeit gehalten und dann auf Raumtemperatur abgeschreckt. Im Schliffbild der Probe wird nun festgestellt, wie viel Austenit sich während der Haltezeit umgewandelt hatte und wie groß der Anteil an noch nicht umgewandeltem Austenit war, aus dem beim Abschrecken auf Raumtemperatur Martensit entstand. Wird die Menge des Umwandlungsproduktes über der Zeit (Skale mit logarithmischer Teilung!) aufgetragen, so erhält man die obere S-förmige Kurve und damit den *Beginn* und das *Ende der Umwandlung*. Lotet man die Punkte für Beginn und Ende der Umwandlung in die abgebildete T,t-Darstellung bis auf die Salzbadtemperatur $T_1 = 375$ °C, so erhält man die ersten beiden Punkte der Linienzüge des ZTU-Diagrammes. Variiert man die Haltetemperaturen T_i (T_1, T_2, ..., T_n), so erhält man den kompletten Verlauf. Das Diagramm zeigt, dass neben Start und Abschluss einer Umwandlung auch 50 % anteilig sowie voreutektoide Ausscheidungen (im Beispiel ist es die Ferritausscheidung, also der Verlauf von A_{r3}) veranschaulicht werden können. In analoger Weise kann man sich die Entstehung des ZTU-Diagrammes für *kontinuierliche Abkühlung* vorstellen.

Bild 4.1–12 Kontinuierliches Zeit-Temperatur-Umwandlungsdiagramm für einen untereutektoiden Stahl (≈ 0,5 %C)
a) „Stahlecke“ des Fe-Fe_3C-Diagrammes mit eingezeichneter Legierung (0,5 % C; Vergütungsstahl)
b) auf der Abszisse ist die Zeit aufgetragen (Reziprokgröße zur Abkühlgeschwindigkeit)

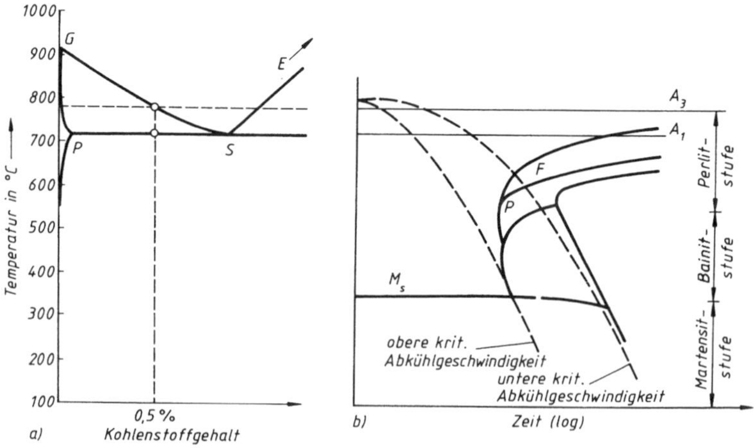

Chemische Zusammensetzung	C	Si	Mn	P	S	Cr	Cu	Mo	Ni	V
	0,47	0,35	1,04	0,032	0,012	1,20	0,16	0,05	0,05	0,12

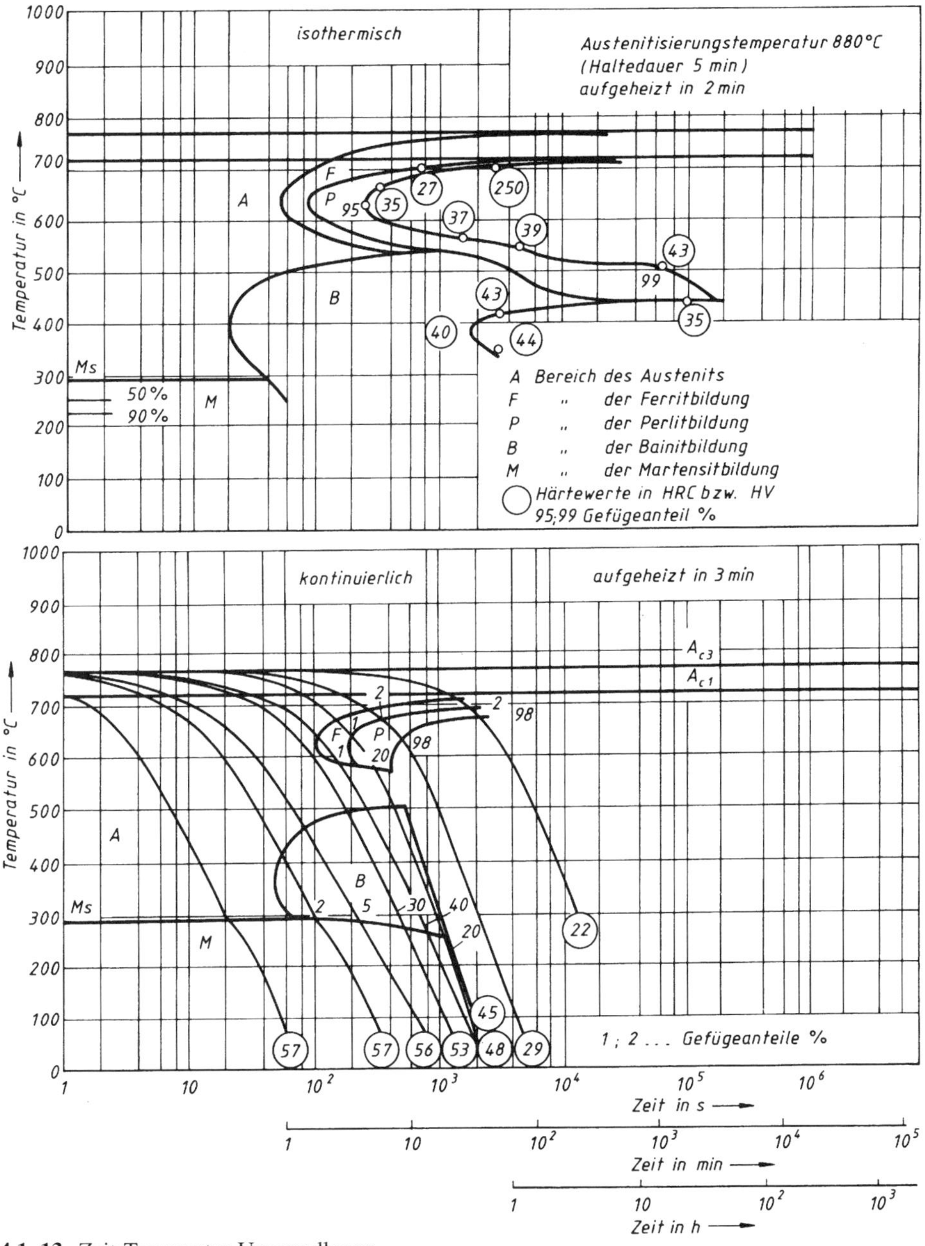

Bild 4.1–13 Zeit-Temperatur-Umwandlungs-diagramm für den Vergütungsstahl 50CrV4 (für isothermische (oben) und kontinuierliche (unten) Umwandlung)

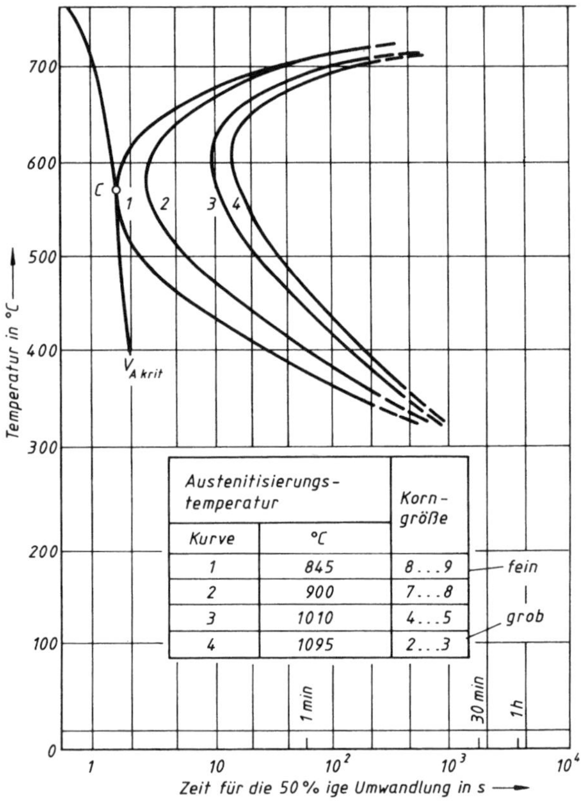

Bild 4.1–14 Verschiebung der „Nase" *C* (Perlit-/Bainitstufe) nach rechts durch höhere Austenitisierungstemperaturen (*1* bis *4*) – Vergrößerung des Austenitkorns verringert die kritische Abkühlgeschwindigkeit des Stahles.

Eine Schlüsselrolle spielt die „Nase" *C* (Perlit- und Bainitstufe, Bild 4.1–14) der Kurve *Beginn der Umwandlung*. Dieses Zeitminimum bzw. Maximum der Umwandlungsgeschwindigkeit ist wie folgt begründet: Zunächst steigt die Umwandlungsfreudigkeit des Austenits mit zunehmender Unterkühlung (bis zum Erreichen der „Nase" *C*). Bei einer größeren Unterkühlung sind auch kleinere Kristallisationskeime und damit insgesamt mehr Keime wachstumsfähig. Danach überwiegt die mit sinkender Temperatur zunehmende Diffusionsträgheit der Fe- und C-Atome, die (obere) kritische Abkühlgeschwindigkeit tangiert jeweils am Punkt *C*.

Jedes ZTU-Diagramm muss folgende Angaben enthalten:

- *chemische Zusammensetzung* (Stahlart, Charge),
- *Austenitisierungstemperatur*,
- *Austenitisierungszeit*.

Nach der Art des Austenitzerfalls unterscheidet man im ZTU-Diagramm die Temperaturbereiche:

1. Austenitstufe,
2. Perlitstufe,
3. Bainitstufe,
4. Martensitstufe.

Hohe Glühtemperaturen und lange Glühzeiten verschieben die Nase (d.h. die ganze Kurve) nach rechts (*2*, *3*, *4*), weil durch die Bildung von Grobkorn und die eintretende Homogenisierung der Austenit stabiler wird. Bei jedem ZTU-Diagramm müssen daher neben der chemischen Zusammensetzung die Temperaturen und Haltezeiten der Austenitisierung angegeben sein.

Die Umwandlung in der *Bainitstufe* (benannt nach dem Amerikaner Bain; früher Zwischenstufe) wird erst durch das ZTU-Diagramm deutlich. Im Gegensatz zur Perlitbildung ist in der Zwischenstufe durch die niedrige Temperatur eine Diffusion des Kohlenstoffes im Austenit stark gebremst. Trotzdem klappen kleine Austenitbereiche in das α-Gitter um (Bild 4.1–15). Es liegt nun (ähnlich wie bei Martensit) ein an Kohlenstoff übersättigter, kubisch-raumzentrierter Fe-Mischkristall vor. Dieser Kohlenstoff scheidet sich nun in Form von Zementitkügelchen oder -stäbchen aus (um so feiner, je niedriger die Temperatur). Es entsteht also durch rasche Abkühlung des Austenits und isothermes Halten in der Bainitstufe der so genannte *Bainit*.
Wie bereits bei der kritischen Abkühlgeschwindigkeit aufgeführt, sind es die chemische Zusammensetzung (nahezu alle Elemente verringern $v_{\mathrm{A\,krit}}$, verschieben also die „Perlitnase" nach rechts), die Korngröße des Austenits (Glühtemperatur und -zeit) und die Homogenität des Austenits, die das Umwandlungsverhalten beeinflussen. Im Bild 4.1–16 sind die wichtigsten Einflussgrößen und deren Auswirkung (Pfeile deuten die Auswirkung an, d.h. die Verschiebung der Umwandlungslinien des ZTU-Diagrammes) übersichtlich dargestellt.

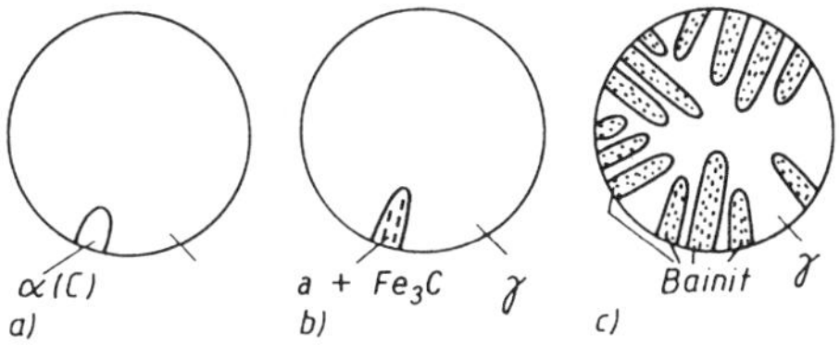

Bild 4.1–15 Entstehung des Zwischenstufengefüges bei isothermer Umwandlung (Bainit = Zwischenstufengefüge)

Bainit (Zwischenstufengefüge) ist ein Gefüge einer Eisen-Kohlenstoff-Legierung. Bainit ist kubisch-raumzentriertes Eisen, das durch einen Umklappvorgang aus dem kfz-Gitter des Austenits entsteht. Die C-Diffusion ist, bedingt durch die niedrige Temperatur, stark behindert. Die Folge ist eine diffusionsgesteuerte Ausscheidung von feinstverteiltem Fe_3C innerhalb der α-Mischkristalle.

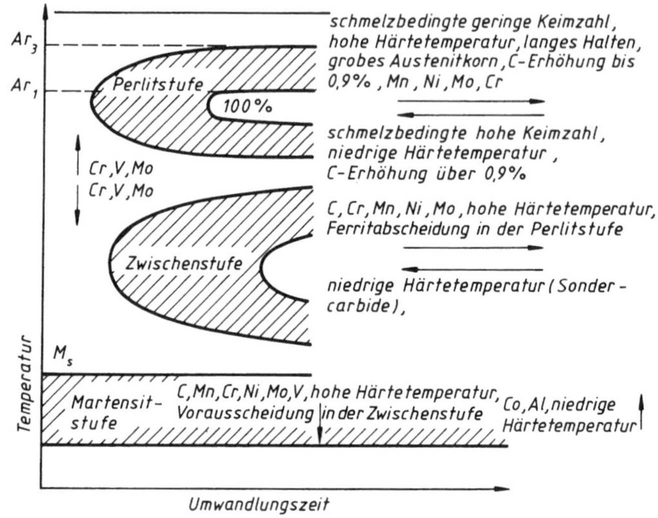

Bild 4.1–16 Schematische Darstellung von Einflussgrößen und deren Auswirkung auf die isothermische Austenitumwandlung

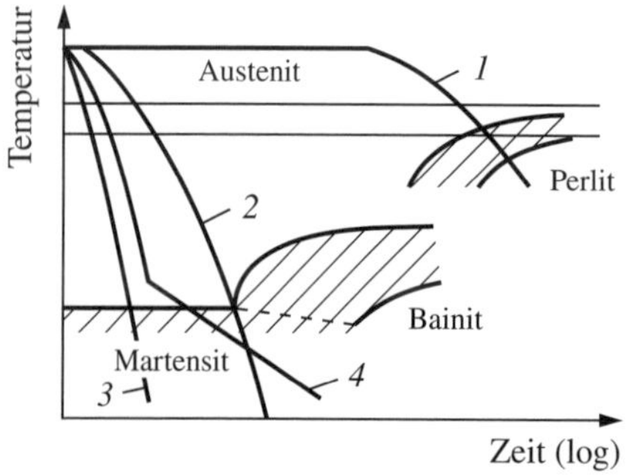

Bild 4.1–17 Schematisches ZTU-Schaubild für kontinuierliche Abkühlung aus dem Austenitgebiet – Abkühlverläufe *1* bis *4* (Erläuterungen anschließend)

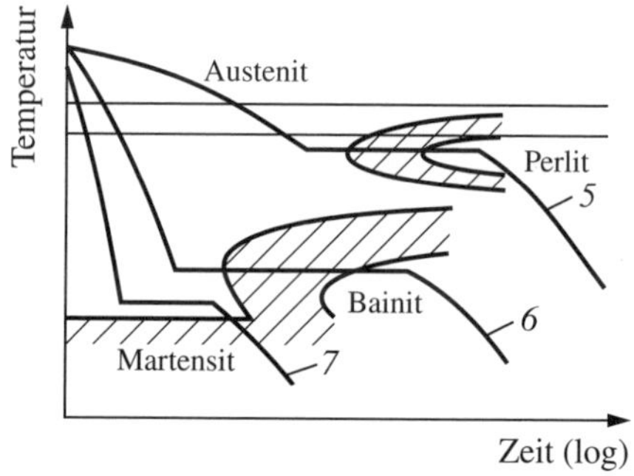

Bild 4.1–18 Schematisches ZTU-Schaubild für gestufte Abkühlung aus dem Austenitgebiet – Abkühlverläufe *5* bis *7* (Erläuterungen anschließend)

Die praktische Bedeutung des ZTU-Diagrammes lässt sich wie folgt zusammenfassen:

- Für jede Stahlart erhält man einen geschlossenen Überblick über das Umwandlungsverhalten des Austenits.
- Die Umwandlungsträgheit des instabilen Austenits bei tieferen Temperaturen wird erst durch das ZTU-Diagramm erkennbar.
- Für viele Wärmebehandlungsverfahren (z. B. Bainitisieren, Warmbadhärten) liefert das Diagramm unmittelbar die Behandlungsanleitung (Technologie, Temperatur-Zeit-Verlauf).
- Das Diagramm lässt Schlüsse auf die Wärmebehandelbarkeit (Einhärtbarkeit) und Schweißbarkeit der Stähle zu.
- Die Technologie thermomechanischer Verfahren lässt sich gut am ZTU-Diagramm erfassen.

Erläuterung der Abkühlverläufe in den Bildern 4.1–17 und 4.1–18:

1. langsame Abkühlung, Ferrit + Perlit, [Normalglühen]
2. Verlauf, welcher der oberen kritischen Abkühlgeschwindigkeit $v_{\mathrm{A\,krit}}$ entspricht
3. sehr rasches Abkühlen (*Abschrecken*); [Härten]
4. zunächst in Wasser, dann in Öl abschrekken [gebrochenes Härten]
5. Abkühlung in einem Warmbad bewirkt eine isotherme Umwandlung des Austenits zu Perlit [Perlitisieren, Patentieren (Draht)]
6. isotherme Umwandlung in der Bainitstufe [Bainitisieren]
7. gestuftes Abschrecken in einem Warmbad, dessen Temperatur dicht über M_s liegt, vor Erreichen des Beginns der Umwandlung wird an der Luft abgekühlt [Warmbadhärten]

Die Verfahren selbst und ihre Anwendung werden im Abschnitt 4.2 behandelt.

Übung 4.1–6
Wie verändert sich das Gefüge Perlit mit zunehmender Unterkühlung des Austenits?

Übung 4.1–7
Welche Gefügeart entsteht, wenn bei der Abkühlung aus dem Austenitgebiet die kritische Abkühlgeschwindigkeit des betreffenden Stahles überschritten wird?

Übung 4.1–8
Wodurch wird der Betrag der kritischen Abkühlgeschwindigkeit beeinflusst?

Übung 4.1–9
Was ist Restaustenit?

Übung 4.1–10
Welche Temperaturbereiche (Stufen) muss man im ZTU-Diagramm unterscheiden?

Übung 4.1–11
Was ist aus dem ZTU-Diagramm ableitbar?

Anmerkung:
Aus dem ZTU-Schaubild sind weitere Darstellungen entwickelt worden, die besonders für die praktische Wärmebehandlung nützlich sind:

1. Kühlzeit-Schaubild
2. Gefügemengen-Schaubild

Literatur: Stahl-Eisen-Prüfblatt 1680, 3. Ausgabe, Dezember 1990

Die konkrete Anwendung des ZTU-Schaubildes auf das Schweißen und Umformen (Thermomechanische Behandlung) kann im Rahmen dieses Buches nicht behandelt werden.

4.2 Thermische Verfahren

Lernziele

der Lernende kann ...

- die wichtigsten thermischen Verfahren nennen und sie prinzipiell gegenüberstellen,
- Temperatur-Zeit-Verläufe technologisch interpretieren,
- die wichtigsten Glühverfahren beschreiben,
- Ziele und Vorgänge beim Härten und Vergüten nennen,
- Verfahren der Randschichthärtung beschreiben.

4.2.0 Übersicht

Maschinenteile aus Stahl, wie Wellen, Zahnräder, Kupplungsteile usw., erhalten durch *Umformen* und *Spanen* die gewünschte Form. Durch vorheriges *Glühen* lässt sich der Werkstoff besser verarbeiten. Es werden verschiedene Glühverfahren besprochen, die unterschiedliche Eigenschaftsänderungen bewirken. Die Teile müssen nach der höchsten, im eingebauten Zustand auftretenden Belastung dimensioniert (bemessen) werden. Durch *Vergüten* des Stahles wird die Festigkeit erhöht. Mit dieser Wärmebehandlung können hochbeanspruchte Teile relativ geringe Abmessungen erhalten.
Dominiert eine Verschleißbeanspruchung an der Oberfläche (z. B. an den Zahnflanken der Zahnräder), so bringt eine Randschichthärtung bei Vergütungsstählen eine deutliche Verbesserung der Gebrauchseigenschaften.
Glühen, Härten, Vergüten und Randschichthärten sind thermische Verfahren, d. h., ihr technologischer Ablauf zeigt einen charakteristischen Temperatur-Zeit-Verlauf ohne andere Einwirkungen.

4.2.1 Glühen

Bei allen *Glühverfahren* werden die Werkstücke langsam und durchgreifend erwärmt. Dem Halten bei einer bestimmten Temperatur folgt ein meist langsames Abkühlen auf Raumtemperatur. Die Verfahren unterscheiden sich nach *Glühtemperatur* (Bild 4.2–1), *Glühdauer* und *Art der Abkühlung*. Sie dienen dazu, Werkstoffeigenschaften zu ändern, vorwiegend, um einen folgenden Formgebungsprozess (Umformen, Spanen, Schweißen) vorzubereiten, Seigerungen abzubauen oder Eigenspannungen zu reduzieren. Bei einem Teil der Verfahren spielt die α-γ-Phasenumwandlung eine wichtige Rolle.

> *Glühen*: Wärmebehandlung, bestehend aus Erwärmen und Halten auf Glühtemperatur sowie einer langsamen Abkühlung. Sie hat zum Ziel, einen gleichgewichtsnäheren Werkstoffzustand (homogen, eigenspannungsarm, ferritisch-perlitisches Gefüge) zu erreichen oder die Verarbeitungseigenschaften (Spanbarkeit, Umformbarkeit) zu verbessern.

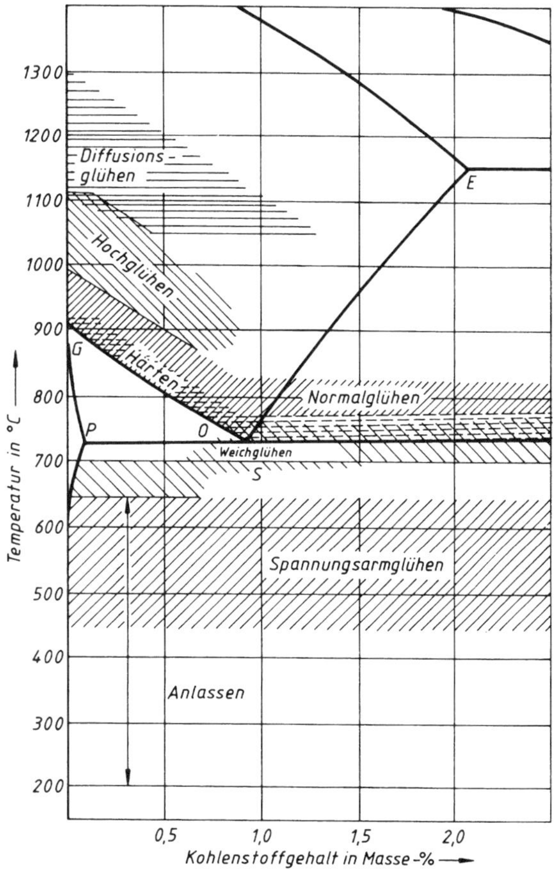

Bild 4.2–1 Temperaturbereiche der wichtigsten Glühverfahren

Bei einer Glühung (Bild 4.2–2) unterscheidet man

- Anwärmdauer
- Durchwärmdauer (auch der Kern des Werkstückes hat die Haltetemperatur erreicht)
- Haltedauer
- Abkühldauer

Zusammengefasst:

- Erwärmdauer = An- und Durchwärmen
- Verweildauer = Anwärmen, Durchwärmen und Halten

Das Schema ist prinzipiell für alle Wärmebehandlungsverfahren anwendbar.

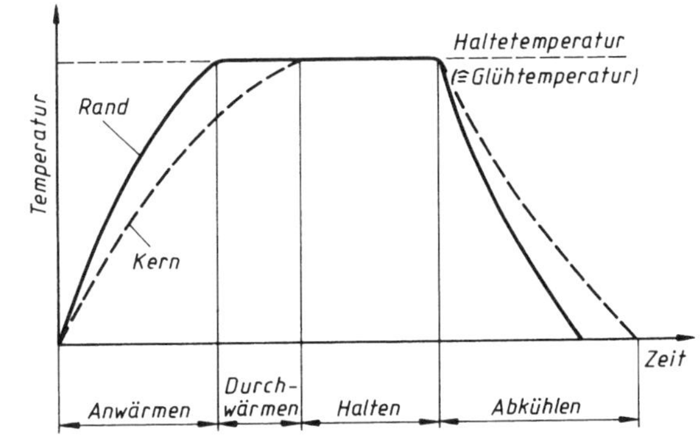

Bild 4.2–2 Technologisches Grundschema einer Glühung (Temperatur-Zeit-Verlauf)

4.2.1.1 Diffusionsglühen

Ziel:
Kristallseigerungen beseitigen; nichtmetallische Einschlüsse auflösen bzw. verteilen (Entmischungen beseitigen = *Homogenisieren*)
Grundprinzip:
Hohe Temperaturen begünstigen Diffusion (Wanderung der Teilchen) und damit den stofflichen „Ausgleich".
Temperatur-Zeit-Verlauf (Bild 4.2–3):
Das Glühen erfolgt erheblich oberhalb A_{c3} (1 050 ... 1 200 °C). Die Temperatur wird sehr lange gehalten (bis 50 h), danach wird langsam abgekühlt.

Diffusionsglühen erfolgt sehr hoch im Austenit-Bereich, es dient dem Konzentrationsausgleich der Teilchen (homogenisiert die feste Lösung).

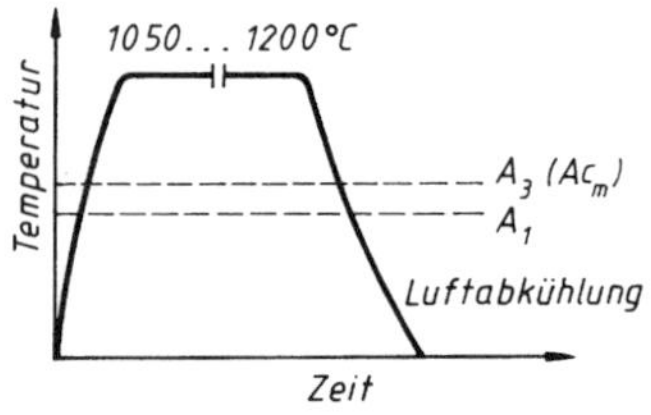

Bild 4.2–3 Diffusionsglühen

Nachteile:
- teuer (energieintensiv, hoher Ofenverschleiß)
- Grobkornbildung, eventuell anschließend Normalglühen erforderlich
- Gefahr der Verzunderung und Entkohlung

Anwendung:
- homogenes Gefüge für eine nachfolgende Wärmebehandlung schaffen (z. B. beim Härten von Stahlguss)
- (in Automatenstählen) die Sulfide günstiger verteilen, damit wird die Rotbrüchigkeit vermindert
- Carbidverteilung in Werkzeugstählen beeinflussen

4.2.1.2 Grobkornglühen

Ziel:
Korn vergröbern, kohlenstoffarme Stähle besser spanbar machen
Grundprinzip:
Hohe Temperaturen bewirken Kornvergröberung (Überhitzung hier beabsichtigt). Das grobe Korn liefert einen kurzen bröckligen Span.
auch *Hochglühen* genannt
Temperatur-Zeit-Verlauf (Bild 4.2–4):
Das Glühen erfolgt deutlich über A_{c3} (950 ... 1 100 °C). Nach Haltezeit von 1 ... 2 h wird, um Spannungen klein zu halten, zunächst langsam (Ofenabkühlung), danach rascher (Luftabkühlung) abgekühlt.

Grobkornglühen (Hochglühen) ist ein absichtliches Überhitzen der Stähle im Austenit-Bereich, um kohlenstoffarme Stähle grobkristallin und damit besser spanbar zu machen.

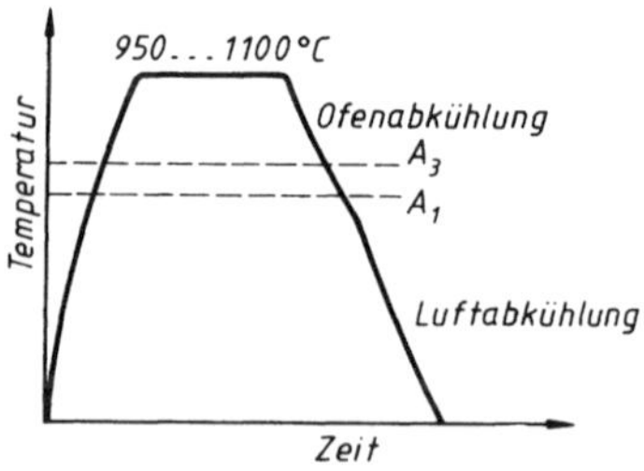

Bild 4.2–4 Grobkornglühen (Hochglühen)

Nachteile:
- Grobes Korn mindert die Festigkeit.
- Deshalb anschließend Normalglühung erforderlich (wenn Werkstücke nicht anschließend vergütet oder einsatzgehärtet werden und dadurch feines Korn erhalten).

Anwendung:
- um Stähle mit niedrigem Kohlenstoffgehalt besser spanbar zu machen (diese Stähle neigen sonst zum Schmieren)

4.2.1.3 Normalglühen

Ziel:
feinkörniges gleichmäßiges Gefüge herstellen; Normalzustand, d. h. ein Gefügezustand, der dem Gleichgewicht im System Fe-Fe_3C nahe kommt. Außerdem ist mit dem Normalglühen in der Regel eine Steigerung der Zähigkeit, die Beseitigung oder Minderung von Anisotropie sowie der Abbau von Eigenspannungen und Verformungsverfestigung verbunden.

Grundprinzip:
Die α-γ-Umwandlung wird zweimal durchlaufen (bei Erwärmung und bei Abkühlung). Das zweifache Umkörnen (jeweils Keimbildung!) beseitigt frühere Einwirkungen auf das Gefüge und bewirkt die Kornverfeinerung. Normalglühen wird auch *Normalisieren* genannt.

Temperatur-Zeit-Verlauf (Bild 4.2–5):
- Erwärmen auf 30 ... 50 K über die Umwandlungstemperatur ins Austenitgebiet. Dabei sollte bis knapp unter A_{c1} langsam erwärmt werden, um thermisch bedingte Spannungen zwischen Oberfläche und dem Kern des Bauteils zu Vermeiden. Die Erwärmungsgeschwindigkeit zwischen A_{c1} und Glühtemperatur soll möglichst hoch sein (hohe Keimzahl, bereits Austenit-Feinkorn).
- Haltedauer so kurz wie möglich, damit kein grobkörniger Austenit entsteht. Werkstück muss durchgewärmt sein.
- Abkühlung (möglichst rasch durch das Zweiphasen-Intervall, dann langsam) auf Raumtemperatur

Normalglühen (Normalisieren) ist ein relativ kurzzeitiges Erwärmen ins Austenitgebiet auf 30 ... 50 K über A_{c3} bei untereutektoider ($< 0{,}8\,\%$ C) und 30 ... 50 K über A_{c1} bei übereutektoider ($> 0{,}8\,\%$ C) Zusammensetzung kombiniert mit einer langsamen Abkühlung. Ziel des Verfahrens ist es, ein gleichmäßiges, möglichst feinkörniges Gefüge zu erhalten.

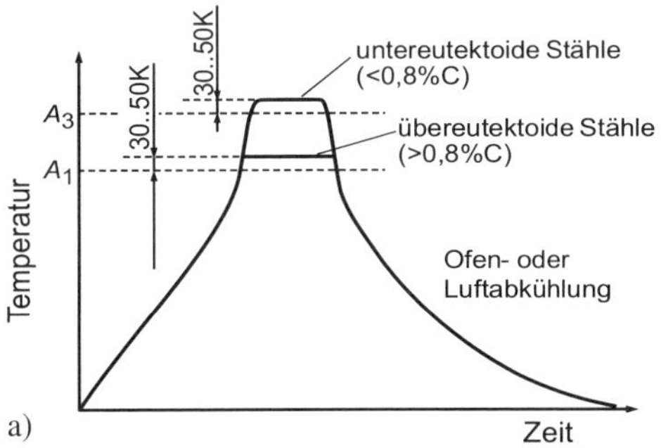

a)

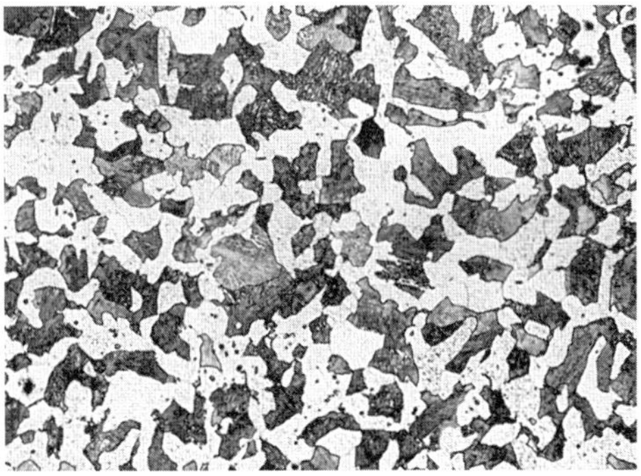

b)

Bild 4.2–5 Normalglühen (Normalisieren)
a) Temperatur-Zeit-Verlauf
b) Gefüge eines normalisierten Stahles; Ferrit + Perlit; 200 : 1

Nachteile:

- Es ist weniger ein Nachteil des Verfahrens, mehr eine Feststellung: Gegenüber kaltverformtem oder vergütetem Werkstoff sinkt die Festigkeit (Streckgrenze).
- Umwandlungsfreie, d. h. ferritische und austenitische Stähle lassen sich nicht normalisieren (Korngröße nur durch erneute Verformung und Rekristallisation beeinflussbar).

Anwendung:

- Alle Stahlgussteile werden normalgeglüht. Das Gefüge nach dem Abguss ist grobkörnig, spitznadelig. Die Gussstruktur bei GS heißt *Widmannstättensches Gefüge* (s. Kapitel 5). Der Abbau dieses Gefüges durch das doppelte Umkörnen beim Normalglühen ($\alpha \rightarrow \gamma \rightarrow \alpha$) macht den Stahlguss feinkörniger und damit zäher (Dehnung, Einschnürung und Kerbschlagzähigkeit werden deutlich erhöht).
- nach fehlerhafter Wärmebehandlung bei Teilen aus Walzstahl (Gefügeunterschiede verschiedener Art werden durch Normalisieren beseitigt.)
- nach Kaltformgebung statt eines Rekristallisationsglühens (s. Abschnitt 1.4), um Grobkornbildung nach kritischer Verformung und Sekundärrekristallisation zu vermeiden
- nach dem Schweißen oder Brennschneiden (Auch hierbei werden Gefügeunterschiede, die Grobkorn- und Aufhärtungszonen und Widmannstätten-Struktur beseitigt.)
- vor Wärmebehandlung, z. B. Härten, Vergüten (Es wird ein gleichmäßiges Ausgangsgefüge geschaffen.)
- zur *Kornrückfeinung* nach dem Glühen bei hohen Temperaturen (Diffusions- und Grobkornglühen).

4.2.1.4 Glühen auf kugelige Carbide

Ziel:
Mit dem Glühen auf kugelige Carbide (bzw. auf kugeligen Zementit, abgekürzt GKZ, früher *Weichglühen* genannt) werden Verarbeitungseigenschaften wie Spanbarkeit und Umformbarkeit verbessert. Ein vorhandenes Zementitnetzwerk bzw. Zementitlamellen werden zu kleinen, nicht zusammenhängenden Kugeln eingeformt. Härte und Festigkeit nehmen deutlich ab.

> *Glühen auf kugelige Carbide (GKZ)* ist ein Erwärmen auf Temperaturen um A_{c1} (unterhalb, oberhalb oder pendelnd um A_{c1}) mit anschließendem langsamen Abkühlen, mit dem Ziel, lamellaren oder Korngrenzenzementit einzuformen, um damit die Spanbarkeit und die Umformbarkeit eines kohlenstoffreichen Stahls zu verbessern und einen möglichst weichen Zustand zu erzielen.

Grundprinzip:
Sowohl der lamellare Zementit im Perlit als auch der Korngrenzenzementit weisen eine sehr große Oberfläche (Phasengrenzfläche) im Vergleich zum Volumen auf. Die Phase Fe_3C ist bestrebt, den energieärmsten Zustand, also eine kugelähnliche Form bei feiner Verteilung, anzunehmen. Dementsprechend brechen die Zementitlamellen auf und formen sich bei ausreichend langer Glühung in die Ferrit-Gefüge-Grundmasse ein (Bild 4.2–6b).

Temperatur-Zeit-Verlauf (Bild 4.2–6a):
Beim GKZ werden untereutektoide Stähle auf Temperaturen knapp unter A_{c1} und übereutektoide Stähle um A_{c1} pendelnd erwärmt und eine längere Zeit (8 ... 100 h) gehalten und anschließend langsam abgekühlt.

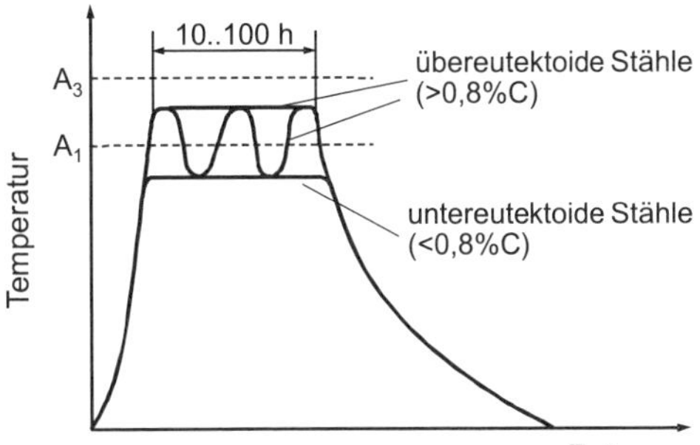

a)

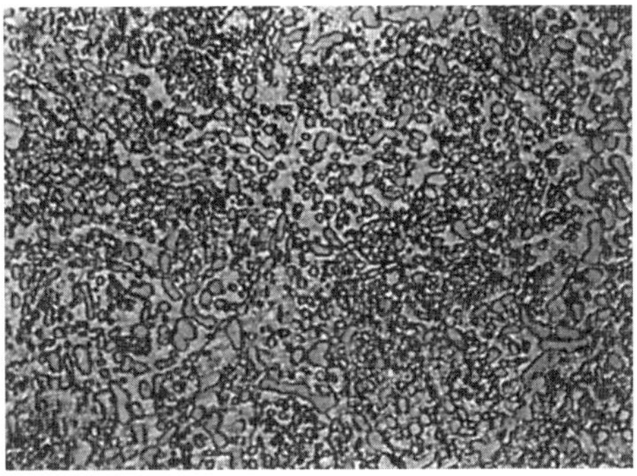

b)

Bild 4.2–6 Weichglühen
a) Temperatur-Zeit-Verlauf
b) Weichglühgefüge des Werkzeugstahles C 115 (körnige Struktur); 500 : 1

Nachteile:
- aufwändige Anlagensteuerung für die Pendelglühung erforderlich
- sehr lange Prozessdauer
- bei C-armen Stählen keine Verbesserung der Verarbeitungseigenschaften

Anwendung:
- Stähle mit hohen Anteilen an Kohlenstoff und Legierungselementen werden besser spanbar. Werkzeugverschleiß bei eingeformtem Zementit geringer
- Werkstoffe danach besser spanlos formbar (kalt umformbar), Fließvorgänge durch eingeformten Zementit erleichtert
- vor einer Härtung (feinlamellarer Perlit oder ein Vergütungsgefüge sind jedoch für eine rasche Carbidauflösung bei der Austenitisierung günstiger!)

4.2.1.5 Spannungsarmglühen

Ziel:
Die inneren Spannungen (*Eigenspannungen*) der Bauteile können durch viele Prozessstufen verursacht sein (z. B. ungleichmäßiges Abkühlen nach dem Urformen, der Warmumformung, dem Schweißen oder einer Wärmebehandlung, durch Kaltumformung bei der Bearbeitung der Teile). Sie überlagern sich mit den Lastspannungen und können dadurch die örtlichen mechanischen Beanspruchungen erheblich steigern. Zugeigenspannungen in oberflächennahen Bereichen, insbesondere an scharfen Geometrieübergängen und Kerben erhöhen die Sprödbruch- und Ermüdungsgefahr. Eigenspannungen müssen daher abgebaut werden, wenn sie zu einer Verschlechterung der mechanischen Eigenschaften führen.
Grundprinzip:
Die bei einer bestimmten Temperatur vorhandenen Eigenspannungen können nicht höher als die Fließgrenze eines Werkstoffes sein. Mit steigender Temperatur sinkt die Fließgrenze. Durch Glühen werden die Spannungen bis auf den Betrag der Fließgrenze bei dieser Temperatur durch Mikroplastizität (Versetzungsumordnung) abgebaut.
Temperatur-Zeit-Verlauf (Bild 4.2–8):

- allmähliches Erwärmen auf 550 . . . 650 °C (Verzug vermeiden)
- Halten auf Glühtemperatur (ca. 2 h)
- langsames Abkühlen (möglichst Ofenabkühlung), um erneute Bildung von Eigenspannungen zu vermeiden

Besonders zu beachten:

- Spannungsarmglühen nach Vergüten erfordert, dass die Glühtemperatur etwa 30 K unter der Anlasstemperatur bleiben muss.
- Glühtemperatur muss stets über der späteren Betriebstemperatur für die betreffenden Bauteile liegen.
- Zeitpunkt des Entspannens soll zeitlich möglichst unmittelbar hinter die Prozessstufe gelegt werden, bei der die Eigenspannungen entstehen.

Spannungsarmglühen: Glühen bei einer Temperatur unterhalb des unteren Umwandlungspunktes A_{c1} (meist unter 650 °C) mit anschließendem langsamem Abkühlen zum Abbau innerer Spannungen (Eigenspannungen) ohne wesentliche Änderung der vorliegenden Eigenschaften.

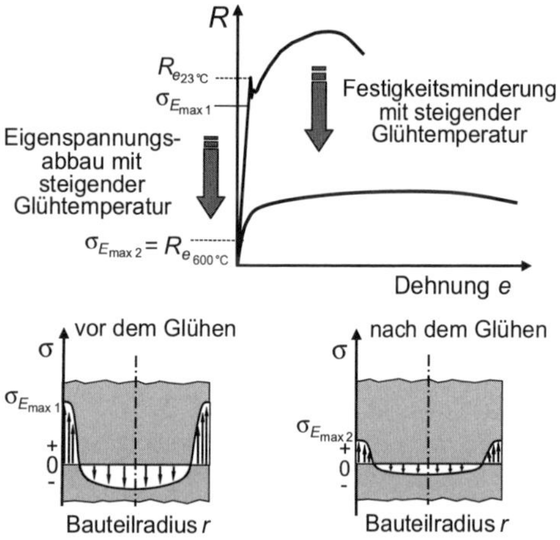

Bild 4.2–7 Abbau der Eigenspannungen durch Spannungsglühen
a) Spannung-Dehnung-Kurven aus Zugversuchen vor und nach der Glühung
b) Spannungsverlauf in einem zylindrischen Bauteil vor dem Glühen (+ Zug; − Druck)
c) Spannungsverlauf im gleichen Bauteil nach dem Glühen

(*Anmerkung*: Werkstoffkenngrößen s. Kapitel 12)

Eigenspannungen nennt man innere Spannungen, die in einem Festkörper vorhanden sind, ohne dass äußere Kräfte oder Momente wirken.

Begriff *Fließgrenze* (bei Zugbeanspruchung *Streckgrenze*): s. u. a. Abschnitte 1.3.3 und 12.2.1.2

- Bei Gusseisen ist besonders sorgfältig zu verfahren (rissempfindlich, Gefahr des „Wachsens“ durch Zementitzerfall bei zu hohen Temperaturen).
- Das Entspannen gehärteter Teile geschieht durch Anlassen.

Nachteile:
- Ein völlig eigenspannungsfreier Zustand ist nicht möglich (Abbau der Spannung nur bis zur Fließgrenze bei der betreffenden Glühtemperatur möglich).
- Kaltverformte Bauteile können beim Spannungsarmglühen rekristallisieren und damit entfestigen. Außerdem besteht dabei die Gefahr der Grobkornbildung.

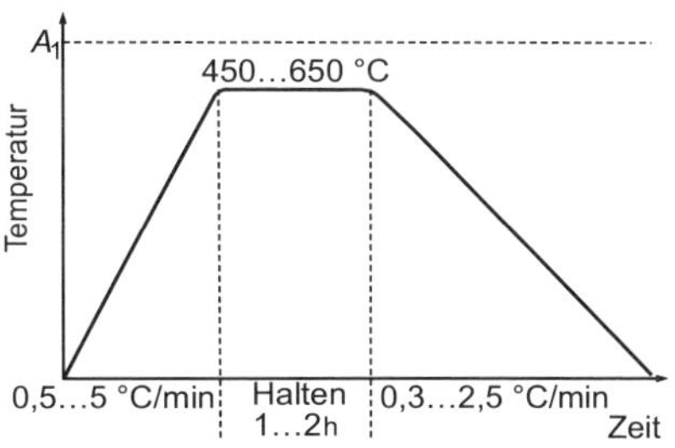

Bild 4.2–8 Spannungsarmglühen von Stahl

Anwendung:
- Spannungen abbauen, die in ungleichmäßig abgekühlten Walz- und Schmiedestücken sowie Gussteilen vorhanden sind
- Spannungen abbauen, die durch mechanische Bearbeitung oder andere Verfahren der Wärmebehandlung entstanden sind (Spannungsarmglühen wird häufig zwischen Vor- und Fertigbearbeitung der Teile ein- oder mehrfach eingeschoben.)
- vor dem Härten von Präzisionsteilen
- Zwischenbehandlung für Werkzeuge, die häufigem Temperaturwechsel unterliegen
- Verringerung der Spannungen in Schweißkonstruktionen (wenn nicht normalgeglüht wird)

4.2.1.6 Rekristallisationsglühen

Ziel:
Die durch Kaltumformen eingetretenen Eigenschaftsänderungen sollen rückgängig gemacht werden. Das geschieht durch eine abgeschlossene Rekristallisation mit einer völligen Gefügeumbildung bzw. Kornneubildung im festen Zustand. Dabei werden durch Kaltverformung entstandene Gitterdefekte (Versetzungen) abgebaut. Der Werkstoff entfestigt und lässt sich anschließend erneut kaltumformen.
(siehe Abschnitt 1.4.3)

Rekristallisationsglühen wird nach Kaltumformen durchgeführt, um verformungsbedingt entstandene Versetzungen abzubauen, den Werkstoff zu entfestigen und sein Verformungsvermögen wieder herzustellen. Bei Stahl beträgt die Glühtemperatur 500 . . . 700 °C.
Kaltumformen ist stets ein Formänderungsprozess, der unterhalb des Temperaturintervalls der Rekristallisation erfolgt.

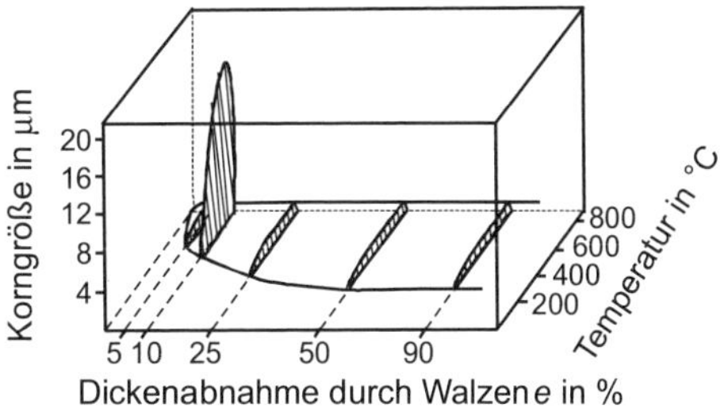

Bild 4.2–9
Rekristallisationsdiagramm von kohlenstoffarmem Stahl

Grundprinzip:
beschrieben für die Glühung von kaltverformtem Stahl

- *Kristallerholung* zwischen 300 und 500 °C; Rückbildung einiger physikalischer Eigenschaften (z. B. elektrische Leitfähigkeit); teilweise Abbau der Eigenspannungen und geringfügige Entfestigung durch Umordnung von Versetzungen und Abbau von Leerstellen
- *primäre Rekristallisation* bei weiterer Erwärmung. Durch Platzwechsel der Grundgitteratome (Diffusion) bilden sich Rekristallisationskeime mit nahezu ungestörtem Gitteraufbau. Nun wächst das entfestigte Gefüge unter Aufzehrung des Verformungsgefüges.
  Das Rekristallisationsdiagramm (Bild 4.2–9) zeigt die Abhängigkeit der Korngröße vom Umformgrad und von der Glühtemperatur. Bei optimaler Glühung kann das neue Gefüge recht feinkörnig sein.

Temperatur-Zeit-Verlauf:

- Erwärmung auf Rekristallisationstemperatur (bei Stahl 500 ... 600 °C)
- Halten auf Rekristallisationstemperatur
- langsam abkühlen

Beachten Sie:

- Bei geringem Umformgrad (5 ... 15 %) bildet sich sehr grobes Korn (kritischer Umformgrad). Man muss dieses Intervall vermeiden bzw. zur Entfestigung besser normalglühen.
- Wenn man zu lange glüht, entsteht ebenfalls Grobkorn (*sekundäre Rekristallisation*).

Anmerkung:
An Aluminium-Proben lässt sich die Ausbildung des Gefüges anschaulich demonstrieren (Bild 4.2–10). Prinzipiell gilt die Aussage auch für Stahl und für alle anderen metallischen Werkstoffe. Bei Nichteisenmetallen (Kupfer-, Aluminiumwerkstoffe usw.) nennt man das Rekristallisationsglühen häufig auch *Weichglühen* (Al-Werkstoffe DIN EN 515)

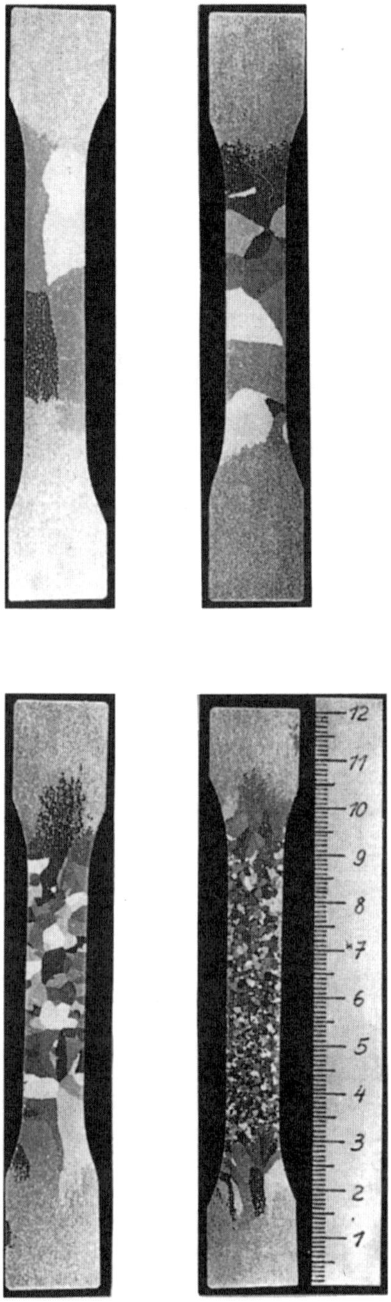

Bild 4.2–10 Gefüge nach erfolgter Rekristallisation (Zugproben aus Al mit unterschiedlichem Umformgrad)

Anwendung:
Das Verfahren wird hauptsächlich zwischen den einzelnen Stufen der Kaltumformung (Kaltziehen, Tiefziehen, Kaltfließpressen, Kaltwalzen usw.) angewendet. Die Kaltverfestigung wird damit abgebaut, und die Teile werden wieder gut kaltumformbar (für die jeweils nächste Umformstufe).

Übung 4.2–1
Erklären Sie die Kornvergröberung bei Glühverfahren wie Diffusionsglühen und Grobkornglühen (Hochglühen)!

Übung 4.2–2
Weshalb entsteht beim Normalisieren (Normalglühen) ein feinkörniges und gleichmäßiges Gefüge?

Übung 4.2–3
Wann ist ein Normalglühen zu empfehlen (Beispiel!)?

Übung 4.2–4
Skizzieren Sie den Temperatur-Zeit-Verlauf für das Weichglühen, pendelnd um A_{c1} (Pendelglühen)!

Übung 4.2–5
Mit welchem Verfahren kann man Eigenspannungen im Bauteil vermindern?

4.2.2 Härten und Anlassen

Ziele:
- Erhöhung des *Verschleißwiderstandes* der Oberfläche
- Verbesserung der *Festigkeitseigenschaften* (insbesondere der Streckgrenze durch Härten mit anschließendem Anlassen)
- Erhöhung der Dauerfestigkeit (Festigkeit bei schwingender Beanspruchung) durch eine Randschichthärtung

Welche Teile aus Stahl werden gehärtet?
Werkzeuge, z. B. Messer, Meißel, Fräser, Bohrer, Stempel, Schnitt-, Zieh- und Schneidwerkzeuge
Messmittel, z. B. Lehren, Maßverkörperungen, Messbolzen
Maschinenteile, z. B. Zahnräder, Wellen, Ventilkegel, Wälzlager, Federn

Zweck des Härtens:
- Verschleißwiderstand erhöhen
- Vergüten (Streckgrenze erhöhen)
- Dauerschwingfestigkeit erhöhen

Grundprinzip (Bild 4.2–11):
Aus dem Austenitgebiet (30 ... 50 K über GSK im System Fe-Fe_3C; also oberhalb A_{c3} bzw. A_{c1}) wird so rasch abgekühlt, dass die kritische Abkühlgeschwindigkeit überschritten wird. Es bildet sich das Härtegefüge *Martensit*. Der Abkühlverlauf kann durch isothermes Halten oberhalb M_s (*Warmbadhärten*) oder durch Wechsel des Abkühlmediums (*gebrochenes Härten*) unterbrochen sein. Der Beginn der Umwandlung im ZTU-Diagramm darf durch den Abkühlverlauf nicht geschnitten werden.
Eine teilweise Härtung eines Werkstückes nennt man *Schalen-*, *Randschicht-* oder *Oberflächenhärtung*.
Im Anschluss an jede Härtung erfolgt ein *Anlassen* (Wiedererwärmen) bei 100 ... 700 °C. Die Anlasstemperatur richtet sich nach den gewünschten Eigenschaften und der Anwendung.

Abkühlmedien (Abschreckmittel):

- Wasser, ohne oder mit Zusätzen (z. B. NaCl, NaOH)
- Härteöle (Abschrecköle)
- Polymerlösungen
- Strömende Gase (Luft, Stickstoff, Schutzgas)

Härten: Wärmebehandlung mit dem Ziel, eine hohe Härte durch eine vollständige Phasenumwandlung durch Martensitbildung zu erreichen. Es besteht aus den Schritten:

- Austenitisieren
- Abkühlen mit hoher Geschwindigkeit
- Anlassen bei geeigneten Temperaturen (stets erforderlich)

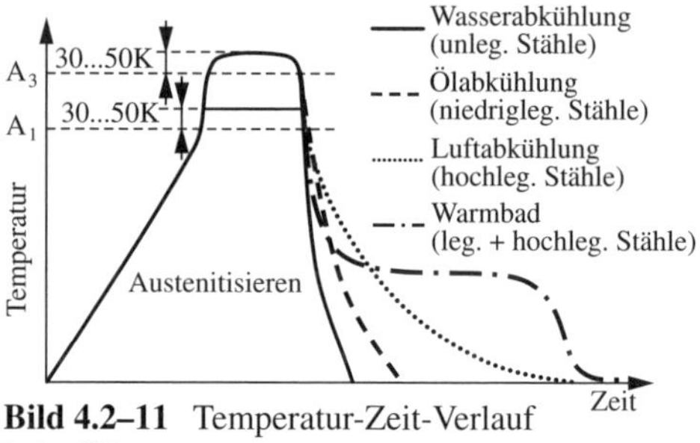

Bild 4.2–11 Temperatur-Zeit-Verlauf beim Härten

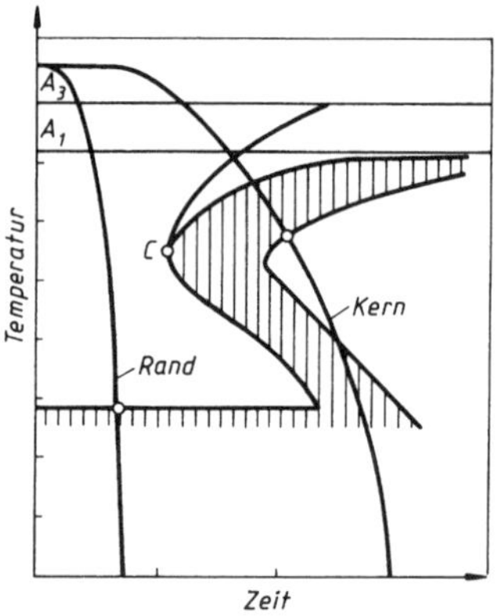

Bild 4.2–12 Reale Abkühlkurven eines Werkstücks (Rand härtet, Kern wird perlitisch)

Die Wirkung des Abschreckens hängt u. a. ab von der:

- Härtbarkeit des Stahles
- Abschreckintensität des Abkühlmediums
- Wärmeleitfähigkeit des Werkstücks
- Abmessung und Form des Werkstücks
- Bewegung des Werkstücks bzw. des Abkühlmediums

Technisch wichtige Härteverfahren:

- Härten (kontinuierlich)
- Warmbadhärten (isothermisch)
- Gebrochenes Härten

} Durchgreifendes Härten Bild 4.2–11

- Randschichthärten ohne Änderung der chemischen Zusammensetzung der Randschicht (s. Abschnitt 4.2.4)
- Randschichthärten nach vorheriger Änderung der chemischen Zusammensetzung der Randschicht (s. Abschnitt 4.3.1)
- Härten aus Walz- oder Schmiedetemperatur (s. Abschnitt 4.4.1)

Härtbarkeit der Stähle

Stähle, welche die normale Phasenumwandlung $\alpha \rightarrow \gamma$ aufweisen (d. h. die meisten Stähle) haben die Fähigkeit, durch das Härten in einer Randzone oder durchgreifend eine erheblich gesteigerte Härte anzunehmen.

Maßgebend für die Härte ist der effektive Martensitanteil im Gefüge und die Menge des darin zwangsgelösten Kohlenstoffs.

Zur Beurteilung des Härtbarkeitsverhaltens muss man unterscheiden:

Aufhärte (maximale erreichbare Randhärte) ist die an der Oberfläche gemessene Höchsthärte, die bei $v_{\mathrm{A\,vorh}} > v_{\mathrm{A\,krit}}$ erreichbar ist. Sie wird nahezu ausschließlich von der Menge des zwangsgelösten Kohlenstoffs bestimmt. (Bild 4.2–13)

Einhärte (Einhärtetiefe) ist der Abstand von der Oberfläche, bis zu dem ein Gefüge von 50 % Martensit vorliegt. Alle Faktoren, die den Punkt *C* („Nase" im ZTU-Schaubild, s. Bild 4.2–12) nach rechts verschieben, verbessern das Einhärtevermögen des Stahls:

- chemische Zusammensetzung → Stahlart
- Austenitkorngröße } Austenitisierungs-
- Homogenität } bedingungen

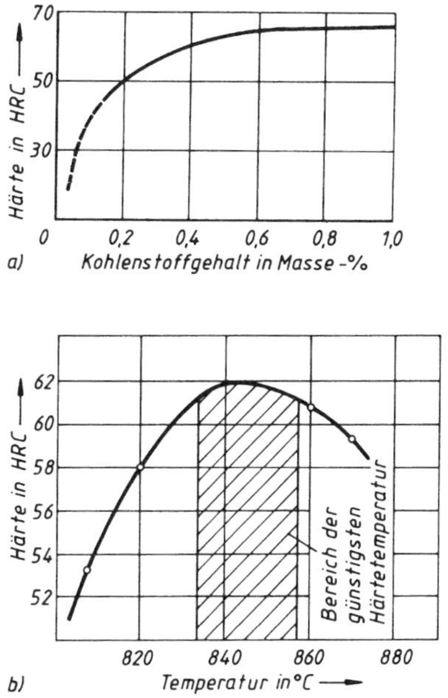

Bild 4.2–13 Erreichbare Aufhärte (Randhärte) nach dem Abschreckhärten
a) in Abhängigkeit vom Kohlenstoffgehalt
b) in Abhängigkeit von der Härtetemperatur

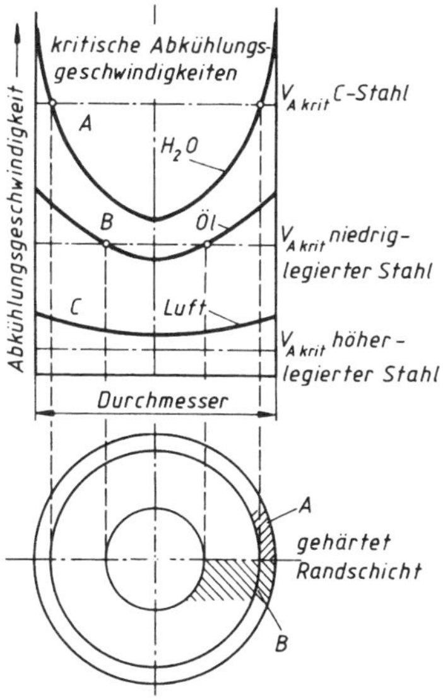

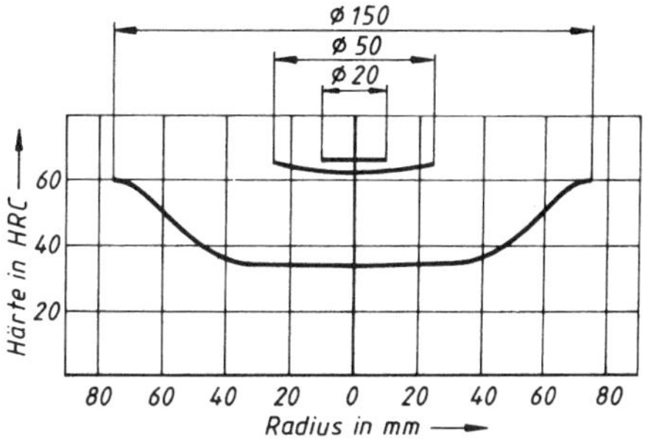

Bild 4.2–15 Einhärte (Rand-Kern-Härteverlauf) eines legierten Stahles (Ölhärter)

Bild 4.2–14 Stähle mit unterschiedlichem Härtbarkeitsverhalten
A Wasserhärter
B Ölhärter
C Lufthärter

Sie haben das *Anlassen* bereits als ein Wiedererwärmen nach dem Härten kennen gelernt. An dieser Stelle soll etwas mehr dazu gesagt werden.

Wird gehärteter Stahl (Härtegefüge Martensit) erwärmt, so tritt mit zunehmender Anlasstemperatur ein eindeutig messbarer Härteabfall ein (Bild 4.2–16). Unter Lufteinwirkung (Wirkung des Luftsauerstoffs) kommt es zur Bildung einer Oxidschicht, deren Dicke eine für die jeweilige Temperatur charakteristische Farbe ergibt (*Anlassfarbe*).

Die Vorgänge beim Anlassen von gehärtetem Stahl lassen sich anhand von *Dilatometerkurven* beschreiben (s. Bild 4.2–17):

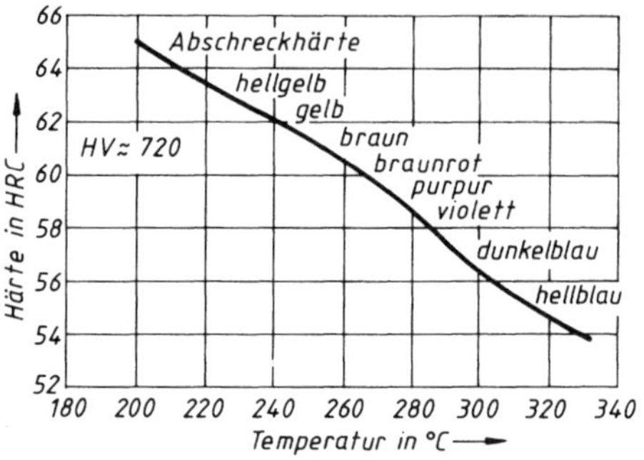

Bild 4.2–16 Abfall der Härte beim Anlassen – Zuordnung der Anlassfarben (HRC Härte nach Rockwell C) für unlegierten Stahl

1. Anlassstufe (100 ... 200 °C): Beginnende Ausscheidung des C und Bildung der überwiegend kohärenten Phase $Fe_{2...3}C$ (ε-Carbid). Dadurch Umwandlung des tetragonal verspannten Martensits in kubischen Martensit. Dieser Vorgang bewirkt die Entspannung, die nach jeder Härtung erforderlich ist.
2. Anlassstufe (200 ... 320 °C): Nachlassende Verspannung im Martensit und die Ausscheidung des C aus dem Restaustenit haben die Umwandlung des Restaustenits in kubischen Martensit und die daraus resultierende Ausdehnung des Stahls zur Folge. Mit zunehmender Erwärmung wandelt sich das ε-Carbid in Fe_3C (äußerst feinkörnig, lichtmikroskopisch noch nicht erkennbar) um.
3. Anlassstufe (320 ... 400 °C): Ausscheidung des letzten noch zwangsgelösten Kohlenstoffs aus dem kubischen Martensit und Koagulation (Zusammenballen) des Fe_3C. Das Gefüge besteht aus einer Matrix aus kohlenstofffreiem Martensit und sehr feinen, homogen verteilten Zementitkügelchen (mikroskopisch kaum sichtbar).
4. Anlassstufe (400 ... 700 °C): Bei unlegierten Stählen setzt sich die Koagulation des Fe_3C fort. Bei legierten Stählen scheiden sich die hochfesten Sonderkarbide (z. B. Cr_7C_3, W_2C, V_4C_3, $Cr_{23}C_6$) aus und haben einen Anstieg der Härte und der Festigkeit zur Folge.

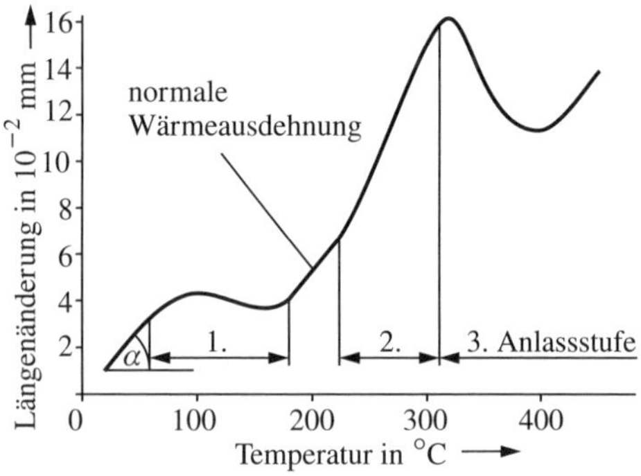

Bild 4.2–17 Dilatometerkurve für C 130 im gehärteten Zustand (950 °C, 10 min, Wasser)

> *Anlassen*: Erwärmen nach vorausgegangenem Härten auf eine Temperatur zwischen Raumtemperatur und A_{c1}, Halten bei dieser Temperatur und anschließendes meist langsames Abkühlen mit dem Ziel, die Sprödigkeit des Martensits abzubauen.

Übung 4.2–6
Weshalb werden viele Teile aus Stahl gehärtet?

Übung 4.2–7
Wovon hängt die erreichbare Höchsthärte (Aufhärte) ab?

Übung 4.2–8
Weshalb härten größere Teile aus unlegiertem Vergütungsstahl (z. B. C 35, C 45) nicht bis zum Kern durch?

4.2.3 Vergüten

Ziel:
Vergüten ist ein Wärmebehandlungsverfahren, mit dem Eisenwerkstoffe eine hohe Festigkeit (Streckgrenze und Streckgrenzenverhältnis) bei gleichzeitig verbesserter (relativ oder absolut) Zähigkeit erhalten.

Vergüten besteht aus den Teilschritten Härten (Austenitisieren + Abschrecken) und hohem Anlassen. Durch das Anlassen in der 4. Anlasstufe gibt der Martensit den Kohlenstoff komplett ab. Die dabei ausgeschiedenen Carbide sind klein und homogen verteilt.

Mit steigender Anlasstemperatur nehmen Härte, Zugfestigkeit und Streckgrenze eines gehärteten Stahles deutlich ab (Ausnahme: Warm- und Schnellarbeitsstähle), während Bruchdehnung, Einschnürung und Kerbschlagzähigkeit zunehmen.

Der Zusammenhang zwischen der Anlasstemperatur und den erzielbaren Eigenschaften wird in *Vergütungsschaubildern* (Bild 4.2–18) dem Stahlverbraucher zur Verfügung gestellt. Vergleicht man einen hoch angelassenen Vergütungsstahl mit dem normalgeglühten Zustand, so sind bei gleicher Zugfestigkeit eine höhere Streckgrenze, Bruchdehnung, Einschnürung und Kerbschlagzähigkeit vorhanden (Bild 12.2–10). Die Feinheit und Gleichmäßigkeit des Anlassgefüges (4.) sind der Grund hierfür.

Beim *Bainitisieren* erhält man ein ähnliches (teilweise noch zäheres) Gefüge.

Vergüten ist eine Kombination von Härten und Anlassen bei hohen Temperatueren knapp unter A_{c1}. Durch Vergüten soll eine optimale Kombination von guten Festigkeits- und Zähigkeitseigenschaften durch die Erzeugung eines Vergütungsgefüges erzielt werden.

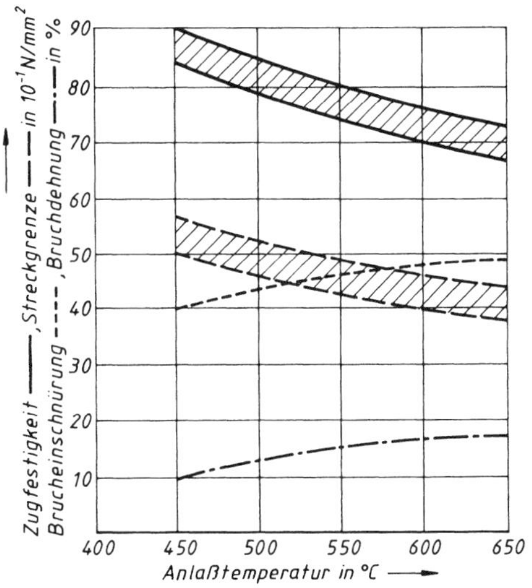

Bild 4.2–18 Vergütungsschaubild eines Stahles mit 0,44 % C

Anmerkung:
Vergütungsschaubild = Anlassschaubild

Temperatur-Zeit-Verläufe:

Vergüten (Bild 4.2–19)

1. *Härten*
   (je nach $v_{A\,krit}$ erfolgt die Abkühlung in Wasser, Öl oder anderen Abschreckmedien)
2. *Anlassen auf höhere Temperaturen*
   (technologische Vorschrift ergibt sich aus dem Vergütungsdiagramm der betreffenden Stahlart, der chemischen Zusammensetzung und der gewünschten Festigkeit und Zähigkeit)

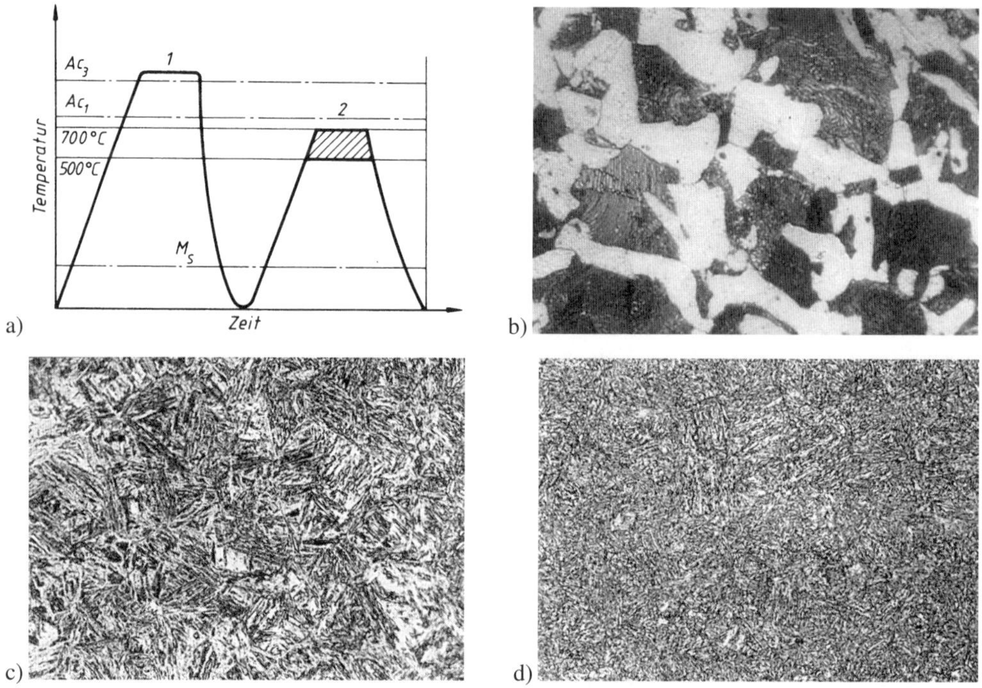

Bild 4.2–19 Vergüten
a) Temperatur-Zeit-Verlauf (*1* Härten, *2* Anlassen bei hohen Temperaturen)
b) Gefüge vor dem Härten; C 45 normalgeglüht (30 min, 850 °C/Luft), Ferrit + Perlit, 500 : 1
c) Gefüge nach dem Härten; gleicher Stahl (840 °C/Wasser), Martensit, 500 : 1
d) Vergütungsgefüge, gleicher Stahl (500 °C/Luft), 500 : 1

Bainitisieren (Bild 4.2–20)

1. *Abkühlung aus dem Austenitgebiet* in einem Salzbad; *isotherme Umwandlung* (technologische Vorschrift ergibt sich aus dem ZTU-Diagramm der betreffenden Stahlart)
2. *Abkühlung aus dem Zwischenbad*

Das *Bainitisieren* (früher *Zwischenstufenvergüten* genannt) beginnt mit Austenitisieren. Es wird auf eine Temperatur in der Bainitstufe des isothermen ZTU-Schaubildes (Bild 4.1–13 oben) abgeschreckt und dort solange gehalten, bis sich der Austenit in Bainit umgewandelt hat. Danach wird langsam auf Raumtemperatur abgekühlt.

Vorteile:

- Anlassen nicht erforderlich
- Wärmebehandlung relativ verzugsarm

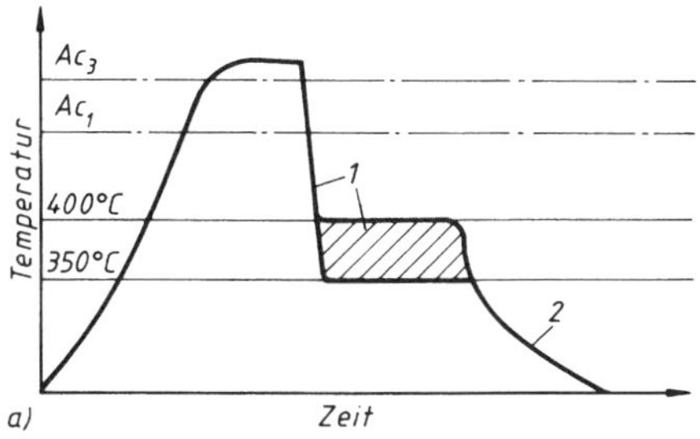

a)

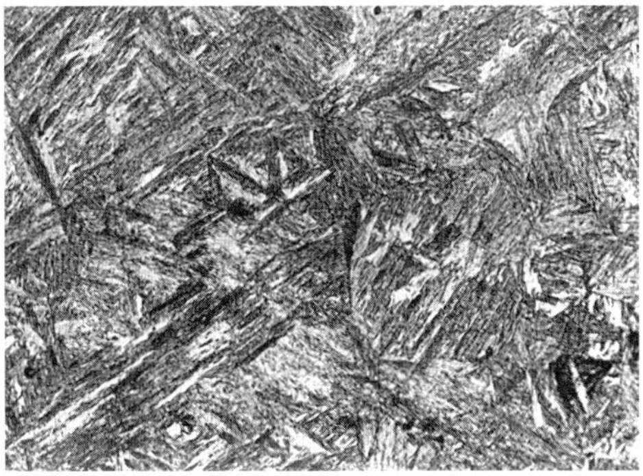

b)

Bild 4.2–20 Bainitisieren
a) Temperatur-Zeit-Verlauf (*1* Abkühlen und Halten in einem Warmbad, *2* langsame Abkühlung, z. B. an der Luft)
b) Bainit (Zwischenstufengefüge), 500 : 1

> Bainitisieren ist ein Wärmebehandlungsverfahren, welches aus den Schritten Austinitisieren und Abkühlen bis auf Temperaturen der Bainitstufe mit anschließender isothermer Umwandlung besteht. Wie beim Vergüten wird eine hohe Festigkeit bei guter Zähigkeit angestrebt.

Tabelle 4.2–1 Festigkeitswerte vergüteter Stähle (Auswahl); Teile 40 ... 100 mm Durchmesser

Stahlsorte	Werkstoff-Nr.	$R_{p0,2\,mind}$	R_m
C 45	1.0503	375	620 ... 760 MPa
C 60 E	1.1221	450	740 ... 880 MPa
41 Cr 4	1.7035	560	780 ... 930 MPa
42 CrMo 4	1.7225	635	880 ... 1 080 MPa
50 CrV 4	1.8159	685	880 ... 1 080 MPa

Nachteile:

- Beim Vergüten (Härten + Anlassen) besteht unter ungünstigen Bedingungen die Gefahr, dass sich *Härterisse* bilden; kein Ausheilen möglich
- Kontinuierliche Abkühlung führt nur begrenzt zur Bainitbildung (siehe auch kontinuierliches ZTU-Diagramm, Bild 4.1–14 unten). Beim Bainitisieren muss bei allen Stahlarten das Temperatur-Zeit-Regime eine isotherme Umwandlung bei der richtigen Badtemperatur garantieren. Dickwandige Bauteile können im Kern nicht bainitisiert werden, da dort nicht schnell genug die Umwandlungstemperatur erreicht wird.

Anwendung:

Vergütungsstähle werden durch diese Wärmebehandlung mechanisch höher belastbar. Die Steigerung der Streckgrenze R_e und das größere Verhältnis R_e/R_m (*Streckgrenzenverhältnis*) bei günstigen Zähigkeitseigenschaften sind der Grund dafür, dass hochbeanspruchte Maschinenteile (z. B. Getriebeteile) vergütet werden. Bei gleicher Belastung verringern sich die Abmessungen der Teile.

Häufig wird das Vergüten auch vor einer Randschichthärtung durchgeführt. Man erzielt dadurch eine höhere Kernfestigkeit.

Übung 4.2–9

Erklären Sie den Temperatur-Zeit-Verlauf beim Vergüten!

Übung 4.2–10

Warum werden hochbeanspruchte Maschinenteile (z. B. Wellen, Zahnräder, Übertragungselemente bei Kupplungen) häufig vergütet?

Übung 4.2–11

Welche Vorteile besitzt das Bainitisieren gegenüber dem herkömmlichen Vergüten?

Übung 4.2–12

Weshalb muss die Betriebstemperatur für ein Maschinenteil niedriger liegen als die nach dem Härten angewendete Anlasstemperatur?

4.2.4 Randschichthärten

Ziel:
Werkstücke aus Stahl (oder anderen Eisenwerkstoffen) sollen partiell (teilweise) gehärtet werden, d. h., nur eine Randschicht soll martensitisches Gefüge aufweisen. Man strebt damit an:

- hohen Verschleißwiderstand an der Oberfläche
- zähen Kern
- günstiges Verhalten bei Dauerschwingbelastung

Grundprinzip:
Beim hier beschriebenen Randschichthärten wird härtbarer Stahl (in der Regel Vergütungsstahl im vergüteten Zustand) verwendet. Dabei wird die Oberfläche (eine Randschicht bestimmter Dicke) rasch ins Austenitgebiet erwärmt. Die sofortige Abkühlung mit *Abschreckbrausen* ($v_{\mathrm{A\,vorh}} > v_{\mathrm{A\,krit}}$) garantiert die Martensitbildung in der vorher ausreichend austenitisierten Randzone und verhindert das Abfließen der Wärme in den Kern des Bauteils, der dadurch nicht mit austenitisiert wird.

Beim Erwärmen ist auf die Verschiebung von A_{c3} zu höheren Werten (ZTA-Diagramm) zu achten, d. h., bei einer induktiven Erwärmung der Randzone in wenigen Sekunden kann eine Austenitisierungstemperatur von etwa 1000 °C gegenüber etwa 850 °C bei normaler Härtung erforderlich werden. Dem Härten schließt sich ein entspannendes Anlassen, in der Regel nicht über 200 °C, an. Durch das Randschichthärten ändern sich die Eigenschaften im Kern nicht. Diese Verfahren zum Randschichthärten unterscheidet man nach der benutzten Wärmequelle bzw. der Art der Wärmeübertragung:

1. Flammhärten
2. Induktionshärten
3. Laserstrahlhärten
4. Elektronenstrahlhärten

Verfahren zur Oberflächenhärtung

- Abschnitt 4.2.4: Flammhärten, Induktionshärten, Elektronenstrahlhärten, Laserstrahlhärten
- Abschnitt 4.3.1: nach thermochem. Behandl. z. B. Einsatzhärten (Härten nach dem Aufkohlen)
- Abschnitt 4.3.2: durch thermochem. Behandl. z. B. Nitrieren (Härtesteigerung durch Bildung von Nitriden)
- Abschnitt 4.3.1 + 4.3.2 → Kombinationen z. B. Nitrocarburieren

Verfahren der Randschichthärtung ohne Änderung der chemischen Zusammensetzung der Randschicht:

Flammhärten: Härten von Werkstücken nach oberflächigem (oder durchgreifendem Erwärmen) mit einer Brennerflamme*)

Induktionshärten: Härten von Werkstücken nach oberflächigem (oder durchgreifendem) elektroinduktivem Erwärmen*)

Moderne Verfahren mit speziellen Anforderungen an Werkstoffzustand und Anlagentechnik:

- *Laserstrahlhärten*
- *Elektronenstrahlhärten*

*) Mit Brenner und Induktor können Werkstücke auch durchgreifend, also nicht nur für eine Randhärtung, erwärmt werden.

Das *Flammhärten* ist für geometrisch einfache Formen (ebene und rotationssymmetrische Flächen ohne scharfe Querschnittsübergänge) gut geeignet. Es ist für Einzelteile und oft für Kleinserien, aber auch für sehr große Bauteile (Großzahnräder) angewandt. Dem Brenner (Brenngas-Sauerstoff-Gemisch), dessen Form der Gestalt des Werkstückes angepasst ist, folgt eine ähnlich gestaltete Brause.

Die Form des Teiles, zeitliche Folge und Art der Bewegungen von Werkstück, Brenner und Brause ermöglichen eine Vielzahl von Verfahrensvarianten. Einige davon sind im Bild 4.2–22 a) bis f) dargestellt.

Gegenüber dem Einsatzhärten erreicht man größere Einhärtetiefen und weniger Verzug. Da der Kern relativ wenig beeinflusst wird, kann man vorvergüten. Damit sind hohe Kernfestigkeiten möglich. Örtliche Härtungen sind durchführbar, und der Energieaufwand ist geringer. Nachteilig ist, dass geringe Einhärtetiefen (< 1 mm) nicht erreichbar sind.

Bei der *Induktionshärtung* erfolgt die Energieübertragung durch induktive Kopplung zwischen Arbeitsspule (Induktor) und Werkstück. Die Wärme entsteht im Werkstück selbst. Das dem hochfrequenten elektrischen Wechselfeld ausgesetzte Werkstück kann vergleichsweise als kurzgeschlossene Sekundärwicklung eines Transformators aufgefasst werden. Die erzeugte Widerstands- oder Wirbelstromwärme führt zur gewünschten Erwärmung des Werkstücks.

Damit unterscheidet sich die induktive Erwärmung grundsätzlich von allen anderen Verfahren, deren Energieübertragung auf Konvektion, Strahlung oder Wärmeleitung zurückzuführen ist. Mit 10 000 W/cm^2 besitzt das Verfahren der induktiven Erwärmung mit Abstand die größte Leistungsübertragbarkeit.

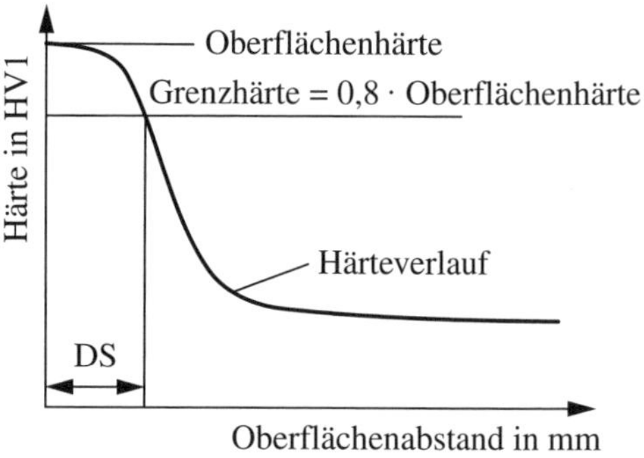

Bild 4.2–21 Bestimmung der Einhärtungstiefe DS nach DIN 10 328

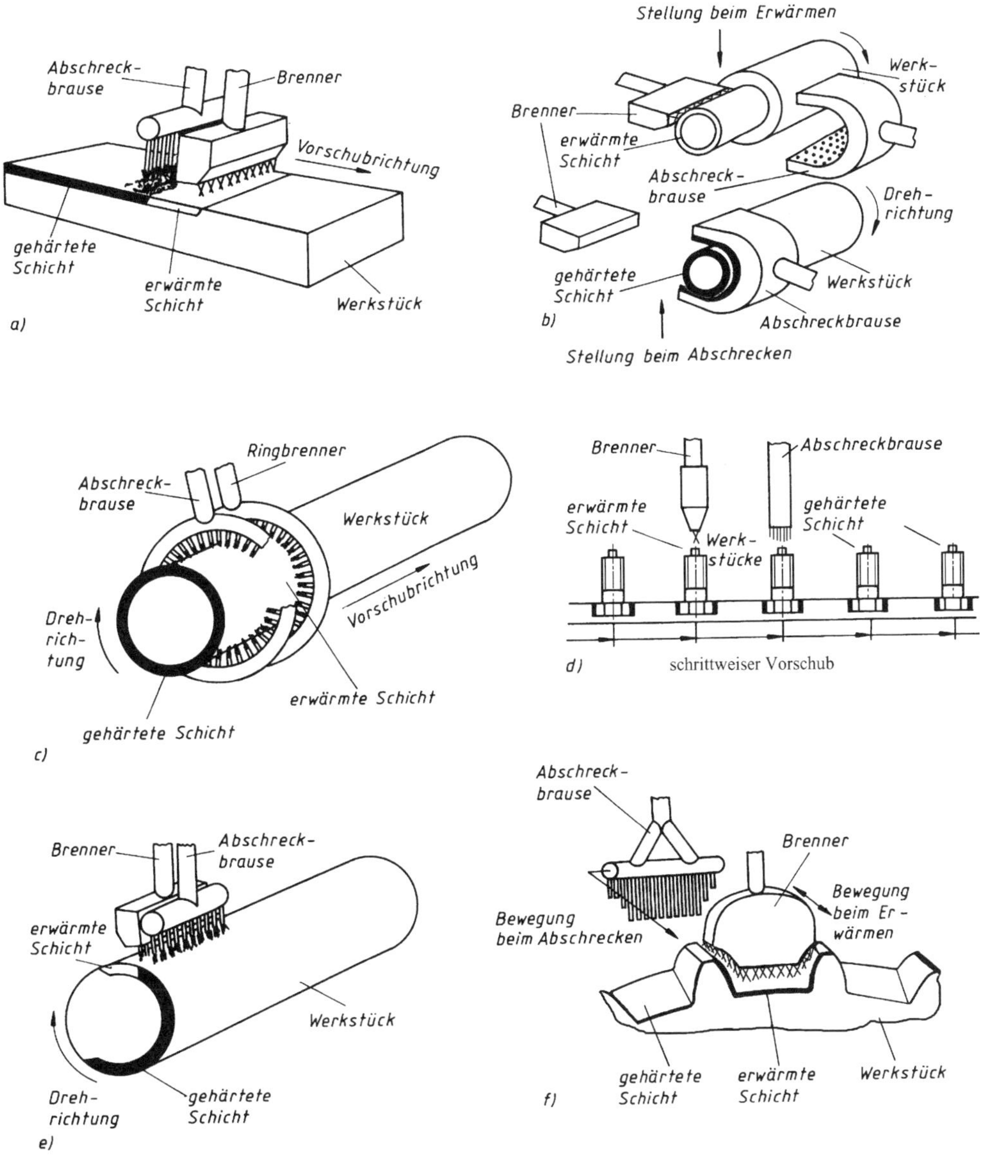

Bild 4.2–22 Verfahrensvarianten des Flammhärtens
a) Vorschubverfahren
b) Umlaufverfahren
c) Vorschub-Umlaufverfahren
d) Stand-Sprungverfahren
e) Vorschub-Umfangsverfahren
f) Pendelverfahren

Die Geschwindigkeit der Erwärmung hängt neben der Beeinflussung durch zugeführte Leistung, Größe des Werkstücks und Materialeigenschaften sehr stark von der Frequenz des verwendeten Wechselstromes ab. Bild 4.2–23b zeigt die Verteilung der induzierten Leistungsdichte im Inneren eines Bolzens für hohe und niedrige Frequenz. Die Ursache liegt in der vom *Skin-Effekt* bestimmten Stromverteilung über den Querschnitt des zu erwärmenden Körpers (Bild 4.2–24).

Die Energieformen Laser- und Elektronenstrahl bieten moderne Möglichkeiten zur Randschichthärtung. Ihre Vorteile liegen in der gleichmäßigen Qualität der gehärteten Schichten, im Beherrschen des örtlichen Härtens von Bauteilen und in der guten Steuer- und Regelbarkeit der Prozesse. Nachteile sind z. B. die Empfindlichkeit des Laserstrahlhärtens gegenüber Ungleichmäßigkeiten im Ausgangsgefüge und die erforderliche Vakuumkammer beim Elektronenstrahlhärten.

LASER = **l**ight **a**mplification by **s**timulated **e**mission of **r**adiation
= Lichtverstärkung durch angeregte Emission von Strahlung (s. Physik)

Es sind die gleichen Vorteile wie beim Flammhärten vorhanden. Die Einhärtetiefe kann sehr genau eingehalten werden, Kornvergröberungen treten nicht auf, und die Oberfläche oxidiert kaum.

Nachteilig sind die hohen Anlagenkosten und die Schwierigkeit, schlecht zugängliche Stellen zu härten.

Für alle Verfahren der direkten Oberflächenhärtung kommen Vergütungsstähle zum Einsatz. In DIN EN 10 083 sind besonders geeignete Stähle zusammengefasst. Auch Stahlguss, Gusseisen und Temperguss eignen sich für diese Wärmebehandlung.

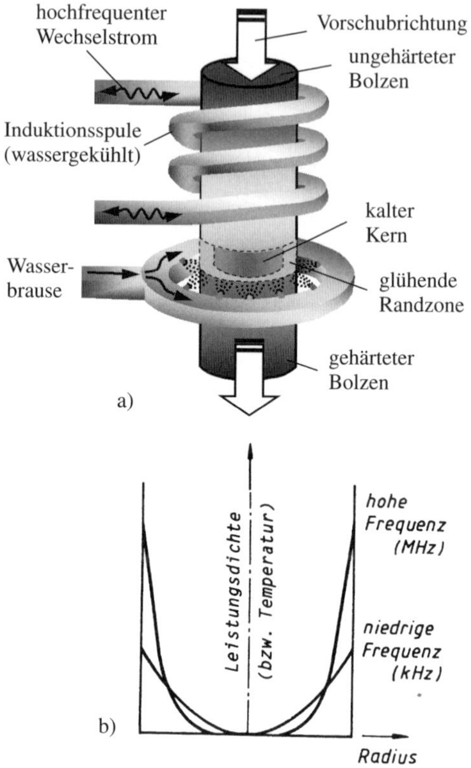

Bild 4.2–23 Induktive Erwärmung eines Bolzens
a) Werkstück mit Induktor (geschnitten)
b) Verteilung der induzierten Leistungsdichte für hohe und niedrige Frequenz (bzw. Temperatur)

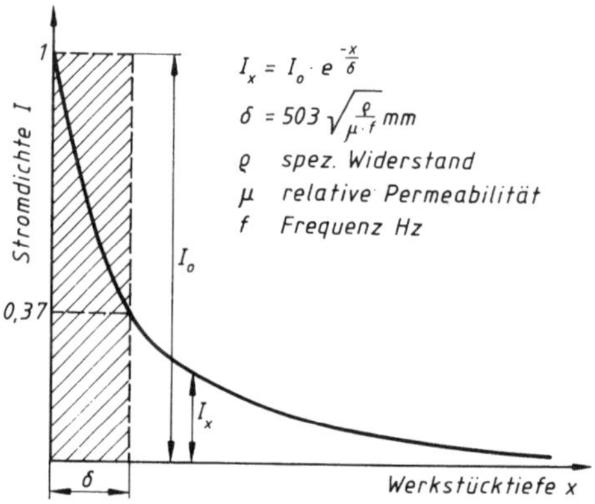

Bild 4.2–24 Stromdichteverteilung über dem Querschnitt (Darstellung des Skin-Effektes)

Übung 4.2–13
Wodurch unterscheidet man die Verfahren des Randschichthärtens?

Übung 4.2–14
Weshalb liegt die Härtetemperatur (Austenitisierungstemperatur bei Erwärmung mit Brenner oder hochfrequentem Strom z. T. wesentlich höher als A_{c3} bzw. A_{c1}?

Übung 4.2–15
Welche Vorteile besitzt die HF-Induktionshärtung?

Übung 4.2–16
Welche Eisenwerkstoffe sind für eine direkte Oberflächenhärtung geeignet?

Tabelle 4.2–2 Werkstoffe für diese Randschichthärteverfahren (Auswahl)

Stähle	38 Cr 4, 37 CrB 1, 42 Cr 4, 41 CrMo 4
Stahlguss	G42 CrMo 4, G46 Mn 4, G50 CrV 4
Gusseisen	GJL-400, GJS-600, GJS-700
Temperguss	GJMB-550, GJMW-650

4.3 Thermochemische Verfahren

Lernziele

Der Lernende kann ...

- das Grundprinzip einer thermochemischen Behandlung erläutern,
- Diffusionsvorgänge in Randzonen erklären,
- mögliche Eigenschaftsänderungen, Vorteile und Nachteile thermochemischer Prozesse nennen,
- exemplarisch das Einsatzhärten und das Nitrieren technologisch beschreiben,
- anhand von Temperatur-Zeit-Kurven die Vorteile und Nachteile verschiedener Härteverfahren nach dem Aufkohlen diskutieren.

4.3.0 Übersicht

Von sehr vielen Maschinenteilen werden bestimmte Eigenschaften der Oberfläche gefordert, z. B. chemische Beständigkeit, hoher Widerstand gegen Verschleiß, bestimmte elektrische oder magnetische Eigenschaften, Lötfähigkeit, gute dekorative Wirkung usw. Spielt die jeweils geforderte Eigenschaft im Werkstückinneren keine oder eine untergeordnete Rolle, so ist es in vielen Fällen billiger, nur die Oberfläche zu behandeln. Das kann durch ein Aufbringen von Schichten (*Beschichten*) oder durch ein Verändern der chemischen Zusammensetzung in der Randzone des Werkstücks (*thermochemische Behandlung* TCB) erfolgen.

Beschichten ist das Aufbringen einer festhaftenden Schicht aus formlosem Stoff auf ein Werkstück.

Im vorliegenden Kapitel konzentrieren wir uns auf die *thermochemische Behandlung*. Dabei werden die Werkstücke grundsätzlich einem Temperatur-Zeit-Verlauf und einem chemisch aktiven Wirkmedium ausgesetzt. Durch Ein- oder Ausdiffundieren eines oder mehrerer Elemente wird die Zusammensetzung in der Randschicht absichtlich geändert. Gegenüber einer galvanischen Beschichtung werden gleichmäßigere Schichten auch an Kanten, in Rillen und Bohrungen erzeugt. Hohe Temperaturen verändern auch die Eigenschaften im Inneren, im Kern der Werkstücke. Während auf der Oberfläche ein erhöhter Verschleißwiderstand angestrebt wird, ist die erhöhte Dauerschwingfestigkeit (z. B. nach Einsatzhärtung) der Teile in vielen Fällen ein sehr willkommenes Ergebnis.
Die nebenstehende Übersicht enthält eine Auswahl der möglichen *Diffusionsverfahren*. Links ist das Element bzw. sind die Elemente genannt, die im thermochemischen Prozess den Werkstücken über ihre Oberfläche zugeführt oder entzogen werden. Rechts sind die üblichen Bezeichnungen der Verfahren genannt. Die Elemente, die eindiffundieren sollen, sind vorwiegend in chemisch gebundener Form in Reaktionsmedien (fest, flüssig oder gasförmig) enthalten.

Teilprozesse einer thermochemischen Behandlung (Gasatmosphäre):

1. Herstellung und Bereitstellung eines reaktionsfähigen Gases; chemische Reaktionen in der Gasphase
2. Diffusionsvorgänge im Wirkmedium
3. Reaktionen an der Oberfläche des Werkstückes (Stoffübergang, Adsorptionsvorgänge, Grenzflächendiffusion)
4. Transport des Anreicherungselementes in das Innere des Werkstückes; Diffusion
5. (eventuell) Bildung von Verbindungen

> *Verfahren der thermochemischen Behandlung* sind Wärmebehandlungen, bei denen durch Ein- oder Ausdiffundieren von ein oder mehreren Elementen die chemische Zusammensetzung (meist in der Randzone) gezielt verändert wird.

Hauptziele der thermochemischen Behandlung (TCB)

- Verschleißfestigkeit erhöhen
- Härtbarkeit der Randzone verbessern (Aufkohlen bei der Einsatzhärtung)
- Härte an der Oberfläche erhöhen ohne die Zähigkeit im Kern zu vermindern
- Schwingfestigkeit verbessern
- Korrosionsbeständigkeit erhöhen
- Druckeigenspannungen im Randbereich erzeugen

Thermochemische Verfahren (Auswahl)

Nichtmetalldiffusion	
Kohlenstoff	Aufkohlen, Zementieren
Stickstoff	Nitrieren
Kohlenstoff und Stickstoff	Carbonitrieren und Nitrocarburieren
Kohlenstoffentzug	Entkohlen
Wasserstoffentzug	Dehydrierung (Wasserstofffreiglühen)
Metalldiffusion	
Aluminium	Alitieren
Chrom	Chromieren (Inchromieren)
Zink	Sherardisieren
Chrom und Aluminium	Chromalitieren
Metall-Nichtmetall-Diffusion	
Titan und Kohlenstoff	Titancarbidbehandlung

4.3.1 Einsatzhärten

Ziel:
Härtung der Randschicht der Werkstücke. Kern soll zäh bleiben. Dadurch erhöht sich der Verschleißwiderstand an der Oberfläche. Druckeigenspannungen im Rand führen zur Erhöhung der Dauerschwingfestigkeit.

Grundprinzip:
Das Einsatzhärten ist eine Kombination aus einer thermochemischen Behandlung (Aufkohlen) und thermischen Verfahren (Härten und Anlassen). Das *Einsetzen* (Aufkohlen, Zementieren) erfolgt bei hohen Temperaturen. Es ist eine Glühung in einer Kohlenstoff abgebenden Umgebung.
Durch Diffusionsvorgänge und die hohe Löslichkeit der γ-Phase für Kohlenstoff erfolgt eine Anreicherung des Kohlenstoffes in der Randzone des Werkstückes. Man unterscheidet nach der Art des aktiven Mediums das Einsetzen in festen Mitteln (*Pulveraufkohlung*), in flüssigen Mitteln (*Salzbadaufkohlung*) und in Gasgemischen (*Gasaufkohlung*). Dem Aufkohlen schließt sich das Härten an, das zur Verbesserung der Rand- und Kerneigenschaften der Werkstücke mehrfach variiert werden kann. Ein entspannendes Anlassen schließt die Wärmebehandlung in jedem Fall ab.

Pulveraufkohlung
Werkstücke sind bei 880 ... 950 °C von dem pulverförmigen Aufkohlungsmittel umgeben, in Kästen verpackt und mit Lehm gasdicht verschlossen. Kohlungsmittel: Holzkohle, Koks + Aktivierungsmittel (z. B. Bariumcarbonat).
Nicht aufzukohlende Stellen werden mit Lehm oder Cu abgedeckt.
Nachteil: Lange Glühzeiten erforderlich

Salzbadaufkohlung
Aufkohlung erfolgt in Salzschmelzen bei 880 ... 930 °C (Cyanide, vor allem NaCN)

Voraussetzungen für thermochemische Behandlung
- Löslichkeit (Mk-Bildung)
- Diffusionsmöglichkeit in technisch vertretbaren Zeiten (Einlagerung-Mk ist günstiger als Austausch-Mk)

$$\bar{x} = \sqrt{2Dt}$$

$\bar{x}$ mittlere Eindringtiefe
t Zeit
D Diffusionskoeffizient

Die Geschwindigkeit des Prozesses nimmt mit fortschreitender Dauer ab.
Erreichbare Oberflächengehalte = f (Gaszusammensetzung, Temperatur)

Einsatzhärten ist ein Oberflächenhärteverfahren mit Änderung der chemischen Zusammensetzung. Dabei wird der Randbereich eines in der Regel kohlenstoffarmen Stahls mit Kohlenstoff aus dem Umgebungsmedium angereichert (Einsetzen oder Aufkohlen). Das Bauteil wird anschließend gehärtet. Der Rand wird dadurch hart und verschleißbeständig. Der Kern bleibt zäh.

Einsatzhärten vereint stets in sich:
1. *Aufkohlen* (Einsetzen, Zementieren)
2. *Härten*
3. *entspannendes Anlassen*

Aufkohlen (Einsetzen, Zementieren):
Kohlenstoffanreicherung in der Randzone der Werkstücke durch Glühen in Kohlenstoff abgebenden Mitteln bei Austenittemperatur.

Temperatur und Fe führen zum Zerfall der Cyanide und zur Bildung von diffusionsfähiger C-Verbindung. Lange Vorwärmzeiten entfallen. Gleichmäßigere Aufkohlung; Oberfläche sauberer; geringer Verzug; Einpacken entfällt

Nachteil: teuer; Abdeckung schwierig, Cyanidsalze sind toxisch und umweltschädlich – es gelten besondere Vorschriften für Lagerung, Verarbeitung und Entsorgung

Gasaufkohlung

Generatorgas (Gemisch aus Kohlenmonoxid und Methan) umgibt das Werkstück direkt. Damit steht das Reaktionsgas unmittelbar zur Verfügung. Anlagen gut regelbar; gleichmäßige Schichten, große Sauberkeit; Temperatur bis 1050 °C

Die *Aufkohlungstiefe* At ist eine Kenngröße für die Kohlenstoffanreicherung der Randschicht (nach DIN 17 022-3). Nach 10 Stunden kann man eine Aufkohlungstiefe von 0,7 bis ca. 1,1 mm erreichen. Sie wird bestimmt durch das Kohlungsmittel, den Diffusionsvorgang (Temperatur-Zeit-Verlauf beim Einsetzen) und die Legierungselemente des betreffenden Stahls (Bilder 4.3–2 und 4.3–3). Nach dem Einsetzen ist eine spanende Bearbeitung ohne weiteres möglich. Stellen, die beim anschließenden Härten weich bleiben sollen, können vor dem Aufkohlungsprozess ein Aufmaß erhalten. Sie werden nach dem Aufkohlen durch Drehen, Fräsen usw. entfernt. Andere Möglichkeit: Stellen vor dem Einsetzen abdecken (z. B. mit Cu-Pasten); sie kohlen dann nicht mit auf.

Härten nach dem Aufkohlen

Durch die Anreicherung mit Kohlenstoff ist die Randzone härtbar geworden, d. h., es kommt dort zur Bildung von tetragonal verspanntem Martensit bei der anschließenden Härtung. Übersteigt der Kohlenstoffgehalt 0,9 %, so können Sprödigkeit und Rissempfindlichkeit (z. B. bei anschließendem Schleifen der Oberfläche) auftreten.

Einteilung nach Art des Aufkohlungsmittels:

Aufkohlen (Einsetzen, Zementieren)
- fest
  - Pulveraufkohlung
  - Pastenaufkohlung
- flüssig
  - Badaufkohlung
- gasförmig
  - Gasaufkohlung

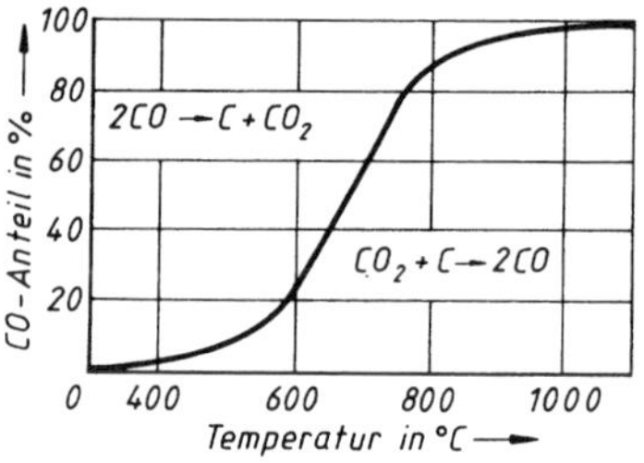

Bild 4.3–1 Das Boudouard'sche Gleichgewicht bei Normaldruck

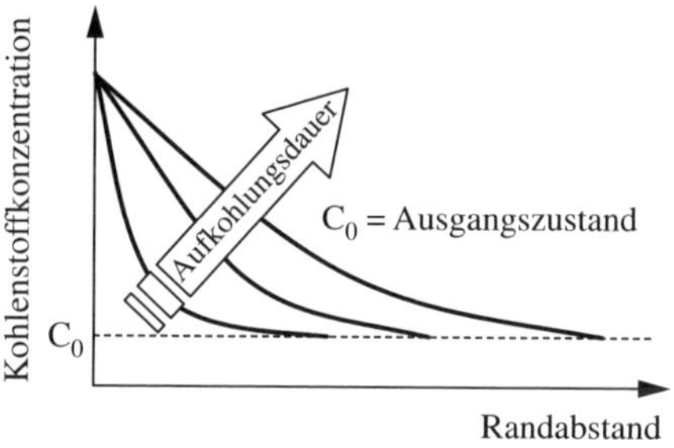

Bild 4.3–2 Einfluss der Aufkohlungsdauer auf den Tiefenverlauf der Kohlenstoffkonzentration

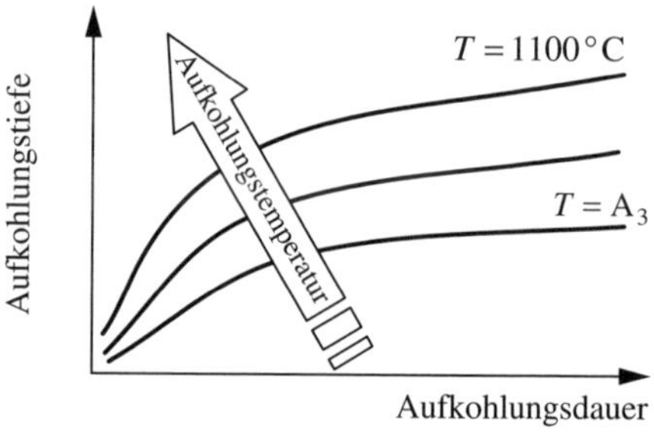

Bild 4.3–3 Prinzipieller Einfluss von Aufkohlungsdauer und -temperatur auf die Aufkohlungstiefe

Der Härteverlauf Rand–Kern ist in Bild 4.3–4 schematisch dargestellt.

Einsatzhärtungstiefe CHD wird willkürlich auf eine Grenzhärte von 550HV1 (Härte nach Vickers; erläutert im Abschnitt 12.3.2) bezogen.

CHD ist der senkrechte Abstand von der Oberfläche eines einsatzgehärteten Werkstückes bis zu dem Punkt, an dem die Härte diesem Grenzwert entspricht.

Ihre Größe hängt von der Aufkohlungstiefe At, der Aufhärte (Randhärtbarkeit) und dem Härteverfahren ab.

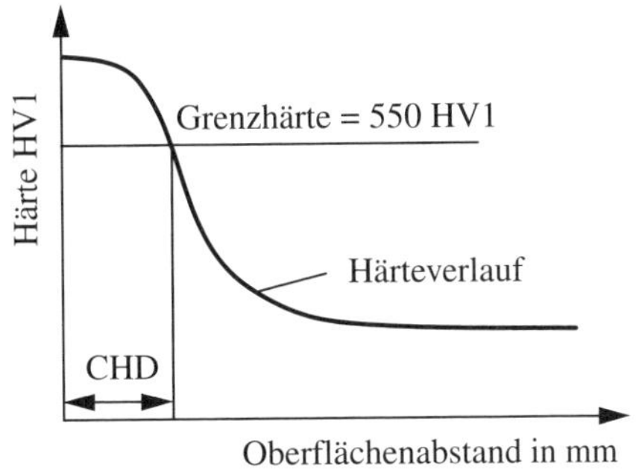

Bild 4.3–4 Bestimmung der Einsatzhärtungstiefe CHD nach DIN EN ISO 2639

> Die Einsatzhärtungstiefe CHD ist der senkrechte Abstand von der Oberfläche, bei dem die Härte einer einsatzgehärteten Schicht auf 550 HV1 abgefallen ist.

Temperatur-Zeit-Verlauf der Einsatzhärtung

In den Bildern 4.3–5 bis 4.3–9 wird auf die Vielfalt der Temperatur-Zeit-Verläufe bei der Einsatzhärtung eingegangen. Da sich durch das Aufkohlen die A_{c3}-Temperatur im Rand und im Kern unterscheiden, muss bei der Wahl des Temperatur-Zeit-Regimes berücksichtigt werden, ob der Kern oder der Rand optimal gehärtet werden sollen.

1 Einsetzen (= Aufkohlen = Zementieren): Durch die Kohlenstoffanreicherung in der Randzone verschiebt sich A_{c3} (Rand) zu einer tieferen Temperatur (s. Stahlecke, Bild 4.3–5)
a Abschrecken (Härten)

2 Die Abkühlung aus dem Einsatz erfolgt allmählich bis auf Raumtemperatur; mechanische Bearbeitung ist danach möglich, z. B. Abspanen von Randschichten, die nicht martensitisch werden sollen (Bild 4.3–6).

3 und *4* Erwärmen auf Härtetemperatur T_H

$T_H > A_{c3}$ (Kern) → *Kernhärtung* (Rand überhitzt) (*3*)

$T_H > A_{c3}$ (Rand) → *Randhärtung* (Rand feinkörnig) (*4*)

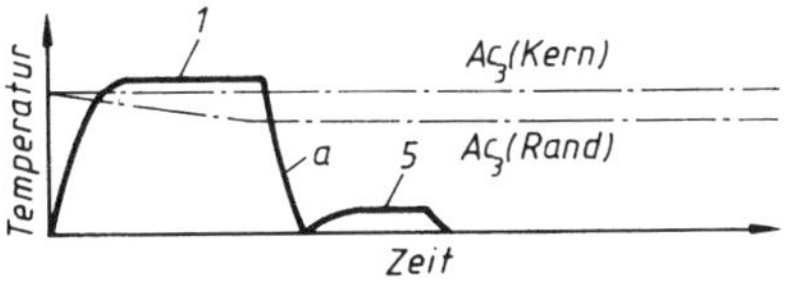

Bild 4.3–5 Härten aus der Einsatztemperatur (Direkthärtung) und entspannendes Anlassen (Verfahren wird nur bei einfachen Teilen aus unlegierten Einsatzstählen angewandt)

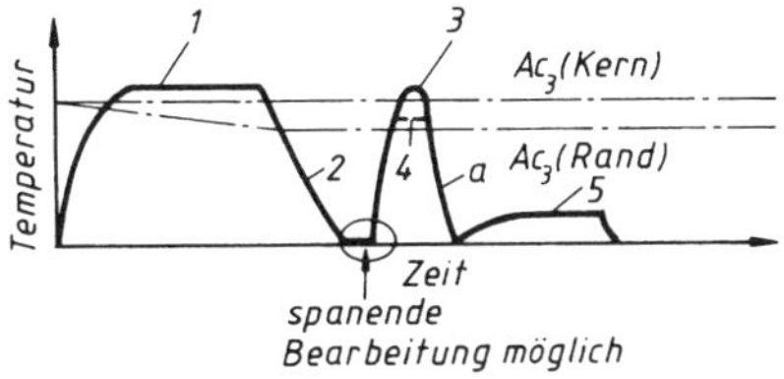

Bild 4.3–6 Einfachhärtung, Kernhärtung (*4* Randhärtung) nach langsamer Abkühlung aus der Einsatztemperatur und Anlassen

Die Bilder 4.3–7 bis 4.3–9 lassen erkennen, dass mehrere Folgen und Kombinationen möglich sind; auch Zwischenglühungen (isotherm oder kontinuierlich) können eingeschoben werden (*6*). Komplizierte Temperatur-Zeit-Verläufe verfeinern das Gefüge, verbessern die Eigenschaften, bringen aber meist höheren Verzug mit sich.

5 Anlassen (Entspannen des Martensits)

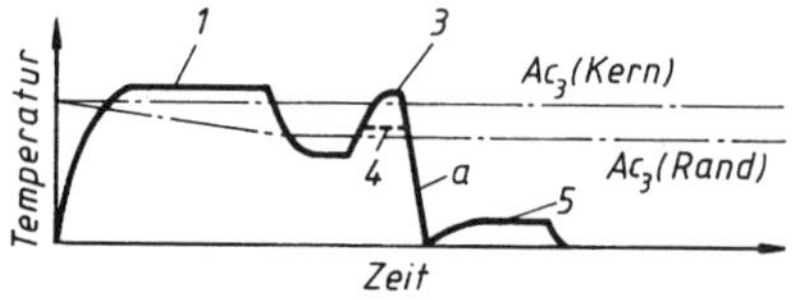

Bild 4.3–7 Kernhärtung (*4* Randhärtung) nach isothermischer Umwandlung bei 500 bis 650 °C und Anlassen

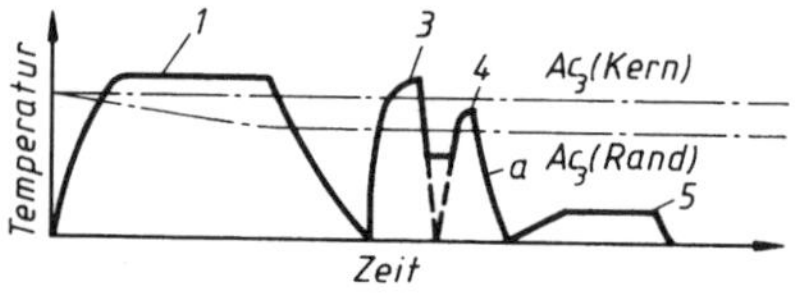

Bild 4.3–8 Doppelhärtung (Kern- und Randhärtung) nach langsamer Abkühlung aus der Einsatztemperatur und Anlassen; für die Kernhärtung genügt ein Abschrecken im Warmbad bei 500 bis 650 °C

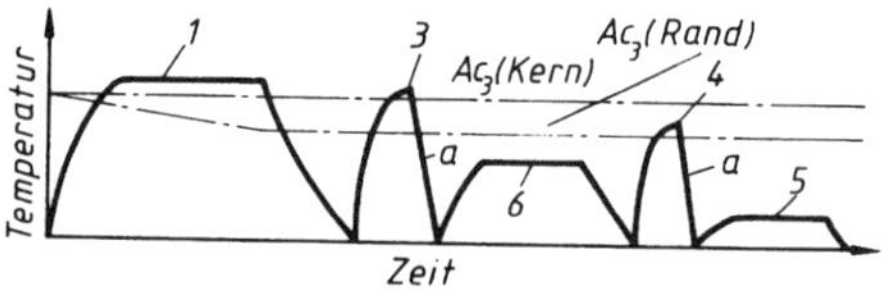

Bild 4.3–9 Behandlungsfolge wie im Bild 4.3–8, vor der Randhärtung noch Zwischenglühung (*6*) bei 600 bis 700 °C

Dem Verfahren der Einsatzhärtung ähnelt das *Carbonitrieren*. Bei dieser thermochemischen Behandlung erfolgt bei Temperaturen oberhalb A_{c3} eine gezielte Diffusion von Kohlenstoff und Stickstoff in die Randzone der Bauteile. Danach wird gehärtet und angelassen. Neben Martensit bilden sich Nitride (s. Abschnitt 4.3.2). Das entstandene Gefüge ist hart und verschleißfest.

Anwendung:
Stark auf Verschleiß beanspruchte Bauteile mit engen Toleranzen (z. B. Teile im Textilmaschinenbau, Werkzuegmaschinenbau, Kraftfahrzeugbau).

Carbonitrieren ist eine thermochemische Behandlung, bei der eine gleichzeitige C- und N-Anreicherung bei Temperaturen i. d. R. oberhalb von A_{c3} erfolgt. Anschließend wird das Bauteil gehärtet und entsprechend angelassen. Härte und Verschleißfestigkeit der Randschicht beruhen auf Martensit- und Nitridbildung.

4.3.2 Nitrieren

Ziel:
Verzugsarme Häresteigerung der Randschicht von Bauteilen und Werkzeugen; überdurchschnittlich hohe Härte und guter Verschleißwiderstand; anlassbeständiges Gefüge (Einsatz bei höheren Betriebstemperaturen).

Grundprinzip:
Leitet man unter Luftabschluss NH_3 über Reineisen bei etwa 500 °C, so dissoziiert die Verbindung nach folgenden Reaktionsgleichungen:

I $4\,Fe + 2\,NH_3 \rightarrow 2\,Fe_2N\,(\varepsilon\text{-Phase}) + 3\,H_2$

II $2\,Fe_2N \rightarrow 4\,Fe + 2\,N$
(diffusionsfähiger Stickstoff)

III $4\,Fe + 2\,N \rightarrow 2\,Fe_2N$

Diese vereinfacht dargestellten Reaktionen verlaufen unter gleichzeitiger katalytischer Wirkung des Eisens. Versuche haben ergeben, dass NH_3, nur einer hohen Temperatur ausgesetzt, selbst bei 800 ... 900 °C noch nicht dissoziiert.

Der Diffusionsvorgang des Stickstoffes verläuft ähnlich dem des Kohlenstoffes bei der Aufkohlung. Mengenmäßig gesehen ist jedoch die Stickstoffaufnahme noch größer. Der Stickstoff bewirkt durch Nitridbildung (*Nitride*: Metall-Stickstoff-Phasen) eine harte und verschleißfeste Randschicht. Die höchste Härte und damit die höchste Verschleißfestigkeit werden erreicht, wenn das Nitrieren unterhalb A_{c1} erfolgt. Die günstigste Nitriertemperatur liegt bei 500 ... 550 °C.

Nitrieren

Gasnitrieren	*Badnitrieren*	*Sonderverfahren*
NH_3-Strom 500 °C	Cyanbad 570 °C	Beispiel: Nitrocarbonieren
Nitrierstähle Nitrierguss (nicht genormt)	Nitrierstähle Einsatzstähle Werkzeugstähle Schnellarbeitsstähle rost- und säurebeständige Stähle Grauguss	Einsatzstähle gleichzeitige Aufnahme von Stickstoff und Kohlenstoff

Verfestigung in der Randschicht:
Carbonitrieren → Martensit + Nitride
Nitrocarburieren → Carbide + Nitride + Carbonitride

Näheres über diese Verfahren: DIN 17 014 und weiterführende Literatur

Dissoziation = Auflösung, Zerfall einer Verbindung

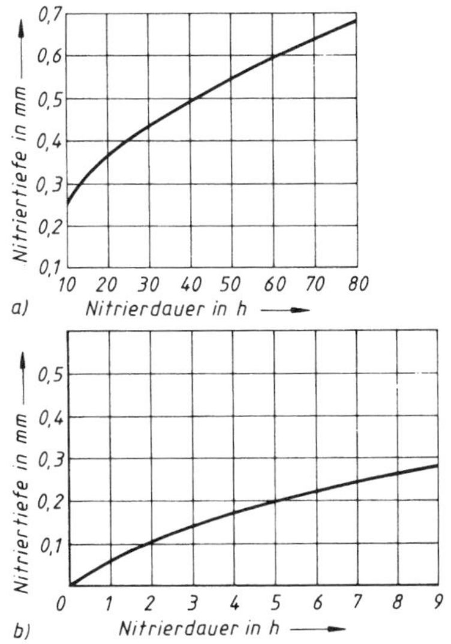

Bild 4.3–10 Einfluss der Nitrierdauer auf die Nitriertiefe
a) beim Gasnitrieren (500 °C)
b) beim Badnitrieren (580 °C)

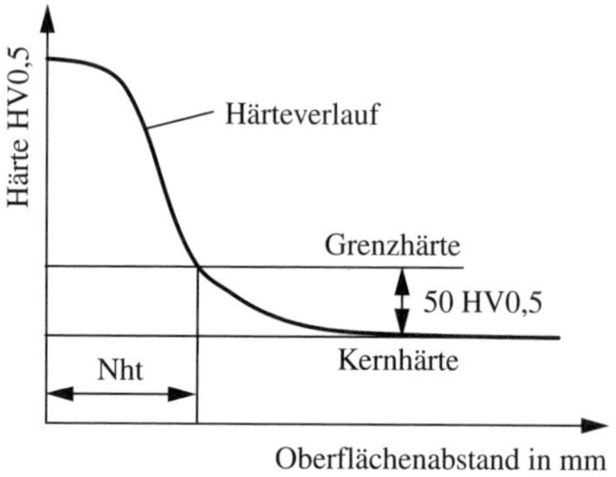

Bild 4.3–11 Ermittlung der Nitrierhärte Nht durch Härtemessung HV0,5 am Querschnitt einer nitrierten Probe nach DIN 50 190-3

Nitrierhärte Nht ist der senkrechte Abstand von der Oberfläche, bei dem die geforderte Grenzhärte GH vorliegt.
GH Kernhärte + 50HV0,5
Nht f (u. a. Nitrierdauer und -temperatur, Menge der Legierungselemente, Nitrierverfahren)

Bei diesen relativ niedrigen Temperaturen und bei der geringen Löslichkeit des α-Fe für Stickstoff (bei 500 °C $\approx$ 0,04 %) verläuft der Diffusionsvorgang äußerst langsam. Der Nitriervorgang dauert demgemäß sehr lange und es ist nur eine Schichtdicke von maximal 1 mm erreichbar. Eine Beschleunigung durch hohe Temperaturen ist nicht möglich, da bei Temperaturen oberhalb A_{c1} die Bildung von unerwünschtem ε-Nitrid ($Fe_{2...3}N$) begünstigt wird. Das ε-Nitrid ist porös und spröde und neigt beim Einsatz zum Abplatzen. Außerdem werden durch die lange Glühzeit bei hohen Temperaturen ein grobes Korn und grobe Nitridnadeln gebildet, die schlechte mechanische Eigenschaften zur Folge haben. Die hohe Härte, die die Martensithärte übersteigt, ist auf die hohe Eigenhärte der Nitride und ihre feine Verteilung zurückzuführen. Das Gefüge soll vorher vergütet sein, wobei die Anlasstemperatur beim Vergüten über der Nitriertemperatur liegen muss.

Das *Nitrieren* ist ein Oberflächenhärteverfahren mit Änderung der chemischen Zusammensetzung. Durch ein Glühen in Stickstoff abgebenden gasförmigen oder flüssigen Mitteln, erhält man eine mit Stickstoff angereicherte Randzone.
Die Behandlung erfolgt bei Temperaturen unter A_{c1}. Anstieg von Härte und Verschleißwiderstand beruht auf Nitridbildung. Nitrierzeiten von bis zu 100 h sind keine Seltenheit.

Nitrocarburieren ist eine thermochemische Behandlung, bei der eine gleichzeitige Kohlenstoff- und Stickstoffanreicherung der Randzone bei Temperaturen zwischen 500 °C und 590 °C erfolgt. Die Härte und Verschleißbeständigkeit der Randschicht beruht auf Carbid- und Nitridbildung.

Vergleich erzielbarer *Randhärte*:

Einsatzhärten 850 bis 900 HV (Härte nach Vickers)

Nitrieren bis 1 200 HV

Die genannten Reaktionen und das Eisennitrid ergeben nur in geringem Maße die genannten Eigenschaften. Wichtig sind Legierungselemente, die eine höhere Affinität zu Stickstoff aufweisen und wesentlich härtere Nitride bilden.

Ähnlich der Sondercarbidbildung bilden Legierungselemente (insbesondere Cr, Al, V und Mo) mit hoher Affinität zu Stickstoff besonders harte und stabile Nitride. Damit werden Härte und Verschleißfestigkeit, nicht aber Diffusionsgeschwindigkeit in der Oberfläche gesteigert.

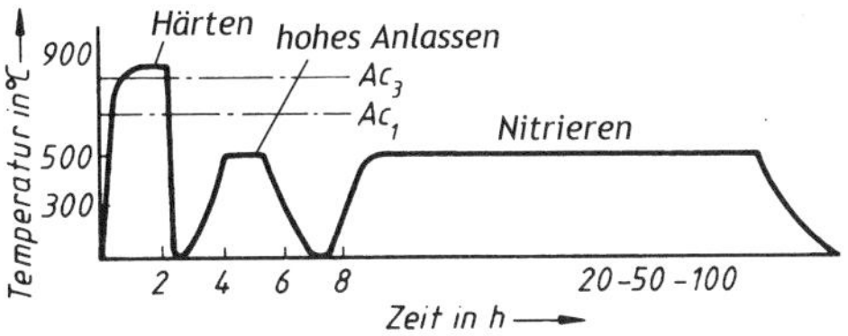

Bild 4.3–12 Nitrieren (Gasnitrieren) mit vorherigem Vergüten

Es treten folgende Nitride auf:

CrN, Cr_2N, AlN, VN, MoN, Mo_2N (neben Fe_2N und Fe_4N)

Die genannten Nitride haben verschiedene Gittertypen, verschiedene Dissoziationstemperaturen (560 ... 1 500 °C) und einen unterschiedlichen Stickstoffgehalt (3,6...34,1 %). Für die praktische Verwendung beschränkt man sich auf die intensivsten Nitridbildner Cr, Al, Mo und V.

Ein Nickelzusatz (z. B. in 33 CrAlNi 7) dient der Verbesserung der Vergütbarkeit.

Vorteile des Verfahrens:

1. Nitrierschicht härter als Martensit, damit verschleißfester
2. Härte und Verschleißfestigkeit durch die thermische Stabilität der Nitride bis ≈ 500 °C thermisch beständig; keine Alterungserscheinungen
3. praktisch verzugsfreie Härtung; spannungsarm, es tritt nur ein Schichtwachstum von wenigen µm auf
4. feinkörniges Vergütungsgefüge im Kern bleibt erhalten
5. Der Stickstoff in der Oberfläche erhöht die Dauerfestigkeit und mildert Korrosions- und Kerbempfindlichkeit
6. Lokale Härtung ist bei Sn-Abdeckung möglich

Arbeitsstufen des Nitrierens

Anlieferungszustand: gewalzt oder geschmiedet

1. Schälen bzw. grobe Formgebung (wenn erforderlich) der Rohlinge
2. Vergüten auf die gewünschte Festigkeit (bei hochtemperaturbeanspruchten Teilen Anlasstemperatur unbedingt > 500 °C!)
3. Fertigbearbeitung (Oxidierte und entkohlte Randzonen müssen dabei vollständig entfernt werden!). Bei starker Spanabnahme eventuell Spannungsarmglühen.
4. Reinigen und Entfetten
5. Nitrieren (bereits unter NH_4-Strom langsam anwärmen, Haltezeit allgemein 1 ... 4 Tage, langsam abkühlen.) Eventuell Spannungsarmglühen
6. Feinschleifen (Nicht bei Teilen, die hohe Korrosionsbeständigkeit erhalten sollen!)

Nachteile des Verfahrens:
1. erhebliche Nitrierdauer, hoher Kostenaufwand
2. Beeinflussung der Dicke der Härteschicht nicht möglich.
3. Nitrierhärtetiefen größer 0,8 ... 1 mm wegen der extremen Nitrierdauer ökonomisch nicht sinnvoll
4. Die Randnitride bilden eine äußerst harte und spröde Schicht (weiße Schicht); springt bei Beanspruchung leicht ab.
5. Bauteile, die schlagartig beansprucht werden, sollten wegen der Gefahr des Abplatzens der Schicht nicht nitriert werden.

Anwendung
Teile im Maschinen-, Fahrzeug- und Gerätebau, bei denen folgende Gebrauchseigenschaften gefordert sind (u. a.):
- hoher Verschleißwiderstand
- Beständigkeit der beträchtlichen Härte auch bei höheren Temperaturen (Warmhärte)
- geringe Form- und Maßabweichungen durch die Wärmebehandlung

Beispiele:
Werkzeuge, Spindeln, Teile für Hochdruckdampfarmaturen, Präzisionsteile mit hoher Oberflächenbeanspruchung

Übung 4.3–1
Wie unterscheiden sich thermochemische Verfahren vom Beschichten?

Übung 4.3–2
Weshalb ändert man die chemische Zusammensetzung in der Randzone mancher Werkstücke?

Übung 4.3–3
Wie wird eine Einsatzhärtung prinzipiell durchgeführt?

Übung 4.3–4
Welche Arten der Einsatzhärtung gibt es?

Übung 4.3–5
Wie ist die Einsatzhärtetiefe Eht definiert?

Übung 4.3–6
Wie erhält man beim Einsatzhärten ein besonders feines Gefüge im Kern des Werkstückes?

Übung 4.3–7
Worauf beruht die Härtesteigerung beim Nitrieren?

Übung 4.3–8
Welche Vorteile hat das Nitrieren?

4.4 Thermomechanische Verfahren

Lernziele

Der Lernende weiß, ...

- dass thermomechanische Verfahren eine Kombination aus Wärmebehandlung und gezielter Umformung sind,
- dass die Kombination von Temperatur-Zeit-Verlauf und Formänderung preisgünstig zu hervorragenden mechanischen Eigenschaften führen kann,
- dass diese Verfahrensgruppe in Zukunft an Bedeutung gewinnen wird,
- dass die Umformung vor, während oder nach der Austenitumwandlung erfolgen kann,
- dass man hoch- und niedertemperaturthermomechanische Behandlungen unterscheidet.

4.4.0 Übersicht

Im Jahre 1885 wurde ein Vorschlag patentiert, Stahl unmittelbar aus der Walzhitze zu härten. Ein Umformvorgang wurde mit einer Wärmebehandlung gekoppelt. Damit war die Grundidee der thermomechanischen Behandlung geboren. Ihnen ist bekannt, dass alle Werkstücke während der Fertigung mehrere Prozessstufen bzw. Arbeitsschritte nacheinander durchlaufen. Es ist kostengünstig, wenn es technisch gelingt, Verfahren so zu kombinieren, dass Teilprozesse möglichst gleichzeitig ablaufen bzw. Prozessstufen (wie eine nochmalige Erwärmung auf Härtetemperatur) eingespart werden (Bild 4.4–1).

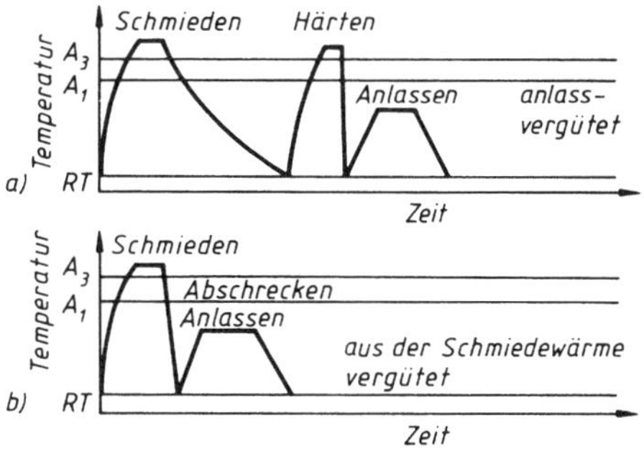

Bild 4.4–1 Wärmebehandlung nach Warmumformung
a) nach dem Schmieden erfolgt Anlassvergüten
b) aus der Schmiedewärme vergütet

Das Härten bzw. Vergüten aus der Walzhitze wurde in den 50er-Jahren bereits in einem gewissen Umfang praktisch angewendet. Auftrieb gab die Entdeckung der Holländer *Lips* und *van Zuilen*, dass durch Umformung eines niedriglegierten Stahls (2 ... 3 % Cr) im metastabilen Austenitgebiet vor der martensitischen Umwandlung die Festigkeitseigenschaften deutlich verbessert werden können. Die vielen bei der Umformung des Austenits entstandenen Versetzungen begünstigen die Ausbildung eines feinkörnigen martensitischen Gefüges. Diese Behandlung ist als *Austenitformhärten* (Ausforming) bekannt geworden (Bild 4.4–2).

Inzwischen hat sich eine Vielzahl verschiedener Verfahren entwickelt, die die genannten Vorteile in sich vereinen. Die industrielle Anwendung dieser Verfahren hat stark zugenommen, insbesondere bei Massenwerkstoffen (z. B. Erzeugung von höherfesten schweißbaren Feinkornbaustählen, wasservergütete höchstfeste Baustähle, Pressformhärten von Karosserieteilen, Federherstellung, Drahtherstellung).

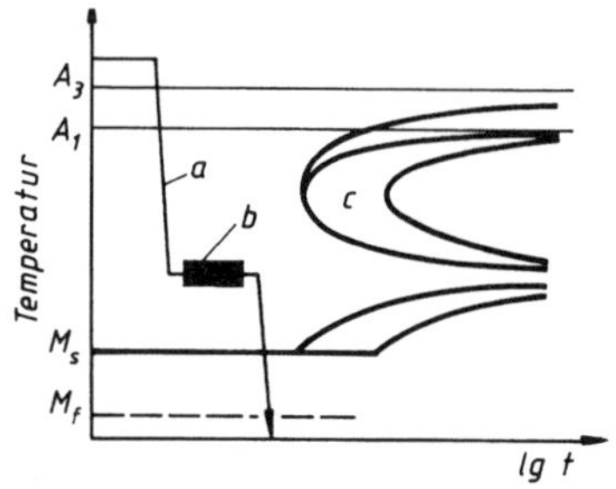

Bild 4.4–2 Austenitformhärten (Ausforming)
a) Temperatur-Zeit-Verlauf (Abkühlverlauf)
b) Umformvorgang
c) Linien des ZTU-Diagramms des betreffenden Stahles

4.4.1 Verfahrensgrundlagen

Mechanisch-thermische Verfahren (thermomechanische Behandlung TMB) sind für viele metallische Werkstoffe, darunter für die meisten Stähle, anwendbar.

Für eine thermomechanische Behandlung sind sehr verschiedene metallische Werkstoffe geeignet:

- Werkstoffe mit polymorpher Umwandlung (z. B. Stahl)
- Werkstoffe ohne polymorphe Umwandlung, bei denen jedoch Ausscheidungsvorgänge möglich sind (Nichteisenmetalle, z. B. aushärtbare AlCuMg-Legierungen oder warmfeste Nickellegierungen)

Bei den Verfahren kombiniert man den Umformprozess mit einem Temperatur-Zeit-Verlauf.
Eine *Kalt- oder Warmformgebung* (unter oder über der Rekristallisationstemperatur, siehe Abschnitt 1.4.3) *wird vor, während oder nach einer Wärmebehandlung* durchgeführt. Die Überlagerung der plastischen Deformation, Rekristallisation und Strukturänderung bei der Wärmebehandlung bildet die Grundlage. Die bei der Verformung entstandenen Gitterdefekte (Versetzungen) beeinflussen die Phasenumwandlung (Zeitpunkt und Temperatur der Phasenumwandlung), das Gefüge (Korngröße, Verteilung) und die Ausscheidungskinetik von sekundären Ausscheidungen. Man erhält neben der gewünschten Form des Teiles gleichzeitig bestimmte Eigenschaften. Technologisch betrachtet ergibt sich aus der vorhandenen Variationsbreite eine Vielzahl von Verfahren.

Kombination

Umformen (z. B. Walzen)

gezielte Formänderungen + unwillkürliche Eigenschaftsänderungen (z. B. Abnahme der Festigkeit durch Grobkornbildung)

Thermische Verfahren (z. B. Vergüten)

gezielte Eigenschaftsänderungen + unwillkürliche (unerwünschte) Formänderungen (z. B. Verzug beim Härten)

Umformen + thermische Behandlung
= *thermomechanische Behandlung* TMB

gezielte Formänderungen + gezielte Eigenschaftsänderungen

Vorteile (im Vergleich zu konventionellen Verfahren):

- weniger Prozessstufen (Einsparung von Energie, Arbeitskräften, Anlagen und Zeit)
- Fließfertigung möglich, automatisierbar, zuverlässiger
- Bauteileigenschaften verbessert (Feinstruktur, Oberfläche, Maß und Form)

Nachteile:

- höhere Anforderungen an die mechanische Vorfertigung
- meist höherer Aufwand an Mess-, Steuer- und Regeltechnik
- wirtschaftliche Losgröße liegt meist hoch
- dazwischenliegende Operationen, z. B. Prüfung der Oberfläche, Putzen (zwischen Umformen und thermischer Behandlung), müssen entfallen
- bei niedrigen Umformtemperaturen sind deutlich größere Umformkräfte im Vergleich zur Warmumformung erforderlich

Verfahren der *thermomechanischen Behandlung* (TMB) sind zweckmäßige Kombinationen von Umformung und thermischer Behandlung (Temperatur-Zeit-Verlauf), die gleichzeitig Form und Eigenschaften der Werkstücke in gewünschter Weise verändern.

4.4.2 Verfahrensvarianten

Verfahren der thermomechanischen Behandlung lassen sich anschaulich darstellen, wenn man den Temperatur-Zeit-Verlauf (Abkühlung aus dem Austenitgebiet) in das Zeit-Temperatur-Umwandlungsdiagramm des betreffenden Stahles einzeichnet (Bild 4.4–2).

Umformung vor der Austenitumwandlung

1. Hochtemperaturthermomechanische Behandlung (HTMB)

Umformtemperatur: $T_u > A_{c3}$

Umwandlungsprodukte: Ferrit/Perlit *1*, Bainit *2*, Martensit *3*

Bildung eines äußerst feinkörnigen Austenits, der je nach Verfahrensroute auch einen feinkörnigen Ferrit/Perlit/Martensit zur Folge hat (Bild 4.4–3)

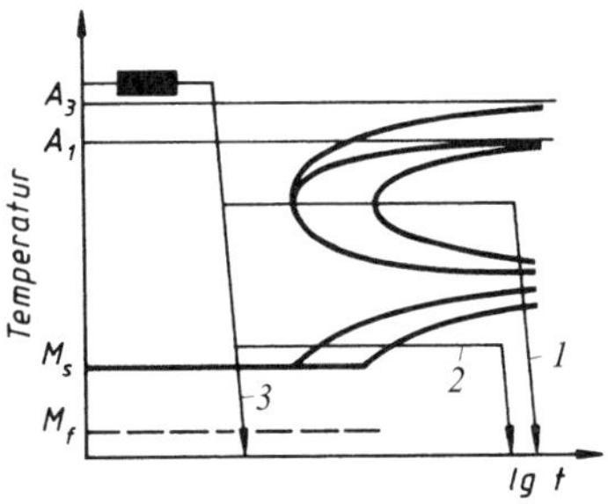

Bild 4.4–3 Hochtemperaturthermomechanische Behandlung (HTMB)

2. Niedertemperaturthermomechanische Behandlung (NTMB)

T_u Umformtemperatur $T_u < A_{c3}$

T_R Rekristallisationstemperatur

a) $T_R < T_u < A_{c3}$

b) $T_R > T_u < A_{c3}$

Umwandlungsprodukte: Ferrit/Perlit *1*
Bainit *2*
Martensit *3, 4*

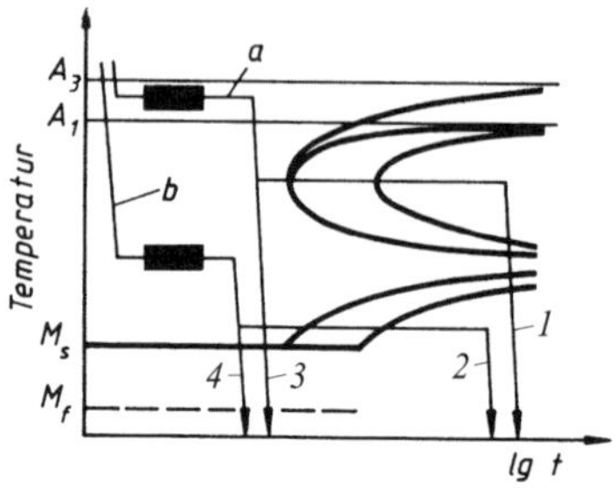

Bild 4.4–4 Niedertemperaturthermomechanische Behandlung (NTMB)

Da die Umformung bei niedrigen Temperaturen stattfindet (Gebiet des metastabilen Austenits), werden die sich bildenden Versetzungen nicht durch Rekristallisation abgebaut. Die hohe Versetzungsdichte begünstigt aber die Keimbildung bei der sich anschließenden Phasenumwandlung.
(Bild 4.4–4)

Umformung während der Austenitumwandlung

Umformtemperatur: $T_u < A_{r3}$

Umwandlungsprodukte: Perlit *1*
Bainit *2*

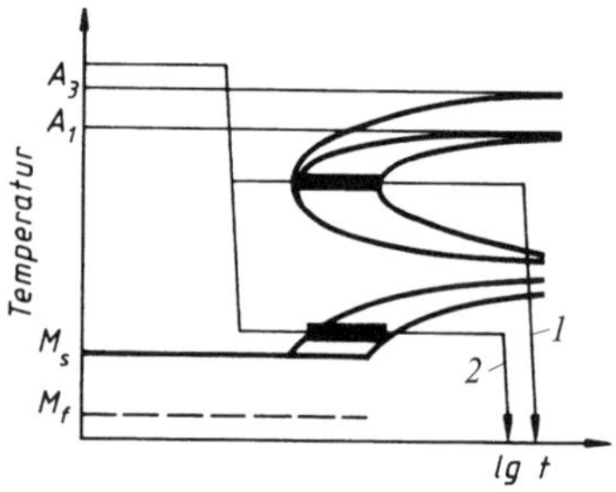

Bild 4.4–5 Isoforming

Auch hier begünstigt die Versetzungsbildung bei der Umformung die Phasenumwandlung. Außerdem werden die sich bei der isothermen Umwandlung bildenden Carbide äußerst fein ausgeschieden und homogen verteilt (hohe Festigkeit + hohe Zähigkeit). Außerdem erlaubt die Phasenumwandlung unmittelbar während der Umformung einen zusätzlichen Verformungsbetrag (Umwandlungsplastizität).
(Bild 4.4–5)

Weiterhin ist eine Umformung nach der Austenitumwandlung möglich. Auf die Struktur- und Eigenschaftsänderungen bei diesen Verfahren wird im Rahmen dieses Lernbuches nicht eingegangen.

Übung 4.4–1
Was sind thermomechanische Verfahren (TMB)?

Übung 4.4–2
Weshalb ist die Kombination der Prozessstufen vorteilhaft?

Übung 4.4–3
Beschreiben Sie die 3 Varianten der hochtemperaturthermomechanischen Behandlung (HTMB) von Stahl nach Bild 4.4–3!

Lernzielorientierter Test zu Kapitel 4

1. Wärmebehandlung der Eisenwerkstoffe
   A ist ein Umformen durch Walzen oder Schmieden
   B ist der Sammelbegriff für thermische Prozesse, die Gefügestruktur und damit Eigenschaften beeinflussen
   C liegt vor, wenn ein bestimmter Temperatur-Zeit-Verlauf wirkt, dem zusätzlich chemische oder mechanische Wirkungen überlagert sein können
   D wird beim Hersteller des Werkstoffes durchgeführt
   E wird vorwiegend vom Anwender (Maschinenbau) durchgeführt
2. Wärmebehandlung kann bewirken, dass
   A der Verschleißwiderstand der Maschinenteile erhöht wird
   B sich die Struktur des Grundgitters ändert
   C die Festigkeit erhöht wird
   D Teile dynamisch höher belastbar werden
3. Austenit (γ-Mischkristalle)
   A ist tetragonal
   B ist kubisch-flächenzentriert
   C bildet sich bei richtig gewählter Härtetemperatur
   D enthält ungebundenen, atomaren Kohlenstoff und Restcarbide
   E tritt als Gefüge bei Raumtemperatur nicht auf
4. Bei Abkühlung entsteht aus Austenit je nach wirkendem Medium und äußeren Bedingungen
   A Perlit
   B Ledeburit
   C Bainit
   D Primärzementit
   E Martensit
5. Welches Glühverfahren ist jeweils anzuwenden?
   A Kristallseigerungen beseitigen (Homogenisieren)
   B Stahl soll feinkörniges, gleichmäßiges Gefüge erhalten
   C Kaltverfestigung soll rückgängig gemacht werden
   D Eigenspannungen sind abzubauen
6. Beschreiben Sie die Teilschritte, die bei jeder Art von Wärmebehandlung erforderlich sind (Abschnitte im technologischen Grundschema einer Glühung):
   A
   B
   C
   D
7. Beim Normalglühen (Normalisieren)
   A steigt die Festigkeit
   B vermindert sich die Festigkeit
   C wird Feinkorn erzielt
   D entsteht Grobkorn
   E wird Stahl besser umformbar

8. Härten von Stahl und Gusseisen verbessert
   A Verschleißwiderstand (Abriebfestigkeit)
   B Notlaufeigenschaft
   C Dauerschwingfestigkeit (bei Oberflächenhärteverfahren)
   D Zähigkeit
   E Korrosionsbeständigkeit
9. Anlassen
   A dient der Rekristallisation
   B ist ein erneutes Erwärmen von martensitischem Gefüge
   C führt zum Entspannen und „Stabilisieren" des Martensits
   D soll einen bestimmten Farbumschlag bewirken
   E bei höheren Temperaturen wird beim Vergüten angewendet
10. Welches Oberflächenhärteverfahren kommt in Betracht
   A bei kohlenstoffarmem Stahl (0,2 % C)
   B bei unlegiertem Stahl mit 0,8 % C
   C bei legiertem Stahl mit 0,35 % C, 1,0 % Cr, 0,2 % Mo und 1,0 % Al?
11. Induktionshärten erzeugt dünne martensitische Randschichten
   A bei niedriger Frequenz
   B bei hoher Frequenz
   C bei niedriger Generatorleistung
   D bei hoher Generatorleistung
   E bei kohlenstoffarmen Stählen
12. Was bedeutet?
   A HB
   B $v_{\mathrm{A\,krit}}$
   C At
   D Eht
   E HTMB
   F ZTA

5 Eisengusswerkstoffe

5.0 Überblick

Gießen ist ein Urformverfahren, bei dem aus flüssigem Werkstoff nach dem Erstarren ein fester Körper entsteht. Durch die Gussform erhält dieser eine definierte Form. Gießen erlaubt es, komplizierte Teile kostengünstig herzustellen. *Eisengusswerkstoffe* sind *Eisen-Kohlenstoff-Silicium-Legierungen* (Gusseisen) und direkt in Formen vergossener Stahl (Stahlguss). Welches Gefüge sich bei der Erstarrung ausbildet, ob der Kohlenstoff im Zementit gebunden oder als freier Graphit vorliegt, welche Form der Graphit (z. B. kugelig oder lamellar) aufweist und welche mechanischen Eigenschaften sich daraus ergeben, hängt von der chemischen Zusammensetzung des Eisengusswerkstoffes, den Abkühlbedingungen und der Wandstärke des Gussteiles ab. Nachdem das System Eisen-Kohlenstoff in Kapitel 3 metallkundlich beschrieben wurde, folgt nunmehr die Anwendung des Wissens auf die Eisengusswerkstoffe.

5.1 Erstarrung und Gefügeausbildung von Eisengusswerkstoffen

Lernziele

Der Lernende kann ...
- den Einfluss des Siliciumgehaltes und der Abkühlgeschwindigkeit auf die entstehenden Gefüge erläutern,
- die Ursache für die Ausbildung von Lamellen- oder Kugelgraphit nennen,
- die Entstehung von Lunkern, Gasblasen, Einschlüssen und Seigerungen beschreiben,
- die Eisengusswerkstoffe in Bezug auf stabile und metastabile Erstarrung und Graphitausbildung unterscheiden.

5.1.0 Übersicht

Gefügeausbildung und Eigenschaften der *Eisengusswerkstoffe* hängen davon ab, ob und in welchem Maße das *stabile System* (Fe-C) neben dem *metastabilen System* (Fe-Fe_3C) auftritt. Welches Gefüge entsteht, ist neben der chemischen Zusammensetzung von der Abkühlgeschwindigkeit abhängig. Dabei ist zu beachten, dass eine gleichmäßige Abkühlung bei einem Gussblock oder Gussteil mit unterschiedlichen Wandstärken praktisch nicht möglich ist. Die Ausbildung des Gussgefüges während der Kristallisation kann durch technologische Maßnahmen (z. B. eine *Impfbehandlung*) beeinflusst werden. Weiterhin ist bei der Erstarrung und weiteren Abkühlung zu beachten, dass es aufgrund der thermischen Ausdehnung und Phasenumwandlungen zu *Schwindung/Schrumpfung* und *Lunkerbildung* kommt.

5.1.1 Einteilung der Eisengusswerkstoffe

Je nach Kohlenstoffgehalt werden *Eisengusswerkstoffe* in *Stahlguss* ($C \leq 2{,}06\,\%$) *und Gusseisen* ($C > 2{,}06\,\%$) unterschieden. *Stahlguss* erstarrt metastabil, der Kohlenstoff ist also entweder im Mischkristall gelöst oder er liegt gebunden in Fe_3C bzw. anderen Carbiden vor.
Aufgrund des höheren C-Gehaltes beim *Gusseisen* sind immer eutektische Gefügebestandteile nachweisbar (siehe Abschnitte 3.4 bis 3.7). Bei einer Erstarrung entsprechend dem metastabilen System werden *Ledeburit* [$\gamma + Fe_3C$] bzw. nach anschließender eutektoider Umwandlung *Ledeburit II* [$(\alpha + Fe_3C) + Fe_3C$] entstehen (z. B. Hartguss). Der Kohlenstoff ist entweder im Mischkristall gelöst oder im Zementit gebunden.
Erstarrt die Schmelze nach dem stabilen Fe-C-System, sind im Gefüge immer Bestandteile des *Graphiteutektikums* und damit freier Kohlenstoff nachweisbar (z. B. *Gusseisen mit Kugelgraphit* GJS, *Gusseisen mit Lamellengraphit* GJL). Zu einem geringen Teil wird auch hier der Kohlenstoff im Mischkristall gelöst. Der Rest ist im Graphit, kann aber auch anteilig bei der eutektoiden Umwandlung des γ-Mischkristalls als Zementit auftreten (Grauguss mit perlitischer Matrix).
Eine Besonderheit stellen die *Tempergusssorten* dar. Diese erstarren nach dem metastabilen System Fe-Fe_3C und erst durch eine nachfolgende Wärmebehandlung zerfällt der Zementit zu γ-Eisen und *Temperkohle*.

Eisengusswerkstoffe sind Eisen-Kohlenstoff-Legierungen, die durch Gießen ihre Form erhalten.

Stahlguss ist ein Eisengusswerkstoff mit weniger als 2,06 % Kohlenstoff und weist in der Regel keine *eutektischen Gefügebestandteile* auf. *Er* erstarrt entsprechend dem *metastabilen System* Fe-Fe_3C. Stahlguss ist in Formen vergossener Stahl.

Gusseisen ist ein Eisengusswerkstoff mit mehr als 2,06 % Kohlenstoff und Zusätzen an Silicium. Es erstarrt *metastabil* oder *stabil* und enthält *Ledeburit* oder *Graphit.* Auch bei graphithaltigen, stabil erstarrten Gusseisensorten kann anteilig Zementit gebildet werden (z. B. im Perlit des Grundgefüges).

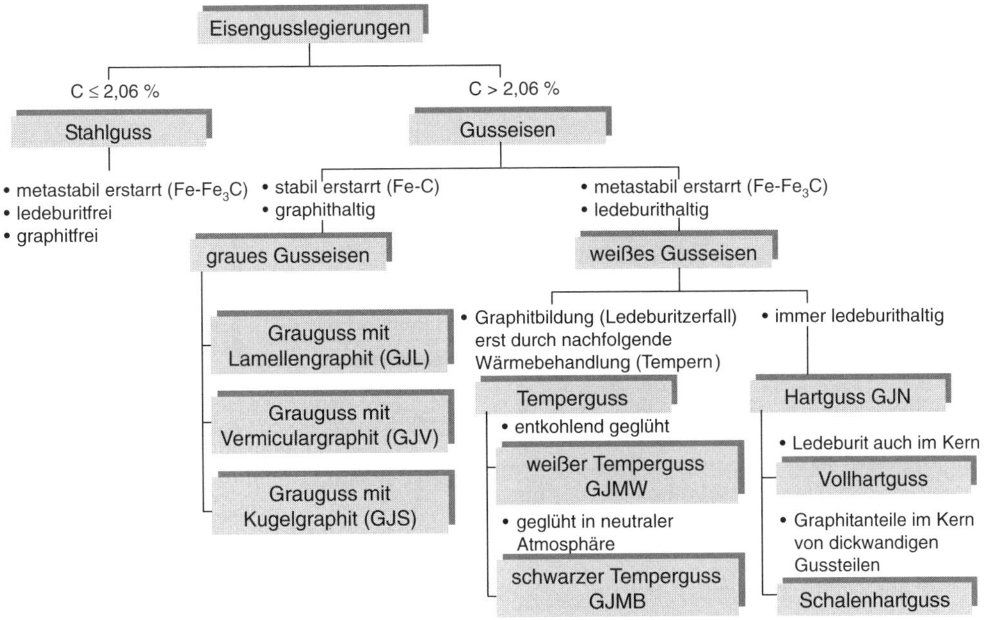

5.1.2 Schwindung, Lunker, Gasblasen und Seigerung

Bei den meisten Stoffen, so auch bei allen Eisengusswerkstoffen, führt eine Temperaturabnahme zu einer Verringerung des Volumens, wenn der Druck konstant bleibt. Die Schwindung beim Abkühlen wird durch den *thermischen Ausdehnungskoeffizienten* beschrieben.

Wird eine Schmelze unter die Kristallisationstemperatur abgekühlt, setzt über *Keimbildung* und *-wachstum* die Kristallisation ein. Die Teilchen werden im Kristall geordnet eingebaut und weisen im kristallinen Festkörper im Vergleich zur Schmelze eine deutlich höhere Packungsdichte auf. Dieser Effekt führt bei der Erstarrung zu einer erheblichen *Schrumpfung*.

Die *Schwindung* der Schmelze kann durch Nachspeisen mit mehr Schmelze ausgeglichen werden. Die Kristallisation beginnt immer an der kältesten Stelle, das ist in der Regel an der Oberfläche der Gussform. Sie schreitet dann von außen nach innen fort, sodass die Schmelze von einer bereits erstarr-

> *Lunker* sind Vertiefungen und Hohlräume unterschiedlicher Größe mit rauer oder kristalliner (dendritischer) Oberfläche. Sie entstehen durch eine Kombination von *Erstarrungsschrumpfung* und *Schwindung* der Schmelze und bereits erstarrten Festkörpern. Es wird zwischen offenen trichterförmigen *Kopflunkern* und den geschlossenen *Innenlunkern* unterschieden.

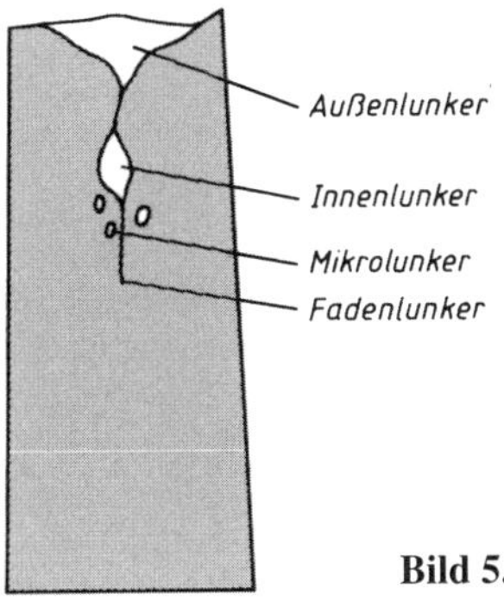

Bild 5.1–1 Lunkerarten

ten Schale eingeschlossen wird. Die noch vorhandene Schmelze im Inneren schwindet bei der Abkühlung und das Material schrumpft bei der Erstarrung. Innen bildet sich ein Hohlraum, der als Lunker bezeichnet wird. Die Lunker werden in offene, meist trichterförmige Außenlunker und Innenlunker unterschieden (Bild 5.1–1). Beim *Außenlunker* ist die Gusshaut aufgerissen und die Oberfläche meist stark zerklüftet. Er fällt, bedingt durch unterschiedliche Erstarrungszeitpunkte, oft von außen nach innen ein (Bild 5.1–2) In Bereichen mit großer Wanddicke entstehen häufig *Innenlunker* und kleinere *Mikrolunker*. Die an der Oberfläche erstarrten Bereiche schließen Schmelze ein, können aber der Erstarrungsschrumpfung der im Kern noch vorhandenen Schmelze nicht mehr folgen und so entstehen innere Hohlräume mit rauen, oft dendritischen Wänden.

Häufig werden beim Gießprozess Gase eingeschlossen bzw. bilden sich diese durch chemische Reaktionen (Reaktionsgase) oder werden durch nachlassende Löslichkeit bei sinkender Temperatur aus der metallischen Schmelze freigesetzt. Insbesondere, wenn die Erstarrung schon fortgeschritten ist, können die Gase im Gussteil nicht mehr entweichen und bilden *Gasblasen*. Ein typisches Beispiel dafür sind Hohlräume, die bei unberuhigt vergossenem Stahl durch abnehmende Löslichkeit für Sauerstoff und Stickstoff entstehen (Bild 5.1–3).

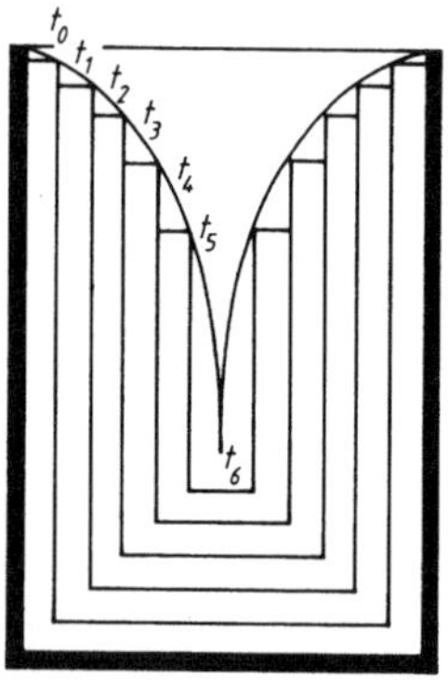

Bild 5.1–2 Entstehung eines Lunkers
In Zeitabschnitten t_0 (Erstarrungsbeginn) bis t_6 (Ende der Erstarrung) wird die Volumenverringerung wirksam.

> *Gasblasen* (Blasen und Poren) sind ungleichmäßig verteilte, glatte Hohlräume unterschiedlicher Größe, die sich durch eingeschlossene Gase ausbilden. Diese Gase entstehen durch chemische Reaktionen oder werden wegen der nachlassenden Löslichkeit mit sinkender Temperatur aus der Schmelze ausgeschieden.

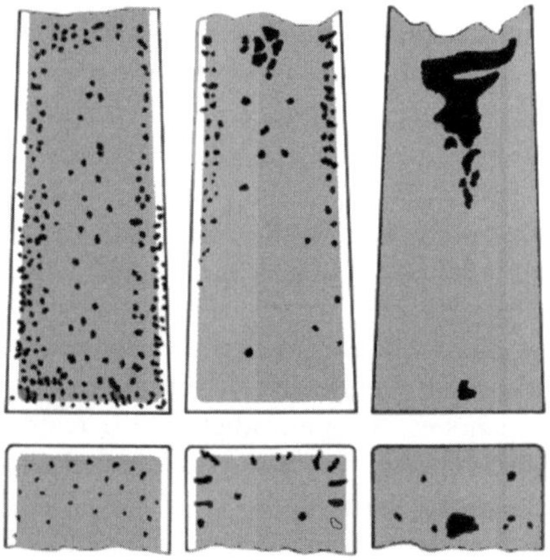

Bild 5.1–3 Blockgefüge von Stahlguss
Links: „unberuhigt" vergossen (viele Gasblasen, kaum Lunkerung)
Mitte: „halbberuhigt" vergossen (wenige Gasblasen, geringe Lunkerung)
Rechts: „beruhigt" vergossen (keine Gasblasen, starke Lunkerung)

Oft findet man im Guss *metallische* oder *nichtmetallische Einschlüsse*, also Bereiche, die eine andere chemische Zusammensetzung aufweisen. Das können z. B. *Schlackereste* (Oxide, Sulfide) sein. Solche Einschlüsse sind häufig sehr spröd und nur ungenügend mit dem Gussgefüge verbunden. *Lunker, Gasblasen* und *nichtmetallische Einschlüsse* verringern den Querschnitt des Konstruktionsteiles, wobei die Festigkeit stark vermindert wird. Gleichzeitig wirken die Hohlräume als Kerben, was zu einer erheblichen Abnahme der Zähigkeit führt (s. Abschnitt 12.2.3). Um die *Lunker* oder *Schlackeeinschlüsse* zu erkennen, wird häufig eine zerstörungsfreie Werkstoffprüfung (Durchstrahlungsprüfung mit Röntgen- oder radioaktiver Strahlung, Ultraschallprüfung) durchgeführt.

Im Gegensatz zu reinen Metallen oder eutektisch zusammengesetzten Legierungen weisen alle übrigen Legierungen ein *Erstarrungsintervall* auf. In diesen liegen bereits gebildete feste Phasen (z. B. γ-Mischkristall) neben der Schmelze vor. In den Zweiphasengebieten sind die Menge und die Konzentration der Einzelphasen von der Temperatur abhängig. Gehen wir einmal von der im Bild 5.1–4 eingezeichneten Legierung c_1 aus: Die ersten γ-Mischkristalle, die bei der Unterschreitung der *Liquiduslinie* gebildet werden, enthalten weniger als 0,8 % Kohlenstoff. Kurz vor dem Erreichen der *eutektischen Temperatur* beim Abkühlen bilden sich γ-Mischkristalle mit deutlich mehr Kohlenstoff (Wiederholen Sie 2.2.3.2!). Ähnliche Konzentrationsänderungen treten natürlich auch mit anderen Legierungselementen auf. Ein Konzentrationsausgleich zwischen diesen unterschiedlich zusammengesetzten Kristallen ist nur bei unendlich langsamer Abkühlung möglich. Bei realen Abkühlbedingungen bleiben diese Konzentrationsunterschiede, die als *Seigerungen* (Entmischungen) bezeichnet werden, erhalten (Bild 5.1–5). Die Konzentrationsunterschiede treten innerhalb eines Mischkristalls (von innen

Nichtmetallische Einschlüsse, z. B. *Schlacken* (Oxide, Sulfide), werden bei der Herstellung in den Guss eingetragen. Sie wirken in der Regel wie innere Kerben und haben eine erhebliche Zähigkeitsminderung zur Folge.

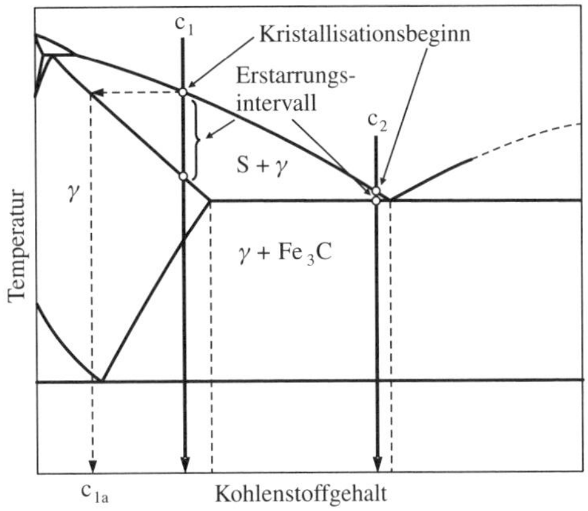

Bild 5.1–4 Schematisches EKD – Einfluss der chemischen Zusammensetzung auf den Erstarrungsbeginn und die Breite des Erstarrungsintervalls
c_1 Stahlguss (c_{1a} Zusammensetzung der γ-Mischkristalle bei Erstarrungsbeginn)
c_2 nahe eutektisch zusammengesetzte Gusseisenlegierung

Merkmale der Legierungen beim Vergießen

c_1

- hohe Liquidustemperatur
- breites Erstarrungsintervall
- Konzentrationsänderungen der Restschmelze im Zweiphasengebiet
- breiartige Erstarrung
- Begünstigung einer dendritischen und grobkristallinen Erstarrung

c_2

- niedrige Liquidustemperatur
- sehr schmales Erstarrungsintervall
- homogene Erstarrung der Schmelze
- dünnflüssige Schmelze und gutes Formfüllungsvermögen
- Begünstigung einer feinkristallinen Erstarrung

nach außen; *Kristallseigerung*) und im gesamten Gussstück (von der Oberfläche zum Kern; *Block-* oder *Wärmeflussseigerung*, s. Bild 5.1–6) auf. Zur *Seigerung* neigen die Elemente Phosphor und Schwefel, deren örtliche Anreicherung man häufig an Gussstücken findet. Diese können die Festigkeits- und Zähigkeitseigenschaften des Materials negativ beeinflussen und Fehler bei einer Nachbehandlung, z. B. beim Emaillieren oder Schweißen von Stahlguss, hervorrufen. Bedingt durch den Wärmestau ist im Inneren des Blockes die Temperatur höher. Das hat für viele Elemente wie Kohlenstoff C, Phosphor P und Schwefel S eine größere Löslichkeit zur Folge. Deshalb diffundieren diese und andere Elemente zur Mitte des Gussblockes. Alle *Seigerungen* haben örtlich unterschiedliche Eigenschaften (z. B. mechanisch und korrosiv) zur Folge und sind unerwünscht, lassen sich aber beim Gießen nicht vermeiden. Während *Kristallseigerungen* durch Diffusionsglühen beseitigt werden können, bleiben *Blockseigerungen* erhalten.

Seigerungen sind *Entmischungen* durch zu schnelles Abkühlen im Gussstück. Eine zu hohe Abkühlgeschwindigkeit behindert einen Konzentrationsausgleich und führt zu einem Konzentrationsgradienten der Legierungselemente. Bei der Bildung von Mischkristallen kommt es zur Entstehung von *Zonenmischkristallen.*

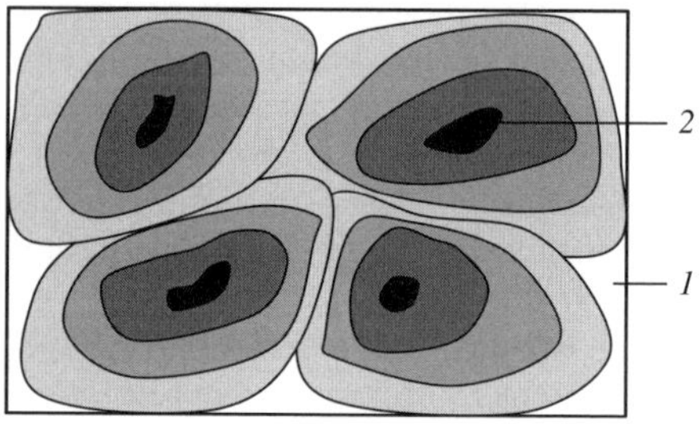

Bild 5.1–5 Zonenmischkristalle (schematisch)
1 äußere Zone – niedrigste Konzentration einer bestimmten Atomart im Gitter
2 innere Zone (Kern) – höchste Konzentration einer bestimmten Atomart im Gitter

Die chemische Zusammensetzung bestimmt die Neigung einer Legierung zu *Schwindung* und *Schrumpfung*. Gleiches gilt für die Ausbildung von *Seigerungen.* Bei einem Vergleich der Legierungen c_1 und c_2 im Bild 5.1–4 fällt auf, dass die Erstarrung der Legierung c_1 bei einer deutlich höheren Temperatur einsetzt. Das führt zu einer größeren *festen Schwindung* und zu einem höheren Energiebedarf beim Erschmelzen. Während die nahezu eutektisch zusammengesetzte Legierung c_2 nur ein sehr kleines Erstarrungsintervall aufweist, ist es bei c_1 sehr breit. Ein breites Erstarrungsintervall begünstigt *Seigerungen* und hat den Nachteil, dass der Anteil der γ-Mischkristalle in der Schmelze mit zunehmender Abkühlung wächst. Dieses Gemisch aus γ und Schmelze ist äußerst zähflüssig und kann die *Schrumpfung* und *Schwindung* insbesondere bei dickwandigen Gussteilen schlecht nachspeisen.

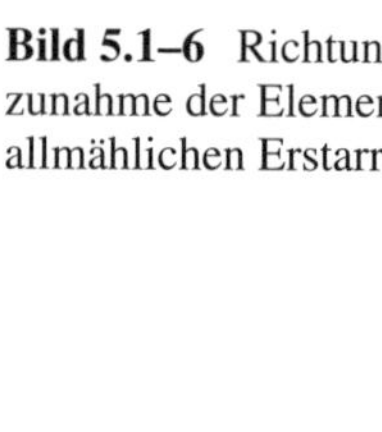

Bild 5.1–6 Richtung der Konzentrationszunahme der Elemente C, P und S bei der allmählichen Erstarrung eines Blockes

Die Neigung zu *Lunker-/Mikrolunker-/Porenbildung* ist stark ausgeprägt. Deshalb ist bei Legierungen mit einem breiten Erstarrungsintervall (z. B. Stahlguss) die *Gießbarkeit* deutlich eingeschränkt. Zum Vergießen besser geeignet sind eutektische oder naheeutektische Legierungen (c_2). Sie weisen keine breiartige Erstarrung auf und die Neigung zur *Seigerung* ist weniger stark ausgebildet.

5.1.3 Gefügeausbildung bei Eisengusswerkstoffen

5.1.3.1 Stabile und metastabile Erstarrung

Alle reinen *Eisen-Kohlenstoff-Legierungen* ohne weitere Legierungselemente würden unter technisch realen Abkühlbedingungen immer nach dem *metastabilen* System Fe-Fe_3C erstarren. Kohlenstoff liegt in *gebundener* Form als Fe_3C vor, nur bei einer extrem langsamen Abkühlung könnte sich dort die *stabile* Form *Graphit* ausbilden. Wird jedoch einer kohlenstoffreichen Legierung Silicium hinzugefügt, wird die Bildung von stabilen Graphitkeimen aus der Schmelze begünstigt. Außerdem beschleunigt Silicium den Zementitzerfall zu Eisen und Graphit.

Reine Eisen-Kohlenstoff-Legierungen erstarren metastabil nach dem System Fe-Fe_3C. Erst durch das Legieren mit Silicium und eine langsame Abkühlung kann Graphit auftreten.

Metastabil erstarrte Eisen-Kohlenstoff-Legierungen (System Fe-Fe_3C) sind alle *Stahlgusssorten* und *Vollhartguss*. *Graugusssorten* (GJL, GJV, GJS) erstarren nach dem *stabilen* System, können aber durchaus im Grundgefüge Zementit enthalten (z. B. in den Graugusssorten mit perlitischer Matrix). Eine Besonderheit stellt der *Schalenhartguss* dar, der im sich schneller abkühlenden, oberflächennahen Bereich *metastabil* und im Kern *stabil* erstarrt. *Temperguss* erstarrt ebenfalls *metastabil*. Erst durch eine nachfolgende Wärmebehandlung wird Graphit durch Zementitzerfall gebildet.

Tabelle 5.1–1 Einflüsse auf das Erstarrungsverhalten von Eisen-Kohlenstoff-Legierungen

metastabile Erstarrung Fe-Fe_3C	stabile Erstarrung Fe-C
• schnelle Abkühlung • kleine Querschnitte • wenig Si und C • erhöhte Gehalte an Cr, Mo, V, Mn	• langsame Abkühlung • große Querschnitte • langes Halten auf hoher Temperatur • hohe Gehalte an C, Si (Al, Ti, Ni, Co)

5.1.3.2 Grundgefüge

Neben der Erstarrungsart spielt für die Eigenschaft der Eisengusslegierung die Ausbildung des *Grundgefüges* eine entscheidende Rolle. Insbesondere die Festigkeit und Zähigkeit des Eisengusswerkstoffes werden durch die Art des *Grundgefüges* geprägt.

Wiederholen Sie die Phasen- und Gefügeumwandlung von Eisen-Kohlenstoff-Legierungen nach dem *stabilen* und *metastabilen* System (Abschnitte 3.4 bis 3.7)!

Wie bereits im Abschnitt 5.1.1 erläutert, weisen die *metastabil* erstarrten *Stahlgusssorten* aufgrund eines niedrigen C-Gehaltes (< 2,06 %) in der Regel keine *eutektischen Gefügebestandteile* auf. Wie die Stähle können sie

- untereutektoid mit *ferritisch-perlitischem* Gefüge (Bild 5.1–7),
- übereutektoid mit *Perlit* und *Sekundärzementit,*
- *austenitisch*, wenn ein hoher Anteil an austenit-stabilisierenden Elementen (z. B. Ni, Mn) vorliegt,
- *bainitisch* oder *martensitisch*, wenn beschleunigt abgekühlt wurde, sein.

Das Gefüge der *Gusseisensorten* (C-Gehalt > 2,06 %) hängt vor allem von der chemischen Zusammensetzung (C- und Si-Gehalt) und der Abkühlgeschwindigkeit ab. Beeinflusst wird sowohl die Erstarrungsform (*stabil* oder *metastabil*) als auch die Umwandlung des γ-Mischkristalls bei Temperaturen unter A_1.

Der Einfluss von C- und Si-Gehalt auf das Gefüge und damit auch auf die Festigkeit von Gusseisen wird aus dem Diagramm nach Maurer und Coyle (Bild 5.1–8) deutlich.

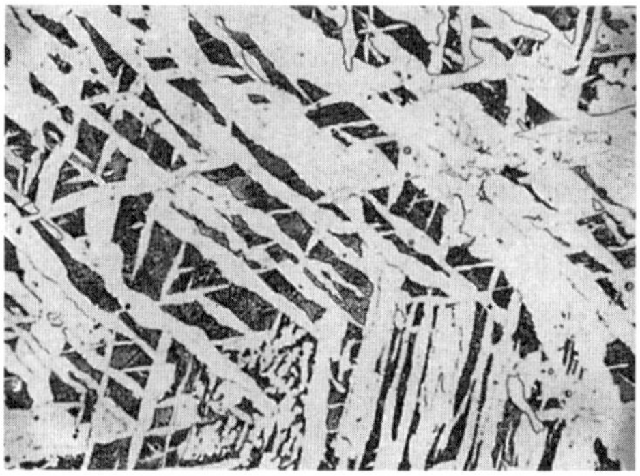

Bild 5.1–7 Stahlgussgefüge, ein so genanntes Widmannstätten-Gefüge (Gusszustand), 100 : 1

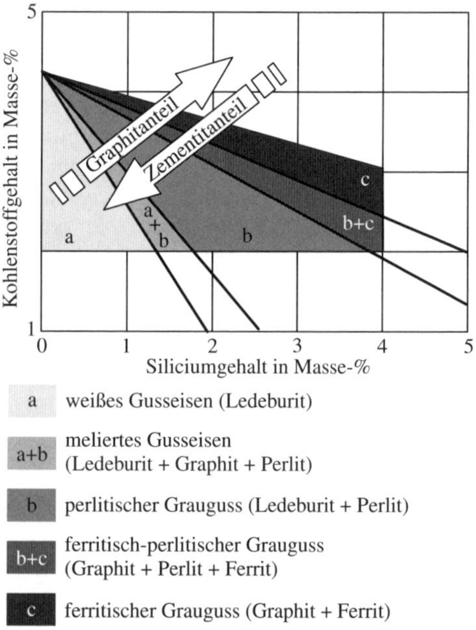

Bild 5.1–8 Einfluss der chemischen Zusammensetzung auf das Gefüge und die Festigkeit von Gusseisen nach Maurer und Coyle (gültig für Gussstäbe mit 30 cm Durchmesser)

a) Ist der C- und Si-Gehalt niedrig, wird die *metastabile* Erstarrung begünstigt und es entsteht das Gefüge *Ledeburit* $[(\alpha + Fe_3C) + Fe_3C]$. Aufgrund der hellen Bruchflächen (Kein freier Graphit vorhanden!) wird auch von *weißem Gusseisen* gesprochen (Bild 5.1–9).
b) Ein höherer Si-Gehalt begünstigt die Graphitbildung. Bei Erstarrung entstehender Zementit wird durch die Anwesenheit von Si zerlegt:

   $Fe_3C + Si \rightarrow Fe_3Si + C$

   Wegen seines matt-grauen Bruchaussehens wird das *graphithaltige Gusseisen* als *Grauguss* bezeichnet. Wenn das Verhältnis von Si zu C nicht ausreicht, um die *Perlitbildung* $[(\alpha + Fe_3C) + C]$ zu verhindern, entsteht perlitisches Gusseisen (Bild 5.1–10).
c) Wird noch mehr Si zulegiert, entsteht bei der Erstarrung der Schmelze nicht nur Graphit, sondern es unterbleibt auch die eutektoide Entmischung zu Perlit. Das γ-Eisen zerfällt in *Ferrit* und *Graphit* $[(\alpha + C) + C]$. Nach vollständiger Abkühlung liegt ein *ferritischer Grauguss* vor (Bild 5.1–11).

Neben diesen drei Grundformen des Gefüges von Gusseisen gibt es auch Zwischenformen. Im Bereich a/b erstarrt die Schmelze teilweise weiß und z. T. grau und es wird von *meliertem Gusseisen* gesprochen. Bei b/c kann die *Ferritbildung* nicht vollständig unterbunden werden. Der bereits bei der Erstarrung gebildete *Graphit* wirkt als Kristallisationskeim, was die Perlitbildung beim Zerfall des γ-Eisens bei $T < 723\,^\circ C$ behindert bzw. den Zementitzerfall beschleunigt. Um den *Graphit* bildet sich ein *Ferritsaum*.
Die Grundgefüge von Eisengusswerkstoffen können bzw. müssen zum Teil (Stahlguss) durch eine nachfolgende Wärmebehandlung verändert werden (s. Abschnitt 5.2).

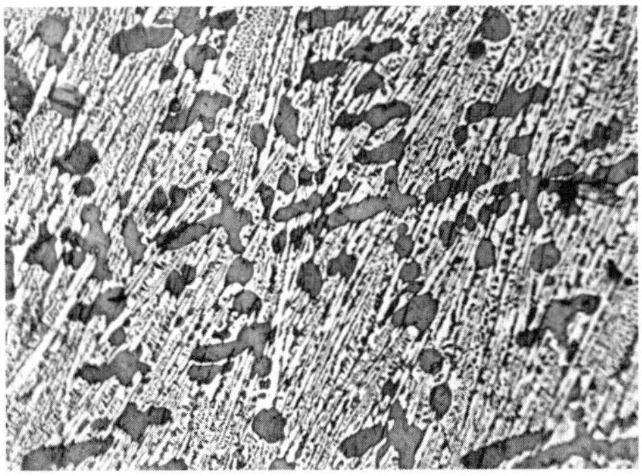

Bild 5.1–9 Hartguss (Perlit + Sekundärzementit + Ledeburit) 200 : 1

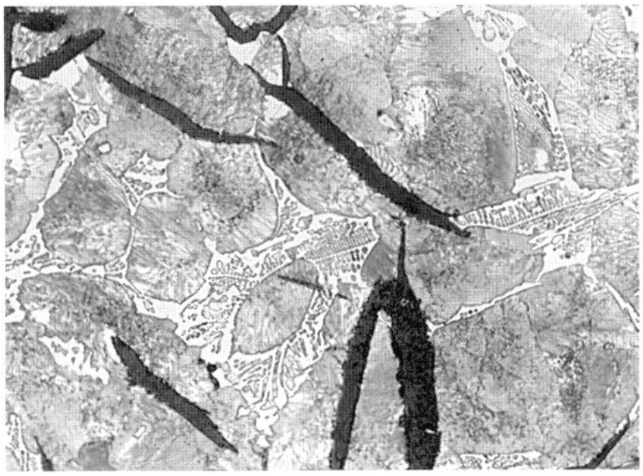

Bild 5.1–10 Grauguss mit Lamellengraphit mit perlitischem Grundgefüge, 400 : 1

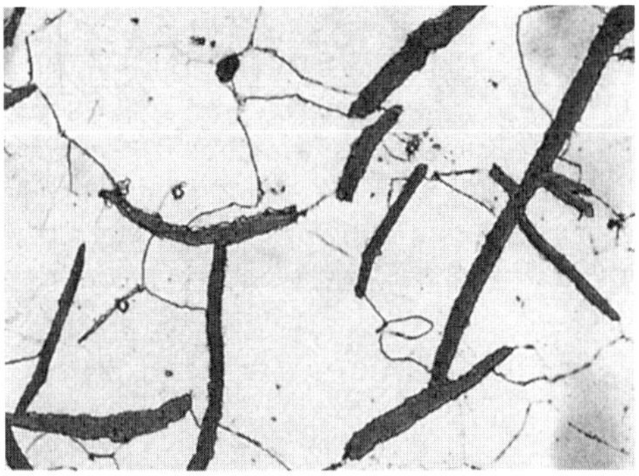

Bild 5.1–11 Grauguss mit Lamellengraphit mit ferritischem Grundgefüge, 300 : 1

5.1.3.3 Der Einfluss von Abkühlgeschwindigkeit und Wandstärke des Gussteiles

Ob die Schmelze nach dem *stabilen* oder *metastabilen* System erstarrt, hängt neben der chemischen Zusammensetzung auch von der Abkühlgeschwindigkeit ab. Gießverfahren, Wanddicke, Masse und Gestalt der Gussteile bestimmen die tatsächliche *Abkühlgeschwindigkeit*. Ist diese niedrig, begünstigt das die Graphitbildung, hat aber die Ausbildung eines grobkörnigen Gefüges zur Folge. *Hohe Abkühlgeschwindigkeiten* führen zu *Zementitbildung* und damit zu einer *Weißerstarrung*. Deutlich werden die Zusammenhänge zwischen Wandstärke, Abkühlgeschwindigkeit und Gefügeausbildung bei einer Legierung mit mittleren C- und Si-Gehalten (z. B. $C + Si = 5\,\%$) an einer Gießkeilprobe (Bild 5.1–12a). Wird unmittelbar vor oder während des Vergießens der Schmelze ein *graphitisierendes Impfmittel* (z. B. Fe-Si-Vorlegierung mit geringen Zusätzen an Calcium) zugesetzt, kann der Bereich, der *stabil* erstarrt, vergrößert werden (Bild 5.1–12b). Beim *Impfen* wird z. B. ein Pulver oder Granulat zur Schmelze hinzugegeben, das bei der Erstarrung der Schmelze als *Kristallisationskeim* wirkt oder den Kristallisationsvorgang beeinflusst (z. B. Dendritenbildung verhindert).

Ein weiteres Problem entsteht bei sehr dickwandigen Gussteilen durch das *gerichtete Kristallwachstum* in Abkühlrichtung (Bild 5.1–13). An der Gussform kühlt die Schmelze schnell ab und die *Keimbildung* ist hier gegenüber dem *Keimwachstum* der dominierende Prozess. Die Schmelze erstarrt an der Gussform deshalb feinkristallin. Weiter innen besteht zwischen den gerade kristallisierten Bereichen und der im Inneren vorliegenden Schmelze nur noch ein sehr kleiner Temperaturgradient. Die Unterkühlung ist gering, sodass das *Kristallwachstum* gegenüber der *Keimbildung* dominierend ist. Die Körner wachsen mit kristallographischer Vorzugsrichtung in die Schmelze hinein. Durch eine gerichtete Wärmeabfuhr und

Eine geringe *Wandstärke* des Gussteiles hat eine hohe *Abkühlgeschwindigkeit* zur Folge und begünstigt die *Weißerstarrung*. Große Bauteildicken führen zu *Graphitbildung* (*Grauerstarrung*).

Impfen bedeutet die Zugabe von festen Keimbildnern zur Schmelze. *Impfmittel* wirken sich positiv auf ein feinkörniges Gefüge aus und können die Graphitbildung unterstützen.

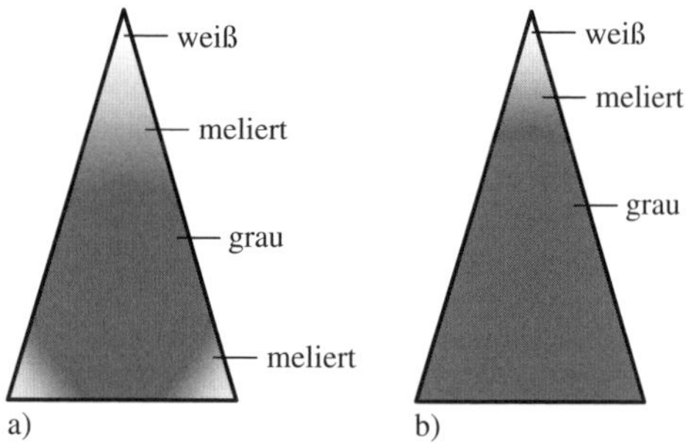

Bild 5.1–12 Gießkeilprobe: schematisches Aussehen der Bruchfläche des gegossenen Keiles
a) ohne graphitisierend wirkendes Impfmittel
b) mit graphitisierendem Impfmittel

die gegenseitige Behinderung des seitlichen Wachstums entstehen langgestreckte Kristallite. Diese *Stengelkristalle* sind unerwünscht, denn sie bewirken ungünstige Festigkeitseigenschaften im Bauteil. Negativer als *Stengelkristalle* wirkt sich ein dendritisches Kristallwachstum aus. *Dendriten* sind verästelte, „tannenbaumartige" Kristalle, die ihre Ursache in einer bevorzugten Wachstumsrichtung des Kristalls und in der Erwärmung der umgebenden Restschmelze durch die frei werdende Kristallisationswärme haben (Bild 5.1–14). Die *Dendritenäste* können die Restschmelze einschließen. Ist eine Nachspeisung mit Schmelze nicht mehr möglich, führt die Erstarrung der Restschmelze zur Bildung von *Mikrolunkern* (s. Abschnitt 5.1.2). Der *Stahlguss* mit einem breiten Erstarrungsintervall ist besonders gefährdet durch die Dendritenbildung.

Im Inneren des Gussteiles ist die Abkühlungsgeschwindigkeit gering, der Wärmefluss jedoch in alle Richtungen gleichmäßig, sodass im Zentrum des dickwandigen Bauteiles ein *globulares,* aber *grobkörniges Gefüge* entsteht (Bild 5.1–13 innen). Wie unter 5.1.2 beschrieben, kann außerdem im zuletzt erstarrten Werkstoffbereich ein *Lunker* entstehen.

I: feinkörnige Randzone (kann sehr schmal sein)
II: Stengelkristalle (Zone sollte möglichst unterdrückt werden)
III: grobkörnige Kernzone (kann fehlen)

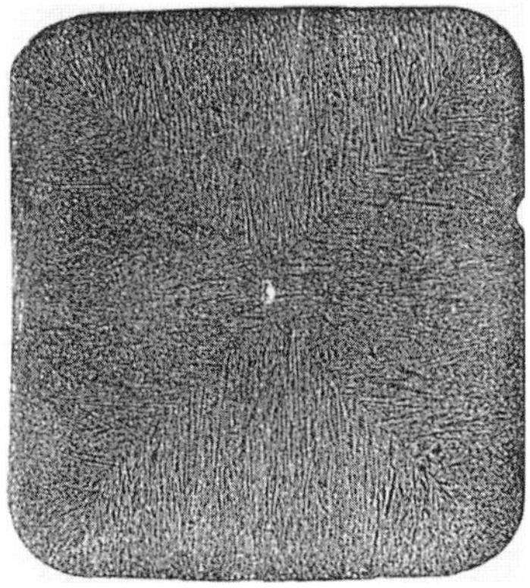

b)

Bild 5.1–13 Gefüge im Querschnitt eines Gussblockes
a) schematische Darstellung
b) kleiner Stahlgussblock (Makroschliff – In der Mitte ist ein kleiner Fadenlunker zu erkennen.)

> *Stengelkristalle* sind langgestreckte Gefügekörner im Gussteil. Sie wachsen entgegengesetzt zum Wärmefluss und mindern die Werkstoffqualität.

> *Dendriten* sind verästelte, „tannenbaumartige" Kristalle. Die Verästelung entsteht durch ein bevorzugtes Kristallwachstum in eine bestimmte Richtung.

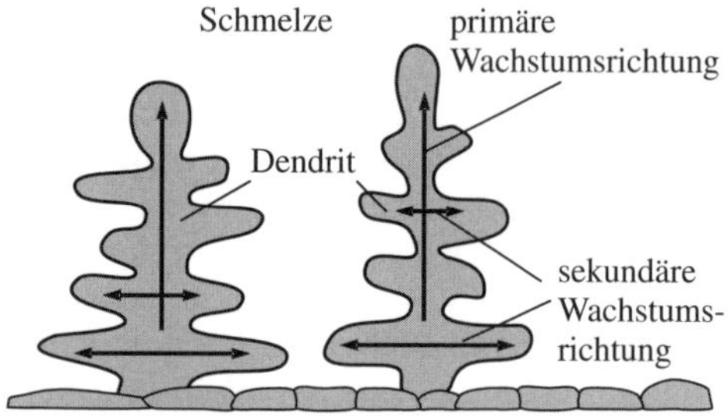

Bild 5.1–14 Bildung eines Dendriten

5.1.3.4 Graphitformen bei Gusseisen

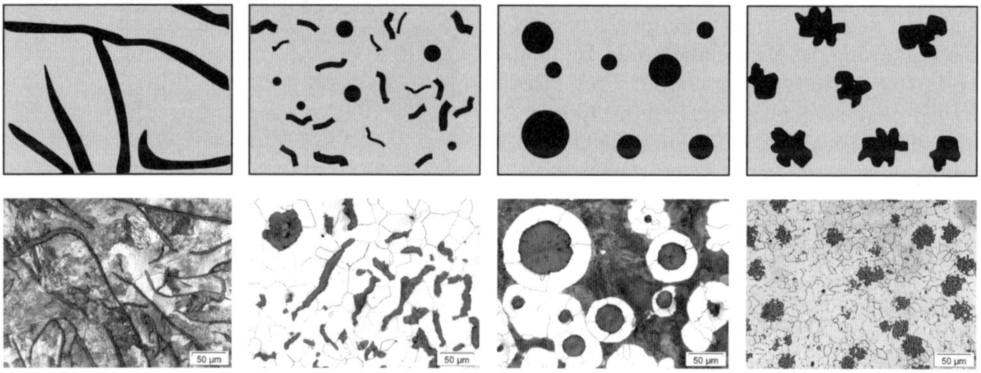

Bild 5.1–15 Graphitformen bei Gusseisen [1]; a) Lamellengraphit, b) Vermikulargraphit, c) Kugelgraphit, d) Temperkohle (Fotos: A. Eysert, Hochschule Mittweida)

Kühlt eine *stabil* erstarrende Fe-C-Si-Legierung ab, entsteht *Graphit* in seiner *lamellaren* Ausprägung (Bild 5.1–15a). Dieser kristallisiert hexagonal. Erstarrt die Gussschmelze, so wachsen die hexagonalen Graphitkristalle bevorzugt in der Ebene der dichtesten Packung (Bild 5.1–16). Dadurch bildet sich eine *flächige, blattartige* Anordnung Bild 5.1–17. Werden solche „Graphitblätter" angeschnitten, z. B. beim Anfertigen eines metallographischen Schliffes, wirken sie wie *Lamellen*. Da *Graphit* eine äußerst niedrige Zugfestigkeit aufweist, wirken die *Graphitlamellen* unter Zugbelastung ähnlich wie ein Hohlraum. Die Kraftfeldlinien müssen die *Lamellen* umgehen und konzentrieren sich vor den Lamellenenden, was dort zu *Spannungsspitzen* und *-mehrachsigkeit* führt (Bild 5.1–18).

Reine *Eisen-Kohlenstoff-Legierungen* erstarren *metastabil* nach dem System Fe-Fe_3C. Erst durch Legieren mit Silicium in Kombination mit einer langsamen Abkühlung kann *Graphit* (stabile Zustandsform des Kohlenstoffs) auftreten.

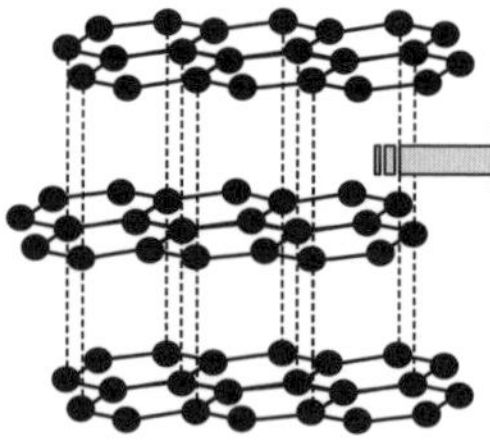

Bild 5.1–16 Struktur des Graphits

[1] Graphitformen s. a. DIN EN ISO 945-1

Im Prinzip wirkt der *Lamellengraphit* wie eine *innere Kerbe* mit der Folge, dass der *Grauguss mit Lamellengraphit* (GJL) äußerst spröd ist und eine niedrige Zugfestigkeit hat (Vergleichen Sie mit dem Abschnitt 12.2.3!). Der *Kugelgraphit* (Bild 5.1–15c), der auch als *sphärolithischer* oder *globularer Graphit* bezeichnet wird, kann nur entstehen, wenn z. B. unmittelbar während des Vergießens der Gusseisenschmelze Magnesium in Form einer Fe-Si-Mg-Vorlegierung in den Gießstrahl oder bereits in die Gussform zugegeben wird. Das *Magnesium* behindert das *Graphitwachstum* in der Ebene der dichtesten Packung, sodass die Ausbildung der ebenen Schichtstruktur behindert wird und Graphitkugeln entstehen. Der Magnesiumanteil der Schmelze bleibt mit maximal 0,05 % sehr gering. *Graphitkugeln* haben ein günstigeres Verhältnis von Volumen und Oberfläche gegenüber Graphitlamellen, was bei gleichem Volumenanteil den Querschnitt erheblich weniger schwächt. Noch entscheidender ist jedoch, dass bedingt durch die Geometrie eine viel *niedrigere Kerbwirkung* vorliegt (Bild 5.1–18). Im Vergleich zu den Graphitlamellen entstehen deutlich *niedrigere Spannungsspitzen*, die die Verbesserung der Zähigkeit und Festigkeit zur Folge haben. Obwohl GJS durch seine stahlartigen mechanischen Eigenschaften überzeugt, kann GJL durch eine deutlich bessere Gießbarkeit, seine höhere thermische Leitfähigkeit und durch Schwingungsdämpfung ebenfalls entscheidende Vorteile aufweisen. Beim *Grauguss mit Vermikulargraphit* (GJV) werden die Vorteile von GJS und GJL kombiniert. Bei GJV ist der Graphit *„wurmartig"* ausgeprägt und kann teilweise in Nestern vorliegen. Das Wachstum des Graphits in der Ebene der dichtesten Packung kann wie beim *Kugelgraphit* durch die Zugabe von *Magnesium* beim Vergießen behindert werden. Allerdings sind die zugegebenen Mengen an Mg deutlich geringer als beim GJS. Das führt zunächst zur Bildung von kurzen aber nicht mehr zusammenhängenden Lamellen,

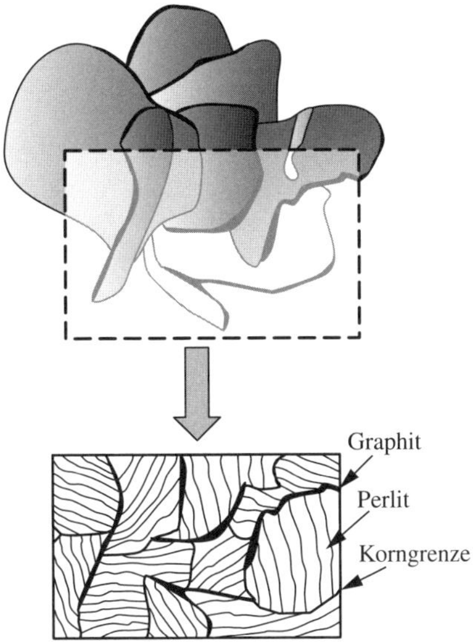

Bild 5.1–17 Blattartige Struktur des Graphits im GJL und das Erscheinungsbild des Graphits im ebenen Schnitt z. B. mit perlitischem Grundgefüge

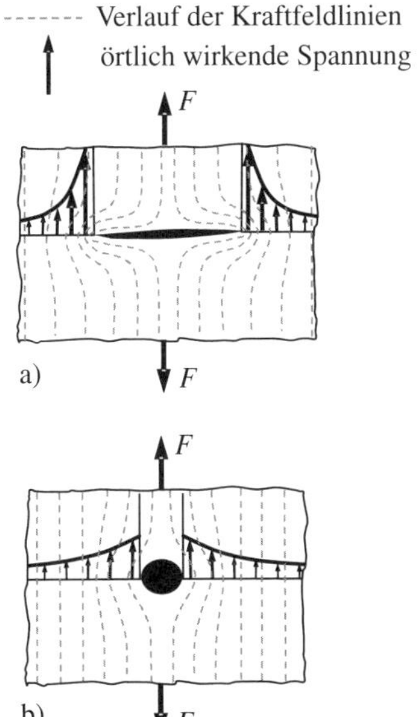

Bild 5.1–18 Verlauf der Kraftfeldlinien und die Spannungsverteilung im Kerbgrund des Graphits
a) Lamellengraphit
b) Kugelgraphit

die mit fortschreitender Erstarrung immer dicker und damit wurmartig werden.
Die Enden des *Vermikulargraphits* sind im Vergleich zum *Lamellengraphit* deutlich abgerundet, was eine Minderung der *Kerbwirkung* und der Spannungsspitzen verursacht. Daraus resultiert eine höhere Zähigkeit des GJV gegenüber dem GJL. Neben dem *Vermikulargraphit* darf GJV auch *kugelige Graphitanteile*, aber niemals *Lamellengraphit* aufweisen.
Temperkohle entsteht nicht bei der Erstarrung der Gusseisenschmelze, sondern erst bei einer nachträglichen Wärmebehandlung, dem *Tempern*. Das Gusseisen erstarrt zunächst *metastabil* nach dem System Fe-Fe_3C. Erst beim *Tempern* (s. Abschnitt 5.4) zerfällt der *ledeburitische Zementit* zu *γ-Eisen* und *Graphit*. Diese *Temperkohle* ist *flockenförmig* und meist rund ausgeprägt (Bild 5.1–15b) und aufgrund der Graphitform ist *Temperguss* zäh.

Tabelle 5.1–2 Merkmale und Entstehung von Lamellen- und Kugelgraphit

Lamellengraphit	Kugelgraphit
normale Erstarrungsform des Graphits im stabilen System Fe-C	Bildung nur bei Zugabe von Mg beim Vergießen (auch Cer und Calcium begünstigen die Kugelgraphitbildung)
Wachstum des Graphits bevorzugt in der Ebene der dichtesten Packung	Wachstum in der Ebene der dichtesten Packung behindert
→ Ausbildung von ebenen Schichtstrukturen (blattförmig), die im metallographischen Schliff lamellenförmig und spitz erscheinen	→ Ausbildung einer globularen (kugeligen, sphärolithischen) Graphitform
starke innere Kerbwirkung durch die Graphitlamellen	deutlich abgemilderte Kerbwirkung durch den Kugelgraphit
→ spröder Werkstoff	→ zäher Werkstoff

Übung 5.1–1
Welche Unterschiede bestehen zwischen Stahlguss und Gusseisen?

Übung 5.1–2
Welche Ursache hat die Lunkerbildung?

Übung 5.1–3
Was ist unter einer stabilen und metastabilen Erstarrung von Gusseisen zu verstehen?

Übung 5.1–4
Nennen Sie 4 typische Formen der Graphiteinlagerungen! Welchen Einfluss hat deren Gestalt auf die Festigkeit des Gussteiles?

Übung 5.1–5
Wie kann bei stabil erstarrtem Gusseisen ein ferritisches Grundgefüge erzeugt werden?

5.2 Gusseisen mit Lamellengraphit

Lernziele

Der Lernende kann ...

- Grundlegendes zur Erschmelzung von GJL sagen,
- die Arten und Eigenschaften von GJL nennen,
- angewandte Wärmebehandlungsverfahren erklären,
- die Werkstoffbezeichnung von GJL erläutern,
- typische Anwendungsgebiete nennen.

5.2.0 Übersicht

Gusseisen mit Lamellengraphit ist eine *Eisen-Kohlenstoff-Silicium-Gusslegierung*, deren *Graphiteinlagerungen* eine überwiegend *lamellenartige* Form aufweisen (eigentlich blattartig, die jedoch im metallographischen Schliff lamellar erscheint). Das metallische Grundgefüge sowie Menge, Größe, Ausbildung und Verteilung der Graphitlamellen bestimmen die Eigenschaften. Generell wird bei den GJL-Sorten zwischen *ferritischem*, *ferritisch-perlitischem* und *perlitischem* Grundgefüge unterschieden. Je höher der Perlitanteil ist, umso größer ist die Festigkeit. Gute Gießbarkeit und Spanbarkeit, hohe Druckbeanspruchbarkeit sowie eine schwingungsdämpfende Wirkung sichern dieser Werkstoffgruppe ein breites Anwendungsgebiet. Dabei muss die hohe Sprödigkeit des GJL beachtet werden.

5.2.1 Erschmelzung und chemische Zusammensetzung

Gusseisen mit Lamellengraphit (GJL) wird im Kupolofen (Gießereischachtofen), seltener im Induktions- oder Lichtbogenofen, erschmolzen. Die Kupolöfen sind koks- oder erdgasbefeuert. Erschmolzen wird dort möglichst Gusseisenschrott oder Masseln (Gussbarren) der gewünschten chemischen Zusammensetzung. Auch auf Stahlschrott wird zurückgegriffen, allerdings muss dieser vorsortiert sein, da Legierungselemente (Cr, Mo, V, Mn) enthalten sein könnten, die die *Graphitbildung* behindern würden. Um die Schmelze vom Ofen in der richtigen Menge zur Gussform transportieren zu können, wird sie in eine metallurgische Pfanne gegossen. Dort kann die Schmelze durch Zugabe von z. B. C und FeSi-Vorlegierungen noch gezielt in ihrer chemischen Zusammensetzung verändert werden. Im Rahmen der in Tabelle 5.2–1 aufgeführten Werte kann die chemische Zusammensetzung variieren. Sie ist dem Her-

Tabelle 5.2–1 Chemische Zusammensetzung von GJL (Rest Eisen)

C in m-%	Si in m-%	Mn in m-%	P in m-%	S in m-%	Mg/Ce in m-%
2,8 ... 4	1 ... 3	0,4 ... 1,2	0,1 ... 0,4	bis 0,2	—

steller überlassen, der sich entsprechend der DIN EN 1561 an den für eine bestimmte GJL-Sorte notwendigen mechanischen Eigenschaften (Zugfestigkeit oder Härte) orientiert. Dabei gilt, dass ein größerer Anteil *Perlit* im Grundgefüge eine höhere Zugfestigkeit zur Folge hat. Die Perlitausbildung wird durch eine *erhöhte Abkühlgeschwindigkeit* und *niedrige Siliciumgehalte* (s. Maurer-Diagramm, Bild 5.1–8) begünstigt. Wohingegen ein hoher Si-Anteil und eine *niedrige Abkühlgeschwindigkeit* (große Wandstärken) den Zementitzerfall fördern und damit die *Ferritbildung* ermöglichen. Unmittelbar beim Vergießen wird die Schmelze *geimpft* (s. Abschnitt 5.1.3.3). Ähnlich wie bei der Einstellung des Grundgefüges spielt auch die Abkühlgeschwindigkeit und das *Impfen* der Schmelze für die Bildung des Graphits eine bedeutende Rolle. So werden beispielsweise die Graphitlamellen bei einer langsamen Abkühlung deutlich größer ausgebildet (Bild 5.2–1).

Da bei GJL eine große Breite des Anteiles an Legierungs- und Begleitelementen zulässig ist und damit eine aufwendige metallurgische Nachbehandlung entfällt, kann dieses Gusseisen sehr kostengünstig erzeugt werden. Bedingt durch die *lamellare Graphitform*, ist GJL bereits *spröd*. Deshalb können größere Anteile von versprödend wirkendem Phosphor und Schwefel, beides eisenbegleitende Elemente, die bei Stahl und anderen Eisengusswerkstoffen auf ein absolutes Minimum reduziert werden müssen, enthalten sein. Ein *hoher Phosphorgehalt* macht die Schmelze *dünnflüssig* und *verbessert die Gießbarkeit*. Selbst minimale Querschnitte im Gussteil (z. B. kleine versteifende Rippen) können mit Schmelze gefüllt werden (gutes *Formfüllungsvermögen*, Bild 5.2–2). Die Gießbarkeit wird außerdem durch den hohen C- und Si-Gehalt begünstigt, der zu einer niedrigen Schmelztemperatur und einem schmalen Erstarrungsintervall führt.

Sind die mechanischen Eigenschaften für einen gewünschten Einsatzzweck ausrei-

Merkmale von GJL:

- untereutektisch zusammengesetzte Fe-C-Si-Gusseisenlegierung
- nach dem stabilen System Fe-C erstarrt, wobei der Graphit in lamellarer Form gebildet wird
- Grundgefüge (ferritisch, ferritisch-perlitisch oder perlitisch) sowie Größe und Verteilung des Graphits sind von der chemischen Zusammensetzung, den Abkühlbedingungen, der Wandstärke und der Impfung abhängig
- die niedrigsten Werkstoff- und Herstellungskosten aller Eisengusswerkstoffe
- sehr gut vergießbar, niedrige Schmelz- und Gießtemperatur, gutes Formfüllungsvermögen
- sehr dünnwandige und kompliziert geformte Gussteile mit großer Präzision und hoher Oberflächengüte möglich

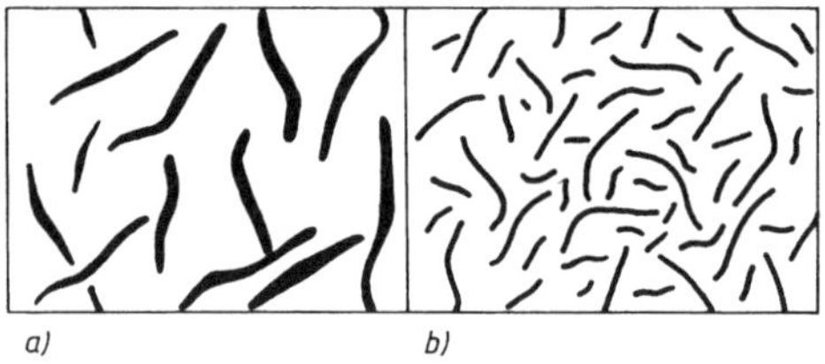

Bild 5.2–1 Ausbildung der Graphitlamellen
a) langsame Abkühlung führt zu groben Lamellen
b) schnelle Abkühlung führt zu feineren Lamellen

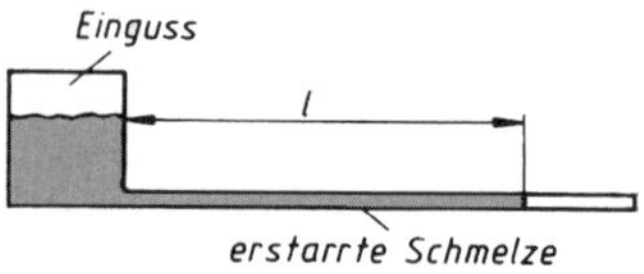

Bild 5.2–2 Formfüllungsvermögen (Maß l) – ein Charakteristikum für die Gießbarkeit metallischer Stoffe

chend, wird wegen der preiswerten Erzeugung und der *hervorragenden Vergießbarkeit* immer *Grauguss mit Lamellengraphit* verwendet.

5.2.2 Wärmebehandlung

Im Gegensatz zu Stahl, Stahlguss oder Grauguss mit Kugelgraphit werden Gussteile aus *GJL* selten einer *Wärmebehandlung* unterzogen. *GJL* weist die gewünschten Eigenschaften in der Regel bereits durch die Einstellung des Grundgefüges (ferritisch, ferritisch-perlitisch oder perlitisch) auf. Für bestimmte Anforderungen kann Gusseisen mit Lamellengraphit einer zusätzlichen Wärmebehandlung unterzogen werden. Die Temperaturbereiche, Wärmebehandlungsziele und inneren Vorgänge sind mit der Wärmebehandlung von Stählen (Kapitel 4) durchaus vergleichbar.

Speziell das *Oberflächenhärten* hat eine große Bedeutung, wenn Teile des Gussstückes auf *Verschleiß* beansprucht werden, große Flächenpressungen auftreten oder eine erhöhte Dauerfestigkeit gefragt ist (z. B. Führungsbahnen von Werkzeugmaschinenbetten, Zylinderlaufflächen von Großdieselmotoren). Ähnlich wie bei Stählen werden bei GJL die *Randschichthärteverfahren* Flamm-, Induktions-, Laser- und Elektronenstrahlhärten angewandt. Aber auch die thermochemischen Oberflächenhärteverfahren *Nitrieren* und *Borieren* werden eingesetzt. Eine Besonderheit von Grauguss ist das *Oberflächenhärten durch Umschmelzen* mit anschließender *ledeburitischer Umwandlung* (ledeburitisches Härten, *Umschmelzhärten*). Dabei wird der unmittelbare Randbereich (weniger als 2 mm) durch einen Laser-, Plasma- oder Elektronenstrahl aufgeschmolzen. Der Kern wird nicht mit erhitzt und die Wärme fließt schnell nach innen ab, sodass eine hohe Abkühlgeschwindigkeit in den aufgeschmolzenen Bereichen erreicht wird. Folglich wandeln sich die Randbereiche ledeburitisch um und werden äußerst hart.

Die wichtigsten Wärmebehandlungsverfahren für GJL:

- *Das Spannungsarmglühen* dient zur Minderung der Gusseigenspannungen und wird insbesondere vor einer spanenden Nachbearbeitung von kompliziert geformten Gussteilen oder vor einer Randschichthärtung durchgeführt.
- *Das Weichglühen* (auch *Ferritisieren* genannt) hat zum Ziel, den Zementit des Perlits in Graphit und Ferrit zu zerlegen und damit die Festigkeit zu mindern und die Zerspanbarkeit zu verbessern. Achtung, Weichglühen ist nicht identisch mit dem Glühen auf kugelige Carbide bei Stählen!
- Beim *Perlitisieren* wird bei Temperaturen über 850 °C Kohlenstoff im γ-Eisen gelöst und dann leicht beschleunigt abgekühlt, sodass Perlit entsteht. Damit werden höhere Festigkeiten als bei ferritischem Grundgefüge erzielt.
- *Härten* und *Anlassen*
- *Oberflächenhärten* mit oder ohne Änderung der chemischen Zusammensetzung

5.2.3 Eigenschaften und Anwendung

Verarbeitungseigenschaften:
Neben der bereits unter 5.2.1 erläuterten hervorragenden *Gießbarkeit* ist *GJL* auch sehr *gut spanbar*. Die Graphitlamellen sind spanbrechend, was die Ausbildung von Segmentspänen begünstigt. *Gusseisen mit Lamellengraphit* ist schlecht schweißbar, daher sollten an GJL nur in mechanisch wenig belasteten Bauteilbereichen Reparaturschweißungen von Spezialisten ausgeführt werden. Konstruktionsschweißungen werden üblicherweise nicht durchgeführt.

Einsatzeigenschaften:
Die *Zugfestigkeit* von *GJL* ist im Vergleich zu Stahl und *GJS* gering. Sie wird von Grundgefüge, Graphitmenge, -form und -verteilung bestimmt. Bei einer ferritischen Matrix ist die Zugfestigkeit geringer als bei einem perlitischen Grundgefüge. Die meisten GJL-Sorten weisen Perlit als Matrix auf, wobei dort die Festigkeit mit zunehmendem *Graphitanteil* sinkt. Die *Druckfestigkeit* von *GJL* ist ca. drei- bis viermal größer als seine Zugfestigkeit. Grauguss hat einen *spannungsabhängigen E-Modul*. Wird ein Zugstab aus *GJL* in Stufen gezogen und zwischenzeitlich bei unterschiedlichen Spannungen entlastet, kann festgestellt werden, dass sich der Anstieg der Entlastungsgerade (= E-Modul) ändert. Er nimmt mit zunehmender Last ab. Dieses Phänomen ist ebenfalls auf den *Lamellengraphit* zurückzuführen. Die *Spannungsspitzen* an den Enden der Graphitlamellen führen zu örtlich begrenzter Plastizität, was den (inneren) tragenden Querschnitt mindert, ohne dass eine Geometrieänderung nach außen festzustellen ist. Eine andere Erklärung bietet die starke richtungsabhängige Festigkeit des Graphits. Liegt die Lamelle genau senkrecht zur angreifenden Kraft, kann sie nahezu keine Spannung übertragen. Liegt sie parallel, ist die Festigkeit deutlich größer. Da die Orientierung der gesamten Lamellen regellos ist, führt eine zunehmende Belastung dazu, dass immer mehr Lamellen keine Kräfte mehr übertragen können.

Werkstoffbezeichnung für Grauguss mit Lamellengraphit nach DIN EN 1561:

a) kennzeichnendes Merkmal: Zugfestigkeit

EN-GJL-150

- 150 = garantierte Zugfestigkeit R_m in MPa
- L = Lamellengraphit
- GJ = Gusseisen
- EN = Normsymbol

b) kennzeichnendes Merkmal: Brinellhärte

EN-GJL-HB175

- HB175 = garantierte Brinellhärte
- L = Lamellengraphit
- GJ = Gusseisen
- EN = Normsymbol

a) b)
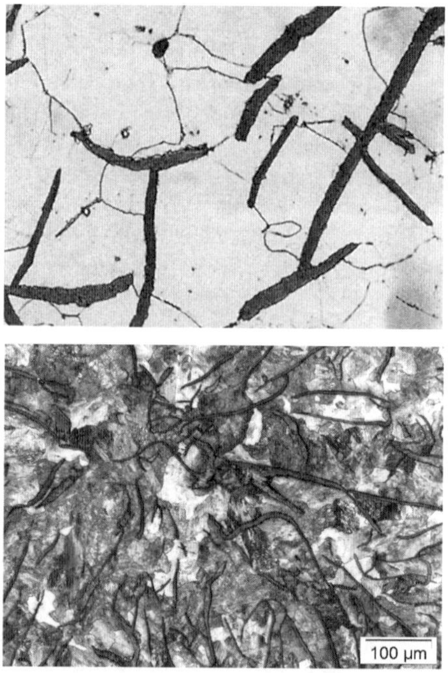

Bild 5.2–3 Gusseisen mit Lamellengraphit
a) mit ferritischem Grundgefüge
b) mit perlitischem Grundgefüge
(Foto: A. Eysert, Hochschule Mittweida)

Aufgrund der *Kerbwirkung* der Graphitlamellen ist *GJL spröd*. Die Bruchdehnung *A* im Zugversuch liegt bei allen GJL-Sorten unter einem Prozent. Da bereits *innere Kerben* vorliegen, zeigt der Werkstoff kaum eine *Kerbempfindlichkeit* durch äußere Kerben im Bauteil.
Grauguss mit Lamellengraphit ist hervorragend *schwingungsdämpfend* (Stahl nicht!). Diese Eigenschaft in Kombination mit sehr guter Gießbarkeit auch bei komplizierten Formen und der guten Druckfestigkeit macht GJL zum wichtigsten Werkstoff für Maschinenbetten. In Bezug auf Gleit- und Reibungsverhalten zeigt *GJL* sehr gute *Notlaufeigenschaften*, der Graphit wirkt dort quasi als Schmiermittel. Der erhöhte Phosphorgehalt (Phosphideutektikum an den Korngrenzen) begünstigt den Verschleißwiderstand von GJL. Eine erhöhte Verschleißbeständigkeit kann durch das *Randschichthärten* erreicht werden.
Grauguss zeigt unter atmosphärischen Bedingungen und in vielen wässrigen Medien eine gute *Korrosionsbeständigkeit*. Außerdem kann *GJL* eine sehr gute thermische *Leitfähigkeit*, wie sie im Motoren- und Gehäusebau notwendig ist, aufweisen.
Für kompliziert geformte Bauteile im Maschinenbau, die überwiegend mit Druckspannungen belastet werden, ist *Grauguss mit Lamellengraphit* ein erstklassiger Konstruktionswerkstoff. Die niedrigen Ansprüche an die metallurgische Reinheit, seine hervorragende Gießbarkeit und die gute Eignung zur spanenden Nachbearbeitung führen zu einem günstigen *Preis-Leistungs-Verhältnis*. In Tabelle 5.2–2 sind einige typische Anwendungen für GJL aufgeführt.

Eigenschaften von Grauguss mit Lamellengraphit:
- sehr gut gießbar
- gut spanbar
- schlecht schweißbar
- hohe Wärmeleitfähigkeit
- geringe Zugfestigkeit
- drei- bis viermal größere Druck- als Zugfestigkeit
- lastabhängiger E-Modul
- geringe Zähigkeit
- geringe Kerbempfindlichkeit gegenüber äußeren Kerben
- schwingungsdämpfend
- gute Korrosionsbeständigkeit

Tabelle 5.2–2 Eigenschaften und Anwendungen von Gusseisen mit Lamellengraphit. Die Eigenschaften wurden an getrennt vergossenen Probestäben mit ∅ = 30 mm ermittelt.

Kurzname	Elastizitätsmodul E in GPa	Zugfestigkeit R_m in MPa	Druckfestigkeit σ_{dB} in MPa	Anwendung
EN-GJL-150 (ferritisch-perlitisch)	78 ... 103	150 ... 250	600	Abfluss- und Flanschrohre, Bremsscheiben
EN-GJL-250 (perlitisch)	103 ... 118	250 ... 350	840	Gehäuse von Elektromotoren, Getriebegehäuse, Maschinenbetten, Pumpen- und Verdichtergehäuse, Kurbelgehäuse, Straßenschachtdeckel
EN-GJL-350 (perlitisch)	123 ... 143	350 ... 450	1080	Kurbelgehäuse für Großdieselmotoren, Riemenscheiben, Maschinentische

Übung 5.2–1
Welchen Einfluss hat die Wanddicke auf das Gefüge von GJL?

Übung 5.2–2
Warum ist GJL spröd?

Übung 5.2–3
Wie lässt sich die Festigkeit von GJL definiert einstellen?

Übung 5.2–4
Welches Ziel hat das Randschichthärten von GJL?

Übung 5.2–5
Nennen Sie vier positive Eigenschaften von GJL?

5.3 Grauguss mit Kugelgraphit

Lernziele

Der Lernende kann ...

- wesentliche Aussagen zur Erschmelzung treffen,
- die Arten und Eigenschaften von GJS nennen,
- mögliche Wärmebehandlungsverfahren erklären,
- die Werkstoffbezeichnung von GJS erläutern,
- die typischen Anwendungsgebiete nennen.

5.3.0 Übersicht

Gusseisen mit Kugelgraphit, häufig auch als *Sphäroguss* bezeichnet, ist eine *Eisen-Kohlenstoff-Silicium-Gusslegierung*, deren Graphiteinlagerung überwiegend in kugeliger Form vorliegt. Die mechanischen Eigenschaften von *GJS* werden viel stärker durch die Ausbildung des metallischen Grundgefüges als durch den Graphit geprägt. Verantwortlich dafür ist die deutlich *geringere Kerbwirkung* durch die Graphitkugeln im Vergleich zu lamellarem Graphit bei GJL. Auch bei GJS wird zwischen ferritischem, ferritisch-perlitischem und perlitischem Grundgefüge unterschieden. Durch Wärmebehandlung kann auch eine bainitische, martensitische oder austenitisch-ferritische Matrix eingestellt werden. Dieser Werkstoff vereint in sich die Vorteile der guten Gießbarkeit mit stahlartigen mechanischen Eigenschaften.

5.3.1 Erschmelzung und chemische Zusammensetzung

Die Erschmelzung von *Gusseisen mit Kugelgraphit* erfolgt vorrangig im Elektroofen. Allerdings ist bei *GJS* eine erheblich höhere Reinheit notwendig, was die Erzeugung erheblich verteuert. Der markanteste Unterschied zu *GJL* besteht in der Ausprägung des Graphits in *kugeliger (sphärolithischer)* Form, die durch eine *Magnesiumbehandlung* erreicht wird (s. Abschnitt 5.1.3.4). Das Magnesium wird in der Regel als Fe-Si-Mg- oder als Ni-Mg-Vorlegierung unmittelbar vor dem Abguss zugegeben. Magnesium ist ein Sulfidbildner, deshalb muss die Schmelze vor der Magnesiumbehandlung ausgiebig mit CaC entschwefelt werden, da sich sonst Magnesiumsulfide bilden und das Magnesium nicht zur Ausbildung von *Kugelgraphit* beitragen kann. Auch der Anteil an versprödend wirkendem Phosphor und Mangan (unsichere Einstellung des Grundgefüges, Gefahr der Weißerstarrung) muss begrenzt bleiben, weil

Tabelle 5.3–1 Chemische Zusammensetzung von GJS (Rest: Eisen)

C in m-%	Si in m-%	Mn in m-%	P in m-%	S in m-%	Mg/Ce in m-%
2,8 ... 4	1 ... 3	$< 0{,}5$	$< 0{,}1$	$< 0{,}01$	0,03 ... 0,08

sonst die gewünschte hohe Zähigkeit nicht zu gewährleisten ist. So darf bei den ferritischen Sorten der Mn-Gehalt nicht über 0,2 % liegen (Tabelle 5.3–1). Um die *Keimbildung* und das Grundgefüge günstig zu beeinflussen sowie die Größe und Menge des *kugeligen Graphits* definiert einstellen zu können, wird nach der Mg-Behandlung und häufig während des Vergießens die Schmelze *geimpft*. Als Impfmittel kommen wiederum Fe-Si-Vorlegierungen infrage.

Die geforderten *mechanischen Eigenschaften* (Zugfestigkeit und Bruchdehnung entsprechend DIN EN 1563) werden in erster Linie über das *Grundgefüge* eingestellt. In Abhängigkeit von der genauen chemischen Zusammensetzung, die dem Hersteller überlassen ist, dem verwandten Impfmittel und der Abkühlgeschwindigkeit stellt sich eine *ferritische*, *ferritisch-perlitische* oder *perlitische* Matrix ein. Allgemein gilt, dass die weniger festen, ferritischen GJS-Sorten eine deutlich höhere Bruchdehnung aufweisen. Die Ferritausbildung wird durch eine niedrige Abkühlgeschwindigkeit, hohe Silicium- und niedrige Mangangehalte begünstigt. Ein höherer Anteil *Perlit* im Grundgefüge führt zur Festigkeitssteigerung, aber die Bruchdehnung/Zähigkeit sinkt. *Bainit*, *Martensit* oder *Austenit* + *Ferrit* als Grundgefüge können durch definierte Wärmebehandlungen eingestellt werden.

Gusseisen mit Kugelgraphit gilt als gut vergießbar, wobei das Formfüllungsvermögen bedingt durch den niedrigeren Phosphorgehalt im Vergleich zum *GJL* begrenzt ist.

GJS wird eingesetzt, wenn höhere Anforderungen an die Festigkeit, Dauerfestigkeit und Zähigkeit gestellt werden.

Merkmale von GJS:

- untereutektisch zusammengesetzte Fe-C-Si-Gusseisenlegierung
- nach dem stabilen System Fe-C erstarrt
- Durch die Zugabe von Magnesium wird das Wachstum des Graphits in der Ebene der dichtesten Packung behindert, sodass Kugelgraphit entsteht.
- Die Festigkeit wird in erster Linie durch das Grundgefüge (ferritisch, ferritisch-perlitisch oder perlitisch) und im Gegensatz zu GJL viel weniger durch den Graphit bestimmt. GJS weist stahlähnliche Eigenschaften auf.
- deutlich höhere Reinheit (P-, S- und Mn-Gehalt) als bei GJL notwendig; teurer in der Herstellung
- gut vergießbar, niedrige Schmelz- und Gießtemperatur, aber schlechteres Formfüllungsvermögen als GJL

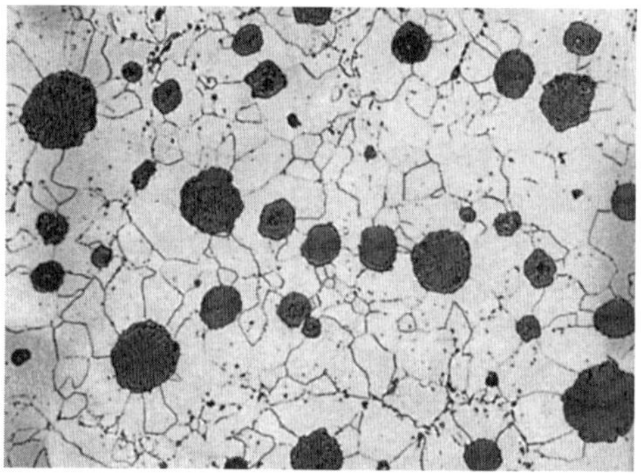

Bild 5.3–1 Gusseisen mit Kugelgraphit mit ferritischem Grundgefüge

5.3.2 Wärmebehandlung

Gusseisen mit Kugelgraphit wird in erster Linie wärmebehandelt, um die Einsatzeigenschaften weiter zu verbessern. Dabei reicht die Zielsetzung von der Verbesserung der Zähigkeit und Festigkeit über das Einstellen eines homogenen gleichmäßigen Grundgefüges bis hin zur Verbesserung der Verschleißbeständigkeit an der Oberfläche.

Die Wärmebehandlungsverfahren *Spannungsarmglühen*, Weichglühen (*Ferritisieren*) und *Perlitisieren* sind Ihnen bereits von Stahl bzw. von GJL aus Abschnitt 5.2.2 geläufig und sollen an dieser Stelle nicht noch einmal erläutert werden.

Beim *Bainitisieren* wird das Gusseisen mit Kugelgraphit auf Temperaturen über A_{c1} (850 °C ... 950 °C) erwärmt (Bild 5.3–2). Dabei werden ferritische und perlitische Grundgefüge umgewandelt, ein Teil des Graphits wird in Austenit gelöst. Die genaue Austenitisierungstemperatur und -dauer richten sich nach dem Ausgangsgefüge der Grundmatrix und den gewünschten Eigenschaften nach dem *Bainitisieren*. In der Regel gilt, dass die Austenitisierungsdauer bei perlitischer Grundmatrix kürzer ist als bei ferritischer. Die Haltetemperatur im Austenitgebiet ist umso höher, je härter der Werkstoff werden soll (mehr C wird im γ-Eisen gelöst). Wird ein hochfestes Gusseisen mit großer Zähigkeit gefordert, ist eine niedrigere Austenitisierungstemperatur zu wählen. Bei der anschließenden Abkühlung und isothermen Umwandlung im Salzbad bei Temperaturen zwischen 250 °C und 400 °C entsteht *Bainit*. Dieses Gefüge weist eine ähnlich hohe Festigkeit bei ausreichender Zähigkeit auf wie ein *Martensit* nach hohem Anlassen. Im Gegensatz zum Anlassvergüten ist aber die Verzugs- und Rissgefahr deutlich geringer und der Wärmebehandlungsschritt des Anlassens entfällt.

Wiederholen Sie die Umwandlung von Austenit in Bainit (Abschnitt 4.1.2)!

Die wichtigsten Wärmebehandlungsverfahren für GJS:

- *Spannungsarmglühen*: Abbau von gießtechnisch entstandenen Eigenspannungen (s. Abschnitt 5.2.2 und 4.2.1.5)
- *Weichglühen (Ferritisieren)*: dient zur Zerlegung des Zementits im Perlit zu Kugelgraphit und Ferrit. Beim GJS kann durch dieses Verfahren die Zähigkeit erheblich verbessert werden.
- *Perlitisieren*: Verbesserung der Festigkeit durch die Einstellung eines vollperlitischen Grundgefüges im Vergleich zum ferritischen oder ferritisch-perlitischen Grundgefüge
- *Bainitisieren*: Erzeugen einer sehr hohen Festigkeit bei ausreichender Zähigkeit durch isotherme Umwandlung von Austenit in Bainit bei nur geringer Verzugs- und Rissgefahr
- *Ausferritisieren*: Einstellen eines Mischgefüges (Ausferrit) aus nadeligem carbidfreiem Ferrit und kohlenstoffangereichertem und damit stabilisiertem Austenit mit dem Ziel einer hohen Festigkeit mit guter Zähigkeit bei gleichzeitig hohem Verschleißwiderstand
- *Härten und Anlassen*: Martensitbildung durch schnelles, kontinuierliches Abkühlen aus dem Austenitgebiet. Durch das folgende Anlassen wird dem Martensit seine Glassprödigkeit genommen und ein definiertes Verhältnis von Festigkeit und Zähigkeit eingestellt (s. Abschnitt 4.2.2).
- *Oberflächenhärten* mit oder ohne Änderung der chemischen Zusammensetzung: Erzeugung einer harten und verschleißfesten Oberfläche ohne die Eigenschaften im Kern zu beeinflussen

Der erste Teilschritt beim *Härten und Anlassen*, das Austenitisieren, läuft wie beim *Bainitisieren* ab (Bild 5.3–2). Allerdings wird beim *Härten* von *GJS* kontinuierlich abgekühlt, sodass die *obere kritische Abkühlgeschwindigkeit* überschritten wird. Dadurch vermeidet man bei der Abkühlung die Bildung von Perlit und Bainit und es entsteht ausschließlich Martensit aus dem Austenit. Üblicherweise wird im Ölbad abgekühlt. Unmittelbar nach der Abkühlung wird *angelassen* (s. auch Abschnitt 4.2.3). Die Anlasstemperatur liegt in der Regel zwischen 400 °C und 540 °C. Oberhalb von 540 °C tritt eine große Härteabnahme ein, die auf die Ausscheidung von Graphit (tertiär) aus dem Vergütungsgefüge zurückzuführen ist.

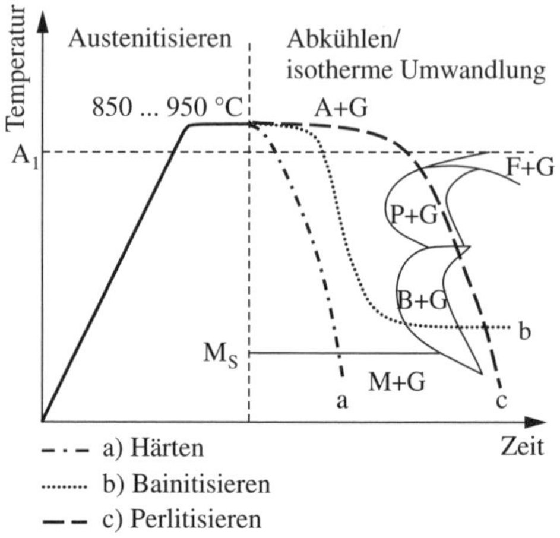

Bild 5.3–2 Der schematische Temperatur-Zeit-Verlauf beim Perlitisieren, Bainitisieren und Härten von Gusseisen mit Kugelgraphit
A Austenit, B Bainit, F Ferrit, M Martensit, P Perlit, G Graphit

Durch das Härten und Anlassen wird eine hohe Festigkeit ($R_m = 800 \ldots 1400$ MPa) bei ausreichender Zähigkeit und guter Verschleißbeständigkeit erreicht.

Randschichthärten (Flamm-, Induktions-, Laser- oder Elektronenstrahlhärten), das wie bei *GJL* angewandt wird, oder thermochemische Oberflächenhärteverfahren (*Nitrieren, Borieren*) sollen die Verschleißbeständigkeit erhöhen, ohne dass das Gefüge im Kern verändert wird.

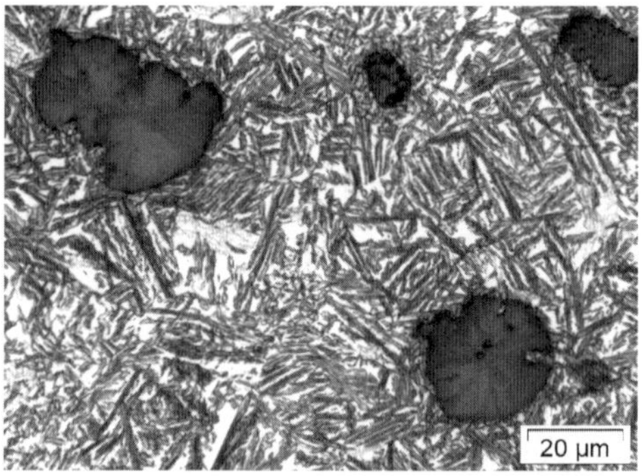

Bild 5.3–3 Gefüge von ADI – nadeliger Ferrit und Restaustenit (Ausferrit) mit kugeligem Graphit (Foto: A. Eysert, Hochschule Mittweida)

Das *Ausferritisieren* ist eine besondere Wärmebehandlung für *GJS*, die zum Ziel hat, eine hohe Festigkeit und Zähigkeit mit einer hervorragenden Verschleißbeständigkeit zu kombinieren. Durch dieses Verfahren wird ein *GJS* mit perlitischem Grundgefüge umgewandelt in ein *austenitisch-ferritisches Gusseisen mit eingelagertem Kugelgraphit*. Solche Gusseisensorten werden als *ADI* (austempered ductil iron) bezeichnet.

Ausferritisches Gusseisen nach DIN EN 1564 *ADI* (austempered ductil iron) ist ein mit Ni, Mo und Cu legiertes Gusseisen mit Kugelgraphit, das sich auszeichnet durch eine hohe Festigkeit bei guter Zähigkeit, kombiniert mit einem hohen Verschleißwiderstand. Diese Eigenschaftskombination wird durch die Wärmebehandlung des *Ausferritisierens* erreicht.

Die für das *Ausferritisieren* verwandten *Sphärogusssorten* weisen neben den üblichen Mengen an Kohlenstoff und Silicium bis zu 2,5 % Nickel, 0,3 % Mo und 1 % Cu auf. Wie beim *Härten* oder *Bainitisieren* wird das Gusseisen auf 840 °C bis 950 °C erwärmt (Bild 5.3–4), dabei wandelt sich der Perlit in Austenit um. Bei dieser Temperatur wird auch ein Teil des graphitischen Kohlenstoffes im Austenit gelöst, bis dieser gesättigt ist. Danach erfolgt eine schnelle Abkühlung auf 230 °C bis 430 °C im Salzbad. Durch das enthaltene Ni, Mo, Cu und Mn wird die Perlitbildung so stark verzögert, dass bei dieser raschen Abkühlung kein Perlit entsteht. Bei der Haltetemperatur beginnt dann die Bildung von *nadeligem Ferrit*. Da aber Ferrit eine viel niedrigere Löslichkeit für Kohlenstoff aufweist, reichert sich der noch vorhandene *Austenit* mit immer mehr Kohlenstoff an. Ein höherer Kohlenstoffanteil im Austenit führt zu seiner *Stabilisierung*, sodass eine weitere Umwandlung zu Ferrit oder Martensit unterbleibt. Die Haltezeit bei der isothermen Umwandlung darf nicht zu kurz sein, da sonst die Gefahr der Martensitbildung besteht. Ist die Haltedauer zu lang, werden versprödend wirkende Carbide ausgeschieden. Das Gefüge aus *nadeligem carbidfreiem Ferrit* und *kohlenstoffangereichertem* und damit *stabilisiertem Austenit* wird als *Ausferrit* bezeichnet (Bild 5.3–3). Die Festigkeit und Zähigkeit des *ADI* wird über die Haltetemperatur eingestellt. Je niedriger die Temperatur ist, umso fester ist der Werkstoff. Hohe Umwandlungstemperaturen führen zu mehr Restaustenit und verbessern die Zähigkeit.

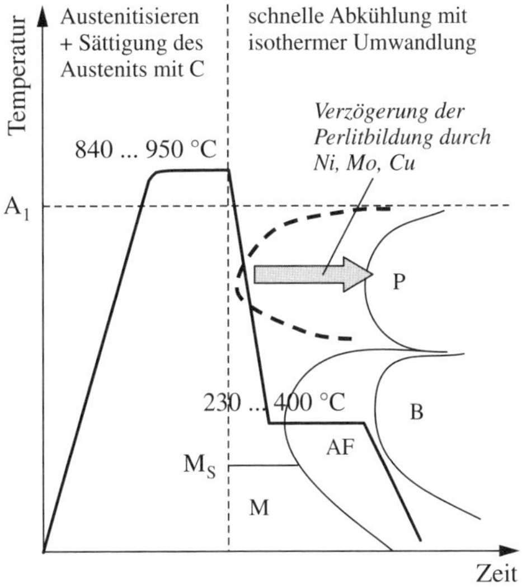

Bild 5.3–4 Ablauf des Ausferritisierens – ein Wärmebehandlungsverfahren zur Erzeugung von ADI
AF Ausferrit, B Bainit, M Martensit, P Perlit

5.3.3 Eigenschaften und Anwendung

Verarbeitungseigenschaften:
Die *Gießbarkeit* von *GJS* ist gut. Allerdings ist das *Formfüllungsvermögen* im Vergleich zu *GJL* etwas schlechter bedingt durch den niedrigeren Phosphorgehalt. *GJS* ist gut *spanbar*. Da die Graphitkugeln spanbrechend wirken, ist *GJS* insbesondere für eine Automatenbearbeitung gut geeignet. Die Schnittkräfte sind gegenüber Stählen mit ähnlicher Festigkeit deutlich niedriger. Das *Schweißen* von *GJS* ist aufgrund des hohen Kohlenstoffgehaltes ähnlich problematisch wie bei *Gusseisen mit Lamellengraphit.*

Einsatzeigenschaften:
Zugfestigkeit, *Bruchdehnung* und *Zähigkeit* von *Gusseisen mit Kugelgraphit* sind gegenüber *GJL* erheblich verbessert. Die Ursache ist die geringere *Kerbwirkung* von Kugelgraphit gegenüber lamellarem Graphit. *GJS* weist dadurch stahlartige Eigenschaften auf.
Die *Festigkeit* und *Zähigkeit* der *GJS*-Sorten werden über das Grundgefüge eingestellt. Die *Festigkeit* einer ferritischen Matrix ist zwar niedriger als bei einem perlitischen Grundgefüge, dafür ist aber die *Zähigkeit* deutlich größer. So kann ein ferritischer *GJS* über 20 % Bruchdehnung aufweisen (Tabelle 5.3–2). Insbesondere durch eine definierte Wärmebehandlung (Härten + Anlassen, Bainitisieren, Ausferritisieren) lässt sich die *Festigkeit* weiter erhöhen.
Die *Lastabhängigkeit des Elastizitätsmoduls* und die Unterschiede zwischen Zug- und Druckfestigkeit sind, ebenfalls bedingt durch die Kugelform des Graphits, weniger stark ausgeprägt als bei *GJL*. In Abhängigkeit von der Graphitmenge liegt der E-Modul bei *GJS* zwischen 160 GPa und 180 GPa.
Gusseisen mit Kugelgraphit ist gut geeignet für *schwingende Beanspruchungen* und wird deshalb zum Beispiel im Motorenbau für Kurbelwellen verwandt. Gleichzeitig ist aber bei *GJS* das *Dämpfungsvermögen* für Schwingungen erheblich geringer ausgeprägt als bei *Gusseisen mit Lamellengraphit.*

Werkstoffbezeichnung für Gusseisen mit Kugelgraphit nach DIN EN 1563

kennzeichnendes Merkmal: Zugfestigkeit

EN-GJS-400-15

- 15 = garantierte Bruchdehnung A = 15 %
- 400 = garantierte Zugfestigkeit R_m in MPa
- S = Kugelgraphit
- GJ = Gusseisen
- EN = Normsymbol

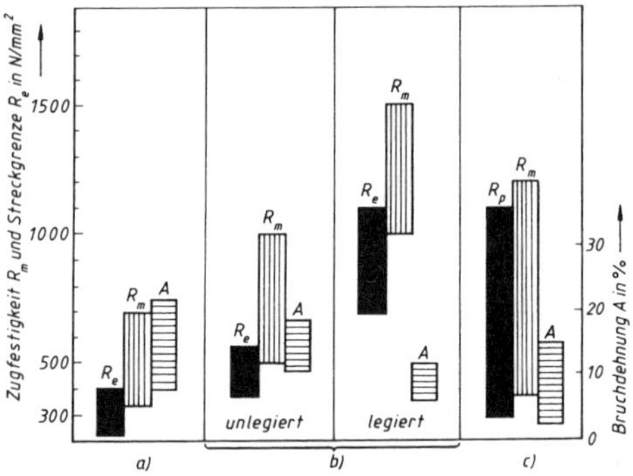

Bild 5.3–5 Vergleich von GJS mit Stahl
a) Allgemeiner Baustahl
b) Vergütungsstahl
c) GJS
R_e bzw. R_p Streckgrenze bzw. 0,2-%-Dehngrenze
R_m Zugfestigkeit
A Bruchdehnung

Eigenschaften von *Grauguss mit Kugelgraphit*:

- gut gießbar
- gut spanbar
- schlecht schweißbar
- hohe Zugfestigkeit bei guter Zähigkeit
- geringer Lastabhängigkeit des E-Moduls im Vergleich zu GJL
- GJS kann Schwingungen besser dämpfen als Stahl, wirkt aber weniger schwingungsdämpfend als GJL
- gute Korrosionsbeständigkeit

Grauguss zeigt unter atmosphärischen Bedingungen und in vielen wässrigen Medien eine gute *Korrosionsbeständigkeit.*
Aufgrund der guten technologischen und sehr guten mechanischen Eigenschaften hat *GJS* in den vergangenen Jahren immer mehr an Bedeutung gewonnen und andere Gusswerkstoffe wie GJL, Temperguss und Stahlguss verdrängt. In einigen Anwendungsgebieten macht der *Sphäroguss* sogar den Eisenknetwerkstoffen Konkurrenz.

Tabelle 5.3–2 Eigenschaften und typische Anwendungen von Gusseisen mit Kugelgraphit
Die Eigenschaften wurden an getrennt vergossenen Probestäben mit ∅ = 30 mm ermittelt.

Kurzname	Elastizitätsmodul E in GPa	Dehngrenze $R_{p0,2}$ in MPa	Zugfestigkeit R_m in MPa	Bruchdehnung A in %	Anwendung
EN-GJS-400-18 (ferritisch)	169	250	400	18	Motorträger, Getriebegehäuse, Radsatz-Lagergehäuse, Niederdruckzylinder für Dampfturbinen, Turboladergehäuse
EN-GJS-600-3 (perlitisch)	174	380	600	3	Kurbelwellen, Umlenkrollen für Aufzüge, Planetengetriebe, Nockenwellen
EN-GJS-900-2 (bainitisch)	176	600	900	2	Steuerräder für LKW-Motoren, Antriebsrollen für Förderbänder
EN-GJS-800-8 (ausferritische Matrix, ADI)	170	500	800	8	Stirnräder, LKW-Radnaben, Kurbelwellen, Zahnräder, Pumpenlaufräder
EN-GJS-1200-2 (ausferritische Matrix, ADI)	167	850	1200	2	Zähne für Baggerschaufeln, Kettenglieder, Steuerräder für LKW-Motoren

Übung 5.3–1
Welche Eigenschaftsvorteile weist ein GJS gegenüber einem Gusseisen mit Lamellengraphit auf?

Übung 5.3–2
Warum muss bei der Erschmelzung von GJS auf eine viel größere Reinheit geachtet werden?

Übung 5.3–3
Wie lässt sich die Festigkeit und die Zähigkeit bei GJS definiert einstellen?

Übung 5.3–4
Welch Vorteile bietet ADI gegenüber einem bainitischen oder anlassvergüteten GJS?

5.4 Weitere Eisengusswerkstoffe

Wird Stahl vergossen und nicht nachträglich umgeformt, so erhält man *Stahlguss*. Das grobkristalline und gerichtet erstarrte Stahlgussgefüge führt gegenüber Walz- und Schmiedestahl zu einer niedrigeren Festigkeit und Zähigkeit sowie zur Anisotropie der Eigenschaften. Im Vergleich zu *Gusseisen* weist *Stahlguss* eine höhere Liquidustemperatur und ein breites Erstarrungsintervall auf, mit der Folge, dass zum Erschmelzen erheblich höhere Temperaturen notwendig sind und die Schmelze breiartig erstarrt. Dadurch sind die *Gießbarkeit* und insbesondere das *Formfüllungsvermögen* deutlich schlechter als bei *GJL* und *GJS*. Außerdem ist die *Schwindung* (Volumenverringerung beim Übergang flüssig-kristallin) größer, sodass Stahlguss stärker zur *Lunkerbildung* neigt. Das bei der Kristallisation und Abkühlung entstehende grobkörnige, inhomogene Gefüge (Widmannstätten-Gefüge) wird bei allen umwandlungsfähigen Stahlgusssorten (mit γ-α-Umwandlung) durch *Normalglühen* (s. Abschnitt 4.2.1.3) beseitigt. Dadurch wird die Zähigkeit erhöht. Alle für Stähle typischen Wärmebehandlungsverfahren können auch für *Stahlguss* angewandt werden. Damit ist es möglich, die Eigenschaften definiert einzustellen. Um das zu erreichen, ist aber gegenüber *GJL* eine erheblich größere Reinheit notwendig, verbunden mit einem größeren metallurgischen Aufwand bei der Herstellung. Stahlguss wird bevorzugt, wenn:

1. die gewünschte Bauteilgeometrie durch Gießen kostengünstiger hergestellt werden kann als durch andere Verfahren (umformend, spanend, fügend),
2. die Werkstoffzusammensetzung eine Kalt- oder Warmumformung stark erschwert (z. B. Manganhartstahlguss),
3. die Bauteile sehr groß und kompliziert gestaltet sind.

> *Stahlguss* ist unmittelbar in Formen vergossener Stahl und ein *metastabil* nach dem System Fe-Fe_3C erstarrter Eisengusswerkstoff mit weniger als 2 % Kohlenstoff.

Die Werkstoffbezeichnung von Stahlguss ist entsprechend der DIN EN 10027-1 an die Stahlbezeichnungen angelehnt. Vor der üblichen Werkstoffbezeichnung ist ein „G" als Symbol für Gusswerkstoff vorangestellt.

a) Bezeichnung nach Verwendung und mechanischen bzw. physikalischen Eigenschaften, z. B.:

GS240 +N
- +N = normalisiert
- 240 = garantierte Streckgrenze in MPa
- GS = Stahlguss für den Stahlbau

b) Bezeichnung nach der chemischen Zusammensetzung (nach DIN EN 10027-1)

z. B. legierter Stahlguss

G42CrMo4 +QT
- +QT = vergütet
- CrMo4 = 1 % Chrom, <1 % Molybdän
- 42 = 0,42 % Kohlenstoff
- G = Stahlguss

z. B. hochlegierter Stahlguss

GX2CrNi19-8 +AT
- +AT = lösungsgeglüht
- CrNi19-8 = 19 % Chrom, 8 % Nickel
- 2 = 0,02 % Kohlenstoff
- GX = hochlegierter Stahlguss

Die Vorteile von Stahlguss liegen in der *höheren Steifigkeit* gegenüber *Grauguss* und der exakt auf die Verwendung abgestimmten Eigenschaften (Festigkeit, Zähigkeit, Härte). So kann der Stahlguss in Abhängigkeit von der chemischen Zusammensetzung, Wärmebehandlung und dem Gefüge:

- schweißbar (z. B. G17Mn5),
- härtbar/randschichthärtbar (z. B. G42CrMo4),
- warmfest (z. B. G17CrMo5-5),
- rost- und säurebeständig (z. B. GX5CrNiMo19-11-2),
- zunderbeständig (GX40NiCrSi35-25),
- kaltzäh (G26CrMo4)

eingestellt werden.

Typische Anwendungen für *Stahlguss* sind Pumpengehäuse, Baggerschaufeln, Großzahnräder, Schnitt- und Umformwerkzeuge für die Blechverarbeitung, Schaufelräder für Wasserturbinen, Kraftwerksarmaturen und Gehäuse für Verdichter zur Flüssiggasherstellung.

Eigenschaften von *Stahlguss*:

- eingeschränkt vergießbar
- hohe Liquidustemperatur
- breiartige Erstarrung
- schwindet bei der Erstarrung und Abkühlung sehr stark
- neigt zur Lunkerbildung
- weist ein äußerst grobkörniges und sprödes Gefüge nach dem Vergießen auf (Normalisieren notwendig)
- höhere Reinheit als bei GJL notwendig
- lastunabhängiger E-Modul
- im Gegensatz zu Stahl höchste Flexibilität in Form und Größe der Bauteile
- in Abhängigkeit von der chemischen Zusammensetzung und dem Wärmebehandlungszustand können Festigkeit, Zähigkeit, Verschleißwiderstand sowie Härtbarkeit, Schweißbarkeit und Korrosionsbeständigkeit eingestellt werden

Temperguss (GJM) ist ein Eisen-Kohlenstoff-Silicium-Gusswerkstoff, der *weiß (ledeburitisch) erstarrt.* Der vergleichsweise niedrige Kohlenstoff- und Siliciumgehalt und eine rasche Abkühlung der Schmelze begünstigen die *graphitfreie*, *metastabile* Erstarrung nach dem $Fe\text{-}Fe_3C$-System. Erst durch eine nachträgliche Wärmebehandlung, das *Tempern*, entsteht aus dem harten und spröden Ledeburit das sekundäre *Tempergefüge.* Dabei handelt es sich um *Temperkohle* (kompakte, flockige Graphitknöllchen), die in ein ferritisches, ferritisch-perlitisches oder perlitisches Grundgefüge eingebettet ist.

Temperguss ist ein zunächst nach dem *metastabilen* System $Fe\text{-}Fe_3C$ erstarrtes Gusseisen. Erst durch eine anschließende Wärmebehandlung, das *Tempern*, wird der primäre Ledeburit in *Temperkohle* und ein ferritisches, ferritisch-perlitisches oder perlitisches Grundgefüge umgewandelt.

Tabelle 5.4–1 Chemische Zusammensetzung von GJM (Rest: Eisen)

C in m-%	Si in m-%	Mn in m-%	P in m-%	S in m-%	Mg/Ce in m-%
2,4 . . . 3	0,5 . . . 1	$\approx 0{,}45$	$< 0{,}1$	$< 0{,}2$	—

Beim *Tempern* in *entkohlender* Atmosphäre (Bild 5.4–1) entsteht *weißer Temperguss* GJMW, der im oberflächennahen Bereich ein graphit- und zementitfreies ferritisches Gefüge aufweist. Bei dickwandigen Bauteilen kann im Kern noch *Temperkohle* auftreten. Wird der *Temperrohguss* in *neutraler Atmosphäre* geglüht (Bild 5.4–2), entsteht *schwarzer Temperguss* GJMB, bei dem die *Temperkohle* über den gesamten Querschnitt je nach Behandlungsregime in eine ferritische oder perlitische Grundmatrix eingebettet ist. Bei einer perlitischen Matrix kann der Zementit des Perlits durch eine Art Weichglühen eingeformt werden. *Temperguss* weist ähnliche mechanische Eigenschaften wie GJS auf, allerdings sind auch dünnwandige und kompliziert geformte Gussteile herstellbar (z. B. Gewindegänge), die ausreichend zäh und stoßfest sind. GJMW ist schweißbar.

Werkstoffbezeichnung für Temperguss nach DIN EN 1562

a) weißer Temperguss

EN-GJMW-360-12
- 12 = garantierte Bruchdehnung $A = 12\ \%$
- 360 = garantierte Zugfestigkeit R_m in MPa
- MW = weißer Temperguss
- GJ = Gusseisen
- EN = Normsymbol

b) schwarzer Temperguss

EN-GJMB-350-10
- 10 = garantierte Bruchdehnung $A = 10\ \%$
- 350 = garantierte Zugfestigkeit R_m in MPa
- MB = schwarzer Temperguss
- GJ = Gusseisen
- EN = Normsymbol

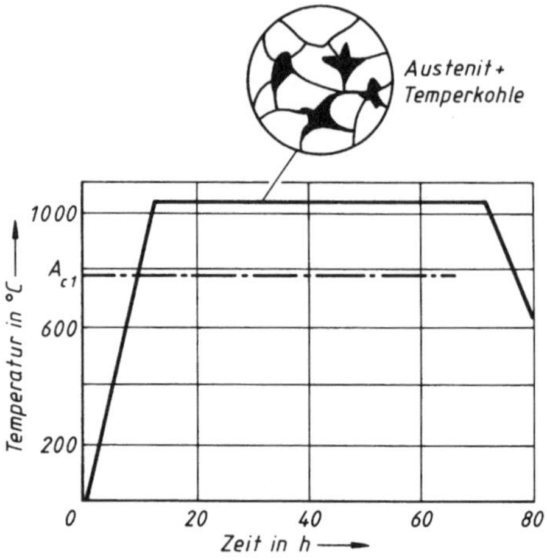

Bild 5.4–1 Glühen von Temperguss in entkohlender Atmosphäre (CO, CO_2, H_2, H_2O)

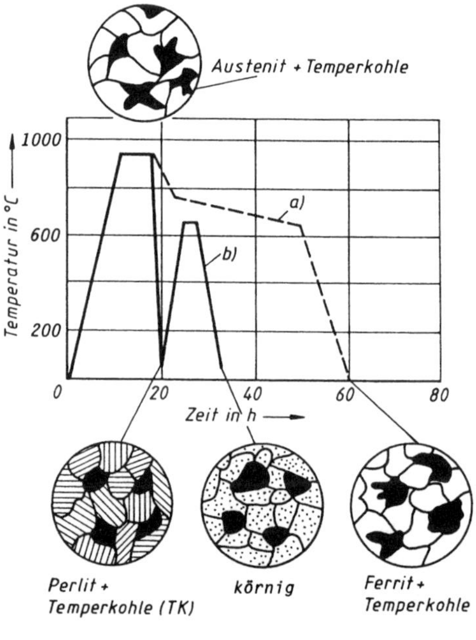

Bild 5.4–2 Glühen in neutraler Atmosphäre
a) ferritisches Grundgefüge
b) perlitisches Grundgefüge bzw. körnige Zementitstruktur

Tabelle 5.4–2 Verwendung von Temperguss

Gusssorte (Beispiele)	Anwendung
Nicht entkohlend geglüht	
GJMB-350-10 GJMB-650-2	Gehäuse größerer Wanddicke, hochbeanspruchte Kleinteile
Entkohlend geglüht	
GJMW-400-5 GJMW-360-12	Hebel, Streben, Kleinteile schweißbar, PKW-Kleinteile, (vielseitig einsetzbar)

Ebenso wie der *Temperguss* erstarrt auch der Hartguss GJN *metastabil*. Allerdings ist beim *Hartguss* das carbidreiche Gefüge des *Ledeburits* erwünscht, denn die Carbide sorgen für eine hohe Härte und Verschleißbeständigkeit. Um die Bildung von Graphit zu unterdrücken, ist der Siliciumgehalt vergleichsweise niedrig (Tabelle 5.4–3). Ein zusätzliches Legieren mit Chrom (bis zu 27 %) und eine beschleunigte Abkühlung begünstigen die *Weißerstarrung*. Neben Fe_3C können auch zusätzlich zugegebene Legierungselemente wie Cr, Mo und V Carbide bilden, die die Verschleißbeständigkeit weiter erhöhen. Je nach Abkühlgeschwindigkeit von der A_{c1}-Temperatur bildet sich zwischen dem primären Zementit ein perlitisches oder martensitisches Grundgefüge aus. Bei einem sehr dickwandigen Gussteil kann im Kern aufgrund der niedrigeren Abkühlgeschwindigkeit Graphit entstehen. Es wird dann von *Schalenhartguss* gesprochen (Bild 5.4–3). Bei *Vollhartguss*, der bei kleineren Gussteilen auftritt, erstarren sowohl der Rand als auch der Kern weiß. Die hohe Verschleißbeständigkeit von Hartguss wird insbesondere für Mahlwerkzeuge bei der Zementherstellung, Prallplatten, Mühlengehäuse, Mahlkugeln und Walzen für die Papierherstellung genutzt.

> *Hartguss* (GJN) ist *metastabil* erstarrtes Gusseisen, dessen Carbide im *ledeburitischen Gefüge* zu einer hohen Härte und Verschleißbeständigkeit, aber auch zu einer großen Sprödigkeit führen. Es wird in *Vollhartguss* (auch im Kern Ledeburit) und *Schalenhartguss* (im Kern graphitische Gefügebestandteile) unterschieden.

Tabelle 5.4–3 Chemische Zusammensetzung von GJN (Rest: Eisen)

C in m-%	Si in m-%	Mn in m-%	P in m-%	S in m-%	Mg/Ce in m-%
2,5 ... 3	0,5 ... 1,5	< 1,5	< 0,1	< 0,2	—

Werkstoffbezeichnung für Hartguss nach DIN EN 12513:

EN-GJN-HV650

- HV650 = garantierte Vickershärte
- N = Hartguss
- GJ = Gusseisen
- EN = Normsymbol

Gusseisen mit Vermikulargraphit GJV ist neben *GJL* und *GJS* eine weitere *Graugusssorte*, also *stabil* nach dem System Eisen-Graphit erstarrt. Der *Vermikulargraphit* ist ein „*wurmartiger*" Graphit, der getrennt in einzelnen Partikeln vorliegt. GJV darf neben dem *Vermikulargraphit* immer noch Anteile von *Kugel-*, aber niemals von *Lamellengraphit* aufweisen. Ähnlich wie bei *GJS* wird das lamellare Wachstum des Graphits durch Zugabe von Magnesium behindert. Da die Menge an Magnesium deutlich kleiner ist, bilden sich keine Kugeln, sondern bevorzugt der „wurmartige Graphit" aus. *Gusseisen mit Vermikulargraphit* ist ein Kompromiss zwischen *GJL* und *GJS*. Gegenüber *GJS* sind die Gießbarkeit, die Wärmeleitfähigkeit und das Vermögen, Schwingungen zu dämpfen, verbessert. Eine niedrigere Wärmedehnung und ein verbessertes Temperaturwechselverhalten machen *GJV* interessant für die Anwendung bei höheren Temperaturen, wie sie z. B. bei Motoren auftreten können. Da der *Vermikulargraphit* im Vergleich zu *Lamellengraphit* eine deutlich *geringere Kerbwirkung* aufweist, ist die Zähigkeit und Festigkeit von *GJV* höher als von *Grauguss mit Lamellengraphit*. Zylinderköpfe für schnelllaufende Dieselmotoren, Deckel von Getriebegehäusen, Abgaskrümmer, Turboladergehäuse, Getriebegehäuse, Grundplatten für Schiffsdieselmotoren und Zylinderkurbelgehäuse sind typische Anwendungen für GJV.

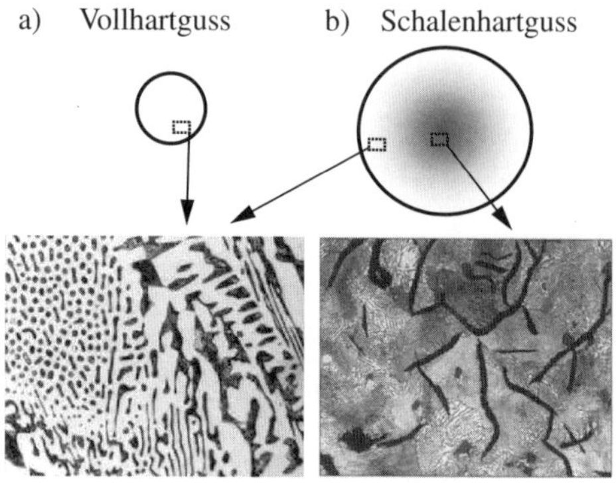

Bild 5.4–3 Schalen- und Vollhartguss
a) Ledeburit II (hell: Zementit, dunkel: eutektoides Gefüge (α+Fe_3C), hier auch Martensit möglich)
b) lamellarer Graphit mit perlitischer Matrix im Kern des Schalenhartgusses

> *Gusseisen mit Vermikulargraphit* GJV ist ein *stabil* erstarrtes Gusseisen, bei dem der Graphit „*wurmartig*" ausgebildet ist. Im Vergleich zu GJS ist es besser vergießbar und zeigt gute thermische Eigenschaften. Bedingt durch die geringere Kerbwirkung des *Vermikulargraphits* ist GJV zäher und fester als GJL.

Tabelle 5.4–4 Chemische Zusammensetzung von GJV (Rest: Eisen)

C in m-%	Si in m-%	Mn in m-%	P in m-%	S in m-%	Mg/Ce in m-%
2,8 . . . 4	1 . . . 3	< 0,8	< 0,1	< 0,03	< 0,05

Tabelle 5.4–5 Eigenschaften von Gusseisen mit Vermikulargraphit

Gusssorte	R_m N/mm²	$R_{p\,0,2}$ N/mm²	A %
GJV-300	300	240	2
GJV-400	400	340	1

Werkstoffbezeichnung für Gusseisen mit Vermikulargraphit (eine einheitliche europäische Normung liegt bisher nicht vor):

GJV-300
- 300 = garantierte Zugfestigkeit R_m in MPa
- V = Vermicular
- GJ = Gusseisen

Übung 5.4–1
Welchen Vorteil hat Stahlguss gegenüber Stahl?

Übung 5.4–2
Warum wird Stahlguss nach der Erstarrung immer einer Wärmebehandlung unterzogen?

Übung 5.4–3
Was ist Tempern?

Übung 5.4–4
Warum ist Hartguss äußerst Verschleißbeständig?

Übung 5.4–5
Welche Vorteile hat GJV gegenüber GJS?

Lernzielorientierter Test zu Kapitel 5

1. Welches Element ist für die Ausbildung von Graphit in Kugelform verantwortlich?
   A Fe
   B Si
   C Mn
   D Mg
2. Welches Element muss neben C vorhanden sein, damit eine Gusseisenlegierung stabil erstarrt?
   A P
   B Si
   C Cr
   D Mn
3. Welche Vorteile hat ein hoher Phosphorgehalt im GJL?
   A verbessert die Gießbarkeit
   B erhöht die Zähigkeit
   C führt zur kostengünstigen Erzeugung, da P nicht erst metallurgisch beseitigt werden muss
   D verbessert die Schweißbarkeit
4. Gusseisen mit Lamellengraphit (GJL)
   A besteht aus Grundgefüge und Graphiteinlagerungen
   B ist walzbar
   C ist unmagnetisch
   D ist härtbar
   E ist für Motorgehäuse verwendbar
   F wirkt schwingungsdämpfend

5. Härte und Festigkeit des Gusseisens sind abhängig von
   A der Dauer der Belastung
   B der Abkühlgeschwindigkeit beim Abguss
   C der Wanddicke der Gussteile
   D der Luftfeuchtigkeit
   E der chemischen Zusammensetzung
6. Welcher Eisengusswerkstoff ist
   A GJL
   B GJS
   C GJMB
   D GE240
7. Lunker
   A sind Hohlräume oder Vertiefungen bei Gussteilen
   B entstehen nur bei Eisengusslegierungen
   C haben ihre Ursache in der ungleichmäßigen Abkühlung der Gussblöcke oder -teile und der Schwindung
   D entstehen durch Schwingungen
   E haben glatte Oberflächen
8. Seigerungen sind
   A erwünscht
   B unerwünscht
   C Konzentrationsunterschiede (Entmischungen der Schmelze)
   D leicht zu beseitigen
   E im Stahlguss besonders bei C, P und S zu beobachten (Blockseigerung)
9. GJL
   A ist zäh
   B hat eine hohe Zug- und Druckfestigkeit
   C ist gut spanbar
   D ist gut schweißbar
   E hat einen hohen Anteil an P und S
10. GJS
   A ist zäh
   B hat eine hohe Zug- und Druckfestigkeit
   C ist gut spanbar
   D ist gut schweißbar
   E hat einen hohen Anteil an P und S

6 Eisenknetwerkstoffe

6.0 Überblick

Trotz der zunehmenden Bedeutung von Leichtmetalllegierungen und Verbundwerkstoffen ist *Stahl* nach wie vor der wichtigste Konstruktionswerkstoff und ein bedeutender Werkzeugwerkstoff. Er ist im Vergleich zu allen anderen Legierungen deutlich preiswerter zu erzeugen, besitzt hervorragende Festigkeits- und Zähigkeitseigenschaften und lässt sich gut bearbeiten. Durch Legieren und/oder eine Wärmebehandlung lassen sich die Eigenschaften von *Stählen* definiert einstellen. Dabei können einerseits sehr weiche und gut verformbare *Stähle* hergestellt werden, wie sie beispielsweise für die Blechverarbeitung (z. B. Tiefziehen) notwendig sind, oder andererseits sehr harte, verschleißbeständige und schneidhaltige *Stähle* erzeugt werden, wie sie für Messer verwendet werden. *Stahl* wird in sehr großen Mengen verbraucht. Kraftfahrzeuge, Eisenbahnschienen, Maschinen, Chemieanlagen, Bohrtürme, Turbinenwellen, Schiffe, Brücken, Hochspannungsmasten oder Türme von Windkraftanlagen bestehen überwiegend oder zu einem großen Teil aus *Stahl*. *Stähle* sind Eisen-Kohlenstoff-Knetlegierungen (gewalzt, geschmiedet) mit einem Kohlenstoffgehalt von bis zu 2 %. Neben Mangan, Silicium, Phosphor und Schwefel können weitere Elemente enthalten sein.

6.1 Stähle – Einteilung und Bezeichnungssysteme

Lernziele

Der Lernende kann ...

- den Begriff *Stahl* definieren und den Werkstoff Stahl vom Gusseisen und Stahlguss abgrenzen,
- die Einteilung der *Stähle* nach Hauptgüteklassen wiedergeben,
- die Stahlbezeichnungen erläutern,
- wichtige Einflüsse von Stahlbegleit- und Legierungselementen verstehen.

6.1.0 Übersicht

Stähle sind Eisen-Kohlenstoff-Legierungen, die außerdem noch weitere Begleit- und Legierungselemente enthalten können. Neben dem Kohlenstoff beeinflussen diese Elemente das Gleichgewicht der Phasen, sind an der Bildung eigener Phasen beteiligt (z. B. Carbide) und wirken sich auf die Diffusionsfähigkeit der Atome im Gitter aus. Daraus erkennt man, dass sich die Eigenschaften vielfältig ändern können. Für *Stahl* existiert ein europäisches System für Kurznamen und Nummern. Während die Kurznamen Hinweise auf die chemische Zusammensetzung bzw. die Verwendung und Eigenschaften enthalten, bietet das Nummernsystem eine einfache Datenerfassung und -verwaltung.

6.1.1 Stahl – Definition

In DIN EN 10 020 werden *Stähle* als Werkstoffe definiert, die überwiegend aus Eisen bestehen und in der Regel einen maximalen Kohlenstoffgehalt von 2 % (bzw. 2,06 %) aufweisen. Außerdem können andere Elemente enthalten sein. Höhere Kohlenstoffgehalte haben eutektische Gefügebestandteile (Ledeburit) zur Folge, die eine Umformung erheblich erschweren oder verhindern würden (vgl. Abschnitt 5.1.1 Gusseisen). Eine Ausnahme bilden lediglich einige hochchromhaltige *Stähle*, die die ledeburitischen Carbide für eine verbesserte Verschleißbeständigkeit nutzen. Über die Definition in der Norm hinausgehend werden die *Stähle* als *Eisen-knetwerkstoffe* aufgefasst. Das heißt, nach der metallurgischen Erschmelzung und dem Vergießen werden die *Stähle* zwingend warmumgeformt. Bei Temperaturen im oberen Bereich des Austenitgebiets wird gewalzt oder geschmiedet. Die Umformung führt dabei nicht nur zur gewollten Geometrieänderung, sondern auch rekristallisationsbedingt zu einer erheblichen Kornfeinung. Das feinkörnigere Gefüge, das durch die Rekristallisation entsteht, hat bei *Stählen* im Vergleich zu identisch zusammengesetzten Stahlgusslegierungen eine erheblich verbesserte Zähigkeit und Festigkeit zur Folge. Stähle erstarren prinzipiell metastabil. Der Kohlenstoff ist deshalb entweder in Mischkristallen (α- oder γ-Mischkristall) gelöst oder liegt gebunden in Carbiden vor (z. B. Zementit Fe_3C). Graphit kann bei *Stählen* nicht auftreten.

Die meisten *Stähle* werden nach wie vor in einem oxigenen Konverter aus Roheisen erschmolzen. Das Roheisen, das im Hochofen aus Eisenerzen hergestellt wird, enthält prozessbedingt einen hohen Anteil an den versprödend wirkenden, stahlbegleitenden Elementen Kohlenstoff, Mangan, Silicium, Schwefel und Phosphor. Allein bis zu 4 % Kohlenstoff befinden sich im flüssigen

Stähle sind metastabil erstarrte Eisen-Kohlenstoff-Legierungen, die im Allgemeinen weniger als 2 % C aufweisen und andere Elemente (Stahlbegleitelemente, Legierungselemente) enthalten.

- *Stähle* werden über ein Stahlherstellungsverfahren (oxigener Konverter, Elektrolichtbogenofen) aus Roheisen und Stahlschrott erzeugt.
- Durch das Sauerstoffblasverfahren und die sekundärmetallurgische Behandlung werden die Stahlbegleitelemente (C, Mn, Si, P, S) minimiert, eine definierte chemische Zusammensetzung eingestellt und die Stahlschmelze homogenisiert.
- Stähle werden nach dem Gießen warmumgeformt. Sie sind Eisenknetwerkstoffe.

Roheisen. Nach der Erstarrung wäre deshalb das Roheisen nicht schmied- und walzbar. Es würde beim Umformen spröd brechen. Beim Prozess des *Frischens* werden im Konverter die Stahlbegleiter auf ein technisch vertretbares Minimum abgesenkt. Dabei wird der Roheisenschmelze Sauerstoff über eine Blaslanze und eventuell zusätzliche Düsen im Boden des oxigenen Konverters zugeführt. Die Stahlbegleitelemente Kohlenstoff, Mangan, Silicium und Phosphor werden dadurch oxidiert. Um den Schwefel abzubinden, wird der Schmelze Kalk zugesetzt. Die beim Sauerstoffblasprozess entstehenden gasförmigen Verbindungen (CO, CO_2) entweichen in die Atmosphäre. Die flüssigen Reaktionsprodukte (z. B. MnO, CaS) haben eine geringere Dichte und schwimmen mit der Schlacke auf dem flüssigen Rohstahl, sodass sie beim Abgießen leicht vom Rohstahl getrennt werden können.

Da beim *Frischen* viel Wärme entsteht, muss die Rohstahlschmelze gekühlt werden. Das geschieht, indem bis zu 25 % Stahlschrott zugesetzt werden. Neben dem Sauerstoffblasverfahren wird ein großer Teil des Stahles im Elektrolichtbogenofen gewonnen. Dabei wird in erster Linie Stahlschrott aufbereitet.

Nach dem *Frischen* werden weitere sekundärmetallurgische Schritte durchgeführt:

- *Desoxidation*, auch Beruhigung genannt – Abbindung des in der Stahlschmelze gelösten Sauerstoffes
- *Entschwefeln* – weiteres Beseitigen des versprödend wirkenden Schwefels
- *Legieren* – Zugabe gewünschter Legierungselemente in exakter Dosierung
- *Homogenisierung* – Rühren und Spülen mit Inertgas (reaktionsträge Gase), um alle Elemente gleichmäßig zu verteilen
- *Vakuumbehandlung* – Beseitigung aller schädlichen Gase (Stickstoff, Wasserstoff, Sauerstoff), eventuell Entkohlung und Legieren mit sauerstoffaffinen Elementen (Ti)

Erst nach der Sekundärmetallurgie liegt eine Stahlschmelze der gewünschten chemi-

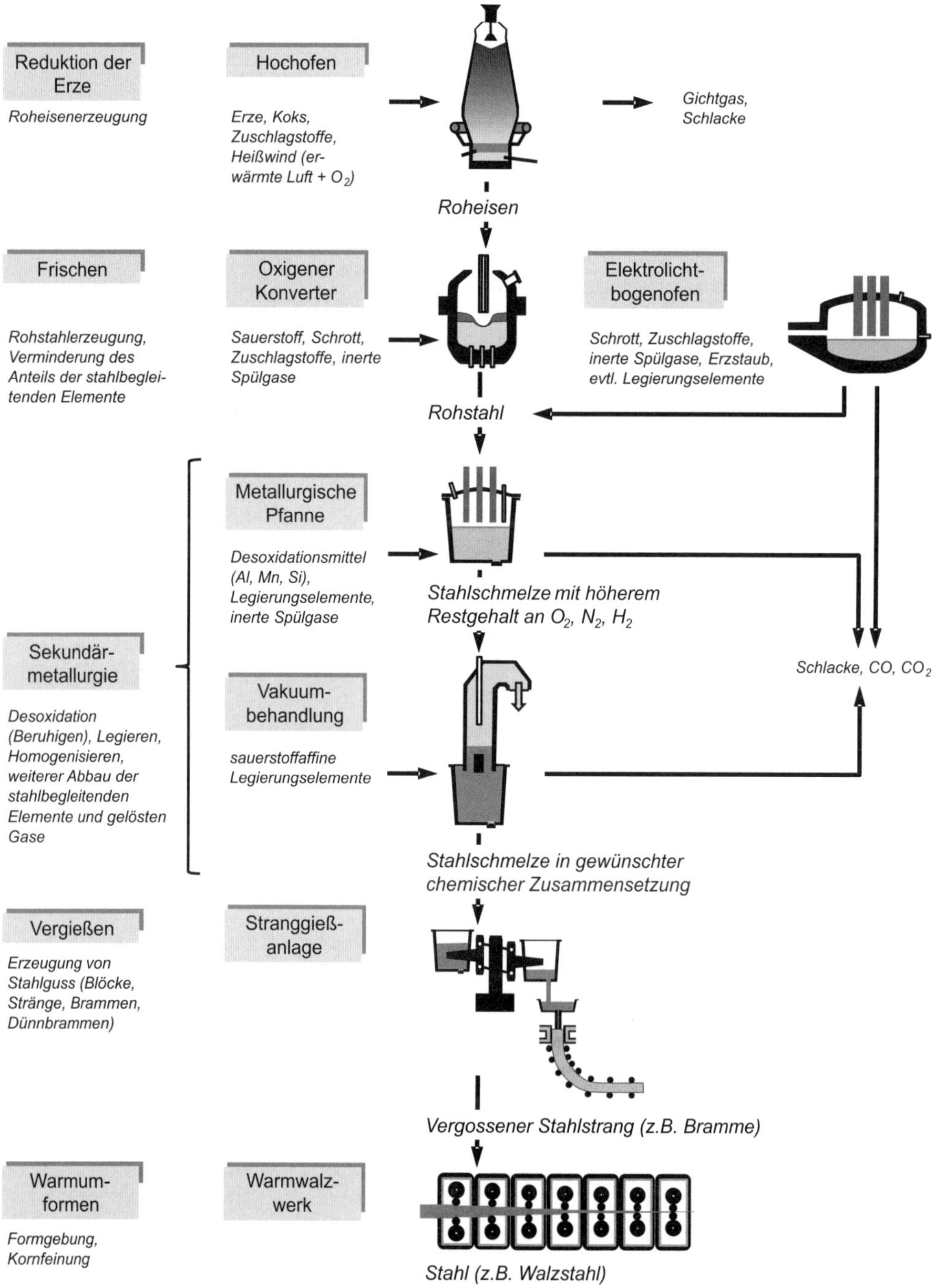

Bild 6.1–1 Prozess der Stahlherstellung (vereinfacht)

schen Zusammensetzung vor. Weit über 90 % des Rohstahles werden in 250 mm dicken und 1500 mm . . . 2000 mm breiten endlosen Strängen (Brammen) *vergossen*. Der restliche Teil des *Stahles* wird zu Blöcken, Dünnbrammen oder dünnen Bändern vergossen. Nach dem Vergießen schließt sich zwingend das Walzen oder Schmieden an. Bild 6.1–1 gibt schematisch einen Überblick über den Prozess der Stahlherstellung.

Übung 6.1–1
Was ist Roheisen?

Übung 6.1–2
Welche Aufgabe hat der Prozessschritt Frischen bei der Stahlherstellung?

Übung 6.1–3
Warum müssen die Stähle ausgiebig entschwefelt werden?

Übung 6.1–4
Welche Ziele werden mit der Warmumformung verfolgt?

6.1.2 Einteilung der Stähle

In der DIN EN 10 020 werden die *Stähle* unterteilt nach *chemischer Zusammensetzung* und *Hauptgüteklassen*. Nicht genormt, aber in der Praxis häufiger angewandt, ist die Einteilung nach Verwendungszweck, Weiterverarbeitung oder bestimmten chemischen oder physikalischen Eigenschaften der *Stähle*.

a) Einteilung nach der chemischen Zusammensetzung
   - unlegierte Stähle
   - legierte Stähle
   - nichtrostende Stähle

Wird der in Tabelle 6.1–1 aufgeführte Grenzgehalt nicht überschritten, ist der Stahl unlegiert. Weist mindestens ein Element einen größeren Anteil auf, handelt es sich um einen legierten Stahl. Überschreitet der Chromgehalt 10,5 % und der Kohlenstoffanteil ist kleiner als 1,2 %, dann ist der Werkstoff der Gruppe der nichtrostenden Stähle zuzuordnen.

b) Einteilung nach Hauptgüteklassen

- *Edelstähle* (legiert und unlegiert)
- *Qualitätsstähle* (legiert und unlegiert)

Edelstähle haben einen Phosphor- und Schwefelgehalt $\leqq$ 0,02 % und weisen einen besonders niedrigen Gehalt an nichtmetallischen Einschlüssen auf. Durch ihre hohe Reinheit und homogene Zusammensetzung sind Edelstähle besonders gut für Randschichthärtung und Vergüten geeignet. Es gibt legierte und unlegierte *Edelstähle.* Um ein gleichmäßiges Ansprechen auf ein Wärmebehandlungsverfahren zu garantieren, muss der Anteil der Legierungselemente exakt eingehalten werden.
Qualitätsstähle müssen Mindestanforderungen an Zähigkeit, Korngröße und/oder Umformbarkeit erfüllen, dürfen aber einen höheren Phosphor- und Schwefelanteil als die *Edelstähle* aufweisen und haben allgemein einen geringeren Reinheitsgrad.

c) Einteilung nach Verwendungszweck, Weiterverarbeitung, nachfolgenden Wärmebehandlungsverfahren, besonderen chemischen, physikalischen und thermischen Eigenschaften

Bei der Konstruktion oder Verwendung zeigt sich, dass eine praxisnahe Einteilung der *Stähle* nach ihrem Verwendungszweck, bestimmten Verarbeitungsverfahren oder Eigenschaften sinnvoll ist. Es werden *Stähle* für konstruktive Aufgaben zur Aufnahme und Übertragung von Kräften und Momenten (Baustähle) und *Stähle* zur Bearbeitung anderer Werkstoffe (Werkzeugstähle) unter-

Tabelle 6.1–1 In DIN EN 10 020 festgelegte Grenzgehalte zwischen unlegierten und legierten Stählen

Element	Grenzgehalt in Masse-Prozent
Aluminium	0,30
Bor	0,0008
Bismut	0,10
Cobalt	0,30
Chrom	0,30
Kupfer	0,40
Lanthan und die im Periodensystem nachfolgenden 14 Elemente (einzeln gewertet)	0,10
Mangan	1,65
Molybdän	0,08
Niob	0,06
Nickel	0,30
Blei	0,40
Selen	0,10
Silicium	0,60
Tellur	0,10
Titan	0,05
Vanadium	0,10
Wolfram	0,30
Zirconium	0,05
Sonstige (mit Ausnahme von Kohlenstoff, Phosphor, Schwefel, Stickstoff) (jeweils)	0,10

Edelstähle weisen einen maximalen Phosphor- und Schwefelgehalt von 0,02 % auf. Der zulässige Anteil an nichtmetallischen Einschlüssen ist sehr gering.

Qualitätsstähle dürfen einen höheren Phosphor- und Schwefelanteil enthalten.

schieden. Diese teilen sich dann in weitere Untergruppen auf. Wird beispielsweise ein Werkstoff im Bauwesen für Tragkonstruktionen (z. B. Stahlbauhallen) gesucht, so sind die *Stähle* mit den infrage kommenden Verarbeitungs- und Einsatzeigenschaften unter der Gruppe „*Stahl* für den Stahlbau“ (genauer: „unlegierte Baustähle“ und „schweißgeeignete Feinkornbaustähle“ zu finden. Soll der *Stahl* für eine Schmiedematrize eingesetzt werden, wird ein Werkzeugstahl benötigt, der auch höheren Temperaturen standhält. Infrage kommt daher in erster Linie ein Stahl aus der Gruppe der „Warmarbeitsstähle“.

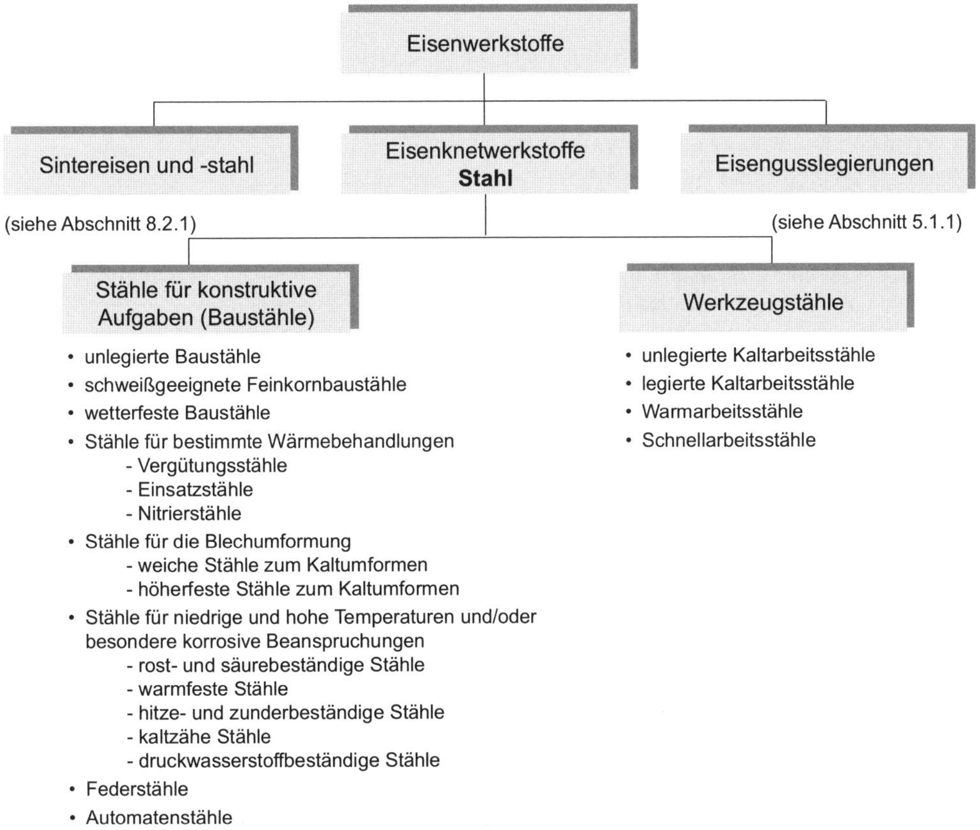

Bild 6.1–2 Einteilung der Eisenwerkstoffe und Stähle

Übung 6.1–5
Ist ein Stahl mit 1,5 % Mangan ein legierter Stahl?

Übung 6.1–6
Welche Vorteile hat ein Edelstahl gegenüber einem Qualitätsstahl?

6.1.3 Eisenbegleiter und Legierungselemente

Stähle enthalten neben Eisen und Kohlenstoff immer noch weitere Elemente. Die *Stahlbegleitelemente* (C, Mn, Si, S, P) kommen über den Hochofenprozess durch Erze bzw. den Energielieferanten Koks oder Zugabe von Schrott in den *Stahl.* Außerdem reichern sich beim *Frischen* und durch den Kontakt mit der Atmosphäre in der Stahlschmelze Sauerstoff, Stickstoff und Wasserstoff an. Sauerstoff und Schwefel können außerdem Verbindungen eingehen, die im Stahl als unerwünschte nichtmetallische Einschlüsse zu finden sind. Um die Eigenschaften des *Stahles* gezielt zu verändern, können *Legierungselemente* in genauer Dosierung zugegeben werden.

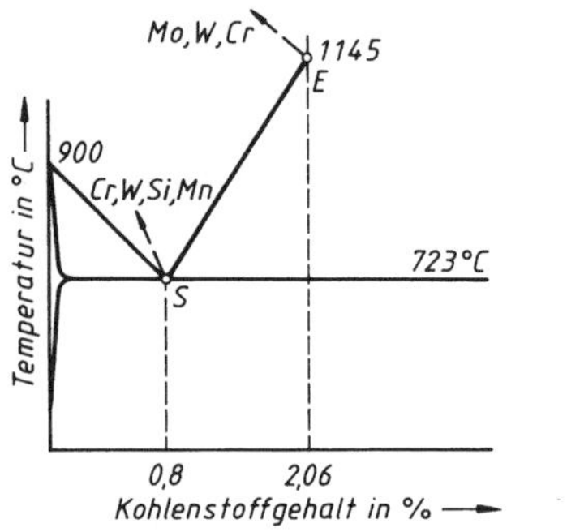

Bild 6.1–3 Verschiebung der Punkte S und E im System Fe-Fe$_3$C durch Legierungselemente

Die Wirkung der *Begleit-* und *Legierungselemente* ist recht unterschiedlich und zum Teil äußerst komplex. So beeinflussen einige Elemente das Gleichgewicht der Phasen, die Löslichkeit von Kohlenstoff in den Mischkristallen und die Umwandlungspunkte im Zustandssystem Fe-Fe$_3$C (Bild 6.1–3). Elemente wie Cr, Al, Ti, Ta, Si, Mo, W und V erweitern das Ferritgebiet (Bild 6.1–4a) und können bei hoher Dosierung dafür sorgen, dass die $\alpha - \gamma$-Umwandlung unterbleibt (ferritische *Stähle*). Bei einem hohen Anteil an Ni, Co, Mn und N kann die Ferritbildung komplett unterdrückt werden (austenitische Stähle, Bild 6.1–4b).

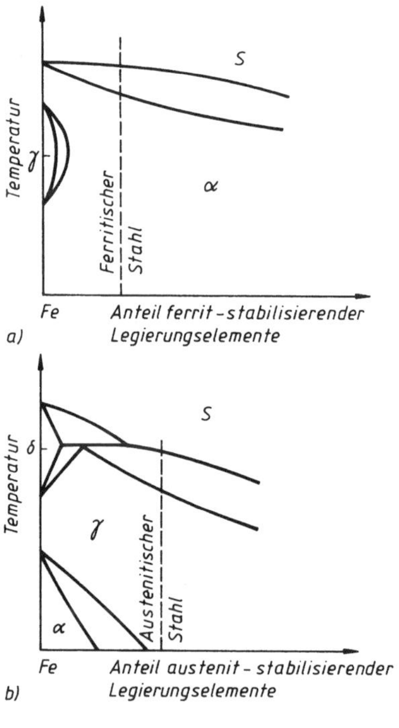

Bild 6.1–4 Einfluss der Legierungselemente auf die Gitterstruktur der Stähle (hochlegiert)
a) γ-Gebiet eingeschnürt (ferritischer Stahl)
b) γ-Gebiet erweitert (austenitischer Stahl)

Wie bereits im Abschnitt 4.1 dargestellt, beeinflussen die *Legierungselemente* das Umwandlungsverhalten bei beschleunigter Abkühlung, d. h. vereinfacht: Alle Legierungselemente vermindern die obere und untere kritische Abkühlgeschwindigkeit. Demzufolge verbessern sie die Einhärtbarkeit der *Stähle*. Auf der anderen Seite senken die Elemente C, Mn, Cr, Ni, Mo und V die Martensitstarttemperatur M_s, was einen höheren Restaustenitgehalt beim Härten zur Folge haben kann. Co und Al dagegen erhöhen die M_s-Temperatur.
Die Elemente Cr, Mo, V, W, Nb und Ta sind wichtige Carbidbildner. Nitride werden von den Elementen Al, Cr, Mo und V gebildet. Sind die Carbide und Nitride klein und fein verteilt, hat das eine hohe Festigkeit, Warmfestigkeit und Härte bei gleichzeitig ausreichender Zähigkeit zur Folge.

In Tabelle 6.1–2 sind die wichtigsten *Begleit-* und *Legierungselemente* unter Berücksichtigung ihrer Wirkung und Anwendung zusammen gefasst.

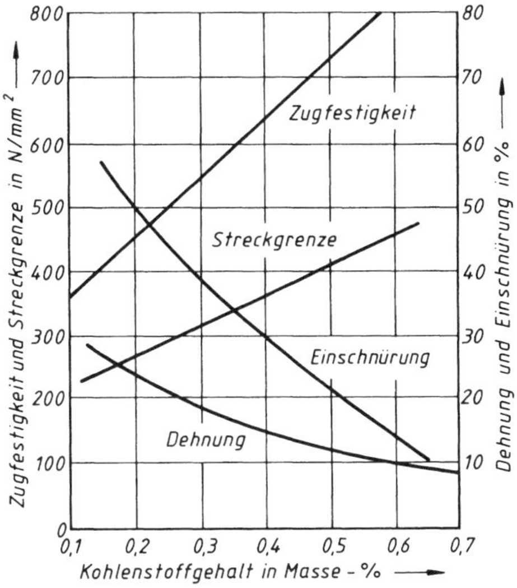

Bild 6.1–5 Mechanische Eigenschaften unlegierter Stähle (warmgewalzt) in Abhängigkeit vom Kohlenstoffgehalt

Tabelle 6.1–2 Wirkung und Anwendung der wichtigsten Stahlbegleit- und Legierungselemente

Element	Wirkung und Bedeutung	Anwendung
Kohlenstoff C	• wichtigstes Begleit- und Legierungselement im Stahl; wird entweder im Mischkristall gelöst oder liegt gebunden als Carbid oder Carbonitrid vor • sorgt für tetragonale Verspannung im Martensit • erhöht Festigkeit, Härte und Verschleißwiderstand, aber mindert Zähigkeit (Bild 6.1–5); verschlechtert Umformvermögen, Spanbarkeit und Schweißbarkeit	in allen Stählen vorhanden; C-Gehalt muss auf Verarbeitung, Wärmebehandlung und Einsatzeigenschaften exakt abgestimmt werden
Mangan Mn	• reduziert kritische Abkühlgeschwindigkeit sehr stark → verbessert Einhärtbarkeit entscheidend • bindet Schwefel; anstelle von FeS bildet sich Mangansulfid (MnS); MnS hat im Vergleich zu FeS eine höhere Schmelztemperatur und wird beim Umformen zu Sulfidzeilen ausgewalzt → verbesserte Warmumformbarkeit; deutlich geringere versprödende Wirkung als FeS • MnS-Zeilen führen zu Anisotropie (richtungsabhängige Festigkeit und Zähigkeit, haben aber beim Spanen eine spanbrechende Wirkung (verbesserte Spanbarkeit bei Automatenbearbeitung) • stabilisiert Austenit (preiswerte Alternative im Vergleich zu Nickel als Legierungselement in austenitischen Stählen) • wirkt desoxidierend (bindet Sauerstoff, beruhigt Rohstahlschmelze) • Mn führt zu Mischkristallverfestigung im Ferrit (Festigkeitssteigerung, aber auch höhere Span- und Umformkräfte bei Verarbeitung notwendig)	geringe Mengen in allen Stählen, um den Rest Schwefel im Stahl abzubinden; Mn-legierte Vergütungsstähle, legierte Kaltarbeitsstähle, Hartmanganstähle (äußerst verschleißbeständige hochmangan- und kohlenstoffhaltige austenitische Stähle)
Silicium Si	• wirkt desoxidierend (beruhigend) • erweitert Ferritgebiet • erhöht Festigkeit, insbesondere Streckgrenze und Warmfestigkeit (Legierungselement bei Federstählen) • verbessert Zunderbeständigkeit • vermindert Zähigkeit (Kerbschlagenergie) • hohe Siliciumgehalte verschlechtern Warm- sowie Kaltumformbarkeit und Schweißbarkeit	Federstähle, Transformatorenbleche
Phosphor P	• wirkt stark versprödend, verursacht Grobkorn • reichert sich bei Erstarrung in der Restschmelze an und verdrängt bei γ-α-Umwandlung den Kohlenstoff (Kristallseigerungen) → führt zu Ferritzeilenbildung (hoher P-Anteil im Ferrit neben P-armen Perlitzeilen) → Anisotropie des Stahles, Verminderung der Zähigkeit • neben Stickstoff die Hauptursache für Alterungsanfälligkeit des Stahles, anlassversprödende Wirkung • stark mischkristallverfestigende Wirkung • erhöht Witterungsbeständigkeit von Baustählen	höherfeste Stähle für Kaltumformung (IF-Stähle, BH-Stähle, phosphorlegierte Stähle mit $P < 0{,}12\,\%$); wetterfeste Stähle für den Stahlbau

Tabelle 6.1–2 Wirkung und Anwendung der wichtigsten Stahlbegleit- und Legierungselemente (*Forts.*)

Element	Wirkung und Bedeutung	Anwendung
Schwefel S	• ist im Stahl praktisch nicht löslich, verbindet sich mit Eisen zu Eisensulfid FeS • Eutektikum Fe-FeS erstarrt erst bei 958 °C (vgl. Abschnitt 2.2.2.2) → Entstehung von Heißrissen beim Warmumformen oder Schweißen ($T > 958$ °C) durch örtliches Aufschmelzen des Eutektikums • erstarrtes FeS ist spröd und führt beim Kaltumformen zu Rissbildung und bei Einsatztemperatur zu niedriger Zähigkeit • Minimierung des Schwefelgehaltes im Stahl ist zwingend notwendig; ausreichend Mangan bindet Schwefelrest ab (Verhältnis S : Mn = 1 : 1,72). • geringe Mengen S (< 0,04 %) bei ausreichend Mn verbessern die Spanbarkeit	immer unerwünscht; geringer Schwefelgehalt (0,02 ... 0,04 %) in Automatenstählen verbessert Spanbarkeit
Sauerstoff O	• gelangt über das Frischen in den Stahl • führt im Stahl immer zur Versprödung • durch nachlassende Löslichkeit mit abnehmender Temperatur für O im Stahl kommt es beim Erkalten der Stahlschmelze zur „Kochreaktion" → Gasblasen im Stahl; Desoxidation mit Al, Mn und Si notwendig • bei ungenügender Desoxidation finden sich spröde, nichtmetallische Eisenoxide (FeO) im Stahl • FeO und FeS bilden niedrigschmelzendes Eutektikum, das Heißrissbildung fördert (siehe Schwefel)	immer unerwünscht
Wasserstoff H	• wird im schmelzflüssigen, aber auch im erstarrten Zustand aus Atmosphäre aufgenommen • bei Temperaturen unter 200 °C ist keine Löslichkeit mehr vorhanden, atomarer Wasserstoff rekombiniert zu Molekülen und drückt Korngrenzen in kleinen Bereichen auseinander; diese kleinen inneren Risse begünstigen sprödes Versagen insbesondere bei tiefen Temperaturen • Beseitigung von H erfolgt durch Vakuumentgasen und langsame Abkühlung oder Glühung im Bereich 200 °C ... 300 °C	immer unerwünscht
Stickstoff N	• Stahlschmelze nimmt N aus Atmosphäre auf; bei Raumtemperatur keine Löslichkeit für N im Stahl • zwangsgelöster N sammelt sich in Nähe von Versetzungen und blockiert diese → keine Versetzungsbewegung = Versprödung (Reckalterung) • bei 200 °C... 300 °C läuft Reckalterung beschleunigt ab (Anlassversprödung oder wegen Anlassfarbe des Stahles auch Blausprödigkeit genannt). • Fe bildet Nitride (Fe_4N), die zu Festigkeitssteigerung, aber auch Versprödung führen • N ist ein austenitstabilisierendes Element • beim Nitrieren wird in Randbereich bewusst N eingebracht → nitridreiche Oberfläche ist besonders verschleißbeständig	austenitische rost- und säurebeständige Stähle; im Randbereich von nitrierten Stählen

Tabelle 6.1–2 Wirkung und Anwendung der wichtigsten Stahlbegleit- und Legierungselemente (*Forts.*)

Element	Wirkung und Bedeutung	Anwendung
Chrom Cr	• sind im Stahl 13 % Cr oder mehr gelöst, wird er rost- und säurebeständig → auf der Oberfläche bildet sich dichte schützende Oxidschicht • verbessert Zunderbeständigkeit und Einhärtbarkeit • bildet Carbide, sind diese klein und fein verteilt, werden Festigkeit und Dauerfestigkeit erheblich verbessert, ohne Zähigkeit zu beeinträchtigen • bildet Nitride; beim Nitrieren wird Verschleißschutz verbessert	rost- und säurebeständige Stähle, Vergütungsstähle, Einsatzstähle, Nitrierstähle, wetterfeste Baustähle, Werkzeugstähle, warmfeste Stähle, zunderbeständige Stähle
Nickel Ni	• steigert Zähigkeit und Tieftemperaturzähigkeit des Stahles • verbessert Einhärtbarkeit erheblich • weisen rost- und säurehaltige Stähle neben Cr auch entsprechenden Ni-Gehalt auf → Korrosionsbeständigkeit steigt • erhöht Warmfestigkeit und Zunderbeständigkeit des Stahles • erweitert Austenitgebiet und ist deshalb wichtigstes Legierungselement der austenitischen Stähle	Einsatzstähle, Vergütungsstähle, austenitische rost- und säurebeständige Stähle, Werkzeugstähle, kaltzähe Stähle, warmfeste Stähle
Molybdän Mo	• carbid- und nitridbildendes Element, verbessert Einhärtbarkeit des Stahles • Mo und feinstverteilte Mo-Carbide steigern Festigkeit, Dauerfestigkeit und Verschleißbeständigkeit • bei rost- und säurebeständigem Cr-Ni-Stahl wird durch Mo die Beständigkeit gegen Chloridionen, Lochfraß und transkristalline Korrosion erhöht • verbessert Anlassbeständigkeit (mindert Festigkeitsverlust mit zunehmender Anlasstemperatur) und beugt Anlassversprödung bei 500 °C vor	Einsatz-, Vergütungs- und Nitrierstähle, rost- und säurebeständige Stähle, Werkzeugstähle, warmfeste Stähle
Vanadium V	• Feinkornbildner • bildet Carbide und Nitride • verbessert Einhärtbarkeit und Anlassbeständigkeit	Werkzeug-, Nitrier- und Vergütungsstähle, schweißgeeignete Feinkornbaustähle
Wolfram W	• bildet thermisch besonders stabile und harte Carbide, die Warmfestigkeit, Warmverschleißbeständigkeit und Schneidhaltigkeit eines Werkzeuges steigern	Warm- und Schnellarbeitsstähle
Cobalt Co	• erhöht Einhärtbarkeit und verschiebt Sekundärhärtemaximum von Warm- und Schnellarbeitsstählen zu höheren Temperaturen → Verbesserung der Anlassbeständigkeit • behindert Austenitkornwachstum bei hohen Härtetemperaturen	Warm- und Schnellarbeitsstähle
Aluminium Al	• desoxidiert Stahl und bindet gleichzeitig als Nitridbildner den Stickstoff ab • Al-Nitride behindern bei Feinkornbaustählen das Kornwachstum	schweißgeeignete Feinkornbaustähle, Nitrierstähle

Tabelle 6.1–2 Wirkung und Anwendung der wichtigsten Stahlbegleit- und Legierungselemente (*Forts.*)

Element	Wirkung und Bedeutung	Anwendung
Titan	• starker Carbidbildner • bindet Sauerstoff und Stickstoff und hat kornfeinende Wirkung • wirkt bei rost- und säurebeständigen Stählen interkristalliner Korrosion entgegen	schweißgeeignete Feinkornbaustähle, IF-Stähle, rost- und säurebeständige Stähle
Kupfer	• verbesserte Korrosionsbeständigkeit (wetterfeste Baustähle) • verschlechtert Warmumformbarkeit bei Gehalten über 0,5 %	wetterfeste Baustähle

6.1.4 Bezeichnung der Stähle

In DIN EN 10 027 Teil 1 und 2 sind die Stahlbezeichnungssysteme genormt.

a) Kurznamen, die Hinweise auf die Verwendung und die mechanischen oder physikalischen Eigenschaften der Stähle enthalten

Diese Kurznamen werden genutzt, wenn der *Stahl* zum Zweck einer definierten Anwendung erworben wird (z. B. Baustahl, Stahl für Druckbehälter, Elektroblech) und eine nachfolgende Wärmebehandlung nicht mehr vorgesehen ist. Bei diesen *Stählen* stehen die Anwendungseigenschaften (Festigkeit, Zähigkeit, u. U. auch magnetische Eigenschaften), die für das Material garantiert werden, im Vordergrund. Die Kurznamen setzen sich aus Haupt- und Nebensymbolen zusammen (Bild 6.1–6). Die Hauptsymbole kennzeichnen die Stahlsorte und die wichtigste Eigenschaft des Werkstoffes. Die Zusatzsymbole beschreiben z. B. den Behandlungszustand, die Oberflächenbehandlung, den Verwendungszweck oder die Eignung für die Weiterverarbeitung und ergänzen die mechanischen oder physikalischen Eigenschaften (Tabelle 6.1–3 und 6.1–4).

Wichtige Kennbuchstaben für Stahlsorten:
- S Stahl für den Stahlbau
- E Maschinenbaustahl
- P Stähle für Druckbehälter
- L Stähle für Rohrleitungen
- B Betonstahl
- D Flacherzeugnisse zum Kaltumformen
- H Flacherzeugnisse aus höherfesten Stählen zum Kaltumformen

Tabelle 6.1–3 Zusatzsymbole für Stahlerzeugnisse für die Art des Überzuges nach DIN EN 10 027 Teil 1, Tabelle 17 (Auswahl)

Symbol	Bedeutung
+AZ	mit einer Al-Zn-Legierung überzogen (> 50 % Al)
+OC	organisch beschichtet
+S	feuerverzinnt
+SE	elektrolytisch verzinnt
+Z	feuerverzinkt
+ZA	mit einer Zn-Al-Legierung überzogen (> 50 % Zn)
+ZE	elektrolytisch verzinkt
+ZN	Zink-Nickel-Überzug (elektrolytisch)

Beispiele:

E335 *Maschinenbaustahl* mit einer Mindeststreckgrenze von 335 MPa

S235J0W *Stahl* für den Stahlbau mit einer Mindeststreckgrenze von 235 MPa; verbrauchte Kerbschlagenergie beträgt mindestens 27 J bei 0 °C; Stahl ist wetterfest

P355QH *Stahl* für Druckbehälter mit einer Mindeststreckgrenze von 355 MPa; vergütet, für Hochtemperaturanwendungen

Tabelle 6.1–4 Zusatzsymbole für Stahlerzeugnisse für den Behandlungszustand nach DIN EN 10 027 Teil 1, Tabelle 18 (Auswahl)

Symbol	Bedeutung
+A	weichgeglüht
+AC	geglüht zur Erzielung kugeliger Carbide
+M	thermomechanisch umgeformt
+N	normalgeglüht oder normalisierend umgeformt
+QA	luftgehärtet
+QO	ölgehärtet
+QT	vergütet
+QW	wassergehärtet
+SR	spannungsarmgeglüht

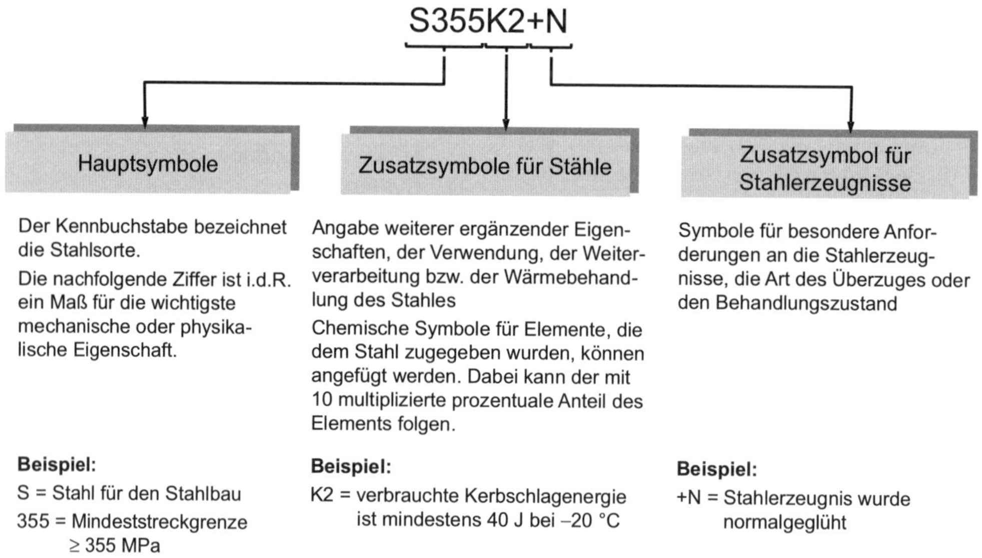

Bild 6.1–6 Beispiel für die Bezeichnung mit Kurznamen, die Hinweise auf die Verwendung der Stähle und deren mechanische oder physikalische Eigenschaften enthalten nach DIN EN 10 027-1

b) Kurznamen, die Hinweise auf die chemische Zusammensetzung der Stähle enthalten

Diese Kurznamen werden im Falle legierter *Stähle* verwendet oder wenn unlegierte *Stähle* einer Wärmebehandlung unterzogen werden sollen. Bei diesem System werden vier Bezeichnungsarten unterschieden.

- unlegierte *Stähle* mit einem Mangangehalt $< 1\,\%$

Diese *Stähle* werden von Praktikern häufig „Kohlenstoffstähle“ genannt. Unlegierte *Stähle* beginnen immer mit dem Hauptsymbol C gefolgt vom mittleren prozentualen Kohlenstoffgehalt, der mit dem Faktor 100 multipliziert wurde. Angaben über Verwendung, Weiterverarbeitung und Wärmebehandlungszustand können über die Zusatzsymbole für *Stähle* (Tabelle 6.1–5) und Stahlerzeugnisse (Tabelle 6.1–4) folgen.

Tabelle 6.1–5 Zusatzsymbole für Stähle nach DIN EN 10 027 Teil 1, Tabelle 12 (Auswahl)

Symbol	Bedeutung
C	zum Kaltumformen
D	zum Drahtziehen
E	vorgeschriebener maximaler S-Gehalt
S	für Federn
U	für Werkzeuge

Weitere Beispiele:

C20D *unlegierter Stahl* mit 0,20 % C für das Drahtziehen

C60+N *unlegierter Vergütungsstahl* mit 0,60 % C im normalgeglühten Zustand

C85S+AC *unlegierter Federstahl* mit 0,85 % C für Federn im Zustand geglüht auf kugelige Carbide

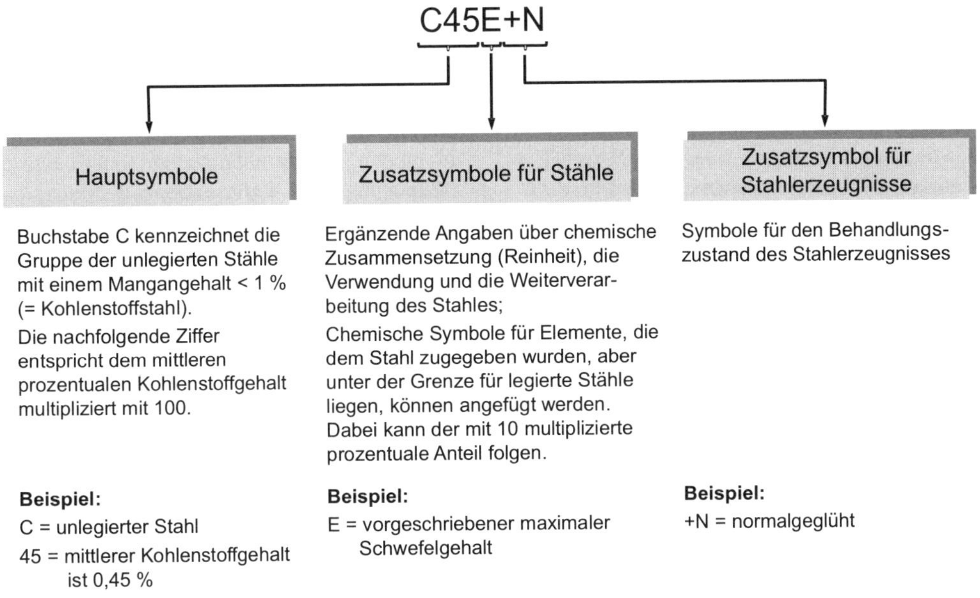

Bild 6.1–7 Beispiel für die Bezeichnung von unlegierten Stählen mit einem Mangangehalt $< 1\,\%$ nach DIN EN 10 027-1

- legierte *Stähle* mit einem Anteil des einzelnen Legierungselementes < 5 % (niedriglegierte *Stähle*) und unlegierte *Stähle* mit einem Mangangehält > 1 %

Bei den niedriglegierten *Stählen* beginnt die Werkstoffbezeichnung mit einer Ziffer, die dem mit 100 multiplizierten prozentualen Anteil des Kohlenstoffes entspricht (Bild 6.1–8). Es folgen die Hauptlegierungselemente, die nach abnehmendem Legierungsanteil sortiert werden. Der Anteil des einzelnen Legierungselementes ist mit einem festgelegten Faktor multipliziert (Tabelle 6.1–6). Die Zusatzsymbole machen wie bei den unlegierten *Stählen* Aussagen über den Behandlungszustand der Stahlerzeugnisse (Tabelle 6.1–4). *Stähle* mit einem Mangangehalt zwischen 1 % und 1,65 % gelten laut DIN EN 10 020 noch als unlegiert, werden aber auf die hier erläuterte Art und Weise bezeichnet.

Tabelle 6.1–6 Faktoren für die Legierungsanteile

Symbol	Bedeutung
4	Cr, Co, Mn,Ni,Si, W
10	Al, Be, Cu, Mo, Nb, Pb, Ta, Ti, V, Zr
100	Ce, N, P, S
1000	B

Weitere Beispiele:

28Mn6 *Vergütungsstahl* mit 0,28 % C und 1,5 % Mn (unlegierter Stahl, da Mn < 1,65 %)

42CrMo4+QT *Vergütungsstahl* mit 0,42 % C, 1 % Cr und Zusätzen an Mo; vergüteter Zustand

15CrMoV5-9 *Nitrierstahl* mit 0,15 % C, 1,25 % Cr, 0,9 % Mo und Zusätzen an V

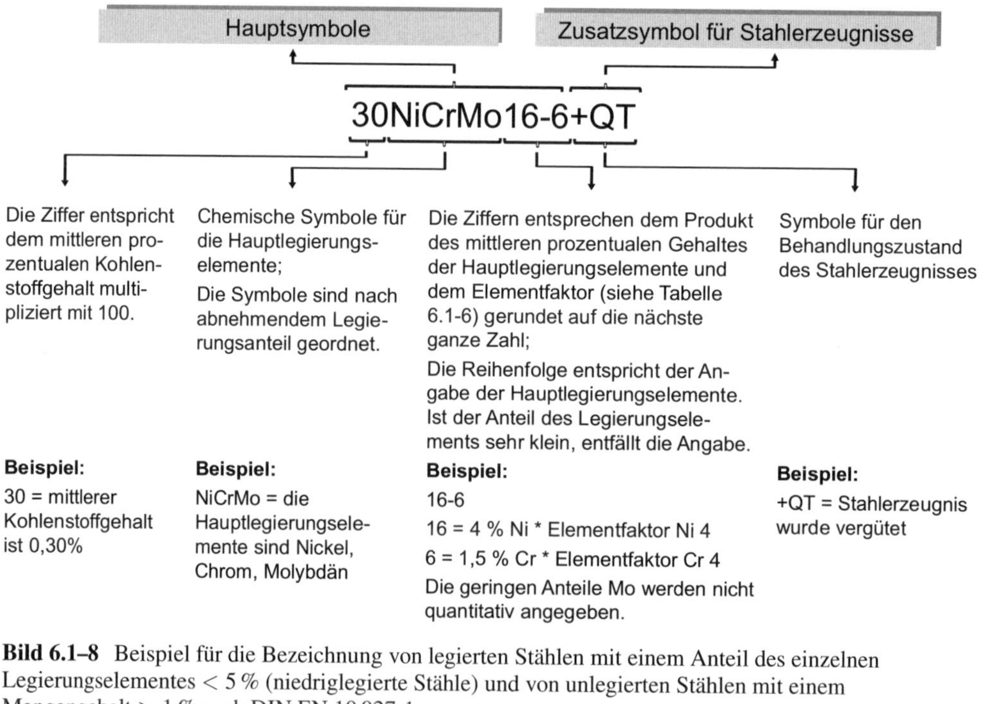

Bild 6.1–8 Beispiel für die Bezeichnung von legierten Stählen mit einem Anteil des einzelnen Legierungselementes < 5 % (niedriglegierte Stähle) und von unlegierten Stählen mit einem Mangangehalt > 1 % nach DIN EN 10 027-1

- legierte *Stähle* mit einem Anteil des einzelnen Legierungselementes > 5 % (hochlegierte *Stähle*)

Die Werkstoffbezeichnung für hochlegierte *Stähle* beginnt mit dem Kennbuchstaben X (Bild 6.1–9). *Stähle* werden als hochlegiert angesehen, wenn mindestens ein Legierungselement einen Anteil > 5 % aufweist. Im Gegensatz zu den niedriglegierten *Stählen* werden in der Werkstoffbezeichnung alle Legierungselemente in vollen Prozenten angegeben. Eine Ausnahme bildet lediglich der Kohlenstoff, dessen prozentualer Anteil mit 100 multipliziert ist. Die Werkstoffbezeichnung kann wiederum mit Zusatzsymbolen ergänzt sein, die Aussagen über den Zustand des Stahlerzeugnisses treffen (Tabelle 6.1–4).

Weitere Beispiele:

X6Cr13	*rost-* und *säurebeständiger Stahl* mit 0,06 % C und 13 % Cr
X38CrMoV5-3	*Warmarbeitsstahl* mit 0,38 % C, 5 % Cr, 3 % Mo und Zusätzen an V

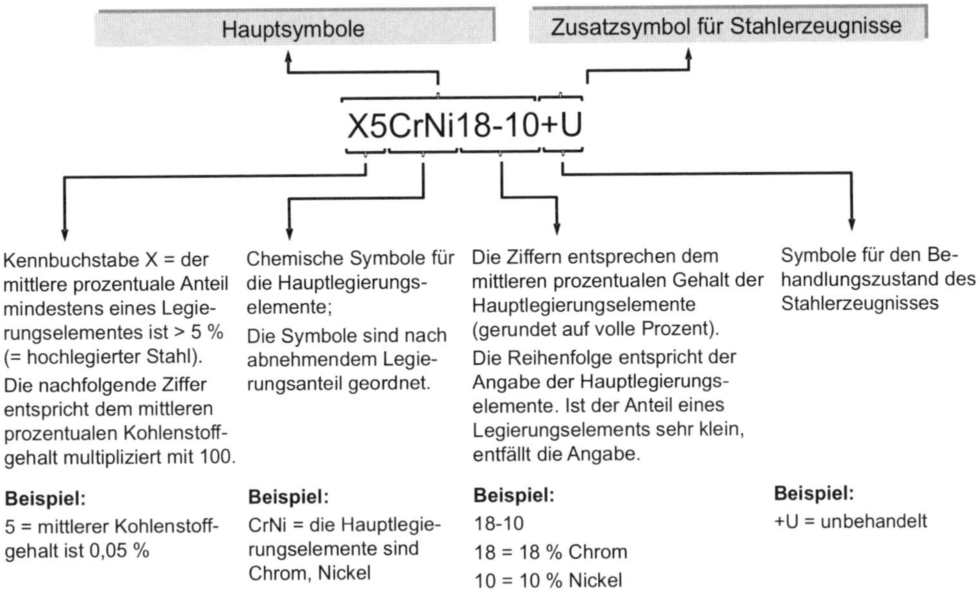

Bild 6.1–9 Beispiel für die Bezeichnung legierter Stähle mit einem Anteil eines Legierungselements > 5 % (hochlegierte Stähle) nach DIN EN 10 027-1

- Schnellarbeitsstähle

Die Schnellarbeitsstähle haben ein eigenes Kurznamensystem. Es lässt sich als eine Kombination von anwendungsorientierter Stahlbezeichnung und chemischer Zusammensetzung auffassen. Schnellarbeitsstähle beginnen immer mit den Kennbuchstaben HS (high speed steel) gefolgt von einer mit Bindestrichen getrennten Zahlenfolge (Bild 6.1–10). Diese gibt in der Reihenfolge Wolfram, Molybdän, Vanadium und Cobalt den prozentualen Anteil dieser Hauptlegierungselemente an. Weist die Folge nur drei Zahlen auf, ist der *Stahl* cobaltfrei. Natürlich enthalten die Schnellarbeitsstähle auch Kohlenstoff und zusätzlich Chrom. Diese werden aber im Kurznamen nicht angegeben. Mit den Zusatzsymbolen (Tabelle 6.1–4) können Behandlungszustände des Stahlerzeugnisses ergänzt werden.

Weitere Beispiele:

HS6-5-2	*Schnellarbeitsstahl* mit 6 % W, 5 % Mo, 2 % V aber ohne Cobalt
HS10-4-3-10	*Schnellarbeitsstahl* mit 10 % W, 4 % Mo, 3 % V und 10 % Co

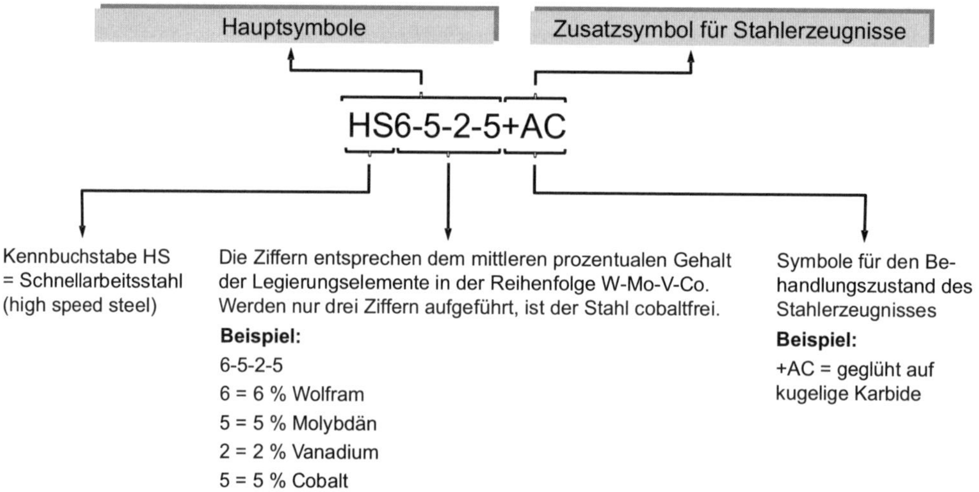

Bild 6.1–10 Beispiel für die Bezeichnung von Schnellarbeitsstählen nach DIN EN 10 027-1

c) Werkstoffnummern

Parallel zu den Kurznamen besitzt jeder *Stahl* eine Werkstoffnummer, die sich entsprechend DIN EN 10 027 Teil 2 aus einem fünf- bzw. siebenstelligen Code zusammensetzt (Bild 6.1–11). Anwendung findet dieses System in erster Linie im Handel und bei der Beschaffung von *Stählen* oder in der Praxis bei Firmen, die nur mit wenigen Stahlmarken arbeiten müssen.

Beispiele:

1.0577 Kurzname nach DIN EN 10 027 Teil 1 ist S355J2
1. Werkstoffhauptgruppe Stahl
05 = unlegierter Qualitätsstahl, Stähle mit im Mittel $\geqq$ 0,25 % C; $<$ 0,55 % C oder
$R_m \geqq 500$ MPa < 700 MPa
77 = laufende Nummerierung

1.4301 Kurzname nach DIN EN 10 027 Teil 1 ist X5CrNi18-10
1. Werkstoffhauptgruppe Stahl
43 = legierter Edelstahl, nichtrostende Stähle mit Ni $\geqq$ 2,5 % ohne Mo, Nb, Ti
01 = laufende Nummerierung

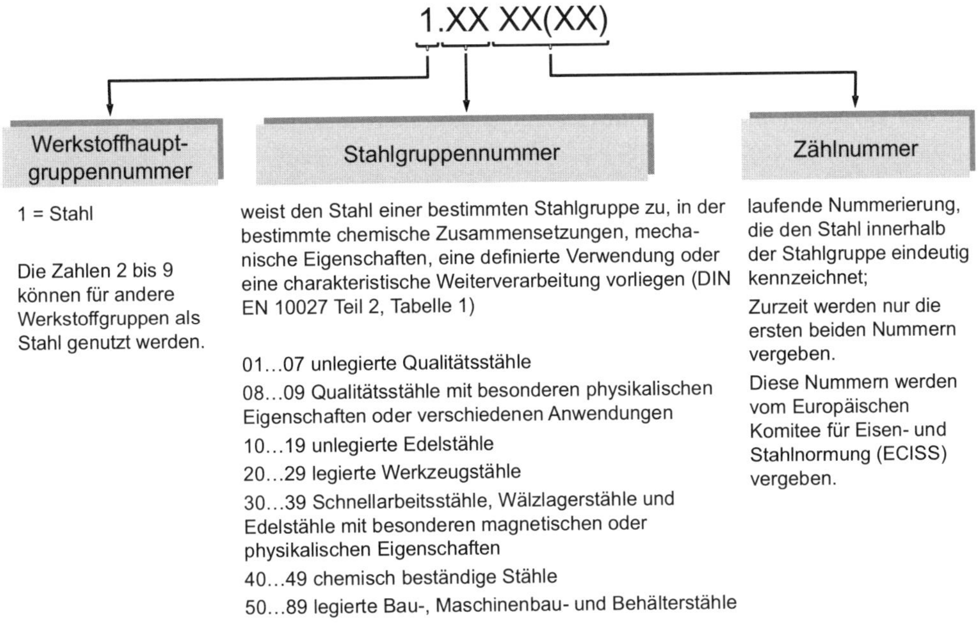

Bild 6.1–11 Werkstoffnummernsystem nach DIN EN 10 027-2

Übung 6.1–7
Erklären Sie dieStahlbezeichnungen S235JR, 16MnCr5, 42CrMo4+QT, X6Cr13, HS2-9-28!

Übung 6.1–8
Welche Vorteile hat die Bezeichnung der Stähle mit Werkstoffnummern?

6.2 Stahlgruppen

Lernziele

Der Lernende kann ...
- wichtige Stahlgruppen nach wesentlichen Merkmalen unterscheiden,
- charakteristische Werkstoffeigenschaften der Stähle nennen,
- einige typische Anwendungsgebiete für Stähle begründen,
- erläutern, dass sich Stähle verschieden be- und verarbeiten lassen.

6.2.0 Übersicht

Trotz der zunehmenden Bedeutung von Leichtmetalllegierungen, Kunststoffen und Verbundwerkstoffen ist Stahl nach wie vor der Konstruktionswerkstoff, der mengenmäßig mit Abstand am häufigsten in der Technik verwendet wird. Der Vorteil von *Stahl* besteht neben der preiswerten Erzeugung und der Verfügbarkeit von Rohstoffen in seiner Breite der Anwendungs- und Verarbeitungseigenschaften. So können *Stähle* über die Variation der chemischen Zusammensetzung und die Einstellung des Gefüges entweder sehr gut verformbar (z. B. Stahlblechwerkstoffe für die Kaltumformung), hochfest, hart oder verschleißbeständig mit ausreichender Zähigkeit (z. B. Schnellarbeitsstähle) eingestellt werden. Eine kurze Behandlung wichtiger Stahlgruppen soll dem Lernenden helfen, sich einen Überblick über dieses wesentliche Gebiet zu verschaffen.

6.2.1 Baustähle

Baustähle werden in erster Linie für konstruktive Aufgaben verwendet und in verschiedenen Halbzeugformen (Flachprodukte in verschiedenen Dicken oder Profile wie z. B. Doppel-T-Träger) angeboten. Beim Kauf einer bestimmten Stahlmarke werden dem Anwender immer Mindestanforderungen in Bezug auf die chemische Zusammensetzung, Festigkeit, Zähigkeit oder die Verarbeitungseigenschaften (Umformbarkeit, Schweißbarkeit) garantiert. Das ist notwendig, da diese Werkstoffe in der Regel beim Anwender keine zusätzliche Wärmebehandlung erfahren sollen. *Baustähle* werden im Hoch- und Brückenbau, Nutzfahrzeugbau, Schiffbau, Maschinenbau und Anlagenbau für Tragkonstruktionen eingesetzt. Die Gruppe der *Baustähle* umfasst zahlreiche Untergruppen, die sich in der Herstellung sowie den Verarbeitungs- und Einsatzeigenschaften ganz erheblich unterscheiden.

- unlegierte Baustähle

Unlegierte Baustähle, oft auch als *allgemeine Baustähle* bezeichnet, sind durch Warmwalzen hergestellte Qualitätsstähle. Sie sind in DIN EN 10 025-2 genormt. Aufgrund ihrer chemischen Zusammensetzung sind sie immer ferritisch-perlitisch. Alle Stahlgüten dieser Gruppe müssen eine vorgeschriebene Mindeststreckgrenze R_e aufweisen (Tabelle 6.2–2). Da ein zu hoher Anteil an Stahlbegleitern versprödend wirken würde, sind für die stahlbegleitenden Elemente C, Mn, Si, P, S und außerdem N Obergrenzen festgelegt. Ausnahmen gibt es lediglich bei den Maschinenbaustählen (Kennbuchstabe E, z. B. E360) und der Sorte S185. Bei einer Einhaltung der Obergrenzen kann auch eine definierte Zähigkeit in Form einer verbrauchten Schlagenergie KV bei vorgegebener Temperatur garantiert werden. Wie die Mindeststreckgrenze R_e kann auch die garantierte verbrauchte Schlagenergie KV bereits aus der Stahlbezeichnung entnommen werden (Tabelle 6.2–1).

Die *unlegierten Baustähle* sind gut spanbar und lassen sich in einem begrenzten Umfang kaltumformen (Abkanten, Biegen). Eine Warmumformung im Bereich des Austenits ist möglich, allerdings kann bei Überhitzung und ungünstigen Abkühlungsbedingungen Grobkorn oder ein nadeliger Ferrit-Perlit (Widmannstättengefüge) entstehen, was eine Verschlechterung der Zähigkeit zur Folge hat. Die Schweißeignung der *unlegierten Baustähle* hängt von der Beruhigungsart (Desoxidation) und der Menge der stahlbegleitenden Elemente ab. Die Güten S185, E295, E335 und E360 sind nicht schweißbar. Die Stähle S235JR, S275JR und S355JR sind wegen der Beruhigungsart (unberuhigt nicht zugelassen) und des leicht erhöhten P- und S-Gehaltes nur bedingt schweißbar. Alle übrigen, vollständig beruhigten Güten sind gut schweißbar.

> *Unlegierte Baustähle* sind Qualitätsstähle für konstruktive Aufgaben. Sie werden warmgewalzt und weisen ein ferritisch-perlitisches Gefüge auf. Mit der Stahlsorte werden Festigkeitseigenschaften und u. U. die Zähigkeit und Schweißbarkeit garantiert.

Tabelle 6.2–1 Zusatzsymbole in der Stahlbezeichnung nach DIN EN 10 027-1 für unlegierte Baustähle für eine garantierte verbrauchte Schlagenergie

verbrauchte Schlagenergie KV			Prüftemperatur
27 J	40 J	60 J	in °C
JR	KR	LR	+20
J0	K0	L0	0
J2	K2	L2	−20
J3	K3	L3	−30
J4	K4	L4	−40
J5	K5	L5	−50
J6	K6	L6	−60

Beispiele für die Anwendung von *unlegierten Baustählen*:

S235J0 Schweißkonstruktionen im Stahlbau (Tragwerk einer Stahlbauhalle)

S355J2 höherbeanspruchte Schweißkonstruktionen auch für tiefere Temperaturen geeignet (Brückenbau, Kranbau)

E360 einfache Maschinenteile mit geringen mechanischen Beanspruchungen (Bolzen, Stifte, einfache, gering belastete Wellen); keine Schweißkonstruktionen möglich

Tabelle 6.2–2 Chemische Zusammensetzung (Schmelzanalyse) und ausgewählte Eigenschaften unlegierter Baustähle entsprechend der DIN EN 10 025-2 (Auswahl)

Stahlgüte	Desoxidation [1]	maximal zulässiger Gehalt in *m*-%						R_e [2] in MPa	verbrauchte Schlagenergie KV	Schweißeignung
		C	Mn	Si	P	S	N			
S185	–	–	–	–	–	–	–	185	–	nein
S235JR	FN	0,17	1,40	–	0,035	0,035	0,012	235	27 J bei 20 °C	bedingt
S235J2	FF	0,17	1,40	–	0,025	0,025	–	235	27 J bei −20 °C	ja 16 mm
S355JR	FN	0,24	1,60	0,55	0,035	0,035	0,012	355	27 J bei 20 °C	bedingt
S355K2	FF	0,20	1,60	0,55	0,025	0,025	–	355	40 J bei −20 °C	ja
E295	FN	–	–	–	0,045	0,045	0,012		–	nein
E360	FN	–	–	–	0,045	0,045	0,012		–	nein

[1] FN: unberuhigter Stahl nicht zulässig; FF: vollberuhigter Stahl mit einem ausreichenden Gehalt an stickstoffabbindenden Elementen (z. B. Al); keine Vorgaben: Beruhigungsart ist dem Hersteller überlassen

[2] Angegeben ist eine Mindeststreckgrenze bei Nenndicken $\leqq$ 16 mm

- schweißgeeignete Feinkornbaustähle

Mit den *schweißgeeigneten Feinkornbaustählen* wird das Ziel verfolgt, die Festigkeit zu steigern. Gleichzeitig soll der Werkstoff auch bei Temperaturen deutlich unter 0 °C eine ausreichende Sicherheit gegen Sprödbruch aufweisen (Tabelle 6.2–3). Diese Eigenschaften sollen außerdem in der Wärmeeinflusszone einer Schweißnaht vorliegen.
Um die Schweißeignung nicht negativ zu beeinflussen, darf der Kohlenstoffgehalt zur Festigkeitssteigerung nicht angehoben werden und in der Schmelzanalyse der *schweißgeeigneten Feinkornbaustähle* den Wert von 0,2 % nicht (DIN EN 10 025 Teil 3 und 4) überschreiten. Neben den definiert eingestellten Gehalten an Mn und Si weisen die *schweißgeeigneten Feinkornstähle* geringe Legierungsanteile auf. Die Elemente Mn, Si, Cr und Ni führen zur Mischkristallverfestigung im Ferrit. Al, V, Nb, Ti und Mo binden den Stickstoff und/oder den Kohlenstoff ab und werden als Carbide, Nitride oder Carbonitride feinverteilt ausgeschieden. Neben der angestrebten Teilchenverfestigung behindern diese Ausscheidungen das Kornwachstum im Austenit und wirken als Kristallisationskeime bei der Bildung des Ferrits. Das führt bei der Abkühlung nach dem

Schweißgeeignete Feinkornbaustähle sind vollberuhigte mikrolegierte Baustähle mit einer höheren Festigkeit bei verbesserter Zähigkeit. Diese Eigenschaftsverbesserung wird erreicht durch:
- geringen Kohlenstoff-, Schwefel- und Phosphorgehalt
- mischkristallbildende Legierungselemente (Mn, Si, Cr, Ni)
- Teilchenverfestigung durch feinstausgeschiedene Carbide, Nitride und Carbonitride
- Kornfeinung

Warmwalzen bzw. nach einer thermomechanischen Behandlung, aber auch bei einer α-γ-α-Umwandlung in der Wärmeeinflusszone beim Schweißen zur Ausbildung eines sehr feinkörnigen Gefüges mit verbesserter Festigkeit und hoher Zähigkeit.

Unterschieden werden *normalgeglühte* oder *normalisierend gewalzte* (Zusatzsymbole N oder NL) und *thermomechanisch gewalzte schweißgeeignete Feinkornbaustähle* (Zusatzsymbole M oder ML). Beim Normalglühen der Feinkornbaustähle wird durch die Nitride, Carbide und Carbonitride die Keimbildung bei der angestrebten Phasenumwandlung ($\alpha \rightarrow \gamma \rightarrow \alpha$) unterstützt und das Kristallwachstum behindert, sodass ein feinkörniges ferritisch-perlitisches Gefüge entsteht (siehe Abschnitt 4.2.1.3). Beim *normalisierenden Walzen* wird der Stahl nach der Warmformgebung so abgekühlt, dass ein zum Normalglühen gleichwertiges Gefüge entsteht. Bei den *thermomechanisch gewalzten* Güten M und ML findet die letzte Walzverformung unmittelbar vor oder während der Ferrit-/Perlitbildung statt. Im noch vorliegenden metastabilen Austenit entstehen durch das Walzen viele neue Versetzungen. Die bereits sehr tiefen Temperaturen und die Mikrolegierungselemente behindern die Rekristallisation des Austenits. Die hohe Versetzungsdichte begünstigt die Keimbildung von Ferrit und Perlit, sodass ein äußerst feinkörniges Gefüge entsteht, das über eine herkömmliche Wärmebehandlung nicht zu erreichen ist.

Die schweißgeeigneten Feinkornbaustähle lassen sich kaltumformen und spanend bearbeiten. Sie sind vollständig beruhigt und uneingeschränkt schweißgeeignet.

Tabelle 6.2–3 Ausgewählte Eigenschaften schweißgeeigneter Feinkornbaustähle entsprechend DIN EN 10 025 Teil 3 und Teil 4 (Auswahl)

Stahlgüte	Mindeststreckgrenze R_e in MPa	verbrauchte Schlagenergie KV
S355N	355	40 J bei −20 °C
S355NL	355	27 J bei −50 °C
S460N	460	40 J bei −20 °C
S460NL	460	27 J bei −50 °C
S355M	355	40 J bei −20 °C
S355ML	355	27 J bei −50 °C
S500M	500	40 J bei −20 °C

Beispiele für die Anwendung von *schweißgeeigneten Feinkornbaustählen*:

- hochbeanspruchte Schweißkonstruktionen, bei denen auch bei tiefen Temperaturen noch eine ausreichende Zähigkeit vorliegen muss;
- Brückenbau;
- Fahrzeugrahmen für Nutzfahrzeuge;
- Behälterbau;
- Off-Shore-Technik (Konstruktionen von Bohrinseln);
- Türme von Windkraftanlagen

- vergütete Baustähle

Die *vergüteten Baustähle* gemäß DIN EN 10 025-6 werden nach dem Warmwalzen direkt abgeschreckt, sodass ein feines martensitisches oder martensitisch-bainitisches Gefüge entsteht. Unmittelbar im Anschluss werden diese Stähle angelassen. Das Vergütungsgefüge führt gegenüber dem Ferrit-Perlit bei herkömmlichen Baustählen zu einer erheblichen Festigkeitssteigerung (Streckgrenze R_e bis zu 1100 MPa) bei gleichzeitig guter Zähigkeit (Tabelle 6.2–4). Die *vergüteten Baustähle* sind vollberuhigt und enthalten Legierungselemente (z. B. Al, Mn, V, Cr, Mo, B, Ti, Ni) in geringen Mengen. Diese sollen den Stickstoff abbinden und die Einhärtbarkeit verbessern. Deshalb steigt in der Regel der Anteil der Legierungselemente mit zunehmender Halbzeugdicke. Die *vergüteten Baustähle* sind nicht mehr uneingeschränkt schweißbar. Durch das Schweißen werden die mittels Wärmebehandlung definiert eingestellten Eigenschaften in der Wärmeeinflusszone verändert und es können sich unter ungünstigen Bedingungen Risse in der Wärmeeinflusszone bilden. Deshalb darf das Schweißen solcher Stähle nur von befähigten Fachschweißern durchgeführt werden. Die spanende Bearbeitung führt bei diesen Güten zu einem deutlich höheren Werkzeugverschleiß. Eine Kaltverformung ist nur in einem sehr begrenzten Umfang möglich (Abkanten). Der Einsatz von hochfesten *vergüteten Baustählen* im Kran- und Nutzfahrzeugbau führt zur Reduktion des Eigengewichtes und zur Erhöhung der Nutzlast.

Vergütete Baustähle sind vollständig beruhigte Stähle, die aufgrund ihres Vergütungsgefüges eine sehr hohe Festigkeit bei guter Zähigkeit aufweisen. Sie sind nur bedingt schweiß-, umform- und spanbar.

Tabelle 6.2–4 Eigenschaften ausgewählter vergüteter Baustähle nach DIN EN 10 025-6

Stahlgüte	Mindeststreckgrenze R_e in MPa	verbrauchte Schlagenergie KV
S550Q	550	30 J bei −20 °C
S550QL	550	30 J bei −40 °C
S550QL1	550	30 J bei −60 °C
S960Q	960	30 J bei −20 °C
S960QL	960	30 J bei −40 °C

Beispiele für die Anwendung von *vergüteten Baustählen*:

- Mobilkranbau (Fahrzeugrahmen, Teleskopausleger);
- Gittermasten von Gittermastkranen;
- LKW-Mulden;
- Rahmen für Schwerlasttransporter (Straßen- und Schienenfahrzeuge)

- wetterfeste Baustähle

Die *wetterfesten Baustähle* nach DIN EN 10 025-5 weisen gegenüber herkömmlichen Baustählen und den Feinkornbaustählen eine deutlich verbesserte Korrosionsbeständigkeit unter atmosphärischen Bedingungen auf (Freibewitterung). Durch das Legieren mit Phosphor ($\leqq$ 0,15 %), Kupfer ($\leqq$ 0,55 %) und Chrom ($\leqq$ 1,25 %) bildet sich bei der Bewitterung auf der Oberfläche des Stahles eine Oxidschicht, die den Grundwerkstoff schützt, sodass die Korrosionsgeschwindigkeit deutlich abnimmt. Wie für die anderen Baustähle garantiert der Hersteller eine Mindestfestigkeit (R_e) und eine Mindestzähigkeit bei vorgegebener Temperatur (verbrauchte Schlagenergie KV). Zu erkennen sind die *wetterfesten Baustähle* an den Zusatzsymbolen W (phosphorfreie Güten) bzw. WP (phosphorlegierte Güten). Die Stähle, insbesondere phosphorlegierte Güten, sind nur bedingt schweißbar, deshalb werden die Bauteile oft geschraubt oder genietet.

> Wetterfeste Baustähle zeichnen sich neben einer garantierten Festigkeit und Zähigkeit durch ein verbessertes Korrosionsverhalten unter atmosphärischen Bedingungen aus. Ursache ist eine dichte Oxidationsschicht auf der Oberfläche.

Tabelle 6.2–5 Eigenschaften ausgewählter wetterfester Baustähle nach DIN EN 10 025-5

Kurzname	Phosphor	Mindeststreckgrenze R_e in MPa	verbrauchte Schlagenergie KV
S355J0W	phosphorfrei	355	27 J bei 0 °C
S355J0WP	phosphorhaltig	355	27 J bei 0 °C
S460J4W	phosphorfrei	460	27 J bei −40 °C

Beispiele für die Anwendung von *wetterfesten Baustählen*:

- Masten für Hochspannungsleitungen;
- Fassadenelemente im Hochbau

Übung 6.2–1
Welche Vorteile weisen normalisierend gewalzte Baustähle gegenüber herkömmlichen warmgewalzten Baustählen auf?

Übung 6.2–2
Wovon hängt die Schweißeignung eines Baustahls ab?

Übung 6.2–3
Welche Werkstoffkenngröße ist für die statische Auslegung eines Tragwerks entscheidend, die Zugfestigkeit R_m oder die Streckgrenze R_e?

Übung 6.2–4
Wieso weisen vergütete Baustähle im Vergleich zu anderen Baustählen eine viel höhere Festigkeit auf?

Übung 6.2–5
Sind wetterfeste Baustähle korrosionsfrei?

6.2.2 Baustähle für bestimmte Wärmebehandlungen

- Vergütungsstähle

Vergütungsstähle sind untereutektoide Stähle mit einem Kohlenstoffgehalt zwischen 0,22 % und 0,6 %, die ihre Anwendungseigenschaften durch Vergüten, d. h. Härten gefolgt von einem hohen Anlassen, oder durch Bainitisieren erhalten (siehe Abschnitt 4.2.3). Durch das Vergüten wird ein optimales Verhältnis von Festigkeit, Dauerfestigkeit und Zähigkeit angestrebt. *Vergütungsstähle* zeichnen sich durch ein hohes Streckgrenzenverhältnis (R_e/R_m) und eine hohe Dauerfestigkeit aus. Deshalb werden *Vergütungsstähle* im Maschinenbau für schwingend belastete und für statisch hochbeanspruchte Bauteile eingesetzt, die geometrie- bzw. einsatzbedingt einen hohen Widerstand gegen Rissbildung und instabilen Rissfortschritt benötigen (bei kompliziert geformten Bauteilen mit Kerben und/oder bei tiefen Betriebstemperaturen). Bei den *Vergütungsstählen* werden unlegierte, Mn-, Cr-, Cr-Mo- und Cr-Ni-Mo-legierte Stähle unterschieden.
Die Eigenschaften der *Vergütungsstähle* werden neben ihrer chemischen Zusammensetzung von der Anlasstemperatur bestimmt (Bild 6.2–1). Außerdem hat ein höherer Kohlenstoffgehalt auch eine höhere Härte an der Oberfläche der *Vergütungsstähle* zur Folge (Aufhärtbarkeit, Bild 4.2–13). Legierte *Vergütungsstähle* weisen gegenüber den unlegierten Güten eine deutlich verbesserte Einhärtbarkeit auf (Bild 6.2–2). Die Ursache für diesen Effekt liegt in der geringeren oberen kritischen Abkühlgeschwindigkeit der legierten Stähle. Während die unlegierten Stähle nur 3 mm . . . 5 mm einhärten (Schalenhärter), können insbesondere Cr-Ni-Mo-legierte Stähle auch bei deutlich größeren Querschnitten durchvergütet werden. Das führt bei großen Bauteilwandstärken zu einer höheren Festigkeit (Tabelle 6.2–6). Aus diesen Gründen werden dünnwandige oder wenig beanspruchte Bauteile in der Regel aus unlegierten *Vergütungsstählen* gefertigt. Bauteile

Vergütungsstähle sind untereutektoid (0,22 % . . . 0,6 % C) und können legiert oder unlegiert sein. Durch das Vergüten (Härten + hohes Anlassen) erhalten die Stähle eine hohe Festigkeit bei guter Zähigkeit. Durch die hohe Dauerfestigkeit sind sie für schwingende Beanspruchungen geeignet. Eine Randschichthärtung (Induktions-, Flamm-, Laser-, Elektronenstrahlhärtung) verbessert die Verschleißbeständigkeit.

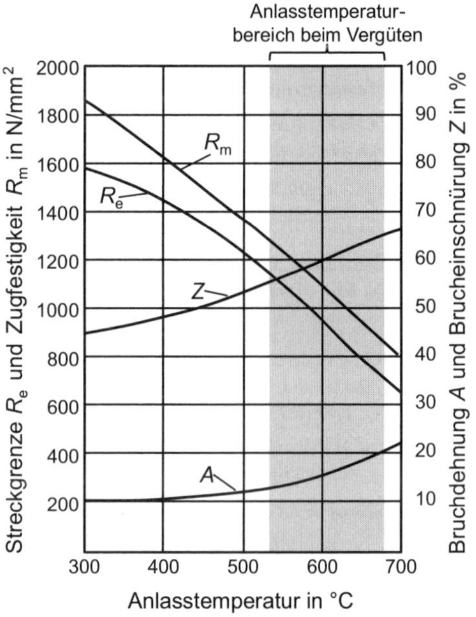

Bild 6.2–1 Anlassschaubild des Vergütungsstahles 42CrMo4

mit großen Querschnitten, die mechanisch hoch beansprucht werden, müssen dagegen aus legierten *Vergütungsstählen* hergestellt werden.
Um die Verschleißfestigkeit z. B. im Bereich von Lagern zu verbessern, werden diese Stähle im vergüteten Zustand oftmals einer Randschichthärtung unterzogen (siehe Abschnitt 4.2.4). Nach dem Randschichthärten schließt sich ein entspannendes Anlassen bei ca. 200 °C an. Durch diese Wärmebehandlung lässt sich die Oberflächenhärte steigern. Die Kernfestigkeit und -zähigkeit bleiben aber praktisch unverändert. Zu beachten ist, dass beim Einsatz von randschichtgehärteten Bauteilen die Einsatztemperatur immer unter der Anlasstemperatur von 200 °C liegen muss, sonst entfestigt die Oberfläche und der Verschleiß nimmt zu.
Vergütungsstähle werden im weichgeglühten oder normalisierten Zustand spanend bearbeitet. Auch eine Hartbearbeitung im vergüteten Zustand ist möglich. Allerdings sind dann der Vorschub und die Spanabnahme sehr begrenzt. Die Hartbearbeitung setzt die Verwendung von sehr harten Schneidstoffen (z. B. Wendeschneidplatten aus Keramik) voraus.

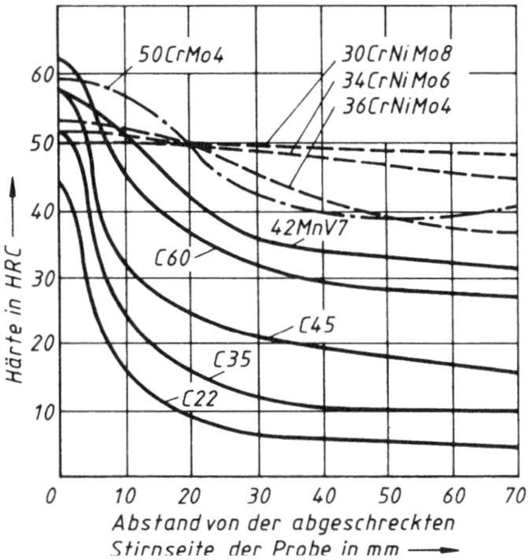

Bild 6.2–2 Härteverlauf verschiedener Vergütungsstähle nach Wasserabschreckung (genormte Proben gleicher Abmessung) nach Jominy

Beispiele für die Anwendung von *Vergütungsstählen*:
schwingend belastete Bauteile im Maschinenbau, z. B. Wellen, Achsen, Zahnräder, Federn, Kurbelwellen, Pleuelstangen, Schrauben

Tabelle 6.2–6 Mechanische Eigenschaften ausgewählter Vergütungsstähle in Abhängigkeit vom Querschnitt nach DIN EN 10 083-2 und -3

Stahl	max. Aufhärtbarkeit	mechanische Eigenschaften für den Durchmesser *d* im vergüteten Zustand (+QT)							
		$d \leqq 16$ mm		16 mm $< d \leqq 40$ mm		40 mm $< d \leqq 100$ mm		100 mm $< d \leqq 160$ mm	
	HRC	R_e in MPa	R_m in MPa	R_e in MPa	R_m in MPa	R_e in MPa	R_m in MPa	R_e in MPa	R_m in MPa
C45E	55 ... 62	490	700 ... 850	430	650 ... 800	370	630 ... 780	–	–
41Cr4	56 ... 61	800	1000 ... 1200	660	900 ... 1100	560	800 ... 950	–	–
42CrMo4	56 ... 61	900	1100 ... 1300	750	1000 ... 1200	650	900 ... 1100	550	800 ... 950
30CrNiMo8	51 ... 56	1050	1250 ... 1450	1050	1250 ... 1450	900	1000 ... 1300	800	1000 ... 1200

- Einsatzstähle

Einsatzstähle (DIN EN 10 084) sind unlegierte oder legierte Edelstähle mit einem vergleichsweise geringen Kohlenstoffgehalt von 0,1 % bis 0,28 %. *Einsatzstähle* werden einsatzgehärtet oder carbonitriert (Abschnitt 4.3.1). Dabei wird der randnahe Bereich der Bauteile mit Kohlenstoff (ca. 0,9 %) oder mit Kohlenstoff und Stickstoff angereichert (= Aufkohlen). Es schließt sich eine Härtung der Bauteile mit einem entspannenden Anlassen (ca. 200 °C) an. Durch die Aufkohlung im randnahen Bereich entsteht an der Oberfläche beim Härten ein tetragonal verspannter Martensit. Da der Kohlenstoffgehalt im aufgekohlten Bereich sogar größer ist als bei den randschichtgehärteten Vergütungsstählen, ist die erreichbare Härte bei den *einsatzgehärteten Stählen* größer. Die Festigkeit der Bauteile wird vom Gefüge im Kern bestimmt (Tabelle 6.2–7). Während bei sehr dickwandigen Bauteilen oder unlegierten *Einsatzstählen* im Kern ein gleichgewichtsnahes Gefüge entsteht (geringe Kernfestigkeit), wird im Kern von legierten *Einsatzstählen* Martensit gebildet. Da beim Aufkohlen die chemische Zusammensetzung im Kern unverändert bleibt, ist der Martensit hier kubisch. Der kubische Martensit zeichnet sich aus durch eine deutlich höhere Festigkeit als Ferrit-Perlit bei gleichzeitig hoher Zähigkeit. Außer dem erhöhten Verschleißschutz weisen einsatzgehärtete Bauteile sehr hohe Druckeigenspannungen an der Oberfläche auf. Diese wirken der Rissbildung insbesondere bei einer schwingenden Beanspruchung entgegen, sodass einsatzgehärtete Bauteile eine sehr hohe Dauerfestigkeit besitzen.

Einsatzstähle können vor dem Einsatzhärten gut spanend bearbeitet werden und sind recht gut schweißbar.

Einsatzstähle sind unlegierte oder legierte Edelstähle mit 0,1 %...0,28 % C, die einsatzgehärtet oder carbonitriert werden. Nach dem Einsatzhärten weisen die Bauteile eine hohe Dauerfestigkeit und an der Oberfläche eine große Härte und Verschleißbeständigkeit auf. Die Festigkeit der Bauteile wird vom Gefüge im Kern bestimmt.

Tabelle 6.2–7 Einsatzstähle (Auswahl) Mechanische Eigenschaften bei 30 mm Durchmesser

Kurz-bezeichnung	Nr.	$R_{e\,min}$ N/mm²	R_m N/mm²
C10	1.0301	295	500
16MnCr5	1.7131	590	800
25MoCr4	1.7325	685	1 000

Streckgrenze und Zugfestigkeit nach der Einsatzhärtung im Kern der Werkstücke (Kernfestigkeit)

Bild 6.2–3 Makroschliff einer aufgekohlten Randzone (50 : 1)

Beispiele für die Anwendung von *Einsatzstählen*:

- hochbeanspruchte Bauteile im Getriebebau, z. B. Zahnräder, Wellen, Nockenwellen, Bolzen
- Dorne, Spindeln, Werkzeuge, Messzeuge

- Nitrierstähle

Nitrierstähle nach DIN EN 10 085 können mit einem Kohlenstoffgehalt von 0,22 % bis 0,6 % als Untergruppe der Vergütungsstähle aufgefasst werden. Die *Nitrierstähle* sind mit den nitridbildenden Elementen Cr, Al, Mo und/oder V legiert. Obwohl im Prinzip alle Stähle nitriert werden können, sind die *Nitrierstähle* besonders für die thermochemischen Oberflächenhärteverfahren Nitrieren bzw. Nitrocarburieren geeignet (Abschnitt 4.3.2). Die Nitrierschicht ist an der Oberfläche noch einmal deutlich härter als die beim Einsatzhärten gebildete Martensitschicht. Nitriert werden die Stähle üblicherweise im vergüteten Zustand, was für eine hohe Kernfestigkeit bei guter Zähigkeit sorgt. Die *Nitrierstähle* werden nach der für das Bauteil notwendigen Kernfestigkeit ausgewählt.

Nitrierstähle weisen einen Kohlenstoffgehalt von 0,22 % bis 0,6 % auf. Sie sind mit den nitridbildenden Elementen Cr, Al, Mo und/oder V legiert. *Nitrierstähle* werden in der Regel nitriert oder nitrocarburiert. Die Nitridschicht an der Oberfläche ist äußerst hart, verschleißbeständig und erträgt Temperaturen bis 500 °C. Um die Kernfestigkeit einzustellen, werden die Stähle vor dem Nitrieren vergütet.

Im Gegensatz zu den randschichtgehärteten oder einsatzgehärteten Oberflächen sind nitrierte Randbereiche thermisch stabil. Deshalb ist eine Verwendung der vergüteten und anschließend nitrierten Bauteile bis ca. 500 °C möglich, ohne dass sich die Verschleißbeständigkeit und Kernfestigkeit entscheidend verändern. Ein weiterer Vorteil von nitrierten Stählen ist die verbesserte Korrosionsbeständigkeit durch das Nitrieren. Außerdem tritt durch die vergleichsweise niedrigen Temperaturen beim Nitrieren kaum Verzug auf. Der Materialauftrag beim Nitrieren ist kaum messbar, sodass Bauteile vor dem Nitrieren fertig bearbeitet werden können. Nachteilig kann der steile Härtegradient sein, der beim Nitrieren entsteht. Insbesondere bei schlagartigen Beanspruchungen kann dadurch die Nitrierschicht zum Abplatzen neigen. Bedingt durch die vergleichsweise lange Nitrierdauer ist die Wärmebehandlung im Vergleich zum Einsatzhärten und besonders zum Randschichthärten deutlich teurer.

Beispiele für die Anwendung von *Nitrierstählen*:
Kraftwerksarmaturen für hohe Temperaturen, Ventile, Zahnräder, Wellen und Spindeln, Gussformen für den Leichtmetalldruckguss

Tabelle 6.2–8 Mechanische Eigenschaften ausgewählter Nitrierstähle in Abhängigkeit vom Querschnitt nach DIN EN 10 085 (Auswahl)

Stahl	mechanische Eigenschaften für den Durchmesser d im vergüteten Zustand (+QT)							
	16 mm $< d \leqq 40$ mm		40 mm $< d \leqq 100$ mm		100 mm $< d \leqq 160$ mm		160 mm $< d \leqq 250$ mm	
	R_e in MPa	R_m in MPa	R_e in MPa	R_m in MPa	R_e in MPa	R_m in MPa	R_e in MPa	R_m in MPa
34CrAlMo5-10	600	800 ... 1000	600	800 ... 1000	–	–	–	–
31CrMo12	835	1030 ... 1230	785	980 ... 1180	735	930 ... 1130	675	880 ... 1080
33CrMoV12-9	950	1150 ... 1350	850	1050 ... 1250	750	950 ... 1150	700	900 ... 1100

Übung 6.2–6
Welche Vorteile haben einsatzgehärtete Einsatzstähle im Vergleich zu Stählen, die randschichtgehärtet oder nitriert wurden?

Übung 6.2–7
Was sind Nitride?

Übung 6.2–8
Vergütungsstähle können unlegiert oder legiert sein. Welche Vorzüge haben die legierten Vergütungsstähle?

Übung 6.2–9
Warum dürfen nitrierte Stähle nicht für schlagartige Beanspruchungen eingesetzt werden?

6.2.3 Nichtrostende Stähle

In vielen Bereichen der Technik (z. B. chemische Industrie, Pharmazie, Turbinenbau, bei der Herstellung und Verarbeitung von Lebensmitteln) werden Werkstoffe benötigt, die nicht nur eine hohe Festigkeit und Zähigkeit aufweisen. Zusätzlich müssen die dort eingesetzten Werkstoffe einen besonders hohen Korrosionswiderstand bieten. Durch einen Chromgehalt von über 12 % weisen *nichtrostende Stähle* gegenüber anderen Bau- und Werkzeugstählen den Vorteil einer erheblich verbesserten Korrosionsbeständigkeit auf. Erreicht wird das durch eine dünne, festhaftende und dichte Oxidschicht, die sich auf der Oberfläche ausbildet und den Ladungsträgeraustausch (Lösung von Metall-Ionen in einem Elektrolyt) sehr stark behindert. Der Stahl wird also durch die Oxidschicht passiviert (siehe Abschnitt 9.1.4). Selbst wenn die Deckschicht mechanisch beschädigt wird (z. B. Kratzer), bildet sich diese zumindest unter atmosphärischen Bedingungen oder in einem sauerstoffhaltigen, oxidierend wirkenden Medium neu aus (Repassivierung).

Achtung: Diese Stähle sind nicht korrosionsfrei! Anfällig sind diese Stähle insbesondere für eine örtlich konzentrierte Korrosion wie Lochfraß, interkristalline Korrosion, Spannungsrisskorrosion oder Schwingungsrisskorrosion.

Weitere Legierungselemente können das Risiko einer örtlich konzentrierten Korrosion mindern. So wirken Zusätze an Ti, Ta und Nb der Chromverarmung an den Korngrenzen entgegen, die die Ursache für interkristalline Korrosion ist. Molybdän erhöht den Widerstand gegen Lochfraß bei erhöhter Chloridionenkonzentration. Nickel ist nicht nur ein austenitstabilisierendes Element (siehe austenitische Chrom-Nickel-Stähle), es verbessert auch die Passivierbarkeit des Stahles und erhöht damit die Korrosionsbeständigkeit gegenüber Säuren.

Über die chemische Zusammensetzung und die Wärmebehandlung wird das Gefüge der *nichtrostenden Stähle* eingestellt.

Einflussfaktoren, die die Korrosionsbeständigkeit der *nichtrostenden Stähle* einschränken und zu einer örtlich konzentrierten Korrosion (Lochfraß, interkristalline Korrosion, Spannungsrisskorrosion, Schwingungsrisskorrosion) führen können:

- reduzierend wirkende Umgebung
- Umgebungsmedium mit erhöhter Chloridionenkonzentration (Lochfraßgefahr)
- örtliche Chromverarmung an den Korngrenzen durch Ausscheidung von Chromcarbiden (Gefahr der interkristallinen Korrosion)
- Seigerungen im Stahl
- örtliche Zugspannungs- oder Zugeigenspannungsspitzen (Spannungsrisskorrosion)
- hohe Oberflächenrauigkeit (Spannungsrisskorrosion)
- konstruktive Spalten oder örtliche Ablagerungen an der Oberfläche, sodass kein Austausch des umgebenden Elektrolyten möglich ist

- ferritische korrosionsbeständige Stähle

Die *ferritischen korrosionsbeständigen Stähle* sind die preiswertesten, nichtrostenden Stähle. Sie weisen einen Kohlenstoffgehalt von maximal 0,08 % und einen Chromanteil bis zu 30 % auf. Chrom ist ein ferritstabilisierendes Element. Deshalb wandeln zumindest die Stähle mit weniger als 0,03 % Kohlenstoff auch bei einer Erwärmung nicht in Austenit um. Bei einem höheren Koh-

Eigenschaften *ferritischer korrosionsbeständiger Stähle*:

- preiswerteste rost- und säurebeständige Stähle
- rein ferritische Stähle sind nicht härtbar
- halbferritische Stähle können gehärtet werden
- schlechtere Verformbarkeit und Kaltzähigkeit als Austenite

lenstoffgehalt wird bei der Erwärmung zumindest teilweise Austenit gebildet, sodass je nach Abkühlgeschwindigkeit neben dem Ferrit auch inselförmig andere Gefügebestandteile wie Perlit, Bainit oder Martensit vorliegen können (*halbferritische Stähle*). Diese *halbferritischen Stähle* sind also im Gegensatz zu den reinen Ferriten härtbar. Im Vergleich zu den Austeniten sind die *ferritischen* und *halbferritischen korrosionsbeständigen Stähle* schlechter verformbar und haben eine deutlich geringere Kaltzähigkeit. Diese Werkstoffgruppe neigt nicht zur Spannungsrisskorrosion. Um dem Lochfraß vorzubeugen, sollten in chloridionenhaltiger Umgebung molybdänlegierte Stähle verwendet werden.
Eine Erwärmung der *ferritischen korrosionsbeständigen Stähle* (z. B. beim Schweißen) kann die Ursache für interkristalline Korrosion sein. Die hohe Temperatur führt zur Bildung von Chromcarbiden an den Ferritkorngrenzen mit der Folge der Chromverarmung in diesem Bereich. Das chromreiche Korninnere wirkt dann als Katode und die chromarmen Korngrenzen wirken als Anode (vgl. Abschnitt 9.1.3). Die anodischen Bereiche werden in einem Elektrolyt gelöst. Diese interkristalline Korrosion kann bis zum totalen Kornzerfall führen. Ein besonders niedriger Kohlenstoffgehalt und das Zulegieren von starken Carbidbildnern wie Ti und Nb verhindern die Chromverarmung und senken die Gefahr für interkristalline Korrosion. Außerdem muss bei hohen Temperaturen mit Grobkornbildung und Ausbildung von intermetallischen Cr-Fe-Phasen gerechnet werden. Beide Effekte bewirken eine Versprödung.

- gute Beständigkeit gegenüber Spannungsrisskorrosion
- Schweißen und Spanen ist problematisch
- anfällig für Lochfraß (Gegenmaßnahme: Legieren mit Mo)
- anfällig für interkristalline Korrosion (Gegenmaßnahme: Legieren mit Ti, Nb)
- Bildung spröder intermetallischer Cr-Fe-Phasen bei höheren Temperaturen

Tabelle 6.2–9 Auswahl ferritischer korrosionsbeständiger Stähle nach DIN EN 10 088

Kurzname/ Gefüge	Eigenschaften und Anwendung
X6Cr13 halbferritisch	anfällig für Lochfraß und interkristalline Korrosion; Haushaltgeräte, Architektur (Fassadenelemente, Handläufe);
X3CrTi17 ferritisch	vgl. X6Cr13, aber für das Schweißen geeignet, beständig gegen interkristalline Korrosion; Behälter in der Lebensmittelindustrie; Aufzugskabinen, Fassadenelemente, geschweißte Wasserkondensatorrohre
X2CrMoTi18-2 ferritisch	geschweißte und ungeschweißte Teile, beständig gegen Lochfraß und interkristalline Korrosion; Anwendung in der Textil- und Fettsäureindustrie, Warmwasserspeicher, Durchlauferhitzer, Kaminrohre

- martensitische korrosionsbeständige Stähle

Die *martensitischen korrosionsbeständigen Stähle* zeichnen sich gegenüber den ferritischen und austenitischen Stählen durch eine erheblich höhere Festigkeit, Härte und Verschleißbeständigkeit aus. Sie werden deshalb

Eigenschaften *martensitischer korrosionsbeständiger Stähle*:

- härt- bzw. vergütbar
- höchste Härte und Festigkeit aller nichtrostenden Stahlgüten

in erster Linie bei einer Kombination von Verschleißbeanspruchung und einer korrosiv wirkenden Umgebung eingesetzt (z. B. für korrosiv beanspruchte Wellen im Maschinenbau). Auch Werkzeuge, für die ein erhöhter Korrosionsschutz notwendig ist, werden aus *martensitischen korrosionsbeständigen Stählen* gefertigt. Mit einem Kohlenstoffgehalt in der Regel über 0,1 % bis zu 1,2 % und einem Chromanteil von 12 % ... 19 % zeigen diese Stähle eine α-γ-Umwandlung und sind damit härtbar. Wegen der sehr niedrigen oberen kritischen Abkühlgeschwindigkeit dieser Stähle können sie beim Härten von der Austenitisierungstemperatur im Gasstrom abgekühlt werden und wandeln trotzdem noch in Martensit um. Nach dem Härten dieser Stähle schließt sich immer ein Anlassen an. Die Anlasstemperaturen richten sich nach der chemischen Zusammensetzung des Stahles und der späteren Anwendung. Durch die Wärmebehandlung können Zugfestigkeiten zwischen 800 MPa und 1500 MPa erzielt werden. Bei einer inhomogenen Carbidverteilung neigen diese Stähle zu Lochfraß und interkristalliner Korrosion.

Eine spanende Bearbeitung dieser Stähle wird üblicherweise im weichgeglühten Zustand vorgenommen. Achtung: In diesem Zustand sind die Stähle nicht korrosionsbeständig, da ein Großteil des Chroms als Chromcarbid ausgeschieden wird. Im martensitischen Zustand sind diese Stähle ungeeignet für das Schweißen.

Eine Untergruppe der *martensitischen korrosionsbeständigen Stähle* sind die *ausscheidungshärtenden Stähle*. Diese Cr-Ni-Stähle sind mit Ti, Nb, Al, Mo und Cu legiert. Ähnlich wie bei den warmaushärtbaren Aluminiumlegierungen scheiden sich bei einer Erwärmung sekundär gebildete intermetallische Phasen aus dem Martensit aus, die zur Teilchenverfestigung führen.

- für kombinierte Verschleiß- und Korrosionsbeanspruchung geeignet
- Spanen im weichgeglühten Zustand (Keine Korrosionsbeständigkeit!)
- Einsatztemperaturen von der Anlasstemperatur abhängig
- in der Regel ungeeignet für das Schweißen
- Gefahr von Lochfraß und interkristalliner Korrosion bei inhomogener Carbidverteilung im Gefüge

Tabelle 6.2–10 Auswahl martensitischer korrosionsbeständiger Stähle nach DIN EN 10 088

Kurzname	Anwendung
X46Cr13	Wälzlager, Messerklingen, chirurgische Instrumente, Ventilkegel
X90CrMoV18	Skalpelle, Fleischermesser, Kugellager, Ventilnadeln, Spritzdüsen

- austenitische korrosionsbeständige Stähle

Die *austenitischen korrosionsbeständigen Stähle* werden in der Praxis am häufigsten angewandt. Sie weisen bei Raumtemperatur zwar nur eine geringe Festigkeit auf (R_e = 150 MPa ... 310 MPa), sind aber selbst bei tiefsten Temperaturen noch außerordentlich zäh. Aufgrund des kfz-Gitters sind die austenitischen Stähle sehr gut für die Kaltumformung geeignet und zeigen dabei eine starke Verformungsverfestigung (wichtig beim Tief- und Streckziehen). Zusätzlich kann sich Verformungsmartensit bilden. Allerdings erhöhen die Kaltverfestigung und die Bildung von Verformungsmartensit die Gefahr für die Spannungsrisskorrosion.

Da Chrom (16 % ... 28 %) wegen der Korrosionsbeständigkeit zwingend als Legierungselement notwendig ist, gleichzeitig aber ferritstabilisierend wirkt, müssen große Mengen an Nickel (6 % ... 32 % Ni + evtl. Mn, N) als Austenitstabilisatoren zulegiert werden. Zusätzlich verbessert Nickel die Passivierbarkeit des Stahles und damit die Korrosionsbeständigkeit gegenüber Säuren. Eingesetzt werden die *austenitischen korrosionsbeständigen Stähle* nach einem Lösungsglühen und anschließender schneller Abkühlung (Wasser oder Luft). Das führt zu einer Auflösung der Carbide und einer gleichmäßigen Verteilung aller Legierungselemente, ohne dass sich bei der Abkühlung neue Ausscheidungen bilden können. Damit kann einerseits die Zähigkeit verbessert werden und andererseits sinkt die Gefahr der interkristallinen Korrosion. Besonders wichtig für Rohrleitungen und im Behälterbau ist die gute Schweißeignung der austenitischen Stähle. Dabei muss beachtet werden, dass eine schlechte thermische Leitfähigkeit gekoppelt mit einer großen Wärmedehnung die Ausbildung von Schweißeigenspannungen fördert. Diese können das Bauteilverhalten bei schwingender Belastung negativ beeinflussen und Spannungsrisskorrosion hervorrufen. Die Neigung zur interkristallinen Korrosion in der Wärmeeinfluss-

Eigenschaften *austenitischer korrosionsbeständiger Stähle*:

- nicht härtbar
- geringe Festigkeit, die sich durch Verformungsverfestigung steigern lässt
- sehr gute Umformbarkeit + Kaltzähigkeit + Warmfestigkeit
- gute Schweißbarkeit
- Spanen ist problematisch
- höchste Beständigkeit gegenüber Flächenkorrosion
- anfällig für Lochfraß (Gegenmaßnahme: Legieren mit Mo)
- anfällig für Spannungsrisskorrosion (Gegenmaßnahme: Eigenspannungen vermeiden, keine scharfen Bauteilkerben, hohe Oberflächenqualität, keine Chloridionen)
- anfällig für interkristalline Korrosion (Einsatz nur lösungsgeglüht + abgeschreckt, legieren mit Ti, Ta, Nb)

Tabelle 6.2–11 Auswahl austenitischer korrosionsbeständiger Stähle nach DIN EN 10 088

Kurzname	Anwendung
X5CrNi18-10	gute Beständigkeit gegenüber Salpetersäure; Behälter und Bauteile in der Lebensmittelindustrie, Haushaltgeräte (Geschirrspüler, Besteck, Kochtöpfe), Schrauben
X2CrNiMoN17-13-5	gut schweißbar, erhöhte Beständigkeit gegenüber Chloridionen; Rohrleitungen und Behälter in der chemischen Industrie

zone der Schweißnaht kann durch die Legierungselemente Ti, Ta und Nb und einen besonders niedrigen Kohlenstoffgehalt beseitigt werden. Ein höherer Widerstand gegen Lochfraß kann wie bei den ferritischen und martensitischen Güten durch Mo erreicht werden.
Austenitische Stähle sind schwierig spanbar. Ihre hohe Zähigkeit führt zu langen unerwünschten Fließspänen und zu einer hohen thermischen und verschleißenden Belastung der Werkzeuge.
Die austenitischen Güten weisen gegenüber den ferritischen eine verbesserte Warmfestigkeit auf.
Neben den hier beschriebenen *austenitischen, korrosionsbeständigen Stählen* gibt es auch noch Stähle mit einem austenitisch-ferritischen Gefüge.

Übung 6.2–10
Warum sind die hochchromhaltigen Stähle korrosionsbeständig?

Übung 6.2–11
Warum sind in der Regel austenitische Stähle tieftemperaturzäh?

6.2.4 Werkzeugstähle

Sollen Stähle für die Bearbeitung anderer Werkstoffe oder zum Spannen von Werkstücken oder als Messmittel eingesetzt werden, gelten andere Anforderungen an den Werkstoff als bei konstruktiven Anwendungen. Die Beanspruchungen können bei Werkzeugen sehr vielfältig sein und reichen von langanhaltenden kombinierten Zug-Druck-Beanspruchungen (z. B. Ziehdüsen für das Drahtziehen, Druckgussformen) bis zu schlagartigen Belastungen (z. B. Schmiedehämmer und -matrizen). Von den Werkzeugwerkstoffen werden je nach Verwendungszweck eine hohe Härte und Festigkeit, ein hoher Verschleißwiderstand aber auch eine ausreichende Restzähigkeit gefordert. Werden die Stähle für Druckguss-

> *Werkzeugstähle* sind Edelstähle, die zum Be- und Verarbeiten von Werkstoffen sowie zum Messen und Handhaben von Werkstücken geeignet sind. Für diese Verwendungszwecke sind eine hohe Härte, Festigkeit und Verschleißbeständigkeit bei ausreichender Zähigkeit u. U. bei höheren Temperaturen erforderlich.

oder Strangpresswerkzeuge, als Schmiedematrizen oder in der Glasverarbeitung eingesetzt, sind eine hohe Warmfestigkeit und -härte gefragt. Messer, Sägeblätter, Bohrer und Fräser erfordern Schneidhaltigkeit und es ist eine große Standzeit der Werkzeuge gewünscht. Lehren und Messmittel aller Art benötigen eine hohe Formbeständigkeit. All diese Eigenschaften kann *ein* Werkstoff nicht erfüllen.

Alle *Werkzeugstähle* sind Edelstähle, weisen also einen hohen Grad an Reinheit auf. Der Gehalt insbesondere der Stahlbegleitelemente Phosphor und Schwefel sowie der Anteil an gelösten Gasen (Wasserstoff, Stickstoff, Sauerstoff) und nichtmetallischen Einschlüssen (Schlacken) werden während der Herstellung durch verschiedene metallurgische Schritte (z. B. Elektroschlackeumschmelzen ESU) minimiert. Die hohe Reinheit ist Voraussetzung für eine ausreichende Restzähigkeit nach dem Härten und Anlassen.
Entscheidendes Kriterium für die Auswahl eines Werkzeugwerkstoffs ist zunächst die Einsatztemperatur. Während die unlegierten und legierten Kaltarbeitsstähle bei Raumtemperatur eingesetzt werden und auch während der Verwendung ein Temperaturanstieg über 180 °C nicht zulässig ist, können Warm- und Schnellarbeitsstähle bis zu 600 °C angewandt werden, ohne dass sich die Eigenschaften (z. B. Härte) entscheidend verschlechtern. Es gilt in der Regel für alle Werkzeugstähle, dass sie ihre Einsatzeigenschaften erst durch Härten und Anlassen erhalten. Die hohe Härte der Kaltarbeitsstähle beruht in erster Linie auf der Martensitbildung. Ein Anlassen der Stähle auf Temperaturen über 200 °C und bei legierten Stählen eventuell etwas darüber, führt zum Härteverlust und zu einer Verschlechterung der Einsatzeigenschaften (Bild 6.2–5). Würden diese Stähle über 180 °C verwendet werden, hätte das selbstverständlich auch eine Verringerung der Härte und Festigkeit zur Folge.

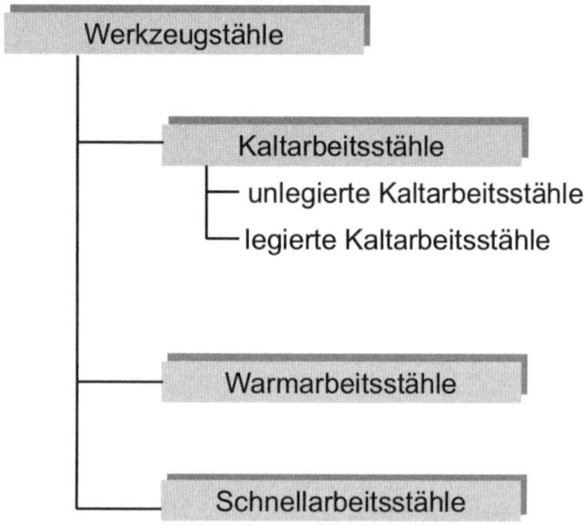

Bild 6.2–4 Einteilung der Werkzeugstähle

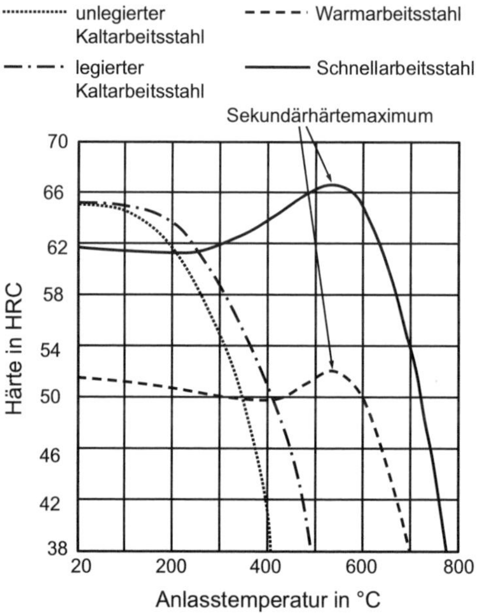

Bild 6.2–5 Anlassschaubilder verschiedener Werkzeugstähle

Die Festigkeit, Warmfestigkeit und -härte von *Warm-* und *Schnellarbeitsstählen* sind auf die Bildung von Sondercarbiden (Carbide der Legierungselemente W, Mo, V und Cr) zurückzuführen. Der entscheidende Verfestigungsmechanismus ist bei diesen Stählen die Teilchenverfestigung. Die Sondercarbide werden beim Härten (Teilschritt Austenitisieren) einerseits nicht vollständig aufgelöst und behindern dadurch das Austenitkornwachstum, andererseits werden sie beim mehrfachen hohen Anlassen (ca. 550 °C . . . 600 °C oder knapp darüber) aus dem Martensit feinstverteilt ausgeschieden. Die Ausscheidung der Sondercarbide ist die Ursache für ein ausgeprägtes Sekundärhärtemaximum bei diesen Temperaturen (Bild 6.2–5). Die Sondercarbide sind thermisch sehr stabil und neigen erst bei noch höheren Temperaturen zur Koagulation (lat. Zusammenballung), sodass erst dann mit einem entscheidenden Härteverlust zu rechnen ist. Bemerkenswert beim Anlassschaubild der *Warm-* und *Schnellarbeitsstähle* ist, dass die Härte mit zunehmender Anlasstemperatur nicht abfällt, sondern praktisch konstant bleibt. Das kann mit der Umwandlung des Restaustenits in der zweiten Anlassstufe begründet werden (siehe Abschnitt 4.2.2). Der hohe Anteil von Legierungselementen führt zu einer sehr niedrigen Martensitstarttemperatur, sodass eine komplette Martensitbildung bei der Abkühlung nicht mehr möglich ist. Das heißt, dass nach dem Härten neben dem Martensit bis zu 30 % Restaustenit im Gefüge vorliegen. Dieser Restaustenit wandelt sich beim Anlassen in härtere Gefügebestandteile (Martensit, Bainit) um. Der Härteverlust des Martensits beim Anlassen wird dadurch ausgeglichen.

Im gehärteten oder in einem gleichgewichtsnahen Zustand nach einem Normalglühen lassen sich die meisten *Werkzeugstähle* nicht oder nur sehr schlecht spanend bearbeiten. Nur die Einformung des Zementits/der Carbide beim Glühen auf kugelige Carbide (GKZ, siehe Abschnitt 4.2.1.4) kann die Verarbeitbarkeit dieser Stähle verbessern.

Werkzeugstähle lassen sich im Zustand geglüht auf kugelige Carbide verarbeiten. Ihre Einsatzeigenschaften erhalten sie durch Härten und Anlassen. *Kaltarbeitsstähle* werden in der Regel bei maximal 200 °C angelassen. *Warm-* und *Schnellarbeitstähle* werden mehrmals bei Temperaturen zwischen 550 °C und 600 °C angelassen.

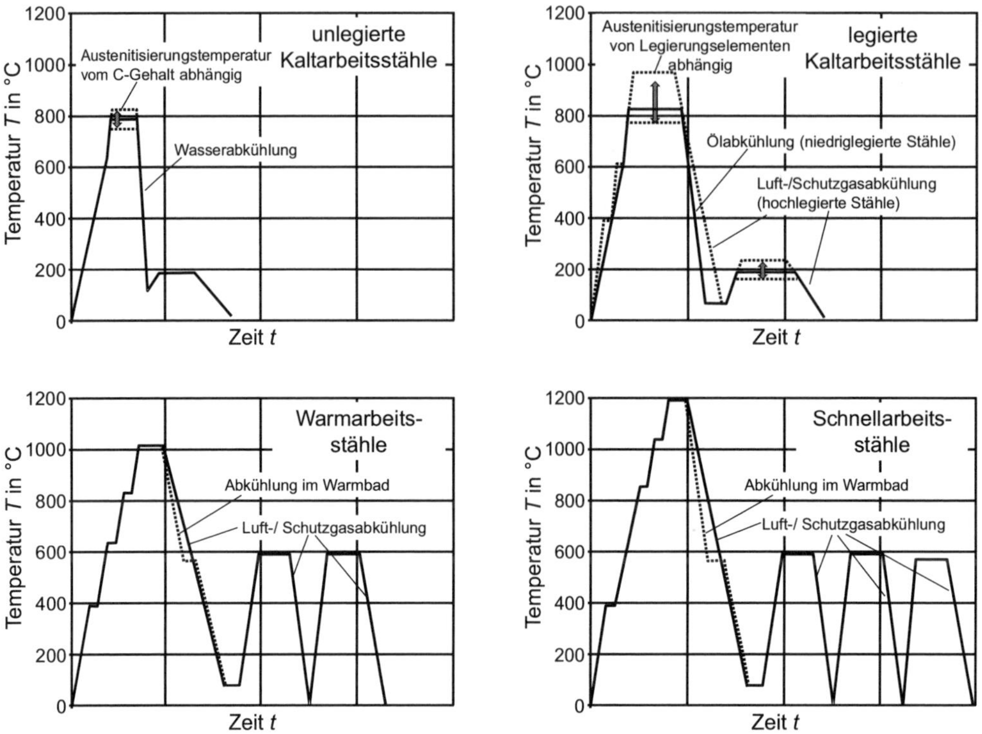

Bild 6.2–6 Temperatur-Zeit-Regime beim Härten und Anlassen von Werkzeugstählen. In der Regel werden die Werkzeuge vor dem Härten noch spannungsarmgeglüht, um Eigenspannungen abzubauen und Verzug zu vermeiden.

6.2.4.1 Unlegierte und legierte Kaltarbeitsstähle

Die Härte und Festigkeit der *Kaltarbeitsstähle* beruht auf der Martensitbildung. Deshalb dürfen die *Kaltarbeitsstähle* bei der Verwendung als Werkzeug auch niemals über die Anlasstemperatur von ca. 200 °C erwärmt werden. Höhere Temperaturen würden den Anlassvorgang fortsetzen und hätten eine verminderte Härte und Festigkeit zur Folge (Bild 6.2–5). Werden die *Kaltarbeitsstähle* für eine spanende Bearbeitung eingesetzt, dürfen natürlich auch die Schnittgeschwindigkeiten nicht zu einer unzulässigen Temperaturerhöhung führen.

Kaltarbeitsstähle sind Edelstähle, die für Werkzeuge verwendet werden, bei denen die Oberflächentemperatur nie über 200 °C liegen darf. Ihre Härte, Festigkeit und Verschleißfestigkeit beruhen in erster Linie auf der Martensitbildung.

- unlegierte Kaltarbeitsstähle

Unlegierte Kaltarbeitsstähle sind Edelstähle mit einem Kohlenstoffgehalt zwischen 0,45 % und 1,2 %, die gehärtet und entspannend angelassen werden. Sie haben eine sehr große, obere kritische Abkühlgeschwindigkeit v_{ok} und müssen nach dem Austenitisieren im Wasser abgeschreckt werden. Als Schalenhärter besitzen sie eine sehr geringe Einhärtbarkeit und bilden nur an der Oberfläche eine 2 mm bis 5 mm dicke Martensitschicht aus. Weist das Werkzeug größere Wandstärken auf, entsteht im Kern ein gleichgewichtsnäheres Gefüge (z. B. Bainit, Perlit). Bei Hämmern oder Meißeln ist das von Vorteil, da im Kern eine höhere Zähigkeit erreicht wird als an der martensitischen Oberfläche. Das erlaubt den Werkzeugen, schlagartige Beanspruchungen besser zu ertragen. Oft werden *unlegierte Werkzeugstähle* für einfache Handwerkszeuge, aber auch für Holzbearbeitungswerkzeuge und landwirtschaftliche Geräte genutzt (Tabelle 6.2–12). Für Werkzeuge mit schlagartiger Beanspruchung, die zäher sein müssen, werden kohlenstoffärmere Sorten verwendet. Kommt es auf Schneidhaltigkeit an, steigt der notwendige Kohlenstoffanteil.

- legierte Kaltarbeitsstähle

Legierte Kaltarbeitsstähle sind Edelstähle und weisen im Vergleich zu unlegierten Werkzeugstählen eine verbesserte Einhärtbarkeit (höhere Kernfestigkeit) und einen erhöhten Verschleißwiderstand auf, der bei Werkzeugen für eine spanende Bearbeitung zu höherer Schneidhaltigkeit und längeren Standzeiten führt. Der Kohlenstoffgehalt dieser Stähle reicht von 0,2 % bis 2,2 %. Die Legierungselemente sollen Carbide bilden (Cr, Mo, V) und damit die Festigkeit und Verschleißbeständigkeit erhöhen, die Einhärtbarkeit verbessern (alle Legierungselemente), für eine bessere Korrosionsbeständigkeit sorgen (Cr, Mo) oder eine gute Zähigkeit bewirken (Ni). Wegen ihrer verbesserten Anlass-

Tabelle 6.2–12 Ausgewählte unlegierte Werkzeugstähle nach DIN EN ISO 4957

Kurzname	Anwendung
C45U	Hämmer, Äxte, Zangen, landwirtschaftliche Geräte
C70U	Meißel für Druckluftwerkzeuge, Matrizen für das Kaltschmieden
C90U	Sägeblätter für die Holzbearbeitung (Handsägeblätter, Kreisägen, Bandsägeblätter) Schraubstockbacken
C105U	Feilen, Fließpresswerkzeuge, Gewindeschneidwerkzeuge, Reibahlen, Räumnadeln, Messer für Papier und Gummi

Tabelle 6.2–13 Ausgewählte legierte Werkzeugstähle nach DIN EN ISO 4957

Kurzname	Anwendung
21MnCr5	Kunststoffverarbeitungswerkzeuge (werden einsatzgehärtet)
90MnCrV8	Gewindeschneidwerkzeuge, Holzbearbeitungswerkzeuge, Maschinenmesser für die Holz-, Papier- und Metallbearbeitung, Räumnadeln und Formdrehmeißel für niedrige Schnittgeschwindigkeiten
102Cr6	Messschieber, Lehren, Kaltwalzen, Holzbearbeitungswerkzeuge, Ziehdorne
X38CrMo16	Werkzeuge für die Kunststoffverarbeitung mit hoher Korrosionsbeständigkeit (chlorhaltige Kunststoffe)
X210CrW12	Scherenmesser zum Schneiden von Stahlblech (bis 3 mm Dicke), Tiefziehwerkzeuge, Gewindewalzwerkzeuge, Fließpresswerkzeuge

beständigkeit können die legierten Stähle bei geringfügig höheren Temperaturen angelassen werden als die unlegierten Kaltarbeitsstähle. Da auch die Härte dieser Stähle in erster Linie auf der Martensitbildung beruht, dürfen auch diese Stähle in der Regel nicht bei der Verwendung über 200 °C erwärmt werden. Die *legierten Werkzeugstähle* sind sehr vielfältig, sodass zu dieser Stahlgruppe beispielsweise gerechnet werden:

- Einsatzstähle (z. B. 21MnCr5, wird einsatzgehärtet)
- Vergütungsstähle (z. B. 35CrMo7)
- rost- und säurebeständige martensitische Stähle (X38CrMo16)
- hochkohlenstoffhaltige Chromstähle, die ledeburitische Gefügebestandteile enthalten (z. B. X210CrW12)

6.2.4.2 Warmarbeitsstähle

Für die Herstellung von Leichtmetalldruckguss, für Matrizen zum Warmschmieden, für Strangpresswerkzeuge oder bei der Glasherstellung werden die Werkzeuge Betriebstemperaturen über 200 °C ausgesetzt. Eine Erwärmung der Werkzeuge auf bis zu 600 °C ist dabei möglich. Unter diesen thermischen Beanspruchungen würden die Kaltarbeitsstähle entfestigen (Bild 6.2–5). Die hohen Druckbeanspruchungen, die beim Urformen und Umformen herrschen, führen dann bei den Kaltarbeitsstählen zu einer unzulässigen plastischen Verformung. Um diesen Beanspruchungen standzuhalten, müssen die *Warmarbeitsstähle* eine hohe Warmfestigkeit haben. Wegen der u. U. vorliegenden schlagartigen Beanspruchung ist eine hohe Zähigkeit notwendig. Die *Warmarbeitsstähle* müssen die thermischen Spannungen ertragen, die bei Temperaturwechsel oder -schock auftreten. Da diese Stähle nicht für die spanende Formgebung verwendet werden, steht die Härte nicht im Vordergrund (52 ... 60 HRC). Deshalb ist auch der Kohlenstoffgehalt mit 0,3 % ... 0,6 % im Vergleich zu den Kalt-

> *Warmarbeitsstähle* sind legierte Edelstähle, die im Zustand gehärtet und mehrfach angelassen Temperaturen bis zu 600 °C ertragen. Die *Warmarbeitsstähle* werden für Urform- und Warmumformwerkzeuge verwendet. Die Warmfestigkeit bei hoher Zähigkeit erhalten sie durch die Ausscheidung von feinstverteilten Sondercarbiden beim Anlassen.

und Schnellarbeitsstählen vergleichsweise gering. Um eine ausreichende Warmfestigkeit sowie Zähigkeit zu erhalten und ein gleichmäßiges Ansprechen des Stahles beim Härten und mehrmaligen Anlassen zu gewährleisten, werden als *Warmarbeitsstähle* ausschließlich legierte Edelstähle eingesetzt. Die Legierungselemente Cr, Mo, V und W bilden mit dem Kohlenstoff Sondercarbide aus, die sich nach dem Härten beim Anlassen in der vierten Anlassstufe (siehe Abschnitt 4.2.2) feinverteilt und meist globular aus Martensit und Restaustenit ausscheiden. Die Carbide sind also nicht zusammenhängend wie bei einem Sekundärzementitnetz, sondern liegen als einzelne Teilchen in einer zähen Matrix vor. Die Versetzungsbewegung kann dadurch auch bei hohen Temperaturen behindert werden (hohe Warmfestigkeit), aber prinzipiell können örtliche Spannungsspitzen durch plastische Verformung noch abgebaut werden (hohe Zähigkeit). Während die niedriglegierten Stahlmarken (z. B. 55NiCrMoV7) gegenüber den Kaltarbeitsstählen eine verbesserte Anlassbeständigkeit aufweisen, bildet sich bei den hochlegierten Sorten (z. B. X37CrMoV5-1) ein ausgeprägtes Sekundärhärtemaximum aus. Ni und Co erhöhen die Einhärtbarkeit der Stähle und verbessern die Thermoschockbeständigkeit, sodass auch große Querschnitte durchgehärtet werden können.

Tabelle 6.2–14 Ausgewählte Warmarbeitssstähle nach DIN EN ISO 4957

Kurzname	Anwendung
55NiCrMoV7	Hammergesenke mit großen Abmessungen, Druckstempel für das Strangpressen, Biege- und Prägewerkzeuge
32CrMoV12-28	Werkzeuge für die Schrauben-, Mutter- und Nietenherstellung, Warmschermesser, Fließpresswerkzeuge, Druckgießwerkzeuge, Formteilpressgesenke
X37CrMoV5-1	Druckgussformen, Strangpresswerkzeuge, Rohrpressdorne, Gesenke und Gesenkeinsätze

6.2.4.3 Schnellarbeitsstähle

In der Industrie spielt die formgebende Fertigung von Bauteilen und Halbzeugen eine große Rolle. Wichtig ist dabei, dass die Werkzeuge für das Bohren, Fräsen, Hobeln und Drehen eine hohe Schneidhaltigkeit aufweisen. Die zu bearbeitenden Werkstoffe reichen von Holz über Kunststoffe und Leichtmetalle bis hin zu anderen Stählen. Auf der anderen Seite wird die beim Spanen eingebrachte Energie zu ca. 90 % in Wärme (Reibung + örtliche plastische Verformung) umgewandelt. Werkstoffe wie Holz, Holzfaserplatten oder einige Kunststoffe können

Schnellarbeitsstähle sind hochlegierte Edelstähle, die im gehärteten und mehrfach angelassenen Zustand Temperaturen bis zu 600 °C ertragen. Die *Schnellarbeitsstähle* werden in erster Linie für die spanende Bearbeitung aber auch für Umformwerkzeuge eingesetzt. Die Warmhärte und Verschleißbeständigkeit wird durch einen hohen Anteil an Sondercarbiden hervorgerufen, die sich beim mehrfachen Anlassen nach dem Härten ausscheiden.

beim Spanen nicht oder nur mit Luft gekühlt werden. Eine hohe Schnittgeschwindigkeit, wie sie für eine effektive Fertigung notwendig ist, führt zum deutlichen Temperaturanstieg. Diese Aspekte können im Werkzeug zu Temperaturen von bis zu 600 °C oder leicht darüber führen. Während die Kaltarbeitsstähle entfestigen würden, reicht der Kohlenstoffgehalt der Warmarbeitsstähle nicht aus, um eine entsprechende hohe Härte und damit einen hohen Verschleißwiderstand zu erreichen. Für diese Anforderungen sind *Schnellarbeitsstähle* geeignet. Außerdem werden sie in zunehmendem Umfang auch für Stanzwerkzeuge sowie Strang- und Fließpresswerkzeuge eingesetzt. Verlangt wird von den *Schnellarbeitsstählen* eine hohe Festigkeit und Härte auch bei hohen Temperaturen (600 °C), eine ausreichende Zähigkeit, eine hohe Verschleiß- und Anlassbeständigkeit. Um diese Eigenschaften zu erreichen, wird im Grunde die gleiche Methode wie bei den Warmarbeitsstählen angewandt. Zum Einsatz kommen mit Sondercarbidbildnern legierte Edelstähle, die gehärtet und mehrfach hoch angelassen werden. Allerdings ist bei den *Schnellarbeitsstählen* der Kohlenstoffgehalt (0,7 % ... 1,4 %) und der Anteil der sondercarbidbildenden Elemente W, Mo, V und Cr im Vergleich zu den Warmarbeitsstählen erheblich höher, sodass sich beim Anlassen auch eine deutlich größere Menge von Carbiden feinstverteilt ausscheiden kann. Die Teilchenverfestigung, die damit verbunden ist, führt zu einem Sekundärhärtemaximum von 64 ... 68 HRC (Bild 6.2–5). Die Vanadiumcarbide weisen die höchste Härte auf und sorgen für die hervorragende Warmverschleißbeständigkeit. Die beim Härten teilweise nicht aufgelösten Carbide und Cobalt behindern bei den hohen Austenitisierungstemperaturen das Kornwachstum. Außerdem verbessert Cobalt die Anlassbeständigkeit.

Oftmals werden Werkzeuge aus *Schnellarbeitsstählen* nachträglich mit Hartstoffen wie TiN, TiC oder diamantartigem Kohlenstoff

Tabelle 6.2–15 Ausgewählte Schnellarbeitsstähle nach DIN EN ISO 4957

Kurzname	Anwendung und Eigenschaften
HS18-0-1	Gewindebohrer, Spiralbohrer, Gewinde- und Profilfräser für schwer bearbeitbare Werkstoffe und hohe Temperaturen
HS10-4-3-10	erhöhte Verschleißbeständigkeit und höhere thermische Leitfähigkeit als 18 %-Wolframstähle, überhitzungsanfälliger, neigen zu Randentkohlung; Werkzeuge für die Glasherstellung und -verarbeitung
HS6-5-2-5	Dreh-, Hobel- und Stoßmeißel, Gewindebohrer, Spiralbohrer, Gewinde- und Profilfräser, Räumwerkzeuge, Reibahlen; wichtigste Gruppe der Schnellarbeitsstähle mit ausgewogenen Eigenschaften, gute Verschleißbeständigkeit bei hoher Zähigkeit
HS2-9-1-8	größere Spanabnahmen möglich, für Schruppbearbeitung geeignet; Dreh-, Hobel- und Stoßmeißel, Gewinde- und Spiralbohrer für Titanlegierungen

(DLC, diamond like carbon) beschichtet. Das führt zu einer noch größeren Härte, sehr großen Druckeigenspannungen an der Oberfläche und damit zu einer verbesserten Verschleißbeständigkeit, hoher Schneidhaltigkeit und Standzeit der Werkzeuge.

Müssen Werkstoffe bearbeitet werden, die eine Härte größer 25 HRC aufweisen, oder sollen Werkstücke bei extrem hohen Schnittgeschwindigkeiten bearbeitet werden (Hochgeschwindigkeitsspanen), ist eine Bearbeitung mit *Schnellarbeitsstählen* nicht mehr ratsam. Dann muss auf härtere bzw. thermisch beständigere Schneidstoffe ausgewichen werden. Infrage kommen in erster Linie Hartmetalle (Abschnitt 8.2.2), Cermets, Oxid- und Mischoxidkeramiken (Abschnitt 8.2.3) sowie Siliciumnitrid Si_3N_4.

Übung 6.2–12

Die Härte von unlegierten Kaltarbeitsstählen beruht auf der Bildung von Martensit, der nur entspannend angelassen wird. Warum können für Werkzeuge, die schlagartig beansprucht werden, unlegierte Kaltarbeitsstähle verwendet werden?

Übung 6.2–13

Warum bildet sich bei den Warm- und Schnellarbeitsstählen beim hohen Anlassen ein ausgeprägtes Sekundärhärtemaximum aus?

Übung 6.2–14

Warum ist das Sekundärhärtemaximum bei Schnellarbeitsstählen deutlich größer als bei Warmarbeitsstählen?

Übung 6.2–15

Auf welchem Mechanismus beruht die hohe Warmfestigkeit von Warm- und Schnellarbeitsstählen?

Lernzielorientierter Test zu Kapitel 6

1. Welche Hauptgüteklasse kommt für eine Wärmebehandlung, wie z. B. Vergüten, Bainitisieren, Randschichthärten, in Betracht?
   A Qualitätsstähle
   B Edelstähle
2. Nach DIN EN 10 027-1 werden Stähle mit einem Kurznamen bezeichnet, z. B. S355 oder E335 usw. Welche Kenngröße aus dem Zugversuch gibt diese Zahl an?
   A Bruchdehnung A
   B Einschnürung Z
   C Streckgrenze R_e
   D Zugfestigkeit R_m
3. Was bedeutet bei der Stahlbezeichnung 33CrMoV12-9 folgende Buchstaben, Ziffern und Ziffernfolge?
   33
   CrMoV
   12-9
4. Was bedeutet bei der Stahlbezeichnung X15CrMo13 folgende Buchstaben und Ziffern?
   X
   15
   CrMo
   13?
5. Mangan im Stahl:
   A verringert die Festigkeit
   B erhöht die Festigkeit
   C vergrößert die Einhärtetiefe
   D schnürt das Austenitgebiet ein
   E verbessert die Schweißbarkeit
6. Schwefel im Stahl
   A ist im Allgemeinen ein unerwünschtes Element
   B führt zur Versprödung bei hohen Temperaturen
   C führt zur Versprödung bei niedrigen Temperaturen
   D verbessert die Umformbarkeit
   E verbessert die Spanbarkeit
7. Welches Einsatzgebiet „passt" zu welcher Stahlgruppe?

A Vergütungsstahl	1 Messer, Skalpelle
B Nitrierstahl	2 Turbinenschaufeln
C Kaltarbeitsstahl	3 Zahnräder für Pkw-Getriebe
D normalisierend gewalzter Baustahl	4 für Induktionshärtung
E Schnellarbeitsstahl	5 Löffel, Gabel
F austenitischer korrosionsbeständiger Stahl	6 Feile
G martensitischer korrosionsbeständiger Stahl	7 Bohrer
H vergüteter Baustahl	8 Brückenkonstruktion (geschweißt)
I Einsatzstahl	9 für Getriebeteile, die beim Einsatz 450 °C warm werden können und an der Oberfläche auf Reibung beansprucht werden

7 Nichteisenmetalle (NE-Metalle)

7.0 Überblick

Edelmetalle sowie Kupfer und Blei wurden früher in großem Maße gewonnen und eingesetzt. Da leicht zugänglich und einfach verhüttbar, wurden diese Schwermetalle bereits im Altertum für Gebrauchsgegenstände, Bauten und Schmuck verwendet.
Der geringe Anteil dieser Metalle in der Erdkruste und ihr intensiver Abbau führten dazu, dass diese Metalle und ihre Legierungen immer stärker entsprechend ihren spezifischen Eigenschaften eingesetzt werden. Das älteste Gebrauchsmetall Kupfer ist heute das Rückgrat der Industriezweige Elektrotechnik und Elektronik. Der einstige „Baustoff" Blei wird heute u. a. speziell für Akkumulatoren, für chemische Zwecke und zum Strahlenschutz verwendet.
Günstiger sind die Verhältnisse bei Aluminium, Magnesium und Titan. Ausgangsstoffe für die Herstellung dieser Metalle sind in praktisch unerschöpflichen Mengen vorhanden.
Im Maschinen-, Anlagen- und Apparatebau werden Nichteisenmetalllegierungen ebenfalls verwendet (Messingschrauben, Bronzefedern, Lagerwerkstoffe, Rohre für Wärmeaustauscher, Armaturen, Drahtgewebe, Lotwerkstoffe usw.). Kupfer, Blei, Zink und deren Legierungen werden auch in Zukunft für spezielle Zwecke unentbehrliche Rohstoffe sein.
Aluminium, Magnesium und Titan werden ihren Aufschwung fortsetzen. Bei günstiger preislicher Entwicklung werden mechanisch und thermisch hochbeanspruchbare Leichtmetalllegierungen weiter zur „Abmagerung" von Maschinen, Anlagen, Fahrzeugen usw. und zur Erhöhung von deren Leistungsfähigkeit führen.

Einteilung der NE-Metalle:

a) nach Dichte, Schmelzpunkt und Häufigkeit ihres Vorkommens

NE-Metalle	*Niedrigschmelzende*	*Hochschmelzende*	*Höchstschmelzende*
Leichtmetalle Dichte < 4,5 g/cm^3	Mg, Al	Be, Ti	–
Schwermetalle Dichte > 4,5 g/cm^3	Sn, Pb, Bi, Zn, Sb	Cu, Ni, Co	W, Mo, Ta, Nb
		Cr, Mn, Si, Ag, Au, Pt, Ru, Rh, Pd, Os, Ir	
Seltene Metalle	Cd, Re, Ga, Th, Zr, Ce, Hg		

b) nach ihrer hauptsächlichen Verwendung
z. B. Edelmetalle (Ag, Au, Pt); Stahlveredler (Ti, V, Cr u. a.); Lagerwerkstoffe (Sn, Sb, Pb u. a.)

Im vorliegenden Themenkreis werden aus der Vielfalt der Nichteisenmetalle (NE-Metalle) ausgewählt:
Aluminium-, Kupfer-, Magnesium- und *Titanwerkstoffe*.

7.1 Allgemeines zur Werkstoffbezeichnung

Lernziel

- Der Lernende kennt das Prinzip der Kurzbezeichnungen am ausgewählten Beispiel der Aluminiumwerkstoffe. Er ist in der Lage, die Europäischen Normen für andere Nichteisenmetalle im Original einzusehen.

7.1.0 Übersicht

Ebenso wie bei Stahl und Eisengusswerkstoffen hat sich auch bei den NE-Werkstoffen ein bedeutender Wandel in der Normung vollzogen. Die nationalen Standards für Konstruktionswerkstoffe wurden schrittweise bearbeitet und in Europäischen Normen (EN) vereinheitlicht. In Deutschland sind sie verbindlich als DIN-EN-Normen.
Die Werkstoff- und Zustandsbezeichnungen werden exemplarisch für Aluminiumwerkstoffe erläutert. Eine vollständige Übersicht gewinnt man nur durch das Studium der Normen selbst. Wie das Beispiel Kupferwerkstoffe zeigt, können Nummernsystem, Kurzzeichen und Werkstoffzustand in verschiedenen Normen erfasst sein.

7.1.1 Werkstoff- und Zustandsbezeichnungen nach EN

Aluminium-Knetwerkstoffe
Beispiel: Warmgewalztes Blech mit ca. 3,5 % Mg (Magnesium) als Hauptlegierungselement

a) Numerische Bezeichnung nach DIN EN 573-1 (z. B.: EN AW-5154 A)
Die erste Ziffer beschreibt die Legierungsgruppe (Serie), z. B.

1xxx (Serie 1000)	Al $\geqq$ 99,0 %
2xxx (Serie 2000)	Cu ist Hauptlegierungselement
3xxx (Serie 3000)	Mn ist Hauptlegierungselement
4xxx (Serie 4000)	Si ist Hauptlegierungselement usw.

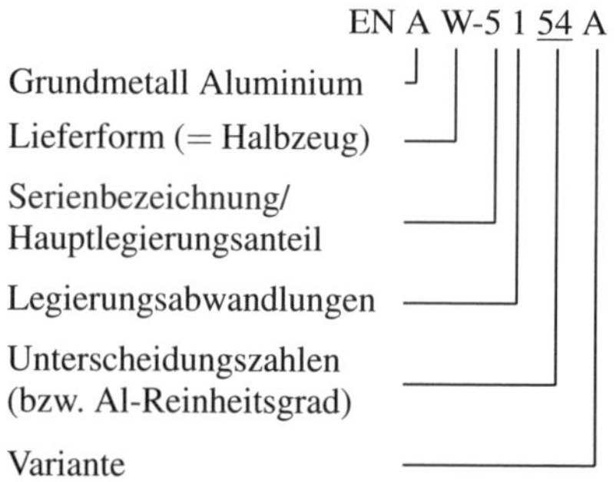

b) Alphanumerische Bezeichnung (mit chemischen Symbolen) nach DIN EN 573-2 (z. B. EN AW-AlMg 3,5 (A))

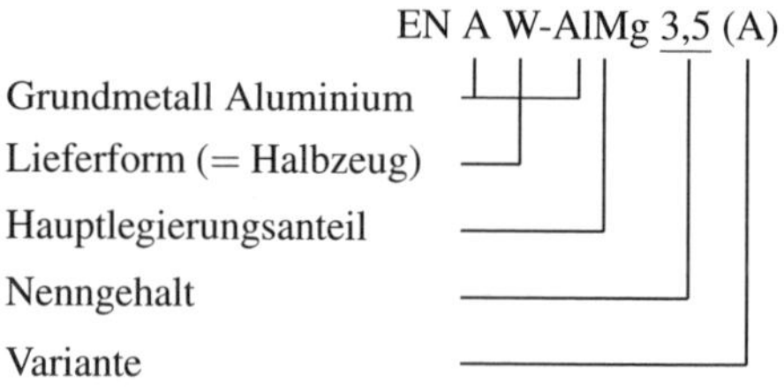

Zahlen, die der alphanumerischen Darstellung nachgesetzt sind, geben den Gehalt an Aluminium, wie in EN AW-Al 99,7 oder den Nenngehalt des betreffenden Elements wie in EN AW-AlMg 3,5 (gewähltes Beispiel) an. Der Werkstoffzustand wird nach DIN EN 515 hinter der Legierungsbezeichnung (getrennt durch einen Bindestrich) angegeben.

Beispiele für den Werkstoffzustand
DIN EN 515:

O Weichgeglüht
H Kaltverfestigt
W Lösungsgeglüht
T Wärmebehandelt

Da diese Kennzeichnung allein oft unvollständig wäre, können wichtige Details zusätzlich vermerkt werden, z. B.

O1 Bei hoher Temperatur geglüht und langsam abgekühlt
T6 Lösungsgeglüht und warmausgelagert (warmausgehärtet);
alte Kennzeichnung: wa
T1 Abgeschreckt aus der Warmformungstemperatur und kaltausgelagert

Kupferwerkstoffe

- Nummernsystem DIN EN 1412
- Kurzzeichen ISO 1190-1
  (ISO Internationale Normungsorganisation)
- Zustandsbezeichnungen DIN EN 1173

Die genannte Europäische Norm legt ein System zur Bezeichnung von Materialzuständen fest. Es gilt für Guss- und Knetwerkstoffe.

Beispiel für eine Produktbezeichnung:

KUPFERROHR EN 1057 - R 220 - 12 × 1,0

- Benennung (KUPFERROHR)
- EN-Nummer (EN 1057)
- Zustandsbezeichnung Zugfestigkeit $R_m = 220\ N/mm^2$ (weich) (R 220)
- Nennmaße in mm (Außendurchmesser × Wanddicke) (12 × 1,0)

Die Zustandsbezeichnung mit dem zugehörigen Zahlenwert xxx für die genannten Messgrößen soll in der Produktbezeichnung und in den Bestellangaben verwendet werden.

Beispiele für den Werkstoffzustand
DIN EN 1173:

Axxx Bruchdehnung
Hxxx Härte
Rxxx Zugfestigkeit

7.2 Aluminium, Aluminiumlegierungen

Lernziele

Der Lernende kann ...

- die mechanischen und chemischen Eigenschaften des reinen Aluminiums angeben,
- begründet angeben, wie sich reines Aluminium verarbeiten lässt,
- wichtige Anwendungsgebiete von Al und Al-Legierungen angeben und begründen,
- den Unterschied zwischen Knet- und Gusslegierungen erläutern,
- die Wirkungen einiger Legierungselemente nennen,
- das Aushärten von Al-Legierungen erklären,
- eine geeignete Al-Legierung für einen bestimmten Verwendungszweck entsprechend den geforderten Kennwerten aus gültigen Werkstofftabellen auswählen.

7.2.0 Übersicht

Alaun (lat. *alumen*) bildet den Ursprung des Namens. Man vermutete ein Metall (an Sauerstoff gebunden) in diesem Salz und nannte es 1807 *Aluminium.* In *Les Baux* (Südfrankreich) entdeckte *Berthier* 1821 ein Al-haltiges Mineral, das nach dem Fundort *Bauxit* genannt wurde. Neben Ton und Kaolin wurde dieses Mineral später der wichtigste Ausgangsstoff für die Al-Herstellung. 1827 gewann *Wöhler* in Versuchen erstmals Al-Flitter.
Als „Silber aus Lehm" waren die mattweiß schimmernden Metallbarren eine Sensation auf der Pariser Weltausstellung des Jahres 1855. Der Preis glich dem eines Edelmetalls.
Die industrielle Erzeugung begann 1886 in Frankreich und um 1900 in Deutschland.
Wie bei keinem anderen Metall nahmen Herstellung und Verwendung einen raschen Aufschwung. Heute stehen die Al-Legierungen in ihrer Bedeutung nach den Eisenwerkstoffen an zweiter Stelle. Der Grund dieser beispiellosen Entwicklung liegt in den hervorragenden Eigenschaften dieses Werkstoffes. Nahezu jede Verarbeitungsart ist möglich, und die geringe Masse, die chemischen Eigenschaften, die gute Leitfähigkeit und nicht zuletzt das gefällige Äußere sichern dem Aluminium und seinen Legierungen eine sehr breite Anwendung in vielen Industriezweigen.
Das Verhalten mehrerer Al-Legierungen, unter bestimmten Bedingungen auszuhärten, erweitert das Anwendungsgebiet erheblich.
Sie sollten sich die wichtigsten Eigenschaften von Aluminium und seinen Legierungen einprägen. Die Wirkung der Legierungselemente wird verständlich beschrieben, insbesondere auch der Effekt der Aushärtung. Ein Überblick über technisch wichtige Al-Werkstoffe vervollständigt dieses Kapitel.

7.2.1 Reinaluminium

7.2.1.1 Eigenschaften

Werte s. Tabelle 7.2–1

Haupteigenschaften sind:

- *geringe Dichte*, Al ist ein Leichtmetall, $\varrho = 2{,}7\ \text{kg}/\text{dm}^3$ (Fe und Cu haben etwa die dreifache Dichte!)
- *Korrosionsbeständigkeit* gut bis sehr gut (Bildung von Deckschichten), lebensmittelecht
- *elektrische* und *thermische Leitfähigkeit* sehr gut (nur von Ag und Cu übertroffen) (s. Bild 7.2–2)
- *sehr gut legierbar* (große Anzahl technischer Legierungen!), überwiegend hervorragend gießbar
- *sehr gut umformbar* (kfz); dünne Drähte, Folien, Tuben, stark verfestigend (Festigkeitssteigerung um mehr als 100 % möglich); über 240 °C rekristallisierend
- *Elastizitätsmodul* $E = 72\,000\ \text{N}/\text{mm}^2 = 72\ \text{GPa}$ (1/3 von Stahl); bei gleicher Belastung tritt die dreifache elastische Formänderung gegenüber Stahl auf (siehe Bild 7.2–1)
- *Schweißbarkeit*: unter Schutzgas (Inertgas) sehr gut (WIG- und MIG-Verfahren); Oxidbildung muss verhindert werden!
- *schwierig spanbar* (zu weich, schmierender Span)

Erläuterungen:
WIG **W**olfram-**I**nertgas-**S**chweißen
MIG **M**etall-**I**nertgas-**S**chweißen

Vorteile	*Nachteile*
• niedrige Dichte (leicht) • witterungsbeständig • gut kaltformbar • gut polierbar • guter Leiter (nach Ag und Cu an 3. Stelle)	• R_m und R_p niedrig • Laugen und basische Stoffe greifen an • Schweißen und Löten nur mit Flussmittel oder Schutzgas möglich

Wichtige Temperaturen

Rekristallisationstemperatur	240 ... 300 °C
Schmiedetemperatur	300 ... 500 °C
Schmelztemperatur	660 °C

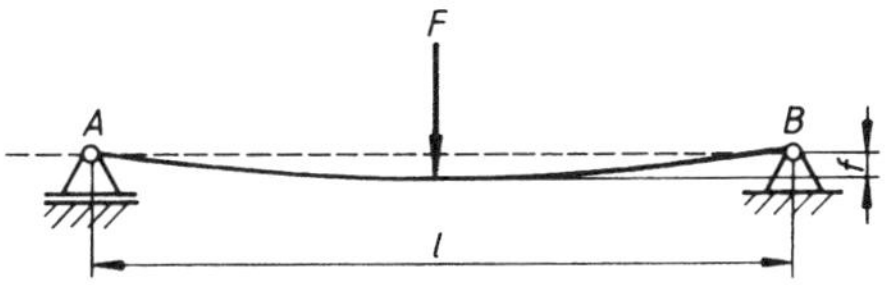

Bild 7.2–1 Verhalten bei mechanischer Beanspruchung (Biegung)

Bei *Biegebeanspruchung* eines Trägers gilt im elastischen Bereich:

$$f = c \cdot \frac{l^3 \cdot F}{E}$$

f *Durchbiegung* (Formänderung bei Biegebeanspruchung)
c Konstante
E *Elastizitätsmodul*, z. B. Stahl $E \approx 210\ \text{GPa}$

Tabelle 7.2–1 Werkstoffkennwerte von Aluminium

Raumgitter	kfz
Dichte ϱ	$2{,}7\ \text{g}/\text{cm}^3$
Zugfestigkeit R_m	$40 \ldots 80\ \text{N}/\text{mm}^2$
Streckgrenze $R_{p\,0{,}2}$	$10 \ldots 30\ \text{N}/\text{mm}^2$
Härte HB 2,5	12 ... 20
Elastizitätsmodul E	$7{,}2 \cdot 10^4\ \text{N}/\text{mm}^2$
Schubmodul G	$2{,}7 \cdot 10^4\ \text{N}/\text{mm}^2$
Bruchdehnung A_5	30 ... 38 %
Elektrische Leitfähigkeit	$37\ \text{m}/(\Omega \cdot \text{mm}^2)$

7.2.1.2 Anwendung

Reinaluminium ist Basismetall für Al-Legierungen. Außerdem wird Aluminium hauptsächlich verwendet

- im Bauwesen
- in der Verpackungsindustrie (Folien)
- im Behälter- und Apparatebau
- in der chemischen Industrie
- in der Nahrungsmittelindustrie
- in der Elektrotechnik (Al und Cu sind als Leiterwerkstoffe im Wettbewerb!)

> Aluminium wird überall dort eingesetzt, wo die niedrige Dichte, die gute Gieß- und Formbarkeit, die Deckschichtbildung und die gute Leitfähigkeit technisch vorteilhaft sind.

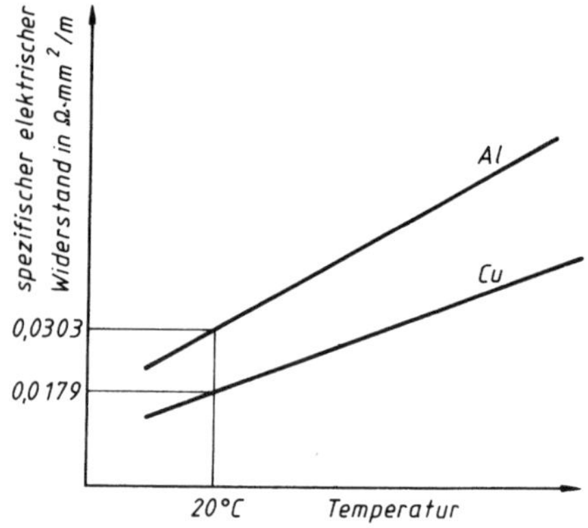

Bild 7.2–2 Das elektrische Leitverhalten von Al und Cu

Übung 7.2–1
Nennen Sie Eigenschaften von Aluminium, die dessen technische Anwendung bestimmen!

Übung 7.2–2
Ist Aluminium schweißbar?

Übung 7.2–3
Weshalb eignet sich Aluminium gut für die Nahrungsmittelindustrie (Eigenschaften)?

7.2.2 Aluminiumlegierungen

7.2.2.1 Einteilung, Eigenschaften

Aluminium-Werkstoffe werden in einer außerordentlichen Vielfalt hergestellt und eingesetzt. Neben Reinaluminium gibt es *Legierungen* und *Sinterwerkstoffe* (Kapitel 8).
Die Legierungen teilt man in *Knetlegierungen* (Halbzeuge, wie Bleche, Bänder, Profile usw.) und *Gusslegierungen* (Teile werden unmittelbar gegossen) ein. Bei Aluminiumlegierungen gibt es viele Arten, die sowohl gut gießbar als auch gut umformbar sind.

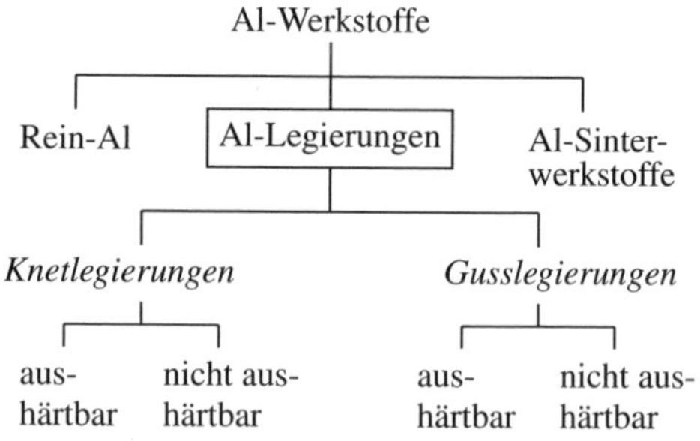

Man kann Knet- und Gusslegierungen wiederum in *aushärtbare* und *nicht aushärtbare* Zusammensetzungen unterteilen.
Man kann Aluminiumlegierungen auch anders einteilen und bezeichnen:
Beispiele:
Sandguss-, Kokillenguss-, Druckguss-, Kolben-, Automatenlegierungen usw.
Sie erkennen, dass hierbei eine Rolle spielt, wie die betreffende Legierung geformt, bearbeitet und eingesetzt wird.

Beachte:

> Viele Al-Legierungen sind als Knet- und als Gusslegierung geeignet!

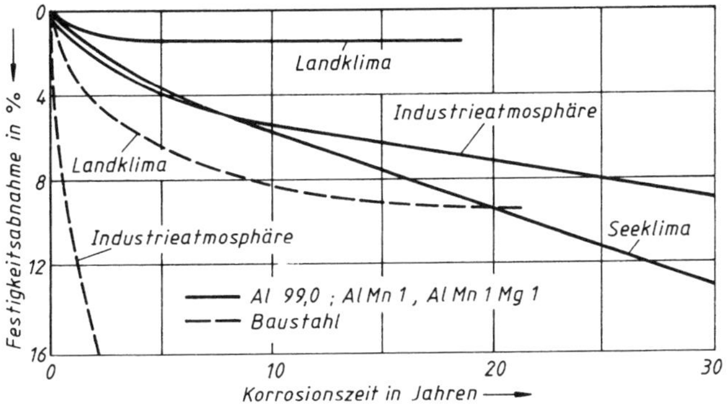

Bild 7.2–3 Korrosionskurven

Gegenüber Reinaluminium sind die Legierungen fester und härter (Zugfestigkeit, Streckgrenze und Härte höher). Die Legierungselemente beeinflussen auch Eigenschaften wie Wärmedehnzahl, elektrische Leitfähigkeit, chemische Beständigkeit und Formbarkeit (Bilder 7.2–3 und 7.2–4).

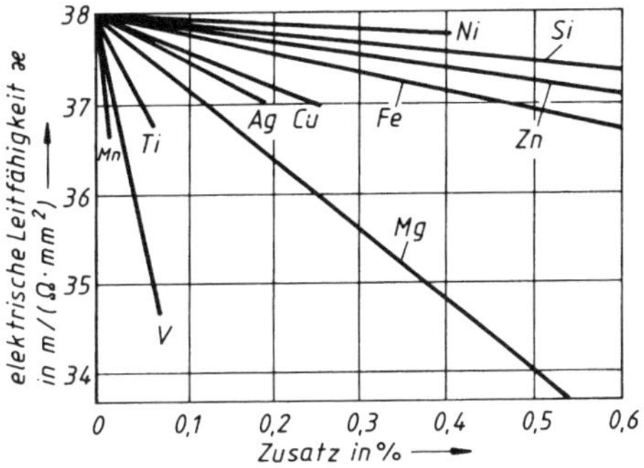

Bild 7.2–4 Einfluss verschiedener Legierungselemente auf die spezifische elektrische Leitfähigkeit von Aluminium bei 20 °C

7.2.2.2 Wirkung der Legierungselemente

Als Ausgangswerkstoff zur Herstellung von Aluminiumlegierungen verwendet man meist Reinaluminium mit 99,5 % Aluminiumgehalt.

Legierungselemente und spezielle Verfahren bei der Herstellung und Behandlung der Aluminium-Werkstoffe ergeben ein breites Spektrum von Eigenschaften.
Die folgende Übersicht beschreibt, wie z. B. mechanische Eigenschaften mehr oder minder beeinflusst werden.

- **Veredeln**
  Zugabe von Na bei AlSi-Guss, auch „Impfen" genannt; Gefüge wird feinkörnig und damit fester (Silumin-Effekt).
- **Mischkristallbildung**
  Cu, Mg verfestigen stark,
  Si, Mn, Fe verfestigen wenig.
  Bild 7.2–5 zeigt, dass Si allerdings intensiver wirkt als Fe. Diese Kurven wurden nach Rekristallisationsglühung aufgenommen.
  Zn bewirkt keine Verfestigung.
- **Intermetallische Verbindungen**
  Al_2Cu, $MgZn_2$ u. a.
  erhöhen die Festigkeit wenig,
  erhöhen jedoch die Sprödigkeit,
  Umformbarkeit wird beeinträchtigt,
  bei feiner Verteilung dieser Phasen besser umformbar
- **Aushärtung** (s. 7.2.2.3)
  erhebliche Festigkeitssteigerung bei hierfür geeigneten Legierungen
- **Dispersionshärten**
  Werkstoffe sintertechnisch hergestellt (vgl. 8.1 und 8.2.3); Al_2O_3 im Werkstoff fein verteilt, verbessert die Festigkeit bei höheren Temperaturen, genannt Warm festigkeit (s. Bild 7.2–6).

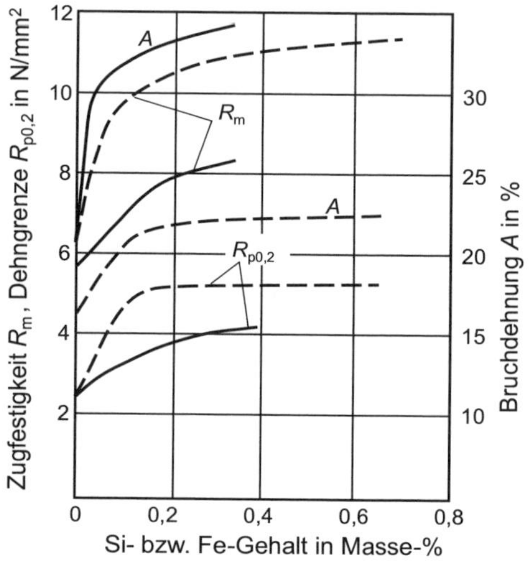

Bild 7.2–5 Einfluss von Si und Fe auf die Festigkeit von Al-Drähten nach Rekristallisationsglühen

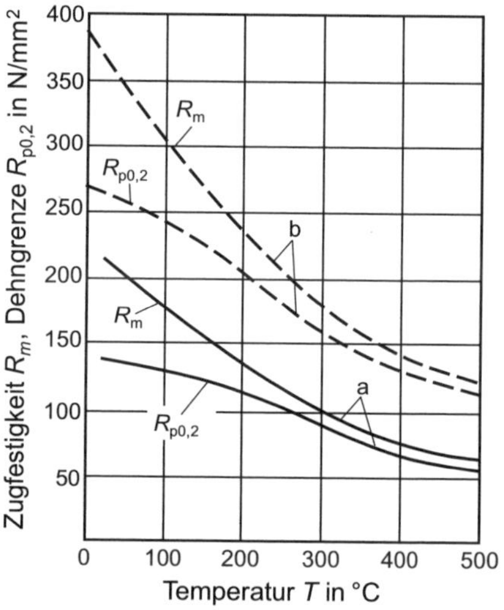

Bild 7.2–6 Einfluss der Temperatur auf R_m und $R_{p\,0,2}$ dispersionsgehärteter Al-Legierungen
a) Al + 4 Masse-% Al_2O_3
b) Al + 14 Masse-% Al_2O_3

Bemerkungen zum Bild 7.2–6:
Die Festigkeitswerte R_m und $R_{p\,0,2}$ sinken mit zunehmender Temperatur. Bei 14 Masse-% Al_2O_3 bleiben die Werte jedocht auf wesentlich höherem Niveau.
Bei anderen Aluminium-Werkstoffen sind diese Warmfestigkeitswerte nicht erreichbar.

Veredeln ist eine Zugabe von Na in die Metallschmelze kurz vor dem Abguss. Die Gussteile werden dadurch feinkörnig und mechanisch höher beanspruchbar.

7.2.2.3 Aushärten

Einige Al-Legierungen (aber auch andere Legierungen) kann man nach *Aushärten* mechanisch viel höher belasten. Es ist möglich, durch eine bestimmte Wärmebehandlung die Streckgrenze R_e deutlich anzuheben.

Überlegen Sie, welche Möglichkeiten zur Festigkeitssteigerung (R_m, R_e) bei metallischen Werkstoffen bisher genannt wurden!

1909 entdeckte *A. Wilm* an einer Al-Legierung mit 4 % Cu, 0,5 % Mg und einem geringen Anteil Mn (*Duraluminium* oder *Dural* genannt), dass sich eine gewisse Zeit nach dem Abschrecken aus Glühtemperaturen höhere Festigkeitswerte gegenüber dem Ausgangszustand einstellen. Ein leichter Werkstoff (Al-Legierung) erhielt dabei Festigkeitswerte, die an Stahl heranreichten – welch eine Perspektive! Jedoch vergingen noch Jahrzehnte, bevor – zusammen mit dem Aufschwung der Al-Metallurgie – diese Entdeckung der Aushärtbarkeit zur raschen Entwicklung des Flugzeugbaus führte. Überall, wo das Verhältnis Masse/Festigkeit eine Rolle spielte, gewannen Legierungen dieser Art an Bedeutung (Fahrzeugbau, Gerätebau, Elektrotechnik, Raumfahrttechnik u. a. Industriezweige).

Wodurch werden Legierungen aushärtbar?

Voraussetzungen:

- Mischkristalle mit abnehmender Löslichkeit für eine Komponente bei sinkender Temperatur existieren (s. Bild 7.2–7)
- intermetallische Verbindung tritt auf (z. B. Al_2Cu)
- weitere Elemente vorhanden, die den Vorgang begünstigen und den Festigkeitsanstieg stabilisieren (z. B. Mg)

Streckgrenze R_e steigt durch:

- *Legieren* (Mischkristall-Festigkeit)
- *Kaltumformen* (Formgebung unterhalb der Mindestrekristallisationstemperatur)
- *Vergüten* von Eisenwerkstoffen
- *Aushärten* bei Al- u. a. Legierungen

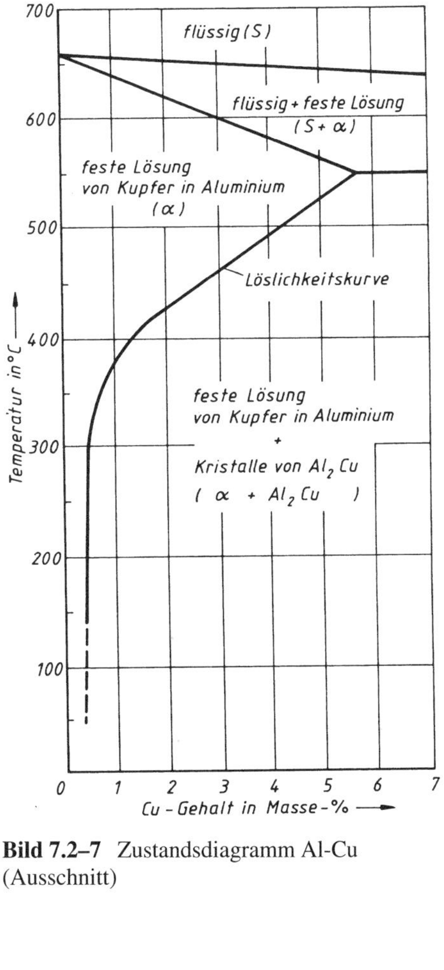

Bild 7.2–7 Zustandsdiagramm Al-Cu (Ausschnitt)

Vorgänge beim Aushärten
(s. Bilder 7.2–9 und 7.2–12)

Ablauf der Aushärtung

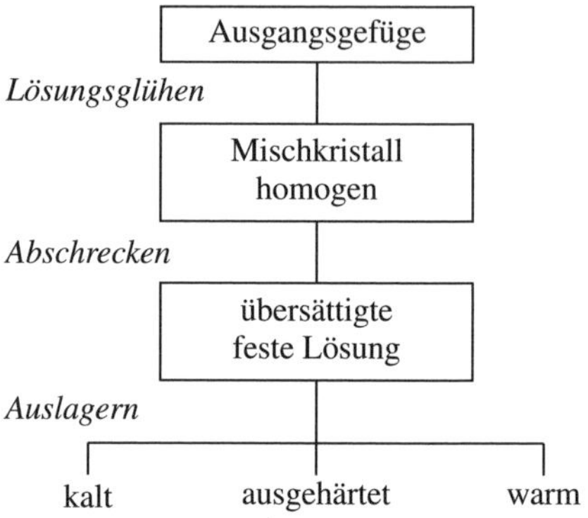

I. *Lösungsglühen (Homogenisieren)*
Man erwärmt bis in das Gebiet der homogenen α-Mischkristalle (*1*); etwas unterhalb der eutektischen Temperatur; Cu ist vollständig gelöst (homogene Mischkristalle); als Anlage benutzt man Luftumwälzofen oder Salzbad.
Glühzeit richtet sich nach der Art der Legierung und nach Größe und Form der Werkstücke (10 min bis 5 h).

II. *Abschrecken* (*2*)
Aus der Glühtemperatur werden die Teile durch Wasser abgeschreckt. Damit wird die Mischkristallphase konserviert (unterkühlt!), und Al_2Cu kann sich nicht ausscheiden. Cu liegt in übersättigter Lösung vor. Die Festigkeit ist angestiegen (etwa 35 ... 50 %), jedoch kann man den Werkstoff noch gut verformen.

III. *Auslagern (Aushärten)*

a) *Kaltaushärten* (*3*)
Bei Raumtemperatur „lagert" man die abgeschreckten Teile. Der instabile Zustand nach dem Abschrecken strebt das Gleichgewicht (siehe Zustandsdiagramm Bild 7.2–7) an. Das übersättigt in Lösung vorhandene Kupfer scheidet sich in Stunden bzw. in Tagen nachträglich aus.

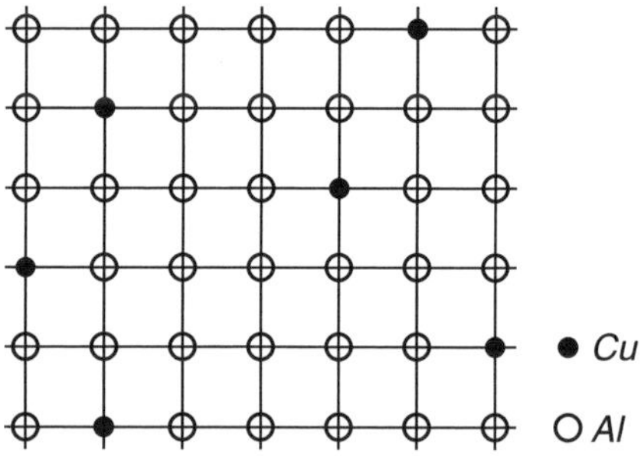

Bild 7.2–8 Homogener Mischkristall (Gitterstruktur schematisch)

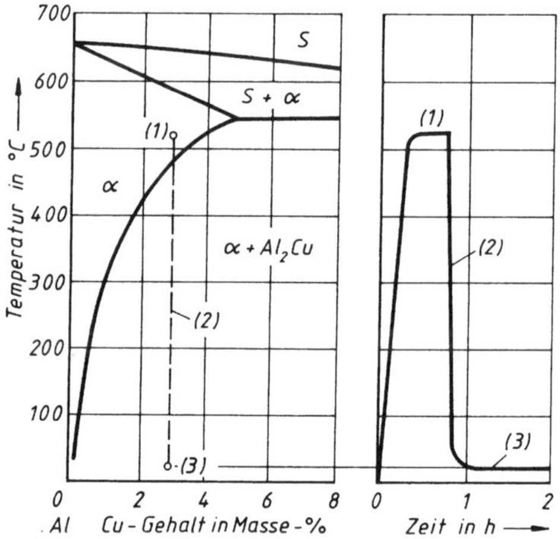

Bild 7.2–9 Kaltaushärtung einer Legierung vom Typ AlCuMg (Zustandsdiagramm AlCu und Temperatur-Zeit-Verlauf)

Diese einphasige Entmischung (s. Bild 7.2–10) führt zu Spannungsfeldern im Gitter. Damit ist ein erheblicher Anstieg von Härte, Zugfestigkeit und Dehngrenze verbunden (s. Bild 7.2–11).

Für Konstruktionswerkstoffe haben diese Veränderungen der mechanischen Eigenschaften eine vorrangige Bedeutung. Diese Entmischungsvorgänge beeinflussen jedoch auch eine Vielzahl chemischer und physikalischer Eigenschaften; so verändern sich beispielsweise durch Aushärten die Korrosionsbeständigkeit und die elektrische Leitfähigkeit.

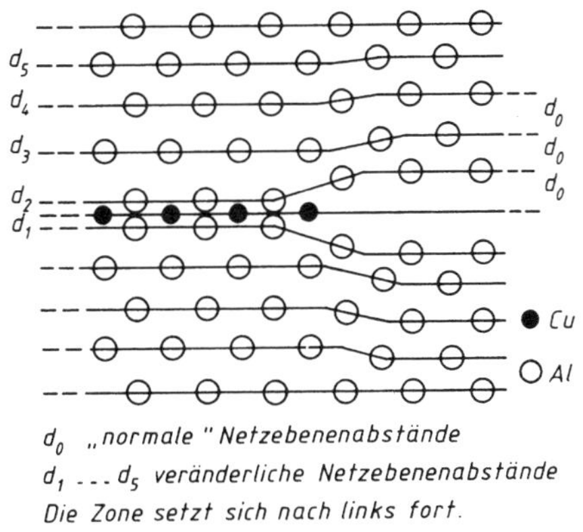

Bild 7.2–10 Einphasige Entmischung (schematisch)

Die mechanischen Eigenschaften Dehngrenze (entpricht der Kenngröße Streckgrenze), Zugfestigkeit und Bruchdehnung werden bei statischer Belastung im Zugversuch gemessen. Ermittlung und Definition dieser Größen werden im Abschnitt 12.2.2 erläutert.

Werden kaltausgehärtete Teile wieder erwärmt (beim Legierungstyp AlCuMg genügen 150 ... 200 °C), so verteilt sich das Kupfer wieder im Mischkristall wie in dem Zustand, der unmittelbar nach dem Abschrecken vorlag, d. h. „Rückbildung" der Eigenschaften.

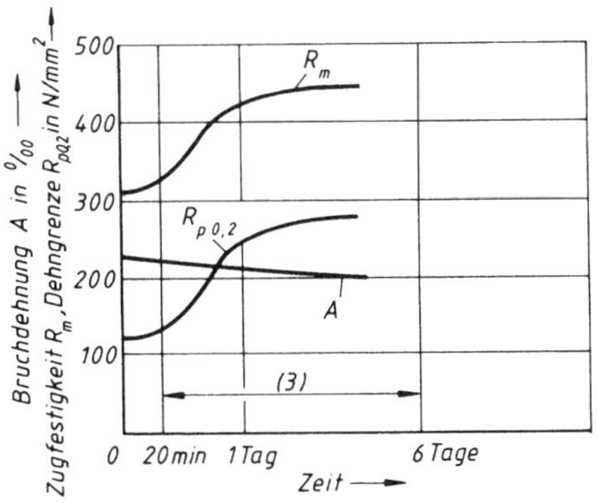

Bild 7.2–11 Eigenschaftsänderungen bei Kaltaushärtung

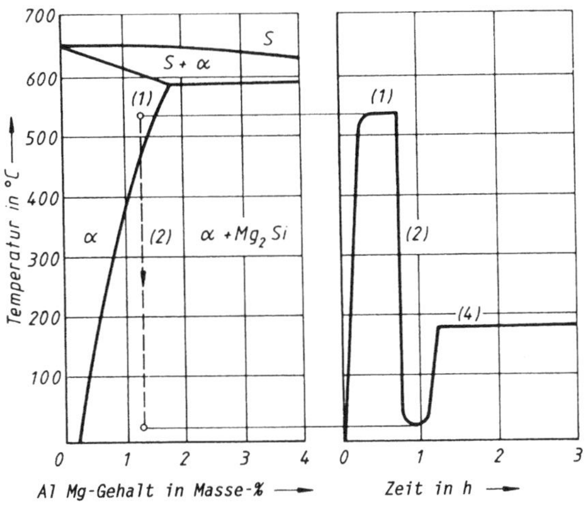

Bild 7.2–12 Warmaushärtung einer Legierung vom Typ AlMgSi

b) *Warmaushärten* (4)
(s. Bild 7.2–12)
Einige Legierungen eignen sich besser für ein Aushärten bei 120 ... 180 °C (5 ... 50 h). Neben einer einphasigen Entmischung kommt es hierbei zur Bildung einer zweiten Phase. Mehrschichtige Atomlagen (s. Bild 7.2–13) führen zu intensiverem Anstieg von Härte, Zugfestigkeit und Streckgrenze. Man spricht von einer *Ausscheidungshärtung* (Bild 7.2–14).

Die Warmaushärtung, die in ihrer entscheidenden Phase in Wärmebehandlungsanlagen durchgeführt wird, benötigt eine kürzere Zeit und ist produktionstechnisch besser realisierbar. Wie aus Bild 7.2–14 zu erkennen ist, darf die optimale Haltetemperatur nicht überschritten werden, da sich die mechanischen Eigenschaften wieder rückläufig verändern. Eine zu hohe Temperatur verringert den Erfolg ebenfalls.

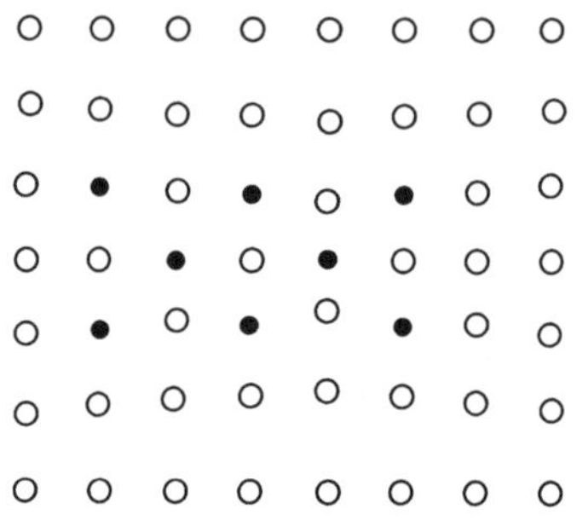

Bild 7.2–13 Ein- und zweiphasige Entmischung bei der Warmaushärtung (schematisch)

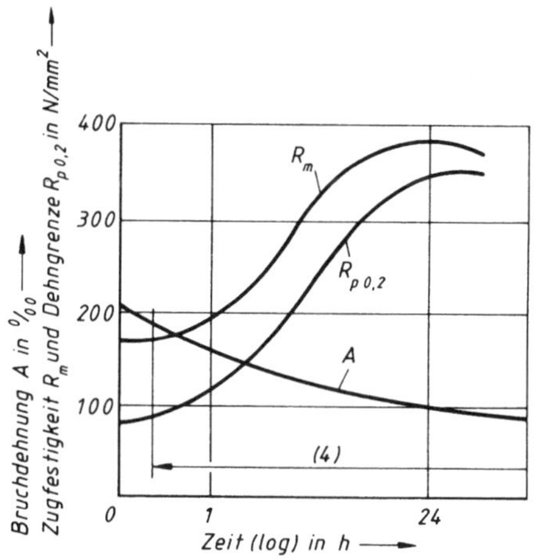

Bild 7.2–14 Eigenschaftsänderungen bei Warmaushärtung einer AlCuMg-Legierung

7.2.3 Legierungstyp, technische Anwendung

Die vielseitigen, technisch nutzbaren Eigenschaften der Al-Legierungen und die mannigfaltige Beeinflussbarkeit durch verschiedene Elemente ergeben eine Vielfalt angebotener Werkstoffe.

Die folgenden Informationen zu Knetlegierungen, Gusslegierungen und Sonderwerkstoffe sind kein Lernstoff.

Lesen Sie diese Übersichten! Davon müssen Sie ausgehen, wenn Sie für einen bestimmten Verwendungszweck eine geeignete Al-Legierung auswählen wollen.

- Vergleichen Sie die folgenden Tabellenwerte untereinander und mit Eigenschaften von Reinaluminium!
- Sie erkennen die typische Wirkung einiger Legierungselemente!
- Al-Werkstoffe kann man dem Verwendungszweck weitgehend anpassen!

Knetlegierungen

Typ/ Zusätze	Gebrauchseigenschaften
AlMn 0,8 ... 1,5 % Mn	ähnlich wie Reinaluminium; nicht aushärtbar; Festigkeit etwas höher
AlMg 0,6 ... 7 % Mg 0,2 ... 0,6 % Mn	ähnlich wie Reinaluminium; nicht aushärtbar; Streckgrenze bis 180 N/mm^2; meerwasserbeständig; mit zunehmendem Mg-Gehalt verbessert sich die chemische Beständigkeit, jedoch verschlechtern sich einige Eigenschaften (Schweißbarkeit, Verarbeitbarkeit usw.)
AlMgMn 1,6 ... 2,5 % Mg 0,5 ... 1,5 % Mn 0,2 % Cr	ähnliche Eigenschaften wie AlMg, jedoch verbesserte Warmfestigkeit (bis 150 °C), nicht aushärtbar
AlMgSi 0,4 ... 1,4 % Mg 0,3 ... 1,6 % Si 0 ... 1 % Mn	chemisches Verhalten ähnlich dem Reinaluminium, jedoch erhöhte Festigkeit; gut schweißbar ohne Korrosionsgefährdung in der Schweißzone, günstiges Verhältnis Festigkeit/elektrische Leitfähigkeit; Aldrey-Legierung in der E-Technik; Warmaushärtung zur Beeinflussung des Leitverhaltens! Gut polierbar!
AlCuMg 2,5 ... 4,5 % Cu 0,4 ... 1,5 % Mg	kaltaushärtbare Legierung; hohe Festigkeit erreichbar (Streckgrenze bis 290 N/mm^2!) wenig korrosionsbeständig; wird häufig mit Reinaluminium plattiert.
AlZnMg 4 ... 5 % Zn 1 ... 3 % Mg 0 ... 0,6 % Mn 0 ... 0,3 % Cr	warmaushärtbare Legierung; Streckgrenzen bis 350 N/mm^2 erreichbar; Korrosionsbeständigkeit liegt zwischen AlMgSi und AlCuMg

Tabelle 7.2–2 Al-Knetlegierungen, Festigkeitswerte

Werkstoff EN AW-	Zustand	R_m N/mm^2	$R_{p\,0,2}$ N/mm^2	A %	HB –
		Mindestwerte			
Al 99,5	weich	70	20	30	18
	kaltverfestigt	130	100	4	33
AlMn 1	weich	100	40	20	25
	kaltverfestigt	160	130	4	40
AlMg 3	weich	180	80	15	45
	kaltverfestigt	260	180	3	75
AlMgSi	weich	110	50	15	35
	warmausgehärtet	320	260	8	95
AlCu 4 Mg 1	weich	180	60	12	55
	kaltverfestigt	280	220	2	75
	kaltausgehärtet	440	290	10	110
AlZn 5,5 MgCu	warmausgehärtet	520	440	6	140

Wichtige Gebrauchseigenschaften:
- Umformbarkeit
- Aushärtbarkeit
- chemische Beständigkeit
- Festigkeit u. a. Eigenschaften

Gusslegierungen (DIN EN 1706)

Typ/ Zusätze	Gebrauchseigenschaften
AC-AlSi 12	sehr gut gießbar (Schmelzpunktminimum durch Si-Eutektikum); gut schweißbar; Grobkörnigkeit bei Sandguss (langsamere Abkühlung!) kann durch Impfen mit Natrium unterbunden werden (Veredeln des Gusses mit Natrium)
AC-AlSi 10 Mg 0,3 % Mg	Eigenschaften ähnlich G-AlSi 12; aushärtbar; etwas höhere Festigkeit
AC-AlSi 5 Cu 1 Mg	sehr gut gießbar, gut schweißbar, aushärtbar, für dünnwandige Teile, die hoch beansprucht werden, korrosionsanfälliger
AC-AlMg 3	chemische Beständigkeit hoch (Meerwasser); polierbar, spanbar, anodisch, oxidierbar, aushärtbar; Gießbarkeit und Schweißbarkeit etwas verringert

Tabelle 7.2–3 Al-Gusslegierungen, Festigkeitswerte (ermittelt an gesondert gegossenen Probestäben)

Werkstoff	Zustand	R_m	$R_{p\,0,2}$	A	HB
		Mindestwerte			
		N/mm²	N/mm²	%	–
EN AC-AlSi 12	unbehandelt (F)	170	80	6	55
EN AC-AlSi 10 Mg	unbehandelt (F)	180	90	2,5	55
	ausgehärtet (T6)	260	220	1	90
EN AC-AlSi 5 Cu 1 Mg	kaltausgehärtet (T4)	230	140	3	85
	warmausgehärtet (T6)	280	210	< 1	110
EN AC-AlMg 3	unbehandelt (F)	150	70	5	50
EN AC-AlCu 4 Ti	ausgehärtet (T6)	330	220	7	95

Man unterscheidet:

- Legierungen für allgemeine Verwendung
- Legierungen für besondere Verwendung (Sonderzwecke, vorwiegend korrosionsbeständig und/oder Oberflächen zu behandeln)
- Legierungen mit hohen Festigkeitseigenschaften

Sonderwerkstoffe (gegossen bzw. gesintert):

Kolbenlegierungen
Cu, Ni, Mg, je etwa 1 %
warmfest, hoher Verschleißwiderstand, verminderter Wärmeausdehnungskoeffizient (Kolben- und Zylinderwerkstoffe des Motors sollten einander angenähert sein!)

Automatenlegierungen
etwa 2 % Pb
kurz spanend durch eingelagerte Pb-Kristallite,
günstig für die automatische Bearbeitung

Gleitlagerlegierungen
Mn, Fe, Ni, Cr oder Sb
Lagerwerkstoffe auf Al-Basis haben sich im Fahrzeugbau bewährt

Al-Sinterwerkstoffe (s. a. Kapitel 8)
6 . . . 15 % Oxidanteil
für spezielle Anforderungen, z. B. hohe Warmfestigkeit (Kerntechnik), hohe dynamische Beanspruchungen
(Motor und Getriebeteile)

Übung 7.2–4
Welcher Unterschied besteht zwischen Guss- und Knetlegierungen?
Gilt diese Trennung nur für Al-Legierungen?

Übung 7.2–5
Welche Eigenschaften ändert man besonders durch Legieren?

Übung 7.2–6
Was versteht man unter Veredeln?

Übung 7.2–7
Bei welcher Temperatur rekristallisiert kaltumgeformtes Aluminium?

Übung 7.2–8
Welche Voraussetzungen müssen erfüllt sein, damit eine Legierung aushärtbar ist?

Übung 7.2–9
Wie kann man die Streckgrenze R_e erhöhen (allgemein bei metallischen Werkstoffen)?

Übung 7.2–10
Erläutern Sie die Technologie des Warmaushärtens des Legierungstyps AlMgSi!

7.3 Kupfer, Kupferlegierungen

Lernziele

Der Lernende kann ...

- die Eigenschaften von Kupfer nennen,
- angeben, wie sich Kupfer und Kupferlegierungen verarbeiten lassen,
- wichtige Anwendungsgebiete von Kupfer und Kupferlegierungen nennen und begründen.

7.3.0 Übersicht

Kupfer ist das älteste Gebrauchsmetall, das die Menschheit kennt. Es gilt als sicher, dass bereits vor 9 000 Jahren Gegenstände aus diesem Metall geformt wurden.

Zunächst zufällig, später gezielt erschmolzen, verwendete man Kupfer-Arsen-Legierungen, die sich durch einen herabgesetzten Schmelzpunkt auszeichnen. Im 3. Jahrtausend vor unserer Zeitrechnung kam die noch besser brauchbare Bronze (das Wort hat seinen Ursprung im Persischen), eine Kupferlegierung mit etwa 10 % Zinn, auf.

Aes Cyprium („das zyprische Erz") wurde über Lautwandel allmählich zu *cuprum* (Kupfer, engl. copper, franz. cuivre).

Vorwiegend als Erz gebunden, kommt Kupfer in Kiesen, Sandstein und Schiefer eingelagert vor. Häufig werden andere Metalle, wie Mo, Au, Ag, Pb und Ni, gleichzeitig mit gewonnen.

Der Cu-Gehalt im Erz ist meist sehr bescheiden. Während man um 1900 in den USA noch Erz mit etwa 4 % Cu zur Verfügung hatte, gilt heute ein Erz mit 0,6 % Cu und weniger durchaus als abbauwürdig. Die ergiebigsten Vorräte liegen in der Kordilleren-Anden-Gebirgskette (von Alaska bis Chile) und im zentralafrikanischen Kupfergürtel. In Deutschland begann um 1200 der Abbau von Kupferschiefer im Mansfelder Gebiet. *Reinkupfer* wird metallurgisch in 2 Stufen gewonnen. Aus dem Erz wird zunächst ein *Rohkupferkonzentrat* (etwa 20 % Cu) hergestellt. Danach erfolgt durch *Elektrolyse* die Raffination zu 99,9prozentigem Metall.

Kupfer besitzt eine ausgezeichnete elektrische und Wärmeleitfähigkeit, ist hervorragend plastisch verformbar und besitzt technisch nutzbare chemische Eigenschaften. Durch Legieren werden die Gießbarkeit verbessert und verschiedene Eigenschaften variiert. Neben seinen heutigen Hauptanwendungsgebieten Elektrotechnik und Elektronik wird Kupfer meist in Form von Legierungen in vielfältiger Weise als Konstruktionswerkstoff verwendet.

7.3.1 Reinkupfer

Die technische Anwendung wird bestimmt durch:

- *gute elektrische Leitfähigkeit* } wird nur von Silber übertroffen
- *hohe Wärmeleitfähigkeit* } wird nur von Silber übertroffen
- *chemische Beständigkeit* (Korrosionsbeständigkeit)

Tabelle 7.3–1 Werkstoffkennwerte von Kupfer

Farbe:	rot
Gitter:	kfz
Schmelztemperatur:	1 083 °C
Dichte:	8,93 g/cm^3
Festigkeit R_m:	200 ... 400 N/mm^2 (je nach Behandlungsart)

Die *Leitfähigkeit* ist sehr stark vom Reinheitsgrad abhängig (Bild 7.3–2).
Besonders maßgebend: Sauerstoff im Cu liegt als Cu_2O = Cu(I)-Oxid – Einschlüsse in der Gefügegrundmasse – vor.
Glüht man bei 650...850 °C (Gefahrenbereich) in reduzierender Atmosphäre (z. B. Wasserstoff, Leuchtgas, Wassergas, Acetylen), kommt es zur „Wasserstoffkrankheit" des Kupfers.

$$Cu_2O + H_2 \longrightarrow 2Cu + H_2O \text{ (Dampfblasen)}$$

Eindringender Wasserstoff verbindet sich mit dem vorhandenen Sauerstoff zu H_2O (Wasserdampf). Dieser kann mit Kupfer nicht diffundieren und sprengt das Gefüge auf.
Es kommt zur Rissbildung und Versprödung des Kupfers.
Die Wasserstoffkrankheit kann beim Schweißen oder beim Glühen in Gasöfen auftreten.
Vermeidung:
Verwendung von sauerstofffreiem Kupfer oder Berührung mit reduzierenden Gasen verhindern (z. B. Schweißen unter Schutzgas)
Technologische Eigenschaften:

- schlecht gießbar (Gasaufnahme und schlechtes Formfüllungsvermögen)
- sehr gut kaltumformbar (Drähte können bis zu 0,01 mm Durchmesser gezogen werden!);
  hohe Tiefziehfähigkeit von Cu-Blechen
- gut löt- und schweißbar; neigt jedoch beim Schweißen zur Grobkornbildung und zu Schrumpfspannungen
  (Festigkeit: 50 % herabgesetzt)
  Abhilfe: Warmhämmern!
- Verhalten in Kälte einwandfrei, in Wärme (350...650 °C) *Blaubruch; Gefahr*! Sprödbereich!

An der Luft bilden sich *Patina* $Cu_2(OH)_2CO_3$ (basisches Cu-Carbonat, Schutzschicht) bzw. *Grünspan* $Cu(CH_3COO)_2 \cdot Cu(OH)_2 \cdot 5\,H_2O$

Anwendung:
Stromführende Teile in der Elektroindustrie, Tiefziehteile, Dichtungen, Kunstgewerbe, Apparatebau (Rohre, Feuerbüchsen, Kühlschlangen, Braukessel), Lötkolben.

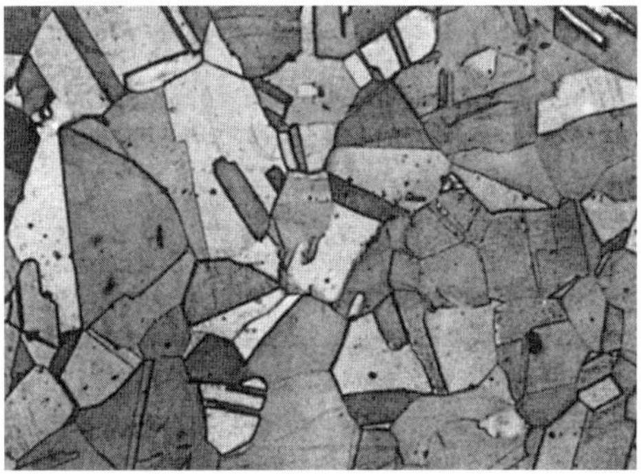

Bild 7.3–1 Gefüge von technisch reinem Kupfer (E-Cu 99,9 %), gewalzt

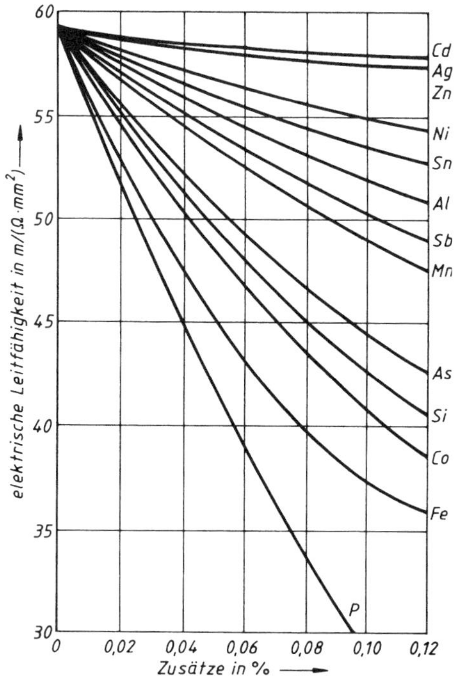

Bild 7.3–2 Einfluss geringer Mengen Zusätze im Kupfer auf die elektrische Leitfähigkeit

Wichtige Kupferlegierungen im Überblick:

- Zweistoffsysteme
  Cu-Ni, Cu-Zn (Messing, alte Kurzbezeichnung Ms)
  Bronzen: Cu-Al, Cu-Ag, Cu-Be, Cu-Mn, Cu-Si, Cu-Sn (klassische Bronze, alte Kurzbezeichnung Bz)
- Drei- und Mehrstoffsysteme

Cu-Sn-Zn(-Pb)	Rotguss (alte Kurzbezeichnung Rg)
Cu-Ni-Zn	Neusilber
Cu-Al(-Fe,-Mn,-Ni)	Mehrstoffbronze

  Bronzen werden häufig mit Phosphor desoxidiert. Diese Werkstoffe werden mitunter als Phosphorbronzen bezeichnet. Es ist keine gesonderte Werkstoffgruppe.

In den folgenden Abschnitten 7.3.2 und 7.3.3 werden Cu-Zn- und Cu-Sn-Legierungen behandelt.

Werkstoffbeispiele (Reinkupfer)

E-Cu 58	Elektrolytkupfer, sauerstoffhaltig elektrische Leitfähigkeit mindestens 58,0 $m/(\Omega \cdot mm^2)$ für Elektrotechnik
SE-Cu	sauerstofffreies Kupfer; desoxidiert mit Phosphor, wasserstoffbeständig, für Elektronik und als Plattierwerkstoff
SW-CuF 25	sauerstofffreies Kupfer, Phosphoranteil niedrig, wasserstoffbeständig; Mindestzugfestigkeit $240\,N/mm^2$; für Halbzeuge, Apparatebau
SF-CuF 30	sauerstofffreies Kupfer, Phosphoranteil hoch, wasserstoffbeständig, sehr gut schweiß- und hartlötbar; Mindestzugfestigkeit $290\,N/mm^2$; für Halbzeuge, Rohrleitungen, Apparatebau, Bauwesen

Übung 7.3–1
Welche Eigenschaften hat Reinkupfer?

Übung 7.3–2
Wie vermeidet man die Wasserstoffkrankheit des Kupfers?

Übung 7.3–3
Wie erklärt sich die hervorragende Kaltumformbarkeit von Kupfer!

7.3.2 Kupfer-Zink-Legierungen (Messing)

Diese Kupferlegierungen werden in der Technik am häufigsten verwendet. Sie enthalten bis zu 45 % Zink und bis zu 3 % Blei (zur Verbesserung der Spanbarkeit).
Die technische Verwendung dieser Werkstoffe wird durch gute Umformbarkeit, Korrosionsbeständigkeit und – für spezielle Gusslegierungen zutreffend – gute Gießbarkeit bestimmt.
Bild 7.3–3 zeigt die Cu-Seite des Zweistoffsystems Kupfer-Zink.

> *Messing* (Ms): Kupfer-Zink-Legierungen bis zu 45 % Zn

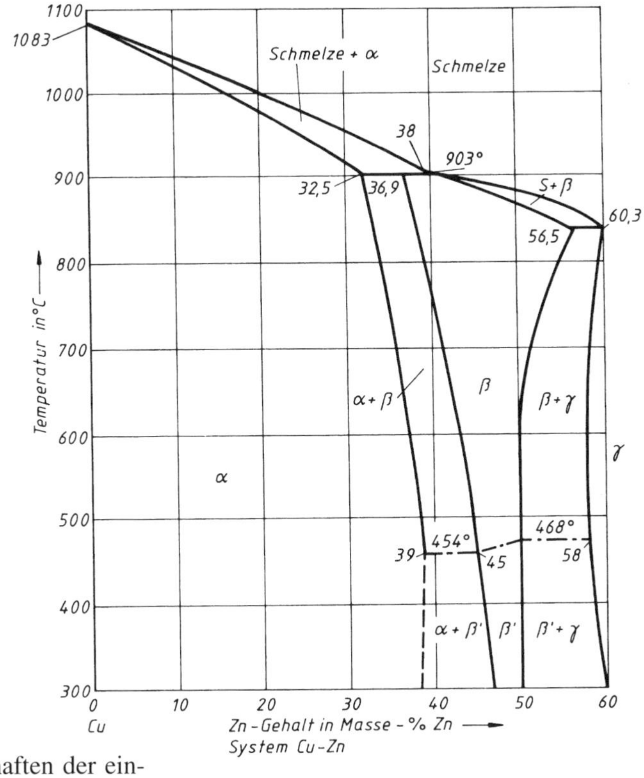

Bild 7.3–3 Zweistoffsystem Kupfer-Zink (kupferreiche Seite des Diagrammes)

Die Struktur und die Eigenschaften der einzelnen Phasen sind wie folgt:
α-Mk: kfz, sehr gut kaltformbar; starke Kristallseigerung, Diffusionsglühen $> 600\,°C$ empfehlenswert.
Löslichkeit für Zn also fast 40 %; Linienverlauf lässt erkennen, dass die Löslichkeit mit fallender Temperatur etwas zunimmt(!)
Rasche Abkühlung der Legierungen um 40 % Cu führt zur Erhaltung der β-Phase.
β-Mk: krz; Atombesetzung im Mk ungeordnet. Bei Raumtemperatur hart und spröde. Reiner β-Mk als Werkstoff kaum brauchbar. β-Mk bei höheren Temperaturen gut verformbar!
Zweiphasen-Gebiet: $\alpha + \beta'$; β' ist die geordnete Phase. Die Zn-Atome nehmen den Mittelplatz, die Cu-Atome die Ecken des Gitterwürfels ein. β'-Phase ist gut spanbar. Technologische Eigenschaften allgemein: Gut lötbar, besser schweißbar als Cu, Festigkeitssteigerungen durch Legieren oder Kaltumformen.

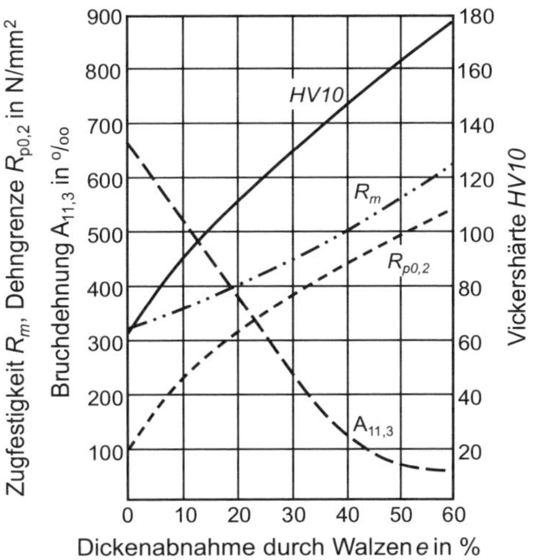

Bild 7.3–4 Einfluss der Umformung durch Kaltwalzen von CuZn 37 auf die mechanischen Eigenschaften

Anwendung:
Äußerst vielseitig; nichtmagnetische, korrosionsfeste Teile in der Optik, Elektrotechnik, Uhren- und Musikinstrumentenindustrie, Schmuckwaren, Beschläge usw. (s. a. Werkstoffbeispiele)

In den Kurzbezeichnungen der Cu-Legierungen sind die wichtigsten Legierungselemente in Prozent angegeben. Fehlt die Zahlenangabe, so beträgt der Anteil meist weniger als 1 %. Der Restanteil ist Kupfer.

Beispiel einer *Kurzbezeichnung*
CuZn40F48
40 % Zn $R_m \geqq 480\,\text{N/mm}^2$
60 % Cu
Kupfer-Zink-Knetlegierung (gut warm- und kaltumformbar)
frühere Bezeichnung: Ms 60
Messing mit 60 % Cu

Messing, besonders bei hohem Zn-Gehalt (β-Mk), ist korrosionsgefährdet. Es kann zu *Lochfraß* (Entzinkung) und bei kaltverformtem Messing zur *interkristallinen Spannungskorrosion* kommen. Insgesamt ist Messing jedoch nur wenig korrosionsanfälliger als Kupfer.

Tabelle 7.3–2 Werkstoffbeispiele für Messing

Messingsorte	Charakteristik	Anwendung (Beispiele)
CuZn28	sehr gut kaltumformbar	Instrumente, Hülsen
CuZn36Pb3	gut spanbar	Automatenbearbeitung
CuZn35Ni	Sondermessing	Apparatebau, Schiffbau
CuZn40MnPb	Sondermessing	Wälzlagerkäfige
GD-CuZn37Pb	Gussmessing	Druckgussteile für Maschinenbau
GZ-CuZn25A15	Sonderguss-messing, hohe mechanische Beanspruchung möglich	hochbelastete Lager Schneckenradkränze

Übung 7.3–4
Welche Legierungen umfasst der Begriff Messing?

Übung 7.3–5
Erklären Sie die Werkstoffbezeichnung CuZn40MnPb!

Übung 7.3–6
Wie wirkt sich Zink im Kupfer auf die Gießbarkeit aus?

7.3.3 Kupfer-Zinn-Legierungen

Zinnbronzen sind die herkömmlichen, klassischen Bronzen. Sie wurden vor mehreren Tausend Jahren bereits erschmolzen und gaben einer vorgeschichtlichen Epoche den Namen *Bronzezeit*.
Knetlegierungen enthalten bis 9 % Sn, Gussbronze bis 20 % Sn. Diese Legierungen besitzen gute mechanische Eigenschaften (hohe Festigkeit, gute Umformbarkeit) und eine hervorragende Korrosionsbeständigkeit. Der Hauptteil dieser Werkstoffgruppe wird durch Gießen verarbeitet.
Neben der hier näher beschriebenen Zinnbronze verwendet man heute die rechts genannten Bronzen.

Bronze (Bz):
Cu-Legierung mit mehr als 60 % Cu (von den Zusätzen darf Zn nicht der wichtigste sein!)

Neben Zinnbronzen verwendet man heute:

- Aluminiumbronze CuAl...
- Silberbronze CuAg...
- Berylliumbronze CuBe...
- Manganbronze CuMn...
- Siliciumbronze CuSi...
- Mehrstoffbronze CuAl(Fe,Mn,Ni)

Erläuterung des Zustandsdiagrammes

Cu-Sn (Bild 7.3–5):
Das große Erstarrungsintervall begünstigt *Kristallseigerungen*. Zinn ist diffusionsträge, daher ergeben sich in Cu-Sn-Legierungen stets deutlich Konzentrationsunterschiede (*Zonenmischkristalle*).
Die Eigenschaften der *α-Phase* entsprechen denen der gleichnamigen Phase des Systems Cu-Zn.
Die *ε-Phase* (Cu_3Sn) kristallisiert hexagonal und ist spröde. Steigender Zinnanteil bewirkt zunehmende Versprödung; für Walzzwecke ist daher nur Cu-Sn mit sehr geringem Sn-Anteil verwendbar.

Anwendung:
Allg. Maschinenbau (besonders hochbeanspruchte Gleitlager und Schneckenräder), Kraft- und Arbeitsmaschinenbau, Gehäuse, Armaturen usw.

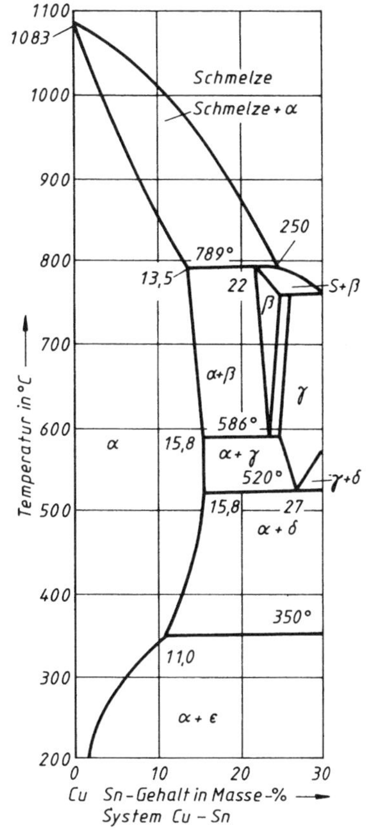

Bild 7.3–5 Zweistoffsystem Kupfer-Zinn (kupferreiche Seite des Diagrammes)

Rotguss (alt: Rg)
Diese häufig verwendeten Werkstoffe sind Mehrstoffbronzen, die außer Zinn zusätzlich Zink und Blei enthalten.

Tabelle 7.3–3 Werkstoffbeispiele Kupfer-Zinn-Legierungen

Bronzeart	Anwendung (Beispiele)
CuSn6	Federn, Hülsen, Membranen, Siebdrähte
GZ-CuSn12	Spindelmuttern, Schnecken, Gleitleisten
G-CuSn7ZnPb (Rotguss)	Gleitlager, Kolbenbolzen-Buchsen
G-CuSn2ZnPb (Rotguss)	korrosionsbeständige, dünnwandige Armaturen bis 225 °C

Übung 7.3–7
Weshalb ist die Ausbildung von Zonenmischkristallen bei Cu-Sn-Legierungen besonders ausgeprägt?

Übung 7.3–8
Welche Arten von Cu-Sn-Legierungen (Zinnbronzen) unterscheidet man?

Übung 7.3–9
Erklären Sie die Werkstoffbezeichnung GZ-CuSn12!

7.4 Magnesium, Magnesiumlegierungen

Lernziele

Der Lernende ...

- kann die wichtigsten Eigenschaften von Magnesium nennen
- erkennt die Zukunftsträchtigkeit dieser Werkstoffgruppe und kann dies begründen
- kennt wichtige Einsatzgebiete für Magnesiumlegierungen

7.4.0 Übersicht

Magnesiumwerkstoffe sind gegenüber Al-Werkstoffen um rund 35 % leichter. Sie besitzen die geringste Dichte aller metallischen Werkstoffe bei relativ guten Festigkeitseigenschaften. Ein Handicap für ihre Anwendung war in der Vergangenheit die enorme Korrosionsanfälligkeit. Durch Legieren, sowie durch Weiterentwicklung der Erschmelzungs- und Gießtechnik ist die chemische Reaktionsfähigkeit drastisch reduziert worden. Damit ist diese Werkstoffgruppe besonders für den Automobilbau sowie für die Luft- und Raumfahrtindustrie interessant. Die hexagonal-dichte Gitterstruktur schränkt die Kaltumformbarkeit ein. Es werden überwiegend Gussteile aus Magnesiumlegierungen hergestellt.

7.4.1 Reinmagnesium

Haupteigenschaften sind:
- hohe chemische Reaktionsfähigkeit; anorganische Säuren greifen Mg sehr stark an; Kondenswasser und Seewasser wirken auf Mg stärker korrodierend als auf Al
- Reinmagnesium ist schlecht gießbar (hohe Löslich keit für Gase)
- Umformbarkeit unter 200 °C äußerst gering (hdP)
- Späne leicht entzündlich; verbrennen mit starker Wärmeentwicklung

Werkstoffkennwerte siehe Tabelle 7.4–1

Anwendung
Magnesium wird in reiner Form für Bauteile kaum verwendet. In der Gießereitechnik benötigt man Mg als Zusatz bei der Herstellung von Gusseisen mit Kugelgraphit. Von größerer Bedeutung ist Mg als Basismetall für Mg-Legierungen und als Komponente In Al-Legierungen.

Tabelle 7.4–1 Werkstoffkennwerte von Magnesium

Raumgitter	hdP
Schmelztemperatur	649 °C
Dichte ϱ	1,74 g/cm^3
Zugfestigkeit R_m	100 ... 130 N/mm^2 (gegossen)
Bruchdehnung A	5 % (gegossen)
Elastizitätsmodul E	4,43 · 10^4 N/mm^2

7.4.2 Magnesiumlegierungen

Magnesiumwerkstoffe haben erheblich an Bedeutung gewonnen, nachdem es gelungen ist, das Korrosionsverhalten stark zu verbessern, indem Verunreinigungen der Schmelze durch Anwendung von Schutzgas stark reduziert werden konnten.
Zur Vermeidung von Kontaktkorrosion und zum Schutz von Bauteilen aus Magnesiumlegierungen in aggressiven Medien ist eine Beschichtung erforderlich (z. B. Cadmieren, Beizen, Lackieren). Legierungen des Dreistoffsystems Mg-Al-Zn haben sich als Gusswerkstoffe besonders bewährt.
Sie werden im homogenisierten (lösungsgeglühten) oder warmausgehärteten Zustand (G-MgAl9Zn1) eingesetzt. Die Warmaushärtung verbessert die mechanischen Kennwerte gegenüber Tabelle 7.4–2 deutlich.

Tabelle 7.4–2 Magnesiumlegierungen (Auswahl)

	Mindestwerte		
Werkstoff	R_m in N/mm^2	$R_{p0,2}$ in N/mm^2	$A_{11,3}$ in %
MgMn2	200	145	2
MgA16Zn	250	155	8
G-MgA19Zn1*)	170	90	3

Übliche Lieferformen:

MgMn2	Rohre, Stangen, Schweißteile
MgAl6Zn	Bleche, Stangen, Schmiedeteile
G-MgAl9Zn1	Sand-,Kokillen-, Druckgussteile

*) lösungsgeglüht

Der niedrige E-Modul begünstigt die Dämpfung mechanischer Schwingungen, erfordert jedoch – anlog den Al-Legierungen – eine angepasste Gestaltung von Querschnittsformen der Bauteile.
Knet- und Gusslegierungen sind ausnahmslos gut spanbar. Die Schweißeignung der Mg-Legierungen ist sehr unterschiedlich.

Anwendung
Motoren- und Getriebegehäuse im Fahrzeugbau, Armaturen, Bauteile in der Luft- und Raumfahrtindustrie, Maschinenbau

Magnesiumwerkstoffe haben die geringste Dichte aller metallischen Werkstoffe bei relativ guten Festigkeits eigenschaften. Das macht sie für den Leichtbau in anspruchsvollen Branchen zu einer interessanten Werkstoffgruppe.

Übung 7.4–1
Weshalb ist Magnesium kaum umformbar?

Übung 7.4–2
Welche Haupteigenschaft empfiehlt Mg-Gusslegierungen für Motoren- und Getriebegehäuse sowie für Bauteile in der Luft- und Raumfahrtindustrie?

7.5 Titan, Titanlegierungen

Lernziele

Der Lernende kann ...

- wichtige Eigenschaften von Titan nennen,
- begründen, weshalb Titan und Titanlegierungen in zunehmendem Maße verwendet werden,
- bewährte Anwendungsgebiete für diese Werkstoffgruppe nennen.

7.5.0 Übersicht

Titan ist ein Metall der neuen Zeit. Seine Anwendung nimmt ständig zu. Besonders die Raumfahrttechnik hat die Entwicklung von Titanwerkstoffen vorangetrieben. Nach dem griechischen Göttergeschlecht der Titanen benannt, wurde das Element *Titan* bereits 1791 und 1795 von zwei Wissenschaftlern unabhängig voneinander entdeckt. Erst 1910 gelang es, einige Gramm dieses silberweißen, stahlartig harten und spröden Metalls herzustellen. In der Erdkruste ist Titan weit verbreitet (Anteil bis zu 0,5 %).
Damit kommt dieses Metall etwa dreimal häufiger vor, als die Elemente Cu, Zn, Ni, V, Cr und Mn zusammengenommen. Es existiert kein ausgesprochenes Titanerz. Das Element wird u. a. aus den Mineralen *Rutil* und *Ilmenit* gewonnen. Der Ti-Gehalt ist allerdings sehr niedrig, und die Gewinnung ist entsprechend teuer. Dazu führt auch die hohe Affinität des Titans zu einigen Gasen (insbesondere zu Stickstoff) und zu Kohlenstoff. Man stellt zunächst Titan(IV)-Chlorid her und reduziert diese Verbindung mit Magnesium bei 800 bis 950 °C

unter Edelgasatmosphäre. Erst im Laufe der Entwicklung stellte sich heraus, dass nur unreines Titan spröde und brüchig ist. *Reintitan* besitzt Festigkeitseigenschaften normaler Baustähle, ist ausreichend zäh und korrosionsbeständiger als hochlegierte Stähle. Zur Auskleidung von Säurebehältern ist Reintitan hervorragend geeignet. Reintitan und *Titanlegierungen* sind „Rivalen" der hochlegierten Stähle.
Gegenwärtig verbrauchen Luftfahrt- und Raumfahrtindustrie fast 90 % des hergestellten Titans. Überschallflugzeuge bestehen bereits zu einem relativ hohen Anteil aus Titan. Man kann sich vorstellen, dass diese Werkstoffe Stahl in Zukunft dort verdrängen, wo das Verhältnis Masse/Leistung ausschlaggebend ist, z. B. bei Kraftfahrzeugen. In der Medizintechnik gibt es bereits gute Erfahrungen mit Gelenkprothesen aus Titanlegierungen. Ihre berechnete Lebensdauer ist sehr hoch.

7.5.1 Reintitan

Reintitan ist gut korrosionsbeständig, lässt sich trotz hexagonaler Struktur gut umformen und besitzt eine relativ hohe Festigkeit. Diese Eigenschaften und die geringe Dichte sprechen für eine breite Anwendung. Dagegen sind jedoch hohe Herstellungs- und Verarbeitungskosten zu verzeichnen. Titan bildet überwiegend Mischkristalle mit Molybdän, Vanadium, Tantal und Niob. Mangan zeigt mit Titan ähnliche Verhältnisse wie das System Eisen-Kohlenstoff (eutektoider Typ). Titan besitzt eine hohe Affinität zu Wasserstoff, Stickstoff, Kohlenstoff und Sauerstoff.
Bei Temperaturen über 950 °C versprödet das Metall. Aus diesem Grunde sind Warmumformung und Schweißen problematisch. Mit Edelgas-Schweißverfahren lassen sich dagegen einwandfreie Verbindungen herstellen.

Titan wird, gebunden an Kohlenstoff, als *Titancarbid* in hochwertigen Sinterschneidwerkstoffen und als Legierungsmetall in Edelstählen sowie auch in Leichtmetallen verwendet. Eine moderne Methode zur Oberflächenbehandlung ist die Titancarbidbeschichtung.

Titan	
Farbe:	silberweiß (Pulver grau bis schwarz)
Gitter:	hex (α-Ti) ab 882 °C krz (β-Ti)
Schmelztemperatur:	1 690 °C± 10 K
Dichte:	4,49 g/cm^3
Festigkeit:	$R_m = 250 \dots 700\ N/mm^2$ (je nach Behandlungsart)

Beispiele:
Ti 99,7 Werkstoff-Nr. 3.7035.10
DIN 17 850
Reintitan mit $R_m = 390 \dots 540\ N/mm^2$ (geglüht)

7.5.2 Titanlegierungen

Die wichtigsten Legierungselemente sind Eisen, Chrom, Molybdän, Aluminium, Vanadium und Zinn. Es lassen sich dadurch hauptsächlich die Festigkeitswerte verbessern.

Titanlegierungen sind schwer schweißbar, was auf die Versprödung durch Aufnahme von Wasserstoff und Sauerstoff sowie die α-β-Umwandlung zurückzuführen ist. Neue Wege öffnet das Elektronenstrahl-Schweißverfahren im Vakuum.

Titanlegierungen (Beispiele) DIN 17 851

TiAl6V4F89	für große Schmiedestücke hohe Warmfestigkeit
TiV13Cr11A14	höchste Festigkeitswerte erzielbar ($R_m \approx 1\,700\ \mathrm{N/mm^2}$)

Übung 7.5–1
Weshalb ist Titan ein zukunftsträchtiges Metall?

Übung 7.5–2
Auf welchen Gebieten ist die Verwendung von Titan und Titanlegierungen vorteilhaft?

Übung 7.5–3
Welche Festigkeitswerte sind bei legiertem Titan maximal erreichbar?

Lernzielorientierter Test zu Kapitel 7

1. Eine Al-Druckgusslegierung mit 3 % Si und 1 % Mg, warm ausgehärtet, wird nach DIN wie folgt bezeichnet:
   A DG-AlMg3Siwa
   B GD-waAlMgSi
   C GD-AlSi3Mgwa
   D AlMg3SiGDwa
2. Welche reinen Metalle haben folgende Schmelztemperaturen?
   A 1 536 °C
   B 660 °C
   C 1 083 °C
3. Reinaluminium
   A ist gut kaltumformbar
   B besitzt hohe Festigkeit
   C ist sehr leicht
   D ist gut löt- und schweißbar
   E ist ein guter Leiter für Wärme und Elektrizität
4. Veredeln von Al-Legierungen ist
   A eine Wärmebehandlung in Durchlauföfen
   B ein „Impfen" der Schmelze mit Natrium
   C eine Behandlung, die feines Korn bewirkt
   D eine Tauchbehandlung von Al-Gussteilen
   E mit einer Erhöhung der Festigkeit verbunden
5. Die elektrische Leitfähigkeit von Al wird stark beeinflusst durch
   A Mn
   B Ni
   C Si
   D Ti
   E V

6. Aushärten (Kalt- oder Warmaushärten)
   A setzt Mischkristalle mit abnehmender Löslichkeit bei sinkender Temperatur voraus
   B ist nicht nur bei einigen Al-Legierungen möglich
   C ist mit der Martensitbildung vergleichbar
   D beginnt stets mit dem Lösungsglühen (Homogenisieren)
   E erfolgt nach dem Abschrecken; die Entmischung wird angestrebt
7. Bei der Knetlegierung AlZnMg3 ist im warmausgehärteten Zustand folgende Zugfestigkeit R_m erreichbar:
   A $100\,N/mm^2$
   B $220\,N/mm^2$
   C $440\,N/mm^2$
   D $1\,000\,N/mm^2$
8. Eutektische Legierungen, wie z. B. AC-AlSi 12, sind gut gießbar aufgrund
   A des Schmelzpunktminimums bei der vorliegenden Konzentration
   B der raschen Abkühlung
   C ihrer Dünnflüssigkeit bei der vorliegenden Konzentration
   D ihres guten Formfüllungsvermögens
9. SF-CuF15 (SE-Cu150) bedeutet
   A einsatzgehärtetes Kupfer, $R_m = 150\,N/mm^2$
   B sauerstofffreies Kupfer, $R_m = 150\,N/mm^2$
   C Elektrolytkupfer, Sandguss, $R_m = 150\,N/mm^2$
   D extra reines Kupfer mit Härte *HV* 15
   E Kupfer, hochfest; $\varkappa = 15 \cdot 10^6\,S/m$
10. Messing
   A ist eine Kupfer-Zinn-Legierung
   B ist eine Kupfer-Zink-Legierung
   C enthält bis zu 60 % Sn
   D enthält bis zu 45 % Zn
   E ist etwas korrosionsanfälliger als Cu
11. Lebensmittel dürfen nicht in Berührung kommen mit
   A Eisen
   B Zinn
   C Blei

8 Sinterwerkstoffe

8.0 Überblick

Sintertechnisch werden Teile gefertigt, indem aus Pulver Rohlinge geformt und anschließend durch eine Wärmebehandlung (Brennen, Sintern) verfestigt werden. Seit jeher werden nichtmetallisch-anorganische Substanzen nach diesem Prinzip zu Keramik (z. B. Ziegel, Töpferwaren, Steinzeug, Steingut, Porzellan) verarbeitet. Heute werden auch aus Metallen, Metalllegierungen und Metallverbindungen Sinterteile für spezielle Anwendungsgebiete hergestellt (*Metallkeramik* oder *Pulvermetallurgie*). Auch lassen sich Mischungen und Verbunde aus Metall und Keramik auf diesem Wege erzeugen.

Urformen
(Formschaffen)

Gießen	**Sintern** (Keramik)	sonstige Urformverfahren
Erstarren einer Schmelze	1. *Pulverherstellung* 2. *Verdichten* 3. *Wärmebehandlung (Sintern)* 4. *Nachbehandeln*	• Galvanoformung • Chemoformung

In diesem Kapitel wird die *Sintertechnik* (keramische Technologie) in kurzer Form beschrieben. Dabei wird die Metallkeramik (Pulvermetallurgie) besonders betont. Man ist mit diesem Urformverfahren u. a. in der Lage, poröse Teile herzustellen und sehr verschiedenartige Pulver zu kompakten Körpern zu verarbeiten. Es wird auf die wichtigsten spezifischen Eigenschaften eingegangen, die durch diese Technologie erreicht werden können. Die Anwendungsbeispiele beziehen sich auf den Maschinenbau und artverwandte Industriebereiche.

8.1 Grundlagen der Sintertechnik

Lernziele

Der Lernende kann ...

- Verfahren zur Pulverherstellung nennen,
- erläutern, dass sich Gestalt und Größe der Pulverteilchen auf das Press- und Sinterverhalten auswirken,
- die Formgebung durch Pressen beschreiben und wichtige Einflussgrößen nennen,
- den Sinterprozess erläutern,
- begründen, dass Nachverdichten und andere Nachbehandlungen in verschiedenen Fällen notwendig sind.

8.1.0 Übersicht

Die Eigenschaften von Sinterteilen werden in erheblichem Maße vom technologischen Ablauf der Herstellung bestimmt. Zum besseren Verständnis der Werkstoffeigenschaften wird die Herstellung kurz beschrieben.

8.1.1 Pulverherstellung

Spröde Ausgangsstoffe werden *gemahlen* (z. B. in Kugelmühlen). Zähe Metalle werden auf sehr verschiedene Art und Weise zerkleinert. Man kann z. B. die Metallschmelze im Wasserstrahl verspritzen lassen (*granulieren*) oder in einem Gasstrom *zerstäuben*.
Auch aus der Dampfphase lassen sich manche Stoffe als feinverteilter Niederschlag gewinnen. Daneben sind noch eine Reihe chemischer Verfahren, wie *elektrolytische Abscheidung* oder *Reduktion von Metalloxiden*, üblich, die leicht pulverisierbare Substanzen liefern.
Größe, Form und Oberfläche der Pulverteilchen sind je nach verwendeten Ausgangsstoffen und Zerkleinerungsverfahren sehr verschieden. In der Pulvermetallurgie sind Korngrößen von 1 ... 50 µm möglich.
DIN 30 900 unterscheidet zwölf verschiedene *Kornformen*. Damit ist angedeutet, dass sich die Pulvereigenschaften auf die weitere Verarbeitbarkeit und auf die Eigenschaften der Fertigteile auswirken.
Metallpulver müssen *oxidfrei*, also nach reduzierender Vorbehandlung, weiterverarbeitet werden.

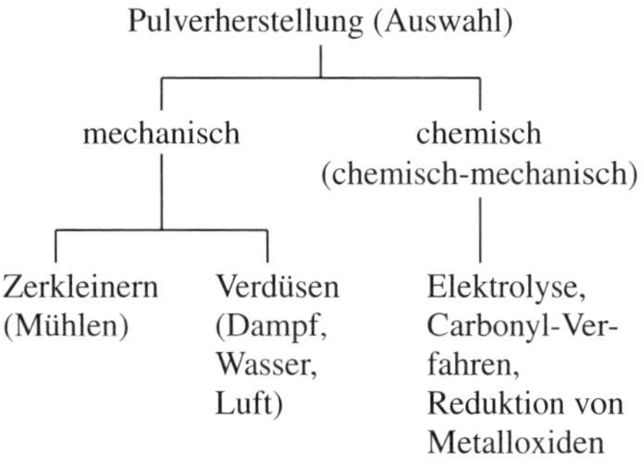

Bestimmend für die weitere *Verarbeitung*:

- Eigenschaften der Ausgangsstoffe (Pulvereigenschaften)
- Größe, Form und Oberfläche der Pulverteilchen

Die *Pulverteilchen* haben verschiedene Gestalt. Sie sind z. B. kugelig, spratzig, dendritisch, plättchenförmig, tellerartig.

Metallpulver sind reduzierend zu glühen.

8.1.2 Formgebung

Das vorbereitete Pulver wird in eine Form gefüllt und unter hohem Druck zu einem *Rohling* gepresst. Bei schwer verpressbaren Pulvern wird ein Schmiermittel (z. B. Paraffin) zugesetzt. Der Pressvorgang erfolgt meist bei Raumtemperatur mittels hydraulischer Pressen.

Durch *Pressen*, seltener *Strangpressen* oder *Walzen*, wird das Pulver bzw. Pulvergemisch zu Rohlingen verdichtet (erfolgt meistens bei Raumtemperatur).

Strangpressen oder unmittelbares *Walzen* des Pulvers garantiert eine kontinuierliche Verdichtung des Pulvers. Die gepressten Teile haben einen losen Zusammenhalt. Das Porenvolumen beträgt etwa 35 ... 45 %. Werden die Rohlinge ohne Druck geformt, z. B. im *Schüttverfahren* oder im *Schlickergießverfahren*, erhält man Teile mit sehr hoher Porosität.

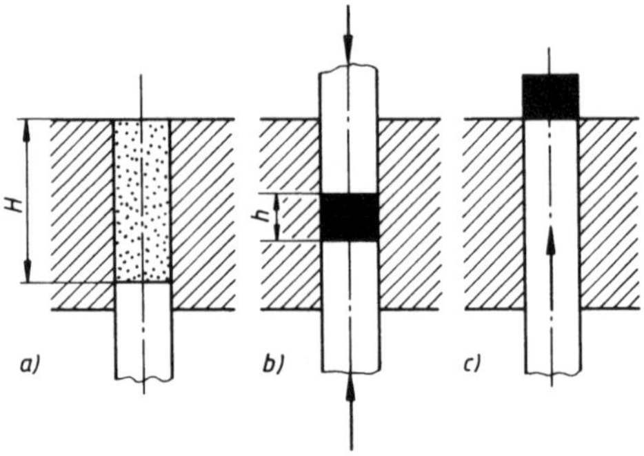

Bild 8.1–1 Zweiseitiges Pressen – Prinzip eines Verfahrens zur Pulververdichtung
a) Pulver eingefüllt (*H* Füllhöhe)
b) Pressvorgang beendet (*h* Höhe des Rohlings)
c) Rohling ausgeworfen

Ein zweiseitiges Pressen (Bild 8.1–1) bewirkt keine gleichmäßige Verdichtung des Pulvers. An den Seiten wirkt ein geringerer Druck als an beiden Stempelflächen.
Eine gleichmäßige Verdichtung erzielt man, wenn das Pulver in eine verschlossene, elastische Form (gummielastischer Werkstoff oder dünnes Blech) gefüllt und danach in einer Flüssigkeit hohem Druck ausgesetzt wird. Die gleichmäßige Fortpflanzung des Druckes in Flüssigkeiten führt zu allseitiger Verdichtung. Man nennt dieses Verfahren *hydrostatisches* oder *isostatisches Pressen*.

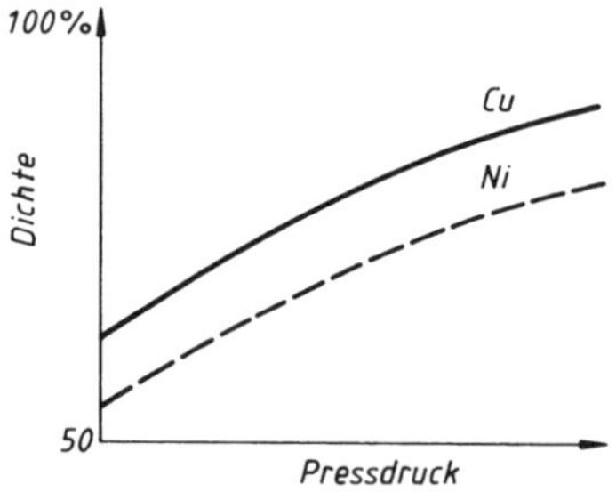

Bild 8.1–2 Mit zunehmendem Druck erhöht sich die prozentuale Dichte (es vermindert sich das Volumen der „Zwischenräume"). Die Werkstoffe verhalten sich unterschiedlich (schematisch für Cu und Ni dargestellt).

Dichte 100 % bedeutet Gusszustand, d. h., es wird ein Porenvolumen von 0 % angenommen.

8.1.3 Sintern

Die kaltgepressten oder auch teilweise ohne Verdichtung geformten Rohlinge werden anschließend einer Wärmebehandlung, dem *Sintern*, unterzogen. Die Pulverteilchen wachsen durch Diffusion zu einem Gefüge zusammen, und die Porosität verringert sich erheblich (auf etwa 5 ... 10 %). Die Dichte des Gusszustandes wird nicht erreicht. Während des Sintervorganges verringert sich das Volumen der Teile sehr stark (*Schrumpfung*).

Sintern ist eine Wärmebehandlung, bei der aus pulvrigem oder körnigem Material gepresste, stark porige Körper in feste und kompakte Körper umgewandelt werden. Durch Zusammenbacken (hauptsächlich durch Diffusion) der Körner entsteht ein *keramisches Gefüge* mit geringerer Porosität.

Sintern

Sintern fester Phasen	Sintern mit flüssiger Phase	Reaktionssintern
$(0{,}8 \ldots 0{,}9)T_s$	bei vielen Mehrstoffsystemen, bei den meisten anorganisch-nichtmetallischen Systemen	Pulverzusammensetzung entsteht erst beim Sintern, z. B. bei SiC-Keramiken

T_s Schmelztemperatur in °K

Die *Sintertemperaturen* liegen bei $(0{,}8 \ldots 0{,}9) \cdot T_s$ des Hauptbestandteiles, bei Mehrstoffsystemen aber oft oberhalb der Temperatur T_s der niedrigstschmelzenden Komponente. Damit ist es möglich, dass beim Sinterprozess eine flüssige Phase vorliegen kann. Ebenso sind chemische Reaktionen möglich (*Reaktionssintern*). Bei schlecht sinternden Stoffen wird auch das *Heißpressen* (Drucksintern) angewendet. Hierbei wirkt das plastische Fließen metallischer Pulverkörner bestimmend auf die Verdichtung und Verfestigung.
Ein modernes Verfahren ist das *Heißisostatische Pressen*, vom Praktiker oft „*Hippen*" genannt. Es hat bei einigen anorganisch-nichtmetallischen Pulvergemischen bereits einen festen Platz in der Fertigung eingenommen.

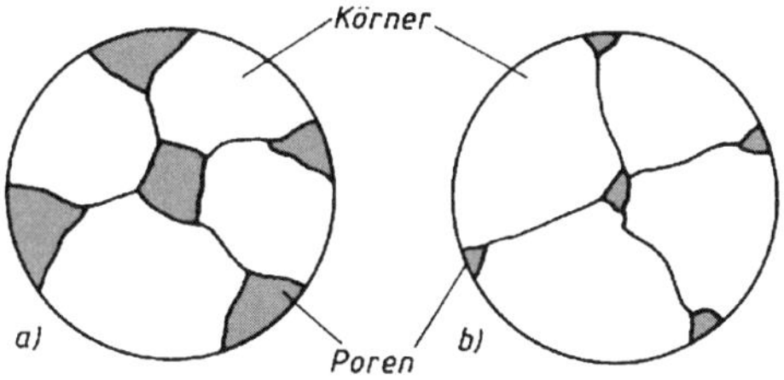

Bild 8.1–3 Wirkung des Sinterns (schematisch)
a) Gefügestruktur nach dem Pressen
b) Gefügestruktur nach dem Sintern (man erkennt eine deutliche Verringerung des Porenvolumens)

Sinterprozesse verlaufen unter *Schutzgasatmosphäre*, um unerwünschte chemische Reaktionen (vor allem Oxidation) zu unterbinden.

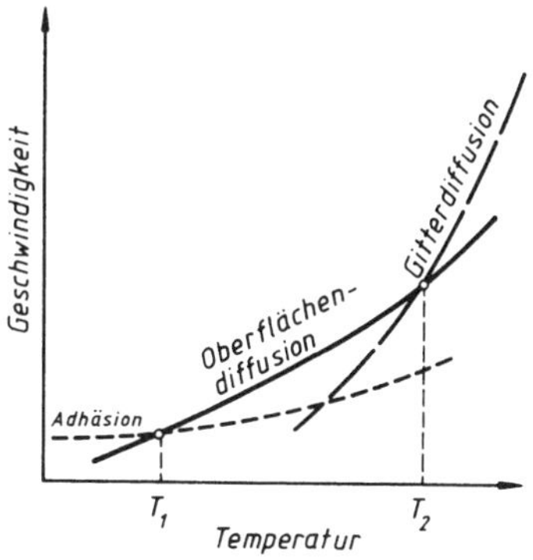

Bild 8.1–4 Thermisch aktivierte Vorgänge beim Sintern

Im Abschnitt 8.2.1 werden Beispiele für Sintermetalle aufgeführt. Es werden u. a. Werkstoffeigenschaften genannt, die nur durch die aufwendige Sintertechnik erreichbar sind. Obwohl das technologische Prinzip sehr alt ist, rücken neue Zielstellungen und Anwendungen in den Vordergrund.
Gefordert und angewendet werden diese Werkstoffe in sehr innovativen Bereichen und Wachstumsbranchen (z. B. Verkehrswesen, Energietechnik, Elektrotechnik und Elektronik, Umwelttechnik).

Beispiele:
- Herstellung endabmessungsnaher Werkstücke (d. h. nahezu abfallfreie Herstellung)
- Herstellung reiner, homogener und nahezu fehlerfreier Teile
- Herstellung von Teilen mit mehrphasigem Gefüge, Dispersionshärtung; faserverstärkte Werkstoffe u. a. (d. h. schmelzmetallurgisch nicht herstellbarer, „unmöglicher" Werkstoff wird Wirklichkeit)

8.1.4 Nachbehandlung

Entsprechend dem Verwendungszweck können Nachbehandlungen gesinterter Formteile erforderlich werden:
- *Kalibrieren* (spanlose Bearbeitung)
- *Oberflächenbehandlung* (Korrosionsschutz oder Erhöhung des Verschleißwiderstandes)
- *Wärmebehandlung*
- *Tränken* (Füllen der Poren z. B. mit Öl)

Übung 8.1–1
Erklären Sie die wichtigsten Unterschiede zwischen den Urformverfahren Gießen und Sintern!

Übung 8.1–2
Welchen Einfluss hat der Pressdruck beim Formen der Rohlinge auf die Werkstoffeigenschaften des Sinterkörpers?

Übung 8.1–3
Weshalb schrumpfen Teile während des Sintervorganges?

8.2 Eigenschaften, Anwendungsgebiete

Lernziele

Der Lernende kann ...
- aus dem Aufbau einiger Sinterwerkstoffe deren spezifische Eigenschaften herleiten,
- typische Anwendungsfälle für Werkstoffe der Metallkeramik und Oxidkeramik nennen,
- die Notlaufeigenschaft gesinterter Eisen- und Bronzelager beschreiben,
- erläutern, weshalb bei der Herstellung von Schneidplättchen (Hartmetall, Schneidkeramik) die Sintertechnik den Vorzug erhält,
- begründen, weshalb keramische Werkstoffe bei Hochtemperaturbeanspruchung in Zukunft mehr Beachtung finden werden.

8.2.0 Übersicht

Im Maschinenbau und verwandten Zweigen der Industrie werden sintertechnisch hergestellte Werkstoffe verwendet, wenn diese Art der Herstellung vorteilhafter ist oder bestimmte Eigenschaften (z. B. Porosität) nur auf diese Weise erzielt werden können. Zunächst werden *Sintermetalle* vorgestellt. Ausgangsstoffe sind Metalle, Legierungen und Metallverbindungen. Anschließend an die *Hartmetalle* werden Konstruktionswerkstoffe genannt, die einerseits der Gruppe Oxid- und Mischkeramik und andererseits der so genannten Nichtoxidkeramik zuzuordnen sind.

8.2.1 Sintermetalle

Die aufwendige Technologie und teure Formen für den Pressvorgang lohnen sich nur bei hohen Stückzahlen und für technische Anwendungsbereiche, die sich ausschließlich (oder besser) mit dem Sinterverfahren realisieren lassen. Bei metallischen Ausgangsstoffen verwendet man auch die Begriffe *Pulvermetallurgie* oder *Metallkeramik*.

Pulvermetallurgie (Metallkeramik) befasst sich mit der Gewinnung von Pulvern aus Metallen und Legierungen und deren Verarbeitung zu Halbzeugen und Fertigteilen. In gleicher Weise werden Metallverbindungen (z. B. Carbide, Boride, Silicide, Nitride und Oxide von Metallen) pulverisiert und verarbeitet.

Beispiele:

- *Hochschmelzende Metalle* (z. B. Mo, W, Ta, Nb) fordern neben hohem Energieaufwand besonders stabile Tiegel- bzw. Ofenauskleidungen. Stoffe mit sehr unterschiedlichen Schmelztemperaturen oder Komponenten, die ineinander selbst im flüssigen Zustand unlöslich sind, lassen sich durch Gießen schwerlich vereinigen. In allen Fällen bietet das Urformverfahren Sintern eine gute Lösung.
- *Poröse Körper* werden für Filter und für Lager benötigt. Porengröße und -volumen sind technologisch beeinflussbar. Gleichmäßig verteilte und untereinander verbundene Poren sind in der Lage, Öl aufzunehmen und während des Betriebes abzugeben. Man erhält auf diese Weise selbstschmierende, wartungsarme Lagerungen (*Notlaufeigenschaft*).

Werkstoffbeispiele:

Sinterbronze	(z. B. für hochbelastete Kupplungen)
Sintereisen	(z. B. für Gleitlagerschalen, Gleitsteine)

Hochschmelzende Metalle (Beispiele)

Metall	T_S °C
Nb	2 487
Mo	2 622
Ta	2 996
W	3 387

Porosität	Anwendungsbeispiele
bis 5 %	Bauteile mit hoher Festigkeit
bis 15 %	Bauteile mit mittlerer Festigkeit
bis 20 %	diverse Bauteile
bis 30 %	Gleitlager, ölgetränkt
bis 60 %	Filter

Sinterstahl (z. B. für Filter, Kurvenscheiben, Laufrollen)

- Bei sehr *spröden Werkstoffen*, die sich kaum spanen lassen, ergeben sich Vorteile durch eine Sinterung (z. B. hochlegierte Stähle auf Fe-Cr-Al-Basis).
- Sehr *hohe Reinheitsgrade* und konstante Zusammensetzungen sind in bestimmten Fällen pulvermetallurgisch leichter zu garantieren als gießtechnisch.
- *Massenartikel* (kleine und einfache Formen) sind mitunter billiger pulvermetallurgisch herstellbar.

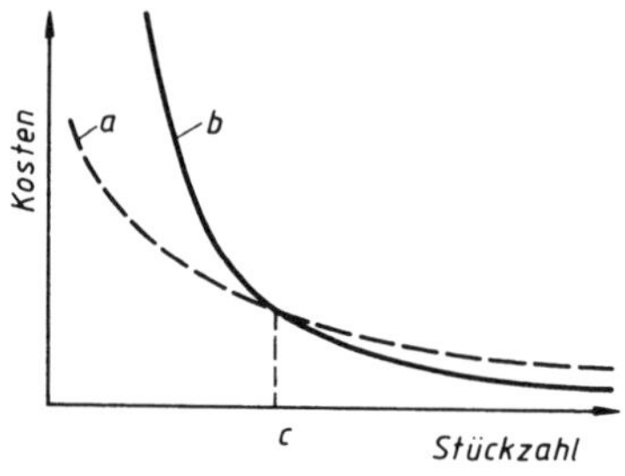

Bild 8.2–1 Kostenvergleich gleicher Werkstücke
a) spanend gefertigt
b) sintertechnisch hergestellt
c) Grenzstückzahl (gleicher Preis)

8.2.2 Gesinterte Carbidhartmetalle (Hartmetalle)

Hartmetalle sind sintertechnisch hergestellte Verbundwerkstoffe aus *Hartstoffen* (Wolframcarbid WC oder Mischcarbide von W, Ti und Ta) und einem *Bindemetall* (meist Co). Deren Mischungsverhältnis bestimmt in einem großen Maße die Eigenschaften und damit die Anwendungsmöglichkeiten. Mit steigendem Hartstoffanteil nehmen Härte und Verschleißwiderstand zu, während die Zähigkeit sinkt. Hauptanwendungsgebiet der Hartmetalle ist die Spanungstechnik.
Eine zusätzliche *Beschichtung* macht Hartmetall-Schneidplatten noch leistungsfähiger.

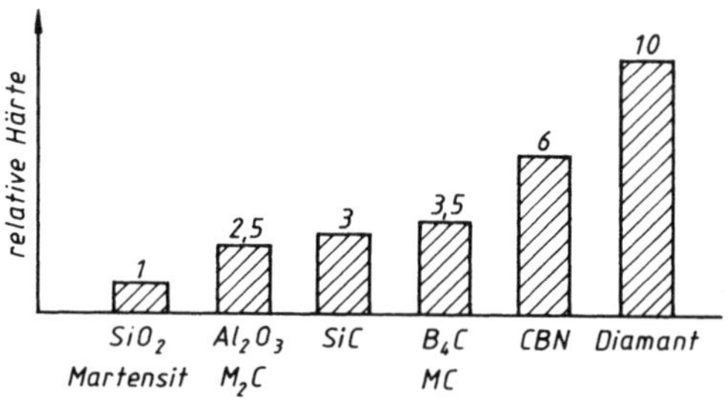

Bild 8.2–2 Verschiedene Hartstoffe (Härtegefüge Martensit, Oxide, Carbide, Nitride)
M Metall, CBN kubisches Bornitrid
Die Carbide der Übergangsmetalle W, Ti und Ta vom Typ MC sind die Grundstoffe gesinterter Hartmetalle.

8.2.3 Oxid- und Mischkeramik

Gesintertes Al_2O_3 (Sintertonerde oder Sinterkorund) besitzt eine hohe Druckfestigkeit, hohe Temperaturbeständigkeit und ist chemisch beständig. Es ist u. a. Basismaterial für *Schneidkeramik* zur spanenden Bearbeitung von Werkstoffen. Der hohe Verschleißwiderstand wird z. B. praktisch genutzt bei Fadenführungselementen in der Textilbranche und bei Ziehsteinen für die Drahtherstellung. Isolierkörper der Zündkerzen sind ein Beispiel für den Einsatz dieser Werkstoffe bei thermisch hoher Belastung.

Metalloxide sind die Grundlage keramischer Stoffe. Für den Maschinenbau besitzt Al_2O_3 herausragende Bedeutung.

Haupteigenschaften von Al_2O_3:

- hohe Druckfestigkeit (etwa 2,6 GPa)
- hohe Temperaturbeständigkeit
- chemische Beständigkeit
- hohe Verschleißfestigkeit

andere Metalloxide: ZrO_2, TiO_2

Technisch reines Al_2O_3 enthält:

- SiO_2 0,05 ... 0,10 %
- Na_2O 0,10 ... 0,20 %
- CaO 0,05 ... 0,10 %
- Fe_2O_3, TiO_2, Cr_2O_3 } Spuren

Nebenstehend ist zu erkennen, dass Al_2O_3 in mehreren mineralischen Strukturen (mit unterschiedlichem Kristallwasseranteil) und in keramischen Ein- und Mehrstoffsystemen sintertechnisch verarbeitet wird.

Außer Aluminiumoxid haben Titanoxid (TiO_2) und Zirkonoxid (ZrO_2) als Konstruktionswerkstoffe an Bedeutung gewonnen.

Beispiele: TiO_2 Fadenführer in der Textilindustrie
ZrO_2 Hüftgelenkprothesen
Schaufelräder für Pumpen

Einstoffsysteme

$Al_2O_3 \cdot 3\,H_2O$	Hydrargillit
$Al_2O_3 \cdot H_2O$	Diaspor
Al_2O_3	Saphir, Korund

Zweistoffsysteme

Al_2O_3-SiO_2	Pyrolan, Kaolinit, Mullit
Al_2O_3-Cr_2O_3	Sinterrubin, Sintox, Chromal

Dreistoffsysteme
(Beispiel)

Tonsubstanz	-Quarz	-Feldspat
$Al_2O_3 \cdot 2\,SiO_2 \cdot 2\,H_2O$	-SiO_2	-$K[AlSi_3O_8]$

(unterschiedliche Zusammensetzungen ergeben: feuerfestes Material, Hart- und Weichporzellan, Dentalkeramik)

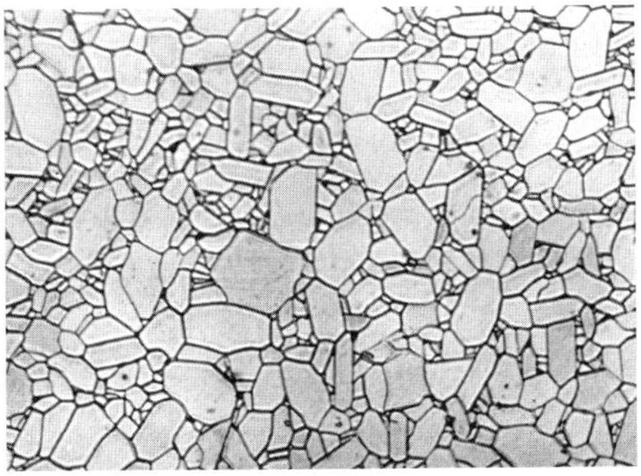

Bild 8.2–3 Aluminiumoxid (Al_2O_3)-Keramik (TU Bergakademie Freiberg) 800 : 1

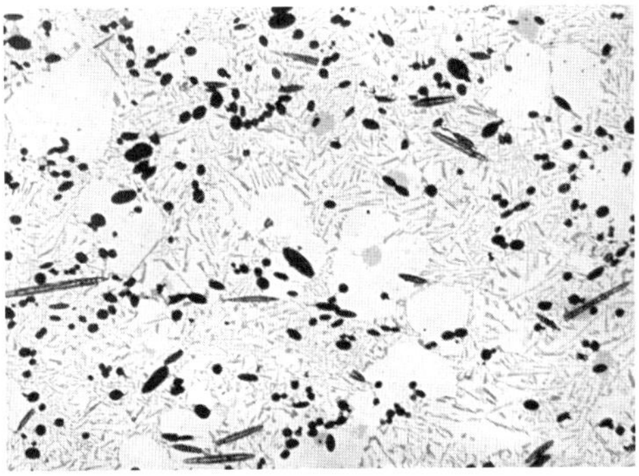

Bild 8.2–4 Aluminiumlegierung, mit Al_2O_3-Kurzfasern verstärkt, poliert (TU Bergakademie Freiberg) 500 : 1

Von *Mischkeramik* (Cermets) spricht man, wenn *Metall-Nichtmetall-Mischphasen* vorliegen (z. B. Cr-Cr_2O_3-Al_2O_3-Mischkristall). Cermets werden u. a. als *Schneidkeramik* angeboten. Werden für bestimmte technische Zwecke keramische Teile metallisiert (d. h. Metallpulver eingesintert) oder in anderer Weise Schichten erzeugt, so liegen *Verbundwerkstoffe (Metall-Keramik)* vor.

Diese Ausführungen gelten analog für andere Metalloxid- Sinterwerkstoffe.

Mischkeramik (Cermets): Sinterwerkstoffe mit Metall-Nichtmetall-Mischphasen

Verbundwerkstoffe Metall-Keramik: Metallauflage auf Keramik oder Keramikauflage auf Metall

8.2.4 Nichtoxidkeramik

Konstruktionswerkstoffe dieser Gruppe sind u. a.:

Werkstoff	*Anwendung* (Beispiele)
Siliciumcarbid, reaktionsgesintert (RBSC)	Rohre für Wärmeaustauscher
Siliciumcarbid, heißgepresst (HPSC)	Pumpenteile
Siliciumnitrid, gesintert (SSN)	Verbrennungsmotoren (Injektionsdüsen)
Siliciumnitrid, reaktionsgesintert (RBSN)	Gasturbinenrotor, Thermoelementhülsen
Wolframcarbid (WC)	Schneidwerkzeuge

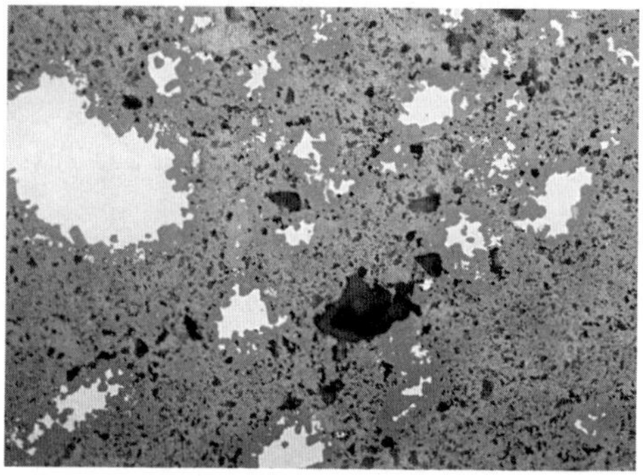

Bild 8.2–5 Siliciumnitrid (Si_3N_4)-Keramik, reaktionsgesintert mit hohem Porenanteil und freiem Silicium; poliert (TU Bergakademie Freiberg) 320 : 1

Übung 8.2–1
Welche Vorteile bieten poröse Lagerwerkstoffe, wie z. B. Sintereisen und Sinterbronze?

Übung 8.2–2
Wie entsteht die hohe Schneidhaltigkeit hartmetallbestückter Werkzeuge?

Übung 8.2–3
Was versteht man unter Hartstoffen?

Übung 8.2–4
Nennen Sie Anwendungsbeispiele oxidkeramischer Werkstoffe im Maschinenbau!

Lernzielorientierter Test zu Kapitel 8

1. Sintern
   A ist ein Urformverfahren
   B dient der Herstellung sehr harter Körper
   C ermöglicht die Herstellung poriger Körper
   D erhält gegenüber dem Gießen den Vorzug bei Kombination sehr verschiedenartiger Stoffe
2. Hartmetalle
   A haben im Periodensystem der Elemente eine hohe Ordnungszahl
   B ist die Kurzbezeichnung für gesinterte Carbidhartmetalle
   C enthalten vorwiegend Cobalt als Bindemetall
   D enthalten Al_2O_3 als Härteträger
   E enthalten WC, TiC und TaC als Härteträger
3. Sinterbronze
   A hat eine schwammartige Struktur
   B hat ein geringes Porenvolumen
   C kann Schmierstoffe aufnehmen
   D wird als Schneidstoff verwendet
   E wird für Lagerschalen und Gleitsteine verwendet
4. Aluminiumoxid Al_2O_3
   A ist thermisch und chemisch hoch beanspruchbar
   B besitzt eine niedrige Druckfestigkeit
   C ist sehr verschleißfest
   D ist wenig verschleißfest
   E kommt als Ein- und Mehrstoffsystem vor

9 Korrosion und Korrosionsschutz

9.0 Überblick

Maschinenteile werden in erster Linie mechanisch beansprucht. Das Werkstoffverhalten beim Wirken von Kräften und Momenten sowie bei Reibungsvorgängen spielt daher im Maschinen- und Apparatebau eine dominierende Rolle. Festigkeit, Härte, Zähigkeit, Verschleißwiderstand usw. sind entsprechende Eigenschaften, die eine Anpassung an den jeweiligen Verwendungszweck ermöglichen.
Die Umgebungsbedingungen (Luftfeuchtigkeit, Luftverschmutzungen, Salz- und Sauerstoffgehalt des Wassers, Temperatur usw.) bewirken außerdem chemische oder elektrochemische Reaktionen, die bei fehlenden Schutzmaßnahmen zur allmählichen Zerstörung von Metallteilen führen. Besonders stark ist dieser chemische Angriff, wenn Bauteile ständig mit aggressiven Medien (Säuren, Laugen, Salzlösungen) in Kontakt sind.
In diesem Kapitel werden die Grundlagen der Korrosion und die verschiedenen Korrosionsarten bei metallischen Werkstoffen behandelt. Die grundsätzlichen Möglichkeiten des Korrosionsschutzes und die wichtigsten Verfahren werden vorgestellt.

9.1 Grundlagen

Lernziele

Der Lernende kann ...

- die Ursachen der Korrosionsvorgänge erklären,
- chemische und elektrochemische Korrosionsvorgänge unterscheiden und beschreiben,
- beschreiben, wie ein Korrosionselement wirkt,
- das Prinzip der Passivierung erläutern.

9.1.0 Übersicht

Das Wort Korrosion kommt vom Lateinischen *corrodere = zerfressen, zernagen* und beschreibt die chemische oder elektrochemische Umsetzung von Metallen mit einem Umgebungsmedium (Wasser, Atmosphäre, Säuren usw.) zu Verbindungen. So ist z. B. die Rostbildung bei der Korrosion von Eisenwerkstoffen allgemein bekannt.
Treibende Kraft für die Korrosion ist das Bestreben eines Metalls, wieder in den nichtmetallischen Zustand überzugehen, da dieser Zustand thermodynamisch stabiler ist. Die bei Metallen mit Abstand wichtigste Korrosionsreaktion ist die elektrochemische Korrosion durch Einwirkung eines Elektrolyten (leitfähige Flüssigkeit).
Korrosionsvorgänge laufen meist an der Oberfläche eines Werkstücks oder Bauteils ab und können dessen Funktion, aber auch die Umgebung, beeinträchtigen. Man spricht dann von einem *Korrosionsschaden.* Oberflächen können auch mechanisch durch Verschleiß, Erosion oder Kavitation geschädigt werden. Häufig treten diese Schädigungsarten zusammen mit Korrosionsvorgängen auf, was die Abtragung an der Oberfläche stark beschleunigen kann (z. B. bei Strömungsmaschinen oder bei der Förderung von feststoffhaltigen Flüssigkeiten oder Gasen).
Aufgrund der überragenden Bedeutung der Metalle als Konstruktionswerkstoffe für den Maschinen- und Anlagenbau werden in diesem Kapitel schwerpunktmäßig die Vorgänge bei

der Korrosion metallischer Werkstoffe besprochen. Bezeichnungen werden dabei in Anlehnung an die Norm DIN EN ISO 8044 (Korrosion von Metallen und Legierungen: Grundbegriffe und Definitionen) verwendet.

9.1.1 Ursachen der Korrosion

Metalle kommen in der Natur meist chemisch gebunden in Form von Erzen vor. Die Überführung in den metallischen Zustand (Verhüttung der Erze) erfordert einen mehr oder weniger hohen Energieaufwand. Das Metall besitzt eine höhere innere Energie als das Erz.
Da alle Systeme in der Natur einen Zustand mit möglichst geringer innerer Energie anstreben, möchte das Metall in den nichtmetallischen Zustand zurückgehen (Korrosionsprodukte, z. B. als Oxid, Sulfid, Hydroxid usw.). Dabei wird die Bindungsenergie in Form von Wärme wieder frei. Je größer der Energiegewinn, desto größer ist das Bestreben des Metalls, in den nichtmetallischen Zustand überzugehen.

Korrosionsprodukte (technische Bezeichnungen)
- Rost bei Eisenwerkstoffen
- Patina bei Kupfer und Cu-Legierungen
- Weißrost bei Zink und Zn-Legierungen
- Zunder bei hohen Temperaturen entstandene Oxide

Wärmefreisetzung bei der Oxidation von Metallen (Beispiele Fe und Al):

$$2Fe + O_2 \leftrightarrow 2FeO \quad + \quad 487\,kJ$$
$$4Al + 3O_2 \leftrightarrow 2Al_2O_3 + 3\,100\,kJ$$

Al lässt sich leichter oxidieren als Fe → Al ist unedler als Fe.

9.1.2 Chemische Korrosion

Bei der chemischen Korrosion reagiert das Metall mit elektrisch nichtleitenden Medien, z. B. trockenen Gasen, Schmelzen oder organischen Substanzen. Das bekannteste Beispiel ist die *Verzunderung* von Stahl beim Glühen an Luft (Hochtemperaturkorrosion). Dünne Schichten nennt man *Anlauf-* oder *Anlassfarben*, dicke lockere Schichten heißen *Zunder*. Die Oxide FeO, Fe_3O_4 und Fe_2O_3 entstehen nacheinander, wobei die Volumenvergrößerung der letzten Schicht zu einer lockeren, leicht abplatzenden Randstruktur führt.

Chemische Korrosion (ohne Elektrolyt)
Angriff durch:
- Trockene Gase
- Schmelzen
- Nichtwässrige organische Substanzen

Dünne, dichte und festhaftende Oxidschichten werden für die Reaktionspartner undurchlässig und schützen den Werkstoff vor weiterem Angriff. Besonders Werkstoffe der Systeme Fe-Cr und Fe-Si-Cr-Al haben diese Eigenschaft (hitzebeständige Stähle, z. B. X10CrAl24).

Hitzebeständige (zunderfeste) Stähle
- Stahl-Eisen-Werkstoffblatt SEW 470
- hochlegiert mit Cr, Si, Al; dünne, fest haftende Oxidschichten
- Anwendung bei Temperaturen $\geqq 550\,°C$

Die Korrosion von Kunststoffen wird meist als *Alterung* bezeichnet. Zum Beispiel können eindiffundierende Lösungsmittel zu Festigkeitsverlust, Quellung und Rissbildung führen. Der chemische Angriff wird überlagert durch physikalische Einflüsse. Viele Kunststoffe sind z. B. gegen UV-Strahlung sehr empfindlich und verspröden bei längerer Einwirkdauer.

Korrosion bei Kunststoffen (Alterung)
- Eindiffusion von Lösungsmittel
- Einwirkung von UV-Strahlung in Verbindung mit Umgebungsmedien
  - Quellung
  - Versprödung
  - Rissbildung
  - Festigkeitsverlust

Bei anorganischen Werkstoffen beruht die Korrosion auf rein chemischen Prozessen. Bestimmte Glassorten werden z. B. durch alkalische Lösungen angegriffen (Eintrübung und Schleierbildung bei Trinkgläsern in der Geschirrspülmaschine).

Korrosion bei Glas und Keramik
- Angriff auf die Molekülstruktur durch Säuren oder Laugen

9.1.3 Elektrochemische Korrosion

In der Praxis am wichtigsten ist die elektrochemische Korrosion, bei der das angreifende Medium eine elektrisch leitende Flüssigkeit (Elektrolyt) ist. Auf der Metalloberfläche bilden sich dabei Bereiche aus, in denen Metall-Ionen in Lösung gehen (Anoden) und andere Bereiche, in denen ein Oxidationsmittel reduziert wird (Katoden).
Die Gesamtreaktion besteht also aus zwei gleichzeitig ablaufenden Teilreaktionen:
- *anodische Teilreaktion*: liefert Elektronen; dies ist eine Oxidation
- *katodische Teilreaktion*: verbraucht Elektronen; dies ist eine Reduktion.

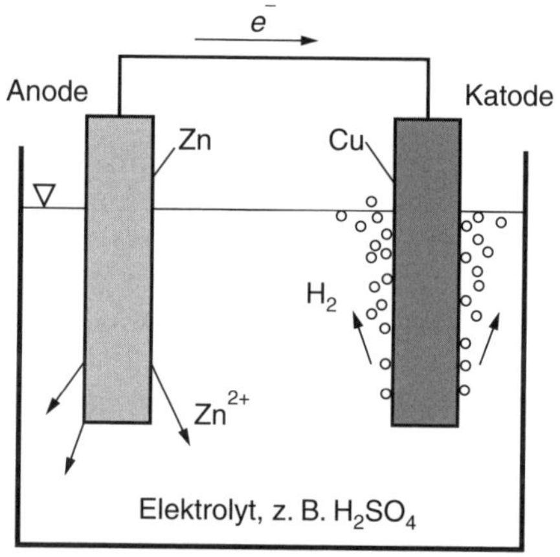

Bild 9.1–1 Galvanisches Element

Es baut sich ein Stromkreis auf mit einem Elektronenstrom im Metall und einem Ionenstrom im Elektrolyten. Dieser Stromkreis entspricht einem galvanischen Element und wird mit *Korrosionselement* bezeichnet.
Bei dem galvanischen Element Zn/Cu (Bild 9.1–1) gibt das unedlere Metall Zn (Anode) Elektronen ab und geht in Lösung:

$$Zn \rightarrow Zn^{2+} + 2e^- \quad \text{(Oxidation)}$$

Korrosionselement
- elektrochemisch unterschiedliche Bereiche
  - Anode
  - Katode
- geschlossener Stromkreis
  - Ionenstrom im Elektrolyten
  - Elektronenstrom im Metall

Die Elektronen fließen zum edleren Cu (Katode) und reduzieren dort die im (sauren) Elektrolyten vorhandenen H^+-Ionen zu Wasserstoff, der aus der Lösung entweicht (↑):

$$2H^+ + 2e^- \rightarrow H_2 \uparrow \quad \text{(Reduktion)}$$

Zwischen den beiden Elektroden baut sich eine elektrische Spannung (Potenzialdifferenz ΔU) auf, deren Betrag aus der elektrochemischen Spannungsreihe abgelesen werden kann (im Beispiel Zn/Cu ist $\Delta U = 1{,}1$ V).

Die anodische Teilreaktion ist bei allen Korrosionsvorgängen gleich. Die an der Katode ablaufende Reaktion ist dagegen abhängig von den Eigenschaften des Elektrolyten. Die Korrosion im obigen Beispiel wird als *Wasserstoff- oder Säurekorrosion* bezeichnet. Sehr viel häufiger ist die *Sauerstoffkorrosion*, die in sauerstoffhaltigen Wässern und wässrigen Lösungen mit pH-Werten zwischen 5 und 8 abläuft. Sauerstoff wird für die katodische Teilreaktion gebraucht und zu OH^--Ionen reduziert, die mit den Metall-Ionen weiter reagieren (Bild 9.1–2):

$$\frac{1}{2}O_2 + H_2O + 2e^- \rightarrow 2OH^-$$

Das Rosten von Eisenwerkstoffen in feuchter Umgebung ist auf Sauerstoffkorrosion zurückzuführen. Wenn kein Sauerstoff vorhanden ist, kann die katodische Teilreaktion nicht ablaufen und der Korrosionsprozess kommt zum Stillstand.

Die Entstehung eines Korrosionselementes beim Kontakt zweier elektrochemisch unterschiedlicher Metalle ist nach dem bisher Gesagten leicht zu verstehen (Bild 9.1–3).

Warum überzieht sich aber ein blankes, scheinbar homogenes Stahlblech bei Feuchtigkeitseinwirkung nach kurzer Zeit mit Rost? Wo sind hier die Korrosionselemente? Ein Blick in das Gefüge liefert die Erklärung: normaler Baustahl (z. B. S235) besteht aus Ferrit und Perlit. Die Zementitlamellen (Fe_3C) des Perlits sind elektrochemisch edler als der Ferrit, damit hat man die für den Ablauf der Korrosion erforderliche Potenzialdifferenz.

Tabelle 9.1–1 Elektrochemische Spannungsreihe (Normalpotenziale einiger Metalle)

Element	Kurzzeichen	Normalpotenzial in Volt	
Gold	Au	+1,42	edel
Silber	Ag	+0,80	↑
Kupfer	Cu	+0,34	
Wasserstoff	**H**	**0,00**	
Blei	Pb	−0,13	
Eisen	Fe	−0,44	
Chrom	Cr	−0,71	
Zink	Zn	−0,76	
Aluminium	Al	−1,66	
Titan	Ti	−1,75	↓
Magnesium	Mg	−2,40	unedel

Normalpotenziale werden mit den jeweiligen Metallen gegen eine von Wasserstoff umspülte Platin-Elektrode (Normalwasserstoffelektrode, Potenzial 0 V) gemessen. Bei praktischen Elektrolyten ergibt sich eine andere Reihenfolge, dies ist bei der Anwendung zu beachten.

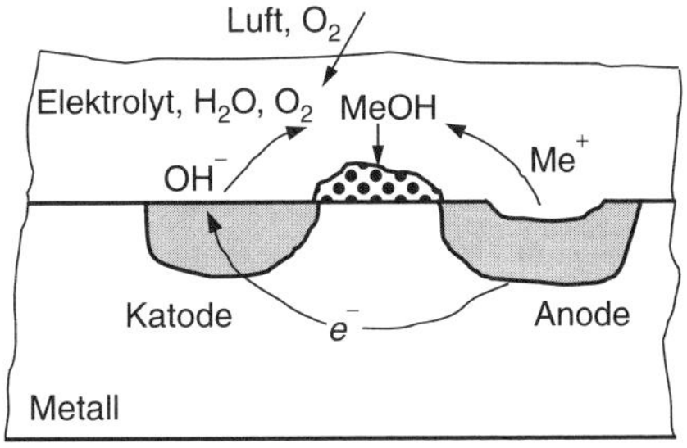

Bild 9.1–2 Sauerstoffkorrosion

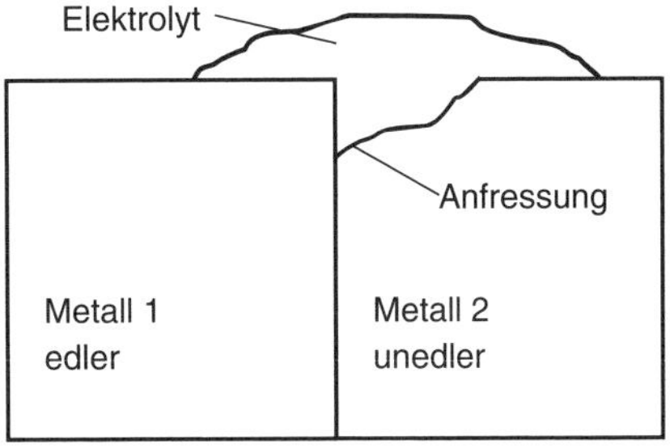

Bild 9.1–3 Korrosionselement zwischen unterschiedlichen Metallen (→ Kontaktkorrosion)

Solche kleinen galvanischen Elemente (*Lokalelemente*) können im Metallgefüge auch zwischen Körnern und Korngrenzen, verformten und unverformten Bereichen sowie an nichtmetallischen Einschlüssen auftreten. Auch unterschiedliche Sauerstoffgehalte im Elektrolyten führen zu Korrosionselementen auf der Metalloberfläche. Gut belüftete (O_2-reiche) Stellen werden katodisch, schlecht belüftete (O_2-arm) anodisch. Solche *Belüftungselemente* sind oft anzutreffen, z. B. in Rissen und engen Spalten (Bild 9.2–4).

9.1.4 Passivierung

Einige unedle Metalle, z. B. Al, Ti oder Cr, erweisen sich an feuchter Luft und in neutralen, chloridfreien wässrigen Lösungen als besonders beständig. Scheinbar widerspricht dieses Verhalten der elektrochemischen Spannungsreihe. Die genannten Metalle und viele ihrer Legierungen bilden unter der Einwirkung des Mediums Schutzschichten aus, die die Korrosionsreaktion stark hemmen. Dieser Vorgang heißt *Passivierung*, die Schutzschichten werden als *Passivschichten* bezeichnet.

Bei der Verwendung passivierender Metalle und Legierungen ist darauf zu achten, dass die Bedingungen, unter denen die Schichten beständig sind, beibehalten werden. Da es sich meist um Oxidschichten handelt, ist vor allem ein ausreichendes Sauerstoffangebot wichtig. Eine Beschädigung der Passivschicht (häufig durch Chlorid-Ionen) kann zu örtlicher Korrosion (z. B. Lochkorrosion) führen.

Passivierung
Schutzschichtbildung an der Oberfläche durch Reaktion zwischen dem Metall und der Umgebung; der Korrosionsangriff wird stark gehemmt oder fast völlig unterbunden.

Passivschichten
- sehr dünne (2 ... 10 nm), festhaftende Oxidschichten. Beispiele: Al, Cr, Ti, nichtrostende Stähle (FeCr-Legierungen passivieren bei einem Cr-Gehalt $> 12\ \%$)
- aufwachsende Deckschichten (Dicke im µm-Bereich). Beispiel: Carbonatschichten auf Cu (Patina)

Übung 9.1–1
Was ist die treibende Kraft für Korrosionsprozesse?

Übung 9.1–2
Welche Medien verursachen einen chemischen Angriff auf der Metalloberfläche?

Übung 9.1–3
Welche Legierungselemente machen Stahl hitzebeständig (zunderfest)?

Übung 9.1–4
Was versteht man bei Kunststoffen unter Korrosion?

Übung 9.1–5
Was ist ein Korrosionselement?

Übung 9.1–6
Was versteht man unter Wasserstoff- bzw. Sauerstoffkorrosion?

Übung 9.1–7
Wie lautet die katodische Teilreaktion bei der Sauerstoffkorrosion?

Übung 9.1–8
Weshalb ist Reinstaluminium praktisch sehr korrosionsbeständig, obwohl es ein stark negatives Normalpotenzial besitzt?

Übung 9.1–9
Was ist ein Lokalelement? Wo können sich Lokalelemente ausbilden?

9.2 Korrosionsarten

Lernziele

Der Lernende kann ...

- die verschiedenen Arten der Korrosion und ihre Erscheinungsformen identifizieren und beschreiben,
- erste Maßnahmen entwickeln, wie Korrosion und Korrosionsschäden vermieden werden können.

9.2.0 Übersicht

Aus der großen Zahl der in der Praxis vorkommenden Korrosionsarten werden die wichtigsten vorgestellt. Die Korrosionsarten werden zweckmäßigerweise eingeteilt in solche ohne und mit mechanischer Beanspruchung.
Die durch Korrosion verursachte Veränderung in einem beliebigen Teil eines Korrosionssystems (Metall, Medium und sonstige Umgebungsbestandteile) wird als *Korrosionserscheinung* bezeichnet. Korrosionserscheinungen sind z. B. der flächige Abtrag oder Lochfraß an einer Bauteiloberfläche, aber auch die Verunreinigung eines Produktes durch Korrosionsprodukte (z. B. Rostpartikel in Lebensmitteln oder Trinkwasser).

9.2.1 Korrosionsarten ohne mechanische Beanspruchung

9.2.1.1 Gleichmäßige und ungleichmäßige Flächenkorrosion

Bei der gleichmäßigen Flächenkorrosion erfolgt der Metallabtrag mit etwa gleicher Geschwindigkeit auf der gesamten Oberfläche (Bild 9.2–1). Diese Korrosionsart ist am einfachsten beherrschbar, da sie zerstörungsfrei überwacht (Restwanddickenmessungen) und durch Korrosionszuschläge bei der Auslegung berücksichtigt werden kann.
Gleichmäßige Flächenkorrosion tritt in der Praxis eher selten auf, und dann vorzugsweise beim Angriff starker Säuren. Un- und niedriglegierte Stähle werden in Wässern mit höherer Strömungsgeschwindigkeit annähernd gleichmäßig abgetragen. Die Abtragsrate beträgt etwa 0,1 bis 0,2 mm/a.

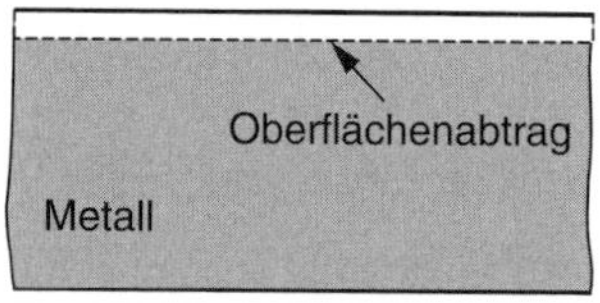

Bild 9.2–1 Gleichmäßige Flächenkorrosion

Bei unvollständigen oder beschädigten Deckschichten oder wenn sich an der Oberfläche festhaftende Ablagerungen aus Korrosionsprodukten bilden, entsteht ein ungleichmäßiger, muldenförmiger Abtrag (Bild 9.2–2).

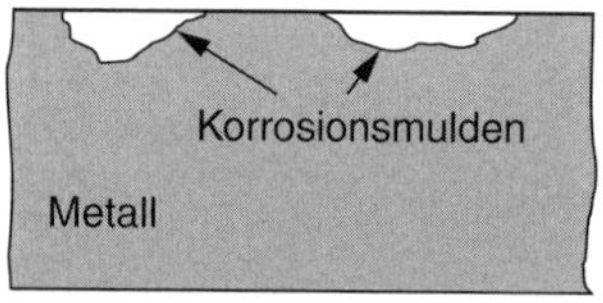

Bild 9.2–2 Muldenförmiger Korrosionsangriff

9.2.1.2 Lochkorrosion

Örtliche Korrosion, die nur an kleinen Oberflächenbereichen abläuft und zu Löchern führt (Bild 9.2–3). Lochkorrosion tritt häufig bei Werkstoffen mit Passivschichten auf und wird meist durch Chloride ausgelöst (chloridinduzierter Lochfraß). Diese Korrosionsart ist besonders gefährlich, da sie wegen der geringen Menge an Korrosionsprodukten nur schwer aufzufinden ist; dabei kann die Oberfläche schon unterhöhlt sein, was unverhofft zu einem Schaden führen kann.
Nichtrostende Stähle in entsprechend aggressiver Umgebung zeigen oft Lochfraß, wenn sich an der Oberfläche, z. B. durch Ablagerungen oder Anlauffarben im Bereich von Schweißnähten, keine geschlossene Passivschicht bilden konnte.

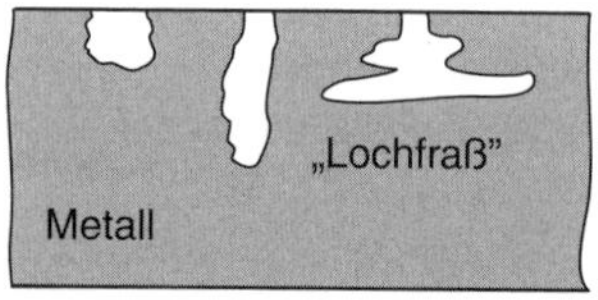

Bild 9.2–3 Lochkorrosion (schematisch)

9.2.1.3 Spaltkorrosion

Örtlich verstärkte Korrosion in Spalten, die sich zwischen einer Metalloberfläche und einer anderen Oberfläche (metallisch oder nichtmetallisch) ausgebildet haben. Sie ist auf Korrosionselemente zurückzuführen, die durch Konzentrationsunterschiede im Korrosionsmedium entstehen, z. B. Belüftungselemente (unterschiedlicher Sauerstoffgehalt im Spalt und im freien Elektrolyten). Der Spaltgrund wird zur Anode und das Metall löst sich hier verstärkt auf (Bild 9.2–4). Da in Spalten der Elektrolyt durch Kapillarwirkung festgehalten wird, liegt auch eine länger andauernde Korrosionsbelastung vor.
Spalte sind häufig konstruktiv bedingt, z. B. Niet- und Schraubverbindungen, überlappende Bleche, Zierleisten, Dichtspalte oder auch Risse. Entscheidende geometrische Einflussgröße ist die Spaltbreite: kritisch sind enge Spalte mit Spaltbreiten < 1 mm.

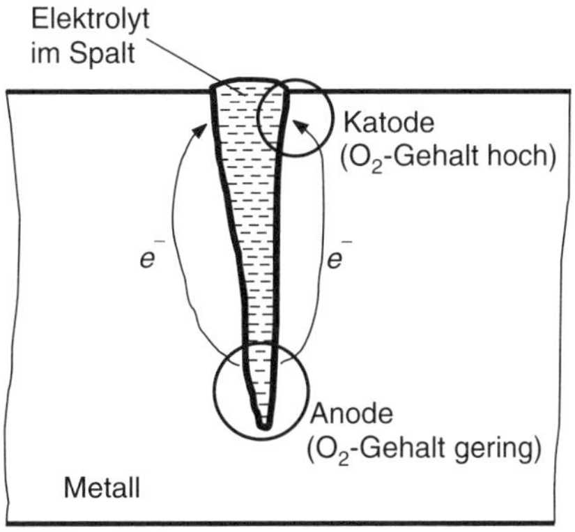

Bild 9.2–4 Spaltkorrosion (schematisch)

9.2.1.4 Bimetallkorrosion (Kontaktkorrosion)

Bilden zwei verschiedene metallische Werkstoffe ein Korrosionselement, wird das unedlere Metall zur Anode und geht in Lösung; das edlere Metall ist die Katode. Diese auch als *Kontaktkorrosion* bezeichnete Korrosionsart tritt häufig bei Mischkonstruktionen auf, z. B. im Maschinen- und Apparatebau an Niet-, Schraub- oder Schweißverbindungen (Bild 9.2–5).
Wichtige Einflussgrößen sind: Potenzialdifferenz der beiden Metalle, Größenverhältnis Anode/Katode (ungünstig: A klein, K groß), Temperatur und Leitfähigkeit des Elektrolyten.

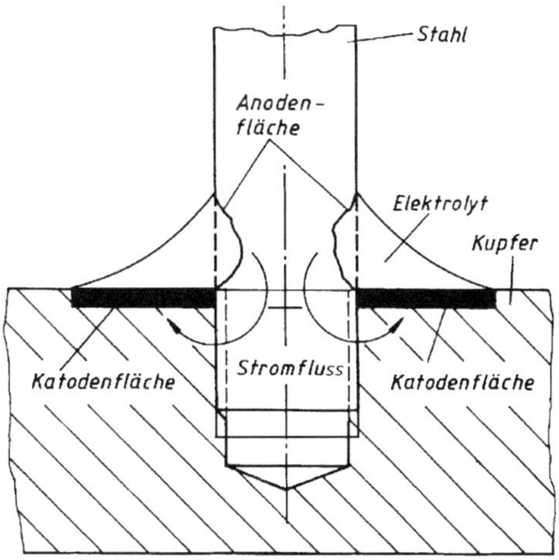

Bild 9.2–5 Kontaktkorrosion

9.2.2 Korrosionsarten mit mechanischer Beanspruchung

9.2.2.1 Spannungskorrosion/Spannungsrisskorrosion

Wird ein Metall von einem Korrosionsmedium chemisch beansprucht und gleichzeitig durch innere oder aufgebrachte Zugspannungen gedehnt, kann es zur *Spannungskorrosion* und in weiterer Folge zur Rissbildung kommen (*Spannungsrisskorrosion, SpRK*). Kennzeichnendes Erscheinungsbild sind je nach Angriffsmittel und Legierungssystem durch die Körner (*transkristallin*) oder auf den Korngrenzen (*interkristallin*) ohne Brucheinschnürung verlaufende Risse. Der restliche Querschnitt des Bauteils wird entsprechend der Höhe der verbliebenen Restspannungen durch Gewaltbruch zerstört (Bild 9.2–6). Dadurch und weil auch hier nur ein geringer allgemeiner Korrosionsangriff auftritt, gehört die SpRK zu den gefährlichsten Korrosionsarten.
SpRK kann auftreten, wenn ein anfälliger Werkstoff (mit Deck- bzw. Passivschicht) in einem spezifischen Angriffsmittel durch ausreichend hohe Zugspannungen beansprucht wird (kritisches Korrosionssystem). Schweißnähte und kaltverformte Werkstoffbereiche sind oft eigenspannungsbehaftet und deshalb häufig von SpRK betroffen.

Bild 9.2–6 Durch SpRK gebrochene Schraube M24 aus X5CrNi18-10; transkristalline, stark verzweigte Risse

Kritische Korrosionssysteme für SpRK
- nichtrostende austenitische Stähle und chloridhaltige Lösungen
- CuZn-Legierungen und Ammoniak
- un- und niedriglegierte Stähle und Alkalilaugen (Laugenrissigkeit)

9.2.2.2 Schwingungsrisskorrosion

Bei einer mechanischen Wechselbeanspruchung und gleichzeitigem Einwirken eines korrosiven Mediums kann es bei metallischen Werkstoffen zu *Schwingungsrisskorrosion* (Korrosionsermüdung) kommen. Es treten vorwiegend transkristalline Risse auf, die zum plötzlichen Versagen eines Bauteils führen können. Auch Werkstoffe, die bei alleiniger mechanischer Schwingbeanspruchung eine ausgeprägte Dauerfestigkeit besitzen (z. B. ferritischer Stahl), haben bei zusätzlicher Korrosionseinwirkung nur noch eine *Korrosionszeitfestigkeit*. Schwingungsrisskorrosion ist an jedem Metall in jedem

Schwingungsrisskorrosion
- mechanische Wechselbeanspruchung plus Korrosion
- transkristalline Risse
- keine Dauerfestigkeit mehr vorhanden
- bei allen Metallen möglich

Korrosionsmedium möglich. Es gibt keine kritischen Korrosionssysteme wie bei der SpRK.

9.2.2.3 Erosions- und Kavitationskorrosion

Verschleiß ist der Abtrag von Material durch mechanische Schleif- und Reibvorgänge zwischen zwei Oberflächen (z. B. Schneidwerkzeuge, Lagerungen, Autoreifen). Verschleiß- und Korrosionsvorgänge sind häufig kombiniert anzutreffen, wobei Korrosion unter Umständen erst durch Verschleißprozesse eingeleitet wird.
Wenn durch mechanische Wirkung von strömenden Gas-/Flüssigkeitsgemischen (Tropfenschlag) oder Gas-/Feststoffgemischen ständig Schutzschichten von der Oberfläche abgetragen werden und der Werkstoff dadurch aktiv korrodiert, spricht man von *Erosionskorrosion.*
Kavitationskorrosion kann z. B. auftreten in Kreiselpumpen und an Schiffspropellern, wobei die Korrosion durch Zerstörung von Schutzschichten als Folge der Kavitation ausgelöst wird. Der mechanische Angriff erfolgt durch implodierende Gasblasen, die sich in einem schnellströmenden Medium bei plötzlicher Druckerniedrigung bilden und Strömungsgeschwindigkeiten von bis zu 500 m/s an der Einsturzstelle der Gasblase erreichen.

Erosions- und Kavitationskorrosion

- Verschleißbeanspruchung plus Korrosion
- Erosion: Zerstörung von Schutzschichten durch strömende Medien
- Kavitation: Zerstörung von Schutzschichten durch implodierende Gasblasen
- muldenförmiger Abtrag

Übung 9.2–1
Beschreiben und skizzieren Sie schematisch folgende Korrosionsarten: muldenförmige Korrosion, Lochkorrosion, Spannungsrisskorrosion.

Übung 9.2–2
Was bewirken Spalte zwischen Konstruktionsteilen?

Übung 9.2–3
Was versteht man unter Bimetall- oder Kontaktkorrosion?

Übung 9.2–4
Nennen Sie Werkstoff-Medium-Kombinationen, die für Spannungsrisskorrosion anfällig sind?

Übung 9.2–5
Warum ist Spannungsrisskorrosion in der Praxis besonders gefährlich?

Übung 9.2–6
Beschreiben Sie die Erosions- und die Kavitationskorrosion?

Übung 9.2–7
Wie verändert sich die Dauerschwingfestigkeit eines Werkstoffs bei Einwirken eines korrosiven Mediums?

9.3 Korrosionsschutz

Lernziele

Der Lernende kann ...
- Korrosionsschutzverfahren systematisch einteilen und beschreiben,
- geeignete Verfahren für den spezifischen Anwendungsfall nach technisch-wirtschaftlichen Gesichtspunkten auswählen.

9.3.0 Übersicht

Die Vielzahl der Korrosionsarten erfordert einen gezielten Einsatz der zur Verfügung stehenden Korrosionsschutzverfahren. Ziel des Korrosionsschutzes ist es, Korrosionsschäden zu vermeiden. Dazu muss die Geschwindigkeit des jeweiligen Korrosionsvorgangs soweit herabgesetzt werden, dass die geforderte Gebrauchsdauer einer Maschine oder einer Anlage sichergestellt ist.
Die Schutzmaßnahmen werden je nach Zeit und Ort ihres Eingriffes in ein Korrosionssystem üblicherweise eingeteilt in:
- Werkstoff- und konstruktionsbezogene Maßnahmen
- Veränderung des Angriffsmediums
- Elektrochemischer Eingriff in die Korrosionsreaktion
- Trennung von Medium und Werkstoff durch Überzüge und Beschichtungen

Die ersten drei Methoden werden als *aktiver Korrosionsschutz* bezeichnet, da ein direkter Eingriff in das Korrosionssystem erfolgt. Die Aufbringung von Schutzschichten im Herstellungsprozess von Bauteilen heißt *passiver Korrosionsschutz*.

Tabelle 9.3–1 Korrosionsschutz. Einteilung in aktive und passive Verfahren

Korrosionsschutz	
Aktiver Korrosionsschutz	Passiver Korrosionsschutz
• Wahl geeigneter Werkstoffe • korrosionsschutzgerechte Konstruktion • Anwendung von Inhibitoren • katodischer bzw. anodischer Schutz	• metallische Überzüge • organische und nichtmetallisch-anorganische Beschichtungen

9.3.1 Aktiver Korrosionsschutz

9.3.1.1 Werkstoffauswahl

Die Werkstoffauswahl muss unter technisch-wirtschaftlichen Gesichtspunkten erfolgen. Zum Korrosionsverhalten metallischer Werkstoffe lassen sich einige allgemeine Hinweise angeben:

- Reine Metalle höherer Reinheit haben auch erhöhte Beständigkeit, z. B. Al99,9 statt Al99,5.
- Einphasige Legierungen sind gegenüber mehrphasigen vorzuziehen, besonders wenn die Legierungselemente in der elektrochemischen Spannungsreihe weit auseinander liegen, z. B. AlMg3 und CuZn37 im Vergleich zu AlCuMg2 und CuZn42.
- Große Bedeutung haben Legierungselemente, die eine Passivierung oder Deckschichtbildung bewirken oder fördern, z. B. Chrom bei Eisen (nichtrostender Stahl > 12 % Cr).
- Homogene und spannungsarme Werkstoffgefüge haben eine höhere Korrosionsbeständigkeit, da die Entstehung von Korrosionselementen erschwert ist.

Für die Auswahl eines unter einer bestimmten Korrosionsbeanspruchung beständigen Werkstoffs stehen Handbücher und Normen zur Verfügung.

Bei allen chemischen und elektrochemischen Reaktionen ist die *Temperatur* eine wesentliche Einflussgröße. Der Korrosionsabtrag nimmt im Allgemeinen mit steigender Temperatur zu. Besonders zu beachten ist, dass bei einigen Metallen kritische Bereiche bei sonst ausreichender Beständigkeit vorliegen. Zum Beispiel bildet Zink in Wasser zwischen 60 und 80 °C Schichten mit geringer Schutzwirkung; dieser Temperaturbereich ist bei der Anwendung von Zink oder verzinkten Stahlteilen zu vermeiden (Bild 9.3–1).

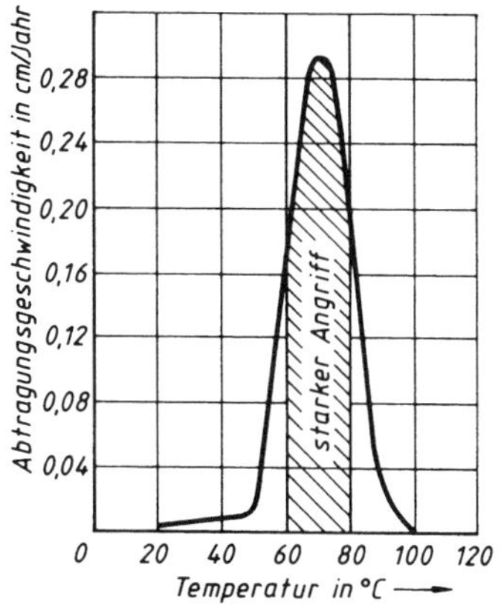

Bild 9.3–1 Einfluss der Temperatur auf die Beständigkeit von Zink in Wasser

9.3.1.2 Korrosionsschutzgerechtes Konstruieren

Bei der konstruktiven Gestaltung kann durch Beachtung verschiedener Regeln der Korrosionsschutz unterstützt und der „Einbau" von Korrosionsschwachstellen vermieden werden, Bild 9.3–2 zeigt einige Beispiele.
Ansammlungen von Elektrolyt sollten vermieden werden, z. B. durch entsprechende Anordnung von Profilen oder durch Ablaufbohrungen. Bei leerlaufenden Behältern ist sicherzustellen, dass nirgendwo unnötige Flüssigkeitsreste zurückbleiben, die infolge Belüftungsmangels oder erhöhter Schmutzansammlung zu Korrosionsschäden führen können. Hier ist durch Löcher und glatte, schräge Flächen für einen raschen und vollständigen Wasserablauf zu sorgen.
Kritisch zu prüfen ist immer die Kombination verschiedener Werkstoffe; dies kann zu Kontaktkorrosion führen. Der unedlere Werkstoff wird zur Anode und löst sich auf.
Das Vermeiden von Ecken, Winkeln, Verstrebungen usw. verbessert die Zugänglichkeit einer Konstruktion, wodurch sie sich einfacher und sicherer beschichten lässt (wichtig auch für spätere Instandsetzungen).

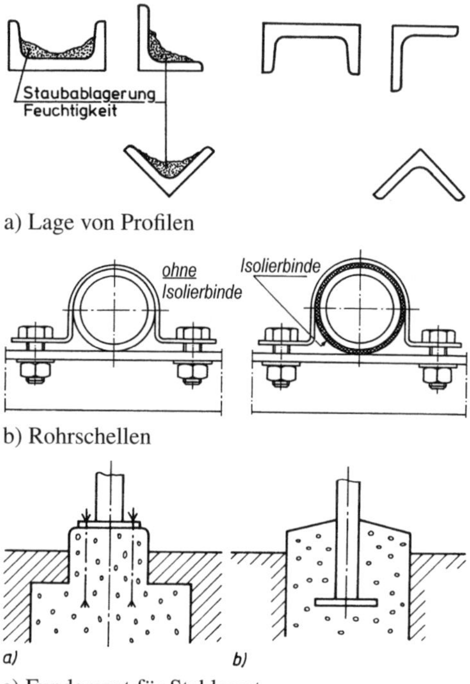

Bild 9.3–2 Korrosionsschutzgerecht gestalten. Beispiele für gute und weniger gute Konstruktionen (links: ungünstig; rechts: besser).

9.3.1.3 Katodischer Korrosionsschutz

Beim katodischen Korrosionsschutz (KKS) wird das zu schützende Teil (erdverlegte Rohrleitung, Schiffswand, Warmwasserspeicher usw.) zur Katode gemacht. Bei Fremdstromschutzanlagen wird der negative Pol einer Gleichstromquelle mit dem zu schützenden Metall, der positive Pol mit der Fremdstromanode verbunden (Bild 9.3–3). Die für die katodische Teilreaktion erforderlichen Elektronen werden aus diesem äußerem Stromkreis geliefert.

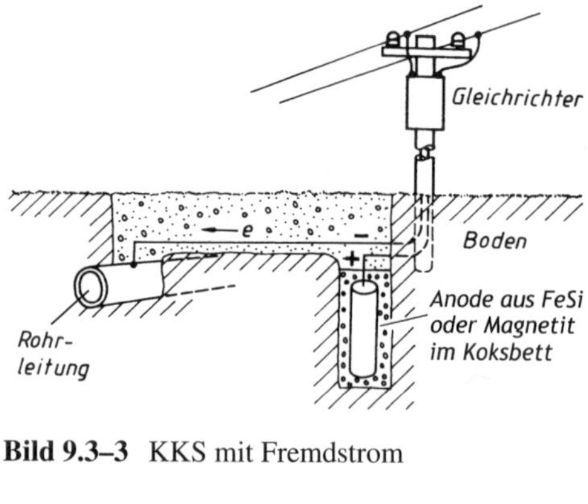

Bild 9.3–3 KKS mit Fremdstrom

Beim KKS mit Opferanoden wird das zu schützende Teil mit einem unedleren Metall kurzgeschlossen. Bild 9.3–4 zeigt als Beispiel ein Stahlrohr, das mit einer Magnesiumanode verbunden ist. Zusammen mit dem feuchten Erdreich bildet sich ein Korrosionselement und die Anode wird allmählich aufgelöst („geopfert"). Die Opferanode muss für die vorgesehene Lebensdauer bemessen oder rechtzeitig erneuert werden. Zum Schutz von Stahlbauteilen werden in Erdböden meist Mg- und in Meerwasser Zn-Opferanoden verwendet.

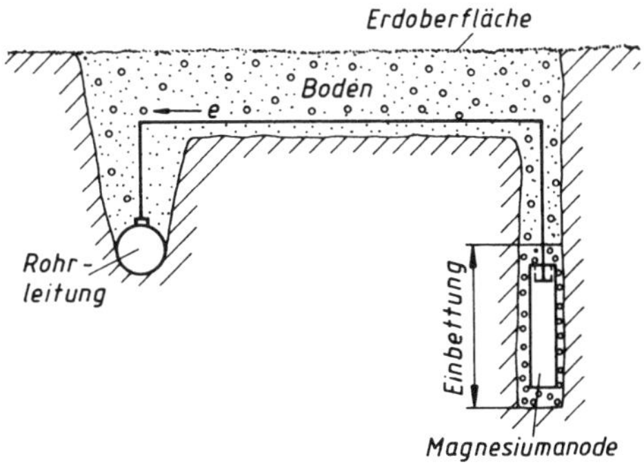

Bild 9.3–4 KKS mit Opferanode aus Mg

Katodischer Schutz wird aus Gründen der Wirtschaftlichkeit praktisch immer nur in Verbindung mit einer Schutzbeschichtung eingesetzt, sodass ein Schutzstrom nur für Defekte in der Beschichtung erforderlich wird. Bei unbeschichteter Oberfläche würde Stahl in Meerwasser den etwa 10fachen Schutzstrom benötigen.

Katodischer Schutz gegen Korrosion

- Anlegen einer Gleichspannung
- Anbringen von Opferanoden
- immer in Verbindung mit passivem Schutz, z. B. Beschichtung

9.3.1.4 Beeinflussung des Korrosionsmediums

Durch Trocknung von Gasen, Reinigung gasförmiger und flüssiger Medien und durch Luftverdrängung (Evakuieren, Erhitzen, Verwendung von Inertgasen) kann der Einfluss korrosiver Bestandteile verringert oder unterbunden werden. Auch Zusätze, die z. B. den pH-Wert[1] regulieren oder Sauerstoff binden, sind üblich. Bild 9.3–5 veranschaulicht, dass bei einem Sauerstoffgehalt im Wasser von etwa 15 cm^3/l der Korrosionsangriff auf Stahl maximal wird.

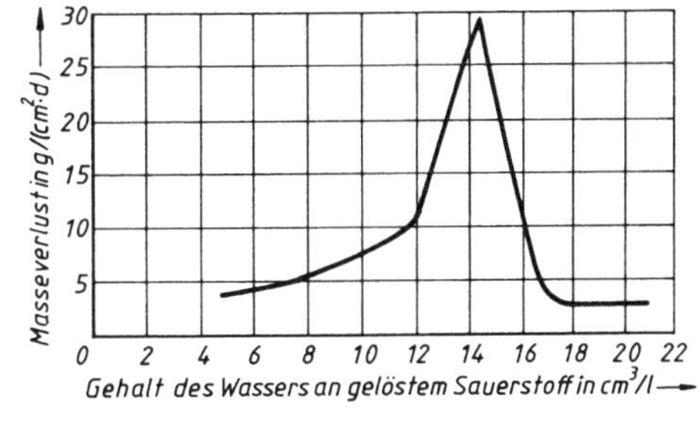

Bild 9.3–5 Einfluss des Sauerstoffgehalts im Wasser auf die Korrosion von Stahl

[1] pH-Wert: gibt die Wasserstoff-Ionen-Konzentration in einer Lösung an und kennzeichnet den sauren (pH 0–6), basischen (pH 8–14) oder neutralen (pH 7) Charakter der Lösung

Korrosionsinhibitoren sind Zusätze zum Elektrolyten, die den Korrosionsvorgang bremsen. Inhibitoren werden in den verschiedensten Bereichen eingesetzt: bei der Erdöl- und Erdgasförderung ebenso wie in Kühlkreisläufen, in Beizbädern und bei der Metallbearbeitung. Durch die große Zahl der verwendeten Werkstoffe und Medien (z. B. Säuren, Salzlösungen, Öle, Schmierstoffe) ist es nicht möglich, einen Inhibitor universell einzusetzen. Jede Anwendung benötigt speziell entwickelte Inhibitoren, manchmal auch Mischungen (z. B. Kfz-Kühlflüssigkeiten). Bei der Anwendung ist die richtige Dosierung sehr wichtig.

Korrosionsinhibitoren (Anwendungen und Beispiele)

- *Neutrale und schwach alkalische Lösungen* (Wasser, Kühlmittel, Kühlschmierstoffe, usw.): Aminoalkohole, Benzoate, Borsäureester, Carbonsäureamide, Silikate, Thioharnstoff u. a.
- *Säuren* (z. B. Salzsäure zum Beizen). Acetylenalkohole, Amine, quaternäre Ammoniumsalze u. a.
- *Nichtwässrige Flüssigkeiten* (Kraftstoffe, Schmierstoffe, Lösungsmittel, usw.): organische Ethylamine, Fettamine, Fettsäureester, u. a.

9.3.2 Passiver Korrosionsschutz

Das Beschichten von Bauteilen und Halbzeug mit einem schützenden Überzug wird als *passiver Korrosionsschutz* bezeichnet. Hierfür kommen metallische, nichtmetallisch-anorganische und organische Überzüge in Betracht. Am meisten angewendet werden einige metallische Überzügen, hauptsächlich Zink- und Nickel/Chromüberzüge, sowie organische Beschichtungen. Zwischen aktivem und passivem Schutz ist der *zeitweise Korrosionsschutz* einzuordnen. Das ist das Einölen, Fetten oder Wachsen von Oberflächen bei Lagerung und Transport von Metallprodukten oder während der Stillstandszeit von betrieblichen Einrichtungen.

9.3.2.1 Vorbereitung der Oberfläche

Für alle Verfahren des passiven Schutzes ist eine sorgfältige Oberflächenvorbereitung erforderlich. Die Oberflächen werden gereinigt, entfettet und von Oxiden (Rost, Zunder) befreit. Gelegentlich schließt sich eine chemische Nachbehandlung an, die ein gutes Haften der Schichten bewirkt, z. B. Phosphatieren vor einer Kunststoffpulverbeschichtung (Kühlschränke, Autokarosserien usw.).

Oberflächenvorbereitung

1. Reinigen und Entfetten
   (wässrige Reinigerlösungen, organische Lösungsmittel)
2. Entrosten und Entzundern
   - chemisch (Beizen)
   - mechanisch (Schleifen, Strahlen usw.)
   - thermisch (z. B. Flammstrahlen)
3. Nachbehandlung
   (phosphor- oder chromsaure Lösung)

9.3.2.2 Organische Beschichtungen

Beschichten ist das Aufbringen von organischen Beschichtungsstoffen in flüssiger, pulvriger oder pastöser Form auf die Metalloberfläche. Die größte Bedeutung haben Anstriche und Pulverbeschichtungen; im Apparate- und Rohrleitungsbau werden auch Kunststoffauskleidungen und Gummierungen häufiger eingesetzt.

Organische Beschichtungsstoffe (Auswahl)

- Kalt- und warmhärtende Kunstharzlacke
- Kunststoffpulver (Thermoplaste)
- Kunststoffauskleidungen
- Gummierungen

Kunstharzbeschichtungen werden in flüssiger Form durch Streichen bzw. Rollen, Tauchen oder Spritzen aufgetragen. Die Anstriche sind meist mehrschichtig aufgebaut (Beschichtungssystem) und bestehen aus:

- Grundbeschichtung (Grundierung)
- Zwischenbeschichtung
- Deckbeschichtung

Die Gesamtschichtdicke liegt je nach Korrosionsbeanspruchung und geforderter Lebensdauer zwischen etwa 80 und 320 µm.
Die Anstrichstoffe werden nach Art ihres Bindemittels klassifiziert, z. B. Alkyd-, Acryl- und Epoxidharze.

Anstrichstoffe können aufgebracht werden durch

- Anstreichen
- Aufwalzen
- Tauchen
- Spritzen (mechanisch oder elektrostatisch)

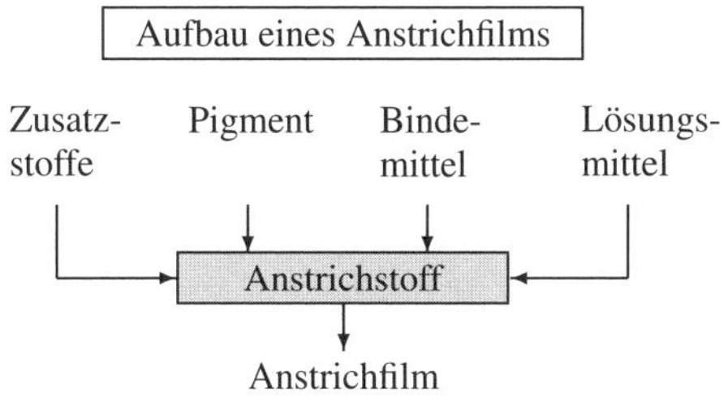

Den eigentlichen Korrosionsschutz leistet die Grundierung. Sie enthält aktiv korrosionshemmende Pigmente, z. B. Zink und Zinkverbindungen. Deckbeschichtungen sind für die optischen Eigenschaften, UV-Beständigkeit usw. zuständig und enthalten inaktive Pigmente, z. B. TiO_2, Ruß und Farbpigmente.
Die Schichten werden technologisch in sehr vielfältiger Weise aufgebracht. Große Bedeutung hat das elektrostatische Beschichten. Die Farbteilchen werden in einem elektrischen Gleichspannungsfeld elektrostatisch aufgeladen und von den entgegengesetzt geladenen Werkstücken angezogen. Dadurch ist eine gezielte und verlustarme Beschichtung möglich.
Bei der Pulverbeschichtung werden Kunststoffpulver, z. B. PE, PVC, Acrylate, auf die Metalloberfläche durch Aufschleudern, Wirbelsintern oder elektrostatisches Pulverspritzen aufgebracht und dort eingeschmolzen (Bild 9.3–6). Pulverbeschichtungen haben einige Vorteile:

- fast 100%ige Rohstoffausnutzung
- umweltfreundlich (geringe Emissionen, kein Abwasser)
- hochwertige Einschichtlackierungen

und werden deshalb in der industriellen Serienfertigung zunehmend angewandt.

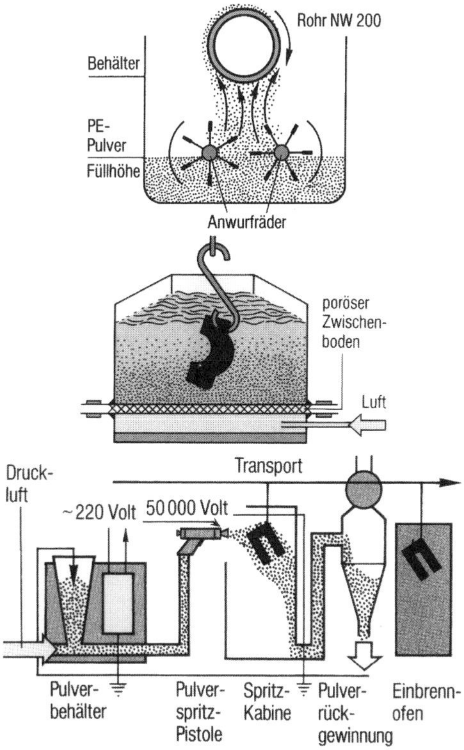

Bild 9.3–6 Pulverbeschichtungsverfahren (Schleuderverfahren, Wirbelsintern, Elektrostatisches Pulverspritzen)

9.3.2.3 Metallische Überzüge

Metallische Überzüge haben als Korrosionsschutz für den Werkstoff Stahl die größte praktische Bedeutung und sollen häufig auch noch andere Anforderungen erfüllen:

- Verbessern der Gleiteigenschaften
- Verbessern des dekorativen Aussehens
- Erhöhen der Verschleißbeständigkeit (z. B. Hartverchromen).

Die wichtigsten Aufbringverfahren sind das Schmelztauchen und die Galvanotechnik.

Auf dem Gebiet der Schmelztauchverfahren spielt das *Feuerverzinken* von Stahl eine dominierende Rolle, da Zink preisgünstig ist und eine gute Beständigkeit im Bereich pH 5–11 aufweist. Es bilden sich Schutzschichten aus Zn-Carbonaten, die Korrosionsgeschwindigkeit an der Atmosphäre ist etwa um den Faktor 20 niedriger als bei Eisen. Zink ist unedler als Eisen, wirkt also bei Verletzungen der Zn-Schicht als Opferanode und schützt somit den frei liegenden Stahl katodisch vor Korrosion (Bild 9.3–10).

Entsprechend dem Zustandsdiagramm Fe-Zn (Bild 9.3–8) entsteht beim Eintauchen in flüssiges Zink ($T \approx 450\,°C$) eine auflegierte Schicht (Bild 9.3–7), in der die einzelnen Phasen bei mikroskopischer Betrachtung gut zu erkennen sind. Die Schichtdicken liegen im Bereich von 20 µm (Bandverzinkung) bis 150 µm (Stückverzinkung).

Metallische Überzüge können erzeugt werden durch

- Schmelztauchen: Eintauchen des Bauteils in eine Schmelze des Überzugsmetalls, z. B. Feuerverzinken
- Galvanotechnisch aufgebrachte Überzüge, z. B. Verchromen
- Stromlos aufgebrachte Überzüge, z. B. NiP-Schichten („Stromlos-Nickel")
- Metallspritzen (Flamm- und Plasmaspritzen)
- Aufdampfen
- Plattieren (Walz- und Sprengplattieren)

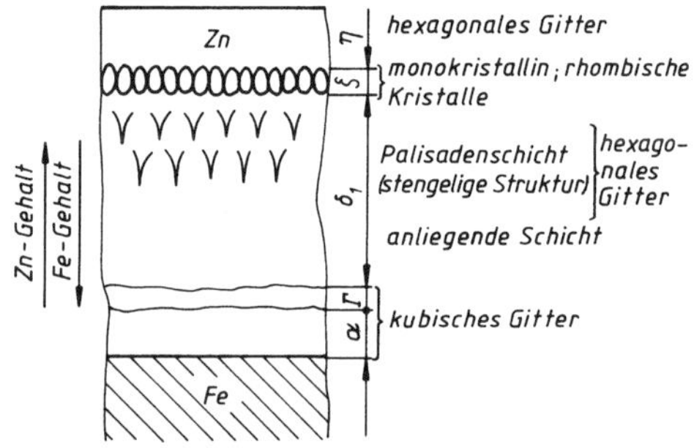

Bild 9.3–7 Schichtaufbau bei der Feuerverzinkung

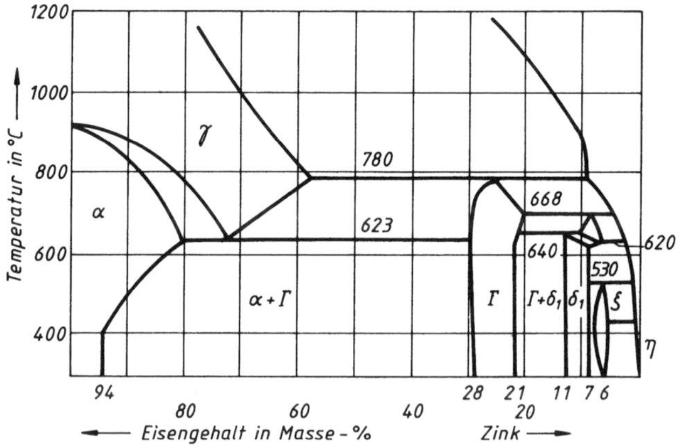

Bild 9.3–8 Zustandsdiagramm Eisen-Zink

Ein besonders guter Korrosionsschutz ergibt sich, wenn das Bauteil zusätzlich zur Verzinkung noch eine organische Beschichtung erhält (Duplex-Verfahren).

Beim *Galvanisieren* wird das Überzugsmetall elektrochemisch aus einem Elektrolyten (saure oder alkalische Salzlösung) abgeschieden. Das Werkstück wird als Katode gegen eine oder mehrere Anoden in die Lösung eingehängt. Die Elektrolytlösung enthält positive Ionen des abzuscheidenden Metalls, die durch die von der Gleichstromquelle gelieferten Elektronen zu Metall reduziert werden, z. B.

$$Ni^{2+} + 2e^- \rightarrow Ni$$

Die Anoden bestehen in diesem Fall aus Ni, das sich während der Behandlung auflöst. Auch Zn wird galvanisch aufgebracht, die Schichtdicken liegen dann meist unter 20 µm. Galvanisch verzinkte Teile (z. B. Schrauben) werden häufig zusätzlich *chromatiert* und erhalten dadurch eine wesentlich höhere Korrosionsbeständigkeit.

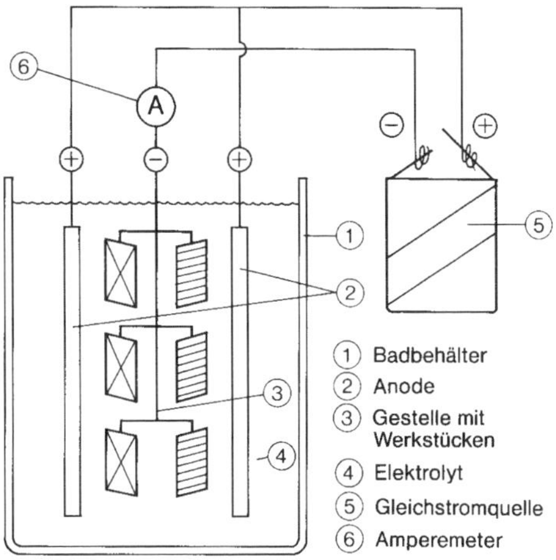

Bild 9.3–9 Galvanisierbad (schematisch)

Nickel, Zinn und auch Chrom verhalten sich elektrochemisch edler als Eisen; entsprechende Überzüge auf Stahl müssen daher allseitig dicht sein (keine Poren), da es sonst zu verstärkter Auflösung des Grundwerkstoffs kommt (Kontaktkorrosion, kleine Anode und große Katode, Bild 9.3–11).

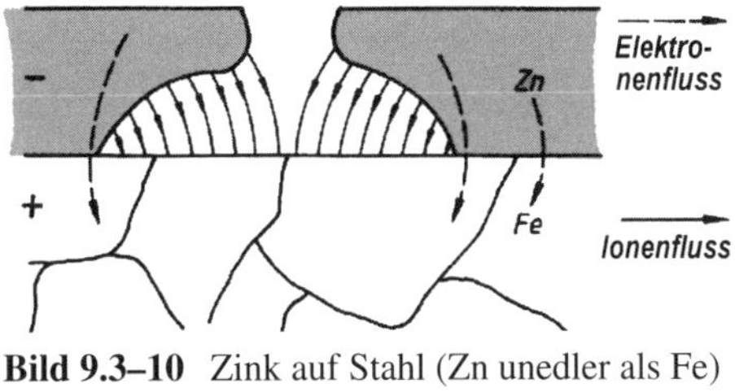

Bild 9.3–10 Zink auf Stahl (Zn unedler als Fe)

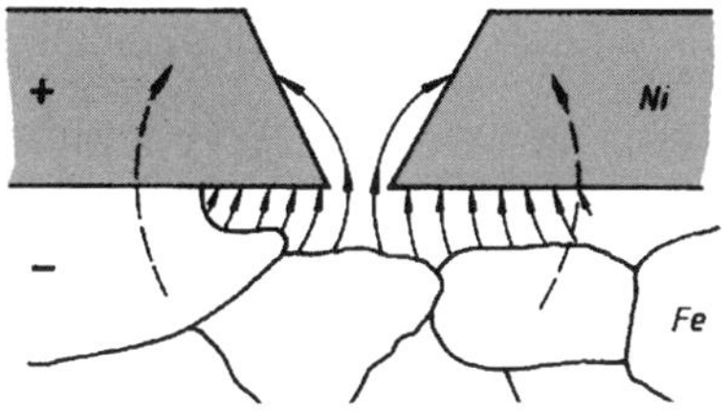

Bild 9.3–11 Nickel auf Stahl (Ni edler als Fe)

Ein wichtiges Verfahren zur Erhöhung der Korrosions- und besonders der Verschleißbeständigkeit von Aluminium und Al-Legierungen ist das *Anodisieren* oder *Eloxieren* (*El*ektrolytisch *ox*id*ieren*). Es findet keine Metallabscheidung auf der Oberfläche statt, es ist also kein Galvanisierverfahren, läuft aber technisch ähnlich ab. Das Bauteil wird in einer Säure als Anode (+) geschaltet, dadurch wird die natürliche Oxidschicht künstlich verstärkt (etwa um den Faktor 100). Die Oberflächen können dabei durch Zusätze zum Elektrolyten gezielt eingefärbt werden.

Übung 9.3–1
Wodurch unterscheiden sich aktiver und passiver Korrosionsschutz?

Übung 9.3–2
Beschreiben Sie das Prinzip des katodischen Korrosionsschutzes mit Opferanoden und mit Fremdstrom.

Übung 9.3–3
Was sind Inhibitoren?

Übung 9.3–4
Aus welchen Komponenten besteht ein Anstrichstoff?

Übung 9.3–5
Beschreiben Sie zwei Pulverbeschichtungsverfahren.

Übung 9.3–6
Nennen Sie die Vorteile von Pulverbeschichtungen im Vergleich zu lösemittelhaltigen Beschichtungsstoffen.

Übung 9.3–7
Beschreiben Sie die beiden wichtigsten Verfahren zur Erzeugung metallischer Überzüge auf Bauteilen.

Übung 9.3–8
Was ist Feuerverzinken? Welche Schichtdicken werden damit erreicht?

Übung 9.3–9
Warum muss bei Stahlteilen ein Überzug aus Nickel oder Zinn allseitig dicht und porenfrei sein?

Lernzielorientierter Test zu Kapitel 9

1. Welche der folgenden Korrosionserscheinungen sind als Korrosionsschäden einzustufen?
   A Rost an einer Eisenbahnschiene
   B Lochfraß in einer Cu-Wasserleitung
   C Rostpartikel in einem Fruchtjoghurt
   D Anlauffarben an einer Schweißnaht
   E Schleierbildung bei einem Trinkglas
2. Welche der folgenden chemischen Formeln gelten für die Sauerstoffkorrosion?
   A $Fe + O_2 \rightarrow 2\,FeO$
   B $Fe \rightarrow Fe^{2+} + 2e^-$
   C $Ni^{2+} + 2e^- \rightarrow Ni$
   D $1/2\,O_2 + H_2O + 2e^- \rightarrow 2\,OH^-$
   E $2\,H^+ + 2e^- \rightarrow H_2\uparrow$
3. Passivierung
   A erfolgt bei reaktionsträgen Metallen
   B setzt reaktionsfreudige Oberflächen voraus
   C ist ein Schichtabbau (Abtragung metallischer Phasen)
   D ist ein Schichtaufbau (Oxid- oder Carbonatschichten)
   E ist unerwünscht
4. Welche der folgenden Korrosionsarten werden häufig durch Chloride im Elektrolyten ausgelöst?
   A Bimetallkorrosion
   B Lochkorrosion
   C gleichmäßige Flächenkorrosion
   D Spannungsrisskorrosion
   E Erosionskorrosion
5. Als Opferanode für Eisenwerkstoffe ist geeignet:
   A Cu
   B Zn
   C Mn
   D Mg
   E Si
6. Schutzschicht gegen Korrosion können bei Stahl sein
   A Kunststoffe
   B Phosphatschichten
   C Metalle, edler als Fe
   D Metalle, unedler als Fe
   E Metalloxide

10 Kunststoffe

10.0 Überblick

Kunststoffe sind neben den Metallen und den nichtmetallisch-anorganischen Werkstoffen die dritte Werkstoffhauptgruppe. Kunststoffe sind *hochmolekulare organische Stoffe* (so genannte *Polymere*), die durch chemische Verkettungsreaktionen von niedermolekularen Verbindungen entstehen. Sie zeichnen sich durch eine niedrige Dichte, eine hohe spezifische Festigkeit (Verhältnis von Festigkeit zu Dichte), sehr gute Verarbeitbarkeit und gute chemische Beständigkeit aus. *Kunststoffe* zeigen eine starke Temperaturabhängigkeit der mechanischen Eigenschaften. Sie sind preiswert herzustellen und werden *synthetisch* in großtechnischen Anlagen der Erdöl-, Erdgas- und Kohlechemie oder durch *Abwandlung von Naturprodukten* (z. B. Celluloid aus Cellulose) erzeugt. Durch die *Struktur* der Kunststoffe, den *Grad der räumlichen Vernetzung* der Moleküle, die *Beimischung von Zusatzstoffen* und/oder die Vermischung unterschiedlicher Polymere (*Polymerblend*) lassen sich technische Eigenschaften von Kunststoffen wie Festigkeit, Steifigkeit, Zähigkeit, Formbarkeit, Härte, elektrischer Widerstand sowie Temperatur- und chemische Beständigkeit in weiten Grenzen variieren.

Die Kunststoffe lassen sich in drei Hauptgruppen einteilen:

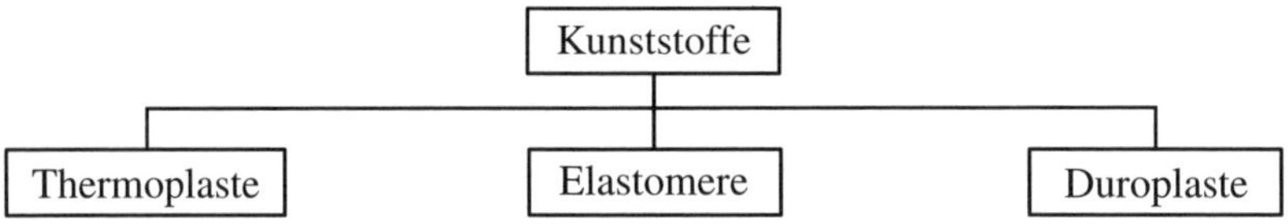

Kunststoffe werden für Rohrleitungen, im Fenster- und Türenbau, als Dämmstoff und Verpackungsmaterial eingesetzt. In der Elektronik/Elektrotechnik dienen Polymere als Isolationswerkstoffe. Im Maschinen-, Fahrzeug- und Flugzeugbau werden Polymere für Gehäuse, Verkleidungen, aber auch als Lagerwerkstoff verwendet. Fahrzeugreifen, Keil- und Zahnriemen sowie thermisch und chemisch hochbeanspruchte Dichtungen werden aus Elastomeren hergestellt. Kunststoffe sind das wichtigste *Matrixmaterial für hochfeste faserverstärkte Verbundwerkstoffe*. In diesem Kapitel werden die stoffliche Struktur der Kunststoffe beschrieben und die Eigenschaften erklärt. Um den Inhalt leicht erfassen zu können, sind die Grundlagen der organischen Verbindungen im Fach Chemie zunächst zu wiederholen.

10.1 Struktur von Kunststoffen

Lernziele

Der Lernende kann …

- erläutern, wie Polymere entstehen und welche Reaktionen für die Bildung von Makromolekülen verantwortlich sind,
- den Bau der Makromoleküle (Riesenmoleküle) erklären,
- die grundsätzlichen Unterschiede zwischen thermoplastischen und duroplastischen Kunststoffen nennen,

- die wichtigsten Möglichkeiten nennen und beschreiben, wie Eigenschaften der Kunststoffe modifiziert werden können,
- erklären, welche Funktion die Hilfs- und Zusatzstoffe haben.

10.1.0 Übersicht

Das Verhalten der *Polymere* bei mechanischer Beanspruchung, bei Erwärmung oder beim Einwirken von Flüssigkeiten wird durch den Bau der Makromoleküle und durch die *Bindungsverhältnisse* zwischen den Molekülen (*Nebenvalenz- und/oder Hauptvalenzbindung*) bestimmt. Um die Verarbeitungs- und Gebrauchseigenschaften in gewünschter Weise zu beeinflussen, enthalten Kunststoffe außer dem Grundpolymer meistens bestimmte Zusätze (z. B. Weichmacher, Füllstoffe, Farbstoffe, leitfähige Zusatzstoffe). Deshalb ist es erforderlich, auf die Struktur dieser organischen Verbindungen einzugehen.

10.1.1 Entstehung der Makromoleküle

Kunststoffe sind aus *Makromolekülen* (Riesenmoleküle) aufgebaut. Diese werden durch *chemische Verkettungsreaktionen* von niedermolekularen C-Verbindungen, so genannten *Monomeren*, erzeugt. Hauptbestandteil der Makromoleküle ist der Kohlenstoff. Als *Bindungspartner* kommen für den Kohlenstoff in Frage:

- andere C-Atome (Ein- und Mehrfachbindungen möglich!),
- andere Elemente wie z. B. H, O, N Cl, F, Si,
- funktionelle Gruppen wie z. B. Amino-, Hydroxyl-, Aldehyd- und Karboxylgruppe,
- Aromate wie z. B. Benzol.

Die chemische Bindung innerhalb der Makromoleküle beruht auf der Bildung *gemeinsamer Elektronenpaare* (Atombindung, polare Atombindung, siehe Abschnitt 1.1.1).

> *Kunststoffe* sind aus Makromolekülen aufgebaut. Makromoleküle entstehen durch *chemische Verkettungsreaktionen* (Polymerisation, Polyaddition, Polykondensation) von *Monomeren* (niedermolekulare Verbindungen).

Beispiele für die chemische Bindung des C in den Monomeren

a) *Ethylen* (Monomer für die Polyethylenherstellung) – Doppelbindung zwischen C-Atomen und Einfachbindung zwischen C- und H-Atomen

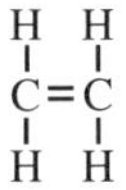

b) *Adipinsäure* (Monomer für die Polyamidherstellung) – Einfachbindung zwischen C- und H-Atomen sowie Doppelbindung zum O-Atom in der Karboxylgruppe

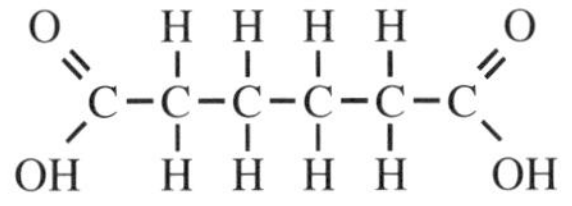

Es gibt drei Grundtypen von Verkettungsreaktionen:

1. Polymerisation – ungesättigte Monomere (z. B. Ethylen C_2H_4) werden unter Aufspaltung der Doppelbindungen zu einer gesättigten Polymerkette *ohne Abspaltung von Nebenprodukten* verknüpft. Die Reaktion wird durch erhöhte Temperatur oder durch Katalysatoren ausgelöst.

Beispiele für *Polymerisate*

Polymerisat	Kurzname
Polyvinylchlorid	PVC
Polypropylen	PP
Polystyrol	PS

Beispiel für eine Verkettung durch Polymerisation:

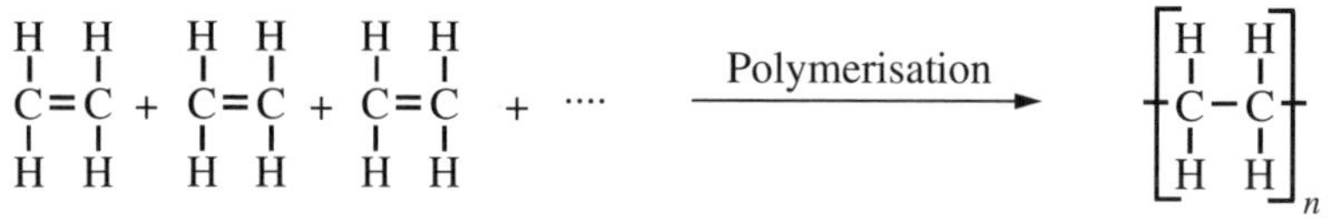

n-mal Monomer (Ethylen) mit Doppelbindung

Aufspalten der Doppelbindung (Radikalisierung) und Verketten der radikalisierten Monomere

Polymerisat ist Polyethylen PE mit n Grundbausteinen (n = Polymerisationsgrad, Anzahl der im Makromolekül enthaltenen Grundbausteine

2. Polyaddition (auch Additionspolymerisation) – Monomere mit mindestens zwei reaktionsfähigen funktionellen Gruppen werden *ohne Abspaltung von Nebenprodukten* miteinander verkettet. Die Polyaddition ist mit einer *Wasserstoffumlagerung* verbunden.

Beispiele für *Polyaddukte*

Polyaddukt	Kurzname
Epoxidharz	EP
Polyurethan	PUR

Beispiel für eine Verkettung durch Polyaddition:

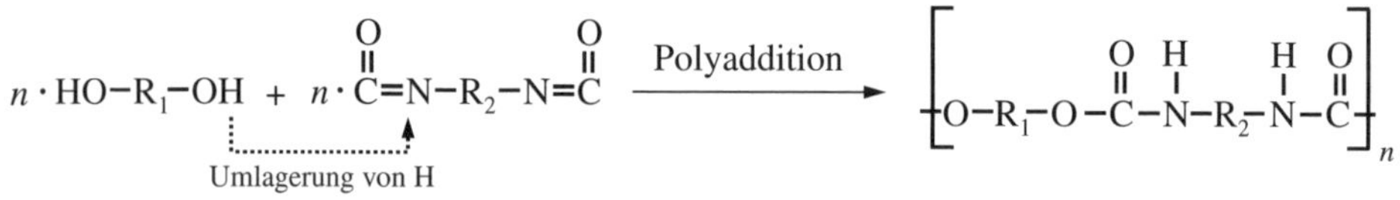

Monomere mit zwei reaktionsfähigen Hydroxylgruppen (Glykol) bzw. mit zwei reaktionsfähigen Isocyanatgruppen (Diisocyanate) an den Enden der Kette R_1 bzw. R_2 = Kohlenwasserstoffrest, wird durch Reaktion nicht verändert

Umlagerung des Wasserstoffs und damit frei werdende Bindungen (Radikalisierung) am C der Isocyanatgruppe und am O der Hydroxylgruppe, anschließende Verkettung dieser Radikale

entstandenes Polyaddukt ist Polyurethan PUR mit n Grundbausteinen n = Polymerisationsgrad

3. Polykondensation (auch Kondensationspolymerisation) – Monomere mit mindestens zwei reaktionsfähigen funktionellen Gruppen werden *unter Abspaltung von Nebenprodukten* (kleine Moleküle wie z. B. Wasser) miteinander verkettet.

Beispiele für *Polykondensate*

Polykondensat	Kurzname
Polycarbonat	PC
Polyamid	PA
Phenolharz	PF

Beispiel für eine Verkettung durch Polykondensation:

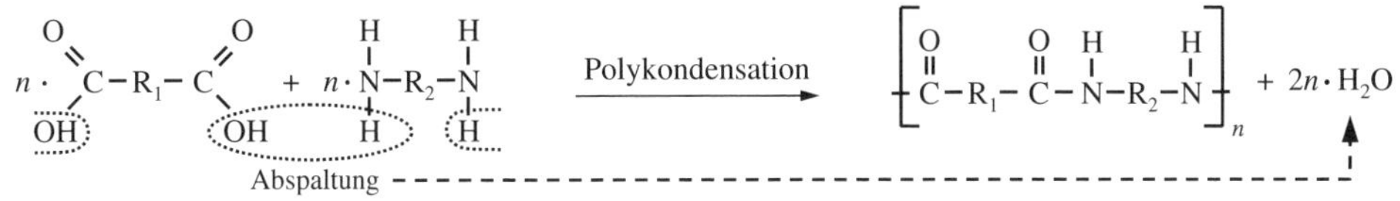

Monomere mit zwei reaktionsfähigen Karboxylgruppen (z. B. Adipinsäure) bzw. mit zwei reaktionsfähigen Aminogruppen (z. B. Diaminohexan) an den Enden der Kette
R_1 bzw. R_2 = Kohlenwasserstoffrest, wird durch Reaktion nicht verändert

Aufspaltung der Karboxyl- und der Aminogruppen unter Bildung von Wassermolekülen und damit frei werdende Bindungen (Radikalisierung) am C der Karboxylgruppe und am N der Aminogruppe, anschließend Verkettung dieser Radikale

neben dem Wasser entsteht als Polykondensat das Polyamid PA mit n Grundbausteinen
n = Polymerisationsgrad

Sind am Aufbau der Makromoleküle unterschiedliche Arten von Monomeren beteiligt, so entstehen *Copolymerisate*. Je nach Art, Menge und Anordnung der einzelnen Monomere können die mechanischen, chemischen, physikalischen und die Verarbeitungseigenschaften sowie der kristalline Anteil (siehe Abschnitt 10.1.2) verändert werden. Bei *duroplastischen Copolymerisaten* wird die Vernetzung der Moleküle beeinflusst. Die Anordnung der Monomere im Copolymerisat wird unterschieden in statistische und alternierende Verteilung bzw. Block- und Pfropfpolymerisation (Bild 10.1–1 bis Bild 10.1–5).

Werden bereits fertige aber unterschiedliche Polymere (Verkettung fortgeschritten bzw. abgeschlossen) miteinander gemischt, so entstehen *Polymerblends* (auch Polymerlegierung). Auch durch die Herstellung solcher Polymerblends lassen sich die Eigenschaften gezielt beeinflussen.

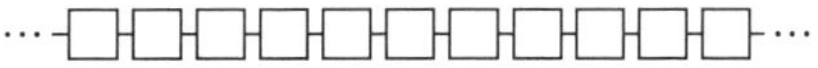

Bild 10.1–1 Homopolymer – nur aus einer Sorte von Monomeren zusammengesetzt

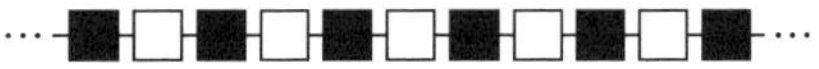

Bild 10.1–2 Copolymer – alternierende Anordnung der Monomere

Bild 10.1–3 Copolymer – blockartige Anordnung der Monomere

Bild 10.1–4 Copolymer – statistische Verteilung der Monomere

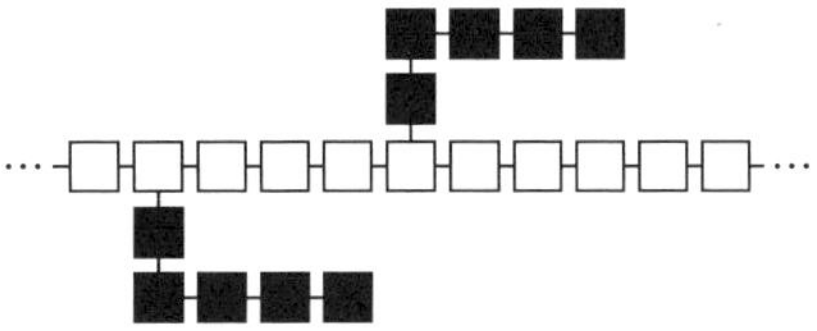

Bild 10.1–5 Pfropfcopolymer

Übung 10.1–1
Was sind Kunststoffe?

Übung 10.1–2
Was ist ein Monomer?

Übung 10.1–3
Welche chemischen Reaktionen führen zur Bildung von Makromolekülen?

Übung 10.1–4
Worin unterscheiden sich Copolymere und Polymerblends?

10.1.2 Räumliche Anordnung der Makromoleküle

Die Eigenschaften der Kunststoffe werden nicht nur von der chemischen Zusammensetzung und von der Länge der Makromoleküle (bei Thermoplasten) bestimmt, sondern auch von der *räumlichen Anordnung* der Moleküle (*Kristallinität*) und vom *Vernetzungsgrad* (bei Elastomeren und Duroplasten). Die Art der chemischen Bindung zwischen den Makromolekülen, der Abstand und die Ausrichtung der Moleküle sowie die Menge und die Wirkungsweise von Zusatzstoffen spielen dabei eine zentrale Rolle.

Thermoplaste bestehen aus langen *fadenförmigen Makromolekülen*, die teilweise verzweigt, aber *unvernetzt* sind. Innerhalb der Makromoleküle liegen *Hauptvalenzbindungen* (homöopolare oder polare Atombindung) vor. Untereinander sind die Makromoleküle nur durch *mechanische Verschlaufungen* (Bild 10.1–6) und chemische *Nebenvalenzbindungen* (z. B. Dipolkräfte, siehe Abschnitt 1.1.1) miteinander verbunden. Diese *Nebenvalenzbindungen* sind stark von der Temperatur abhängig. Je größer der Abstand der Moleküle ist, beispielsweise durch ansteigende Temperaturen, umso geringer ist die Wirkung der Nebenvalenzbindung. Gleichzeitig ist damit eine größere Beweglichkeit der Ketten verbunden. Die *Nebenvalenzbindungen* sind im Vergleich zur Atombindung schwach und beruhen auf der Anziehung von *entgegengesetzt orientierten Ladungsschwerpunkten* (z. B. Polyethylen, Bild 10.1–7).

Thermoplaste sind *unvernetzte* Polymere. Der Zusammenhalt der Makromoleküle wird durch *mechanische Verschlaufung* und durch *Nebenvalenzbindungen* (z. B. Dipolkräfte) erreicht.

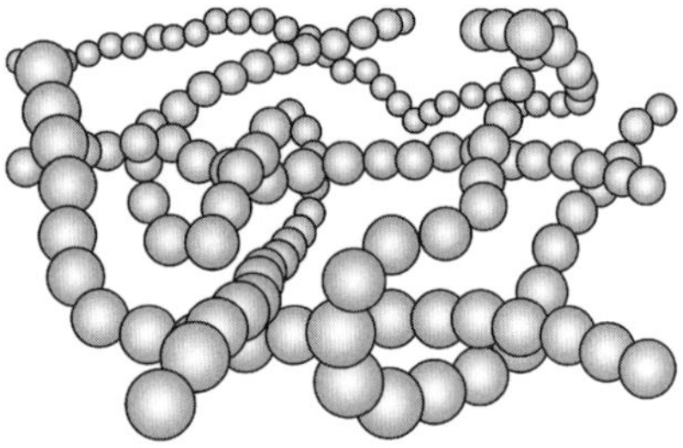

Bild 10.1–6 Thermoplast – Verschlaufung der Makromoleküle

Positive Ladungsschwerpunkte des einen und negative Ladungsschwerpunkte des anderen Polyethylenmoleküls ziehen sich gegenseitig an und bedingen den Zusammenhalt im Festkörper. Da Thermoplaste unvernetzt sind und sich die zwischenmolekularen Bindungen mit zunehmender Temperatur verringern, ist ein reversibles Aufschmelzen möglich.

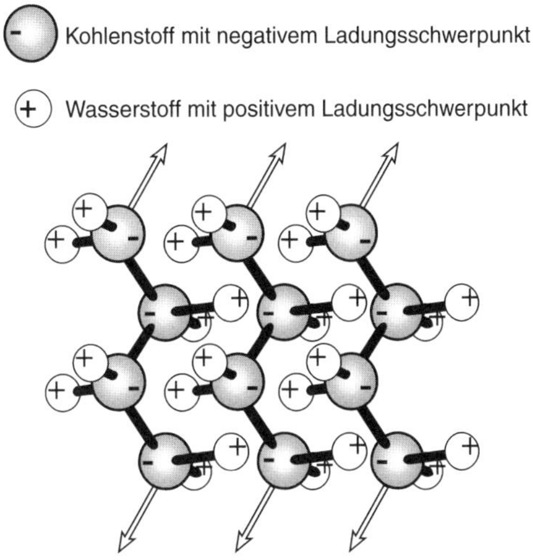

Bild 10.1–7 Ausbildung von Nebenvalenzbindungen in den Polyethylenmolekülen – Anziehung von entgegengesetzt orientierten Ladungsschwerpunkten zwischen den PE-Makromolekülen

In *Duroplasten* treten prinzipiell auch Verschlaufungen und Nebenvalenzbindungen zwischen den Makromolekülen auf. Eigenschaftsbestimmend ist jedoch die Ausbildung von *Hauptvalenzbindungen zwischen den einzelnen Molekülen*, die zu einer *starken räumlichen Vernetzung* führt (Bild 10.1–8). Im Grunde kann bei dieser vernetzten Struktur von einem einzigen Riesenmolekül gesprochen werden. Die räumliche Vernetzung ist möglich, wenn mehr als zwei Doppel- oder Mehrfachbindungen oder mehr als zwei funktionelle Gruppen im Ausgangsmonomer vorliegen. Der Vorgang des Vernetzens wird als *Härten* oder Aushärten bezeichnet. Die starken zwischenmolekularen Atombindungen führen zu einer hohen Festigkeit und Sprödigkeit (siehe Abschnitt 10.2.2.1). Im ausgehärteten, also vernetzten Zustand sind die *Duroplaste nicht mehr plastisch verformbar*. Ein Aufschmelzen ist nicht möglich. Eine zu große Temperaturerhöhung führt zur thermischen Zersetzung.

> *Duroplaste* sind *engmaschige, räumlich vernetzte* Polymere. Atombindungen liegen nicht nur innerhalb einer Molekülkette, sondern auch zwischen den Makromolekülen vor.

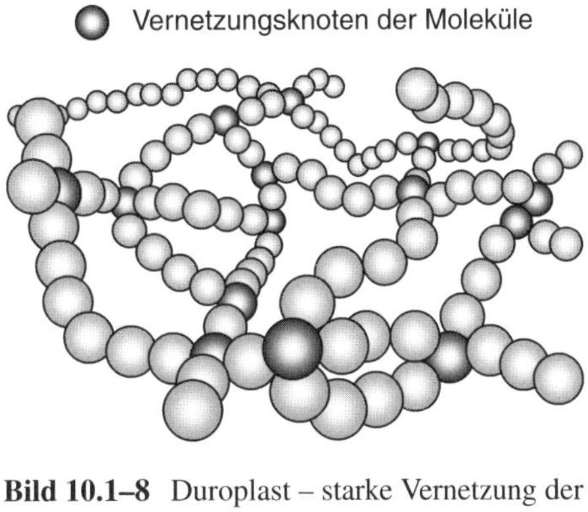

Bild 10.1–8 Duroplast – starke Vernetzung der Makromoleküle

Elastomere lassen sich als eine Kombination der Struktur von Thermo- und Duroplasten auffassen (Bild 10.1–9). Der Zusammenhalt der Makromoleküle wird sowohl von den *mechanischen Verschlaufungen*, den *Nebenvalenzbindungen* als auch durch ein *weitmaschiges Netz weniger Hauptvalenzbindungen* zwischen den Ketten erreicht. Grundsätzlich sind ein Abgleiten der Molekülketten und damit *sehr große (visko-) elastische Verformungen* in Abhängigkeit von der Temperatur möglich. Eine plastische Verformung oder ein Aufschmelzen bei höheren Temperaturen ist bei den Elastomeren, bedingt durch die Vernetzung, nicht möglich.

> *Elastomere* sind *stark verknäulte* Polymere mit *weitmaschiger räumlicher Vernetzung*. Atombindungen liegen nicht nur innerhalb einer Molekülkette, sondern auch vereinzelt zwischen den Makromolekülen vor.

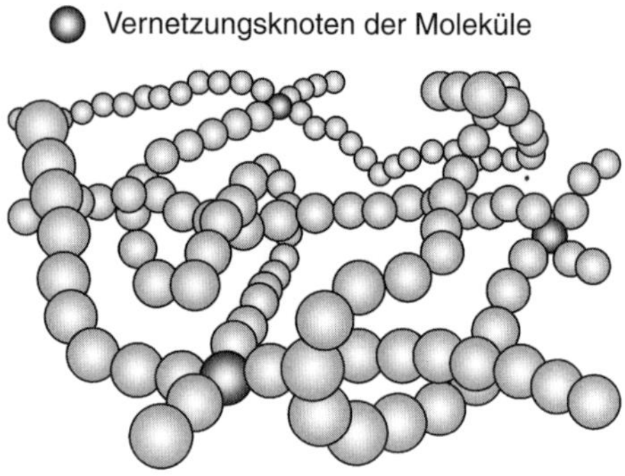

Bild 10.1–9 Elastomer – starke mechanische Verschlaufung und weitmaschige Vernetzung der Makromoleküle

Neben der chemischen Bindung zwischen den Makromolekülen ist für deren räumliche Anordnung die *Taktizität* von Bedeutung. Die *Taktizität* beschreibt die *räumliche Verteilung* und die Lage der *Seitenatome bzw. -gruppen* (Substituenten). Generell wird zwischen folgenden Anordnungen unterschieden (Bild 10.1–10):

- *isotaktisch* – regelmäßige Anordnung der Substituenten auf einer Seite der Kette,
- *syndiotaktisch* – auf beiden Seiten regelmäßig wechselnde Anordnung der Substituenten,
- *ataktisch* – ungeordnete Anordnung.

Bei den Metallen haben Sie kennen gelernt, dass die Teilchen in einem kristallinen Gitter regelmäßig und nach definierten geometrischen Regeln angeordnet sind. Auch bei Kunststoffen können regelmäßige Anordnungen von Makromolekülen neben ungeordneten, also *amorphen* Bereichen auftreten. Solche Kunststoffe, in der Regel Thermoplaste, werden als *teilkristalline* Polymere bezeichnet. Voraussetzung für die *Teilkristallinität* ist der regelmäßige Aufbau der Makromole-

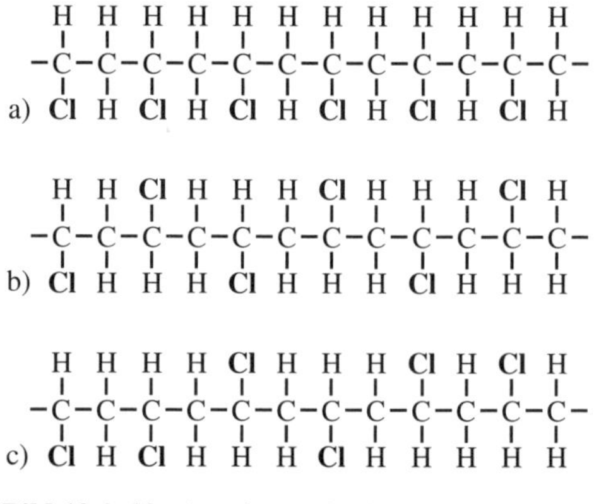

Bild 10.1–10 Anordnung der Seitenatome am Beispiel des Chlors im Polyvinylchlorid (PVC)
a) isotaktische Anordnung
b) syndiotaktische Anordnung
c) ataktische Anordnung

> Die *Taktizität* beschreibt die Verteilung und die Lage der Seitenatome bzw. -gruppen (Substituenten). Es wird zwischen isotaktischer, syndiotaktischer und ataktischer Anordnung unterschieden.

küle, z. B. bei isotaktischer Anordnung oder durch regelmäßig alternierende Anordnung von verschiedenen Monomeren in einem Copolymerisat. Die regelmäßige Abfolge entgegengesetzt orientierter Ladungsschwerpunkte (Bild 10.1–7) und die daraus resultierenden Nebenvalenzbindungen fördern einen gleichmäßigen Aufbau und erhöhen damit den kristallinen Anteil. Auch eine langsame Abkühlung bei der Erstarrung begünstigt die Ausbildung von kristallinen Bereichen. Die Makromoleküle haben damit mehr Zeit, in die energetisch günstigere kristalline Anordnung zu gelangen. In den kristallinen Bereichen sind die Makromoleküle *parallel ausgerichtet* bzw. sind *parallel zusammengefaltet* (Bild 10.1–11a). Der Abstand der Makromoleküle ist deutlich geringer als in den amorphen Bereichen. Das führt zu einer verstärkten Wirkung der *Nebenvalenzbindungen* und zur Steigerung von Festigkeit, E-Modul und Dichte. Das Verhältnis von amorphen und teilkristallinen Anteilen bestimmt die Eigenschaften eines Polymers maßgeblich.

Werden amorphe oder teilkristalline Thermoplaste gewalzt oder gezogen und dabei abgekühlt, so richten sich die Makromoleküle parallel aus (Bild 10.1–11c und d). Es stellt sich ein *geordneter Zustand* ein, der praktisch eine Vergrößerung des kristallinen Anteils bedeutet. Die einseitige Ausrichtung hat *anisotrope Eigenschaften* zur Folge. Dieser Ordnungszustand ist der *Textur* in Metallen ähnlich.

In *kristallinen Bereichen* der Kunststoffe sind die Makromoleküle parallel und regelmäßig zueinander angeordnet. Neben den *kristallinen* liegen immer auch *amorphe* Bereiche im Kunststoff vor. Der kristalline Anteil bestimmt die mechanischen Eigenschaften von Thermoplasten.

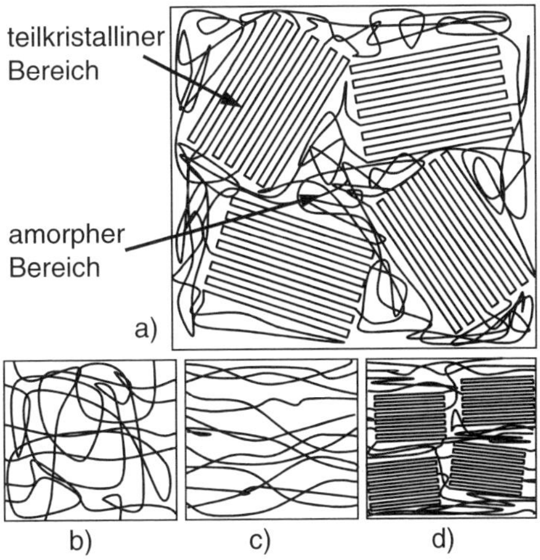

Bild 10.1–11 Anordnung von Makromolekülen
a) unorientiert, teilkristallin
b) unorientiert, amorph
c) orientiert, amorph
d) orientiert, teilkristallin

Übung 10.1–5
Welcher Unterschied besteht zwischen thermoplastischen und duroplastischen Kunststoffen?

Übung 10.1–6
Was ist ein Vernetzungsknoten?

Übung 10.1–7
Was ist unter einem teilkristallinen Thermoplast zu verstehen?

10.1.3 Hilfs- und Zusatzstoffe

Die *Hilfs- und Zusatzstoffe* dienen zur Verbesserung und gezielten Beeinflussung der Verarbeitungs- und Gebrauchseigenschaften von Kunststoffen oder machen, wie die *Treibmittel* bei den Schaumstoffen, bestimmte Erzeugnisformen erst möglich. Wegen ihrer Vielzahl und unterschiedlichen Wirkungsweise kann an dieser Stelle nur auf die wichtigsten eingegangen werden.

Weichmacher sind Stoffe, die die Zähigkeit und die Flexibilität der Polymere verbessern sollen. Durch den Einbau von Weichmachern kann die *Glasübergangstemperatur* (siehe Abschnitt 10.2.2.1) herabgesetzt werden. Das erlaubt den Einsatz auch bei tieferen Temperaturen. Weichmacher begrenzen die *dipolaren Wechselwirkungen* zwischen den Molekülen, sodass diese auch bei tieferen Temperaturen noch beweglich bleiben. Bei der *inneren Weichmachung* werden die niedermolekularen Stoffe durch Copolymerisation in der Polymerkette eingebaut (häufig Pfropfcopolymerisation). Gehen die Weichmacher keine Hauptvalenzbindung ein und schieben sich aufgrund ihrer *dipolaren Wirkung* (Dipol = permanente Ladungsschwerpunkte) zwischen die Molekülketten (Bild 10.1–12), wird von *äußeren Weichmachern* gesprochen.

Füll- und Verstärkungsstoffe werden den Kunststoffen zugegeben, um die Festigkeit, Zähigkeit und Steifigkeit zu verbessern, oder sie werden einfach nur aus ökonomischen Gründen beigemischt. Zu den Füll- und Verstärkungsstoffen gehören *Gesteinsmehle, Graphit, Glas-, Kohlenstoff-* und *Aramidfasern*. Während die Verstärkungskomponenten in Partikel- oder Kurzfaserform in der Regel zu einer isotropen Eigenschaftsänderung der Kunststoffe führen, kann mit einer Langfaserverstärkung oder dem Einsatz von Geweben eine Beeinflussung der mechanischen Eigenschaften erfolgen. Solche verstärkten Kunststoffe gehören zur Gruppe der *Verbundwerkstoffe* (siehe Kapitel 12).

Hilfs- und Zusatzstoffe verbessern die Verarbeitungs- und Gebrauchseigenschaften von *Kunststoffen* oder machen bestimmte Erzeugnisformen erst möglich. Zu den Hilfs- und Zusatzstoffen gehören die *Weichmacher, Füll-* und *Verstärkungsstoffe, Treibmittel, Farbstoffe, Antistatika* und *Stabilisatoren.*

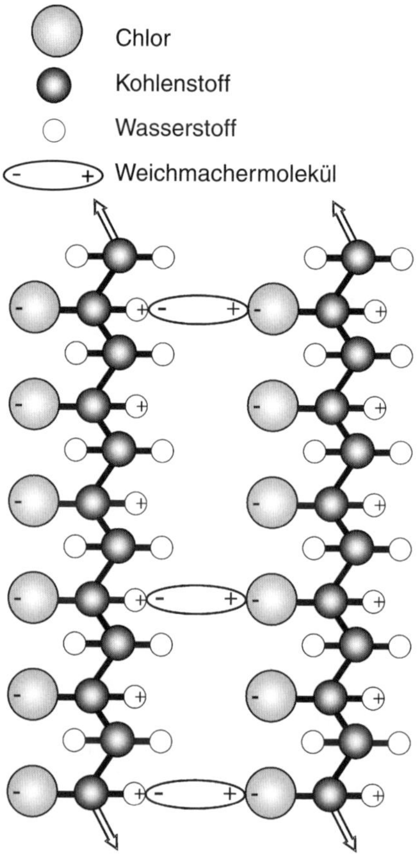

Bild 10.1–12 Prinzip des Einbaus eines äußeren Weichmachers – bedingt durch seine Dipolwirkung schiebt sich das Weichmachermolekül zwischen die PVC-Ketten

Treibmittel sind zugegebene bzw. durch chemische Reaktion gebildete Gase oder Stoffe, die bei Verarbeitungstemperatur verdampfen. Die Treibmittel werden zum *Aufschäumen* von Kunststoffen verwendet.
Dem Kunststoff können lösliche oder unlösliche *Farbstoffe* (Pigmente) zugegeben werden. Die *Pigmente* führen zu einer gedeckten Einfärbung. Die *löslichen Farbstoffe* werden besonders bei den amorphen und damit transparenten Kunststoffen (Polystyrol PS, Polycarbonat PC) zur farbig durchscheinenden Einfärbung verwendet.
Antistatika sind elektrisch leitfähige Stoffe, die dem Polymer zugesetzt werden (Metallspäne, Ruß), um eine *elektrostatische Aufladung* zu verhindern.
Stabilisatoren sind Stoffe, die den schädigenden Einfluss von Wärme und UV-Strahlung auf die mechanischen Eigenschaften (Versprödungsgefahr!) oder das Aussehen (farbliche Veränderungen) reduzieren sollen.

Übung 10.1–8
Welche Funktion haben Hilfs- und Zusatzstoffe?

10.2 Eigenschaften und Verarbeitung von Kunststoffen

Lernziele

Der Lernende kann ...

- das thermische Verhalten von Thermoplasten, Duroplasten und Elastomeren grob beschreiben,
- den Zusammenhang von zwischenmolekularen Bindungen und Glasübergangstemperatur erklären,
- begründen, warum Thermoplaste schmelzbar sind und Duroplaste nicht,
- die Begriffe Viskoelastizität und Entropieelastizität erläutern.

10.2.0 Übersicht

Das *Werkstoffverhalten von Kunststoffen* ist äußerst komplex und kann durch den Aufbau der Makromoleküle, die Bindungsverhältnisse zwischen den Molekülen und den Einsatz von Hilfs-, Zusatz- und Verstärkungsstoffen beeinflusst werden. Bei den Metallen haben Sie kennen gelernt, dass sich das Verformungsverhalten mit zunehmender Temperatur und Belastungsdauer oder sich ändernder Verformungsgeschwindigkeit ändert (siehe Bilder 12.2–12 und 12.2–13). Dieser Effekt ist bei Kunststoffen viel stärker ausgeprägt. In Abhängigkeit von *Zusammensetzung,*

Struktur, Umgebungsmedium und *Belastungsbedingungen* reicht das Materialverhalten von *spröd-elastisch* über *duktil-plastisch* bis zu *gummielastisch* (*viskoelastisch*). Bereits eine kleine Temperaturänderung kann zu einem völlig anderen Werkstoffverhalten führen.
In den folgenden Abschnitten wird Ihnen der Einfluss der Belastungsbedingungen und der Struktur auf das Werkstoffverhalten der Kunststoffe erläutert. Beachten Sie dabei bitte, dass diese Faktoren kombiniert wirken und sich sehr stark gegenseitig beeinflussen.

10.2.1 Allgemeine Eigenschaften

Dichte
Kunststoffe besitzen eine geringe Dichte (0,8 ... 2,2 g/cm^3). Bild 10.2–1 stellt die Dichtewerte einiger Kunststoffarten gegenüber. Bezieht man mechanische Eigenschaften auf die Dichte (spezifische Eigenschaften), so erhält man günstigere Werte als bei vielen anderen vergleichbaren Werkstoffen. Bei aufgeschäumten Kunststoffen (Schaumstoffe) ist durch den hohen Porenanteil die Dichte weiter drastisch verringert (Rohdichte unter 0,2 g/cm^3).

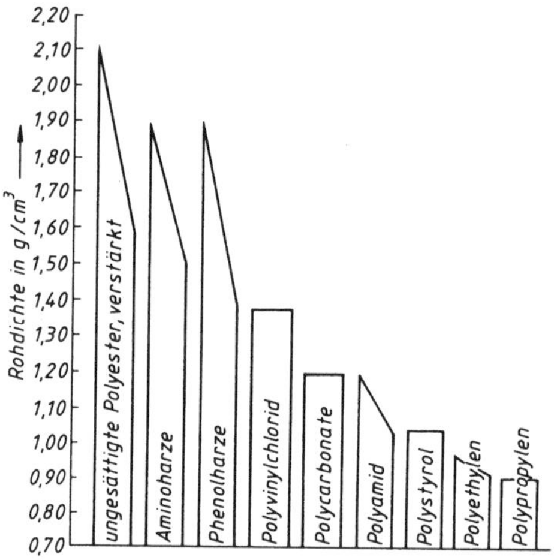

Bild 10.2–1 Dichtewerte einiger Kunststoffarten (nach Fischer) – die Streubereiche sind auf unterschiedliche kristalline Anteile der Kunststoffe oder auf unterschiedliche Mengen/Arten von Zuschlagstoffen zurückzuführen

Isolierwirkung
Kunststoffe sind in der Regel *Isolatoren*. Sie besitzen keine *frei beweglichen Ladungsträger*. Es gibt heute keine besseren und billigeren Isolier- und Baustoffe für die Elektrotechnik und Elektronik. Werden den Kunststoffen leitfähige Füllstoffe zugesetzt (Ruß, Metallspäne oder -pulver), können sie Strom leiten. Auch Verunreinigungen oder ein höherer Wassergehalt kann die elektrische Isolierwirkung negativ beeinflussen. Die *Wärmeleitfähigkeit* der Kunststoffe ist gering. Insbesondere *geschäumte Kunststoffe* werden deshalb als Wärmedämmstoff in der Bauindustrie eingesetzt.

Kunststoffe und vor allem geschäumte Kunststoffe haben eine niedrige Dichte. Die auf die Dichte bezogenen mechanischen Eigenschaften (spezifische Eigenschaften) sind bei Kunststoffen günstig.

Kunststoffe sind zuverlässige *Isolatoren*. Sie werden als Isolier- und Baustoffe in der Elektrotechnik und Elektronik vielfältig eingesetzt.

Geschäumte Kunststoffe werden zur Wärmeisolierung (als Dämmstoffe) im Bauwesen, in Wärme- oder Kälteanlagen verwendet.

Wärmeausdehnung

Kunststoffe dehnen sich bei einer Erwärmung deutlich stärker aus als Metalle oder Keramiken. Dies liegt an den kleinen zwischenmolekularen Bindungen und der zunehmenden Beweglichkeit der Moleküle mit ansteigender Temperatur.

Korrosionsbeständigkeit, Lösungs- und *Quellverhalten*

Kunststoffe können in Abhängigkeit vom Umgebungsmedium zum Quellen, Lösen oder zur Zersetzung neigen. Viele Kunststoffe sind jedoch chemisch sehr beständig, benötigen keinen Oberflächenschutz und können mit Lebensmitteln unbedenklich in Berührung kommen. Ein Teil der Thermoplaste ist jedoch in organischen Lösungsmitteln löslich. Einige Thermoplaste (z. B. PA) neigen zu einer deutlichen *Wasseraufnahme*. Die aufgenommene Wassermenge beeinflusst die mechanischen Eigenschaften. Unpolare Thermoplaste (PE, PP) nehmen dagegen kaum Wasser auf. Auch Elastomere sind in chemisch verwandten Lösungsmitteln *quellbar*. Eng vernetzte Duroplaste dagegen sind in organischen Lösungsmitteln unlöslich.

> *Kunststoffe* sind meist sehr *korrosionsbeständig*. Einige Thermoplaste können von chemisch verwandten, organischen Lösemitteln gelöst werden. Einige Kunststoffe neigen zur Wasseraufnahme (*Quellen*). Dieser Vorgang beeinflusst die mechanischen Eigenschaften.

Alterung

Kunststoffe verändern unter der häufig komplex auftretenden Wirkung von Chemikalien, Luftfeuchte, UV-Strahlung und Temperaturwechsel über einen längeren Zeitraum ihre Eigenschaften. Es ändert sich der Grad der Vernetzung, die Kristallinität, der Anteil der Weichmacher oder es werden Makromoleküle abgebaut. Dieser Vorgang wird *Alterung* genannt. Er kann zu Rissbildung führen und resultiert in einer zunehmenden Versprödung des Werkstoffs, in farblichen Veränderungen und eventuell in einer abnehmenden Transparenz.

> *Kunststoffe* können unter der Wirkung äußerer Einflüsse altern. Dadurch verändern sie ihre Farbe und/oder verspröden.

10.2.2 Thermisch mechanische Eigenschaften von Kunststoffen

10.2.2.1 Einfluss von Struktur und Temperatur

Im Vergleich zu Metallen (siehe Abschnitt 12.2.1.3) haben Kunststoffe deutlich niedrigere Festigkeiten und Elastizitätsmoduln (0,1 bis 10 GPa). Die Versetzungsbewegung in den Gleitebenen, die bei Metallen zur plastischen Verformung führt, spielt bei Kunststoffen keine Rolle. Verformungen bei Kunststoffen beruhen auf *Streckung* der Makromoleküle und, wenn möglich, auf einem *Abgleiten* der Makromoleküle aneinander.
In Abhängigkeit von räumlicher Struktur und Vernetzung zeigen die Kunststoffe bei mechanischer Belastung erhebliche Unterschiede im Werkstoffverhalten (Bild 10.2–2). Dabei sind immer die *Wechselwirkungen* zwischen der *Struktur* der Kunststoffe und der ausgeprägten *Temperaturabhängigkeit* des mechanischen Werkstoffverhaltens zu berücksichtigen.
Kunststoffe zeigen eine ausgeprägte *Temperaturabhängigkeit* des mechanischen Werkstoffverhaltens. Verantwortlich dafür ist die Bewegungsfreiheit der Makromoleküle, die mit zunehmender Temperatur ansteigt. Bei sehr niedrigen Temperaturen ist die Dichte eines Kunststoffs sehr groß und damit das Volumen sehr klein. Damit ist natürlich auch der *mittlere Abstand* zwischen den einzelnen Makromolekülen sehr klein, was gleichzeitig sehr große *Nebenvalenzbindungen* zur Folge hat. Eine Umlagerung und Verschiebung ist aufgrund der geringen Beweglichkeit der Moleküle nicht möglich. Wirkt bei diesen niedrigen Temperaturen auf den Kunststoff eine Spannung, so verformt er sich nur geringfügig elastisch oder bricht bei Überlastung spröd. Ähnlich wie bei den Metallen führt die bei der elastischen Verformung im Werkstoff gespeicherte Energie bei der Entlastung zu einer sofortigen Rückverformung. Deshalb wird auch von einer *energieelastischen Verformung* gesprochen.

> Die Verformung bei Kunststoffen ist auf *Streckung* bzw. *Ausrichtung* der Makromoleküle und u. U. auf ein *Abgleiten* der Makromoleküle aneinander zurückzuführen.

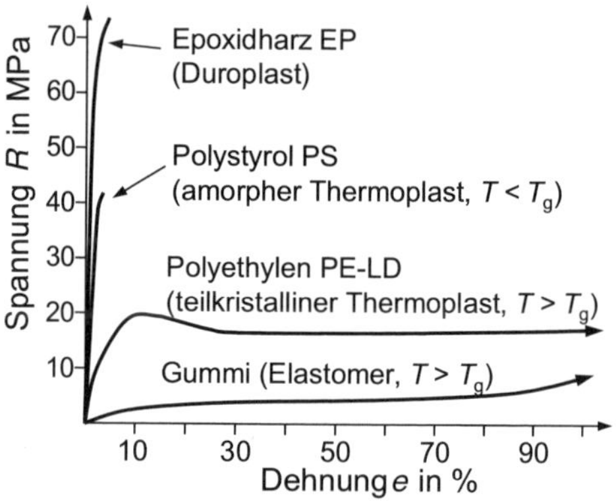

Bild 10.2–2 Spannung-Dehnung-Diagramme verschiedener Kunststoffe bei Raumtemperatur
T_g = Glasübergangstemperatur

Ab der *Glasübergangstemperatur* T_g, häufig auch Glastemperatur genannt, können sich bei den Thermoplasten und Elastomeren die *Moleküle* oder auch nur *Molekülsegmente* bewegen, umordnen und verdrehen, ohne dass von außen eine mechanische Spannung anliegt. Diese durch *thermische Anregung* hervorgerufene Zunahme der Beweglichkeit der Molekülketten führt zu größeren Molekülabständen und einem größeren Anstieg des Volumens mit zunehmender Temperatur (Bild 10.2–3). Die *Nebenvalenzbindungen* sind bei $T > T_g$ dadurch kleiner und können örtlich gelöst und wieder geschlossen werden.

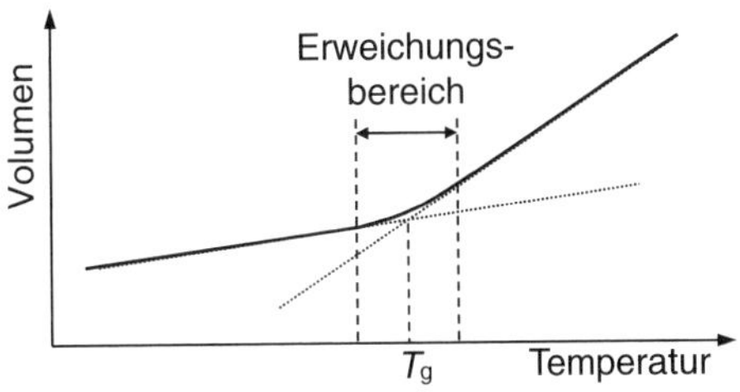

Bild 10.2–3 Bestimmung der Glasübergangstemperatur T_g bei Thermoplasten aus dem Volumen-Temperatur-Diagramm

Ab der *Glasübergangstemperatur* T_g ist eine thermisch aktivierte Umordnung der Makromoleküle möglich. Das Volumen des Kunststoffs steigt ab T_g deutlich stärker an. Es gibt einen Übergang vom elastischen (auch energieelastischen) zum viskoelastischen (zeitverzögert elastisch, gummielastisch) Werkstoffverhalten.

Unter der Wirkung einer äußeren Last können die Moleküle von Thermoplasten und Elastomeren, unterstützt von der Eigenbewegung, leicht aneinander abgleiten und es können sehr große Verformungen erreicht werden (Bild 10.2–4). Dabei handelt es sich überwiegend um *Viskoelastizität* (zeitverzögert elastisch), die oft auch als *Entropieelastizität* bezeichnet wird. Die Rückverformung ist nicht sofort bei Entlastung abgeschlossen. Sie benötigt einige Zeit. Ursache für die *verzögerte Rückverformung* ist die *Entropie*. Ein Material strebt nicht nur einen energiearmen Zustand, sondern auch einen Zustand möglichst geringer Ordnung an. Ein Maß für diesen Ordnungszustand ist die Entropie. Der „chaotische" entropiereiche (ungeordnete) Zustand ist wahrscheinlicher als ein geordneter entropiearmer Zustand. Wenn sich die Makromoleküle unter einer äußeren Last ausgerichtet haben, so streben die Moleküle bei Entlastung einen geringeren Ordnungszustand an und erreichen dadurch eine höhere Entropie (deshalb auch *entropieelastische Verformung*).

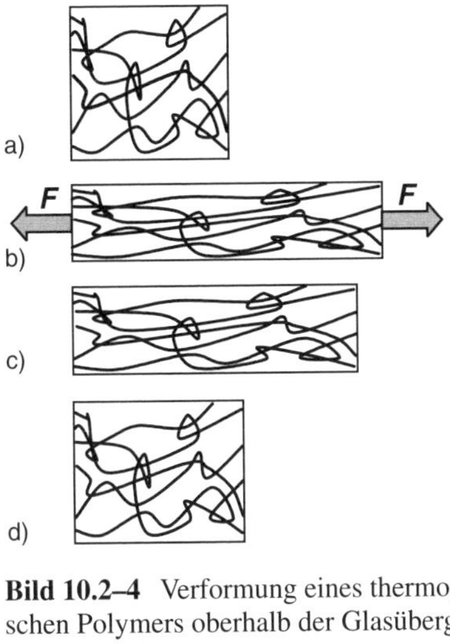

Bild 10.2–4 Verformung eines thermoplastischen Polymers oberhalb der Glasübergangstemperatur T_g;
a) unbelasteter Ausgangszustand;
b) Streckung und Ausrichtung der Moleküle zwischen den Schlaufen im belasteten Zustand (Grad der Ordnung steigt, Entropie nimmt ab);
c) geringe, rein elastische Rückfederung sofort nach der Entlastung;
d) entropieelastische Rückfederung fast zurück in den Ausgangszustand nach einer größeren Entspannungszeit t (Entropie steigt)

Allein die *thermisch aktivierte Eigenbewegung* der Moleküle sorgt bei $T > T_g$ für die Rückverformung. Dabei müssen sich benachbarte Moleküle oder Molekülsegmente drehen und einander ausweichen. Dieses Ausweichen erfordert Zeit und Energie. Deshalb findet diese Rückverformung verzögert und auf einem anderen Verformungspfad wie die Hinverformung statt. Die Verschlaufungen der Makromoleküle untereinander (Thermoplaste) bzw. die geringe Vernetzung über Hauptvalenzbindungen (Elastomere) sorgen dafür, dass sich die Moleküle an ihre Ausgangslage „erinnern". Bei den Thermoplasten ist der viskoelastischen Verformung häufig ein plastischer, also bleibender Verformungsanteil überlagert.

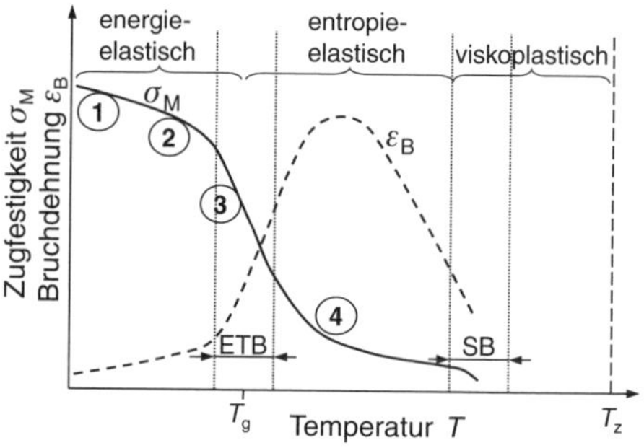

Bild 10.2–5 Mechanisch-thermisches Verhalten amorpher Thermoplaste (1 bis 4 entspricht den Temperaturen, bei denen die im Bild 10.2–6 dargestellten Zugversuche durchgeführt wurden)
ETB Erweichungstemperaturbereich
SB Schmelztemperaturbereich
T_g Glasübergangsbereich
T_z Zersetzungstemperatur

Die Unterschiede der Kunststoffarten im Werkstoffverhalten lassen sich anschaulich an der Abhängigkeit von Zugfestigkeit und Bruchdehnung von der Temperatur erläutern. Anhand von Bild 10.2–5 und von Spannung-Dehnung-Diagrammen (Bild 10.2–6) soll der Zusammenhang von Temperatur und mechanischem Verhalten von *amorphen Thermoplasten* modellhaft beschrieben werden.

Bei Temperaturen deutlich unterhalb von T_g sind Thermoplaste prinzipiell spröd und fest (Probe 1). Der geringe Abstand der Makromoleküle bei tiefen Temperaturen führt zu einer großen Wirkung der Nebenvalenzbindungen, sodass eine Verschiebung der Moleküle gegeneinander nicht möglich ist. Der Kunststoff geht bei einer Entlastung, ähnlich wie bei Metallen, sofort wieder in seine Ausgangsform zurück. Die gespeicherte elastische Energie wird augenblicklich wieder frei. Der Thermoplast verhält sich *energieelastisch.*

Steigt die Temperatur etwas an (Probe 2), nimmt der Abstand der Makromoleküle zu. Folge ist ein niedrigerer E-Modul. Da bei den amorphen Thermoplasten keine regelmäßige Anordnung der Moleküle vorliegt, ändert sich an jeder Stelle der Abstand zum Nachbarmolekül.

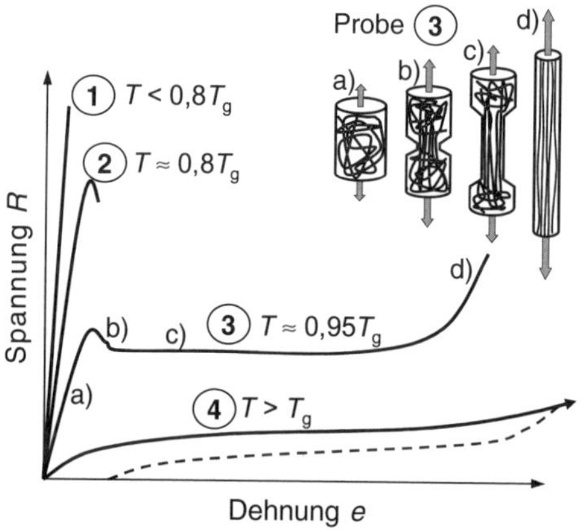

Bild 10.2–6 Spannung-Dehnung-Diagramme eines amorphen Thermoplasts bei unterschiedlichen Temperaturen – bei der Probe 3 ist der Grad der Verstreckung der Makromoleküle in Abhängigkeit von der Dehnung modellhaft dargestellt

Ist der Abstand an einer Stelle besonders groß, können die Moleküle begrenzt aneinander abgleiten. Die dabei entstehende Reibungswärme führt zu einer gewissen Entfestigung. Der größte Teil der Makromoleküle bleibt jedoch unbeweglich.
Das ändert sich erst, wenn die Temperatur weiter ansteigt und damit die zwischenmolekularen Bindungen weiter geschwächt werden (Probe 3).
Im Bereich der *Glasübergangstemperatur* T_g fällt die Festigkeit deutlich ab (deshalb Einsatztemperatur $< T_g$) und die Verformbarkeit nimmt stark zu. *Amorphe Thermoplaste* haben in der Regel eine *Glasübergangstemperatur* deutlich über der Raumtemperatur.

Die Beweglichkeit der Moleküle wird durch den größer werdenden Molekülabstand verbessert, sodass sich die Moleküle voneinander wegdrehen und ausweichen können. Das gegenseitige Ausweichen ermöglicht eine auf das Gebiet der Einschnürung begrenzte Ausrichtung der Moleküle in Zugrichtung (Bild 10.2–6, Probe 3b). Diese strenge geometrische Anordnung erlaubt kleinere Molekülabstände und ist mit einer *kristallinen Struktur* vergleichbar. Daraus resultieren größere zwischenmolekulare Bindungen und ein Festigkeitsanstieg im Bereich der Einschnürung. Der durch das Abgleiten der Moleküle bedingte Temperaturanstieg führt in den benachbarten Bereichen zur Entfestigung, sodass es auch hier zu großen Verformungen kommt. Die Einschnürung erweitert sich nach und nach auf die gesamte Zugprobe (Bild 10.2–6, Probe 3c), bis alle Makromoleküle ausgerichtet sind. Bei weiterer Belastung werden die Bindungen innerhalb der Moleküle belastet, womit noch einmal ein deutlicher Anstieg der Festigkeit verbunden ist (Bild 10.2–6, Probe 3d). In diesem Temperaturbereich sind Dehnungen von über 300 % möglich. Bei Temperaturen über T_g (Bild 10.2–6, Probe 4) wird das Abgleiten verstärkt von der Eigenbewegung der Moleküle unterstützt.

Amorphe Thermoplaste sind im Temperaturbereich der Anwendung ($T < T_g$) *spröd-elastisch*. Sie haben in der Regel eine *Glasübergangstemperatur* oberhalb der Raumtemperatur. Steigen die Temperaturen über T_g an, sinkt die Festigkeit deutlich und der amorphe Thermoplast verformt sich sehr stark *viskoelastisch* (*gummielastisch*). Bei Temperaturen oberhalb des Schmelzbereichs sind Thermoplaste *zähflüssig* (*viskoplastisch*).

Bereits bei sehr niedrigen Spannungen können große *visko-* bzw. *entropieelastische Verformungen* erreicht werden. Die Rückverformung findet verzögert und auf einem anderen Verformungspfad wie die Hinverformung statt (gestrichelte Entlastungskurve der Probe 4). Die sehr großen Verformungen, die oberhalb von T_g erreicht werden, lassen sich durch ein Abkühlen unter Last einfrieren. Die Form bleibt unter dieser Bedingung erhalten. Dieser Aspekt wird bei der Umformung von Thermoplasten ausgenutzt.

Bei einer weiteren Erhöhung der Temperatur wird der *Schmelzbereich SB* erreicht. Die Wirkung der Nebenvalenzbindungen ist nur noch gering, sodass der Zusammenhalt der Makromoleküle gelöst werden kann. Ein nahezu *freies Abgleiten* der Ketten ist möglich. Trotzdem sind die Ketten noch miteinander verhakt. Diese schwachen Verbindungen können durch ein thermisch aktiviertes Drehen und Ausweichen der Ketten gelöst werden, führen aber zu einer äußerst zähflüssigen Schmelze. Dieser Zustand wird als *viskoplastisch* bezeichnet. Das bedeutet, dass ein Thermoplast beim Vergießen eine gewisse Zeit benötigt, um die Form zu füllen. Sollte bei einer Erwärmung die *Zersetzungstemperatur* T_z erreicht werden, hat das die *Auflösung der chemischen Bindungen* innerhalb der Ketten zur Folge. Die Makromoleküle werden in niedermolekulare Bestandteile zerlegt.

Prinzipiell ist das mechanisch-thermische Verhalten von amorphen und *teilkristallinen Thermoplasten* (Bild 10.2–7) ähnlich. Bei niedrigen Temperaturen ist das Werkstoffverhalten von teilkristallinen Thermoplasten spröd. Mit steigender Temperatur nimmt die Zähigkeit/Verformbarkeit zu und die Festigkeit ab. Es gibt einen allmählichen Übergang vom *energie-* zum *entropieelastischen* bis hin zum *viskoplastischen* Werkstoffverhalten. Allerdings ist der Festigkeitsverlust beim Überschreiten der *Glasübergangstemperatur* T_g deutlich geringer, denn nur die amorphen Bereiche erweichen.

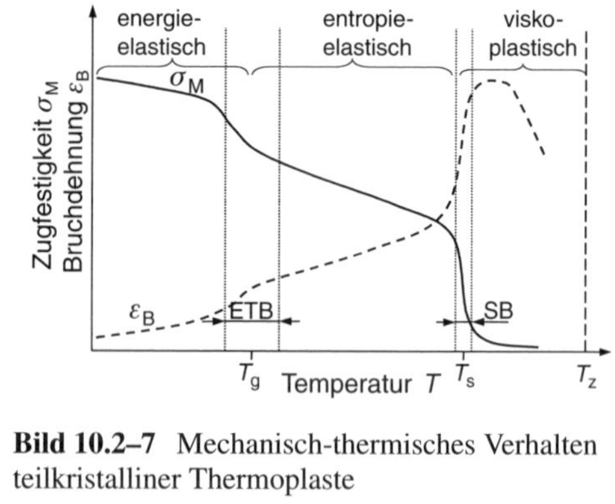

Bild 10.2–7 Mechanisch-thermisches Verhalten teilkristalliner Thermoplaste

Aufgrund der geringeren Molekülabstände, der damit verbundenen größeren Wirkung der Nebenvalenzbindungen und der regelmäßigen Anordnung bleiben die *kristallinen Bereiche energieelastisch* und sind dadurch fester. Gleichzeitig führt die gute Beweglichkeit der *amorphen Bereiche* zu einer hohen Zähigkeit.

Ein starker Festigkeitsabfall verbunden mit einer Zunahme der Verformbarkeit tritt erst im *Schmelztemperaturbereich* auf. Die zwischenmolekularen Bindungen und die regelmäßige Anordnung in den kristallinen Bereichen lösen sich auf. Da dort der Abstand der Moleküle nahezu gleich ist, muss auch die *Schmelztemperatur* T_s, bei der sich die zwischenmolekularen Bindungen auflösen, überall gleich sein. Folge ist ein im Vergleich zu den amorphen Thermoplasten deutlich engerer Schmelztemperaturbereich. Teilkristalline Thermoplaste haben normalerweise deutlich niedrigere Glasübergangstemperaturen als amorphe Thermoplaste und werden bei Temperaturen oberhalb von T_g eingesetzt. Sie sind deshalb bei Einsatztemperatur zäh. Außerdem werden die mechanischen Eigenschaften sehr stark vom *Verhältnis von teilkristallinen zu amorphen Bereichen* bestimmt.

Teilkristalline Thermoplaste sind bei Anwendungstemperatur ($T > T_g$) zäh und reagieren auf eine Spannung mit einer Kombination von *viskoelastischer* und *plastischer* Verformung. *Teilkristalline Thermoplaste* haben in der Regel eine *Glasübergangstemperatur* T_g unter 0 °C. Steigen die Temperaturen über T_g an, fällt die Festigkeit weniger stark als bei amorphen Thermoplasten, da nur die amorphen Bereiche erweichen. Bei Temperaturen oberhalb des Schmelzbereichs sind auch teilkristalline Thermoplaste *zähflüssig* (*viskoplastisch*).

Duroplaste sind aufgrund ihrer räumlichen Vernetzung über Hauptvalenzbindungen prinzipiell immer fest und spröd (Bild 10.2–8). Ein Abgleiten der Moleküle aneinander ist auch bei Temperaturen weit über der Glasübergangstemperatur T_g nicht möglich. Wird die Zersetzungstemperatur T_z überschritten, werden die Makromoleküle in niedermolekulare Bestandteile aufgespalten.

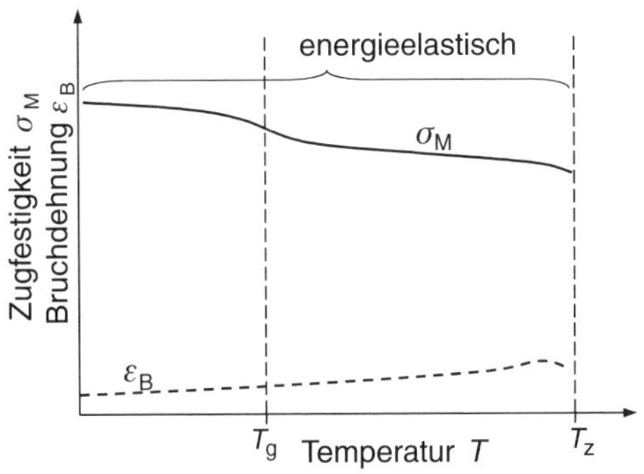

Bild 10.2–8 Mechanisch-thermisches Verhalten von Duroplasten

Die Bereiche zwischen den Vernetzungsknoten können sich unter Last nur sehr geringfügig strecken bzw. ausrichten. Die Verformung kann als nahezu rein *energieelastisch* angesehen werden. Die Vernetzungsknoten sorgen bei Entlastung dafür, dass sich das Molekülnetzwerk an seine Ausgangslage „erinnert". Auch bei *Duroplasten* hat eine steigende Temperatur größere Molekülabstände und damit etwas niedrigere Festigkeiten und E-Module so wie geringfügig zunehmende (elastische) Verformungen zur Folge (Bild 10.2–8).

Duroplaste sind fest, spröd und zeigen ein nahezu ideal *(energie-)elastisches* Werkstoffverhalten. Die Temperaturabhängigkeit der mechanischen Eigenschaften ist viel weniger ausgeprägt als bei den Thermoplasten.

Liegt die Temperatur bei *Elastomeren* unter dem Erweichungstemperaturbereich, reagieren sie auf eine mechanische Belastung mit geringer *energieelastischer* Verformung (Bild 10.2–9). Ein Abgleiten der Makromoleküle ist nicht möglich. Aufgrund der größeren Molekülabstände und der damit verbundenen Verringerung der Nebenvalenzkräfte nimmt bei $T > T_g$ die Festigkeit deutlich ab und die Bruchdehnung nimmt zu. Die Makromoleküle können sich zwischen den wenigen Vernetzungsknoten unter Belastung ausrichten. Da nur wenige *Vernetzungsknoten* vorliegen, sind erhebliche Streckungen möglich. Je nach Vernetzungsgrad können dabei Dehnungen von über 300 % erreicht werden. Diese großen Verformungen sind immer *reversibel*. Bei Entlastung sorgen die Vernetzungsknoten für eine schnelle, aber immer noch zeitabhängige Rückfederung. Deshalb handelt es sich auch hier um *Gummi-* oder *Viskoelastizität*. Gleichzeitig verhindert die Vernetzung ein Aufschmelzen des Elastomers. Ab der Zersetzungstemperatur erfolgt der Abbau zu niedermolekularen Verbindungen. Um die hervorragende *Gummielastizität* der Elastomere auszunutzen, werden sie oberhalb der Glasübergangstemperatur eingesetzt.

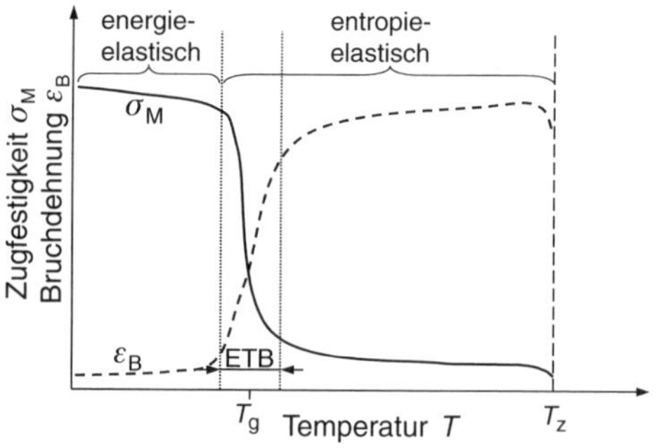

Bild 10.2–9 Mechanisch-thermisches Verhalten von Elastomeren

Um die hervorragenden *viskoelastischen (gummielastisch)* Eigenschaften der *Elastomere* auszunutzen, werden sie oberhalb der Glasübergangstemperatur eingesetzt. Bei $T > T_g$ treten bereits bei kleinen Spannungen sehr große reversible Verformungen auf.

Übung 10.2–1
Was ist die Glasübergangstemperatur?

Übung 10.2–2
Warum sind Duroplaste fest und spröd?

Übung 10.2–3
Welches Verhalten zeigen amorphe Thermoplaste oberhalb der Glasübergangstemperatur?

10.2.2.2 Einfluss der Belastungsdauer/-geschwindigkeit

In den vorangegangenen Abschnitten wurde bereits mehrfach erwähnt, dass die Dehnung bei Belastung und die Rückverformung bei Entlastung von der Zeit abhängen. Im Gegensatz zum Stahl steigt die Dehnung bei gleich bleibender Belastung mit zunehmender Belastungsdauer bei Raumtemperatur weiter an – der Werkstoff *kriecht* (Bild 10.2–10).

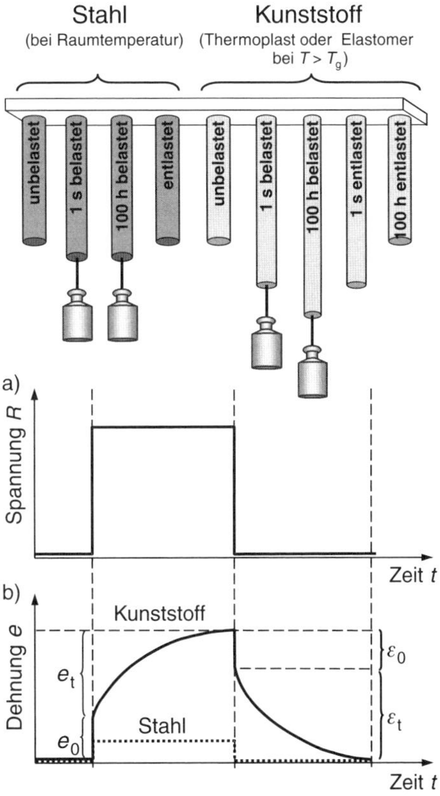

Bild 10.2–10 Zeitlicher Verlauf der Dehnung eines viskoelastischen Kunststoffs ($T > T_g$) im Vergleich zu Stahl
a) Verlauf der Belastung;
b) Verlauf der Formänderung
ε_0 = energieelastische (rein elastische) Dehnung
ε_t = viskoelastische (verzögert elastische) Dehnung

Die Ursache für dieses *viskose* (verzögert elastisch, bei Thermoplasten verzögert elastisch und plastisch) Materialverhalten liegt in den stark verknäulten Molekülen und den örtlich unterschiedlich großen *zwischenmolekularen Bindungskräften* (Bild 10.2–11). Ab der Glasübergangstemperatur T_g ist die Überwindung der zwischenmolekularen Bindungen durch den größer gewordenen Molekülabstand und die Eigenbewegung verstärkt möglich. Die Molekülketten oder Segmente der Moleküle schwingen und rotieren um die eigene Achse. Drehen sich die Segmente voneinander weg, führt das zu größeren Abständen und hat eine Verringerung der Nebenvalenzkräfte zur Folge. Gleichzeitig können sich durch diese Rotation und Verschiebung an anderer Stelle der Molekülkette die zwischenmolekularen Bindungen wieder verstärken. Das *Abgleiten* ist deshalb ein *schrittweiser, allmählicher Vorgang*.

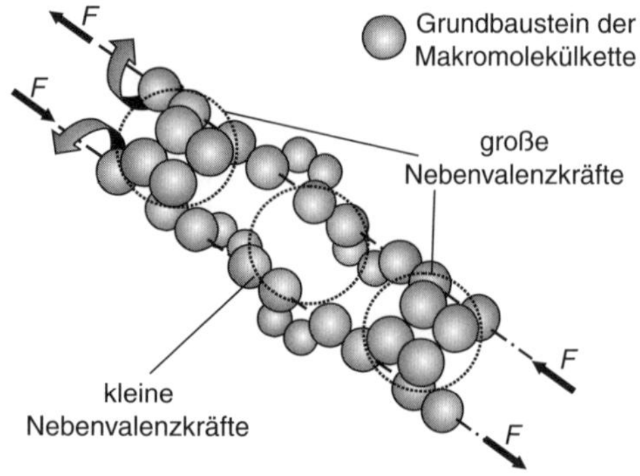

Bild 10.2–11 Abgleiten von Makromolekülen bei der Verformung – örtlich größere Nebenvalenzkräfte können bei höheren Temperaturen und niedrigen Belastungsgeschwindigkeiten durch Drehen der Moleküle bzw. Molekülabschnitte um die eigene Achse verringert und überwunden werden

Die Zeitabhängigkeit wird deutlich, wenn im Zugversuch die Prüfgeschwindigkeit erhöht wird (Bild 10.2–12). Steigt die Geschwindigkeit, haben die Makromoleküle bzw. die Molekülsegmente (hier Polypropylen PP) nicht die notwendige Zeit, um sich mithilfe der *thermisch aktivierten Eigenbewegung* auszuweichen. Ein Abgleiten und Verstrecken der Makromoleküle wird stark behindert. Das führt bei den meisten Kunststoffen zu einer verminderten Bruchdehnung. Die innere Reibung und damit die Spannung, die zur Verformung notwendig ist, nimmt mit zunehmender Verformungsgeschwindigkeit zu. Die Festigkeit steigt.

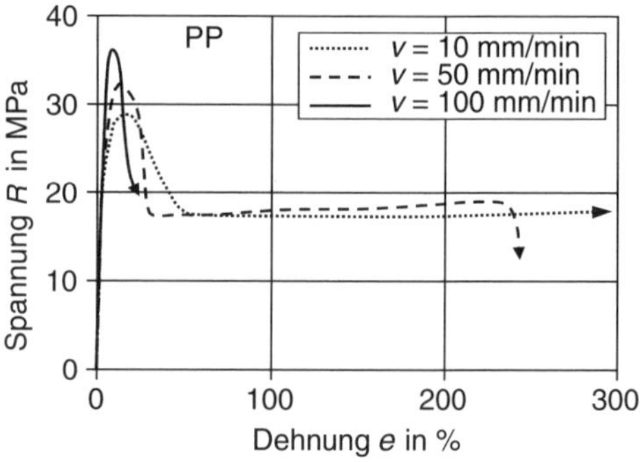

Bild 10.2–12 Einfluss der Prüfgeschwindigkeit auf das Spannung-Dehnung-Verhalten von PP im Zugversuch ($l_0 = 85$ mm, Raumtemperatur)

Das *viskoelastische* Werkstoffverhalten tritt verstärkt bei den *Thermoplasten* und *Elastomeren* auf. Bei den *Duroplasten* spielt die *energieelastische* Verformung eine viel größere Rolle. Prinzipiell lassen sich bei den Duroplasten aber auch sehr geringe viskoelastische Verformungsanteile nachweisen.

Sowohl bei der Verarbeitung von Kunststoffen als auch bei der Dimensionierung von Kunststoffbauteilen muss die Zeit- und Temperaturabhängigkeit des mechanischen Werkstoffverhaltens berücksichtigt werden.
Anmerkung: Generell gilt bei allen Kunststoffen, dass sich die Verformung in der Regel aus verschiedenen Verformungsanteilen (energieelastisch, entropieelastisch bzw. viskoelastisch, viskoplastisch) zusammensetzt. Der Anteil hängt immer von der Struktur des Kunststoffs, der Temperatur und der Verformungsgeschwindigkeit ab.
Beim Einsatz von Kunststoffen als Dämpfungsglieder für schwingend beanspruchte Bauteile ist zu beachten, dass diese Beanspruchung zu einer Erwärmung und damit zum Eigenschaftsverlust führen kann. Gleichzeitig resultiert aus einer schwingenden Belastung ein stetiger Festigkeitsverlust. Kunststoffe haben *keine Dauerfestigkeit* und müssen entsprechend der Anzahl der möglichen Lastwechsel mit der *Zeitfestigkeit* ausgelegt werden.

Übung 10.2–4
Was ist Viskoelastizität?

Übung 10.2–5
Welche Ursache hat das viskoelastische Verhalten von Kunststoffen?

Übung 10.2–6
Warum ist die Viskoelastizität bei Duroplasten nicht sehr stark ausgeprägt?

10.3 Verarbeitung von Kunststoffen

Kunststoffe gelten allgemein als sehr gut verarbeitbar. Trotzdem müssen bei der Formgebung die strukturellen Besonderheiten der Kunststoffe und die *Temperatur- und Zeitabhängigkeit* des mechanischen Verhaltens berücksichtigt werden.

Die *Thermoplaste* können mehrfach aufgeschmolzen werden. Beim Urformen, z. B. durch Spritzgießen (Bild 10.3–1), werden die Thermoplaste in Granulatform eingefüllt. Die *Extruderschnecke* transportiert das Granulat zur Spritzgussform. Dabei wird durch äußere Erwärmung und Reibung der Thermoplast erhitzt und schließlich aufgeschmolzen. Durch eine axiale Hubbewegung der Schnecke wird der flüssige Thermoplast in die Form eingespritzt. Aufgrund der Viskosität des Materials muss der Druck eine bestimmte Zeit nachwirken. Das Endteil erkaltet solange im Werkzeug bis eine gewisse Formstabilität erreicht ist. Bei amorphen Thermoplasten ist das erst bei $T < T_g$ der Fall. Teilkristalline Thermoplaste können auch bereits bei Temperaturen oberhalb der Glasübergangstemperatur entnommen werden. Neben dem Spritzgießen gibt es noch weitere wichtige Urformverfahren wie das Extrudieren (Herstellen von Schläuchen, Profilen), das Formblasen (Flaschenherstellung) oder das Schlauchfolienblasen (Herstellung von Müllsäcken). *Thermoplaste* sind außerdem *schweiß- und umformbar*. Beim *Umformen* werden die Thermoplaste auf Temperaturen deutlich über T_g erwärmt, sodass sie ein ausgeprägtes *viskoelastisches* Verhalten zeigen. Bei diesen Temperaturen gleiten die Molekülketten leicht aneinander ab und nehmen die Form des Umformwerkzeugs an. Unter Spannung wird dann das Werkstück im Werkzeug abgekühlt. Damit wird der Verformungszustand „eingefroren“. Die Kettenmoleküle können sich bei diesen tiefen Temperaturen nicht mehr *viskoelastisch/entropieelastisch* rückverformen.

Da *Duroplaste* durch Hauptvalenzbindungen räumlich vernetzt sind, ist ein Aufschmelzen im vernetzten Zustand nicht möglich. Das Urformen bleibt dort ein einmaliger Vorgang, wobei die eigentliche Vernetzung erst in der Form stattfinden darf. Bei *Gießharzen* dürfen deshalb Harz und Härter erst unmittelbar vor der Verarbeitung gemischt werden. Sobald die Vernetzung abgeschlossen ist, bleibt

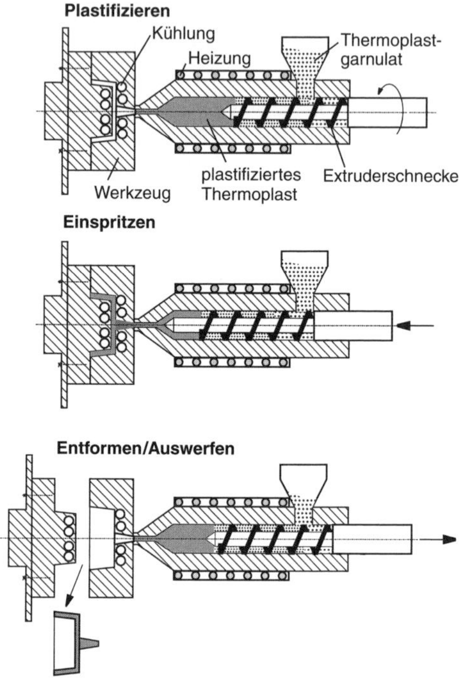

Bild 10.3–1 Prinzip des Spritzgießens von Thermoplasten

> *Kunststoffe* lassen sich einfach und effizient verarbeiten. Die strukturellen Besonderheiten und die *Temperatur- und Zeitabhängigkeit* des mechanischen Werkstoffverhaltens sind bei der Verarbeitung zu berücksichtigen.

das Bauteil, auch bei hohen Temperaturen $T < T_Z$, formstabil. Da die Vernetzung irreversibel ist, können Duroplaste und Elastomere *nicht geschweißt oder umgeformt* werden.
Das *Spanen* von Kunststoffen ist prinzipiell möglich. Insbesondere bei den Thermoplasten ist allerdings, bedingt durch die schlechte Wärmeleitfähigkeit, die örtlich starke Erwärmung zu berücksichtigen. Erweichung und u. U. ein örtliches Aufschmelzen ist die Folge der Temperaturerhöhung. Deshalb müssen die Zerspanungsbedingungen auf den Kunststoff abgestimmt werden. Die hohe Kerbempfindlichkeit einiger Kunststoffe erfordert eine hohe Oberflächenqualität. Da ein Teil der thermoplastischen Kunststoffe zur Wasseraufnahme neigt, wird in der Regel mit Druckluft gekühlt. Duroplaste sind gut spanbar. Diese können beim Spanen mit Wasser gekühlt werden. Problematisch können die feinen Stäube sein, die beim Spanen von Duroplasten entstehen.

Übung 10.3–1
Welcher technologische Ablauf ist erforderlich, wenn man aus Thermoplasten Formteile herstellen möchte?

Übung 10.3–2
Weshalb ist bei Duroplast-Formteilen nur noch eine spanende Formgebung möglich?

Übung 10.3–3
Weshalb muss bei einer spanenden Bearbeitung von Thermoplasten die Temperatur im Werkstück berücksichtigt werden?

10.4 Ausgewählte Kunststoffe

Lernziele

Der Lernende kann ...

- die Hauptmerkmale von Thermoplasten, Duroplasten und Elastomeren zusammenfassen,
- wichtige Kunststoffarten nennen,
- den Kunststoffen typische Anwendungen zuordnen.

10.4.0 Übersicht

Aus der Vielzahl der Kunststoffe werden die technisch wichtigsten *Thermoplaste, Duroplaste und Elastomere* ausgewählt und kurz charakterisiert. Es sind klassische Polymere, die, allein oder vermischt mit anderen Stoffen, in größeren Mengen eingesetzt werden. Auf die Herstellung und Verarbeitung wird hier nicht detailliert eingegangen. Grundlage der verwendeten Bezeichnung inkl. der Zusatzsymbole für die aufgeführten Kunststoffe ist die DIN EN ISO 1043.

10.4.1 Thermoplaste

Thermoplaste zeichnen sich durch eine einfache Verarbeitbarkeit aus. Praktisch alle gängigen Verarbeitungstechniken können bei Thermoplasten angewendet werden. Thermoplaste haben ein *breites Einsatzspektrum.* Beim Einsatz muss aber genau abgeschätzt werden, ob eventuell auftretende Temperaturschwankungen die Eigenschaften unzulässig beeinflussen. Im Vergleich zu den Duroplasten ist das Recyclingpotenzial größer, da die Thermoplaste wieder aufgeschmolzen werden können. Wird ein Thermoplast den praktischen Anforderungen gerecht, erhält er wegen der besseren Verarbeitbarkeit und der in der Regel niedrigeren Preise den Vorzug vor Duroplasten.

Die am häufigsten verwendeten thermoplastischen Kunststoffe sind: Polyethylen PE, Polystyrol PS, Polypropylen PP, Polyvinylchlorid PVC und Polyethylenterephthalat PET. Die fünf thermoplastischen Standardkunststoffe haben einen Anteil von 80 % an der gesamten Kunststoffproduktion.

Thermoplaste sind:

- aus unvernetzten Polymerketten aufgebaut,
- urformbar, umformbar, schweißbar, spanbar,
- preiswert herstellbar und verarbeitbar,
- in der Regel thermisch und elektrisch isolierend,
- z. T. in Lösungsmitteln löslich oder zumindest quellbar,
- glasklar (amorphe Thermoplaste) oder milchig bis undurchsichtig (teilkristalline Thermoplaste),
- einfärbbar.

Thermoplaste haben:

- bei RT ein breit einstellbares mechanisches Eigenschaftsprofil (von glasartig über hartzäh bis viskoelastisch),
- stark temperaturabhängige mechanische Eigenschaften.

10.4.1.1 Polyethylen PE

Polyethylen PE ist ein *teilkristallines Thermoplast.* Es ist chemisch sehr beständig (gegen Öle, Salzlösungen, verdünnte Säuren und Laugen, Alkohol, Benzin und viele organische Lösungsmittel) und nimmt praktisch kein Wasser auf. Im Gebrauchstemperaturbereich ist PE *zäh.* Festigkeit, E-Modul und Zähigkeit steigen mit dem Grad der Kristallinität (hoher kristalliner Anteil = hohe Dichte) an. PE ist *schweißbar* und *leicht entflammbar.* Polyethylen hat sehr gute elektrische Isoliereigenschaften. PE ist nur bedingt klebbar.

Polyethylen:

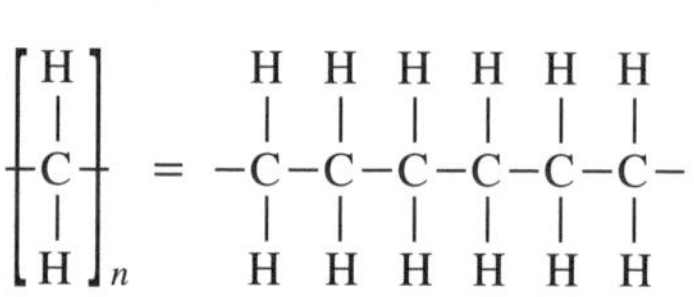

Merkmale:
fühlt sich wachsartig an (verwandt den Paraffinen!), ist milchig weiß, kann aber eingefärbt werden, leicht entflammbar, helle Flamme mit leicht bläulichem Kern, Paraffingeruch beim Verbrennen, tropft brennend ab

PE-LD (Low Density = niedrige Dichte von ca. 0,91 g/cm^3) hat stark verzweigte Makromoleküle und hat deshalb nur einen 40 bis 55%igen kristallinen Anteil. Dünne Folien sind nahezu glasklar. Ansonsten ist PE milchig durchscheinend (opak). Es kann von −45 °C bis 60 °C eingesetzt werden und schmilzt bei ca. 105 °C. PE-LD neigt bei Raumtemperatur stark zum Kriechen.
PE-HD (High Density = hohe Dichte) mit einer Dichte bis zu 0,96 g/cm^3 hat, bedingt durch die linearen Ketten, einen hohen kristallinen Anteil. PE-HD ist deutlich fester, schlagzäher und steifer als PE-LD. Es ist weiß und weniger durchscheinend. Der Einsatztemperaturbereich reicht bis zu 95 °C.
Anwendung von PE: Verpackungsfolien, Trinkwasserrohre und -behälter, Heizungsrohre, Schläuche, Benzin- und Heizöltanks, Korrosionsschutzbeschichtungen für Stahlbleche und -rohre, Spielzeug, Pfannen für Hüftgelenkprothesen (ultrahochmolekulares PE)

10.4.1.2 Polypropylen PP

Polypropylen PP ist ebenfalls ein *teilkristallines Thermoplast* (60 bis 70 % kristalliner Anteil bei isotaktischer Anordnung der Methylgruppe) und vom Aufbau her dem PE sehr ähnlich. Die Dichte liegt bei ca. 0,91 g/cm^3. Es ist *fester, warmfester, härter und steifer als PE*, aber weist eine geringere Kaltzähigkeit auf (Glasübergangstemperatur $T_g = 0$ °C). PP kann bis maximal 110 °C eingesetzt werden. Es ist ähnlich *chemisch beständig* wie PE, allerdings unbeständig gegen Benzin und Benzol. PP ist gedeckt einfärbbar und zeigt einen ausgeprägten Oberflächenglanz. Klebeverbindungen haben aufgrund des unpolaren Charakters des PP keine hohe Festigkeit.
Verwendung: kochfeste Folien, Armaturenbretter, Pumpengehäuse, Lüfterflügel, Pkw-Stoßfänger, Einwegspritzen, Steckdosen und Schalter, Gehäuse für Haushaltgeräte

Polypropylen:

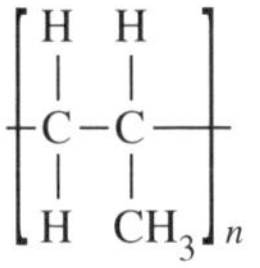

Merkmale:
wie bei PE, riecht bei Verbrennung etwas brenzlig, fester als PE

10.4.1.3 Polystyrol PS

Polystyrol PS (auch Polystyren) ist ein amorphes Thermoplast. Es ist *glasklar, steif und spröd* (Einsatztemperatur < T_g), sehr *kerb- und schlagempfindlich*. Es hat eine glänzende und harte Oberfläche, ist transparent und gedeckt einfärbbar, geruch- und geschmacklos, *schweißbar, klebbar und preisgünstig*. Es kann bis maximal 80 °C eingesetzt werden. Darüber verliert PS schnell seine Formstabilität. Die Dichte von 1,05 g/cm³ kann bei geschäumtem Polystyrol PS-E deutlich unterschritten werden. PS ist nicht chemisch beständig gegen Benzin, Benzol, Aceton, etherische Öle und chlorierte Kohlenwasserstoffe. Es ist UV-empfindlich.
Verwendung PS: Verpackungen (Joghurtbecher), Schullineale und -dreiecke, Haushaltsschüsseln und -becher, isolierende Folien für die Elektroindustrie
Verwendung PS-E (geschäumt): Dämmstoffe zur Wärmeisolation für Gebäude, Kühlschränke, Kältetechnik
Anmerkung: Die Eigenschaften der styrolhaltigen Copolymerisate unterscheiden sich erheblich vom reinen Polystyrol (z. B. Styrol-Acrylnitril SAN – steif mit hoher Schlagzähigkeit, Acrylnitril-Styrol-Butadien ABS – steif und zäh auch bei $T < 40\,°C$).

Polystyrol:

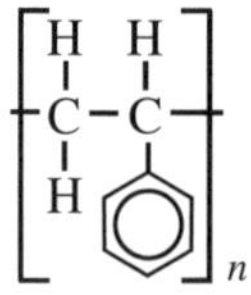

Merkmale:
leicht entflammbar, brennt außerhalb der Flamme leuchtend und stark rußend weiter, riecht süßlich nach Styrol, sehr spröd und schlagempfindlich

10.4.1.4 Polyvinylchlorid PVC

Polyvinylchlorid ist ein überwiegend *amorphes Thermoplast*, transparent, aber einfärbbar. Es ist *schweiß- und klebbar*. Die mechanischen Eigenschaften werden vom Polymerisationsgrad (Kettenlänge) und den Zuschlagstoffen (Weichmacheranteil) bestimmt. Die Gebrauchstemperatur reicht bis 65 °C.

Polyvinylchlorid:

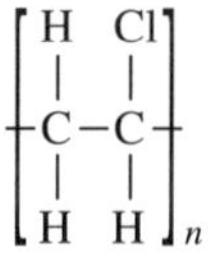

Merkmale:
brennt nur in der Flamme, verbrennt dort gelb leuchtend und stark rußend, erlischt außerhalb, wird weich, Salzsäuregeruch (HCl), mechanische Eigenschaften von spröd, steif und kerbempfindlich bis gummielastisch je nach Weichmacheranteil

PVC-U (Hart-PVC) ist weichmacherfrei, fest, steif, hart, kerbempfindlich und bei Temperaturen unter 0 °C spröde. PVC nimmt nur wenig Wasser auf und ist nicht beständig gegen Benzol, Ester und Salpetersäure.
Verwendung PVC-U: Abwasserrohre, Lüftungskanäle, Dachrinnen, Kabelführungskanäle, Fensterprofile, Scheckkarten
PVC-P (Weich-PVC) enthält äußere Weichmacher (kurzkettige Moleküle, die sich zwischen die Makromoleküle setzen), die für niedrigere Glasübergangstemperaturen sorgen. Je nach Weichmacheranteil ist PVC-P weich und flexibel bis gummielastisch und kann teilweise bis –50 °C eingesetzt werden. PVC-P ist deutlich weniger chemisch beständig als Hart-PVC. Durch Zugabe von Stabilisatoren kann eine Beständigkeit gegen UV-Licht erreicht werden.
Verwendung PVC-P: Schläuche, Dichtungen, Beschichtungen, Kabelisolierungen, Kunstleder, Schutzhandschuhe

10.4.1.5 Polyethylenterephthalat PET

Polyethylenterephthalat PET ist ein Thermoplast, das je nach Abkühlgeschwindigkeit *amorph bis teilkristallin* sein kann. Mit zunehmendem kristallinen Anteil nimmt Steifigkeit und Härte zu. Amorphes PET ist *glasklar* (Verwendung für Getränkeflaschen). Diese Eigenschaft bleibt auch über eine längere Verwendungszeit erhalten. Teilkristallines PET ist weiß durchscheinend. Die Festigkeit und Steifigkeit bleiben bei guter Zähigkeit in einem Temperaturbereich von −30 °C bis max. 100 °C erhalten. PET ist vergleichsweise *formstabil, zeitstandfest, maßhaltig, hart, kratzfest* und zeigt nur wenig Verschleiß und Abrieb bei einer gleitenden Beanspruchung. Aus diesen Gründen ist PET für konstruktive Anwendungen geeignet. Es lässt sich über das Verfahren des Formblasens hervorragend zu Hohlkörpern verarbeiten und ist gut geeignet für die Verpackung von Lebensmitteln und Getränken.

Polyethylenterephthalat:

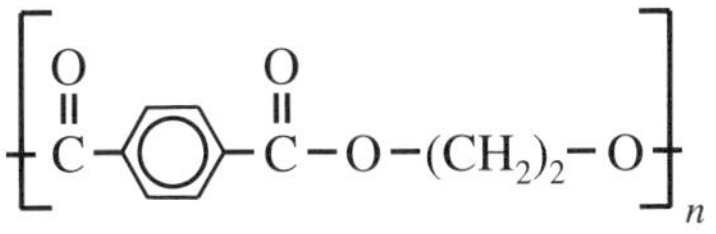

Merkmale:
brennt mit stark rußender Flamme tropfend ab, süßlicher Geruch beim Verbrennen, fest, maßhaltig, kratzfest, abriebfest und im amorphen Zustand glasklar

Chemisch angegriffen wird PET von heißem Wasser bzw. Wasserdampf, Aceton und konzentrierten Säuren und Laugen.
Verwendung: glasklare Mehrwegflaschen auch für CO_2-haltige Getränke, Scheinwerfergehäuse, Automobilstoßfänger, Gleitlager, Führungen, niedrig beanspruchte Zahnräder

10.4.1.6 Weitere technische Thermoplaste

Thermoplast	Merkmale	Anwendung
Polyamid PA 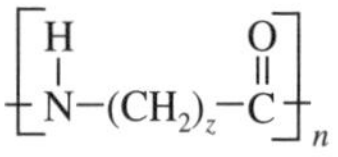 z = Anzahl der CH_2-Gruppen; kann bei PA variieren	teilkristallin, sehr fest und abriebfest besonders im verstreckten Zustand (PA-Fasern), beständig gegen Ermüdung, zwischen −40 °C (−70 °C) und 120 °C einsetzbar, hart und sehr zäh, neigt zur Wasseraufnahme verbunden mit Eigenschaftsänderung	Zahnräder, Wälzlagerkäfige, Rollen, Kupplungen, Schrauben, Gehäuse von Schlagbohrmaschinen, Radkappen, Pumpengehäuse, Mauerdübel, Fasern für Kletterseile
Polymethylmethacrylat PMMA 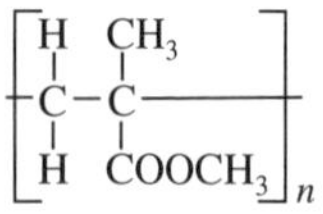	amorph, steif, hart, spröd, herausragende optische Eigenschaften, glasklar und lichtecht, bis 95 °C einsetzbar	Linsen, Brillen- und Uhrengläser, Lichtleitfasern, Flugzeugverglasungen, Oberlichter im Bauwesen, transparente Maschinenabdeckungen
Polycarbonat PC 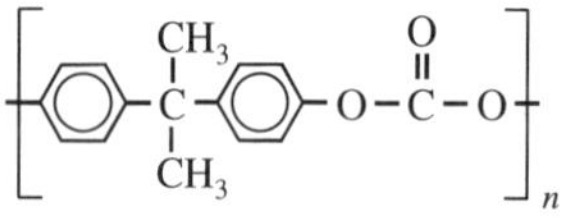	amorph, fest, steif, schlag- und kaltzäh (bis −140 °C), glasklar bis transparent, hohe Warmformbeständigkeit bis 130 °C, gutes Zeitstandverhalten, häufig mit Glas- oder Kohlenstofffasern zur weiteren Verbesserung der Festigkeit verstärkt	Sicherheitsverglasungen, Computergehäuse, Autoscheinwerferscheiben, CDs und DVDs, Bauteile für die Pneumatik, Schutzhelme, Schutzbrillen
Polyaryletherketon PAEK (auch PEEK Polyetheretherketon) 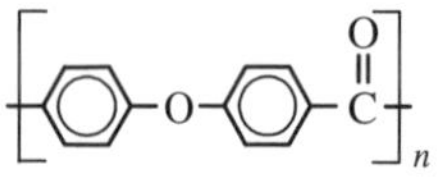	amorph oder teilkristallin, hohe Festigkeit bis 145 °C, zäh und abriebfest, bis max. 250 °C und kurzzeitig bis 300 °C einsetzbar, nicht UV-beständig	Zahnräder und Lagerkäfige auch für höhere Einsatztemperaturen, Pumpenlaufräder, medizinische Instrumente (gute Sterilisierbarkeit)
Polytetrafluorethylen PTFE 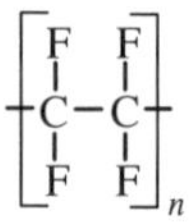	teilkristallin, unbrennbar, hohe chemische Beständigkeit, sehr niedriger Reibungskoeffizient, antiadhäsiv, zwischen −250 °C und 250 °C einsetzbar, flexibel, zäh, niedrige Festigkeit	Gleitlager und Dichtungen auch für höhere Temperaturen, Rohre und Schläuche in der chemischen Industrie, Beschichtungen für Pfannen und Töpfe, Textilfasern für Outdoor-Bekleidung (Goretex)

10.4.2 Duroplaste

Duroplaste sind Makromoleküle, die über Hauptvalenzbindungen *räumlich stark vernetzt* sind. Im vernetzten Zustand können sie *nicht* mehr *aufgeschmolzen* oder umgeformt werden. Deshalb muss die Formgebung und Vernetzung in einem Schritt erfolgen. Ausgangsstoffe sind Harze, mit Verstärkungskomponenten versetzte Formmassen oder mit Harzen infiltrierte faserverstärkte Matten (Prepregs). Die *Vernetzung*, auch *Härtung* genannt, wird je nach Kunststoff durch Zugabe von reaktionseinleitenden Härtern, Erwärmung oder durch UV-Licht hervorgerufen. Eine spanende Bearbeitung ist bei Duroplasten sehr gut möglich. Bedingt durch die räumliche Vernetzung zeichnen sich Duroplaste durch eine erheblich verbesserte *thermische Formbeständigkeit*, eine *höhere Festigkeit* und *Steifigkeit* aus. Sie sind deutlich *härter* als Elastomere und Thermoplaste. Duroplaste sind eine wichtige Ausgangskomponente für die Herstellung von *faserverstärkten Verbundwerkstoffen*.

Duroplaste sind:

- hart, fest und spröde
- steifer als Elastomere und Thermoplaste
- nicht schmelzbar
- nicht löslich
- schwer quellbar

Duroplaste erweichen bei Erwärmung nur wenig.

10.4.2.1 Epoxidharz EP

Epoxidharze EP sind *Polyaddukte* aus Epichlorhydrin und Diphenolen. Unter Zusatz von Härtern findet die Vernetzung statt (Aushärten). Epoxidharze werden als Gießharz, Formmasse (Harz mit Zuschlagstoff) oder Prepreg (mit Harz getränkte Gewebe oder Matten) angeboten. Diese Harze haften sehr gut an verschiedenen Werkstoffen (Einsatz als Klebstoff), zeigen ein *gutes Benetzungsverhalten* und schwinden nur wenig. EP ist hervorragend *chemisch beständig* und hat *gute elektrische Isoliereigenschaften*.

Ausgangsstoffe:
kurzkettige Kohlenwasserstoffe mit mehreren Hydroxylgruppen (z. B. Diphenol) und Epichlorhydrin

Struktur

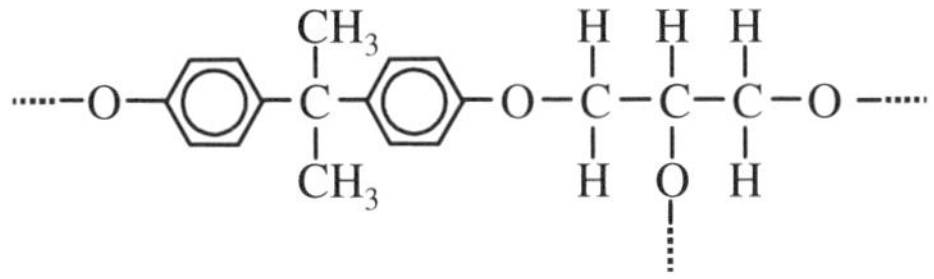

·····– Bindungs- bzw. Vernetzungsstelle

Die übrigen Eigenschaften werden wiederum stark vom Vernetzungsgrad, von den Zusatzstoffen (z. B. Kohlenstoff-, Aramid- oder Glasfasern) und eventuell von der Verstärkungsrichtung bestimmt. So sind faserverstärkte EP in Faserrichtung erheblich zugfester als reine Harze. Im unverstärkten Zustand sind EP farblos, aber nachdunkelnd, haben eine hohe Haftfestigkeit und Maßhaltigkeit. Die Einsatztemperatur liegt bei kaltausgehärteten EP bei max. 80 °C und bei warmausgehärteten EP (regelmäßigere Vernetzung) zwischen 170 °C und max. 200 °C.
Verwendung: Basis für Lacke und Kleber, Modelle für die Gießerei, glas- oder kohlefaserverstärkter Verbundwerkstoff für Fahrzeug- und Flugzeugbau, hochfeste Rohre und Behälter für die chemische Industrie, Leiterplatten, Bootskörper, Ski, Angelruten, Tennisschläger

Merkmale:
EP ohne Füllstoffe ist schwer entzündbar, brennt aber mit kleiner, gelber Flamme rußend weiter, Geruch ist vom verwendeten Härter abhängig, weniger steif, dafür zäher als PF, gute Benetzungseigenschaften

10.4.2.2 Ungesättigtes Polyesterharz UP

Polyesterharze sind *Polykondensate* aus mehrwertigen Alkoholen (mehrere Hydroxylgruppen) und Dicarbonsäuren. Das Polymer ist zunächst eine unvernetzte, lineare Polymerkette und enthält noch Doppelbindungen (= ungesättigt). Das ungesättigte Polyester wird in Styrol gelöst und ist in diesem Zustand mehrere Monate lagerfähig. Durch Zugabe von Härter und Beschleuniger wird eine Copolymerisation von ungesättigtem Polyester mit Styrol initiiert. Wie Epoxidharze wird auch UP als Formmasse (Harz + Zuschlagstoff) oder Prepregs angeboten. Die Eigenschaften werden wiederum stark von der Verstärkungskomponente und vom Vernetzungsgrad geprägt. Sie reichen von *zäh bis spröd* und von *steif bis elastisch. Faserverstärkte UP* können in Faserrichtung durchaus Festigkeiten von Stahl erreichen und auch bei sehr tiefen Temperaturen noch eingesetzt werden. Gleichzeitig weisen sie je nach Harz eine *gute Wärmeformbeständigkeit* unter Last bei Temperaturen zwischen 90 °C und 185 °C auf. UP zeigen sehr gute elektrische Isoliereigenschaften.

Ausgangsstoffe:
kurzkettige Kohlenwasserstoffe mit mehrwertigen Alkoholen (mehrere Hydroxylgruppen), Dicarbonsäuren, Styrol

Struktur (vernetzt)

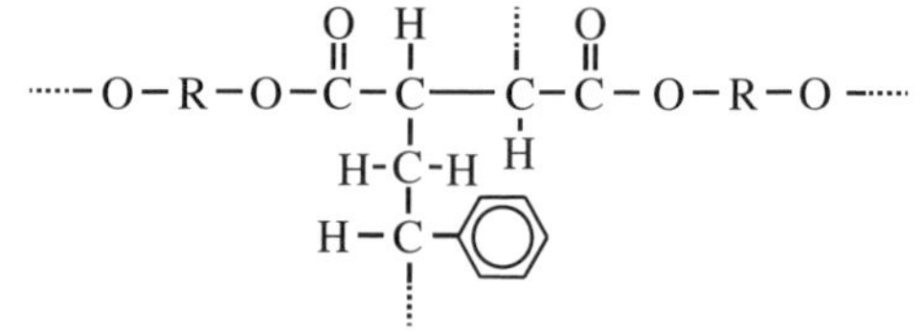

R: organischer Rest

Merkmale:
UP-Gießharze verbrennen leuchtend gelb und brennen auch außerhalb der Entzündungsquelle rußend weiter, Schwaden riechen scharf nach Styrol, durch Faserverstärkung erhält UP sehr hohe Festigkeit und Wärmeformbeständigkeit

Verwendung: Bootskörper, Flugzeugteile, Aufbauten für Schienen- und Straßenfahrzeuge, Wohnwagen, Well- und Profilplatten für die Bauindustrie, Karosserieteile, Behälter, Spulenkörper, Einbettmittel für die Metallographie

10.4.2.3 Polyurethan (vernetzt) PUR

Die *Polyurethan-Kunstharze* PUR entstehen durch *Polyaddition* von Monomeren mit mehreren reaktionsfähigen Hydroxylgruppen und Isocyanatgruppen. Mehrere reaktionsfähige, funktionelle Gruppen bieten die Möglichkeit der Vernetzung (Aushärtung) ähnlich wie bei den Phenolharzen. Die Eigenschaften werden von den verwendeten Alkoholen und Icocyanaten bestimmt und können stark variieren. So können die Gießharze von *hart bis hochelastisch* eingestellt werden. PUR besitzt neben *hoher Zugfestigkeit und Schlagbiegefestigkeit* eine außerordentlich hohe *Abriebfestigkeit.* Die teilvernetzte weichgummiartige Variante haftet sehr gut auf Metall, Holz, Textilien, Porzellan, Glas und anderen Stoffen.
Wird nur ein sehr kleiner Vernetzungsgrad eingestellt, so hat PUR einen *elastomeren Charakter* mit hoher Elastizität und gutem Dämpfungsvermögen.
PUR kann geschäumt werden und wird in diesem Zustand als Dämm- und Verpackungsmaterial eingesetzt. Auch für den Leichtbau in Verbundbauweise findet PUR-Schaum zum Ausfüllen von Metall- oder faserverstärkten Kunststoffstrukturen Verwendung.
Verwendung: Vergussmassen für die Elektrotechnik (Kabelendstücke), Bowlingkugeln, Lacke, Dichtungen (Elastomer), Weich- und Hartschaum

Ausgangsstoffe:
kurzkettige Kohlenwasserstoffe mit mehreren Hydroxylgruppen und Isocyanatgruppen

Struktur (unvernetzte Molekülkette)

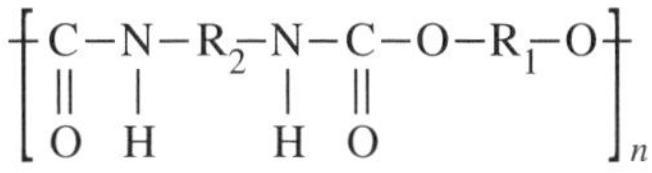

R_1, R_2: zusammengefasste Gruppen

PUR wird in großem Maße im RIM-Verfahren (reaction injection moulding) zu Großformteilen (geschäumt und/oder verstärkt) verarbeitet. Die Masse wird in das Formwerkzeug injiziert und härtet dort aus.

Merkmale:
PUR ist schwer entflammbar, brennt jedoch nach dem Anzünden weiter, Flamme gelb leuchtend, das Material schäumt dabei und tropft ab, unangenehm stechender Geruch (Icocyanat), Eigenschaften können je nach Ausgangsstoffen und Herstellung variieren von hart und spröde bis weich und elastisch

10.4.3 Elastomere

Die Makromoleküle sind bei den *Elastomeren* nur an wenigen Knoten über Hauptvalenzbindungen miteinander vernetzt. Das erlaubt im Gegensatz zu den Duroplasten oberhalb der Glasübergangstemperatur T_g erhebliche *gummielastische Verformungen* (zum Teil mehrere hundert Prozent). Diese Verformungen sind nicht nur von der Belastung, sondern auch von der Verformungsgeschwindigkeit und von der Dauer der Belastung abhängig – sind also *viskoelastisch* (siehe Abschnitte 10.2.2.1 und 10.2.2.2). Die *weitmaschige Vernetzung* sorgt für die Rückverformung der Makromoleküle (*Entropieelastizität*). Elastomere haben im Vergleich zu den Thermo- und Duroplasten einen *niedrigen Elastizitätsmodul*. Ähnlich wie bei den Duroplasten können Elastomere im vernetzten Zustand *nicht aufgeschmolzen* und umgeformt werden. Auch hier muss die Formgebung gleichzeitig mit der Vernetzung erfolgen. Neben den „klassischen", also vernetzten Elastomeren gibt es auch *thermoplastische Elastomere* (z. B. auf Basis von PUR), bei denen die Gummielastizität durch Maschen- und Schlaufenbildung in Verbindung mit einer größeren Beweglichkeit der Moleküle oberhalb der Glasübergangstemperatur T_g erfolgt.

Die mechanischen Eigenschaften der Elastomere werden über den *Vernetzungsgrad*, die *Menge* und *Art der Zuschlagstoffe* eingestellt. Elastomere werden überall dort eingesetzt, wo es auf eine *hohe Elastizität und Flexibilität* ankommt, wie zum Beispiel bei Fahrzeugreifen, Dichtungen, Federn, Membranen, Scheibenwischerblättern, Schläuchen, Dämpfungselementen oder Zahnriemen.

Elastomere sind:

- weich
- flexibel
- nicht schmelzbar
- nicht löslich, aber quellbar
- bei Raumtemperatur sehr stark gummielastisch (viskoelastisch)

Elastomere zeigen ein gutes Dämpfungsvermögen. Bei zu hohen Temperaturen ($T > T_Z$) werden Elastomere thermisch zersetzt. Die Festigkeit und der Elastizitätsmodul werden über den Vernetzungsgrad und die Zuschlagstoffe eingestellt.

10.4.3.1 Naturkautschuk NR

Ausgangsstoff für die *Naturkautschukherstellung* ist Latex – der weiße Milchsaft des Gummibaums. Die Vernetzung des Kautschuks erfolgt durch den Prozess der *Vulkanisation*.

Merkmale:
hoch elastisch, schwingungsdämpfend, abriebfest, unter Einwirkung von Mineralölen oder Kraftstoff quillt NR

Unter der Wirkung von Druck und Wärme werden die Kautschukmoleküle weitmaschig durch Schwefel vernetzt. Die Zuschlagstoffe (Ruß, Kieselsäure, Kaolin) beeinflussen die mechanischen Eigenschaften (Festigkeit) und bei Reifen das Abriebverhalten. Naturkautschuk hat eine sehr *hohe Elastizität* auch bei stoßartiger Beanspruchung und bei tiefen Temperaturen, ist sehr *abriebfest* und zeigt eine *hohe Reißfestigkeit*. Naturkautschuk kann zwischen −40 °C und 80 °C eingesetzt werden. NR wird von Kraftstoffen, Mineralölen und Fetten angegriffen.
Anwendung: Scheibenwischergummis, Lkw-Reifen, Gummifedern, Membranen, Motorlager

10.4.3.2 Styrol-Butadien-Kautschuk SBR

Styrol-Butadien-Kautschuk SBR ist ein *Synthesekautschuk*, der durch *Copolymerisation* von Styrol und Butadien entsteht. SBR hat im Vergleich zu Naturkautschuk ein verbessertes *Abriebverhalten* und eine bessere *Hochtemperaturbeständigkeit*, ist aber weniger elastisch verformbar. SBR ist chemisch beständig gegen viele Säuren und Laugen, neigt aber wie Naturkautschuk zum *Quellen* unter der Wirkung von Fetten, Mineralölen und Benzin. Der Einsatztemperaturbereich kann über den Vernetzungsgrad und die Zuschlagstoffe im Bereich zwischen −50 °C und 100 °C eingestellt werden. Um die Eigenschaften gezielt zu verbessern, wird SBR häufig mit Naturkautschuk verschnitten.
Anwendung: Kfz-Reifen, Transportbänder, Dichtungen, Profile, Schuhsohlen, Faltenbälge, Kabelisolationen, Fußbodenbeläge

Merkmale:
Eigenschaften wie NR, höhere Abriebfestigkeit, geringere Elastizität als NR, vor allem auch bei niedrigen Temperaturen

Lernzielorientierter Test zu Kapitel 10

1. Polymerisation
   A ist die Veredlung von Naturprodukten
   B ist das Aneinanderlagern von Grundmolekülen zu kettenförmigen Großmolekülen
   C wird durch Aufspaltung von C-Doppelbindungen möglich
   D erfolgt ohne Entstehung von Nebenprodukten
   E erfolgt unter Abspaltung einfacher Verbindungen
2. Thermoplastisch ist
   A PVC Polyvinylchlorid
   B EP Epoxidharz
   C UF Harnstoffharz
   D PF Phenolharz
   E PP Polypropylen
3. Die Strukturformel

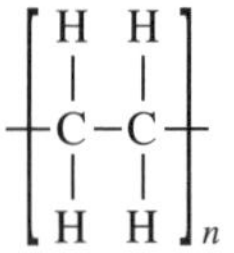

   gilt für
   A PS
   B PA
   C PE
   D PTFE
   E PVC
4. Bei einem Schnelltest wurde an einem Kunststoff ermittelt:
   a) reißt bei Zugbeanspruchung leicht, wenn Kerben angebracht sind
   b) in der Flamme brennt das Material, riecht stechend nach Salzsäure, erlischt außerhalb der Flamme
   c) wird durch Erwärmung weich

   Es handelt sich um
   A PTFE
   B PVC
   C PS
   D PE weich
   E PF
5. Thermoplaste lassen sich
   A schmelzen
   B umformen
   C schweißen
   D spanen
6. Duroplaste lassen sich
   A schmelzen
   B umformen
   C schweißen
   D spanen

11 Verbundwerkstoffe

11.0 Überblick

Die moderne Technik stellt an die Werkstoffe immer neue und höhere Anforderungen, die die Metalle, Keramiken, Gläser und Kunststoffe nicht mehr ohne Weiteres erfüllen können. Durch die Kombination von zwei oder mehreren Werkstoffen in einem *Verbundwerkstoff* können die Eigenschaften gezielt auf eine Anwendung hin *optimiert* werden. Unter Umständen können sogar *Eigenschaftskombinationen*, die die einzelnen Werkstoffkomponenten nicht aufweisen, erreicht werden. Insbesondere für den Leichtbau, bei dem es auf eine hohe Steifigkeit und Festigkeit bei gleichzeitig niedriger Masse des Bauteiles ankommt, sind die *Verbundwerkstoffe* eine gute Alternative zu Metallen und Kunststoffen. Deren Anwendung reicht mittlerweile weit über die Fahrzeug-, Luft- und Raumfahrtindustrie hinaus, beispielhaft seien genannt: Schneidkeramiken für die spanende Bearbeitung härtester Stähle, extrem leichte und gleichzeitig steife Fahrradrahmen, Surfbretter und Bootskörper von Rennbooten.

Viele Naturstoffe lassen sich als *Verbunde* auffassen. So ist Holz eine Verbindung aus hochfesten Zellulosefasern in einer Matrix aus Lignin – einem vernetzten Kohlenwasserstoff, der die Zellulosefasern verbindet, deren Ausknicken verhindert und sie auf Abstand hält. Im Bauwesen werden seit vielen Jahrhunderten *Verbundwerkstoffe* eingesetzt. Im Lehmbau wird der Lehm mit Stroh oder organischen Fasern (Hanf, Flachs) verstärkt und sogar Spannbeton lässt sich im weitesten Sinn als Verbundwerkstoff auffassen.

In diesem Kapitel werden Sie einen Überblick über die *Verbundwerkstoffe*, ihre Struktur, die Ziele einer Verstärkung und die *Verstärkungsmechanismen* erhalten. In den Abschnitten *Faser-* und *Teilchenverbundwerkstoffe* werden die beiden wichtigsten Gruppen vorgestellt und eine Einführung in ihre Herstellung gegeben.

11.1 Die Struktur von Verbundwerkstoffen

Lernziele

Der Lernende kann ...

- die Unterschiede zwischen Verbundwerkstoffen und Werkstoffverbunden erläutern,
- die Verstärkungsarten nennen,
- die Funktion von Matrix und Verstärkungskomponente erklären,
- die Vor- und Nachteile von Verbundwerkstoffen im Vergleich zu Metallen, Keramiken und Polymeren bei der Herstellung, der Verwendung und dem Recycling aufführen.

11.1.0 Übersicht

Die Eigenschaften von *Verbundwerkstoffen* werden nicht nur von der Art und Menge der beiden beteiligten Stoffe (Phasen) bestimmt, sondern auch ganz entscheidend von deren Verteilung und Haftung zwischen den beteiligten Phasen. In dieser Beziehung unterscheiden sich die verschiedenen *Verstärkungsarten* voneinander. Während bei Verbundwerkstoffen die *Verstärkungsphase* in der *Matrixphase* verteilt ist, sind die beiden Phasen bei Werkstoffverbunden nicht ineinander vermischt, sondern liegen gefügt nebeneinander vor.

11.1.1 Verbundwerkstoffe und Werkstoffverbunde

Verbundwerkstoffe sind aus mindestens zwei Werkstoffen zusammengesetzt, die zur selben oder zu unterschiedlichen Werkstoffhauptgruppen gehören. Wie anhand der Beispiele in Tabelle 11.1–1 zu sehen ist, sind fast alle Kombinationen von Werkstoffhauptgruppen möglich. Die beiden Komponenten werden als *Verstärkungsphase* und als *Matrix* bezeichnet. Dabei ist die *Matrix* die umgebende, umhüllende bzw. kontinuierliche Phase, also die Grundsubstanz, in die ein anderer Stoff eingebettet ist. Die *Verstärkungskomponente* ist dagegen chemisch und/oder physikalisch getrennt. Sie ist die verteilte (disperse), in der Regel nicht zusammenhängende Phase. *Verbundwerkstoffe* sind makroskopisch homogen und mikroskopisch heterogen, bestehen also aus mehreren Phasen (Bild 11.1–1). *Matrix* und *Verstärkungskomponente* werden erst im Laufe des Herstellungsprozesses mechanisch und/oder thermisch gefügt. Das bedeutet, eine ausscheidungsgehärtete Aluminiumlegierung ist kein Verbundwerkstoff, da die festigkeitssteigernden Teilchen sekundäre Ausscheidungen sind. Diese werden durch nachlassende Löslichkeit im Mischkristall gebildet und entstehen nicht durch Fügen.

Wie bei den *Verbundwerkstoffen* entstehen die *Werkstoffverbunde* erst durch Fügen und bestehen aus mindestens zwei unterschiedlichen Komponenten. In der Regel handelt es sich um Schichten, die aus unterschiedlichen Werkstoffen gefügt wurden. Allerdings sind die *Werkstoffverbunde* mikroskopisch homogen und makroskopisch heterogen (Bild 11.1–2). Deren typische Anwendungen sind bspw. auftragsgeschweißte Umformwerkzeuge (z. B. Hartmetallschichten auf Vergütungsstahl) oder Bimetalle (Messing + Stahl), wie sie für Temperaturschalter verwandt werden. Auf die Werkstoffverbunde soll im Rahmen des Buches nicht weiter eingegangen werden.

Verbundwerkstoffe bestehen aus mindestens zwei unterschiedlichen Werkstoffen (Komponenten), die zur selben oder zu unterschiedlichen Werkstoffhauptgruppen gehören. Sie werden durch thermisches und/oder mechanisches Fügen gefertigt. Die beiden Komponenten werden als *Matrix* und *Verstärkungsphase* bezeichnet.

Die *Matrix* ist die Grundsubstanz, in die ein anderer Stoff (Verstärkungskomponente) eingebettet ist. Sie ist die umgebende, umhüllende bzw. kontinuierliche *Phase*.
Die *Verstärkungsphase* ist chemisch und/ oder physikalisch durch die Matrix getrennt. Sie ist die verteilte, nicht zusammenhängende, disperse Phase.

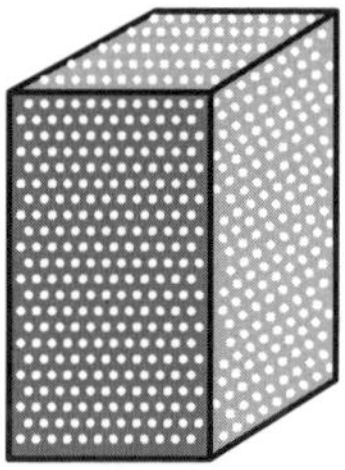

Bild 11.1–1
Verbundwerkstoff – der Werkstoff ist makroskopisch homogen und mikroskopisch heterogen

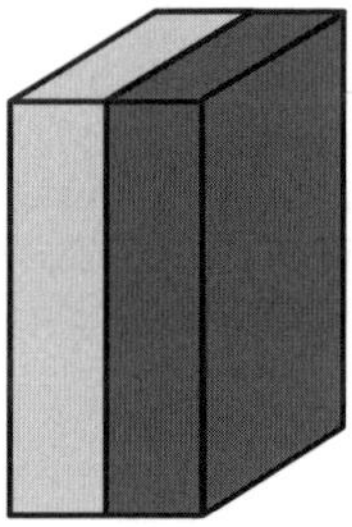

Bild 11.1–2
Werkstoffverbund – der Werkstoff ist mikroskopisch homogen und makroskopisch heterogen

Tabelle 11.1–1 Beispiele für die Kombination verschiedener Werkstoffhauptgruppen für Verbundwerkstoffe

	Verstärkung		
Matrix	anorganisch-nichtmetallischer Werkstoff	Metall	Kunststoff
anorganisch-nichtmetallischer Werkstoff	Schneidkeramik (ZrO_2-Teilchen in Al_2O_3-Matrix); C-faserverstärkter Kohlenstoff	Al_2O_3-Partikel in Al-Matrix (Motorenbau) Stahlbeton	Gummi/Kunststoff in Beton oder Asphalt
Metall	Hartmetalle (W_2C-Teilchen in Co-Matrix)	Ag-W- oder Ag-Ni-Durchdringungsverbunde als Kontaktwerkstoff	—
Kunststoff	glasfaserverstärktes Epoxidharz	Stahlcorde in Gummireifen (Radialreifen)	Aramidfasern in Polymerharzmatrix

Verbundwerkstoffe lassen sich nach dem verwandten Matrixmaterial unterscheiden in:

- *Polymermatrix-Verbundwerkstoffe* (PMC Polymer Matrix Composites)
- *Metallmatrix-Verbundwerkstoffe* (MMC Metal Matrix Composites)
- *Verbundwerkstoffe mit nichtmetallisch-anorganischer Matrix* (z. B. Keramik, Glas)

Bei den *PMC* werden sowohl Thermo- als auch Duroplaste (s. Abschnitt 10.1) als Matrixmaterial verwandt. Bisher werden duroplastische Harzsysteme (z. B. ungesättigte Polyesterharze (UP), Epoxidharze (EP)) wegen ihrer besseren Verarbeitbarkeit bevorzugt eingesetzt. Allerdings müssen Duroplaste ausreichend lange in der Werkzeugform aushärten, was zu entsprechend langen Fertigungszeiten führt. Außerdem sind mit duroplastischen Harzen getränkte Halbzeuge (z. B. Sheet Moulding Compound SMC – mit Harz vorimprägnierte Fasermatte) vor der endgültigen Verarbeitung nur begrenzt haltbar. Diese Nachteile weisen *thermoplastische Matrizes* nicht auf. Nach der Abkühlung sind sie sofort formstabil und lassen sich deshalb schneller verarbeiten. Allerdings müssen sie bei der Verbundherstellung erst aufgeschmolzen werden, was bei der Auswahl geeigneter Verstärkungskomponenten zu bedenken ist.

Zu beachten sind außerdem ihre stark temperaturabhängigen Eigenschaften (s. Abschnitt 10.2.2). Der Nachteil von Thermoplasten – sie neigen zu einer zeit- und temperaturabhängigen, plastischen Verformung (Kriechen, Abschnitt 10.2.2.2) – lässt sich durch eine günstige Faserverstärkung minimieren. *PMC* werden in erster Linie dort eingesetzt, wo die Temperatur niedrig ist ($T < 260\,°C$, Die Einsatztemperatur ist vom Kunststoff abhängig!) und wo an der Oberfläche weder Reibung noch Verschleiß auftreten. Die Herstellung und Verarbeitung von *PMC* ist erheblich einfacher und preiswerter im Vergleich zur Herstellung von *MMC* oder zu *Verbunden mit keramischer Matrix.*

Für *MMC* kommen im Prinzip alle Metalle oder Metalllegierungen infrage. Tatsächlich werden aber im Wesentlichen die *Leichtmetalle* Aluminium, Magnesium und Titan sowie deren Legierungen verstärkt. Wirtschaftlich bedeutende Ausnahmen sind lediglich die *Werkstoffe für elektrische Kontakte* für mittlere und hohe Schaltleistungen auf der Basis von Silber mit Wolfram- oder Wolframcarbidverstärkung sowie *Hartmetalle* mit einer metallischen Cobaltmatrix mit eingelagerten Hartstoffpartikeln (z. B. WC, TaC, TiC).

Die Palette der nichtmetallisch-anorganischen Werkstoffe, die als Matrixwerkstoff eingesetzt werden, reicht von stahlbewehrtem Beton, glas- oder metallfaserverstärkten Gläsern über Oxid- und Carbidkeramik zu Nitridkeramik.

Verbundwerkstoffe lassen sich nach den verwandten Matrixwerkstoffen (Polymer, Glas/Keramik, Metall) unterscheiden. Je nach Verstärkungsart werden sie in *teilchenverstärkte*, *lang-* und *kurzfaserverstärkte* Verbundwerkstoffe sowie in *Durchdringungs-* und *Schichtverbunde* unterteilt.

Eine weitere Möglichkeit zur Unterscheidung der *Verbundwerkstoffe* bietet die *Verstärkungsart* (Bild 11.1–3). Hier wird unterschieden in:

- teilchenverstärkte Verbundwerkstoffe
- kurzfaserverstärkte Verbundwerkstoffe
- langfaserverstärkte Verbundwerkstoffe
- Durchdringungsverbunde
- Schichtverbunde

Bei der *Teilchen-* und *Kurzfaserverstärkung* soll die Verstärkungsphase möglichst vereinzelt und gleichmäßig verteilt sein. Dadurch wird eine isotrope Verstärkung erreicht. Bei den langfaserverstärkten Verbunden haben die Fasern üblicherweise eine Vorzugsorientierung (s. Abschnitt 11.2.2), um definierte richtungsabhängige Eigenschaften zu erzielen. *Durchdringungs-* und *Schichtverbunde* stellen eine Besonderheit dar. Eine Unterscheidung von Matrix und Verstärkungskomponenten ist oft nicht ohne Weiteres möglich, eher lässt sich von zwei Matrizes sprechen. Bei einem *Durchdringungsverbund* Ag-WC für elektrische Hochleistungskontakte liegen beide Phasen durchdrungen, aber kontinuierlich vor, wie zwei ineinander gewebte räumliche Netze.

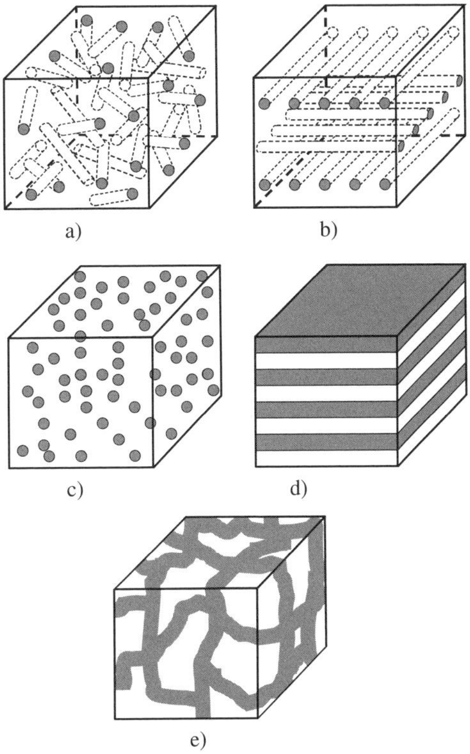

Bild 11.1–3 Verstärkungsarten von Verbundwerkstoffen
a) Kurzfaserverstärkung (ungerichtet)
b) Langfaserverstärkung (bidirektional verstärkt)
c) Teilchenverstärkung
d) Schichtverbundwerkstoff
e) Durchdringungsverbundwerkstoff

Übung 11.1–1
Was ist ein Verbundwerkstoff?

Übung 11.1–2
Wie unterscheiden sich Verbundwerkstoffe von Werkstoffverbunden?

Übung 11.1–3
Welcher Unterschied besteht zwischen der Verstärkungskomponente und der Matrix?

Übung 11.1–4
Nennen Sie die fünf Verstärkungsarten?

Übung 11.1–5
Warum werden aushärtbare Legierungen nicht zu den Verbundwerkstoffen gezählt?

11.1.2 Verbundwerkstoffe – ihre Einsatzziele

Soll in der Technik ein Werkstoff durch einen anderen ersetzt werden, so erfolgt das in der Regel entweder zur Optimierung der Eigenschaften, oder zur Kostensenkung bei gleichen Eigenschaften. Aufgrund der zum Teil sehr teuren Ausgangsmaterialien und der vergleichsweise aufwendigen und teuren Fertigung trifft das Kostenargument für *Verbundwerkstoffe* nicht zu. Ihr Einsatz ist also nur dann gerechtfertigt, wenn die Eigenschaften des Matrixmaterials entscheidend verbessert werden.

Beispiele:

a) Kunststoffe haben eine vergleichsweise niedrige Festigkeit und Steifigkeit. Durch den gerichteten Einbau von Kohlenstoff- oder Glasfasern können diese erheblich verbessert werden.
b) Keramiken zeichnen sich durch eine hohe Warmfestigkeit und Härte aus, reagieren aber bei Überlastung sofort mit einem Sprödbruch. Eine Verstärkung durch Teilchen oder Fasern muss zur Verbesserung der Zähigkeit führen.
c) Metalle sind deutlich zäher als Keramiken. Steigen die Umgebungstemperaturen an, verlieren sie aber schnell ihre Festigkeit, Steifigkeit und Härte. Durch eine Verstärkung mit Hartstoffpartikeln, keramischen Lang- oder Kurzfasern können die Warmfestigkeit und -härte sowie die Verschleißbeständigkeit bei hohen Temperaturen aber erheblich verbessert werden.

Neben der *Eigenschaftsoptimierung* sollen beim Einsatz von *Verbundwerkstoffen* ungewöhnliche *Eigenschaftskombinationen* erzielt werden, die die Einzelkomponente (Matrix, Verstärkung) nicht aufweist.

> Beim Einsatz von Verbundwerkstoffen sollen ungewöhnliche *Eigenschaftskombinationen* erzielt werden, die die Einzelkomponenten (*Matrix*, *Verstärkung*) nicht besitzen.

Ziele der Verstärkung

- Polymermatrix: Steigerung von Festigkeit und Steifigkeit
- Keramikmatrix: Verbesserung der Zähigkeit und Biegefestigkeit
- Metallmatrix: Verbesserung der Warmfestigkeit, -härte und -verschleißbeständigkeit
- Leichtmetalle: erhöhen als Matrixmaterial (Al, Mg, Ti) zusätzlich die Festigkeit und Steifigkeit bei Raumtemperatur

Beispiele für ungewöhnliche Eigenschaftskombinationen der *Verbundwerkstoffe*:

- hohe Festigkeit und Steifigkeit bei niedriger Dichte durch den Einsatz von faserverstärkten Kunststoffen für die Flügel von Windkraftanlagen (dynamische Beanspruchung, Biegung, Fliehkräfte)
- hohe Härte, Biegefestigkeit und großer Verschleißwiderstand auch bei hohen Temperaturen (bei ausreichender Zähigkeit) durch das Einbetten von Wolframcarbidpartikeln in eine zähe metallische Cobaltmatrix (Hartmetalle)
- hohe elektrische und thermische Leitfähigkeit bei geringer Neigung zum Abbrand und Verschweißen bei elektrischen Kontakten durch einen Durchdringungsverbund von W-Ag

Trotz der Vorteile wird auch in Zukunft die Anwendung von Verbundwerkstoffen begrenzt bleiben, da teure Ausgangsmaterialien, aufwendige Fertigungsprozesse, viele Einflussfaktoren bei der Fertigung auf die Qualität der Erzeugnisse und ein teilweise problematisches Recycling den Einsatz erschweren. Sollte ein anderer „Nichtverbund"-Werkstoff den Anforderungen auch gerecht werden, ist der Einsatz von *Verbundwerkstoffen* in der Regel wenig sinnvoll.

Übung 11.1–6
Unter welchen Bedingungen ist der Einsatz von teuren Verbundwerkstoffen in der Praxis gerechtfertigt?

Übung 11.1–7
Welche Ziele werden bei einer Verstärkung eines thermoplastischen Kunststoffs verfolgt?

11.2 Teilchen- und faserverstärkte Verbundwerkstoffe

Lernziele

Der Lernende kann ...

- die Verfestigungsmechanismen bei Teilchen- und Faserverbundwerkstoffen erläutern,
- die Werkstoffe, die als Verstärkungs- und Matrixmaterial zum Einsatz kommen, nennen,
- aus den Eigenschaften von Teilchen- und Faserverbundwerkstoffen charakteristische Anwendungen ableiten,
- die hohe Festigkeit von Fasern erklären,
- die Einflussfaktoren auf die Verbundeigenschaften erläutern,
- die Herstellungsverfahren von Teilchen- und Faserverbundwerkstoffen nennen.

11.2.0 Übersicht

Teilchen- und *Faserverstärkung* sind die beiden wichtigsten *Verstärkungsarten* von *Verbundwerkstoffen*. Während bei den *teilchenverstärkten Verbundwerkstoffen* in der Regel eine isotrope Verstärkung angestrebt wird, können die Eigenschaften durch eine Orientierung von *Langfasern* bzw. *Faserbündeln* in der Matrix definiert und gerichtet eingestellt werden. Ganz entscheidend für die Eigenschaften beider *Verbundwerkstoffarten* sind – neben Art, Menge und Verteilung der Verstärkungskomponente und der Matrix – die Ausbildung der Grenzfläche und damit der Zusammenhalt der beiden Phasen.

11.2.1 Teilchenverstärkte Verbundwerkstoffe

Bei *teilchenverstärkten Verbundwerkstoffen* sind Teilchen in eine Matrixphase eingebaut. Diese Partikel weisen eine andere chemische Zusammensetzung und Struktur auf als die Matrix, entsprechen also einer zweiten Phase. In der Regel wird angestrebt, dass die Teilchen gleichmäßig verteilt und nicht zusammenhängend sind, sodass der *Teilchenverbund* isotrope Eigenschaften erhält. Um eine hohe Verfestigung zu erreichen, sollten die eingebrachten Teilchen eine geringe Größe und nur einen geringen Abstand aufweisen (s. *Teilchenverfestigung*, Abschnitt 1.3.3). Die Teilchen sollten sich beim Fügen nicht im Matrixmaterial lösen. Gleichzeitig müssen die Teilchen auch bei hohen Temperaturen hart und fest sein. Häufig werden Metalloxide, -carbide oder -nitride als Verstärkungsteilchen eingesetzt (s. Abschnitt 8.2). Die Form der eingesetzten Teilchen reicht von kantig, spratzig, tellerförmig bis globular. Auch eine Verwendung von blättchen- oder nadelförmigen Einkristallen, so genannten *Platelets* bzw. *Whisker*, ist möglich.

> Bei *teilchenverstärkten Verbundwerkstoffen* sind kleine, möglichst homogen verteilte Teilchen einer zweiten Phase in eine Matrix eingebaut.

Festigkeitssteigernde Mechanismen bei Teilchenverbundwerkstoffen:

a) Behinderung der Versetzungsbewegung
   - Umgehen der Teilchen
   - Schneiden der Teilchen

b) Behinderung des Rissfortschrittes
   - Rissablenkung
   - Rissverzweigung
   - Phasenumwandlung mit Volumenvergrößerung im Bereich der Rissspitze

Die Eigenschaften des *Teilchenverbundes* werden bestimmt von den Eigenschaften:

- der *Matrix* (z. B. Festigkeit, Zähigkeit, thermische Ausdehnung, Korrosionsbeständigkeit),
- der *Teilchen* (z. B. Art, Menge, Größe, Form, Verteilung, Festigkeit, Härte, Schmelztemperatur, Teilchenabstand, Löslichkeit/Unlöslichkeit in der Matrix),
- der *Grenzfläche* zwischen Teilchen und Matrix (z. B. Haftung, Lösung der Teilchen oder der Matrix in der anderen Phase),
- sonstigen *Defekten* (Poren, Risse).

Die Steigerung der Festigkeit durch eingebaute Teilchen kann, wie bei der Ausscheidungshärtung (Abschnitt 7.2.2.3), auf einer *Behinderung der Versetzungsbewegung* beruhen. Stößt eine Versetzung beim Gleiten oder Klettern an ein Teilchen, kann es nur durch Schneiden oder Umgehen überwunden werden. Für beide Vorgänge ist ein höherer Spannungsbetrag notwendig. Sehr kleine Teilchen werden geschnitten und größere umgangen. Halten sich beide Mechanismen im Gleichgewicht, ist die verfestigende Wirkung am größten.

Zwei weitere festigkeitssteigernde Mechanismen behindern den Rissfortschritt. Wächst ein Riss in der Ebene der größten Normalspannung (Ebene senkrecht zur angreifenden Kraft, Bild 11.2–1) und die Rissspitze trifft auf ein sehr festes Teilchen, wird der *Riss abgelenkt*. Bedingt durch die Richtungsänderung befindet sich der Riss in einer Ebene, in der die Normalspannung kleiner sein muss. Wenn die örtlich wirkende Spannung einen kritischen Wert nicht überschreitet, kann der Riss nicht mehr wachsen.

Bei der *Umwandlungsverstärkung* wird eine Phasenumwandlung der Partikel ausgenutzt. Ein typisches Beispiel für einen *umwandlungsverstärkten* Werkstoff ist der Einbau von teilstabilisiertem Zirkonoxid (ZrO_2) in einer Matrix aus Aluminiumoxid (Al_2O_3). ZrO_2 ist polymorph, es kommt also in Abhängigkeit von den Zustandsgrößen (Druck, Temperatur) in verschiedenen Gittermodifikationen (s. Abschnitt 1.1.2.2) vor. Unter Normaldruck gilt:

$$\text{Schmelze} \xrightarrow{2680\,^\circ\text{C}} \text{kubisch} \xrightarrow{2370\,^\circ\text{C}}$$

$$\text{tetragonal} \xrightarrow{1170\,^\circ\text{C}} \text{monoklin}$$

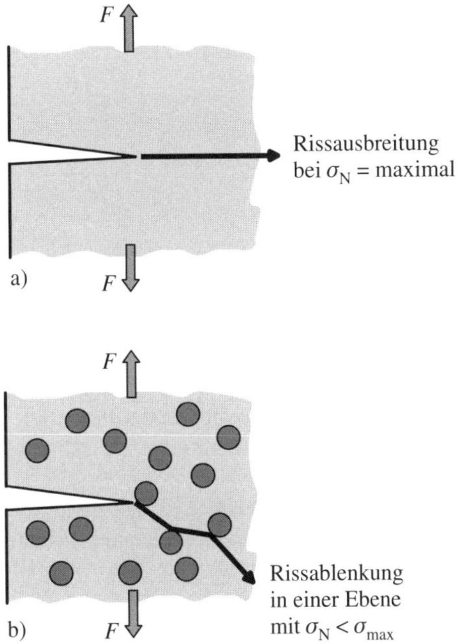

Bild 11.2–1 Rissausbreitung unter der Wirkung der Kraft F
a) herkömmliche Risswachstumsrichtung bei einem unverstärkten Werkstoff in der Ebene der größten Normalspannung $\sigma_{N\,max}$
b) Rissablenkung durch eingelagerte, feste Teilchen in eine Ebene mit geringerer Normalspannung

Diese Phasenumwandlung führt trotz Abkühlung zu einer Volumenvergrößerung von drei bis fünf Prozent. Durch die Zugabe von anderen Metalloxiden (MgO oder Y_2O_3) lässt sich, je nach zugegebener Menge, die tetragonale Phase stabilisieren bzw. teilstabilisieren, sodass sie auch bei Raumtemperatur noch existiert. Beim teilstabilisierten ZrO_2, das für eine *Umwandlungsverstärkung* verwandt wird, ist eine Umwandlung in die monokline Phase noch möglich. Breitet sich in der Al_2O_3-Keramik unter der Wirkung einer Zugspannung ein Riss aus, bewirken die Spannungsspitzen an der Rissspitze eine Umwandlung im ZrO_2 in die monokline Phase (Bild 11.2–2). Die dabei auftretende Volumenvergrößerung verursacht Druckspannungen in der Umgebung, die Rissspitze wird zugedrückt und somit ein Risswachstum unterbunden bzw. aufgehalten. Zusätzlich wirkt auch hier die *Rissablenkung*.

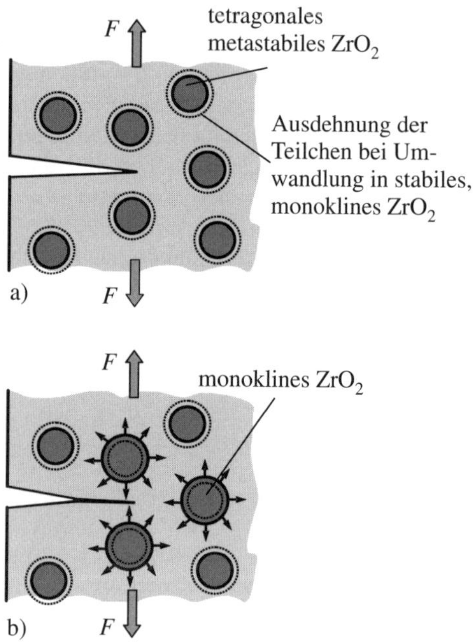

Bild 11.2–2 Prinzip der Umwandlungsverstärkung
a) metastabile, tetragonale ZrO_2-Teilchen sind in einer Matrix (z. B. Al_2O_3) eingebettet
b) Unter der Wirkung von Zugspannungsspitzen im Bereich der Rissspitze klappt das ZrO_2 in die stabile monokline Phase um – die damit verbundene Ausdehnung führt zum „Zudrücken" des Risses und ein weiteres Risswachstum wird erschwert.

Typische Verfahren zur Herstellung von teilchenverstärkten Verbundwerkstoffen sind:

- *sintertechnische Verfahren* (s. Abschnitt 8.1)
- *schmelzmetallurgische Verfahren*, z. B. Druckguss (höherschmelzende Verstärkungspartikel werden in die Schmelze eingerührt und mit vergossen)
- *Schmelzinfiltration* (ein offenporiger Presskörper aus der höherschmelzenden Verstärkungsphase wird mit der schmelzflüssigen Matrixphase infiltriert)

Außerdem werden *Flamm-* und *Plasmaspritzen*, verschiedene *Auftragschweißverfahren* und die *elektrolytische Abscheidung* insbesondere zur Erzeugung von teilchenverstärkten Oberflächenschichten benutzt.

Beispiele für die Anwendung von teilchenverstärkten Verbundwerkstoffen:

- Hartmetalle (Bild 11.2–3), d. h. harte, verschleißbeständige, aber spröde Wolframcarbidpartikel sind in eine zähe Metallmatrix aus Cobalt eingebettet (s. Abschnitt 8.2.2).
- ZrO_2-verstärkte Aluminiumoxidkeramiken werden u. a. als Wendeschneidplatten zur Hartbearbeitung von Stählen eingesetzt. Diese Werkstoffe erlauben eine sehr hohe Schnittgeschwindigkeit, sind aber im Gegensatz zu reinen Al_2O_3-Keramiken deutlich zäher.
- Al_2O_3-partikelverstärkte Aluminiumgusslegierungen werden von einigen Automobilherstellern im Motorenbau eingesetzt (Zylinderlaufflächen, Kolben). Die Oxidpartikel sorgen für eine höhere Warmfestigkeit und Verschleißbeständigkeit.
- Autoreifen (verschleißmindernde Partikel, z. B. Ruß in einer Elastomermatrix)
- Kunststoffpressmassen
- Schleifkörper (Hartstoffpartikel, z. B. SiC, kubisches Bornitrid (cBN) oder Diamant in einer Polymer-, Silikat- oder Metallmatrix)
- Kontaktwerkstoffe in der Elektrotechnik (z. B. Ag-WC)

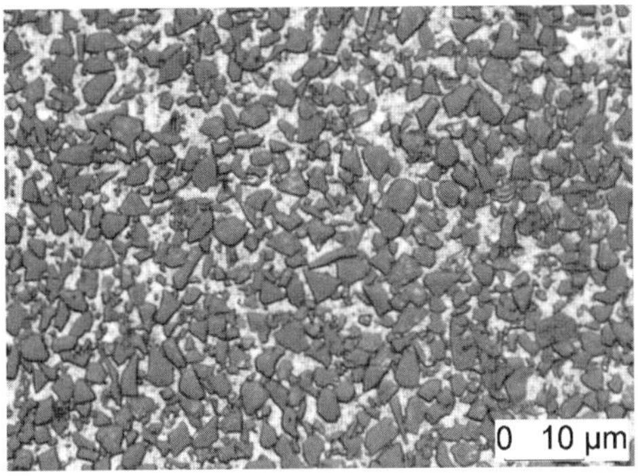

Bild 11.2–3 Hartmetall – Wolframcarbidteilchen eingebettet in einer Cobaltmatrix (Foto: A. Eysert, Hochschule Mittweida)

Übung 11.2–1
Welche Ursachen hat die Festigkeitssteigerung bei Teilchenverbundwerkstoffen?

Übung 11.2–2
Warum führt eine Rissablenkung durch eingelagerte Teilchen zur Festigkeitssteigerung?

Übung 11.2–3
Welche Anforderungen werden an eingelagerte Teilchen gestellt?

Übung 11.2–4
Welche Ursache hat die Volumenzunahme bei der Phasenumwandlung von tetragonalem ZrO_2 in die monokline Zustandsform?

Übung 11.2–5
Welche Auswirkungen auf die möglichen Spanparameter hat eine Verstärkung von Al_2O_3-Schneidkeramik mit teilstabilisiertem ZrO_2?

11.2.2 Faserverstärkte Verbundwerkstoffe

Faserverbundwerkstoffe wurden in den letzten Jahren insbesondere wegen ihrer herausragenden Steifigkeit und der spezifischen Festigkeit (Verhältnis der Streckgrenze zur Dichte) immer häufiger eingesetzt, v. a. in der Luft- und Raumfahrt, aber auch im Schienen- und Straßenfahrzeugbau, in der Energietechnik (z. B. Flügel von Windkraftanlagen) sowie bei der Fertigung von Sportgeräten. Die hervorragenden mechanischen Eigenschaften sind in erster Linie auf die Eigenschaften der Fasern zurückzuführen.
Fasern sind lange, dünne und biegbare bzw. flexible Gebilde mit einem Längen-Durchmesser-Verhältnis größer 100 : 1 und einem Durchmesser oder einer Breite kleiner als 250 µm. Aufgrund ihrer Gestalt können Fasern und Faserbündel ausschließlich Zugspannungen aufnehmen, denn unter Druckbelastung knicken sie bereits bei kleinsten Belastungen aus. Diese Tatsache muss natürlich bei der Konstruktion und dem Einsatz von *Faserverbundwerkstoffen* berücksichtigt werden.

Die für die Verbundwerkstoffe verwandten Fasern lassen sich unterteilen in:

- *natürliche organische Fasern* (z. B. Wolle, Hanf, Sisal, Baumwolle, Flachs, Kokos)
- *natürliche anorganische Fasern* (z. B. Gipsfasern oder Basalt; Asbestfasern werden wegen der Gesundheitsgefährdung nicht mehr eingesetzt)
- *synthetische anorganische Fasern* (z. B. Metall-, Glas-, Kohlenstoff- bzw. Carbon-, SiO_2-, SiC- oder Al_2O_3-Fasern)
- *synthetische organische Fasern* (z. B. Polyester-, Polyethylen-, Polyamid-, Zellulose- und Viskosefasern)

> Bei *Faserverbundwerkstoffen* werden Einzelfasern, Faserbündel oder textile Halbzeuge (z. B. Vliese, Gelege, Gestricke, Gewebe) in eine Matrix eingebettet. Dabei können die Fasern regellos oder orientiert (z. B. unidirektionale oder multidirektionale Verstärkung, Bild 11.2–6) sein.

> *Fasern* sind lange, dünne und flexible Gebilde, die eine sehr hohe Zugfestigkeit aufweisen. Unter Druckbeanspruchungen knicken Fasern aus.

Die hohe Zugfestigkeit von Fasern geht auf ein Phänomen zurück, das als *Faserparadoxon* bezeichnet wird. Ein Werkstoff in Faserform hat eine höhere Festigkeit als das gleiche Material in kompakter Form. Ursache ist der größere Defektabstand in einer Faser gegenüber einem kompakten Werkstoff bei gleicher Defektdichte. Deshalb gilt auch: Je dünner die Faser ist, umso größer ist ihre Festigkeit.

Die wichtigsten *Faserarten* für die Verbundwerkstoffherstellung sind die *Glas-* und *Kohlenstofffasern*, die auch als Karbonfasern bezeichnet werden. Diese unterteilen sich wiederum in Untergruppen mit z. T. erheblichen Unterschieden in den Eigenschaften (Tabelle 11.2–1 und Tabelle 11.2–2). Während bei den *Glasfasern* eine Eigenschaftsvariation durch unterschiedliche chemische Zusammensetzung und Durchmesser der Fasern erreicht wird, hängen die Eigenschaften bei den *Kohlenstofffasern* vom Grad der Orientierung der graphitischen Strukturen ab. Je stärker die Ebenen der dichtesten Packung des Graphits in Faserrichtung orientiert sind, umso größer ist der E-Modul der Fasern.

Tabelle 11.2–1 Eigenschaften ausgewählter Glasfasersorten

Faserart	E-Glas	S-Glas	C-Glas
E-Modul in GPa	73...80	83...90	70...73
Zugfestigkeit R_m in MPa	3100...3800	4100...4800	3000...3300
Dichte ϱ in g/cm^3	2,54	2,46...2,49	2,45...2,49
Faserdurchmesser ∅ in µm	5...25	5...25	5...25

E-Glas = Standardglasfaser, Aluminiumborsilikatglas (E = electric)
S-Glas = Faser mit erhöhter Festigkeit (S = strength)
C-Glas = Faser mit erhöhter chemischer Beständigkeit (C = corrosion)

Tabelle 11.2–2 Eigenschaften verschiedener Kohlenstoff-Fasertypen

Faserart	HT	HM	UMS
E-Modul in GPa	220...250	350...450	390...540
Zugfestigkeit R_m in MPa	3200...4200	2400...3200	4000...4600
Dichte ϱ in g/cm^3	1,75...1,78	1,78...1,8	1,8...1,92
Faserdurchmesser ∅ in µm	7	6...7	4,4...5

HT = High tenacity (hochzugfeste Fasern)
HM = High modulus (hochmodulige Fasern, hohe Steifigkeit)
UMS = Ultrahigh modulus strength (ultrahochmodulige Fasern, höchste Steifigkeit)

Endlosfasern werden als *Roving* angeboten, d. h. Faserbündel mit 500 bis 160 000 unverdrehten Einzelfasern (Bild 11.2–4). Diese Faserbündel sind auf Spulen gewickelt und werden zu *Kurzfasern* geschnitten, direkt verarbeitet (z. B. durch Wickeltechnologie) oder zu *ebenen textilen Vorformen* weiterverarbeitet.

Bild 11.2–4 Kohlenstofffaserbündel (Roving) (Foto: A. Eysert, Hochschule Mittweida)

Die *textilen Vorformen* (Bild 11.2–5) werden zunächst einmal in orientierte und nichtorientierte Verstärkung unterschieden. Bei den *Vliesen* liegen die Fasern ungeordnet übereinander. Der Zusammenhalt kommt durch Reibung und Verknäulung der Fasern zustande. Werden *Vliese* als *Verstärkungsphase* für Verbundwerkstoffe verwandt, wird die Festigkeit in der Ebene gleichmäßig, aber verhältnismäßig gering erhöht. Bei den textilen Halbzeugen mit Orientierung wird unterschieden in:

- *Gestricke* – maschenbildendes textiles Flächengebilde mit Verschlaufungen
- *Gewebe* – Fachbildung durch sich rechtwinklig verkreuzte Faserbündel (Kette und Schuss), wobei ein Faserbündel (Schuss) parallel zur Abzugsrichtung liegt.
- *Geflecht* – Fachbildung wie beim Gewebe, allerdings weisen die beiden Faserbündel einen Winkel = 0° bzw. 90° zur Abzugsrichtung auf. Man unterscheidet in Rundgeflecht (Schlauch, Kordel) und ebenes Geflecht (Litze).
- *Gelege* – parallel angeordnete Faserbündel, die mithilfe von Wirkfäden auf Abstand gehalten werden. Je nach Anordnung der *Gelege* übereinander im *Laminat* (Bild 11.2–6) kann eine einachsige (unidirektional = Verstärkung in eine Richtung), zweiachsige (bidirektional = Verstärkung in zwei Richtungen, z. B. 0°/90° oder +45°/−45°) oder mehrachsige Verstärkung (multidirektional = Verstärkung in mehrere Richtungen, z. B. 0°/−45°/+45°/90°) erreicht werden.

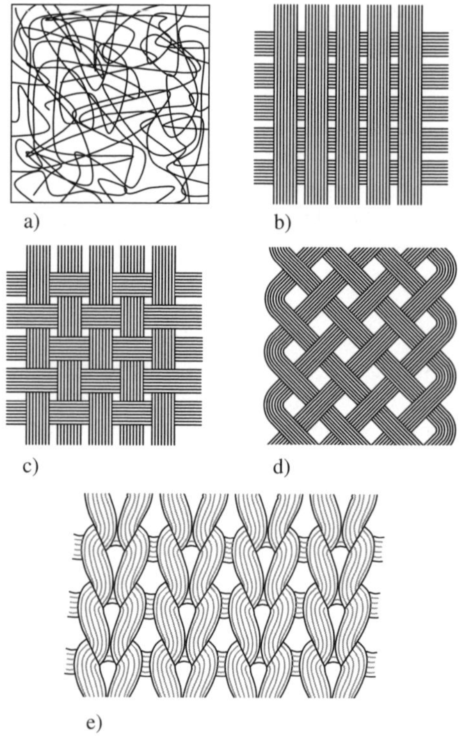

Bild 11.2–5 Ebene textile Halbzeuge für die Faserverbundherstellung
a) Vlies
b) Gelege
c) Gewebe
d) Geflecht (Litze)
e) Gestrick

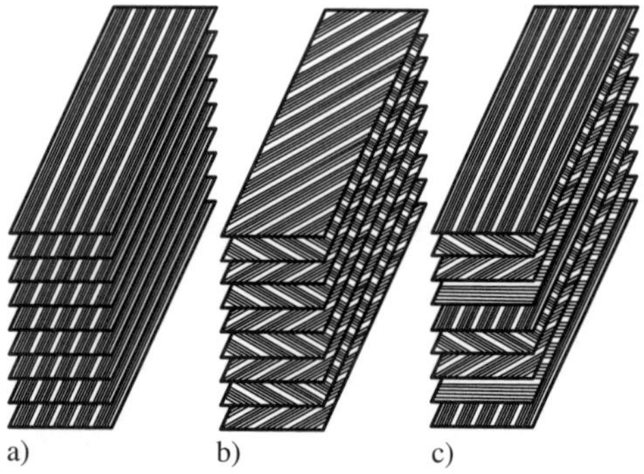

Bild 11.2–6 Anordnung der Faserlagen im Laminat
a) unidirektional (Verstärkung in eine Richtung)
b) bidirektional (Verstärkung in zwei Richtungen)
c) multidirektional (Verstärkung in mehrere Richtungen, annähernd isotropes Verhalten)

Die Orientierung der Fasern im Verbund erlaubt eine *Verstärkung* in eine definierte Richtung und erleichtert durch eine einfache Handhabbarkeit auch die Verarbeitung bei der Verbundherstellung. Bei Gewebe, Geflecht und besonders bei Gestricken sind die Faserbündel gebogen. Da Biege-Radien das Ausknicken der Fasern begünstigen, ist mit einer Schwächung des Verbundes zu rechnen. Fasergelege weisen diesen Nachteil nicht auf. Für die Herstellung von *Faserverbundwerkstoffen* haben sich eine große Anzahl von Verfahren etabliert, beispielhaft seien genannt:

- Handlaminieren
- kontinuierliches Laminieren
- Wickel- und Flechtverfahren
- Druck- und Vakuumsackverfahren
- Resin Transfer und Resin Injection Moulding (RTM, RIM)
- Faserharzspritzen (Herstellung von kurzfaserverstärkten Verbundwerkstoffen)
- Schmelzinfiltration (für Metallmatrixverbunde)
- Drucksintern (für Verbunde mit keramischer Matrix)

Als *Matrixmaterial* für Faserverbundwerkstoffe kommt in erster Linie die gesamte Palette der Kunststoffe, sowohl *Thermoplaste* als auch *Duroplaste* (s. Kapitel 10), infrage. Diese zeichnen sich durch eine gute Verarbeitbarkeit bei niedrigen Temperaturen und ein gutes Benetzungsverhalten aus. Aber auch *Leichtmetalllegierungen* (Al, Ti, Mg) und *Keramiken* für Hochtemperaturanwendungen und *Gläser* werden als Matrix eingesetzt. Während bei einer Verstärkung von *Polymer-* und *Metallmatrizes* die Steigerung von spezifischer Festigkeit (das Verhältnis von Festigkeit zur Dichte) und Steifigkeit im Vordergrund steht, soll bei einer *keramischen Matrix* durch die Faserverstärkung die Zähigkeit verbessert werden. Da die Fasern nur Zugspannungen aufnehmen können und teilweise eine begrenzte thermische und chemische Beständigkeit aufweisen, muss das

Aufgaben des Matrixwerkstoffs:

- Fixierung der Fasern
- Einleiten von Kräften in die Fasern
- Kraftübertragung von Faser zu Faser
- Stützwirkung für die Fasern bei Druckbeanspruchung
- Schutz der Fasern vor äußeren Einflüssen

Matrixmaterial wichtige Aufgaben übernehmen, wie die Fixierung der Fasern, die Einleitung und Übertragung von Kräften, die Stützung der Fasern bei Druckbelastung und den Schutz der Fasern vor äußeren Einflüssen (Reibung, chemisch angreifende Umgebungsmedien, hohe Temperaturen).

Die Auswirkung einer unidirektionalen Faserverstärkung auf die mechanischen Eigenschaften von Verbundwerkstoffen lässt sich am Spannung-Dehnung-Verhalten erkennen (Bild 11.2–7). Wird ein *zähes Matrixmaterial* (z. B. Thermoplast) mit hochfesten, aber spröden Fasern (C- oder Glasfasern) verstärkt, so reagiert der Verbund zunächst mit einer rein elastischen Verformung. Da die Fasern einen viel größeren Elastizitätsmodul aufweisen als die Matrix, wird ein Großteil der Spannungen über die Fasern übertragen. Dadurch ist eine deutlich höhere Festigkeit und Steifigkeit im Vergleich zum unverstärkten Material möglich. Am Punkt 1 beginnt das Matrixmaterial plastisch zu fließen. Die Fasern weisen eine höhere Festigkeit auf, sodass die übertragbare Spannung weiter ansteigt. Bei Punkt 2 brechen die Fasern. Da sich das Matrixmaterial stark verformen lässt und noch nicht gebrochen ist, kann es bis zu Punkt 3 Restspannungen aufnehmen.

Spröde Werkstoffe wie Keramiken weisen selbst einen sehr hohen Elastizitätsmodul auf (Bild 11.2–8), reagieren aber bereits bei vergleichsweise niedrigen Zugspannungen mit einem Sprödbruch. Auch die zur Verstärkung eingesetzten Fasern (C-Fasern, keramische Fasern) sind spröd. Trotzdem kann der Verbundwerkstoff eine deutlich höhere Zähigkeit aufweisen als die Einzelkomponenten. Auch hier reagieren Matrix und Fasern auf die wirkende Spannung mit einer rein elastischen Verformung. Bei Punkt 1 entstehen in der Matrix erste Anrisse, die an den deutlich festeren Fasern nicht weiterkommen. Unter Umständen wird der Riss abgelenkt bzw., da die Fasern Spannungen übertragen, entsteht hinter der Faser ein neuer Riss (Bild 11.2–9). Steigen die Spannungen im Ver-

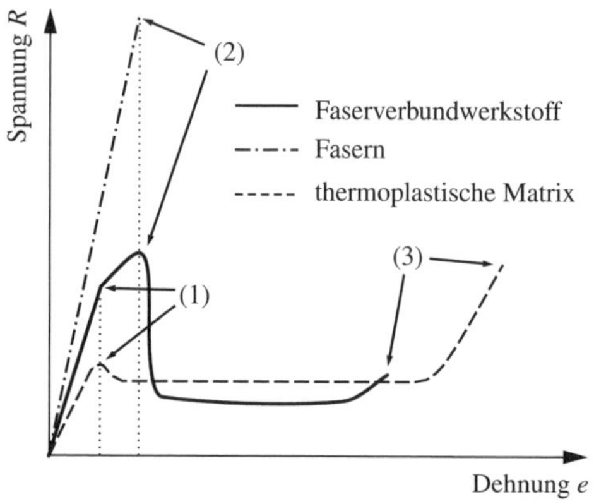

Bild 11.2–7 Vergleich des Spannung-Dehnung-Verhaltens von Fasern, einer thermoplastischen Matrix mit dem Verbundwerkstoff aus beiden Komponenten
1) beginnende plastische Verformung im Thermoplast bzw. in der thermoplastischen Matrix
2) Faserbruch
3) Bruch Thermoplast bzw. Bruch der thermoplastischen Matrix

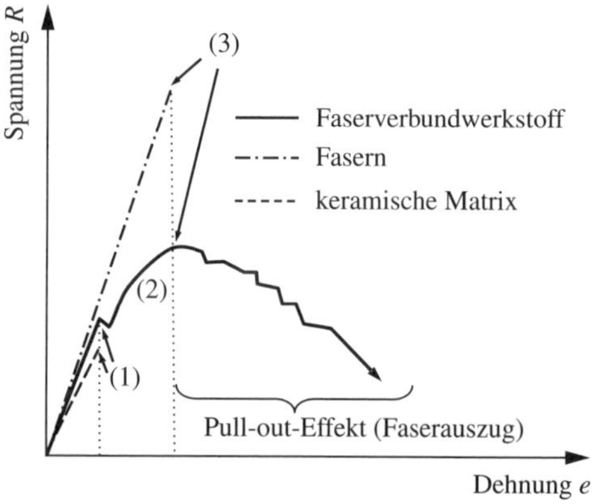

Bild 11.2–8 Spannung-Dehnung-Verhalten einer faserverstärkten Keramik im Vergleich zu Fasern und Matrix
1) Bruch der Keramik bzw. erste Risse in der keramischen Matrix
2) Der Riss in der Matrix wird durch festere Fasern überbrückt oder die Risse werden an den Fasern abgelenkt.
3) Faserbruch und anschließender Faserauszug aus der Matrix

bundwerkstoff weiter an, brechen auch die Fasern. Bereits oben wurde erwähnt, dass diese einen größeren Defektabstand aufweisen als kompakte Geometrien des gleichen Materials. Befindet sich der bruchauslösende Defekt der Faser nicht an der Spitze des Matrixrisses, sondern erst nach einem gewissen Abstand, so muss die Faser zur endgültigen Materialtrennung aus der Matrix gezogen werden. Dafür ist es jedoch notwendig, die Haftung/Bindung zwischen Faser und Matrix und die Reibung zwischen beiden Phasen zu überwinden (*Pull-out-Effekt*). Da für diese Prozesse eine Spannung erforderlich ist, fällt die Festigkeit nicht sofort auf Null, sondern verläuft treppenstufenartig. Es handelt sich um ein quasiduktiles Werkstoffverhalten.

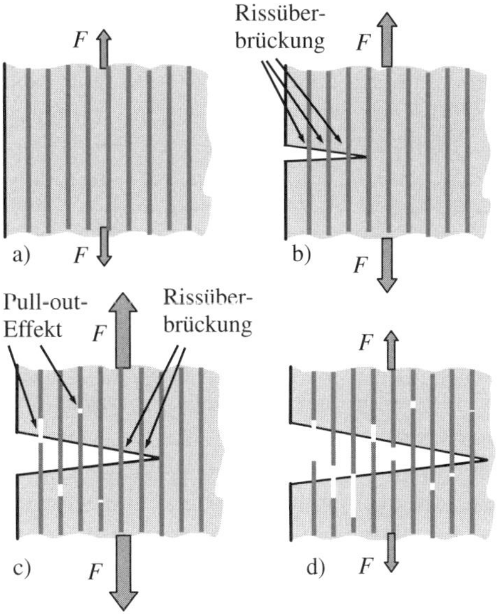

Bild 11.2–9 Bruchentstehung bei einem faserverstärkten Verbundwerkstoff mit spröder keramischer Matrix
a) Ausgangszustand
b) Rissbildung in der spröden Matrix, die zugfesten Fasern überbrücken den Riss und können Spannungen übertragen
c) Die Fasern brechen in der Regel außerhalb des vorhandenen Risses und müssen aus der Matrix gezogen werden (Reibungskräfte müssen überwunden werden – Pull-out-Effekt).
d) die vollständige Trennung von Matrix und Fasern, die übertragbaren Kräfte gehen aufgrund des Pull-out-Effektes nicht auf null zurück

Die Eigenschaften von *Faserverbundwerkstoffen* werden durch die *Fasern* und die *Matrix*, aber auch durch die *Grenzfläche* zwischen beiden geprägt. Neben Art, Querschnitt und Menge der *Fasern* sind für die Eigenschaften des Verbundes die Orientierung und die homogene Verteilung der Fasern von grundlegender Bedeutung. Bei der Fertigung muss darauf geachtet werden, dass die Fasern in Richtung des Kraftverlaufes im Bauteil orientiert sind. Eine inhomogene Verteilung führt zu Schwachstellen im Verbund, die ein Versagen zur Folge haben können. Ein höherer Faseranteil im Verbund führt zwar

Die Eigenschaften eines faserverstärkten Verbundwerkstoffs werden beeinflusst durch:

- Art, Durchmesser, Menge, Verteilung, Anordnung/Orientierung und Eigenschaften der Fasern
- Art, Menge, Verteilung und Eigenschaften der Matrix
- die Grenzflächeneigenschaften
- die Art, Menge und Größe von sonstigen Defekten (Poren, Porennester Risse, Delaminationen)
- das Fertigungsverfahren
- die Beanspruchungscharakteristik (z. B. die Belastungsrichtung)

allgemein zur Festigkeitssteigerung, das gilt aber nur, solange der Matrixanteil ausreicht, um die Fasern miteinander zu verbinden und um für eine entsprechende Kraftübertragung zwischen den Fasern zu sorgen. Die *Art des Matrixmaterials* entscheidet über die möglichen Einsatz- und Verarbeitungseigenschaften. Während sich bspw. duroplastische Matrizes durch eine gute Benetzung der Fasern und eine Verarbeitung bei Raumtemperatur auszeichnen, sind die Verarbeitungszeiten bei thermoplastischen Matrizes erheblich kürzer, da diese nicht aushärten müssen. Außerdem sind thermoplastische Halbzeuge praktisch unbegrenzt lagerfähig und weisen ein größeres Recyclingpotenzial auf. Gute *Benetzung* und *Haftung* der Matrix an den Fasern sind ebenfalls Voraussetzung für eine hohe Festigkeit des Faserverbundes. Dabei werden die Eigenschaften der Grenzfläche von der Adhäsion und/oder der Ausbildung einer Grenzschicht zwischen Matrix und Fasern bestimmt. Eine gute Haftung begünstigt die Kraftübertragung auf die Fasern und beeinflusst entscheidend das Versagensverhalten des Verbundes.

Typische Beispiele für die *Anwendung* von langfaserverstärkten Verbundwerkstoffen:

- Fahrradrahmen für den Radrennsport – Kohlenstofffasern eingebettet in einer Duroplastmatrix
- Hochleistungsbremsscheiben – Kohlenstoffkurzfasern eingebettet in einer Matrix aus Si-SiC
- Druckbehälter – Glas- oder Kohlenstofffasern eingebettet in einer Kunststoffmatrix
- Fahrzeugkarosserie-Teile (z. B. Kotflügel) – Glasfasern eingebettet in einer Polypropylenmatrix

Übung 11.2–6
Was ist eine Faser?

Übung 11.2–7
Warum sind Fasern fester als ein kompaktes Material mit der gleichen chemischen Zusammensetzung?

Übung 11.2–8
Welches Ziel hat eine multidirektionale Faserverstärkung?

Übung 11.2–9
Nennen Sie flächige textile Halbzeuge, die für die Herstellung von Faserverbundwerkstoffen verwandt werden!

Übung 11.2–10
Wieso lässt sich bei der Verstärkung einer spröden keramischen Matrix mit ebenfalls spröden keramischen Fasern trotzdem die Zähigkeit im Verbund verbessern?

Lernzielorientierter Test zu Kapitel 11

1. Welche Aussage über die Matrix ist richtig?
   A Sie befindet sich immer als Schicht auf der Oberfläche.
   B Sie ist die verteilte, physikalisch voneinander getrennte Phase.
   C Sie ist die kontinuierliche, umhüllende Phase.
   D Sie wird von der Verstärkungsphase umhüllt.
2. Welche Werkstoffe sind als Matrixmaterial für einen Verbundwerkstoff denkbar?
   A Polyethylen PE
   B Epoxidharz EP
   C Aluminiumlegierung
   D Aluminiumoxid
   E Cobalt
3. Welche Verstärkungsart ist besonders gut in der Lage, Zugspannungen, die immer die gleiche Richtung aufweisen, zu ertragen?
   A Durchdringungsverbund
   B unidirektional langfaserverstärkte Verbundwerkstoffe
   C nichtorientierte kurzfaserverstärkte Verbundwerkstoffe
   D Schichtverbundwerkstoffe
   E multidirektional langfaserverstärkte Verbundwerkstoffe
4. In eine Matrix eingebrachte Teilchen führen zu einer Festigkeitssteigerung, wenn sie ...
   A in der Matrix gut löslich sind
   B sehr groß und spröd sind
   C sehr klein sind
   D zusammengeballt (agglomeriert) sind
   E homogen und gleichmäßig verteilt sind.
5. Die Aufgabe der Cobaltmatrix in einem Hartmetall ist es, ...
   A den Werkstoff zu verfestigen
   B die Spanbarkeit von extrem harten Werkstoffen zu ermöglichen
   C die spröden, aber sehr harten Wolframcarbidpartikel einzubetten und zu fixieren
   D die Zähigkeit zu verbessern.
6. Bei faserverstärkten Verbundwerkstoffen soll die Matrix ...
   A die Faser vor einer chemisch angreifenden Umgebung schützen
   B Kräfte in die Fasern einleiten
   C die Faser bei Druckbeanspruchung stützen
   D das Ausknicken der Fasern bei Druckbeanspruchung ermöglichen
   E die Fasern auflösen.
7. Welche Eigenschaften haben Kohlenstofffasern?
   A Sie sind hochfest.
   B Sie haben einen niedrigen E-Modul.
   C Sie können hohe Druckspannungen übertragen.
   D Sie können hohe Zugspannungen übertragen.
   E Sie haben eine hohe Steifigkeit.
8. Warum werden Fasergewebe oder -gelege als Halbzeuge für die Verbundwerkstoffherstellung genutzt?
   A Die chemische Beständigkeit des Verbundes wird erhöht.
   B Eine Verstärkung in definierte Richtung ist dadurch möglich.
   C Der Abstand der Fasern/Faserbündel kann optimal eingestellt werden.
   D Die Steifigkeit und Festigkeit des Verbundes werden in zwei Richtungen verbessert.

12 Werkstoffprüfung

12.0 Überblick

Die Eigenschaften eines Werkstoffes (z. B. Festigkeit, Härte, elektrische Leitfähigkeit) werden von der Struktur, dem Gefüge sowie den Wechselwirkungen mit der Umgebung bestimmt. Die Werkstoffeigenschaften verändern sich in Abhängigkeit von den Beanspruchungsbedingungen (z. B. Temperatur, Belastungsdauer, Umgebungsmedium, Spannungszustand). Außerdem werden die Werkstoffeigenschaften während der Fertigung und des technischen Einsatzes ständig verändert und bewirken eine Beeinflussung der Bauteileigenschaften. Aufgabe der Werkstoffprüfung ist es, die Eigenschaften der Werkstoffe/Bauteile unter anwendungsnahen Bedingungen qualitativ und quantitativ zu bestimmen. Die *Werkstoffprüfung* liefert die Voraussetzung für eine zielgerichtete Werkstoffentwicklung und -auswahl und stellt *Kennwerte* für die Bauteilberechnung zur Verfügung. In diesem Kapitel werden Sie mit den wichtigsten *mechanischen Werkstoffeigenschaften* vertraut gemacht. Sie lernen die wichtigsten *mechanischen und zerstörungsfreien Prüfverfahren* kennen. Außerdem werden die Möglichkeiten zur Beurteilung eines Werkstoffzustandes mithilfe der *Materialographie* erläutert.

12.1 Grundlagen der Werkstoffprüfung

Lernziele

Der Lernende kann ...

- zwischen der Beanspruchung bei der Verarbeitung und beim Einsatz unterscheiden,
- den Begriff Werkstoffkenngröße definieren und die Eigenschaften grob klassifizieren (systematisieren),
- die Beanspruchungsarten nennen,
- die Werkstoffprüfverfahren einteilen.

12.1.0 Übersicht

Das Werkstoff- und Bauteilverhalten kann als eine Reaktion auf bzw. als Widerstand gegen alle aus der Umgebung einwirkenden Belastungen aufgefasst werden. Diese Belastungen können sich zeitlich ändern. Da es kein Prüfverfahren gibt, das alle Belastungen widerspiegeln kann, ist es erforderlich, ein für den Anwendungsfall *geeignetes Prüfverfahren* zu wählen. In diesem Kapitel wird Ihnen ein Überblick über die Werkstoffbeanspruchung gegeben. Es wird eine Einteilung der Werkstoffprüfverfahren vorgenommen.

12.1.1 Werkstoffbeanspruchung

Werkstoffbeanspruchung ist die Summe aller äußeren (und inneren) Faktoren, die auf den Werkstoff während der Fertigung, des Einsatzes und der Aufbereitung/Deponierung einwirken.

Während des Einsatzes wird von einem Werkstoff verlangt, dass er eine bestimmte Funktion erfüllt. So darf sich ein kräfte- oder momentenübertragendes Bauteil unter der äußeren Last nicht bleibend (plastisch) verformen oder brechen. Der Werkstoff muss eine bestimmte *Festigkeit* aufweisen, um die *mechanische Beanspruchung* zu ertragen. Bei den meisten technischen Anwendungen kommt es zu einer zeitlichen Änderung der Last (Bild 12.1–1). So ist beispielsweise jeder Einzelzahn im Zahnrad nur temporär im Kräfteeingriff – der Zahn wird schwingend beansprucht. Bei einer periodischen Beanspruchung von Metallen sinkt die Festigkeit mit der Anzahl der Belastungszyklen (siehe Abschnitt 12.2.5). Die mechanischen Eigenschaften können sich während der Lebensdauer ändern.

Neben der mechanischen können zusätzlich noch andere Beanspruchungen wirken (Bild 12.1–2), wie z. B. die *thermische, tribologische, biologische, chemische* und *elektrochemische Beanspruchung* sowie die *Strahlungsbelastung*. Die verschiedenen Beanspruchungsformen wirken nie allein, sondern immer kombiniert. In ihrer Wirkung auf die Werkstoff- und Bauteileigenschaften beeinflussen sich die Beanspruchungsformen gegenseitig. So sinkt beispielsweise bei den meisten metallischen Werkstoffen mit zunehmender Temperatur die Festigkeit, aber das Verformungsvermögen steigt. Dieser Effekt wird bei der Warmumformung von Metallen ausgenutzt. Dagegen kann ein Stahl, der sich bei Raumtemperatur plastisch verformen lässt, bei niedrigen Temperaturen durchaus katastrophal durch Sprödbruch versagen. Aus diesem Grund ist immer die gesamte *Beanspruchungscharakteristik* über die komplette Lebensdauer zu betrachten. Weiterhin ist zu berücksichtigen, dass sich die Beanspruchung während der Fertigung und während des Einsatzes unterscheidet. So wird von einem Karosserieblech bei der

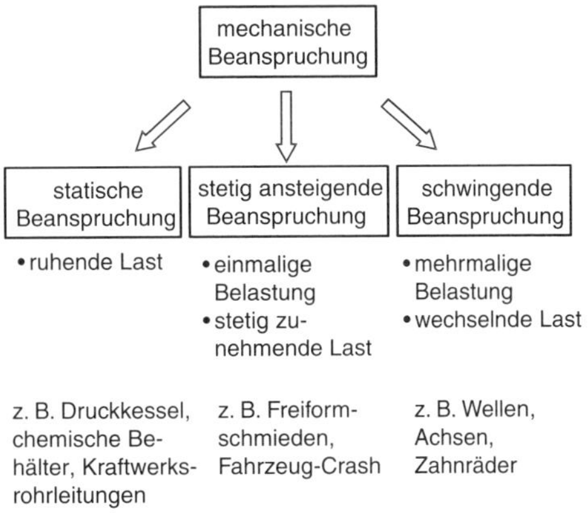

Bild 12.1–1 Einteilung der mechanischen Beanspruchung

Bild 12.1–2 Übersicht der Beanspruchungsarten, die das Werkstoffverhalten beeinflussen

Fertigung eine möglichst niedrige Festigkeit bei einem hohen Umformvermögen verlangt. Beim späteren Einsatz als Fahrzeugblech wird eine sehr hohe Festigkeit bei gleichzeitig hohem Energieabsorptionsvermögen angestrebt.

Die Werkstoffeigenschaften werden bei der Fertigung verändert. Eine Kaltumformung bei Metallen führt in der Regel zu einer deutlichen Festigkeitssteigerung (Kaltverfestigung). Gleichzeitig nimmt jedoch die Zähigkeit ab. Außerdem werden, bedingt durch die Kaltumformung, die Eigenschaften richtungsabhängig (*Anisotropie*). Die Beanspruchungscharakteristik bei der Fertigung führt zu Änderungen im Gefüge und/oder zu Änderungen in der Versetzungsdichte und -anordnung und kann unter Umständen versagensauslösende Fehler (z. B. Risse, Poren, Einschlüsse) zur Folge haben.

Die Beanspruchung kann gewünschte oder unerwünschte Veränderungen im Werkstoff hervorrufen. Die auf einen Werkstoff wirkende Beanspruchung ist immer sehr komplex und ändert sich ständig. Deshalb wurden zur Charakterisierung der Werkstoffe zahlreiche Prüfverfahren entwickelt, die die Bedingungen bei Fertigung und Einsatz ausreichend widerspiegeln.

> Die *Werkstoffbeanspruchung* bei der Fertigung bewirkt die Änderung der Werkstoffeigenschaften und beeinflusst damit die Einsatzeigenschaften und die Lebensdauer.

> *Festigkeit* ist der Widerstand gegen bleibende (plastische) Verformung und Bruch.

> *Zähigkeit* ist das Vermögen eines Werkstoffes, Spannungsspitzen, z. B. an einer Rissspitze, durch plastische Verformung abzubauen. Die Zähigkeit ist der Widerstand gegen einen plötzlichen und unkontrollierten Rissfortschritt, der zum Sprödbruch führt.

Übung 12.1–1
Warum sind Sprödbrüche in der Praxis so gefährlich?

Übung 12.1–2
Nennen Sie Beispiele für das kombinierte Wirken von mehreren Beanspruchungen.

12.1.2 Werkstoffprüfung – Begriff, Aufgaben und Einteilung der Werkstoffprüfverfahren

Die *Werkstoffprüfung* ist ein anwendungsorientiertes und interdisziplinäres Teilgebiet der Werkstoffwissenschaften und sowohl mit den Naturwissenschaften als auch mit den Ingenieurwissenschaften eng verzahnt. Physik und Chemie bilden die wesentlichen naturwissenschaftlichen Grundlagen. Festkörpermechanik, Fertigungstechnik, Konstruktionstechnik und Automatisierungstechnik sind die wichtigsten Ingenieurdisziplinen, die mit Werkstoffprüfung unmittelbar in Verbindung stehen. *Geeignete Werkstoffkennwerte* sind Grundlage für die Bauteilberechnung. Nur *Werkstoffkennwerte,* die mithilfe eines Werkstoffprüfverfahrens unter anwendungsnahen Bedingungen ermittelt wurden, lassen sich für eine Bauteilberechnung heranziehen. So müssen Werkstoffe für Kraftwerksrohrleitungen bei Anwendungstemperatur (bis zu 550 °C) geprüft werden.

> *Werkstoffprüfung* ist ein Teilgebiet der Werkstoffwissenschaft mit dem Ziel, *geeignete Kenngrößen* zur Charakterisierung der Werkstoff- und Bauteileigenschaften und die quantitative Darstellung dieser Eigenschaften in Form von Kennwerten festzulegen (nach Blumenauer).

> Eine *Werkstoffkenngröße* ist eine messbare und damit quantitativ darstellbare Werkstoffeigenschaft, die durch Prüfvorschriften definiert wird. Der Zahlenwert, der für einen Werkstoff in einem Versuch ermittelt wurde, wird als *Werkstoffkennwert* bezeichnet. Werkstoffkenngrößen beschreiben das mechanische, technologische, thermische, optische, elektrische, magnetische, chemische und elektrochemische Verhalten eines Werkstoffes unter definierten Belastungsbedingungen.

Die *Qualitätssicherung* bei der Fertigung und die Überwachung des Werkstoffzustandes beim Einsatz sollen beanspruchungsbedingte Änderungen der Werkstoffeigenschaften feststellen und dokumentieren, sodass unter Umständen unzulässige Schädigungen festgestellt und betroffene Werkstoffchargen oder Bauteile ausgesondert werden können.

Bei der *mechanischen Werkstoffprüfung* werden die Eigenschaften anhand von gezielt entnommenen und häufig genormten *Proben* bestimmt. Die Werkstoffprüfverfahren laufen unter definierten Bedingungen ab. Da sich die realen Belastungen von den Prüfbedingungen unterscheiden, und außerdem die Bauteilgeometrie einen entscheidenden Einfluss auf das Bauteilverhalten ausübt, kann eine Prüfung an kompletten Bauteilen oder Bauteilgruppen erforderlich sein. Obwohl die Eigenschaften aller verarbeiteten Werkstoffe bekannt sind, werden beispielsweise im Automobilbau komplette Fahrzeuge verschie-

Aufgaben der Werkstoffprüfung:

- Festlegen und Bestimmen geeigneter Werkstoffkenngrößen – Eigenschaftscharakterisierung
- Werkstoffdiagnose
- Qualitätssicherung
- Überwachung des Werkstoffzustandes im Betrieb
- Untersuchung von fertigungsbedingten Eigenschaftsänderungen
- Bauteilprüfung
- Schadensanalyse

> Eine *Werkstoffprobe* ist ein Teil einer Werkstoffmenge, die die Eigenschaften dieser Menge repräsentieren muss. Eine Werkstoffprobe ist dieser Menge definiert zu entnehmen und hat in der Regel genormte Abmessungen.

denen Aufprallbedingungen ausgesetzt, um die Sicherheit der Fahrzeuge zu überprüfen (Bild 12.1–3).

Unter *Bauteilprüfung* ist eine Untersuchung von bearbeiteten oder schon im Einsatz befindlichen Bauteilen oder Bauteilgruppen unter Anwendungsbedingungen zu verstehen.

Zur *Werkstoffdiagnose* gehört u. a. die Ermittlung der chemischen Zusammensetzung, der chemischen Bindung, der Struktur und des Gefüges. So ist gerade von Metallen bekannt, dass es einen engen Zusammenhang von chemischer Zusammensetzung, Kristallgittertyp (Struktur), Gefüge und Fertigung (z. B. Abkühlgeschwindigkeit aus dem Austenitgebiet bei Stählen) auf die Eigenschaften des Werkstoffes gibt. Mit der Werkstoffdiagnose soll die Reaktion des Werkstoffes auf seine Umgebung untersucht werden. Neben der chemischen Analyse gehören *metallographische Untersuchungen* zu den wichtigsten Untersuchungsverfahren.
In Tabelle 12.1–1 wird ein Überblick über die wichtigsten Werkstoffprüfverfahren gegeben.

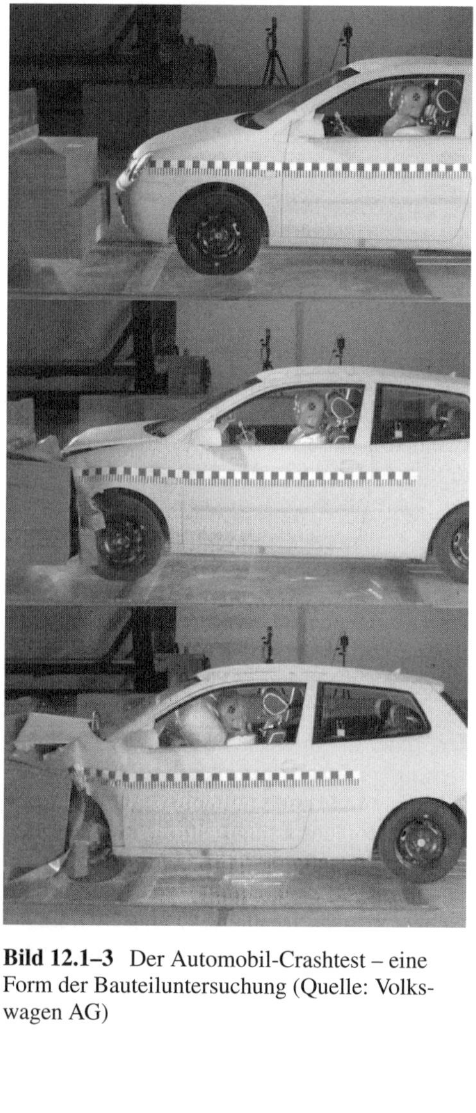

Bild 12.1–3 Der Automobil-Crashtest – eine Form der Bauteiluntersuchung (Quelle: Volkswagen AG)

Tabelle 12.1–1 Einteilung der Werkstoffprüfverfahren

Einteilung der Verfahren	Untersuchungsgegenstand/ zu bestimmende Eigenschaften	Prüfverfahren
Mechanische Prüfverfahren	Festigkeit, Verformungsverhalten	Zugversuch
	Zähigkeit, Bruchverhalten	Kerbschlagbiegeversuch, bruchmechanische Prüfverfahren
	Dauerfestigkeit	Schwingfestigkeitsversuche
	Härte	Härtemessung (Vickers, Rockwell, Brinell)
Prüfung von chemischen und elektrochemischen Werkstoffeigenschaften	Chemische Zusammensetzung	Gravimetrie, Glimmentladungsspektroskopie (GDOS), Elektronenstrahlmikroanalyse (ESMA), energiedispersive Röntgenmikrobereichsanalyse (EDXS)
	Beständigkeit in Medien (z. B. Säurebeständigkeit, Korrosionsverhalten)	Langzeitkorrosionsversuch, Wechseltauchversuch, Salzsprühtest
Gefügeuntersuchung	Untersuchung der Art, Anordnung, Verteilung, Größe und Form von Gefügebestandteilen (z. B. Kristalliten)	Metallographie, Plastographie, Keramographie (lichtmikroskopische und elektronenmikroskopische Verfahren)
Zerstörungsfreie Prüfverfahren	E-Modul, Wanddicken von Bauteilen oder Blechen	Ultraschallprüfung
	Oberflächenhärte	Wirbelstromprüfung
	Strukturuntersuchungen (Gittertyp)	Röntgenfeinstrukturanalyse
	Oberflächenfehler	Wirbelstromprüfung, Farbeindringprüfung
	Materialfehler im Bauteilinneren	Ultraschallprüfung, Röntgengrobstrukturanalyse
	Werkstoffsortierung	Ultraschallprüfung, Wirbelstromprüfung
Prüfung physikalischer Eigenschaften	Dichte	Auftriebsverfahren, Gaspyknometer
	Wärmekapazität	Kalorimetrie
	Wärmeausdehnung	Dilatometrie
	elektrische und thermische Leitfähigkeit	Leitfähigkeitsmessung
Spezielle Prüfverfahren	Bestimmung von im Bauteil vorliegenden Dehnungen oder Spannungen/Eigenspannungen	Bohrlochverfahren, röntgenografische Spannungsmessung, Moiré-Methode
Technologische Prüfverfahren	Umformbarkeit	Tiefungsversuch (Erichsen), Näpfchenziehversuch, Faltversuch
	Härtbarkeit	Stirnabschreckversuch nach Jominy
	Schweißbarkeit (Schweißeignung, Schweißsicherheit)	Implant-Test, Zugversuch, bruchmechanische Werkstoffuntersuchungen

12.2 Mechanische Werkstoffprüfung

12.2.0 Übersicht

Die *mechanischen Werkstoffprüfverfahren* haben die Aufgabe, Werkstoffkennwerte für die Dimensionierung von Bauteilen unter einer von außen wirkenden Kraft zu ermitteln. Außerdem liefern die mechanischen Prüfverfahren wichtige Aussagen zum technologischen Verhalten der Werkstoffe (z. B. Umformverhalten) und werden insbesondere in der Metallurgie und der Wärmebehandlung zur Qualitätssicherung eingesetzt.
Mechanische Werkstoffprüfverfahren sind *zerstörende Prüfverfahren*. Bereits die Probenentnahme hat eine Funktionsbeeinträchtigung des Werkstückes/Bauteiles zur Folge. Eine Wiederverwendung des Probenmaterials ist nach einer zerstörenden Werkstoffprüfung nicht möglich (Ausnahme: u. U. Härteprüfverfahren).
Die mechanischen Prüfverfahren sind in einem umfassenden Regelwerk genormt. Neben der Versuchsdurchführung mit dem zugehörenden Kräfte- oder Momenteneintrag (Zug, Druck, Biegung, Torsion) werden auch die Probengeometrie und -entnahme, die Prüfvorrichtung, die Messung/Berechnung von Kennwerten und die Belastungsbedingungen (z. B. Dehnungsgeschwindigkeit, Temperatur, Umgebungsmedium, Dehnungs- oder Spannungsamplitude und Frequenz bei schwingender Belastung) vorgeschrieben.
Die folgenden Abschnitte stellen Ihnen die wichtigsten mechanischen Prüfverfahren vor, beschreiben den Versuchsablauf und gehen auf die Auswertemethoden ein. Außerdem wird auf die Unterschiede im Verhalten verschiedener Werkstoffe und deren Ursache eingegangen.

12.2.1 Zugversuch

Lernziele

Der Lernende kann ...

- den Zweck des Zugversuches angeben und das Prüfprinzip beschreiben,
- aus dem Spannung-Dehnung-Diagramm die Werkstoffkennwerte ermitteln,
- die praktische Bedeutung der Werkstoffkenngrößen erläutern,
- dem Verformungsverlauf die vier Verformungsbereiche zuordnen und zwischen wahrer und technischer Spannung unterscheiden,
- charakteristische Spannung-Dehnung-Verläufe entsprechenden Werkstoffgruppen, Wärmebehandlungszuständen und Prüfbedingungen zuordnen.

12.2.1.0 Übersicht

Der *Zugversuch* ist das wichtigste mechanische Prüfverfahren. Er liefert *Festigkeits- und Verformungskennwerte*, die gleichzeitig Abnahmekriterium bei der Herstellung von Metallen oder Kunststoffen sind. Steigt die Belastung allmählich und stoßfrei an, wird der Zugversuch als statisches bzw. quasistatisches Prüfverfahren bezeichnet. Die im Zugversuch ermittelten *Werkstoffkennwerte* dienen zum Vergleich und zur Beurteilung unterschiedlicher Werkstoffe und zur Auslegung überwiegend statisch beanspruchter Bauteile.

12.2.1.1 Prüfprinzip

Im *Zugversuch* wird eine ungekerbte, zumeist zylindrische, längliche Probe oder eine Flachzugprobe vorgegebener Geometrie an ihren beiden Enden axial in eine geeignete Prüfmaschine eingespannt und mit konstanter Dehnungsgeschwindigkeit auseinandergezogen. Die Probe wird dabei längs der Stabachse gedehnt. Quer zur Zugrichtung kommt es zur Kontraktion. Der geprüfte Werkstoff setzt der Verformung im Versuchsverlauf unterschiedliche Widerstände entgegen. Entsprechend verändert sich die durch die Prüfmaschine aufzubringende Kraft. Der Versuch ist nach erfolgtem *Bruch* abgeschlossen.

Die auf den Probenkörper einwirkende Kraft F und die daraus resultierende Längenänderung der Probe ΔL werden während des gesamten Versuches registriert. Beide Größen hängen von der Probengeometrie ab. Eine Vergleichbarkeit der Ergebnisse ist nur dann gegeben, wenn die Längenänderung und die aufgebrachte Kraft in die bezogenen Größen *Dehnung* und *Spannung* umgerechnet werden (Abschnitt 12.2.1.2).

Die *Zugproben* werden üblicherweise entsprechend der DIN 50 125 aus einem Erzeugnis/Rohteil gefertigt. Bei der Probenherstellung ist darauf zu achten, dass die Eigenschaften des Werkstoffes durch die Fertigung nicht verändert werden. Neben der eigentlichen Versuchslänge L_c (Probenbereich mit gleichem Anfangsquerschnitt) weist eine Zugprobe an beiden Enden je einen Probenkopf für die Befestigung in der Spannvorrichtung der Maschine sowie Probenschultern auf. Die *Zugproben* werden in Flach- und Rundzugproben unterteilt (Bild 12.2–1). Auch eine Fertigung von Zugproben aus Rohrmaterial ist möglich. Beispiele für mögliche Probengeometrien und dazugehörige Grenzabmaße und Formtoleranzen werden in DIN 50 125 gegeben. Beispiele für typische Probengeometrien sind in Tabelle 12.2–1 und Tabelle 12.2–2 angegeben.

Beim *Zugversuch* entsprechend DIN EN ISO 6892-1 wird ein zylindrischer Probestab oder eine Flachzugprobe in eine Prüfmaschine eingespannt und mit konstanter Dehnungsgeschwindigkeit in axialer Richtung bis zum Bruch belastet. Dabei werden die Zugkräfte in Längsrichtung und die Verlängerung der Probe gemessen sowie Festigkeits- und Verformungskennwerte ermittelt.

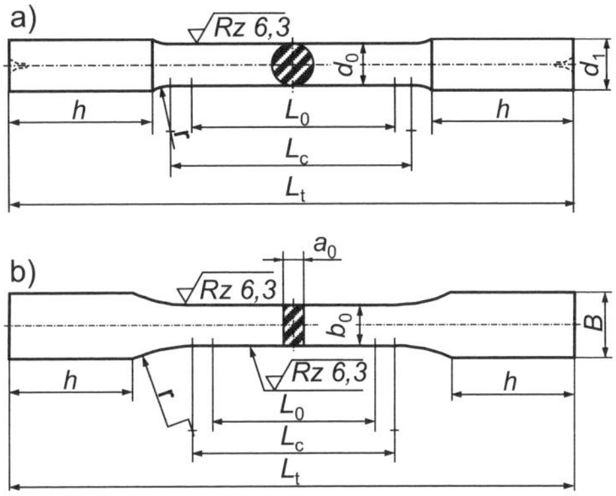

Bild 12.2–1 Zugproben nach DIN 50 125
a) Rundzugprobe mit glatten Zylinderköpfen zum Einspannen in Spannkeile, Form A
b) Flachzugprobe mit Köpfen für Spannkeile, Form E

d_0 Probendurchmesser in der Messlänge
d_1 Kopfdurchmesser
h Kopfhöhe
L_0 Anfangsmesslänge (muss auf der Probe markiert werden)
L_c Versuchslänge
L_t Gesamtlänge
a_0 Probendicke
b_0 Probenbreite
B Kopfbreite

Proportionalstab

$$L_0 = 5{,}65 \cdot \sqrt{S_0} = 5 \cdot d_0$$

S_0 Anfangsquerschnitt der Rundprobe

$$S_0 = \frac{\pi}{4} d_0^2$$

Tabelle 12.2–1 Rundzugproben – ausgewählte Beispiele für die Maße von Zugproben Form A entsprechend DIN 50 125

d_0 in mm	L_0 in mm	d_1 min in mm	r min in mm	h min in mm	L_c min in mm	L_t min in mm
5	25	6	4	20	30	74
10	50	12	8	35	60	138

Tabelle 12.2–2 Flachzugproben – ausgewählte Beispiele für die Maße von Zugproben Form E entsprechend DIN 50 125

a_0 in mm	b_0 in mm	L_0 in mm	B min in mm	r min in mm	h min in mm	L_c min in mm	L_t min in mm
4	10	35	15	12	30	45	120
10	30	100	40	25	70	126	296

Um spätere Verwechslungen auszuschließen sind die Proben an den Stirnflächen bzw. Spannköpfen zu kennzeichnen. Vor dem Versuch sind der Anfangsdurchmesser d_0 bzw. die Anfangsdicke a_0 und -breite b_0 zu messen und zu registrieren. Da die Probenschulter als Kerbe wirkt und deswegen in diesem Bereich die Verformung behindert ist, muss die aufzutragende Messlänge L_0 deutlich kleiner sein als die Versuchslänge L_c. Die Anfangsmesslänge L_0 richtet sich in der Regel nach dem Anfangsquerschnitt S_0 und wird mit $L_0 = k \cdot \sqrt{S_0}$ berechnet und auf der Probe markiert. Der Proportionalitätsfaktor k ist üblicherweise 5,65.

Der Zugversuch wird meist auf *Universalprüfmaschinen* durchgeführt (Bild 12.2–2). Für die Probeneinspannung werden mechanische Keilspannbacken oder hydraulische Spannvorrichtungen verwendet. Auch eine Probeneinspannung über Gewinde oder eine Schulterhalterung ist möglich. Die zur Erzeugung der axialen Zugprobenverformung erforderlichen Kräfte werden von einem servohydraulischen oder elektromechanischen Antrieb erzeugt und über die Einspannung übertragen (Bild 12.2–3). Die *Kraftmessung* erfolgt normalerweise über eine Kraftmessdose, die kraftschlüssig mit der Prüfmaschine und der Probe verbunden ist. Die Kraftmessdose arbeitet wie eine sehr steife Feder. Die

Bild 12.2–2 Universalprüfmaschine (Foto: TIRA WPM Leipzig GmbH)

durch die Zugkräfte bedingten, sehr kleinen (elastischen) Verformungen im Federelement der Kraftmessdose werden über Dehnungsmessstreifen (DMS) gemessen. Diese Verformungen sind proportional zur wirkenden Kraft (siehe *Hooke'sches Gesetz*).

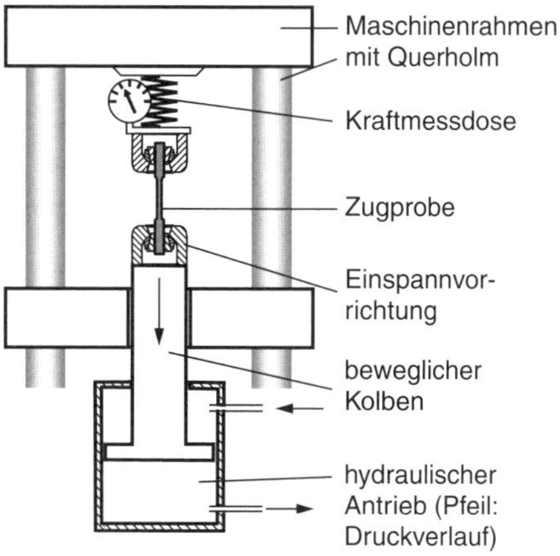

Bild 12.2–3 Prinzipieller Aufbau einer servohydraulischen Universalprüfmaschine

Die Messung der *Probenverlängerung* soll direkt auf der Probe erfolgen. Eine Beeinflussung des Messergebnisses durch die Verformungen der Probe außerhalb der Messlänge oder durch elastische Verformungen des Maschinenrahmens können dadurch ausgeschlossen werden. Verwendung finden insbesondere mechanische sowie induktive Wegaufnehmer, die allgemein als Extensometer bezeichnet werden. Bild 12.2–4 zeigt ein Extensometer mit mechanischem Prinzip. Dabei sitzen Hartmetallschneiden (unten beweglich) auf der Probe. Der Abstand dieser Schneiden entspricht der *Extensometermesslänge* L_e, die ungefähr gleich zur *Anfangsmesslänge* L_0 gewählt werden sollte. Die während des Zugversuches wirkende Kraft führt zu einer *Verlängerung der Extensometermesslänge* der Probe um den Betrag ΔL_e. Die berührende direkte Dehnungsmessung wird immer häufiger durch berührungslose optische Verfahren ersetzt. Zum Einsatz kommen in erster Linie CCD-Kameras, Laserextensometer oder elektrooptische Extensometer.

Die *Extensometermesslänge* L_e, die *Anfangsmesslänge* L_0, der *Anfangsdurchmesser* d_0 bei Rundzugproben bzw. die Anfangsdicke a_0 und -breite b_0 bei Flachzugproben werden zur Ermittlung der Festigkeits- und Verformungskenngrößen bei der Auswertung des Zugversuches benötigt.

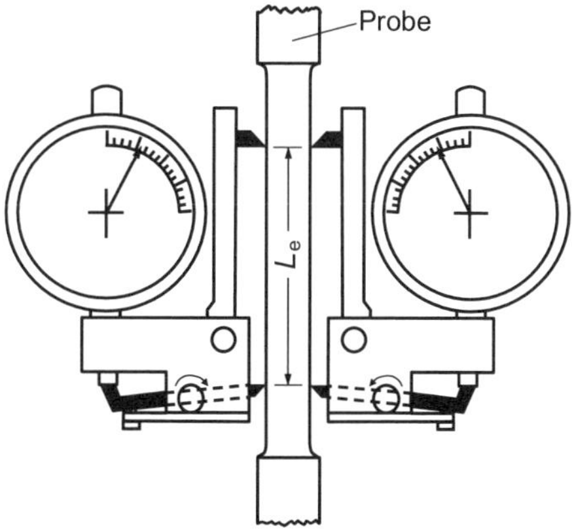

Bild 12.2–4 Mechanisches Extensometer (Feindehnungsmessung)

L_e Extensometermesslänge
= Anfangsmesslänge einer Längenmesseinrichtung (Extensometer)

12.2.1.2 Versuchsauswertung, Kenngrößen

Mit der Einführung der DIN EN ISO 6892-1 „Metallische Werkstoffe – Zugversuch" haben sich im Vergleich zu früheren Normen einige grundlegende Änderungen ergeben, u. a.:

- Die technische Spannung erhält das Symbol *R* und die wahre Spannung das Symbol σ.
- Um Verwechslungen mit der logarithmischen Formänderung (= wahre Dehnung) auszuschließen, erhält die (technische) *Dehnung* das Symbol *e*.
- Die *Dehnung* für das Spannung-Dehnung-Diagramm wird mithilfe eines Extensometers bestimmt (Spannung-Extensometerdehnung-Diagramm).

$$\text{(techn.) Spannung} = \frac{\text{Kraft}}{\text{Anfangsquerschnitt}}$$

$$R = \frac{F}{S_0} \quad \text{in N/mm}^2 = \text{MPa}$$

$$\text{Dehnung} = \frac{\text{Verlängerung}}{\text{Anfangsmesslänge}} \cdot 100\,\%$$

$$e = \frac{\Delta L}{L_0} \cdot 100\,\%$$

bzw. als *Extensometerdehnung*

$$e = \frac{\Delta L_e}{L_e} \cdot 100\,\%$$

ΔL_e Verlängerung der Extensometermesslänge

Die Ermittlung von Werkstoffkennwerten im Zugversuch ist in DIN EN ISO 6892-1 beschrieben. Um vergleichbare Ergebnisse zu erhalten, ist es notwendig, die Messgrößen Kraft und Längenänderung in die bezogenen Größen *Spannung R* und *Dehnung e* umzurechnen. Dabei ist die (technische) *Spannung R* als Quotient von momentaner Kraft *F* zur Ausgangsfläche S_0 definiert. Die *Dehnung e* ist allgemein die Verlängerung der Probe ΔL bezogen auf die Anfangsmesslänge L_0. Bei der Verwendung eines Extensometers zur Bestimmung der *Dehnung* wird die Verlängerung der Extensometermesslänge ΔL_e auf die Extensometermesslänge L_e (= Anfangsmesslänge einer Längenmesseinrichtung) bezogen.

Um Werkstoffkenngrößen grafisch zu ermitteln, ist es notwendig, die zueinander gehörenden Spannungs- und Dehnungswerte in einem Diagramm darzustellen. In Bild 12.2–5 ist schematisch ein Spannung-Dehnung-Diagramm eines Baustahles (z. B. S235) dargestellt. Der Verformungsverlauf lässt sich in vier Abschnitte untergliedern:

Verformungsverlauf im Zugversuch:
1 Bereich der elastischen Verformung (Hooke'sche Gerade)
2 Bereich der Lüdersdehnung
3 Bereich der Gleichmaßdehnung
4 Bereich der Brucheinschnürung

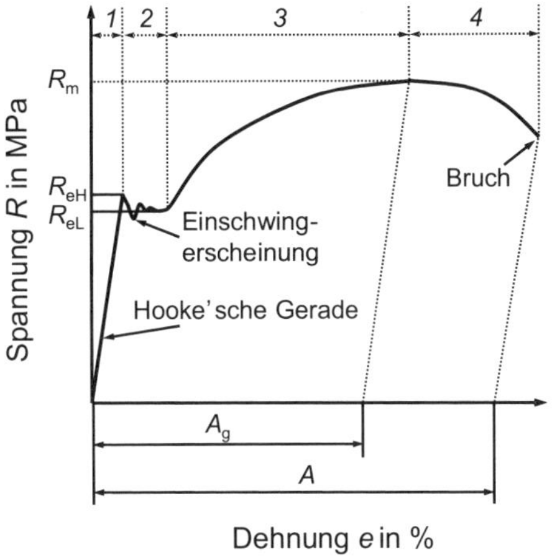

Bild 12.2–5 Schematisches Spannung-Dehnung-Diagramm eines allgemeinen Baustahles

R_{eL} untere Streckgrenze
R_{eH} obere Streckgrenze
R_m Zugfestigkeit
A_g Gleichmaßdehnung (plastische Extensometerdehnung bei Höchstkraft)
A Bruchdehnung
m_E ermittelter Anstieg der Spannung-Extensometerdehnung-Kurve im Bereich der elastischen Geraden (Bereich *1*); hier gilt:

$$m_E = \frac{\Delta R}{\Delta e}$$

Δe ist bei der Bestimmung des Anstieges der elastischen Gerade als Absolutwert und nicht in Prozent einzusetzen!

1. Bereich der elastischen Verformung

Im Bereich der elastischen Verformung steigt mit zunehmender Spannung die Dehnung linear an (*Hooke'sche Gerade*). Der ermittelte Anstieg im linearen Bereich der Spannung-Extensometerdehnung-Kurve erhält das Symbol m_{E}. Bei einem sehr genauen Messsystem und exakter axialer Ausrichtung der Zugprobe in der Spannvorrichtung entspricht m_{E} dem *Elastizitätsmodul E* (vgl. Abschnitt 1.3.2). Der *Elastizitätsmodul E* ist für jeden Werkstoff charakteristisch: Er ist ein Maß für die Steifigkeit eines Werkstoffes unter Zug- und Druckbeanspruchung. Im Bereich der elastischen Verformung wird der Werkstoff nicht bleibend verformt. Das heißt, wird die Probe hier entlastet, nimmt sie sofort wieder ihre ursprüngliche Form an (Abschnitt 1.3.2). Die *Streckgrenze* R_{e} kennzeichnet den Übergang vom elastischen zum plastischen Werkstoffverhalten. Bei Werkstoffen mit einer ausgeprägten Streckgrenze, wie im Bild 12.2–5 dargestellt, endet die elastische Verformung an der *oberen Streckgrenze* R_{eH}.

2. Bereich der Lüdersdehnung

Wird die Streckgrenze im Zugversuch überschritten, so weicht die Spannung von der Hooke'schen Geraden ab; die Spannungsänderung ist also nicht mehr proportional zur Dehnung. Wird die Probe in diesem oder in den nachfolgenden Verformungsbereichen entlastet, so nimmt sie nicht mehr die Ausgangsgeometrie an. Der Werkstoff wird bleibend, d. h. *plastisch*, verformt. Bei Werkstoffen mit einer ausgeprägten Streckgrenzenerscheinung fällt die Spannung nach dem Überschreiten der oberen Streckgrenze R_{eH} und bleibt über eine gewisse Verformung nahezu konstant. Dieser Spannungskennwert ist die *untere Streckgrenze* R_{eL}. Der Abfall der Spannung nach dem Überschreiten der oberen Streckgrenze wird auf das kombinierte Wirken von Einlagerungsatomen (C, N) und Versetzungen zurückgeführt. Da un-

Anmerkung: Im Grunde entspricht die Gleichung zur Bestimmung von m_{E} dem im Abschnitt 1.3.2 vorgestellten *Hooke'schen Gesetz* unter der Einbeziehung der Messfehler. Das Hooke'sche Gesetz lautet

$$\sigma = E \cdot e$$

bzw. für den *E-Modul* gilt

$$E = \frac{\Delta\sigma}{\Delta e}$$

ferritisch-perlitischer oder martensitischer Stahl: $E \approx 210\,\mathrm{GPa}$
Aluminium: $E \approx 70\,\mathrm{GPa}$

Steifigkeit ist der Widerstand gegen elastische Verformung. Die Steifigkeit eines Bauteiles wird von der Bauteilgeometrie und dem Elastizitätsmodul (allgemein von den elastischen Konstanten) bestimmt.

Die *Streckgrenze* R_{e} ist die Spannung, bei der es zum Übergang von der elastischen zur plastischen Verformung kommt.

terhalb von zusätzlich eingeschobenen Gitterebenen (Stufenversetzung) das Kristallgitter aufgeweitet ist, sammeln sich in diesem Bereich bevorzugt die Einlagerungsatome und behindern die Versetzungsbewegung. Erst wenn die obere Streckgrenze erreicht ist, können sich die Versetzungen von den Einlagerungsatomen lösen. Da für die weitere Bewegung weniger Energie notwendig ist, fällt die Spannung bis auf den Wert der *unteren Streckgrenze* ab. Im Bereich der *Lüdersdehnung* ist die Verformung auf einen kleinen Bereich innerhalb der Messlänge örtlich begrenzt (Lüdersband). Mit zunehmender plastischer Verformung wandert dieser Bereich durch die ganze Probe.

Andere Werkstoffe, z. B. die meisten Aluminium- und Kupferlegierungen, zeigen keinen ausgeprägten Streckgrenzeneffekt (Bild 12.2–6). Bei diesen Werkstoffen gibt es einen allmählichen Übergang vom elastischen zum plastischen Werkstoffverhalten. Da der Beginn des plastischen Fließens nicht exakt bestimmt werden kann, wird die *Dehngrenze* R_p (Dehngrenze bei plastischer Extensometerdehnung) ermittelt. R_p ist die Spannung, bei der eine vorgegebene bleibende Verformung erreicht wird. Üblicherweise wird mit einer plastischen Extensometerdehnung von $e_p = 0{,}2\,\%$ gearbeitet. Das Symbol der *Dehngrenze* wird ergänzt durch den Betrag der plastischen Verformung in Prozent, z. B. $R_{p0,2}$. Grafisch wird dieser Wert durch die Parallelverschiebung der Hooke'schen Geraden bis zur Extensometerdehnung von $e = 0{,}2\,\%$ ermittelt (Bild 12.2–6). Der Schnittpunkt der parallelverschobenen Geraden mit dem Spannung-Dehnung-Verlauf entspricht der Dehngrenze $R_{p0,2}$.

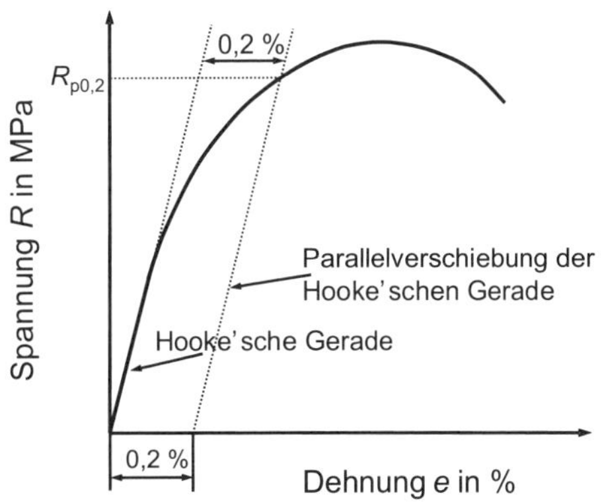

Bild 12.2–6 Grafische Bestimmung der Dehngrenze $R_{p0,2}$ (Dehngrenze bei plastischer Extensometerdehnung von $e = 0{,}2\,\%$)

> Die *Dehngrenze* R_p ist die Spannung bei einem bestimmten Betrag an bleibender (plastischer) Dehnung. Sie wird bei Werkstoffen mit allmählichem Übergang vom elastischen zum plastischen Werkstoffverhalten als Ersatz für die Streckgrenze verwendet.

3. Bereich der Gleichmaßdehnung

Wird der Werkstoff weiter verformt, steigt die Spannung mit zunehmender plastischer Verformung an – der Werkstoff verfestigt. Dieser Anstieg der Festigkeit wird unmittelbar von der plastischen Verformung beeinflusst und deshalb auch als *Verformungsverfestigung* bzw. Kaltverfestigung bezeichnet. Wie im Abschnitt 1.3.3 beschrieben, werden bei plastischer Verformung Versetzungen bewegt. Gleichzeitig entstehen aber bei der Verformung ständig neue Versetzungen (Versetzungsvervielfachung), die sich gegenseitig in ihrer Beweglichkeit behindern. In diesem Verformungsbereich wird die Zugprobe über die gesamte Messlänge gleichmäßig gedehnt. Da sich während der plastischen Verformung das Volumen der Probe nicht ändert, muss die Dehnung der Probe in Zugrichtung mit einer gleichzeitigen Verringerung des Querschnittes verbunden sein (Querkontraktion). Der Bereich der *Gleichmaßdehnung* wird von der *Zugfestigkeit* R_m begrenzt. Die *Zugfestigkeit* ist die größte technische Spannung, die während des Zugversuches auftritt. Die bei R_m vorliegende plastische Dehnung wird als *Gleichmaßdehnung* A_g (plastische Extensometerdehnung bei Höchstkraft F_m) bezeichnet. Da sich bei R_m die gesamte Dehnung aus einem elastischen und einem plastischen Anteil zusammensetzt, ist bei der grafischen Bestimmung von A_g die Hooke'sche Gerade bis zu R_m parallel zu verschieben (Bild 12.2–5). Der Schnittpunkt dieser Geraden mit der Dehnungsachse entspricht dem Wert der *Gleichmaßdehnung* A_g. Die *Gleichmaßdehnung* ist ein wichtiger Werkstoffkennwert zur Beurteilung der Kaltumformbarkeit eines Werkstoffes.

> Die *Zugfestigkeit* R_m ist die größte (technische) Spannung, die während des Zugversuches auftritt. Sie ergibt sich aus dem Quotienten von Höchstzugkraft F_m und dem Anfangsquerschnitt S_0.
>
> $$R_m = \frac{F_m}{S_0} = \frac{\textit{Höchstkraft}}{\textit{Anfangsquerschnitt}}$$

> Die *Gleichmaßdehnung* A_g entspricht der bleibenden (plastischen) Dehnung bei der *Höchstzugkraft* F_m. Sie kann grafisch aus dem Spannung-Extensometerdehnung-Diagramm oder rechnerisch mit
>
> $$A_g = \left(\frac{\Delta L_m}{L_e} - \frac{R_m}{m_E}\right) \cdot 100\,\%$$
>
> bestimmt werden.

ΔL_m Verlängerung der Extensometermesslänge bei Höchstkraft

4. Bereich der Brucheinschnürung

Wird der Werkstoff über R_m hinaus belastet, fällt die Spannung ab und die Verformung bleibt auf ein kleines Gebiet begrenzt. Diese lokal begrenzte Dehnung führt natürlich auch zu einer örtlichen Querschnittsabnahme. Die Probe schnürt ein. An der Stelle, wo der Werkstoff am stärksten einschnürt, bricht die Zugprobe. Die plastische Deh-

> Die *Bruchdehnung* A ist die bleibende (plastische) Dehnung nach dem Bruch. Sie ist die Probenverlängerung nach dem Bruch bezogen auf die Ausgangsmesslänge in %.
>
> $$A = \frac{L_u - L_0}{L_0} \cdot 100\,\%$$

nung zum Zeitpunkt des Bruches wird als *Bruchdehnung A* bezeichnet. Sie wird anhand der bleibenden Probenverlängerung ermittelt. Dazu werden die Bruchflächen der beiden gebrochenen Hälften sorgfältig zusammengelegt (Bild 12.2–7). Die Messlänge nach dem Bruch L_u kann anhand der Messmarken mithilfe eines Messmikroskops bestimmt werden. Die *Bruchdehnung A* ist der Quotient aus der bleibenden Probenverlängerung zum Zeitpunkt des Bruches ($L_u - L_0$) und der Ausgangslänge L_0. Ist die Zugprobe innerhalb der Extensometermesslänge gebrochen, kann die *Bruchdehnung A* auch grafisch aus dem Spannung-Extensometerdehnung-Diagramm durch Parallelverschiebung der Hooke'schen Geraden bestimmt werden (Bild 12.2–5). Ein Vergleich von Bruchdehnungen unterschiedlicher Werkstoffe oder Werkstoffzustände ist nur dann erlaubt, wenn gleiche Anfangsgeometrien oder zumindest Proben mit einem gleichen Längen-Durchmesser-Verhältnis (gleicher Proportionalitätsfaktor k) verwendet werden.

Neben der *Bruchdehnung A* ist die *Brucheinschnürung Z* ein wichtiges Merkmal zur Beschreibung des Verformungsvermögens eines Werkstoffes. Die *Brucheinschnürung Z* beschreibt die größte Querschnittsänderung ($S_0 - S_u$) an der Zugprobe im Bereich der Einschnürung nach dem Bruch bezogen auf den Anfangsquerschnitt S_0. Im Bild 12.2–7 werden Zugproben des Vergütungsstahles C45+N in verschiedenen Verformungszuständen miteinander verglichen. Die Probe a ist unverformt. Die Probe b ist in allen Abschnitten der Messlänge L_1 gleichmäßig gedehnt und der Querschnitt ($S_1 = \pi/4 \cdot d_1{}^2$) ist an jeder Stelle der Messlänge L_1 gleich. Die Probe c wurde bis zum Bruch gedehnt. Im Bereich der Einschnürung liegt der kleinste Durchmesser d_u vor und die Messlänge ist hier deutlich stärker gedehnt.

Anmerkung: Entsprechend DIN EN ISO 6892-1 sollen für den Zugversuch bevorzugt Proben mit einem Proportionalitätsfaktor $k = 5{,}65$ ($L_0 = 5{,}65 \cdot \sqrt{S_0} = 5 \cdot d_0$) verwendet werden. Weicht der Proportionalitätsfaktor von diesem Wert ab, ist dieser als Index bei der Angabe der Bruchdehnung anzugeben (z. B. $A_{11,3}$ – Bruchdehnung bei einer Probe mit $L_0 = 11{,}3 \cdot \sqrt{S_0} = 10 \cdot d_0$). Bei Nichtproportionalproben wird die Messlänge als Index für die Bruchdehnung verwendet (z. B. $A_{50\,\mathrm{mm}}$).

Die *Brucheinschnürung Z* ist die größte Querschnittsänderung der Zugprobe im Bereich der Einschnürung bezogen auf den Anfangsquerschnitt in %.

$$Z = \frac{S_0 - S_u}{S_0} \cdot 100\,\%$$

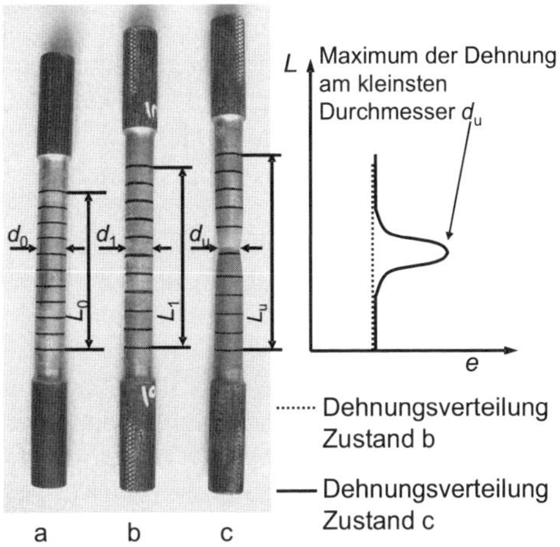

Bild 12.2–7 Unterschiedlich gedehnte Zugproben des Stahles C45+N;
Zustand a – unverformte Probe
Zustand b – im Bereich der Gleichmaßdehnung verformte Probe
Zustand c – gebrochene Probe

Beim (technischen) Spannung-Dehnung-Diagramm wird die momentan wirkende Kraft immer auf den Ausgangsquerschnitt S_0 bezogen. Das erlaubt einen schnellen Vergleich unterschiedlicher Werkstoffe und Werkstoffzustände. Auch für die konstruktiven Auslegungen von Bauteilen reicht das (technische) Spannung-Dehnung-Diagramm in der Regel aus, da hier die Streckgrenze R_e bzw. $R_{p0,2}$ benötigt wird. Die von der elastischen Verformung hervorgerufene Querschnittsänderung bis zum Erreichen von R_e ist nur sehr gering. Der Unterschied zwischen R_e und der *wahren Spannung* zu Beginn des plastischen Fließens kann deshalb vernachlässigt werden. Dagegen führen die in der Umformtechnik gewollten Verformungen zu sehr großen Querschnittsänderungen, sodass die tatsächlichen *(wahren) Spannungen* von den *technischen Spannungen* abweichen müssen. Die *wahre Spannung* σ ist die momentane Kraft F bezogen auf den momentanen Querschnitt S_1. Da der Querschnitt im Zugversuch stetig abnimmt, muss die *wahre Spannung-Dehnung-Kurve* über der technischen Spannung liegen (Bild 12.2–8). Die Bestimmung der wahren Spannung im Bereich der Einschnürdehnung ist nur dann möglich, wenn die Kraft auf den kleinsten Querschnitt in der eingeschnürten Zone bezogen wird. Außerdem ist zu beachten, dass sich der Werkstoff nur noch im Bereich der Einschnürung dehnt. Hier ist die Dehnung örtlich deutlich größer als im Rest der Probe (Bild 12.2–8).

In der Umformtechnik wird anstelle der Dehnung e der *Umformgrad* φ verwendet (auch die Begriffe natürliche, wahre oder logarithmische Dehnung sind für φ üblich). Der Umformgrad ist für den Zugversuch als natürlicher Logarithmus der momentanen Probenlänge L_1 zur Ausgangslänge L_0 definiert. Bis zu einer Dehnung von $e = 0{,}1$ (= 10 %) stimmt der Umformgrad mit der Dehnung gut überein. Bei größeren Formänderungen wird der Unterschied immer größer. Der Umform-

$$\textit{wahre Spannung} = \frac{\textit{Kraft}}{\textit{momentaner Querschnitt}}$$

$$\sigma = \frac{F}{S_1} \quad \text{in N/mm}^2 = \text{MPa}$$

für den Zugversuch gilt:

$$\sigma = \frac{F}{S_1} = \frac{F}{S_0} \cdot \frac{L_1}{L_0} = R \cdot \frac{L_1}{L_0}$$

S_1 momentaner Querschnitt

Anmerkung: Oft wird für die momentane Querschnittsfläche auch das in der technischen Mechanik und Physik übliche Symbol für die Fläche A verwendet.

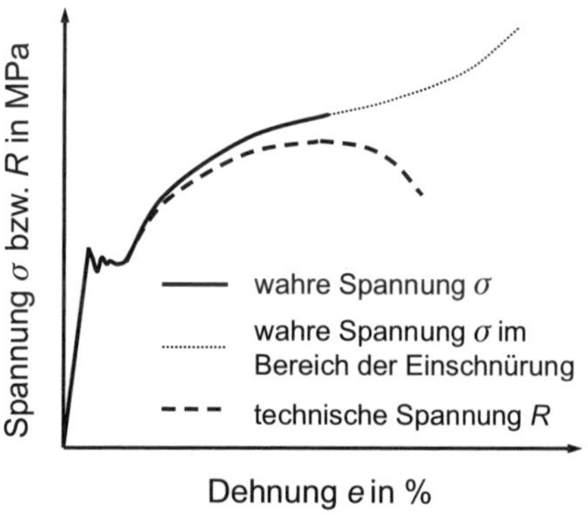

Bild 12.2–8 Vergleich der technischen und wahren Spannung

grad hat gegenüber der Dehnung den Vorteil, dass mehrere einzelne Umformschritte zu einem Gesamtumformgrad summiert werden können ($\varphi_{ges} = \varphi_1 + \varphi_2 + \varphi_3$). Das ist bei der Verwendung der (technischen) Dehnung nicht möglich.

$$\left(e_{ges} = \frac{L_3}{L_0} \neq e_1 + e_2 + e_3\right)$$

Umformgrad φ (= wahre oder logarithmische Dehnung)

für Zugbelastung	für Druckbelastung
$\varphi = \ln \frac{L_1}{L_0}$	$\varphi = \ln \frac{L_0}{L_1}$

Anmerkung: Die Bezeichnung und die Art der Ermittlung der Werkstoffkennwerte sowie die Versuchsdurchführung weichen beim Zugversuch an Kunststoffen von dem hier für Metalle beschriebenen Verfahren etwas ab. Entsprechende Regelungen sind in der Norm „Bestimmung der Zugeigenschaften – Kunststoffe“ DIN EN ISO 527-1 festgelegt.

12.2.1.3 Werkstoffverhalten unter Zugbeanspruchung

Das *Werkstoffverhalten unter Zugbeanspruchung* und die im Zugversuch ermittelten *Kennwerte* werden einerseits vom Werkstoff und andererseits von den *Belastungsbedingungen* geprägt. Werkstoffseitige Einflussfaktoren sind z. B. die chemische Zusammensetzung, die Gitterstruktur und das Gefüge. Gleichzeitig ist das Werkstoffverhalten im Zugversuch von den Prüfbedingungen wie der Temperatur und der Dehnungsgeschwindigkeit abhängig. Der Einfluss dieser Faktoren soll an einigen Beispielen erläutert werden.

Wird eine Zugprobe gezogen und die *Streckgrenze* R_e des Werkstoffes wird nicht überschritten, so verformt sich der Werkstoff nur *elastisch*. Wie groß seine Verlängerung ist, hängt von der Geometrie der Zugprobe und dem *Elastizitätsmodul* des Werkstoffes ab. Aus den Gleichungen

$$R = \frac{F}{S_0}, \quad e = \frac{\Delta L}{L_0} \quad \text{und} \quad E = \frac{R}{e}$$

lässt sich die elastische Verlängerung ΔL_{elast} der Zugprobe berechnen:

$$\Delta L_{elast} = \frac{F \cdot L_0}{E \cdot S_0}$$

Das Werkstoffverhalten unter Zugbeanspruchung wird vom Werkstoffzustand und den Belastungsbedingungen beeinflusst.

Tabelle 12.2–3 Elastizitätsmoduln verschiedener Werkstoffe bei 20 °C

Werkstoff	E in GPa bzw. 10^3 N/mm^2
ferritisch-perlitischer Stahl	210
martensitischer Stahl	210
austenitischer Stahl	180
Aluminium	70
Aluminiumlegierungen	70 . . . 75
Titan (hdp)	120
Diamant	1200
Wolframcarbid	720
Porzellan	≈ 55
UP-Harz	4
Polystyrol PS (hart)	3,2 . . . 4
Polyethylen PE-LD (niedrige Dichte)	0,2

Je größer das Produkt $E \cdot S_0$ (*Dehnsteifigkeit*) ist, umso größer ist der Widerstand eines Werkstoffes gegen eine elastische Verformung unter Zugbeanspruchung. In Tabelle 12.2–3 werden die Elastizitätsmoduln verschiedener Werkstoffe gegenübergestellt.

Im Bild 12.2–9 wird das Verhalten verschiedener Werkstoffe unter Zugbeanspruchung verglichen. Von diesen Werkstoffen haben der C45+N (Kurve *1*; unlegierter Vergütungsstahl mit 0,45 % C im normalgeglühten Zustand) und der Grauguss mit Kugelgraphit EN-GJS-500 (Kurve *2*) die höchste Festigkeit. Beide zeigen ein *duktiles Verformungsverhalten*. Der C45+N hat eine ausgeprägte Streckgrenze und verfestigt stark im Bereich der *Gleichmaßdehnung*. Die Graphitlamellen bei EN-GJL-250 (Kurve *3*; Grauguss mit Lamellengraphit) wirken wie innere Kerben, die die Verformung behindern. Der Grauguss mit Lamellengraphit ist deshalb sehr *spröd*. Kunststoffe (Bild 12.2–9, Kurve *4* und *5*) haben deutlich niedrigere Elastizitätsmoduln. Ihr Werkstoffverhalten ist sehr stark von der Temperatur, der Belastungsgeschwindigkeit und dem Grad der Vernetzung der Makromoleküle abhängig (siehe Abschnitt 10.1). Duroplaste sind immer *spröd*. Bedingt durch die starke Vernetzung der Makromoleküle ist eine Streckung kaum möglich. Bei Thermoplasten ist die Temperatur entscheidend. Wird die sogenannte Glastemperatur überschritten, können Thermoplaste sehr *duktil* sein. Das ist bei PVC-P (Kurve *5*) der Fall. Die Makromoleküle der Thermoplaste sind verknäult und werden durch die Zugbelastung gestreckt. Unterhalb der Glastemperatur zeigen diese Werkstoffe ähnlich wie Duroplaste ein *sprödes Werkstoffverhalten*.

Mithilfe einer *Wärmebehandlung* können die mechanischen Eigenschaften eines Metalls gezielt beeinflusst werden (Bild 12.2–10). Durch das *Normalglühen* entsteht beim Vergütungsstahl C45 ein feinkörniges, gleichmäßiges Gefüge aus Ferrit und Perlit. Es zeichnet sich durch eine hohe Zähigkeit und

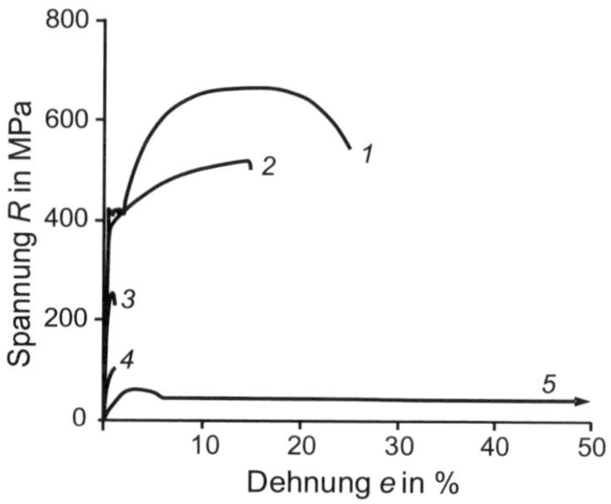

Bild 12.2–9 Spannung-Dehnung-Kurven ausgewählter Werkstoffe
1 C45+N – unlegierter Vergütungsstahl, normalgeglüht
2 EN-GJS-500 – Grauguss mit Kugelgraphit
3 EN-GJL-250 – Grauguss mit Lamellengraphit
4 UP – ungesättigte Polyester (Duroplast)
5 PVC-P – Polyvinylchlorid (Thermoplast)

duktil (lat.) = verformbar, dehnbar

Verformbarkeit aus (Kurve *1*). Wird dieser Werkstoff *gehärtet* (Kurve *2*), steigt seine Festigkeit sehr stark an. Seine Bruchdehnung geht deutlich zurück, er wird sehr *spröd*. In diesem Wärmebehandlungszustand ist der C45 nicht einsetzbar. Erfolgt jedoch nach dem Härten ein Anlassen bei hohen Temperaturen (ca. 550 °C … 650 °C), wird der Werkstoff deutlich *zäher*. Er zeigt eine deutlich größere Bruchdehnung (Bild 12.2–10, Kurve *3*). Gleichzeitig liegt die Festigkeit erheblich über dem normalgeglühten Zustand – die *Streckgrenze* R_e, die *Zugfestigkeit* R_m und das *Streckgrenzenverhältnis* R_e/R_m steigen deutlich an. Die Kombination von Härten und Anlassen bei hohen Temperaturen wird als *Vergüten* bezeichnet (siehe Abschnitt 4.2) und hat optimale Festigkeits- und Zähigkeitseigenschaften zur Folge.

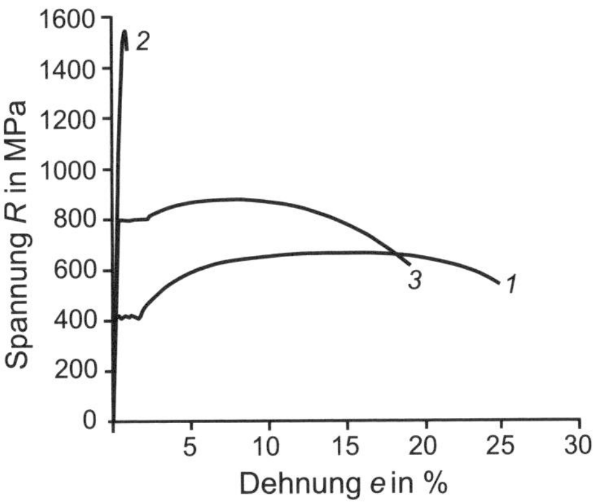

Bild 12.2–10 Spannung-Dehnung-Kurven des unlegierten Vergütungsstahles C45 in verschiedenen Wärmebehandlungszuständen
1 C45+N – normalgeglüht
2 C45+QW – gehärtet, wasserabgeschreckt
3 C45+QT – vergütet (gehärtet und angelassen bei 580 °C)

Auch bei Aluminiumwerkstoffen kann durch entsprechende Legierungszusammensetzungen und geeignete Wärmebehandlungsverfahren das Spannung-Dehnung-Verhalten beeinflusst werden (Bild 12.2–11). Reinaluminium (EN-AW-1050 bzw. Al99,5; Kurve *2*) ist im weichgeglühten Zustand sehr gut verformbar. Mit zunehmender Kaltverformung (Kurve *4*) steigen die Versetzungsdichte und damit die Festigkeit gegenüber dem weichgeglühten Zustand erheblich an. Gleichzeitig nimmt das *Restumformvermögen* ab. Bei der *Rekristallisation* (siehe Abschnitt 1.4.3) wird bei einem kaltverformten Werkstoff unter erhöhten Temperaturen ein neues, versetzungsarmes Korn gebildet. Eine solche *Rekristallisation* führt zur Abnahme der Festigkeit und zur Zunahme des Verformungsvermögens (Kurve 3). Eine deutliche Festigkeitssteigerung (Vergleichen Sie Kurve *5* und *6*!) kann bei aushärtenden Aluminiumlegierungen im ausgelagerten Zustand erreicht werden (siehe Abschnitt 7.2.2.3). Für sich bewegende Versetzungen stellen die feinen intermetallischen *Ausscheidungen* Hindernisse

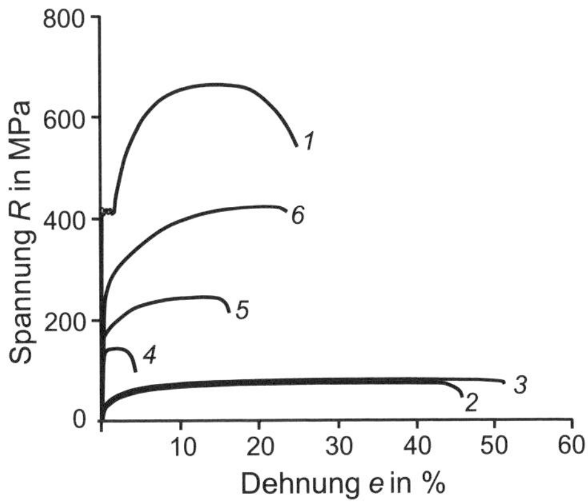

Bild 12.2–11 Spannung-Dehnung-Kurven des Vergütungsstahles C45+N sowie verschiedener Aluminiumwerkstoffe und -zustände
1 C45+N – normalgeglüht
2 EN-AW-1050 (Al99,5) weichgeglüht
3 EN-AW-1050 (Al99,5) 60 % kaltgewalzt und rekristallisationsgeglüht
4 EN-AW-1050 (Al99,5) 60 % kaltverformt
5 EN-AW-2024 (AlCu4Mg1) lösungsgeglüht und abgeschreckt
6 EN-AW-2024 (AlCu4Mg1) lösungsgeglüht, abgeschreckt und ausgelagert

dar, die umgangen oder geschnitten werden müssen. Dafür ist ein zusätzlicher Energiebetrag notwendig und somit steigt die Festigkeit an.

Bild 12.2–12 gibt den Einfluss der *Temperatur* auf das Werkstoffverhalten unter Zugbeanspruchung wieder. Wie bei den meisten Werkstoffen sinkt beim allgemeinen Baustahl S235 mit zunehmender Temperatur die *Dehngrenze* R_p. Außerdem entfällt mit zunehmender Temperatur die ausgeprägte *Streckgrenze*. Der Übergang vom elastischen zum plastischen Werkstoffverhalten verläuft allmählich.

Praktische Anwendung: Abbau von Eigenspannungen durch Spannungsarmglühen (Wiederholen Sie Abschnitt 4.2.1.5!)

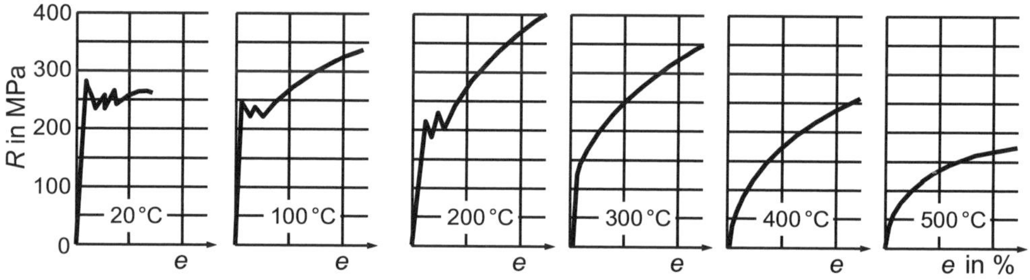

Bild 12.2–12 Einfluss der Temperatur auf das Werkstoffverhalten im Zugversuch beim allgemeinen Baustahl S235

Auch die *Dehnungsgeschwindigkeit* $\dot{e}$ bewirkt eine Änderung des Werkstoffverhaltens. Sie kann als *Zunahme der Dehnung pro Zeit* aufgefasst werden. Die *Dehnungsgeschwindigkeit* ist nicht mit der *Prüfgeschwindigkeit* v gleichzusetzen. Bei der Prüfgeschwindigkeit v wird die Probe in der Zeit t um einen Betrag ΔL verlängert.

$$v = \frac{\Delta L}{t} = \frac{L_1 - L_0}{t} \quad \text{in mm/s}$$

Es gibt aber für eine momentane Länge L_1 folgenden Zusammenhang:

$$\dot{e} = \frac{v}{L_1}$$

Die *Dehnungsgeschwindigkeit* $\dot{e}$ ist die Geschwindigkeit, mit der eine Probe im Zugversuch gedehnt wird. Sie ist die Zunahme der Dehnung pro Zeit.

Daraus lässt sich ableiten, dass für eine konstante *Dehnungsgeschwindigkeit* aufgrund der stetigen Zunahme der Versuchslänge L die *Prüfgeschwindigkeit* v auch stetig zunehmen muss. Im Bild 12.2–13 werden die Spannung-Dehnung-Diagramme des unlegierten Vergütungsstahles C45+N bei drei verschiedenen Dehnungsgeschwindigkeiten miteinander verglichen. Eine größere *Dehnungsgeschwindigkeit* hat meist eine *höhere Streckgrenze* und eine gestiegene Zugfestigkeit zur Folge.

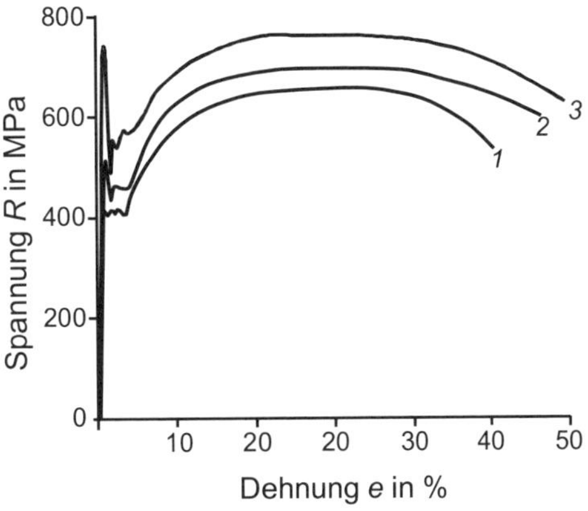

Bild 12.2–13 Spannung-Dehnung-Kurven des unlegierten Vergütungsstahles C45+N bei verschiedenen Dehnungsgeschwindigkeiten
1 $\dot{e} = 0{,}001\,\mathrm{s}^{-1}$
2 $\dot{e} = 1\,\mathrm{s}^{-1}$
3 $\dot{e} = 1000\,\mathrm{s}^{-1}$

Übung 12.2–1
Warum lassen sich die Bruchdehnungen von Zugproben mit gleichem Anfangsquerschnitt, aber unterschiedlicher Probenlänge nicht miteinander vergleichen?

Übung 12.2–2
Erklären Sie den Unterschied zwischen R_e und $R_{p0,2}$!

Übung 12.2–3
Was versteht man unter dem Elastizitätsmodul? Wie groß ist der Elastizitätsmodul von Stahl?

Übung 12.2–4
Gegeben ist ein Kraft-Verlängerung-Diagramm, Bild 12.2–14. Vor dem Zugversuch wurden der Anfangsdurchmesser $d_0 = 10\,\mathrm{mm}$ und die Extensometermesslänge $L_e = 50\,\mathrm{mm}$ bestimmt. Ermitteln Sie aus dem Diagramm R_{eH}, R_{eL}, R_m, A_g und A!

Übung 12.2–5
Was bedeutet die Angabe $A_{11,3} = 25\,\%$?

Übung 12.2–6
Warum ist im Zugversuch die wahre Spannung größer als die technische Spannung?

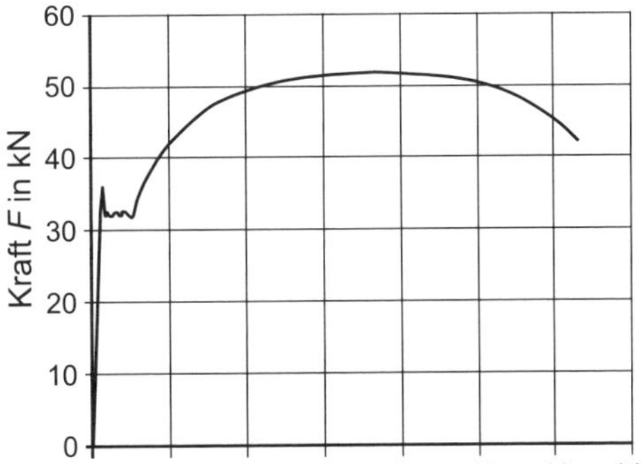

Bild 12.2–14 Kraft-Verlängerung-Diagramm

12.2.2 Härteprüfung

Lernziele

Der Lernende kann ...
- den Begriff der Härte definieren,
- den Zweck der Härteprüfung angeben,
- die Härteprüfung nach Brinell, Vickers und Rockwell gegenüberstellen,
- die Vor- und Nachteile der Härteprüfverfahren nennen und die wichtigsten Anwendungsfälle ableiten,
- das Grundprinzip der instrumentierten Härteprüfung beschreiben.

12.2.2.0 Übersicht

Die Prüfung der *Härte* nach dem *Eindringprinzip* gehört zu den am meisten angewandten Verfahren der Werkstoffprüfung. Die Härteprüfverfahren sind schnell und einfach durchführbar. Eine aufwendige Probenvorbereitung ist nicht erforderlich. Die *Härteprüfung* hinterlässt auf der Oberfläche des Prüfkörpers/Werkstückes nur sehr kleine Eindrücke, die z. T. mit dem Auge kaum wahrnehmbar sind. In den meisten Fällen wird durch die Härteprüfung das *Werkstoff- und Bauteilverhalten* nicht wesentlich verändert. Aus diesem Grund sind bei sorgfältiger Wahl der Messstelle Härtemessungen an fertig bearbeiteten Werkstücken möglich. Auch kann durch Messungen an unterschiedlichen Stellen eines Werkstückes die *Gleichmäßigkeit von Eigenschaften* untersucht werden. Die Härteprüfverfahren werden in erster Linie in der *Qualitätssicherung* und bei der Überwachung von Fertigungsprozessen eingesetzt. Die Härtemessung eignet sich besonders gut zur *Kontrolle von Wärmebehandlungen*, wie z. B. dem Härten von Stahl.

Allgemein wird als *Härte* der Widerstand eines Werkstoffes gegen das Eindringen eines anderen *härteren* Körpers definiert. Dabei ist zu berücksichtigen, dass dieser Widerstand natürlich von der wirkenden Kraft und der Form des Eindringkörpers abhängt. Aus diesem Grund sind die Geometrie des Eindringkörpers und die Prüfkraft bei den Eindringverfahren genormt.

> *Härte* ist der Widerstand, den ein Werkstoff dem Eindringen eines anderen (härteren) Körpers entgegensetzt.

Die Härteprüfverfahren können in folgende Untergruppen unterteilt werden:

Härteprüfverfahren

- statische Eindringverfahren
  - Brinell
  - Vickers
  - Rockwell
- instrumentierte Eindringprüfung
- dynamische Härteprüfung
  - Schlaghärteprüfung
  - Rückprallhärteprüfung
- indirekte Härteprüfung
  - elektrische Verfahren
  - magnetische Verfahren

Bei den *statischen Eindringverfahren* und bei der *instrumentierten Eindringprüfung* wird die Prüfkraft langsam aufgebracht. Dabei dringt ein *Prüfkörper* in den zu prüfenden Werkstoff ein (Bild 12.2–15). Die entstehenden plastischen Verformungen werden als Maß für die Härte des Werkstoffes betrachtet. Der Kennwert der Härte wird daher häufig als Quotient von aufgebrachter Prüfkraft und der Oberfläche des Eindruckes festgelegt. Verschiedene *statische Eindringverfahren* unterscheiden sich in der *Form der Eindringkörper* (Kugel, Kegel, Pyramide), *im Werkstoff des Eindringkörpers* (Hartmetall, Diamant), in der *Größe der aufgebrachten Kraft* sowie in der Art der *Ermittlung der Härtewerte.* Vom Prüfstück wird lediglich verlangt, dass es glatt, planparallel, zunder- und schmiermittelfrei ist. Auf die wichtigsten statischen Eindringverfahren und die instrumentierte Eindringprüfung wird in den anschließenden Abschnitten vertieft eingegangen.

Bei der *dynamischen Härteprüfung* wird die Prüfkraft *schlagartig* aufgebracht. Die Härte wird entweder, wie bei den statischen Verfahren, durch Ausmessen des Härteeindruckes oder durch Energiemessung ermittelt. So wird bei der Rückprallhärtemessung der Energieverlust aus der Fall- und Steighöhe des Eindringkörpers bestimmt. Dieser Energiebetrag ist proportional zur Härte. Dynamische Härteprüfverfahren sind ungenauer als statische Prüfverfahren und werden in erster Linie für den mobilen Einsatz verwendet.

Bei der *indirekten Härteprüfung* werden *elektrische oder magnetische Eigenschaften* (z. B. Koerzitivfeldstärke) bestimmt. Bei diesen Verfahren wird ausgenutzt, dass sich Gefügeänderungen (z. B. der Martensitgehalt) sowohl auf die *Härte* des Werkstoffes als auch auf die *elektrischen und/oder magnetischen Eigenschaften* des Werkstoffes auswirken. Eine Kalibrierung der Prüfgeräte mit Kalibrierkörpern bekannter Härte und Zusammensetzung ist unbedingt erforderlich.

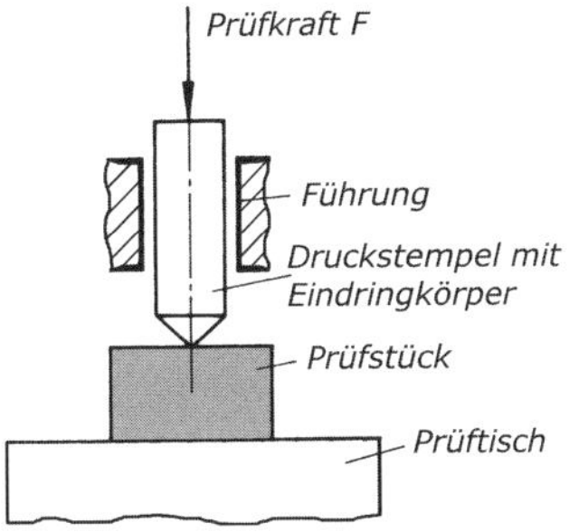

Bild 12.2–15 Allgemeines Schema der Härtemessung (statische Eindringverfahren)

Vorteile der Härteprüfung:
- schnell und einfach durchführbar
- keine aufwendige Probenpräparation
- kaum Beeinflussung/Zerstörung des Werkstückes
- z. T. mobil einsetzbar und automatisierbar (Prozesskontrolle)

Nachteile der Härteprüfung:
- liefert keine Aussage zur Zähigkeit und Duktilität des Werkstoffes
- erlaubt nur eine begrenzte Vergleichbarkeit mit den Festigkeitseigenschaften
- es gibt sehr viele unterschiedliche Prüfverfahren

Einsatz der Härteprüfung:
- Überprüfung von Wärmebehandlungseigenschaften (auch Härteverläufe)
- Untersuchung der Gleichmäßigkeit von Eigenschaften
- Werkstoffsortierung

12.2.2.1 Härteprüfung nach Brinell

Die *Härteprüfung nach Brinell* ist ein wichtiges *statisches Eindringverfahren* für metallische Werkstoffe und in der DIN EN ISO 6506 genormt. Bei der Härteprüfung nach Brinell wird eine *Hartmetallkugel* mit dem Durchmesser D mit der Prüfkraft F senkrecht in die Oberfläche einer Probe eingedrückt (Bild 12.2–16). Die *Prüfkraft* ist *langsam und stoßfrei* aufzubringen (Aufbringzeit) und eine definierte Zeit zu halten (Haltezeit). Nach der Wegnahme der Prüfkraft F wird der *Eindruckdurchmesser* d gemessen. Um einen möglichst repräsentativen Härtewert zu erhalten, ist die 10-mm-Hartmetallkugel zu bevorzugen. Die zu wählende Prüfkraft richtet sich nach dem *Beanspruchungsgrad* ($= 0{,}102\,F/D^2$), der wiederum vom zu prüfenden Werkstoff abhängt. In Tabelle 12.2–4 sind für einige Werkstoffe und den Kugeldurchmesser $D = 10\,\text{mm}$ die *Beanspruchungsgrade* und die zugehörigen Prüfkräfte aufgeführt.

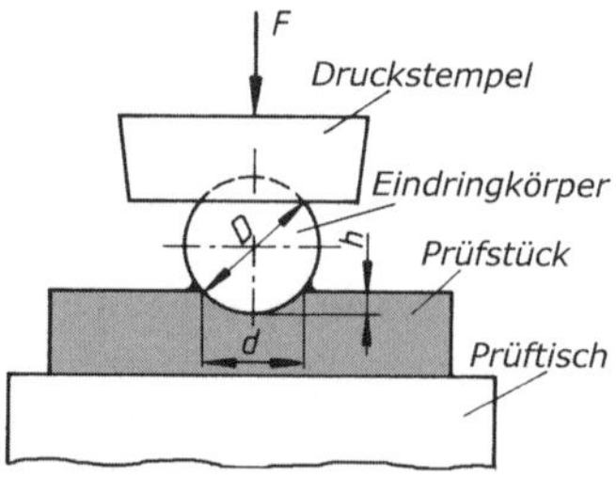

Bild 12.2–16 Prüfprinzip der Härteprüfung nach Brinell; D Kugeldurchmesser; d Durchmesser des Eindruckes

Eindringkörper: Hartmetallkugel mit dem Durchmesser $D = 1$; 2,5; 5 oder <u>10 mm</u>

Prüfkraft: richtet sich nach dem Beanspruchungsgrad $= 0{,}102\,F/D^2$

Einwirkdauer: 2 ... 8 s Aufbringzeit und 10 ... 15 s Haltezeit

Anwendung: metallische Werkstoffe mit maximal 650 HBW, vor allem Gusseisen, große Schmiedestücke, mehrphasige inhomogene Legierungen

Tabelle 12.2–4 Beanspruchungsgrade bei der Härteprüfung nach Brinell für ausgewählte Werkstoffe entsprechend der DIN EN ISO 6506

Werkstoff	zu erwartende Brinellhärte HBW	Beanspruchungsgrad $0{,}102\,F/D^2$ in N/mm^2	Prüfkraft F bei einem Kugeldurchmesser $D = 10\,\text{mm}$
Stahl, Ni- und Ti-Legierungen		30	29,42 kN
Gusseisen	< 140	10	9,81 kN
	≧ 140	30	29,42 kN
Leichtmetalle und Leichtmetalllegierungen	< 35	2,5	2,45 kN
	35 ... 80	5	4,9 kN
		10	9,81 kN
		15	14,71 kN
	> 80	10	9,81 kN
		15	14,71 kN

Entsprechend Bild 12.2–17 sind die Randabstände und die Abstände zwischen den einzelnen *Härteeindrücken* zu berücksichtigen. Außerdem muss der Durchmesser des Eindruckes in einem Bereich von $0{,}24D \leqq d \leqq 0{,}6D$ liegen. Wird der Eindruck zu klein, lassen sich die Eindruckkanten nur noch ungenau bestimmen. Wird er zu groß, wird Material zu einer unzulässigen Wulst seitlich verdrängt. Bei einer zu großen Eindringtiefe h markiert sich die Kugel auf der Rückseite des zu prüfenden Werkstückes und die ermittelte Härte wird tendenziell zu klein. Der Werkstoff wird um den Härteeindruck plastisch verformt und damit verfestigt. Deshalb ist zwischen zwei Härteeindrücken ein Mindestabstand einzuhalten.

Nach Entlastung und Wegnahme des Prüfkörpers wird der Durchmesser d des *Härteeindruckes* ausgemessen. Das erfolgt, entsprechend Bild 12.2–18, zweimal und zwar um 90° versetzt. Der *Härtewert nach Brinell HBW* ergibt sich aus dem Quotienten der aufgewendeten Prüfkraft F zur Oberfläche des erzeugten Eindruckes (Oberfläche eines Kugelabschnittes, auch Kalotte genannt).

Anmerkung: In der Praxis ist es nicht üblich den Härtewert zu berechnen. In entsprechenden Tabellen, die z. B. auch an die DIN EN ISO 6506 angehängt sind, kann in Abhängigkeit vom Kugeldurchmesser, der Prüfkraft und dem Mittelwert des Eindruckdurchmessers die Härte abgelesen werden. Die Härteprüfung nach Brinell mit einer Stahlkugel (ehemals HBS) ist nicht mehr genormt und nicht mehr üblich.

Das *Härteprüfverfahren nach Brinell* ist für Werkstoffe mit einer maximalen Härte von 650 HBW zulässig. Es wird in erster Linie für *große Stahlgussstücke* sowie für *Grauguss* angewendet. Insbesondere bei anisotropen metallischen Werkstoffen oder bei mehrphasigen Werkstoffen, bei denen sich die Härte der Einzelphasen erheblich voneinander unterscheidet, können mithilfe des Brinellverfahrens aussagekräftige mittlere Härtewerte bestimmt werden. Die Kugelform des Ein-

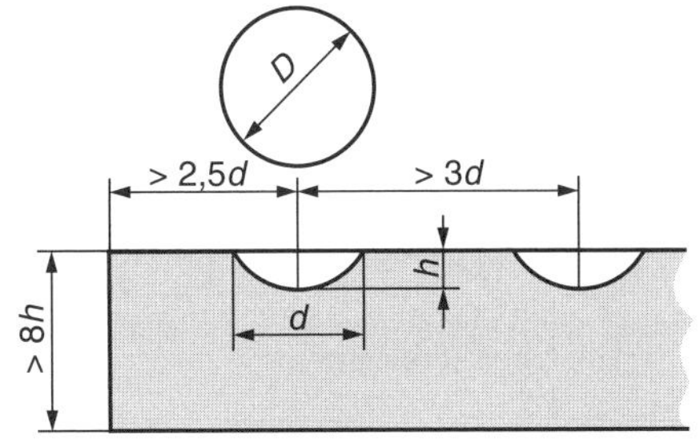

Bild 12.2–17 Abstände der Brinellhärteeindrücke

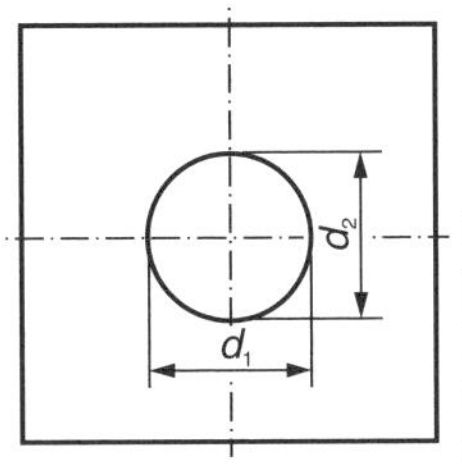

Bild 12.2–18 Durchmesserbestimmung des Brinellhärteeindruckes

Der *Härtewert nach Brinell HBW* ergibt sich aus dem Quotienten der aufgewendeten Prüfkraft F zur Oberfläche des erzeugten Kugeleindruckes.

$$HBW = 0{,}102 \cdot \frac{\text{Prüfkraft}}{\text{Oberfläche des Eindruckes}}$$

$$HBW = 0{,}102 \cdot \frac{2 \cdot F}{\pi \cdot D \cdot \left(D - \sqrt{D^2 - d^2}\right)}$$

$$\text{Konstante } 0{,}102 = \frac{1}{g_n} = \frac{1}{9{,}806\,65}$$

g_n Fallbeschleunigung in m/s^2
F Prüfkraft in N
D Durchmesser der Kugel in mm
d mittlerer Durchmesser des Härteeindruckes in mm

Härteangabe:
240 HBW 5/750/30 bedeutet: Brinellhärte 240 bestimmt mit einer Hartmetallkugel mit dem Durchmesser 5 mm und einer Prüfkraft von 7,355 kN, die jedoch 30 s einwirkte. Bei einer Haltezeit von 10 ... 15 s kann diese Angabe entfallen.

dringkörpers führt zu einer ständigen Änderung des Spannungszustandes. Damit sind die ermittelten *Härtewerte lastabhängig*. Ein direkter Vergleich von Brinellhärtewerten, die mit *unterschiedlichen Prüfkräften* und/oder Kugeldurchmessern ermittelt wurden, ist nur dann erlaubt, wenn der *Beanspruchungsgrad* übereinstimmt.

Vorteile der Brinellhärteprüfung:

- Eindringkörper Kugel führt auch bei zweiphasigen und anisotropen Werkstoffen zu gemittelten Härtewerten
- robuster Eindringkörper

Nachteile der Brinellhärteprüfung:

- lastabhängige Härtewerte
- Werkstoffe mit hohen Härten nicht prüfbar
- Bedienereinfluss auf den Härtewert durch manuelles Ausmessen der Eindruckdurchmesser

12.2.2.2 Härteprüfung nach Vickers

Die *Härteprüfung nach Vickers* hat wegen ihrer Vielseitigkeit und *hohen Genauigkeit* eine weite Verbreitung in der Technik gefunden. Prinzipiell ist das *statische Eindringverfahren* nach Vickers dem *Brinellverfahren* ähnlich. Das Prüfverfahren ist für metallische Werkstoffe in der DIN EN ISO 6507 genormt. Bei der Härteprüfung nach Vickers wird eine *Diamantpyramide* mit einer quadratischen Grundfläche und einem Spitzenwinkel von 136° mit der Prüfkraft F senkrecht in die Oberfläche einer Probe eingedrückt (Bild 12.2–19). Die Oberfläche muss eben, zunder- und fettfrei sein. Die Prüfkraft ist *langsam und stoßfrei* aufzubringen und eine definierte Zeit zu halten. Nach Rücknahme der Prüfkraft F werden die Diagonalen d_1 und d_2 des Eindruckes gemessen.

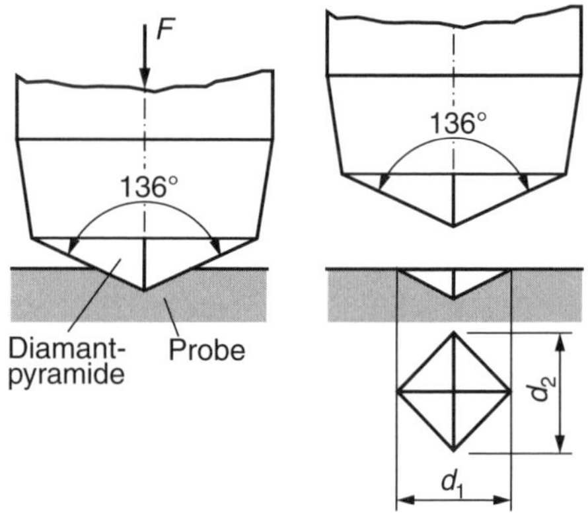

Bild 12.2–19 Prinzip der Härteprüfung nach Vickers; die Diagonalen des Härteeindruckes d_1 und d_2 werden nach Entlastung gemessen

Wie beim Brinellverfahren sind zur korrekten Bestimmung der Härte nach Vickers definierte Abstände zum Rand der Probe und zu benachbarten Härteeindrücken einzuhalten (Bild 12.2–20). Die Prüfkräfte werden eingeteilt in den *konventionellen Härtebereich*, in den *Kleinkraftbereich* und in den *Mikrohärtebereich* (Tabelle 12.2–5). Für die Bestimmung eines repräsentativen Härtewertes ist in der Regel der konventionelle Härtebereich vorgesehen, wobei HV 30 mit einer Prüfkraft von 294,2 N zu bevorzugen ist. Bei sehr weichen Werkstoffen wird in der Regel eine kleinere und bei sehr harten Werkstoffen eine größere Prüfkraft verwendet.

Eindringkörper: Diamantpyramide mit quadratischer Grundfläche und einem Spitzenwinkel von 136°

Prüfkraft: Es gibt drei Härtebereiche (konventioneller Härtebereich, Kleinkrafthärtebereich, Mikrohärtebereich) mit den in Tabelle 12.2–5 aufgeführten Prüfkräften.

Einwirkdauer: 2...8 s Aufbringzeit und 10...15 s Haltezeit

Anwendung der Vickershärteprüfung:

- nahezu alle metallischen Werkstoffe
- Aufnahme von Härteverläufen (z. B. an einsatzgehärteten Querschnitten mit der Härtemessung im Kleinkraftbereich)
- Prüfung dünner Bauteile (Bleche) und Schichten möglich (Kleinkraftbereich)
- Bestimmung der Härte in einzelnen Gefügebestandteilen (Mikrohärtebereich)

Tabelle 12.2–5 Härtebereiche und Prüfkräfte für die Vickershärtemessung

Konventioneller Härtebereich		Kleinkraftbereich		Mikrohärtebereich	
Härtesymbol	Prüfkraft *F* in N	Härtesymbol	Prüfkraft *F* in N	Härtesymbol	Prüfkraft *F* in N
HV 5	49,03	HV 0,2	1,961	HV 0,01	0,098 07
HV 10	98,02	HV 0,3	2,942	HV 0,015	0,147
HV 20	196,1	HV 0,5	4,903	HV 0,02	0,196 1
HV 30	294,2	HV 1	9,807	HV 0,025	0,245 2
HV 50	490,3	HV 2	19,61	HV 0,05	0,490 3
HV 100	980,7	HV 3	29,42	HV 0,1	0,980 7

Der *Kleinkraftbereich* ist besonders für *Härteverläufe* zur Bestimmung von Härtegradienten (z. B. nach dem Randschichthärten) geeignet. Um die sehr kleinen Härteeindrücke ausmessen zu können, sind Härteprüfgeräte zur Bestimmung der Mikrohärte in der Regel mit einem Mikroskop eventuell einem Rasterelektronenmikroskop verbunden. Mit diesem Verfahren ist es möglich die Härte in sehr dünnen Schichten oder in einzelnen Gefügebestandteilen zu ermitteln.

Aus den gemessenen Diagonalenlängen d_1 und d_2 wird der Mittelwert d gebildet. Der *Härtewert nach Vickers HV* ergibt sich aus dem Quotienten der Prüfkraft *F* und der Oberfläche des Eindruckes (Spitze der vierseitigen Pyramide des Eindruckes). In der Norm DIN EN ISO 6507 befindet sich ein umfangreicher Tabellenanhang, in dem in Abhängigkeit von der Prüfkraft und dem mittleren Diagonalenabstand der Härtewert abgelesen werden kann.

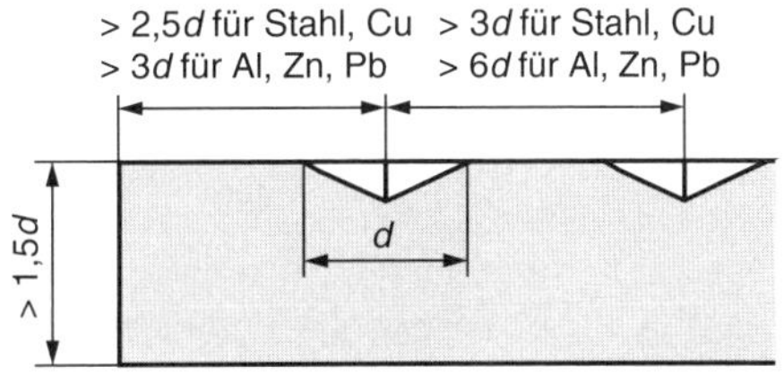

Bild 12.2–20 Abstände der Vickerseindrücke

Der *Härtewert nach Vickers HV* ergibt sich aus dem Quotienten der aufgewendeten Prüfkraft *F* zur Oberfläche des Härteeindruckes (Spitze der Pyramide).

$$HV = 0{,}102 \cdot \frac{\text{Prüfkraft}}{\text{Oberfläche des Eindruckes}}$$

$$HV = 0{,}102 \cdot \frac{2 \cdot F \cdot \sin \frac{136^\circ}{2}}{d^2} \approx 0{,}1891 \cdot \frac{F}{d^2}$$

F Prüfkraft in N

d Mittelwert der beiden Diagonalenlängen in mm

Das *Härteprüfverfahren nach Vickers* kann für nahezu alle Werkstoffe eingesetzt werden. Aufgrund der Geometrie der Diamantpyramide ändert sich im Gegensatz zum Brinellverfahren der Spannungszustand während der Prüfung nicht. Das führt im konventionellen Härtebereich (Prüfkraft $F > 49{,}03$ N) zu *lastunabhängigen Härtewerten*. Probleme können bei diesem Verfahren auftreten, wenn der Werkstoff stark *anisotrop* ist oder Gefügebestandteile mit starken Härteunterschieden aufweist. Das kann dazu führen, dass eine der beiden Diagonalen deutlich kleiner ist. Unterschiede in der Diagonalenlänge > 5 % sind nicht zulässig. Bei sehr spröden Werkstoffen (z. B. Keramiken) kann der Härteeindruck zur Rissbildung, von den Kanten des Härteeindruckes ausgehend, führen.

Härteangabe:
640 HV 30 bedeutet: Vickershärte 640, bestimmt mit einer Prüfkraft von 294,2 N. Die Prüfkraft wirkte, wie in der DIN EN ISO 6507 vorgesehen, 10 ... 15 s ein.

Vorteile der Vickershärteprüfung:

- *lastunabhängige Härtewerte* im Bereich der konventionellen Härteprüfung
- hohe Genauigkeit
- breites Anwendungsspektrum

Nachteile der Vickershärteprüfung:

- empfindlicher Eindringkörper
- Bedienereinfluss auf den Härtewert durch manuelles Ausmessen der Eindruckdiagonalen
- Rissausbreitung bei sehr spröden WS von den Kanten der Pyramide ausgehend
- Messprobleme bei härtebeeinflussenden Zweitphasen oder stark anisotropen Werkstoffen

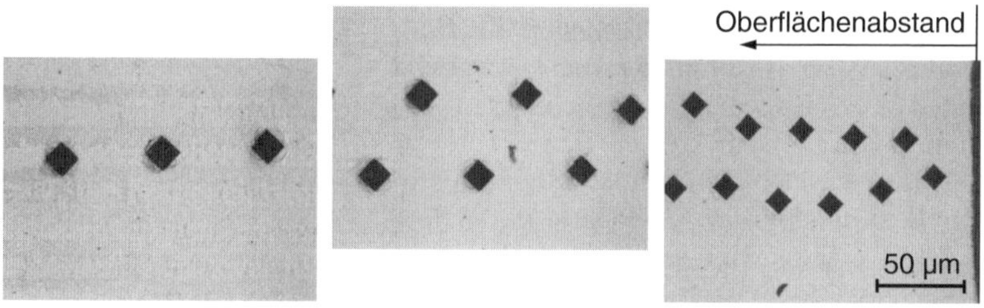

Bild 12.2–21 Härteeindrücke zur Bestimmung des Härtetiefenverlaufes an einer einsatzgehärteten Schicht (Messverfahren HV 0,1)

12.2.2.3 Härteprüfung nach Rockwell (HRC)

Das *statische Härteprüfverfahren nach Rockwell*, gemessen in der *Skala C (HRC)*, zeichnet sich durch eine schnelle Durchführbarkeit und einfache Auswertung aus. Es bietet sich deshalb zur schnellen Überprüfung von Werkstoffeigenschaften *nach der Wärmebehandlung* insbesondere an gehärteten und vergüteten Stählen an. Die *Härteprüfung nach Rockwell* ist in der DIN EN ISO 6508 genormt.

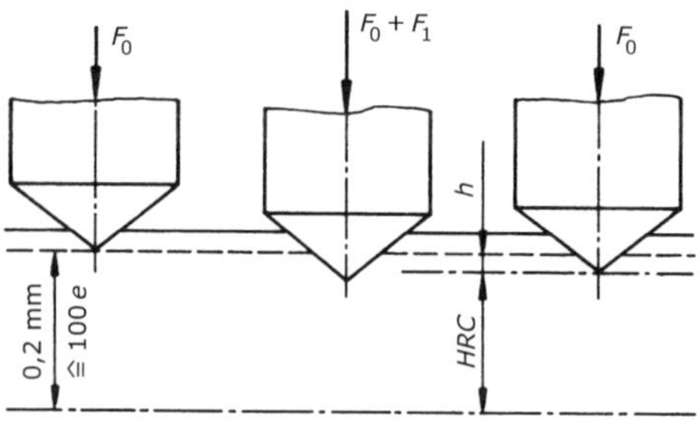

Bild 12.2–22 Prüfprinzip der Härteprüfung nach Rockwell HRC

Bei der Härteprüfung nach Rockwell HRC wird ein *Diamantkegel* in zwei Stufen (*Prüfvorkraft und Prüfzusatzkraft*) in die Probe gedrückt (Bild 12.2–22). Beide Kräfte sind langsam und stoßfrei aufzubringen und die Prüfzusatzkraft ist eine definierte Zeit zu halten. Nach Rücknahme der Prüfzusatzkraft und unter Wirkung der Prüfvorkraft wird die *bleibende Eindringtiefe h* gemessen. Da mit zunehmender Härte eines Werkstoffes die Eindringtiefe *h* kleiner wird, erhält man steigende Kennwerte, indem die auf die Skaleneinteilung bezogene Eindringtiefe h von 100 abgezogen wird. Im Gegensatz zur Härteprüfung nach Vickers und Brinell ist der Härtewert *direkt von der Eindringtiefe abhängig*. Das Ausmessen der Eindruckoberfläche ist nicht notwendig. Die Rockwellhärteprüfgeräte zeigen in der Regel den Härtewert direkt an. Für die einzuhaltenden Abstände zum Rand der Probe und zwischen zwei Härteeindrücken sind die im Bild 12.2–23 angegebenen Werte maßgebend.

Eindringkörper: Diamantkegel mit einem Kegelwinkel von 120°

Prüfkraft: Prüfvorkraft $F_0 = 98{,}07\,\mathrm{N}$, Prüfzusatzkraft $F_1 = 1{,}373\,\mathrm{kN}$

Einwirkdauer: 1 ... 8 s Aufbringzeit der Prüfzusatzkraft F_1, 2 ... 6 s Haltezeit für die Gesamtkraft $(F_0 + F_1)$

Anwendung der Rockwellhärtemessung:

- zur Überprüfung von Wärmebehandlungseigenschaften an gehärteten/vergüteten Stählen oder für höherfeste Baustähle
- zur Bestimmung der Auf- und Einhärtbarkeit von Stählen

Der *Härtewert nach Rockwell*, gemessen nach der Skala C, ergibt sich, indem die auf die Skaleneinteilung *S* bezogene Eindringtiefe *h* von 100 abgezogen wird.

$$HRC = 100 - \frac{h}{S} = 100 - \frac{h}{0{,}002}$$

Das Rockwellverfahren HRC darf nur für Werkstoffe mit einer Härte zwischen 20 HRC und 70 HRC angewandt werden. Das heißt, es ist für die meisten weicheren Metalle wie Aluminium- und Kupferlegierungen, aber auch für viele weiche Stähle nicht zulässig. Die Empfindlichkeit des Verfahrens ist im Vergleich zu Vickers gering. Da bei HRC die Prüfkraft nicht variiert bzw. verringert werden kann, ist eine Messung der Härte an dünnen Schichten von einzelnen Gefügebestandteilen oder von Härteverläufen (z. B. an oberflächengehärteten Stählen) nicht möglich. Da der Härteeindruck nicht optisch ausgemessen werden muss, ist das Verfahren problemlos *automatisierbar* und *unabhängig vom Bediener*. Die Härteprüfung nach Rockwell HRC wird außerdem genutzt, um die *Härtbarkeit von Stählen* (siehe Abschnitt 4.2.2) zu untersuchen.

Härteangabe:
Beispiel: 59 HRC bedeutet, die Rockwellhärte, gemessen nach der Skala C, beträgt 59.

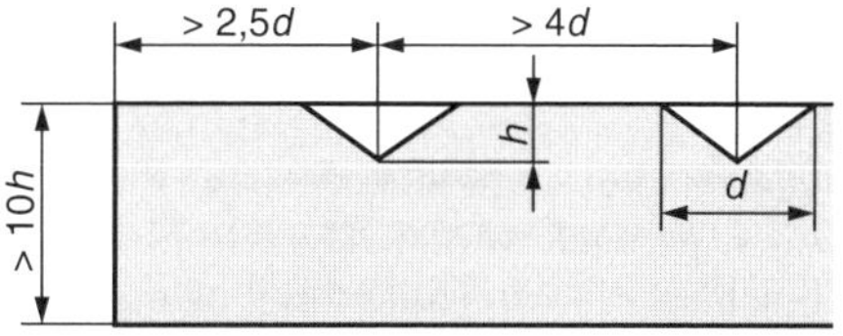

Bild 12.2–23 Abstände der Rockwellprüfeindrücke (HRC)

Vorteile der Rockwellhärteprüfung:

- direktes Ablesen der Härte möglich
- kein Bedienereinfluss auf den Härtewert
- sehr gut automatisierbar

Nachteile der Rockwellhärteprüfung:

- geringe Auflösung der Härtewerte
- keine weichen Werkstoffe prüfbar
- für dünne Schichten ungeeignet

12.2.2.4 Instrumentierte Eindringprüfung – Martenshärte

Die *instrumentierte Eindringprüfung* ist schnell und präzise. Das Verfahren ist *automatisierbar*. Gleichzeitig kann der *elastische Anteil der Verformung* berücksichtigt werden. Das erlaubt auch die Härteprüfung von hochelastischen Werkstoffen wie Gummi oder aber sehr spröden und harten Werkstoffen wie Keramik und Glas. Mit der instrumentierten Härteprüfung ist es möglich die Härte aller Werkstoffe mit einem Prüfverfahren zu bestimmen und direkt zu vergleichen.

Die instrumentierte Eindringprüfung (*registrierende Härteprüfung oder Universalhärte*) ist in der DIN EN ISO 14 577 genormt. Bei diesem Prüfverfahren wird in der Regel eine *Vickerspyramide* rechnergesteuert und kontinuierlich in eine ebene, saubere, fett- und zunderfreie Oberfläche gedrückt. Die Geschwindigkeit des Eindringens kann entweder über die Kraftzunahme oder die Eindringtiefe geregelt werden. Die Kraft ist stoß- und erschütterungsfrei aufzubringen und eine definierte Zeit zu halten. Während der Be- und Entlastung wird die sich ändernde Prüfkraft F und die zugehörige Eindringtiefe h registriert. Ein Kraft-Eindringtiefe-Verlauf ist schematisch im Bild 12.2–24 dargestellt.

Eindringkörper: In der Regel wird, wie bei der Vickershärtemessung, eine Diamantpyramide mit quadratischer Grundfläche und einem Spitzenwinkel von 136° verwendet.

Prüfkraft: Die Prüfkraft wird von null bis zum Erreichen der Maximalkraft ständig registriert. Es werden drei Kraftbereiche unterschieden:

Makrobereich: $2\,\text{N} \leqq F \leqq 30\,\text{kN}$
Mikrobereich: $2\,\text{N} > F;\, h > 0{,}2\,\mu\text{m}$
Nanobereich: $h \leqq 0{,}2\,\mu\text{m}$

Einwirkdauer: Die Aufbring-, Halte- und Rücknahmezeit sind in der DIN EN ISO 14 577 nicht festgelegt, liegen aber üblicherweise bei je 30 s.

Anwendung der Martenshärte:

- zur Härtemessung an praktisch allen Werkstoffen, auch an Gummi, Glas oder Keramik
- bei automatisierter Härtemessung insbesondere in der Massenproduktion

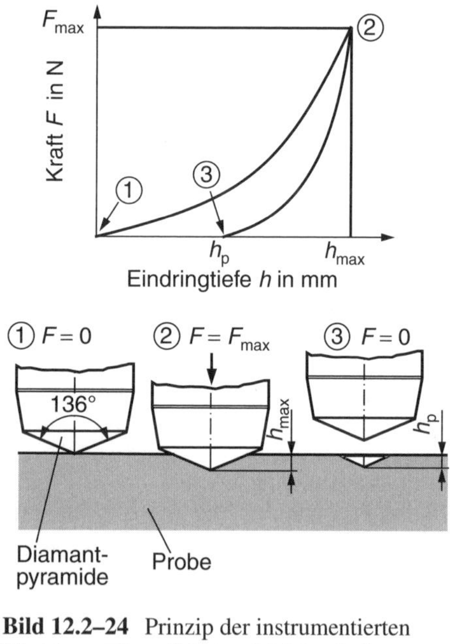

Bild 12.2–24 Prinzip der instrumentierten Eindringprüfung (Martenshärte) mit einem typischen Kraft-Eindringtiefe-Verlauf

Das Verhältnis der Prüfkraft F zur momentanen Eindruckoberfläche A_s wird als *Martenshärte* bezeichnet, wobei die Eindruckoberfläche eine Funktion der Eindringtiefe h ist und unter wirkender Prüfkraft bestimmt wird. Die verwendeten Kräfte werden in *Makro-, Mikro- und Nanobereich* unterteilt. Während der Makrobereich in erster Linie zur Bestimmung von gemittelten repräsentativen Härtewerten eingesetzt wird, wird der Mikro- und Nanobereich zur Bestimmung der Härte in dünnen Schichten oder in einzelnen Gefügebestandteilen verwendet. Die Aufbring-, Halte- und Rücknahmezeiten für die Prüfkraft sind in der DIN EN ISO 14 577 nicht festgelegt. Bei einem Vergleich unterschiedlicher Werkstoffe, die ein geschwindigkeitsabhängiges mechanisches Werkstoffverhalten zeigen, sollte auf gleiche Prüfzeiten geachtet werden. Als Nachteil kann die teure und aufwendige Prüftechnik angesehen werden. Außerdem hat die Oberflächenrauigkeit einen erheblichen Einfluss auf die Prüfergebnisse.

Anmerkung: Neben der Bestimmung der Härte können aus den Kraft-Eindringtiefen-Diagrammen Informationen zum elastischen Werkstoffverhalten oder zum Kriechverhalten der untersuchten Werkstoffe gewonnen werden. Außerdem werden in der DIN EN ISO 14 577 neben der Vickerspyramide weitere Eindringkörper zur instrumentierten Härteprüfung zugelassen, auf die an dieser Stelle nicht näher eingegangen wird.

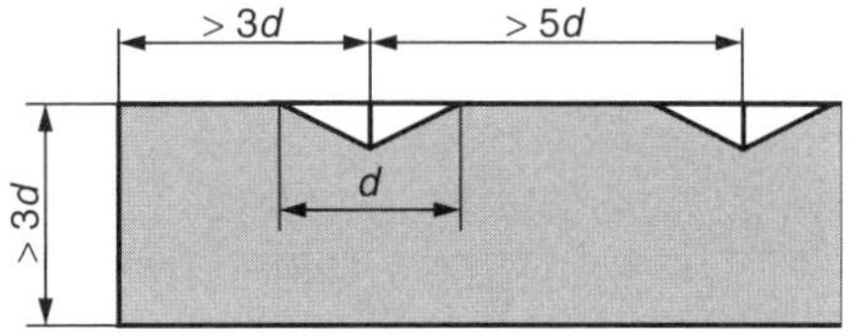

Bild 12.2–25 Abstände der Prüfeindrücke bei der instrumentierten Eindringprüfung

> Die Martenshärte ist der Quotient aus der Prüfkraft F und der momentanen, aus der Eindringtiefe h berechneten Fläche A_s unter wirkender Prüfkraft.
>
> $$HM = \frac{F}{A_s} = \frac{F}{26{,}43 \cdot h^2} \quad \text{in N/mm}^2$$

F Prüfkraft in N

h Eindringtiefe unter wirkender Prüfkraft in mm

A_s Oberfläche des Härteeindruckes unter wirkender Kraft in mm^2

Härteangabe:
Beispiel: HM 0,5/20/20 = 8 700 N/mm^2 bedeutet, die Martenshärte bei einer Prüfkraft von 0,5 N, die in 20 s aufgebracht und weitere 20 s gehalten wurde, beträgt 8 700 N/mm^2.

Vorteile der instrumentierten Härteprüfung:
- kein optisches Ausmessen der Härteeindrücke und damit kein Bedienereinfluss auf die Bestimmung des Härtewertes
- Berücksichtigung der elastischen und plastischen Verformungsanteile
- Härtebestimmung auch bei sehr elastischen Werkstoffen wie z. B. Gummi möglich
- automatisierbares Prüfverfahren

Nachteile der instrumentierten Härteprüfung:
- aufwendige Prüftechnik erforderlich
- hohe Oberflächenqualität des Prüfstückes notwendig

12.2.2.5 Umwerten von Härtewerten

Sehr häufig kommt es in der Praxis vor, dass *Härtewerte* miteinander verglichen werden sollen. Aufgrund der zahlreichen in der Praxis verwendeten Härteprüfverfahren, liegen häufig die Werte in *unterschiedlichen Härteskalen* vor. Außerdem wird oft die Angabe der *Zugfestigkeit* von Werkstoffen verlangt, obwohl kein Material entnommen werden kann. In der DIN EN ISO 18 265 gibt es für metallische Werkstoffe Tabellen, die eine *Umwertung der Härtewerte* und eine *Abschätzung der Zugfestigkeit* R_m erlauben. Bei den Härteprüfverfahren unterscheiden sich die Spannungsverteilung und der Spannungszustand. Außerdem sind die Härtewerte zum Teil lastabhängig. Deshalb gibt es keine einfachen mathematischen Zusammenhänge zwischen den einzelnen Härteskalen. Die in den Tabellen der Norm angegebenen Umwertungen beruhen auf Erkenntnissen, die durch Erfahrungen gewonnenen wurden. Die Umwertungen der Härtewerte unterliegen *erheblichen Streuungen.* Außerdem gelten die Umwertungen nur für ganz *bestimmte Werkstoffe/Werkstoffgruppen* und *Wärmebehandlungszustände.* Insbesondere die Ermittlung der Zugfestigkeit aus einem Härtewert kann erheblichen Fehlern unterliegen. Die Zugfestigkeit, die aus einem Härtewert ermittelt wurde, ist deshalb mehr als Richtwert bzw. als Abschätzung anzusehen. Die angegebenen Formeln sind lediglich als Faustformeln zu betrachten. Voraussetzung für eine solche Umwertung in eine Zugfestigkeit ist, dass der Werkstoff hinreichend zäh ist. Umgewertete Härtewerte sind grundsätzlich als solche zu kennzeichnen.

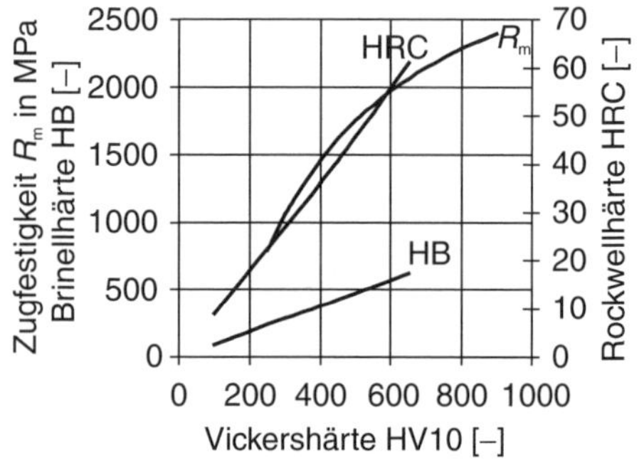

Bild 12.2–26 Zusammenhang zwischen HV, HRC, HB (Beanspruchungsgrad 30) und der Zugfestigkeit R_m für unlegierte und niedriglegierte Stähle sowie Stahlguss (Quelle: DIN EN ISO 18 265)

Für die Umrechnung der Brinellhärte HB (Beanspruchungsgrad 30) in die Zugfestigkeit gelten folgende Faustformeln:

ferritische Stähle: $R_m \approx 3{,}5 \cdot HB$

Al und Al-Legierungen: $R_m \approx 3{,}7 \cdot HB$

Angabe einer umgewerteten Härte oder Zugfestigkeit

Beispiel 1:
DIN EN ISO 18 265 – 50,5 HRC – B.2 – HV
DIN EN ISO 18 265 – Norm, nach der umgewertet wurde
50,5 HRC – durch Umwertung ermittelter Härtewert (kann durch eine Angabe der Unsicherheit ergänzt sein (50,5 ± 1,0 HRC))
B.2 – verwendete Tabelle der Umwertung (Quelle: DIN EN ISO 18 265)
HV – Verfahren, nach dem die Härte ermittelt wurde (hier Vickersverfahren)

Beispiel 2:
DIN EN ISO 18 265 – 415 MPa – A.1 – HB
415 MPa – durch Umwertung ermittelte Zugfestigkeit R_m
A.1 – verwendete Tabelle der Umwertung (Quelle: DIN EN ISO 18 265)
HB – Verfahren, nach dem die Härte ermittelt wurde (hier Brinellverfahren)

Übung 12.2–7
Was versteht man unter der Härte eines Werkstoffes?

Übung 12.2–8
Weshalb ist das Härteprüfverfahren nach Brinell für gehärtete Stähle nicht geeignet?

Übung 12.2–9
Wie kann man die Härte dünner Bleche oder nitrierter Randzonen von Werkstücken zuverlässig ermitteln?

Übung 12.2–10
Wie unterscheidet sich das Prüfprinzip nach Rockwell (HRC) von den anderen klassischen Eindringverfahren nach Brinell und Vickers?

12.2.3 Zähigkeitsprüfung

Lernziele

Der Lernende kann ...

- das Bruchverhalten metallischer Werkstoffe bei schlagartiger Beanspruchung und unter Wirkung eines Kerbes erläutern,
- den Einfluss einer Kerbe auf den Spannungszustand im Bauteil beschreiben,
- das Versuchsprinzip des Kerbschlagbiegeversuches erklären,
- die Übergangstemperatur beim Kerbschlagbiegeversuch bestimmen.

12.2.3.0 Übersicht

Vom Zugversuch ist bekannt, dass sich ein Großteil der metallischen Werkstoffe plastisch verformen lässt. Ist der Zugstab gekerbt, sind die erreichbaren Bruchdehnungen in der Regel viel kleiner. Wird der Kerb schärfer, d. h. der Kerbradius kleiner, kann es sogar zum *spröden Versagen* kommen (*Sprödbruch*). Allein die Wirkung des Kerbes kann den Übergang vom gut verformbaren, zähen Werkstoffverhalten zum spröden Werkstoffversagen ohne Anzeichen einer plastischen Verformung führen. Verstärkt wird dieser Trend durch höhere Belastungsgeschwindigkeiten und niedrige Temperaturen. Typische Kerben in der Praxis sind Geometrieübergänge an kraft- und momentenübertragenden Bauteilen wie z. B. an Wellen (u. a. Passfedernuten). Die *schärfste Kerbform* in einem realen Bauteil ist ein *Anriss. Zähigkeitsuntersuchungen* sollen die Neigung eines Werkstoffes zum Sprödbruch unter gleichzeitiger Wirkung einer Kerbe/eines Anrisses untersuchen. Es soll festgestellt werden, ob ein Werkstoff in der Lage ist, Spannungsspitzen an der Rissspitze durch plastische Verformung abzubauen.

Wirkt auf einen geraden Zugstab eine Kraft in axialer Richtung, so sind die Kraftfeldlinien gerade und gleichmäßig verteilt (Bild 12.2–27a). Das hat zur Folge, dass auch die größte Normalspannung in der Ebene senkrecht zur angreifenden Kraft überall gleichgroß ist. Die Nennspannung σ_{nenn} (Kraft bezogen auf den kleinsten Querschnitt) ist gleich der Maximalspannung $\sigma_{\max}$. Da nur *eine* Normalspannung auftritt, spricht man von einem *einachsigen Spannungszustand.* Ist dagegen der Zugstab gekerbt, müssen die Kraftfeldlinien den Kerb umgehen (Bild 12.2–27b). Im Kerbgrund ist die Dichte der Kraftfeldlinien höher als im Kern des Zugstabes. Das hat *Spannungsspitzen* $\sigma_{\max}$ im Kerbgrund in axialer Richtung zur Folge. Gleichzeitig werden die normalerweise axial verlaufenden Kraftfeldlinien in radialer Richtung nach Innen abgelenkt. Das führt zu einer *radialen Spannung*. Betrachtet man einen Schnitt im Kerbgrund (Bild 12.2–28), so wird deutlich, dass die Kraftfeldlinien nicht nur radial abgelenkt werden, sondern dass diese außerdem ihren Abstand in Umfangsrichtung (tangentiale Richtung) ändern müssen. Es tritt zusätzlich noch eine *tangentiale Spannung* auf. Obwohl nur eine einzige Kraft in axialer Richtung angreift, führt der Kerb zu drei wirkenden Spannungen. Solange sich der Werkstoff nicht plastisch verformt, führt die größere Dichte der Kraftfeldlinien im Kerbgrund zu Spannungsspitzen in allen drei Raumrichtungen. Dabei handelt es sich immer um Zugspannungen.

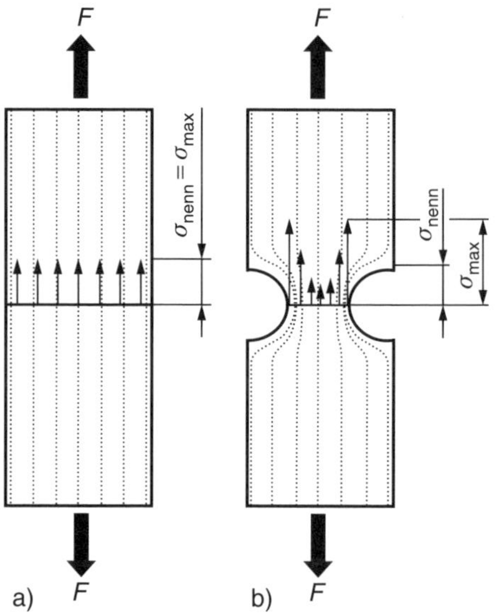

Bild 12.2–27 Verlauf der Kraftfeldlinien und Verteilung der axialen Spannung im
a) geraden und
b) gekerbten Zugstab

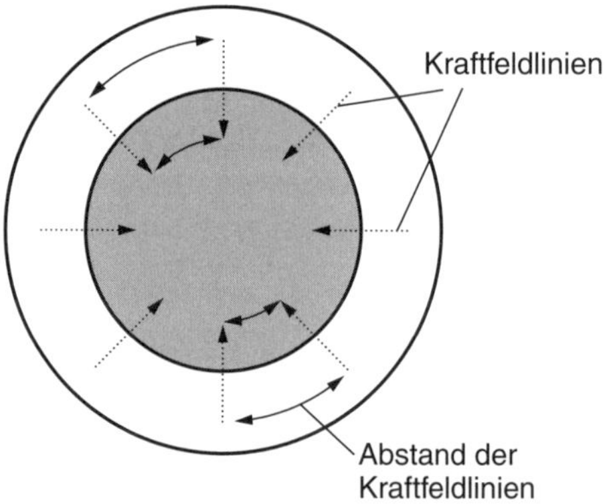

Bild 12.2–28 Schnitt im Kerbgrund einer Zugprobe – Im Kerb werden die Kraftfeldlinien in radialer Richtung abgelenkt und in Umfangsrichtung dichter zusammen gedrängt – Ursache für Radial- und Tangentialspannung im Kerbgrund

Bei der Beschreibung des Zugversuches wurde darauf hingewiesen, dass die Verlängerung der Probe mit der Abnahme des Querschnittes verbunden ist. Wird aber der Werkstoff, wie im Kerbgrund, allseitig auseinander gezogen, so kann er sich nicht mehr ohne Weiteres plastisch verformen. Die *Querkontraktion wird behindert.* Wenn eine Probe/ein Werkstück gekerbt ist, dann ist diese

Verformungsbehinderung die Ursache für die Versprödung eines Werkstoffes. Ist ein Werkstoff in der Lage, sich unter diesen Bedingungen trotzdem plastisch zu verformen, dann hat er eine hohe *Zähigkeit*. Er ist in der Lage, die *Spannungsspitzen* im Kerbgrund durch plastische Verformung abzubauen. Spröde Werkstoffe sind dazu nicht in der Lage. Der Riss breitet sich schlagartig aus, ohne dass das Bauteil/Werkstück ein Anzeichen von plastischer Verformung zeigt (Spröd- bzw. Trennbruch).

> *Zähigkeit* ist das Vermögen eines Werkstoffes, Spannungsspitzen im Kerbgrund/an der Rissspitze durch plastische Verformung abzubauen. Durch Kerben in einem Bauteil werden die Zähigkeit und das Verformungsvermögen eines Werkstoffes beeinträchtigt.

Kerben erhöhen die *Riss- und Sprödbruchgefahr*. Kerben an Maschinenbauteilen sind Bohrungen, Passfedernuten, Gewinde und Absätze. Sie können aber auch durch Bearbeitungsfehler (z. B. Schleifrisse, Drehriefen) entstehen. Materialfehler wie Lunker, spröde nichtmetallische Einschlüsse oder spröde Gefügebestandteile wirken wie innere Kerben und haben die gleiche versprödende Wirkung.

12.2.3.1 Kerbschlagbiegeversuch nach Charpy

Der *Kerbschlagbiegeversuch* ist für die Ermittlung der *Sprödbruchneigung* an metallischen und hochpolymeren Werkstoffen gut geeignet. Der *Kerbschlagbiegeversuch nach Charpy* und die dazugehörigen Proben (Bild 12.2–29) sind in DIN EN ISO 148-1 genormt. Auch Untermaßproben mit einer geringeren Probenbreite als 10 mm sind prinzipiell zulässig. Die V-Kerb-Probe ist aufgrund der höheren Kerbwirkung zu bevorzugen. Beim Kerbschlagbiegeversuch wird eine einseitig in der Mitte gekerbte Probe auf zwei Auflager und mit der gekerbten Seite gegen zwei Widerlager gelegt (Bild 12.2–30). Der herabfallende *Pendelhammer* trifft die Probe mit der Hammerfinne auf der kerbabgewandten Seite. Mit einem einzigen Schlag wird diese entweder durchgebrochen oder durch die Widerlager gezogen. Der Pendelhammer erreicht beim Auftreffen eine Schlaggeschwindigkeit von ca. 5 m/s.

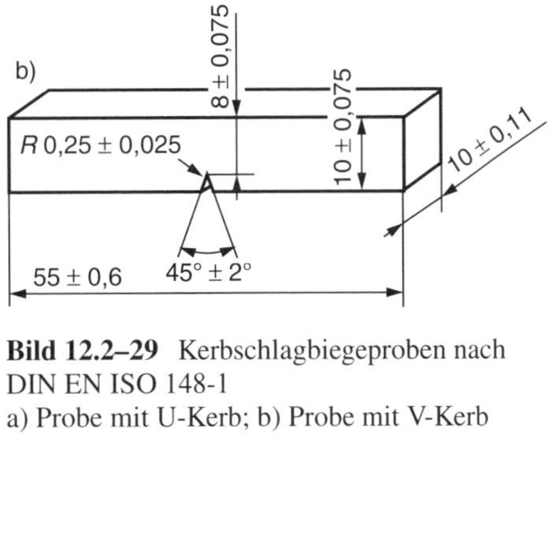

Bild 12.2–29 Kerbschlagbiegeproben nach DIN EN ISO 148-1
a) Probe mit U-Kerb; b) Probe mit V-Kerb

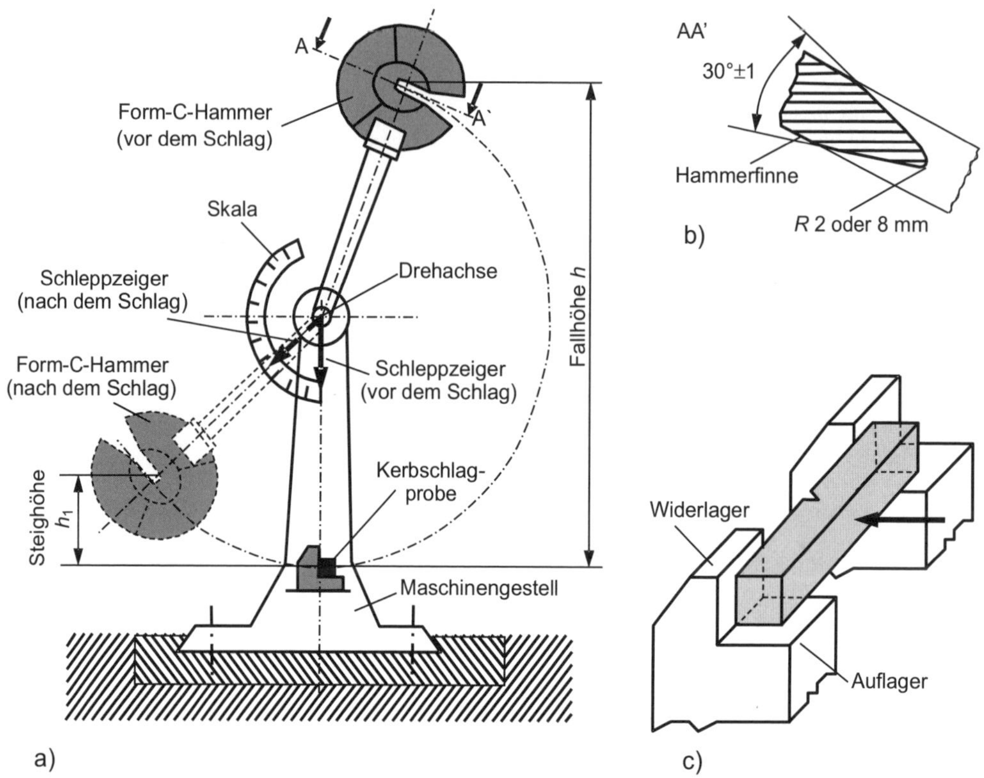

Bild 12.2–30 Belastungsprinzip des Kerbschlagbiegeversuches
a) Pendelschlagwerk
b) Hammerfinne
c) Probe liegt auf zwei Auflagern und wird gegen zwei Widerlager geschlagen (Pfeil zeigt die Stelle des Auftreffens der Finne des Pendelhammers)

Beim Auftreffen der Finne wird die Probe gebogen. Bei der Biegung treten Druck- und Zugspannungen auf. Insbesondere im Kerbgrund der Probe liegen Zugspannungsspitzen vor. Diese Belastung wird durch die Spannungsmehrachsigkeit im Kerbgrund verschärft. Kann ein Werkstoff diese Belastung nicht durch plastische Verformung abbauen, kommt es sofort zur Rissbildung und zur schlagartigen Ausbreitung des Anrisses. Der Werkstoff versagt *spröd*. Es wird nur wenig Energie für Rissbildung und -fortschritt benötigt. Die *verbrauchte Schlagenergie K*

Die *verbrauchte Schlagenergie K* ist die Energie, die zum Zerschlagen einer Kerbschlagprobe benötigt wird. Sie ist die Differenz der potenziellen Energie des Pendelhammers vor und nach dem Zerschlagen der Probe.

$$K = m \cdot g \cdot (h - h_1)$$

m Masse des Pendelhammers in kg
g Erdbeschleunigung in m/s^2
h Fallhöhe in m
h_1 Steighöhe in m

ist also ein Maß für den Widerstand eines Werkstoffes gegen die schlagartige Beanspruchung und die kerbbedingte mehrachsige Zugbelastung. Vor dem Versuch hat der Hammer die potenzielle Energie $K_p = m \cdot g \cdot h$ (= Anfangsenergie). In der Regel wird ein Hammer verwendet, der ein Nennarbeitsvermögen von 300 J hat (auch 100 J oder 150 J sind möglich). Während der Hammer einen Kreisbogen beschreibt, wird die potenzielle Energie in kinetische Energie umgewandelt. Ein Teil dieser kinetischen Energie wird für das Zerschlagen der Probe benötigt. Das hat zur Folge, dass der Hammer nicht mehr die ursprüngliche Höhe erreichen kann ($h_1 < h$). Die potenzielle Energie nach dem Versuch ist kleiner als davor. Die *verbrauchte Schlagenergie K*, die notwendig ist, um die Probe zu zerbrechen oder durch das Widerlager zu ziehen, lässt sich aus der Differenz der potenziellen Energie des Hammers vor und nach dem Versuch ermitteln. Die potenzielle Energie des Hammers vor dem Versuch ist bekannt. Die potenzielle Energie nach dem Versuch hängt – außer von der bekannten Masse des Hammers und der Erdbeschleunigung – nur von der *Steighöhe* h_1 ab. *Pendelschlagwerke* besitzen normalerweise eine Skale, auf der durch die Mitnahme eines Schleppzeigers die *verbrauchte Schlagenergie K* direkt abgelesen werden kann. Streng genommen wird der *Steigwinkel* des Hammers nach dem Versuch gemessen. Dieser ist aber proportional zur *Steighöhe* h_1 und damit zur *verbrauchten Schlagenergie*, sodass die Skale entsprechend kalibriert ist. Nach dem gleichen Prinzip arbeiten auch moderne *Pendelschlagwerke*, bei denen der *Steigwinkel* mithilfe eines digitalen Winkelmesssystems ermittelt und direkt die *verbrauchte Schlagenergie K* digital angezeigt wird.

Viele Metalle verspröden mit sinkender Temperatur. Der Kerbschlagbiegeversuch nach Charpy erlaubt es, mit wenigen Versuchen die Temperatur zu bestimmen, bei der ein Übergang vom *duktilen* zum *spröden*

Angabe der *verbrauchten Schlagenergie*:

Beispiel 1
$KV_2 = 121$ J bedeutet:
- Nennarbeitsvermögen des Pendelschlagwerkes: 300 J (muss nicht extra angegeben werden)
- Normalprobe mit V-Kerb
- Radius der Hammerfinne: 2 mm
- beim Bruch *verbrauchte Schlagenergie*: 121 J

Beispiel 2
$KV_2\ 100/5 = 57$ J bedeutet:
- Nennarbeitsvermögen des Pendelschlagwerkes: 100 J
- Untermaßprobe mit V-Kerb und einer Probenbreite von 5 mm
- Radius der Hammerfinne: 2 mm
- beim Bruch *verbrauchte Schlagenergie*: 57 J

Beispiel 3
$KU_8\ 150 = 65$ J bedeutet:
- Nennarbeitsvermögen des Pendelschlagwerkes: 150 J
- Normalprobe mit U-Kerb
- Radius der Hammerfinne: 8 mm
- beim Bruch *verbrauchte Schlagenergie*: 65 J

Vorteile des Kerbschlagbiegeversuches:
- einfache, schnelle Probenfertigung und Versuchsdurchführung
- schnelle Aussage über *Sprödbruchneigung* ist möglich

Werkstoffverhalten stattfindet (Temperaturkonzept). Dazu ist es erforderlich, mehrere Proben auf verschiedene Temperaturen zu erwärmen bzw. abzukühlen. Zwischen der Probenentnahme und dem Zerschlagen dürfen nicht mehr als 5 s vergehen, da ansonsten eine unzulässige Veränderung der Temperatur auftritt. Um die Übergangstemperatur T_t zu bestimmen, werden die Messwerte in ein Verbrauchte-Schlagenergie-Temperatur-Diagramm eingetragen und es wird eine Mittelwertkurve mit dem Streubereich eingezeichnet (Bild 12.2–31).

Nachteile des Kerbschlagbiegeversuches:

- Die *verbrauchte Schlagenergie* ist eine *integrale Größe* (von Weg *und* Kraft abhängig), die nichts über die Rissentstehung und -ausbreitung aussagt.
- Die Ermittlung der *verbrauchten Schlagenergie* muss unter definierten Bedingungen erfolgen. Sie ist nicht auf andere Versuchsbedingungen und in die Praxis übertragbar.
- Die *verbrauchte Schlagenergie* und das Bruchverhalten sind von der *Geometrie der Probe/des Kerbes* abhängig. Damit ist die *verbrauchte Schlagenergie* kein Werkstoffkennwert.

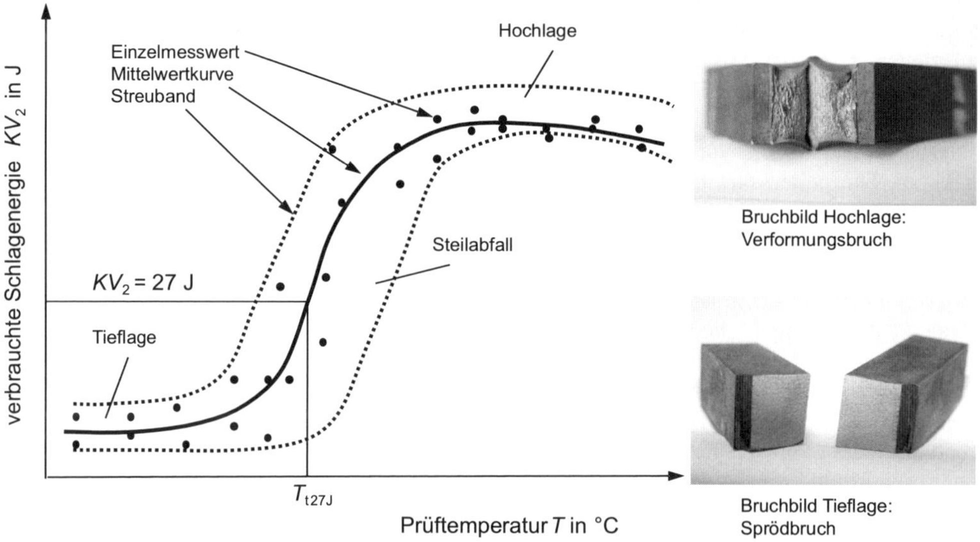

Bild 12.2–31 Verbrauchte-Schlagenergie-Temperatur-Kurve (schematisch); Bestimmung der Übergangstemperatur T_t bei einer bestimmten Kerbschlagarbeit KV_2, z. B. 27 J

Insbesondere bei krz-Metallen (z. B. ferritisch-perlitischer oder vergüteter Stahl) ergibt sich ein *charakteristischer Steilabfall* der Kurve. Er kennzeichnet den Übergangsbereich vom zähen (Hochlage) zum spröden Werkstoffverhalten (Tieflage). Die *Übergangstemperatur* T_t gibt einen wichtigen Hinweis, bis zu welcher Temperatur ein Werkstoff eingesetzt werden darf. Am häufigsten wird die Übergangstemperatur über einen definierten Wert der verbrauchten

Schlagenergie ermittelt, z. B.: $KV_2 = 27\,J$, $= 40\,J$ oder $= 60\,J$ ($T_{t\,27\,J}$; $T_{t\,40\,J}$; $T_{t\,60\,J}$). Aber auch die verbrauchte Schlagenergie, bei der im Bruchbild 50 % Verformungsbruch festgestellt oder 50 % der verbrauchten Schlagenergie der Hochlage erreicht werden, kann zur Bestimmung der Übergangstemperatur herangezogen werden.

Zunehmende Kerbschärfe, die Dicke sowie Breite der Probe und eine ansteigende Schlaggeschwindigkeit führen genauso wie ein höherer Martensitgehalt, ein zunehmender Kaltumformgrad, Gefügeinhomogenitäten oder große nichtmetallische Einschlüsse zum *Ansteigen der Übergangstemperatur* und damit zur Versprödung des Werkstoffes. Bild 12.2–32 zeigt *KV-T*-Kurven verschiedener Werkstoffgruppen und Bild 12.2–33 zeigt Stähle verschiedener Behandlungszustände. Da die Übergangstemperatur T_t nicht nur vom Werkstoffzustand, sondern auch von der *Geometrie* der Probe/des Kerbes abhängt, kann sie auch nicht als Werkstoffkennwert betrachtet werden.

Der *Kerbschlagbiegeversuch* hat als Abnahmeversuch in der metallurgischen Industrie eine große Bedeutung. Auf diese Weise werden alle Stähle für den Stahlbau auf ihre Sprödbruchneigung untersucht.

Anwendung des Kerbschlagbiegeversuches:

- Nachweis möglicher Einsatztemperaturen
- qualitative Bewertung von Wärmebehandlungszuständen
- Untersuchung der Alterungsanfälligkeit von Werkstoffen
- Prüfung von Schweißverbindungen
- wichtiger Abnahmeversuch zur Bestimmung der Güte und Gleichmäßigkeit eines Werkstoffes bzw. seiner Behandlung in der metallurgischen Industrie und in Gießereien

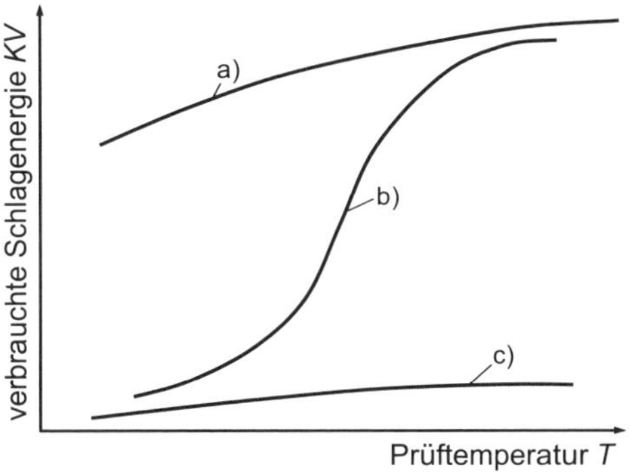

Bild 12.2–32 Typische *KV-T*-Kurven für verschiedene Werkstoffe
a) Al, Cu, Ni, austenitischer Stahl (kfz-Gitter)
b) ferritisch-perlitischer oder vergüteter Stahl (krz-Gitter)
c) Glas, Keramik, gehärteter und nicht angelassener Stahl (Martensit)

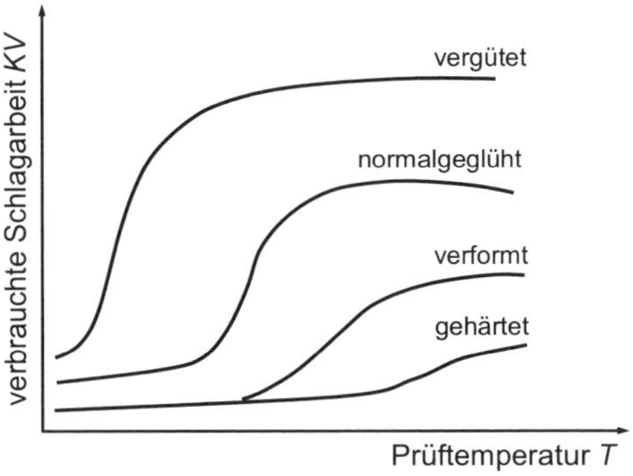

Bild 12.2–33 *KV-T*-Kurven von Stählen in verschiedenen Behandlungszuständen (schematisch)

Nachteilig ist, dass man anhand der verbrauchten Schlagenergie nicht erkennen kann, ob der Werkstoff spröd gebrochen ist oder nicht. Ein zäher Werkstoff mit einer sehr niedrigen Festigkeit kann die gleiche verbrauchte Schlagenergie wie ein hochfester, aber spröder Werkstoff aufweisen. Erst wenn die Schlagkraft über die Durchbiegung bestimmt wird, können zur Rissentstehung und zum Rissfortschritt genaue Aussagen getroffen werden (Bild 12.2–34). Die Fläche unter der *Kraft-Durchbiegung-Kurve* ist ein Maß für die verbrauchte Schlagenergie *K*. Wird nicht nur die verbrauchte Schlagenergie, sondern auch die Schlagkraft-Durchbiegung-Kurve ermittelt, so handelt es sich um einen *instrumentierten Kerbschlagbiegeversuch*. Dieser ist in DIN EN ISO 14 556 standardisiert.

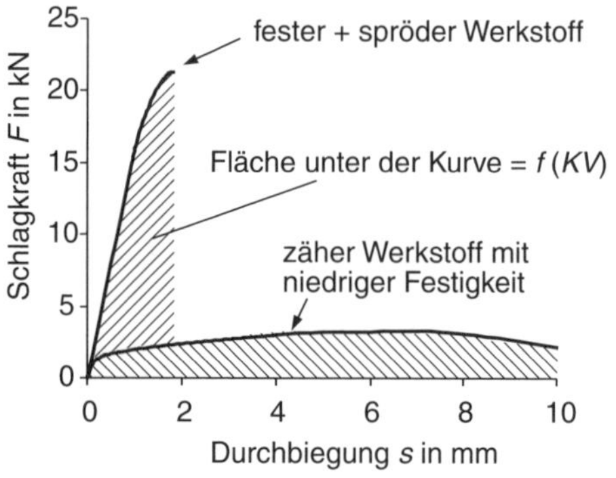

Bild 12.2–34 Vergleich von Schlagkraft-Durchbiegung-Kurven (instrumentierter Kerbschlagbiegeversuch)

12.2.4 Bruchmechanische Werkstoffprüfung

Im vorangegangenen Abschnitt wurde darauf hingewiesen, dass die Kerbschlagarbeit kein Werkstoffkennwert ist, da sie von der Proben- und Kerbgeometrie abhängt. Das heißt, dass in der Praxis andere und unter Umständen härtere Bedingungen vorliegen. Geht man von unterschiedlich gekerbten Zugstäben aus, führt ein abnehmender Kerbradius zu immer größeren Spannungsspitzen σ_{max} und einer *zunehmenden Spannungsmehrachsigkeit* im Kerbgrund (Bild 12.2–35). Die Spannungsspitzen sind dann am größten, wenn im Werkstück ein *scharfer Anriss* vorliegt. Obwohl in jedem Werkstoff Fehler vorhanden sind, kommt es in der Technik vergleichsweise selten zum Versagen. Versagen ist ein plötzlicher und unkontrollierter Rissfortschritt (*instabile Rissausbreitung*) bis zur Trennung des Werkstoffes. Bei zähen Werkstoffen verformt sich trotz der mehrachsigen Belastung der Werkstoff an der Rissspitze. Der Riss wächst nur langsam, und für die weitere Rissausbreitung ist eine zunehmende Belastung notwendig (*stabiler Rissfortschritt*). Aus diesen Beobachtungen lassen sich folgende Fragestellungen ableiten:

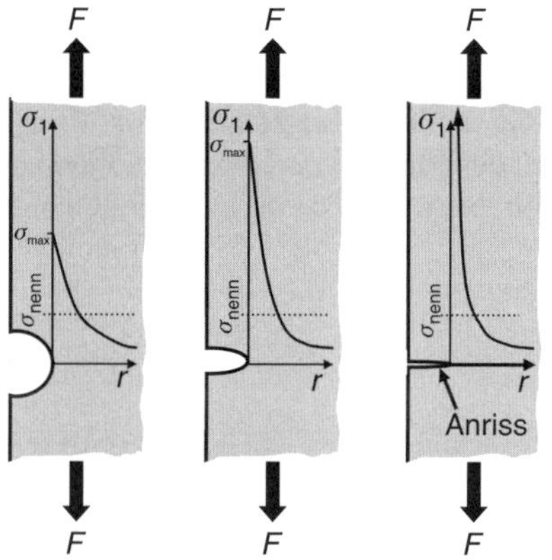

Bild 12.2–35 Einfluss des Kerbradius auf die größte Normalspannung im Kerbgrund bei rein elastischer Verformung

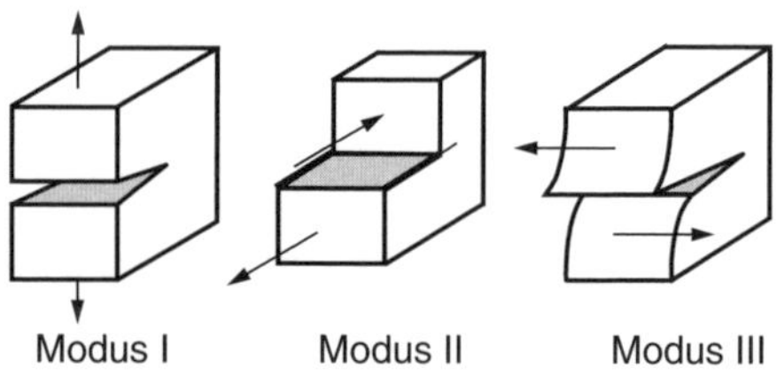

Bild 12.2–36 Grundbelastungsarten, die zum instabilen Risswachstum führen können

Gibt es eine *kritische Fehlergröße*, die bei einer vorgegebenen Spannung zum kritischen, instabilen Risswachstum führt? Diese Fehlergröße darf nur vom Werkstoff und den Belastungsbedingungen (Temperatur, Belastungsgeschwindigkeit) abhängen und muss *unabhängig von der Bauteilgeometrie* sein.

Gibt es eine *kritische Spannung*, die bei einer vorgegebenen Risslänge zum kritischen, instabilen Risswachstum führt? Diese kritische Spannung darf ebenfalls nur vom Werkstoff und den Belastungsbedingungen abhängen.

Weiterhin ist zu beachten, welche *Belastungsart* zum Versagen führt. Die für die Rissverlängerung infrage kommenden Belastungen sind im Bild 12.2–36 dargestellt. Die größte Belastung für einen rissbehafteten Werkstoff ist eine Zugbelastung senkrecht zur Rissebene (Bild 12.2–36, Modus I). Deshalb werden die bruchmechanischen Eigenschaften überwiegend nach Modus I ermittelt. Die dafür verwendeten Prüfverfahren sind der *Drei-Punkt-Biegeversuch* (Bild 12.2–37) und der *Zugversuch mit einer Kompakt-Zugprobe* (CT-Probe; engl.: Compact Tension Specimen; Bild 12.2–38). Beide Probenformen haben einen Kerb und zusätzlich, vom Kerb ausgehend, einen *eingeschwungenen Riss.* Während des Versuches wird die Kraft und die Kerbaufweitung gemessen.

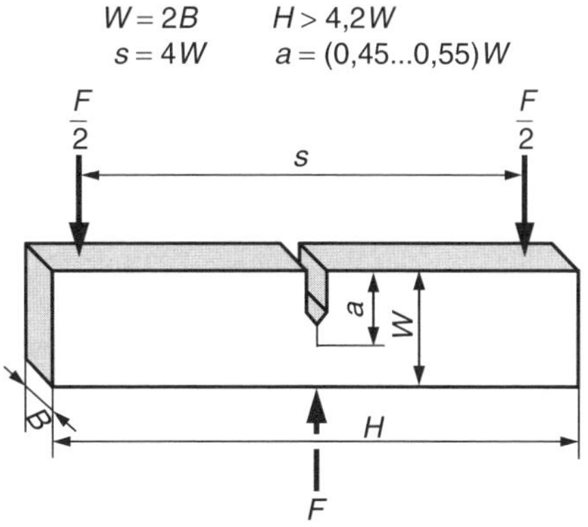

Bild 12.2–37 3-Punkt-Biegeprobe zur Bestimmung bruchmechanischer Werkstoffkennwerte nach ASTM E399

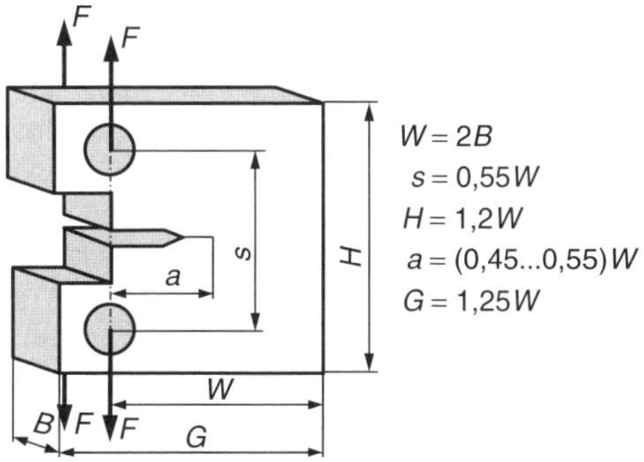

Bild 12.2–38 CT-Probe zur Bestimmung bruchmechanischer Werkstoffkennwerte nach ASTM E399

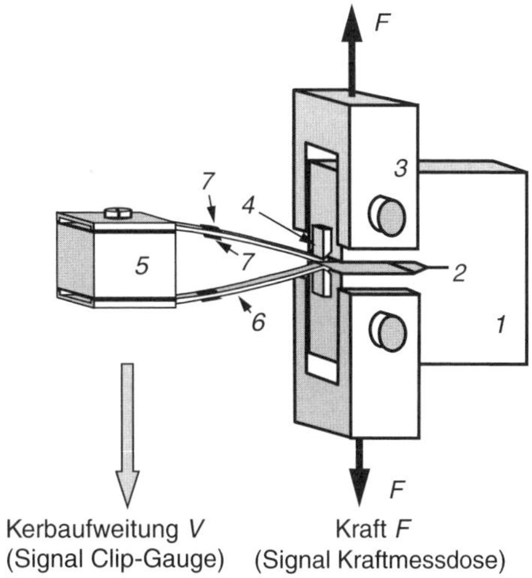

Bild 12.2–39 Versuchsprinzip bei der Prüfung von CT-Proben; *1* CT-Probe, *2* Anriss, *3* Zugvorrichtung, *4* Messschneide, *5* Wegaufnehmer mit Biegefeder (Clip-Gauge), *6* Biegefeder, *7* Dehnungsmessstreifen (DMS)

Im Bild 12.2 39 ist die Prüfanordnung für einen Zugversuch an der CT-Probe dargestellt. Die Kerbaufweitung wird über einen Wegaufnehmer (auch Clip-Gauge) bestimmt. Bei diesem sind zwei Biegefedern an einem Distanzstück befestigt. Auf der Ober- und Unterseite der Biegefedern befinden sich Dehnungsmessstreifen (DMS), mit denen die Kerbaufweitung V in Abhängigkeit von der Durchbiegung der Federn gemessen werden kann. Der Wegaufnehmer wird in Messschneiden eingesetzt, die auf die Probe aufgeklebt oder angeschraubt werden. Der Verlauf der *Kraft-Kerbaufweitung-Kurve* wird für die bruchmechanische Auswertung benötigt.

Neben der Kraft-Kerbaufweitung-Kurve wird für die bruchmechanische Auswertung die *Risslänge a* benötigt. Sie kann erst nach dem Versuch anhand der Bruchflächen ermittelt werden. Im Bild 12.2–40 ist die Bruchfläche einer Drei-Punkt-Biegeprobe zu sehen. Da der Anriss in den seltensten Fällen gerade verläuft, wird der Mittelwert aus drei Messungen jeweils nach $1/4$ der Probendicke B verwendet.

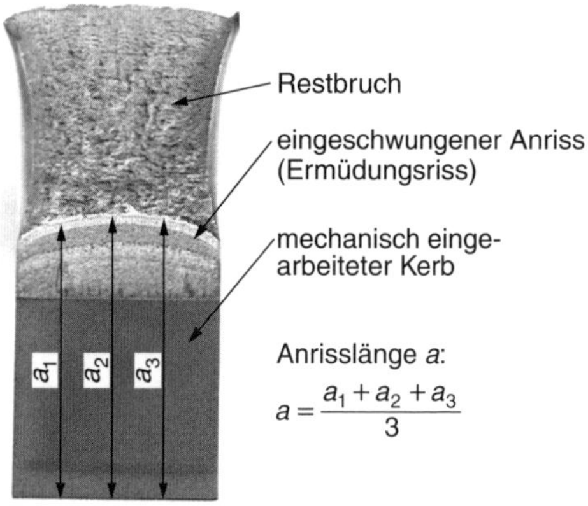

Bild 12.2–40 Bestimmung der Risslänge a an einer 3-Punkt-Biegeprobe nach dem Bruch

12.2.4.1 Linear elastische Bruchmechanik LEBM

Die Methode der *linear elastischen Bruchmechanik (LEBM)* gilt streng genommen nur für *sehr spröde Werkstoffe*, die nicht in der Lage sind, Spannungsspitzen an der Rissspitze durch plastische Verformung abzubauen. Die Rissverlängerung tritt plötzlich ein. Da sich der Werkstoff an der Rissspitze nicht verformt, kann keine Verformungsverfestigung eintreten. Außerdem folgt aus der Rissverlängerung, dass der tragende Querschnitt abnehmen muss. Das Wirken beider Effekte hat zur Folge, dass die Kraft bei beginnendem Rissfortschritt abrupt abfällt (Bild 12.2–41). Bis zum Erreichen dieser Maximalkraft wächst der Riss nicht. Die Ursache dafür ist in der Bildung von zwei neuen Oberflächen (*Oberflächen der beiden wachsenden Rissufer*) zu suchen. Für die Schaffung der Oberflächen ist jedoch die Arbeit W_{OF} erforderlich.

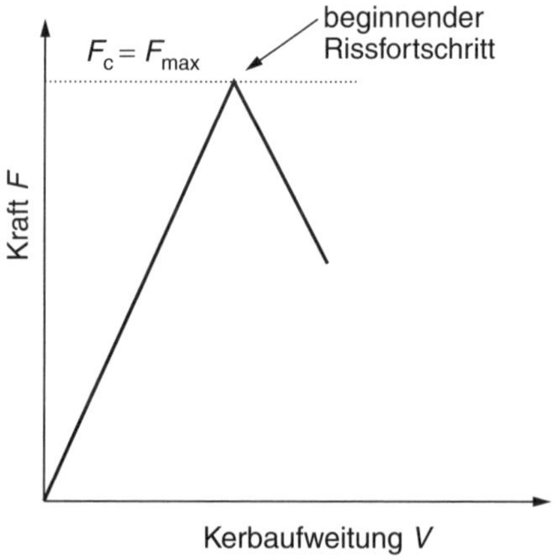

Bild 12.2–41 Ein für spröde Werkstoffe typisches Kraft-Kerbaufweitung-Diagramm

Gleichzeitig wird der Werkstoff mit zunehmender Belastung immer stärker elastisch gedehnt. Dadurch wird eine *elastische Energie* (W_{el}) gespeichert. Sobald gilt $W_{el} \geqq W_{OF}$, kommt es zur *instabilen Rissausbreitung*. Beide Größen sind vom Spannungsfeld um die Rissspitze abhängig. Dieses Spannungsfeld wird durch den *Spannungsintensitätsfaktor K* bzw. K_I beim Prüfmodus I (Zugbeanspruchung senkrecht zum Riss) beschrieben. Der *Spannungsintensitätsfaktor* ist nur für unendlich große Platten geometrieunabhängig. Deshalb muss er mit dem Geometriefaktor Y korrigiert werden. In Tabelle 12.2–6 sind für die Drei-Punkt-Biegeprobe und die CT-Probe die Werte für Y in Abhängigkeit vom Verhältnis der Risslänge a zur Probenbreite aufgeführt. Wird in der Probe die Kraft allmählich erhöht, führt das zwangsläufig auch zur Steigerung der Nennspannung σ_N und zur Erhöhung des Spannungsintensitätsfaktors K_I.

Der *Spannungsintensitätsfaktor* K_I beschreibt das Spannungsfeld an der Rissspitze unter dem Prüfmodus I und ist vom Produkt der Nennspannung σ_N und der Quadratwurzel der Anrisslänge a abhängig.

$$K_I = \sigma_N \cdot \sqrt{\pi \cdot a} \cdot Y \quad \text{in N} \cdot \text{mm}^{-2} \cdot \text{mm}^{1/2}$$

σ_N Nennspannung; Spannung bezogen auf den gesamten Querschnitt einschließlich der Rissfläche
a Risslänge
Y Geometriefaktor, abhängig von der Proben- und Rissgeometrie, $f(a/W)$
W Probenbreite

Für die CT-Probe und die 3-Punkt-Biegeprobe gelten folgende Gleichungen:

CT-Probe: $$K_I = \frac{F \cdot s}{B \cdot W^{1/2}} \cdot Y_{CT}$$

3-Punkt-Biegeprobe: $$K_I = \frac{F \cdot s}{B \cdot W^{3/2}} \cdot Y_{3PB}$$

F Kraft
s Auflagerabstand bzw. Abstand der Krafteinleitungspunkte
B Probendicke
W Probenbreite

Beim Erreichen der Prüfkraft F_{max} setzt der *plötzliche instabile Rissfortschritt* ein. Die Nennspannung σ_N erreicht bei F_{max} den kritischen Wert der Bruchspannung σ_c. Der Spannungsintensitätsfaktor, bei dem es zum instabilen Rissfortschritt kommt, wird als *kritischer Spannungsintensitätsfaktor* K_c bezeichnet. Bei der Untersuchung des kritischen Spannungsintensitätsfaktors K_c hat sich gezeigt, dass der Wert mit zunehmender Bauteildicke abnimmt (Bild 12.2–42). Bei dünnen Bauteilen kann sich der Werkstoff noch seitlich einschnüren. Je dicker das Bauteil ist, umso stärker wird die Verformung quer zum Anriss behindert (*ebener Dehnungszustand*). Die Bruchfläche liegt überwiegend in der Ebene der größten Normalspannung. Es handelt sich dann im Wesentlichen um einen Sprödbruch.

Der *Spannungsintensitätsfaktor* K_I wird beim Einsetzen des instabilen Rissfortschrittes zum *kritischen Spannungsintensitätsfaktor* K_c.

$$K_c = \sigma_c \cdot \sqrt{\pi \cdot a_c} \cdot Y$$

K_c nimmt mit zunehmender Probendicke ab und erreicht bei K_{Ic} ein Minimum. K_{Ic} wird als *Bruchzähigkeit* bezeichnet und ist ein geometrieunabhängiger Werkstoffkennwert. Solange $K_I < K_{Ic}$, ist ein Bauteil sicher gegen instabilen Rissfortschritt/Sprödbruch.

Wie aus Bild 12.2–42 hervorgeht, sinkt der *kritische Spannungsintensitätsfaktor* K_c, bis er den Grenzwert K_{Ic} erreicht. Dieser Grenzwert wird als *Bruchzähigkeit* unter dem Belastungsmodus I bezeichnet. Es handelt sich dabei um einen *charakteristischen und geometrieunabhängigen Werkstoffkennwert*. Solange in einem Bauteil gilt $K_I < K_{Ic}$, ist das Bauteil sicher gegen einen instabilen Rissfortschritt, das heißt gegen Sprödbruch. Ist bei einem Bauteil die Bruchzähigkeit des Werkstoffes und die im Bauteil wirkende Spannung bekannt, kann die kritische Risslänge bestimmt werden. Es kann also für reale Bauteile eine Fehlergröße festgelegt werden, bis zu welcher das Bauteil unter gegebenen Belastungsbedingungen eingesetzt werden kann. Die Probendicke B, bei der der kritische Spannungsintensitätsfaktor K_c den Wert der Bruchzähigkeit K_{Ic} erreicht, kann näherungsweise mit

$$B_{Ic} = 2{,}5 \cdot \left(\frac{K_{Ic}}{R_e}\right)$$

abgeschätzt werden. Dabei ist R_e die im Zugversuch bestimmte Streckgrenze.

Streng genommen gilt die *LEBM* nur für *ideal elastische Werkstoffe*, die im Versuch ohne plastische Verformung beim Erreichen einer kritischen Kraft F_c durch instabilen Rissfortschritt versagen (Bild 12.2–41). Insbesondere bei metallischen Werkstoffen kommt es trotz vorhandenem Anriss zur plastischen Verformung. Die Rissspitze wird durch plastische Verformung abgestumpft oder es kommt zu einem stabilen Rissfortschritt, d. h. die Kraft nimmt bei Rissausbreitung stetig zu. Ist die plastische Verformung sehr klein, kann unter bestimmten Voraussetzungen trotzdem noch die LEBM angewendet werden (Bild 12.2–43). Im Fall (a) breitet sich der Anriss zunächst instabil aus. Dem Kraftabfall (*pop-in*) folgt ein Kraftanstieg, u. U. mit plastischer Verformung an der Rissspitze – die Kurve weicht von der elastischen Geraden ab. Die gespeicherte elastische Energie reicht nicht aus, um

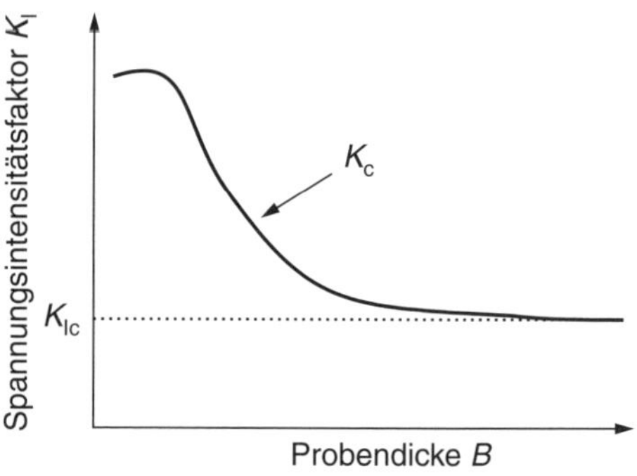

Bild 12.2–42 Zusammenhang von kritischem Spannungsintensitätsfaktor K_c und der Probendicke B

Tabelle 12.2–6 Geometriefaktoren Y zur Bestimmung des Spannungsintensitätsfaktors K_I

a/W	Y_{CT} für CT-Probe	Y_{3PB} für 3-Punkt-Biegeprobe
0,45	8,34	2,29
0,455	8,46	2,32
0,46	8,58	2,35
0,465	8,7	2,39
0,47	8,83	2,43
0,475	8,96	2,46
0,48	9,09	2,5
0,485	9,23	2,54
0,49	9,37	2,58
0,495	9,51	2,62
0,5	9,66	2,66
0,505	9,81	2,7
0,51	9,96	2,75
0,515	10,12	2,79
0,52	10,29	2,84
0,525	10,45	2,89
0,53	10,63	2,94
0,535	10,8	2,99
0,54	10,98	3,04
0,545	11,17	3,09
0,55	11,36	3,14

die Probe zu zerbrechen. Zur Auswertung wird die Kraft vor dem *Krafteinbruch* F_c herangezogen.
Bevor es zum instabilen Rissfortschritt kommt, weicht der *Kraft-Kerbaufweitung-Verlauf* im Fall (b) geringfügig vom elastischen Anstieg (Tangente BB') ab. Eine Sekante (BB'') mit einem um 5 % gegenüber der Tangente verringerten Anstieg schneidet die Kraft-Kerbaufweitung-Kurve erst nach dem Überschreiten der maximalen Kraft. Der kritische Wert F_c entspricht der Maximalkraft F_{max}.
Im Fall (c) weicht die F-V-Kurve deutlich von der elastischen Geraden (CC') ab. Der Riss wächst bis zum Kraftmaximum F_{max} stabil. Dabei verformt und verfestigt sich der Werkstoff an der Rissspitze. Zur Auswertung wird eine Sekante CC'' mit einem um 5 % gegenüber der elastischen Geraden verminderten Anstieg verwendet. Das Kraftmaximum F_{max} wird erst nach dem Schnittpunkt der Sekante mit der F-V-Kurve erreicht. Die Kraft F_c beim Schnittpunkt der Sekante CC'' wird zur Auswertung herangezogen. Eine Auswertung nach dieser Methode ist aber nur dann zulässig, wenn gilt $F_{max} \leqq 1{,}1 \cdot F_c$. Ansonsten ist der Anteil der plastischen Verformung zu groß und eine bruchmechanische Auswertung nach der Methode der LEBM ist nicht mehr zulässig. In diesem Fall ist auf die *Fließbruchmechanik* auszuweichen.

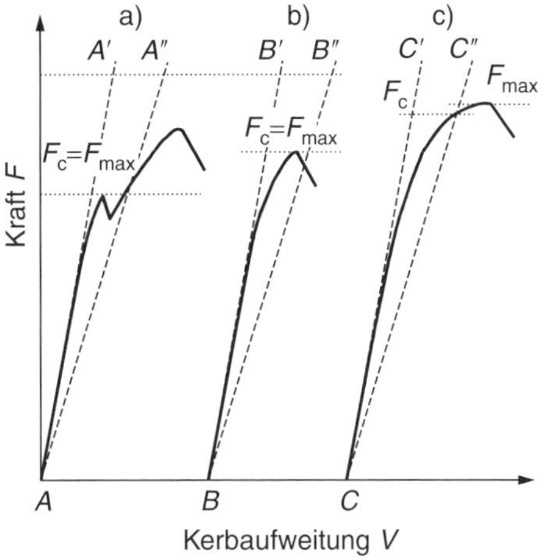

Bild 12.2–43 Ermittlung der kritischen Kraft zur Bestimmung von K_{Ic} nach der Methode der LEBM bei Werkstoffen mit geringer plastischer Verformung an der Rissspitze

> Die Bestimmung der *Bruchzähigkeit* K_{Ic} nach der Methode der *LEBM* kann bei sehr kleinen plastischen Verformungen an der Rissspitze auch auf weniger spröde Werkstoffe angewendet werden.

12.2.4.2 Fließbruchmechanik FBM

Wenn ein Werkstoff in der Lage ist, sich an der Rissspitze deutlich plastisch zu verformen, dann ist für eine bruchmechanische Beurteilung eine Methode der *Fließbruchmechanik (FBM)* anzuwenden. Ein solches Werkstoffverhalten ist dadurch gekennzeichnet, dass sich mit zunehmender Kraft zunächst die Rissspitze abstumpft (Bild 12.2–44). Der Kerb wird also um den Betrag δ an der ehemaligen Rissspitze aufgeweitet und der Riss verlängert sich um den Wert Δa.

> Ist ein Werkstoff in der Lage Spannungsspitzen an einer Rissspitze durch plastische Verformung abzubauen (zähes Werkstoffverhalten), dann ist zur bruchmechanischen Bewertung eine Methode der Fließbruchmechanik (FBM) anzuwenden. Die beiden wichtigsten Konzepte sind das *CTOD-Konzept* und das *J-Integral*.

Die Werkstoffbereiche werden um die Rissspitze deutlich plastisch verformt. Gleichzeitig können sich durch die plastische Verformung vor der Rissspitze Poren bilden. Wenn der Rissfortschritt und die Kerbaufweitung den *kritischen Wert* von Δa_i bzw. δ_i erreicht haben, verbindet sich der Anriss mit den vor der Rissspitze liegenden Poren.

Aufgrund der plastischen Verformung um die Rissspitze verfestigt der Werkstoff (*Verformungsverfestigung*). Das heißt, es kann nur dann zum Rissfortschritt kommen, wenn die wirkende Kraft weiter zunimmt – stabiler Rissfortschritt.
Die beiden wichtigsten Konzepte, um dieses zähe Werkstoffverhalten zu beschreiben, sind das *CTOD-Konzept* (engl.: crack tip opening displacement – Rissspitzenverschiebung) und das *J-Integral*.
Das *CTOD-Konzept* geht davon aus, dass das Werkstoffverhalten von *der plastischen Verformung an der Rissspitze* bestimmt wird. Es gibt eine *kritische Rissöffnung* δ_c, bei der es zum stabilen oder instabilen Rissfortschritt kommt. Diese kritische Rissöffnung δ_c ist nur von den *Belastungsbedingungen* (Temperatur, Belastungsgeschwindigkeit, Umgebungsmedium) und nicht von der Geometrie abhängig. Problematisch ist jedoch, dass die Rissöffnung δ in der Regel nicht direkt gemessen werden kann, sondern nur indirekt über die Kerbaufweitung V (siehe Bild 12.2–39).
Dieses Problem kann mit dem *J-Integral* gelöst werden. Dabei werden die Vorgänge an der Rissspitze energetisch betrachtet. Das heißt, dass zur *Rissabstumpfung* die benachbarten Werkstoffbereiche elastisch und plastisch verformt werden müssen. Dazu ist eine *Energie* notwendig. Das J-Integral ist also *die sich ändernde Energie an der Rissspitze*, bezogen auf die neu geschaffene Rissfläche oder aber allgemein die Rissenergiedichte. Nimmt diese den kritischen Wert J_c an, kommt es zur stabilen oder instabilen Rissausbreitung.

Das *CTOD-Konzept* geht davon aus, dass es eine kritische Rissöffnung δ_c gibt, bei der es zum stabilen oder instabilen Rissfortschritt kommt.
Beim *J-Integral* wird die Energie bestimmt, die zur elastischen und plastischen Verformung an der Rissspitze notwendig ist. Nimmt diese den kritischen Wert J_c an, kommt es zur stabilen oder instabilen Rissausbreitung.

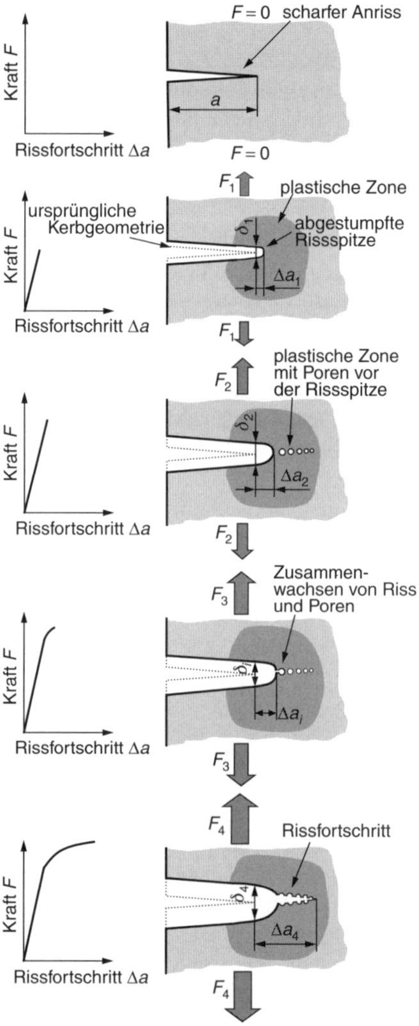

Bild 12.2–44 Prinzip des stabilen Rissfortschrittes

Für die experimentelle Bestimmung von δ_c und J_c werden wiederum CT- oder 3-Punkt-Biegeproben verwendet, wobei nachfolgend nur auf CT-Proben mit der *Mehrprobentechnik* eingegangen wird. Die Prüfanordnung entspricht dem im Bild 12.2–39 dargestellten Versuchsaufbau. Gemessen wird die Kraft und die zugehörige Kerbaufweitung V in der Kraftwirkungslinie. Die Energie U, die zur Rissabstumpfung notwendig ist, ergibt sich aus der Fläche unter der *Kraft-Kerbaufweitung-Kurve* (Bild 12.2–45). Der J-Integralwert wird für die CT-Probe nach folgender Gleichung berechnet:

$$J = \frac{\left[2 + 0{,}522\left(1 - a/W\right)\right] \cdot U}{B \cdot (W - a)}$$

a Risslänge
W Probenbreite
B Probendicke
U Verformungsarbeit

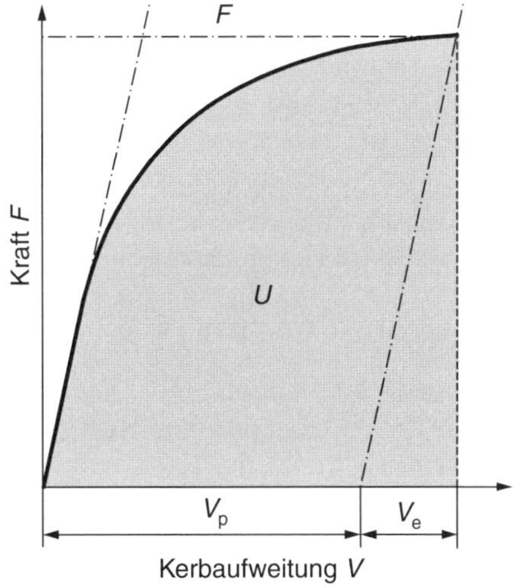

Bild 12.2–45 Schematische Kraft-Kerbaufweitung-Kurve zur Bestimmung der bruchmechanischen Kennwerte nach dem J-Integral- und dem CTOD-Konzept (U Verformungsarbeit; V_p plastische Kerbaufweitung; V_e elastische Kerbaufweitung)

Die Risslänge a und der zur bruchmechanischen Auswertung notwendige Rissfortschritt Δa können erst nach dem Bruch durch Ausmessen an der Bruchfläche bestimmt werden (Bild 12.2–46).

Die *Rissöffnung* δ nach dem CTOD-Konzept setzt sich aus einem plastischen und einem elastischen Anteil zusammen:

$$\delta = \delta_p + \delta_e$$

Für die Berechnung des plastischen Anteiles δ_p muss die Verformung vor der Rissspitze berücksichtigt werden. Entsprechend der im Bild 12.2–47 dargestellten Skizze wird dafür der geradlinige Teil der Rissflanke bis zum Drehpunkt verlängert. Aus dem Strahlensatz lässt sich folgender Zusammenhang ableiten:

$$\frac{\frac{1}{n}(W - a) + a + z}{\frac{V_p}{2}} = \frac{\frac{1}{n}(W - a)}{\frac{\delta_p}{2}}$$

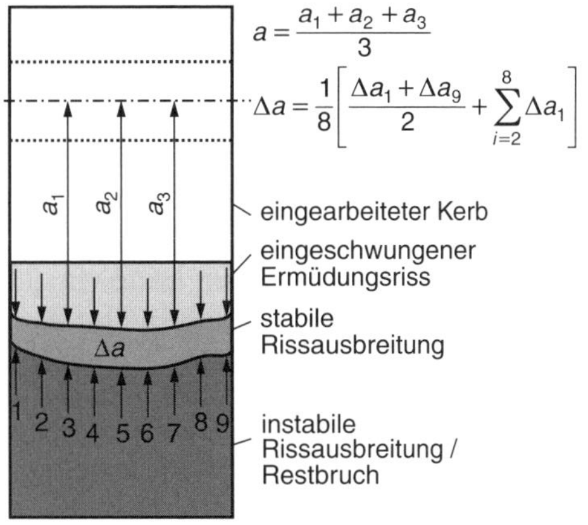

Bild 12.2–46 Ermittlung des Rissfortschrittes Δa und der Risslänge a an der Bruchfläche einer CT-Probe

bzw. nach Umstellung:

$$\delta_\mathrm{p} = \frac{V_\mathrm{p}}{1 + n\left(\dfrac{a+z}{W-a}\right)}$$

V_p plastische Kerbaufweitung
z Messschneidendicke
n Rotationsfaktor (beschreibt die Lage des Drehpunktes im Restquerschnitt und hat in der Regel den Wert $n = 2{,}5$)

Die *plastische Kerbaufweitung* V_p kann anhand der Kraft-Kerbaufweitung-Kurve bestimmt werden.

Der *elastische Anteil der Rissspitzenöffnung* δ_e berechnet sich wie folgt:

$$\delta_\mathrm{e} = \frac{K^2(1-\nu^2)}{2R_\mathrm{e}E}$$

K Spannungsintensitätsfaktor (siehe Abschnitt 12.2.4.1)
ν Querkontraktionszahl
R_e Streckgrenze
E Elastizitätsmodul

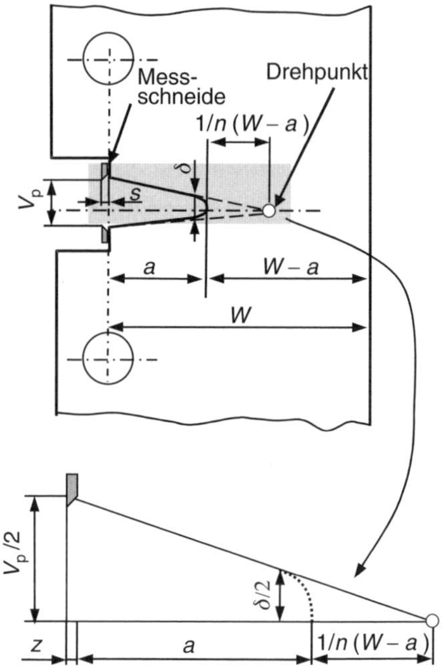

Bild 12.2–47 Geometrie der Rissöffnung einer CT-Probe

Für die bruchmechanische Untersuchung eines Werkstoffes wird häufig die *Mehrprobenmethode* angewendet. Dabei werden mehrere gleichartige Proben mit unterschiedlichen Kräften belastet, sodass sich natürlich auch ein unterschiedlicher (stabiler) Rissfortschritt Δa ergeben muss. In der Regel beginnt man mit der Maximalkraft und stuft bei den folgenden Versuchen die Belastung ab (Bild 12.2–48). Aus den Kraft-Kerbaufweitung-Kurven werden die Kräfte F_1 bis F_n, die plastischen Kerbaufweitungen $V_{\mathrm{p}1}$ bis $V_{\mathrm{p}n}$ und die Flächen unter den Kurven U_1 bis U_n bestimmt. Da die Belastung F_1 bis F_n natürlich nicht zum Bruch geführt hat, muss jede Probe für die Bestimmung der *Risslänge* a und des *Rissfortschrittes* Δa (Bild 12.2–46) nachträglich gebrochen werden.

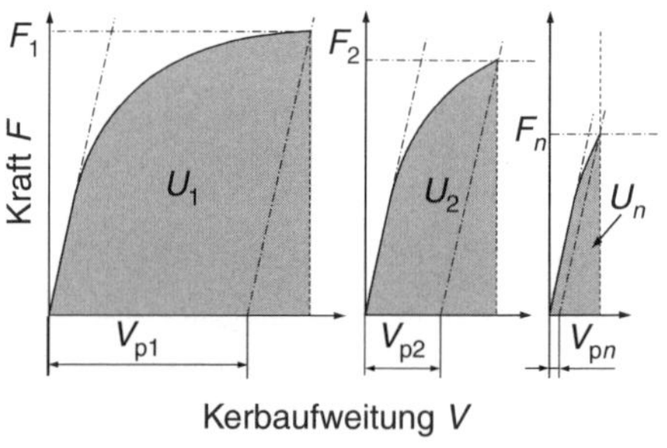

Bild 12.2–48 F-V-Kurven unterschiedlich belasteter CT-Proben zur Bestimmung der J_R- bzw. δ_R-Risswiderstandskurve

Um die Bruchanteile richtig zuordnen zu können, wird die Probe vor dem Restbruch auf 300 °C ... 600 °C erwärmt. Dabei oxidiert die bei der bruchmechanischen Untersuchung gebildete Bruchfläche (Anlassfarbe entsprechend der Temperatur), sodass diese von der Restbruchfläche unterschieden werden kann. Nun ist es möglich, für jeden Einzelversuch entsprechend der oben genannten Zusammenhänge die Wertepaare $J - \Delta a$ bzw. $\delta - \Delta a$ zu bestimmen und eine J_R- bzw. δ_R-Risswiderstandskurve zu konstruieren (Bild 12.2–49).

Sind die Belastungen sehr klein, kommt es nicht zu einem echten Rissfortschritt, sondern nur zu einer *Abstumpfung der Rissspitze* (*Rissabstumpfungslinie, engl.: blunting line*). Erst nach dem Überschreiten des *Rissinitiierungswertes* J_i bzw. δ_i beginnt stabiles Risswachstum. Bis zu einer Rissverlängerung von Δa_{max} wird die J_R- bzw. δ_R-Risswiderstandskurve entsprechend der $J - \Delta a$- bzw. $\delta - \Delta a$-Wertepaare interpoliert. Δa_{max} ist dann erreicht, wenn gilt:

J_R-Kurve: $\Delta a_{max} = 0{,}06\,(W - a)$

δ_R-Kurve: $\Delta a_{max} = 0{,}1\,(W - a)$

Häufig wird in der Praxis anstelle der kritischen J_i- bzw. δ_i-Werte zur Bestimmung der Rissinitiierung J_Q bzw. δ_Q verwendet. Dabei handelt es sich um die Schnittpunkte einer um 0,2 mm parallel verschobenen *Rissabstumpfungslinie* mit der J_R- bzw. δ_R-Kurve (Bild 12.2–49).

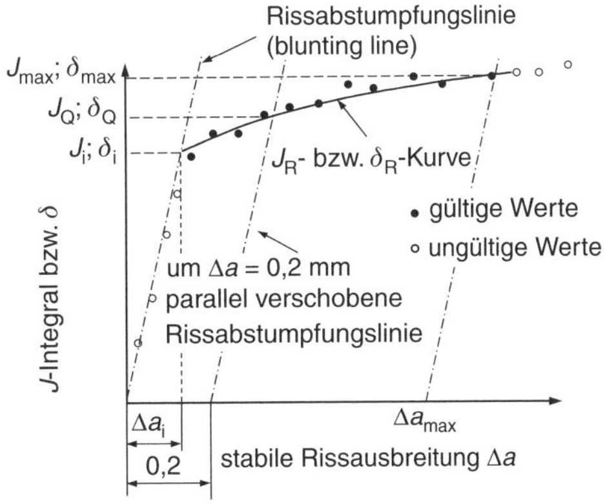

Bild 12.2–49 Bestimmung der J_R- bzw. δ_R-Kurve; Ermittlung der Rissinitiierungswerte J_i bzw. δ_i und der technischen Rissinitiierungswerte J_Q bzw. δ_Q

An dieser Stelle sei darauf hingewiesen, dass die bruchmechanischen Zusammenhänge und die Auswertemethode vereinfacht dargestellt wurden. Für die Vertiefung wird auf die einschlägige Fachliteratur verwiesen, z. B.:

Heine, B.: Werkstoffprüfung. Carl Hanser Verlag, 2011

Blumenauer, H.; Pusch, G.: Technische Bruchmechanik. WILEY-VCH, 1993.

Übung 12.2–11
Wie äußert sich die Sprödigkeit eines Werkstoffes?

Übung 12.2–12
Weshalb sind plötzliche Querschnittsänderungen, Rillen und kerbwirksame Einschnitte an beanspruchten Bauteilen konstruktiv möglichst zu vermeiden?

Übung 12.2–13
Welche wichtige Aufgabe hat die Bruchmechanik?

Übung 12.2–14
Welche Aussagen über das Werkstoffverhalten liefert der Kerbschlagbiegeversuch?

Übung 12.2–15
Für welche Werkstoffe gilt die LEBM bzw. die FBM?

12.2.5 Dauerschwingprüfung

Lernziele

Der Lernende kann ...

- das Wesen statischer und schwingender Beanspruchung erklären,
- die Ursachen und Einflussgrößen eines Dauerbruches nennen,
- die Entstehung einer Wöhlerkurve erläutern,
- Dauerfestigkeitswerte für gegebene Mittelspannungen aus Smith-Diagrammen entnehmen.

12.2.5.0 Übersicht

Werkstoffkennwerte, die im Zugversuch ermittelt werden, gelten nur für eine einmalige, allmählich ansteigende Zugbelastung. Die meisten Teile von Maschinen, Geräten, Fahrzeugen usw. sind häufig sich *wiederholenden Beanspruchungen* ausgesetzt. Die wirkende Belastung (Kraft, Moment) steigt an und fällt wieder ab (schwellende Belastung) oder es kommt zu einer Umkehr der Belastungsrichtung (z. B. sich abwechselnde Zug- und Druckbeanspruchung – wechselnde Belastung). Die auftretenden Belastungen werden als *mechanische Schwingungen* aufgefasst. In diesem Abschnitt wird das Werkstoffverhalten unter *schwingender Beanspruchung* beschrieben. Dazu notwendige Begriffe werden erläutert.
Sie lernen den *Dauerschwingversuch* nach DIN 50 100, seine Auswertung mithilfe der Wöhlerkurve und die Aufstellung eines klassischen *Dauerfestigkeitsdiagrammes* nach Smith kennen.

12.2.5.1 Dynamische Beanspruchung und Werkstoffverhalten

Alle sich bewegenden Teile sind regelmäßigen oder unregelmäßigen Be- und Entlastungen ausgesetzt (*schwingende Belastung*). Die wirkenden Spannungen ändern sich *zeitlich*. In der Regel sind weder die mittleren Spannungen, die Maximalspannungen noch die Frequenz konstant. Es handelt sich dann um *instationäre stochastische (zufällige) Schwingungen*, wie sie z. B. bei Fahrzeugachsen und -federn auftreten (Bild 12.2–50). In der Praxis verändert sich die Spannung nur sehr selten gleichmäßig (*stationäre Schwingbelastung*; z. B. Turbinenwellen, Bild 12.2–51). Schwingend belastete Maschinenteile können unter Betriebsspannungen zu Bruch gehen, die weit unter der im Zugversuch ermittelten Festigkeit liegen. Die Ursache für die niedrigere Festigkeit ist eine durch die zyklische Belastung entstandene Werkstoffschädigung, die mit Rissbildung und Bruch enden kann. Dieser Vorgang wird als *Ermüdung* bezeichnet. Die Ermüdung beruht immer auf *sehr kleinen plastischen Verformungen*. Die Versetzungen werden durch die zyklische Beanspruchung hin- und herbewegt. Dabei konzentriert sich die Versetzungsbewegung auf wenige Gleitebenen (Ermüdungsgleitbänder). Die Wechselwirkung der Versetzungen untereinander bzw. mit anderen Hindernissen (Korngrenzen, Teilchen) führt zur dauerhaften Schädigung des Materials.

Werden die maximalen Spannungen nicht zu groß, so sind die meisten metallischen Werkstoffe in der Lage, diese Schwingungen beliebig oft zu ertragen. Dieser Grenzwert wird als *Dauerfestigkeit* oder *Dauerschwingfestigkeit* σ_D bezeichnet, die aber deutlich unter der Streckgrenze und der Zugfestigkeit liegt.

Belastungsbeispiele:

vorwiegend statisch (ruhend) belastet	dynamisch belastet
• Säulen, Ständer • Gebäudefundamente • Rahmen, Gehäuse	• Getriebeteile (Wellen, Zahnräder) • Kolbenstangen • Federn • Achsen

> *Ermüdung* ist eine Werkstoffschädigung, hervorgerufen durch eine zyklische Beanspruchung. Sie ist immer mit einer lokal begrenzten plastischen Verformung verbunden und kann zum Bruch führen.

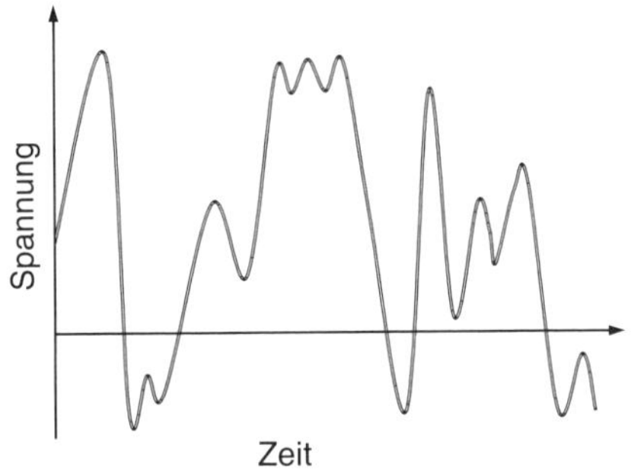

Bild 12.2–50 Spannung-Zeit-Verlauf einer instationären stochastischen Schwingbeanspruchung

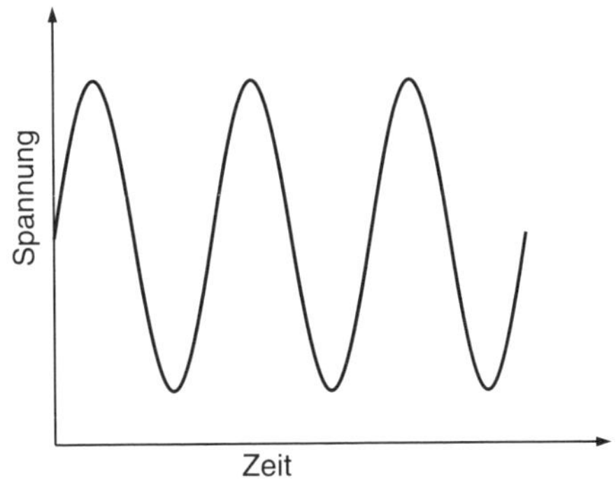

Bild 12.2–51 Spannung-Zeit-Verlauf einer stationären Schwingbeanspruchung

Der Bruch, der durch eine zyklische Belastung entsteht, wird als *Dauerbruch* bezeichnet (Bild 12.2–52). Wird die Dauerfestigkeit des Werkstoffes überschritten, so kommt es nach einer bestimmten Zeit (kann extrem unterschiedlich sein) zum Bruch der Probe. Der eintretende Dauerbruch ist meistens am typischen Aussehen der Bruchfläche zu erkennen. Das Bruchbild ist immer zweigeteilt und besteht aus einem *Ermüdungsbruch* und einem *Gewaltbruch*. Durch die schwingende Belastung kommt es zur zunehmenden Werkstoffschädigung und zu einem *allmählichen Rissfortschritt* (Ermüdungsbruch). Dieser Teil des Bruches ist glatt und bei einer unterbrochenen Schwingbelastung zeigen sich *Rastlinien*. Wird die Schwingbelastung nicht unterbrochen, so kann der Ermüdungsbruch anhand von *Schwingungslinien* im Rasterelektronenmikroskop nachgewiesen werden. Durch den allmählichen Rissfortschritt wird der Querschnitt immer mehr geschwächt. Letztendlich wird dadurch die wahre Spannung im Querschnitt zu groß und es kommt zum Rest- bzw. Gewaltbruch. Der Restbruch zeigt häufig ein grobkristallines und zerklüftetes Aussehen. Etwa 90 % aller Schäden an Maschinen und Fahrzeugen werden durch *Dauerbrüche* verursacht.

Die *Dauerfestigkeit* wird neben der Schwingbeanspruchung auch durch die Geometrie sowie durch *innere und äußere Kerben* stark beeinflusst. So haben scharfe Kerben immer eine Minderung der Dauerfestigkeit zur Folge.

Der Konstrukteur kann durch die Gestaltung der Bauteile ihr Dauerschwingverhalten positiv beeinflussen. Äußere Kerben sind in ihrer Wirkung zu mildern (z. B. scharfkantige Absätze vermeiden, Feinbearbeitung der Oberfläche fordern). Bewährt hat sich, durch geeignete Fertigungsverfahren (Kugelstrahlen, Prägepolieren, Randschichthärten) *Druck-Eigenspannungen* in der Randzone des Werkstückes zu erzeugen. Dadurch werden Spannungen, die durch äußere Belastungen entstehen, kompensiert.

Dauerschwingfestigkeit σ_D (*Dauerfestigkeit*) ist der maximale Spannungsausschlag σ_A (Zug, Druck, Biegung, Verdrehung usw.) um eine gegebene Mittelspannung σ_M, den eine Probe beliebig oft erträgt, ohne zu brechen und ohne sich unzulässig zu verformen.

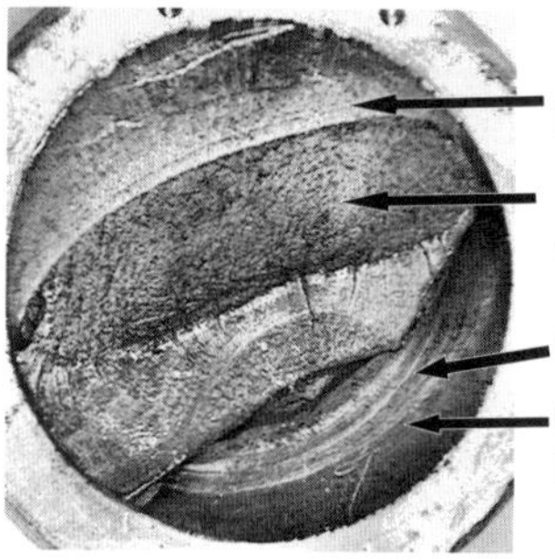

Bild 12.2–52 Bruchaussehen eines Dauerbruches (Biegewechselbeanspruchung)

Ursachen für Dauerbrüche sind:

- hohe Schwingbeanspruchung
- hohe Schwingspielfrequenzen (= Anzahl der Belastungsänderungen pro Zeit)
- hohe Versetzungskonzentration auf den Ermüdungsgleitbändern
- innere Kerben (spröde nichtmetallische Einschlüsse, Graphitlamellen bei Grauguss)
- äußere Kerben (Geometrieübergänge, Passfedernuten, Drehriefen, Schleifrisse, Bohrungen, Gewinde)

Gestaltfestigkeit ist die Dauerfestigkeit eines fertigen Bauteiles (z. B. einer Schraube). Sie berücksichtigt alle konstruktiv bedingten und durch das Formgebungsverfahren erzeugten äußeren Kerben.

Für die Berechnung von schwingungsbeanspruchten Bauteilen muss demzufolge der Konstrukteur die Geometrie eines Bauteiles berücksichtigen. Das geschieht über die *Gestaltfestigkeit*, die eine Dauerfestigkeit für Bauteile ist. Mithilfe der Kerbwirkzahl β_K, dem Verhältnis der Dauerfestigkeit einer ungekerbten zur gekerbten Probe

$$\beta_K = \frac{\sigma_D \text{ (ungekerbt)}}{\sigma_D \text{ (gekerbt)}} > 1$$

kann die Gestaltfestigkeit eines Bauteiles σ_{nD} berechnet werden:

$$\sigma_{nD} = \frac{\sigma_D}{\beta_K}$$

12.2.5.2 Dauerschwingversuch

Der *Dauerschwingversuch* (Wöhlerversuch) ist in DIN 50 100 genormt[1]. Er dient zur Ermittlung des mechanischen Werkstoffverhaltens und der Werkstoffkennwerte (*Dauer-* und *Zeitfestigkeit*, *Grenzschwingspielzahl*) eines definierten Werkstoffs und Werkstoffzustands unter gleich bleibender schwingender Belastung. Die mit den Prüfmaschinen erzeugten Schwingungen lassen sich idealisiert als (wahre) Spannung-Zeit-Kurve darstellen (Bild 12.2–53). Entsprechend Bild 12.2–54 lassen sich die Beanspruchungen in drei Bereiche einteilen:

a) *Zug-Schwellbereich* – σ_o und σ_u sind positiv und $\sigma_m \geqq \sigma_a$
b) *Wechselbereich* – σ_o ist positiv und σ_u ist negativ $|\sigma_m| < \sigma_a$
c) *Druck-Schwellbereich* – σ_o und σ_u sind negativ und $|\sigma_m| \geqq \sigma_a$

Die *Dauerfestigkeit* (metallischer Werkstoffe) erhöht sich durch:

- kerbarme Form und Fertigung
- hohe Oberflächenqualität
- hohe Zähigkeit des Werkstoffes
- Druckeigenspannungen an der Oberfläche eines Bauteiles (durch Kugelstrahlen, Prägepolieren z. B. von Wellen, Einsatzhärten oder Nitrieren z. B. von Zahnrädern)

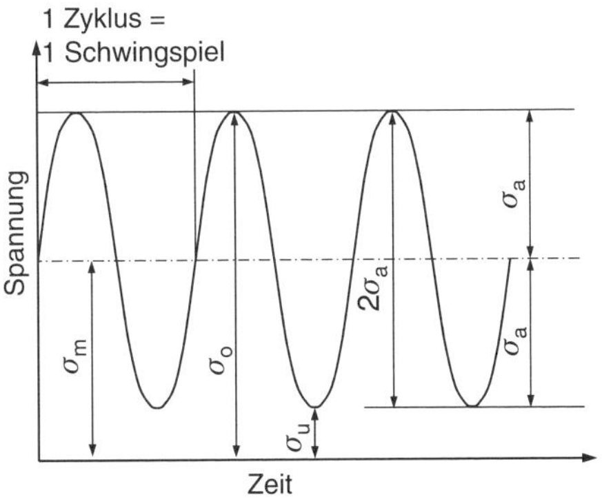

Bild 12.2–53 Spannung-Zeit-Kurve beim Dauerschwingversuch nach Wöhler

σ_o Oberspannung (größter Wert der Spannung je Schwingspiel)
σ_u Unterspannung (kleinster Wert der Spannung je Schwingspiel)
σ_m Mittelspannung, $\sigma_m = 0{,}5 \cdot (\sigma_o + \sigma_u)$
σ_a Spannungsausschlag bzw. -amplitude, $\sigma_a = \pm 0{,}5 \cdot (\sigma_o - \sigma_u)$
$2\sigma_a$ Schwingbreite der Spannung, $2\sigma_a = (\sigma_o - \sigma_u)$
R_σ Spannungsverhältnis, $R_\sigma = \frac{\sigma_u}{\sigma_o}$

[1] DIN 50 100 entspricht in einigen Punkten nicht mehr dem Stand der Technik. Statistische Streuungen der Bruchlastspielzahlen bzw. der Dauerfestigkeit werden dort nicht berücksichtigt. Weiterhin werden in der Norm die Ober- und Unterspannung σ_o bzw. σ_u als die größte bzw. kleinste Spannung unabhängig vom Vorzeichen definiert. σ_o ist in der DIN 50 100 die größte Zugspannung im Zugschwellbereich und die größte Druckspannung im Druckschwellbereich. In der Technischen Mechanik und der Konstruktionslehre (z. B. Wegert, C. H.; Hanel, W.; Hänel, B. & Wirthgen, C. (2003): Rechnerischer Festigkeitsnachweis für Maschinenbauteile aus Stahl, Eisenguss- und Aluminiumwerkstoffen. 5. Auflage. Frankfurt a. M.: VDMA Verlag) wird diese Darstellungsweise nicht angewandt. In diesem Abschnitt wird sich deshalb an die international übliche Definition mit Berücksichtigung des Vorzeichens der Spannung gehalten (siehe Bild 12.2–54).

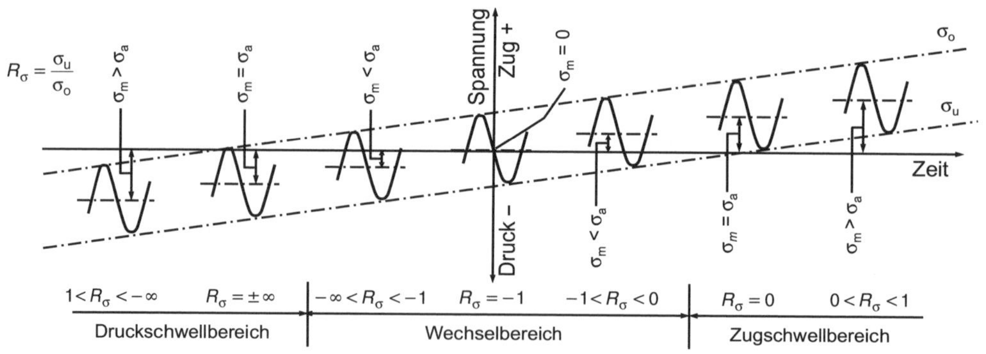

Bild 12.2–54 Bereiche der Schwingbeanspruchung; R_σ = Spannungsverhältnis von Unter- zu Oberspannung

Der Werkstoff kann neben Zug und Druck auch auf Biegung oder Torsion schwingend beansprucht werden. Die einzusetzenden Prüfmaschinen richten sich nach der gewünschten Beanspruchungsart. Übliche Prüfmaschinen für *Dauerschwingprüfungen* sind Zug-Druck-Pulsatoren, Biege-Schwing-Prüfmaschinen, Umlaufbiegemaschinen, aber auch servohydraulische Universalprüfmaschinen. Die zu prüfenden Probekörper müssen in Bezug auf Werkstoff, Form und Qualität der Oberfläche völlig gleichwertig sein. Die Geometrie der Probekörper ist bisher nicht standardisiert. Bild 12.2–55 zeigt eine Probe, wie sie für Zug-Druck-Wechseluntersuchungen verwendet werden kann.

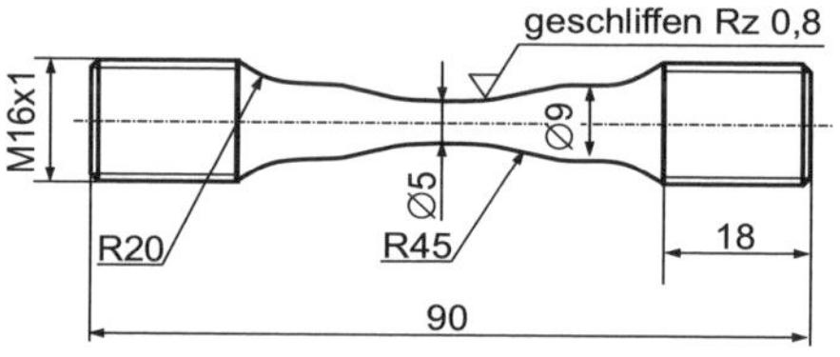

Bild 12.2–55 Probe für Zug-Druck-Wechseluntersuchungen

Beim einstufigen, statistisch nicht abgesicherten *Wöhlerversuch* werden acht bis zwölf Proben bei gleicher Mittelspannung σ_m, aber mit unterschiedlichen Amplituden σ_a gleich bleibend schwingend belastet (Bild 12.2–56). Ausgehend von der statischen Zugfestigkeit R_m des Werkstoffs als Extremwert (= maximal ertragbare Spannung) werden mehrere Belastungsstufen, die unter der Zugfestigkeit liegen, als Spannungsamplitude festgelegt. Bei höherfesten Stählen ist es üblich, die erste Probe bei

$$\sigma_a = R_m - \sigma_m - 50\,\text{MPa}$$

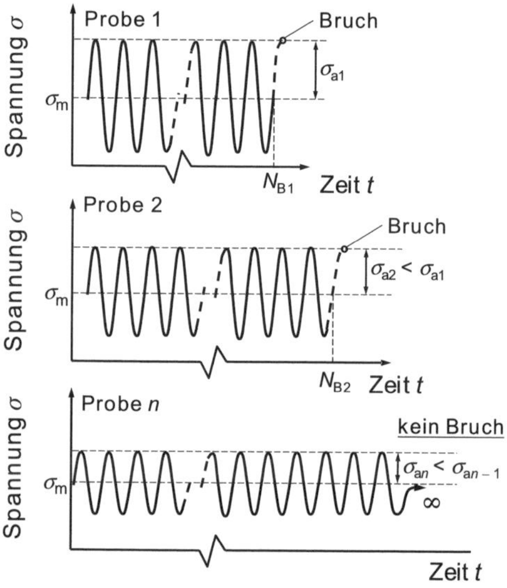

Bild 12.2–56 Schwingung der Einzelproben bei konstanter Mittelspannung σ_m und verschiedenen Spannungsamplituden σ_a

N_B Bruchlastspielzahl

zu prüfen und bei den folgenden Proben die Spannung in 50-MPa-Schritten weiter abzusenken. Jede Probe wird solange dynamisch belastet, bis der Bruch eintritt oder die *Grenzschwingspielzahl* N_G erreicht wird. Die *Grenzschwingspielzahl* ist die Anzahl von Lastwechseln, bei deren Überschreiten von Dauerfestigkeit ausgegangen werden kann, d. h., der Werkstoff erträgt unter dieser Belastung theoretisch unendlich viele Lastwechsel. Bei ferritisch-perlitischen bzw. vergüteten Stählen liegt diese *Grenzschwingspielzahl* N_G etwa bei $2 \cdot 10^6$ Lastwechseln. Bei anderen Metallen (z. B. Aluminiumlegierungen, austenitische Stähle) gibt es keine echte Dauerfestigkeit. Die ertragbaren Spannungsamplituden sinken dort auch bei sehr großen Lastwechselzahlen weiter ab. Hier wird die Grenzschwingspielzahl N_G mit 10^7 bis 10^8 Lastwechseln festgelegt. Bei jeder Probe wird die zur Spannungsamplitude gehörende Bruchlastspielzahl N_B bzw. bei nicht gebrochenen Proben die Grenzschwingspielzahl N_G dokumentiert (Bild 12.2–56). Ist die Spannungsamplitude σ_a größer als die dauerfest ertragbare Spannungsamplitude σ_A und kleiner als die Zugfestigkeit R_m, so erträgt der Werkstoff diese Belastung nur eine begrenzte Zeit bzw. Schwingspielzahl. Der Werkstoff ist *zeitschwingfest* oder einfacher *zeitfest.*

Die σ_a-N_B-Wertepaare bei konstanter Mittelspannung σ_m werden in ein *Wöhlerdiagramm* eingetragen (Bild 12.2–57). Dabei werden die Bruchlastspielzahlen logarithmisch und die Spannungsamplituden linear oder logarithmisch aufgetragen. Die Verbindung dieser Wertepaare entspricht der *Wöhlerkurve.* Die *Wöhlerkurve* unterteilt sich in drei Abschnitte:

a) Bereich der *Kurzzeitfestigkeit* (etwa 10^4 bis 10^5 Lastwechsel)
b) Bereich der *Zeitfestigkeit* ($N < N_D$)
c) Bereich der *Dauerfestigkeit* ($N > N_D$)

Die *Grenzspielzahl* N_G gibt die Anzahl der Zyklen (Lastspielzahl) an, bei der die Dauerfestigkeit σ_D erreicht wird.

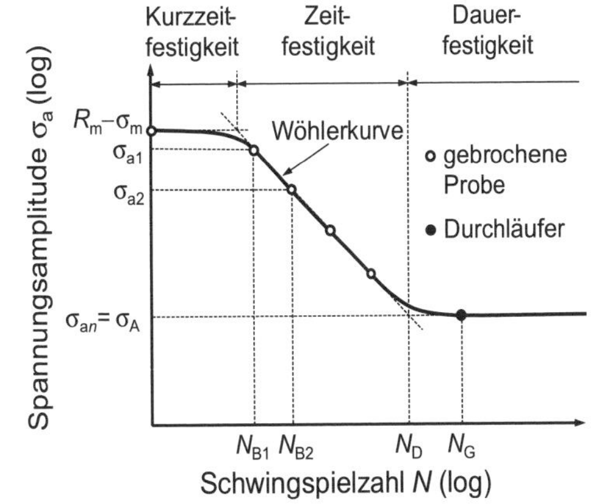

Bild 12.2–57 Schematisches Wöhlerdiagramm
R_m Zugfestigkeit
σ_{a1} Spannungsamplitude der Probe 1
σ_{an} Spannungsamplitude der Probe *n*
σ_m Mittelspannung
N_{B1} Bruchlastspielzahl der Probe 1
N_D Schwingspielzahl am Abknickpunkt
N_G Grenzschwingspielzahl (nur erreicht von Probe *n*)
σ_A maximal ertragbare Spannungsamplitude bei Dauerfestigkeit

Im Bereich der Dauerfestigkeit nähert sich die *Wöhlerkurve* asymptotisch dem Grenzwert σ_A an. Treten in einem Bauteil nur wenige Lastwechsel auf (Beanspruchung im Kurzzeitfestigkeitsbereich), lässt sich das Bauteil unter Berücksichtigung einer notwendigen Sicherheit mithilfe statischer Festigkeitskennwerte auslegen. Diese statischen Festigkeitskennwerte können z. B. mithilfe des Zugversuchs (Streckgrenze R_e) ermittelt werden. Sind die während der Lebensdauer des Bauteils auftretenden Lastwechselzahlen größer als 10^5, sind dynamisch ermittelte Werkstoffdaten unerlässlich.

Das Problem des *Wöhlerversuchs* nach DIN 50 100 besteht darin, dass die Ergebnisse nur eine sehr geringe statistische Sicherheit aufweisen. Deutlich wird das, wenn mehrere Proben pro Lasthorizont geprüft werden (Bild 12.2–58). Die ertragbaren Lastwechsel pro Spannungsamplitude im Bereich der Zeitfestigkeit unterliegen erheblichen Streuungen. Im Übergangsbereich zur Dauerfestigkeit steigt die Anzahl der Durchläufer je Lasthorizont mit abnehmender Spannungsamplitude. Das heißt, je niedriger die Lastspielzahl und je kleiner die Spannungsamplitude einer schwingenden Belastung sind, umso größer ist die Überlebenswahrscheinlichkeit. Für eine statistisch abgesicherte *Wöhlerkurve* ist deshalb ein erheblich größerer experimenteller Aufwand notwendig. Die Breite des Streubandes wird von Werkstoffzustand, Oberflächenrauigkeit und Ausrichtung der Probe während des Versuchs beeinflusst.

Ist die Spannungsamplitude σ_a größer als die maximal ertragbare Spannungsamplitude bei Dauerfestigkeit σ_A, aber kleiner als die Zugfestigkeit R_m, so ist der Werkstoff nur eine begrenzte Zyklenzahl (*Bruchschwingspielzahl*) in der Lage, diese Spannungen zu ertragen (*Zeitfestigkeit*).

Lasthorizont = vereinfachte Ausdrucksweise für die schwingende Belastung mit konstanter Spannungsamplitude und konstanter Mittelspannung

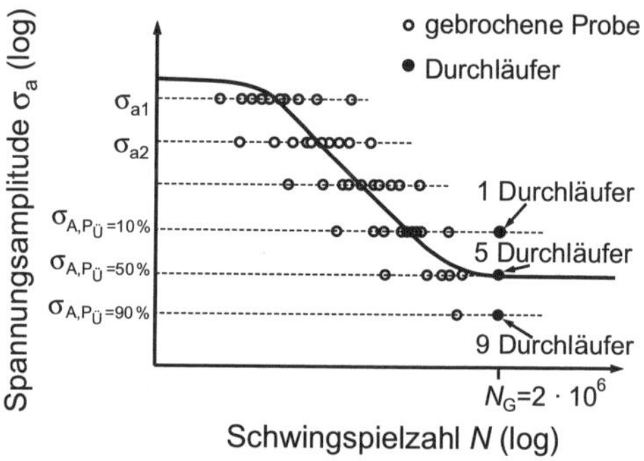

Bild 12.2–58 Wöhlerkurve mit Streuungen der Einzelwerte (10 Proben pro Lasthorizont); die Proben, die bei gleichem Lasthorizont die Grenzlastspielzahl N_G erreicht haben (Durchläufer), liegen alle auf einem Punkt

Ermittlung der Überlebenswahrscheinlichkeit $P_ü$ im Bereich der Zeitfestigkeit

Zwischen der Zugfestigkeit R_m des Werkstoffs und der abgeschätzten *Dauerfestigkeit* (bei Stahl $\sigma_A \approx 0{,}4 \ldots 0{,}5 \cdot R_m - \sigma_m$) sollten mindestens drei, besser mehr Spannungsamplituden festgelegt werden. Pro Spannungsamplitude werden mindestens 10 Proben geprüft und die σ_a-N_B-Wertepaare registriert, der Größe nach sortiert und die Überlebenswahrscheinlichkeit $P_{\ddot{U}i}$

$$P_{\ddot{U}} = \frac{3i-1}{3n+1}$$

für die Einzelprobe berechnet (siehe Beispiel in Tabelle 12.2–7). Dabei ist n die Anzahl der Proben pro Lasthorizont (hier $n = 10$) und i ist die Ordnungszahl (Stelle in der Sortierung). Die Probe mit der höchsten Bruchlastspielzahl erhält den Wert $i = 1$, die Probe mit der niedrigsten Bruchlastspielzahl erhält $i = n$. Für die grafische Auswertung der Daten wird ein *Gauß'sches Wahrscheinlichkeitsnetz* benötigt. Dabei handelt es sich um ein mathematisches Netz (ähnlich dem Millimeterpapier), mit dessen Hilfe sich normalverteilte Funktionen auswerten lassen.

Die Wertepaare $N_{Bi} - P_{\ddot{U}i}$ werden in das *Gaußsche Wahrscheinlichkeitsnetz* übertragen und eine Regressionsgerade wird eingezeichnet (Bild 12.2–59). Die Schwingspielzahlen $N_{\ddot{U}10}$, $N_{\ddot{U}50}$ und $N_{\ddot{U}90}$ mit einer definierten Überlebenswahrscheinlichkeit von 10 %, 50 % bzw. 90 % können aus dem Diagramm abgelesen werden. Im Beispiel werden unter diesen Bedingungen 90 % aller Proben $1{,}63 \cdot 10^5$ Lastwechsel ertragen. Für die anderen vorgesehenen Spannungsamplituden im Bereich der Zeitfestigkeit werden dann in gleicher Weise $N_{\ddot{U}10}$, $N_{\ddot{U}50}$ und $N_{\ddot{U}90}$ bestimmt, die σ_a-$N_{\ddot{U}}$-Wertepaare in das *Wöhlerdiagramm* eingetragen und die zusammengehörenden Punkte verbunden (Bild 12.2–60).

Tabelle 12.2–7 Schema für die statistische Auswertung von Schwingversuchen zur Ermittlung der Zeitfestigkeit bei einer konstanten Spannungsamplitude σ_a (Beispiel für zehn Proben)

Versuchsnummer	Ordnungszahl i	Bruchlastspielzahl N_{Bi}	Überlebenswahrscheinlichkeit $P_{\ddot{U}} = \frac{3i-1}{3n+1}$ in %
7	1	$7{,}62 \cdot 10^5$	6,45
4	2	$5{,}71 \cdot 10^5$	16,13
1	3	$4{,}65 \cdot 10^5$	25,81
9	4	$4{,}52 \cdot 10^5$	35,48
10	5	$3{,}49 \cdot 10^5$	45,16
2	6	$3{,}19 \cdot 10^5$	54,84
5	7	$2{,}89 \cdot 10^5$	64,52
3	8	$2{,}68 \cdot 10^5$	74,19
8	9	$1{,}85 \cdot 10^5$	83,87
6	10	$1{,}43 \cdot 10^5$	93,55

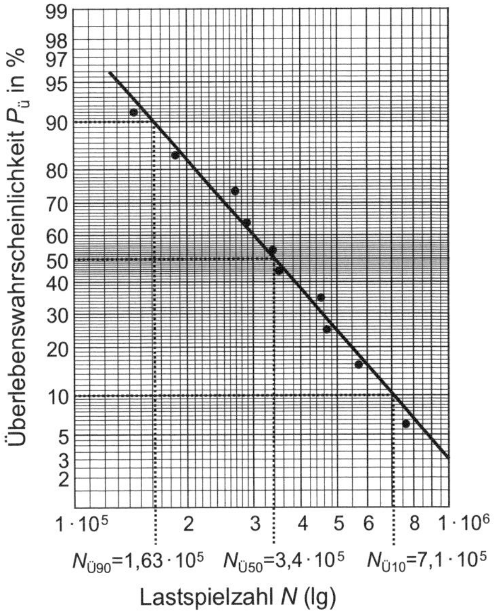

Bild 12.2–59 Gauß'sches Wahrscheinlichkeitsnetz $P_{\ddot{U}i} - N_{Bi}$ (Daten aus Tabelle 12.2–7)
$N_{\ddot{U}10}$ Schwingspielzahlen mit 10 % Überlebenswahrscheinlichkeit
$N_{\ddot{U}50}$ Schwingspielzahlen mit 50 % Überlebenswahrscheinlichkeit
$N_{\ddot{U}90}$ Schwingspielzahlen mit 90 % Überlebenswahrscheinlichkeit

In ähnlicher Weise wird auch die Überlebenswahrscheinlichkeit im Bereich der Dauerfestigkeit bestimmt. Als Auswertungskriterium wird die Anzahl der nicht gebrochenen Proben (Durchläufer) herangezogen. Mit abnehmender Spannungsamplitude wird die Wahrscheinlichkeit zunehmen, dass eine Probe die Grenzlastspielzahl N_G erreicht (Bild 12.2–58). Um den Mittelwert des Streubandes im Bereich der Dauerfestigkeit zu bestimmen, wird das *Treppenstufenverfahren* nach DIXON und MOOD angewandt (Tabelle 12.2–8). Ausgehend von einem abgeschätzten Mittelwert des Streubandes ($\sigma_A \approx 0{,}4 \ldots 0{,}5 \cdot R_m - \sigma_m$; Startwert in Tabelle 12.2–8 ist 390 MPa) wird die erste Probe geprüft. Tritt Bruch ein, wird die Spannungsamplitude bei den nächsten Proben solange um immer den gleichen Betrag (= Treppenstufe) gesenkt, bis die erste Probe die Grenzspielzahl N_G erreicht, also Nichtbruch auftritt. Üblicherweise wird mit einer Stufung von 5 MPa oder 10 MPa gearbeitet. Nach einem Durchläufer wird bei den nächsten Proben die Spannungsamplitude um den gleichen Spannungsbetrag stufenweise erhöht, bis wiederum eine Probe bricht. Wird bei der ersten Probe Nichtbruch festgestellt, wird umgekehrt verfahren. In der Regel zentriert sich bei einem normalverteilten Bruchverhalten die Spannungsamplitude sehr schnell auf den Mittelwert.

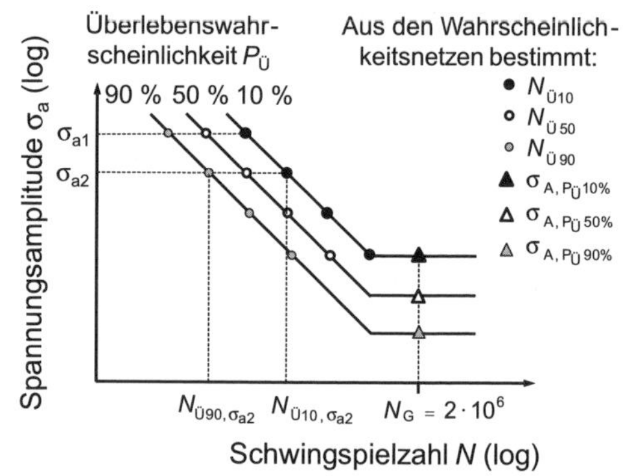

Bild 12.2–60 Wöhlerlinien mit 10 %, 50 % und 90 % Überlebenswahrscheinlichkeit

Tabelle 12.2–8 Beispiel für die Auswertung eines Dauerschwingversuchs nach dem Treppenstufenverfahren von DIXON und MOOD

Spannungsamplitude in MPa	Angabe der Ereignisse N_G von $2 \cdot 10^6$ wurde: a) nicht erreicht (Bruch) = x b) erreicht (Durchläufer) = 0												Anzahl der Brüche pro σ_a	Anzahl der Durchläufer pro σ_a	Ordnungszahl 1)	Häufigkeit des weniger oft eingetretenen Ereignisses 2)	
σ_a													r	l	i	f	$i \cdot f$
410									x				1	0	3	1	3
400		x		x				0		x			3	1	2	3	6
390	0		0		x		0				x		2	3	1	2	2
380						0						0	0	2	0	0	0
Probe-Nr.	1	2	3	4	5	6	7	8	9	10	11	12					
	Summenwerte												$\sum r = 6$	$\sum l = 6$		$F = \sum f = 6$	$A = \sum(i \cdot f) = 11$

1) Ordnungszahl i ist eine laufende Nummerierung, beginnend mit 0 bei der niedrigsten Spannungsamplitude, der für die Auswertung verwendeten Ereignisse

2) Eingetragen wird hier noch einmal der Wert aus Spalte r oder l, je nachdem, ob die Summe der Brüche *oder* der Durchläufer kleiner ist. Da hier $\sum r = \sum l = 6$, kann sich für beide Ereignisse entschieden werden.

Das weniger häufig eintretende Ereignis (Bruch oder Nichtbruch) wird zur Berechnung der Spannungsamplitude mit 50 %iger Überlebenswahrscheinlichkeit $\sigma_{A,P_{Ü}=50\,\%}$ heran gezogen.

$$\sigma_{A,P_{Ü}=50\,\%} = \sigma_{a(i=0)} + d \cdot \left(\frac{A}{F} + x\right)$$

$\sigma_{a(i=0)}$ Spannungsamplitude, der die Ordnungszahl $i = 0$ zugeordnet wurde (hier: $\sigma_{a(i=0)} = 380\,\mathrm{N/mm^2}$)
d Stufenabstand (hier: $d = 10\,\mathrm{MPa}$)
x $x = +0{,}5$, wenn $f = l$
$x = -0{,}5$, wenn $f = r$
(im Beispiel $x = -0{,}5$)
A, F Summenwerte aus dem Treppenstufenverfahren (Tabelle 12.2–8)

Für das Beispiel lässt sich eine Dauerfestigkeit mit 50 %iger Überlebenswahrscheinlichkeit von $\sigma_{A,P_{Ü}=50\,\%} = 395\,\mathrm{MPa}$ sehr gut abschätzen. Ausgehend von diesem Wert werden auf mindestens 4 Spannungshorizonten je 7 Proben (besser 10 Proben) geprüft. Je die Hälfte der festzulegenden Spannungsamplituden sollte über und unter dem Wert von $\sigma_{A,P_{Ü}=50\,\%}$ liegen (Tabelle 12.2–9). Für die Bestimmung der Überlebenswahrscheinlichkeit wird die Anzahl der Proben benötigt, die die Grenzspielzahl N_G erreicht haben. Daraus wird die Überlebenswahrscheinlichkeit $P_ü$ bestimmt (Bsp. Tabelle 12.2–9) und in das *Gauß'sche Wahrscheinlichkeitsnetz* eingetragen (Bild 12.2–61). Über die Regressionsgerade lässt sich die Dauerfestigkeit σ_A mit definierter Überlebenswahrscheinlichkeit von 10 %, 50 % und 90 % bestimmen. Im Beispiel ist

$$\sigma_{A,P_{Ü}=90\,\%} = 376\,\mathrm{MPa}$$
$$\sigma_{A,P_{Ü}=50\,\%} = 392\,\mathrm{MPa}$$
$$\sigma_{A,P_{Ü}=10\,\%} = 408\,\mathrm{MPa}$$

Im Beispiel wird deutlich, dass die im *Treppenstufenverfahren* abgeschätzte Dauerfestigkeit der statistisch abgesicherten Dauerfestigkeit $\sigma_{A,P_{Ü}=50\,\%}$ bereits sehr nahe kommt.

Tabelle 12.2–9 Beispiel für die Bestimmung der Überlebenswahrscheinlichkeit im Bereich der Dauerfestigkeit auf Basis der Durchläufer pro Lasthorizont

Spannungsamplitude σ_a in MPa	Zahl der geprüften Proben n	Zahl der Durchläufer r	Überlebenswahrscheinlichkeit $P_Ü = \frac{3r-1}{3n+1}$
410	10	1	6,45 %
400	10	3	25,81 %
390	10	6	54,84 %
380	10	9	83,87 %

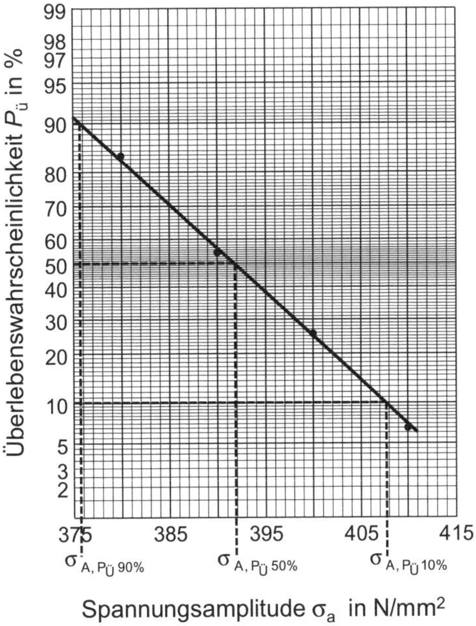

Bild 12.2–61 Gauß'sches Wahrscheinlichkeitsnetz $P_{Üi} - \sigma_a$

Die σ_A-Werte werden dann in das *Wöhlerdiagramm* eingezeichnet, sodass die *Wöhlerlinien* mit 10 %, 50 % und 90 % Überlebenswahrscheinlichkeit im Zeit- und Dauerfestigkeitsbereich vervollständigt werden können (Bild 12.2–60).

Anmerkung: Neben der grafischen Bestimmung kann die Überlebenswahrscheinlichkeit im Zeit- und Dauerfestigkeitsbereich auch rechnerisch mithilfe der $\arcsin\sqrt{P}$-Transformation bestimmt werden. Auf die Darstellung des Lösungsweges wird hier verzichtet.

Da das dynamische Werkstoffverhalten erheblich von den Belastungsbedingungen abhängt, sind bei der Angabe der *Dauerfestigkeit* folgende Punkte zu berücksichtigen:

- Belastungsart als Index zum σ (Zug σ_z, Druck σ_d, Zug-Druck σ_{zd}, Biegung σ_b, Biege-Schwell-Beanspruchung σ_{bSch}, Biege-Wechsel-Beanspruchung σ_{bW})
- u. U. wird anstelle des Indexes D für die *Dauerfestigkeit* auch der Belastungsbereich als Index zum σ angegeben (Wechselbereich σ_W, Schwellbereich σ_{Sch})
- *Mittelspannung* σ_m mit Vorzeichen (+ für Zug, − für Druck); wird die *Mittelspannung* nicht angegeben, handelt es sich um eine Wechselbeanspruchung mit $\sigma_m = 0$
- die *Spannungsamplitude* der Belastung σ_a
- u. U. wird auch die *Grenzschwingspielzahl* N_G als Index angegeben
- einzustellende Belastungen beim Versuch erhalten einen kleinen Buchstaben als Index (z. B. σ_a für die einzustellende *Spannungsamplitude*)
- ermittelte Werkstoffkennwerte werden mit einem großen Buchstaben als Index versehen (z. B. σ_A für *Spannungsamplitude* bei der Angabe der Dauerfestigkeit)
- sowohl bei der *Dauer-* als auch der *Zeitfestigkeit* sollte die *Überlebenswahrscheinlichkeit* angegeben werden (z. B. $\sigma_{A,P_Ü=50\,\%}$) – fehlt diese, kann nur von einer 50 %igen *Überlebenswahrscheinlichkeit* ausgegangen werden.

Angabe der Dauerfestigkeit:

$\sigma_D = \sigma_m \pm \sigma_A$

σ_m Mittelspannung bei Dauerfestigkeit

σ_A Spannungsamplitude bei Dauerfestigkeit

Beispiele:

$\sigma_{zdW,P_Ü=90\,\%} = \pm 250\,\text{MPa}$; die Zug-Druck-Wechselfestigkeit beträgt $\pm 250\,\text{MPa}$ ($\sigma_A = \pm 250\,\text{MPa}$; $\sigma_m = 0$) bei einer Überlebenswahrscheinlichkeit $P_Ü = 90\,\%$

$\sigma_{dSch} = -190 \pm 140\,\text{MPa}$; die Druck-Dauerfestigkeit im Druck-Schwellbereich beträgt $\pm 140\,\text{MPa}$ bei einer Mittelspannung $\sigma_m = -190\,\text{MPa}$; es kann maximal von einer 50 %igen Überlebenswahrscheinlichkeit ausgegangen werden

$\sigma_{b\,Sch\,(10^7)} = +150\,\text{MPa} \pm 150\,\text{MPa}$; die Biege-Schwellfestigkeit beträgt $\pm 150\,\text{MPa}$ bei einer Mittelspannung $\sigma_m = 150\,\text{MPa}$ und einer Grenzschwingspielzahl N_G von 10^7 ($\sigma_u = 0$); es kann maximal von einer 50 %igen Überlebenswahrscheinlichkeit ausgegangen werden

Der *Wöhlerversuch* hat einen entscheidenden Nachteil: Mit ihm kann lediglich die Zeit- und Dauerfestigkeit bei konstanter Spannungsamplitude bestimmt werden. Bei vielen Belastungen in der Realität ändern sich jedoch ständig die Belastungsamplituden (z. B. bei Fahrzeugfedern und -achsen). Für die ertragbaren *Lastwechsel* spielt jedoch die Belastungsvorgeschichte eine ganz entscheidende Rolle. Eine Möglichkeit, den Einfluss weniger *Lastwechsel* mit sehr hoher Spannungsamplitude auf die Zeit- und Dauerfestigkeit zu untersuchen, ist der erweiterte Wöhlerversuch (Zweistufenversuch). Dabei erfolgt eine Vorschädigung des Werkstoffes durch höhere Spannungsamplituden, die oberhalb von σ_A liegen (Bild 12.2–62). Die Lastspielzahlen N bei der Vorbelastung sind klein, sodass die Vorbelastung im Bereich der Zeitfestigkeit liegt. Erreichen die Proben bei einer nachfolgenden Belastung mit σ_A die Grenzlastspielzahl N_G ohne Bruch, so liegen sie noch im Bereich II des erweiterten Wöhlerdiagramms; brechen sie jedoch, liegen sie im Bereich I. Nach Wiederholung mit anderen Spannungsamplituden können dann die Bereiche I und II durch die *Schadenslinie* voneinander getrennt werden. Das erweiterte Wöhlerschaubild (Bild 12.2–63) zeigt dann drei Bereiche:

I. In diesem Bereich ist eine Werkstoffschädigung zu erwarten.
II. Die Schwingbeanspruchung mit höherem Spannungsausschlag ist durch die Schwingspielzahl begrenzt.
III. Die Schwingbeanspruchung ist zeitlich unbegrenzt möglich, ohne dass der Werkstoff zu Bruch geht.

Die *Schadenslinie* im *Wöhlerdiagramm* begrenzt für jede Schwingbeanspruchungshöhe oberhalb der Dauerfestigkeit σ_D die *Lastspielzahl*, die ohne Schädigung des Werkstoffes ertragen werden kann. Wird der Werkstoff mit einer Belastung unterhalb der Schadenslinie kurzzeitig beansprucht, hat er anschließend immer noch die Dauerfestigkeit.

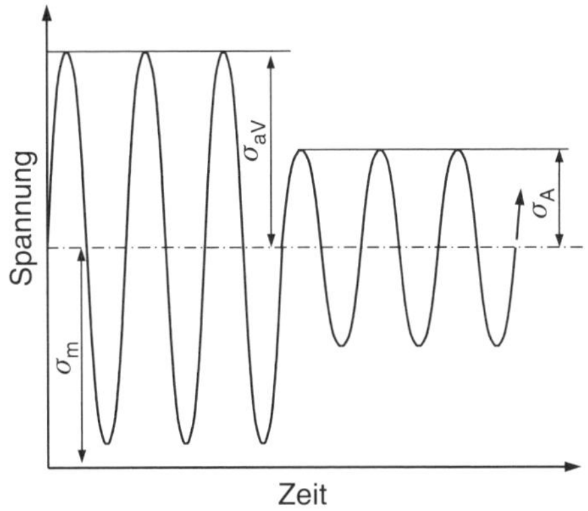

Bild 12.2–62 Spannung-Zeit-Verlauf beim erweiterten zweistufigen Wöhlerversuch
σ_{aV} Spannungsamplitude bei der Vorbelastung
σ_A Spannungsamplitude der Dauerfestigkeit (im Einstufenversuch)

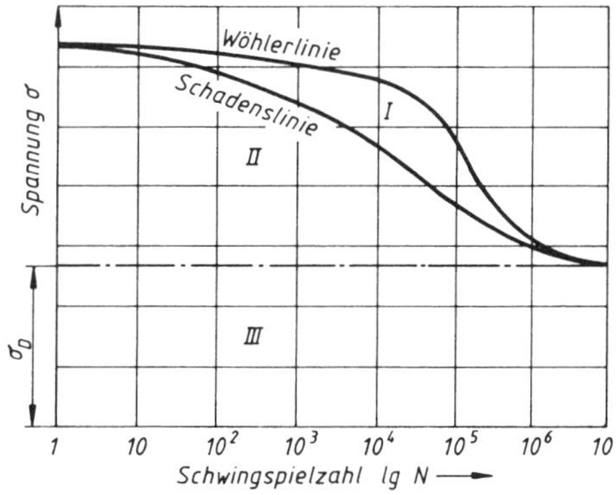

Bild 12.2–63 Erweitertes Wöhlerschaubild; Wöhler- und Schadenslinie (nach DIN 50 100)
I. Bereich der Überbeanspruchung mit Werkstoffschädigung
II. Bereich der Überbeanspruchung ohne Werkstoffschädigung
III. Bereich der Beanspruchung unter Dauerfestigkeit

Die Erkenntnis, dass die Belastungsgeschichte Einfluss auf die Schwingfestigkeit hat, oftmals die Anzahl der hohen Spannungsamplituden sehr gering ist und bei vielen Anwendungen nur eine begrenzte Anzahl von Lastwechseln auftritt, führte zur Entwicklung der Betriebsfestigkeitsuntersuchungen. Dabei sollen die in einem Bauteil tatsächlich auftretenden Belastungen realitätsnah nachgefahren werden. Genutzt werden dafür:

- Blockprogrammversuche,
- Random-Versuche (dt. Zufall) mit standardisierten Zufallslastfolgen,
- Random-Prozess-Versuche und
- Betriebslast-Nachfahrversuche.

12.2.5.3 Das Dauerfestigkeitsdiagramm nach Smith

Eine *Wöhlerkurve* charakterisiert das Verhalten des Werkstoffes nur bei einer bestimmten Mittelspannung σ_m. In Nachschlagewerken sind i. d. R. für einen Werkstoff nur Wechselfestigkeiten bei einer Mittelspannung $\sigma_m = 0$ aufgeführt. Bei einer geänderten Mittelspannung $\sigma_m \neq 0$ ist dieser Wert nicht mehr aussagefähig, da die ertragbare Spannungsamplitude entscheidend von der Mittelspannung abhängt. Um das Verhalten im gesamten Bereich der Dauerschwingbeanspruchung zu erfassen, müssen mehrere Wöhlerkurven bei unterschiedlichen Mittelspannungen ermittelt werden. Die Dauerfestigkeitswerte zeichnet man in ein *Dauerfestigkeitsdiagramm*, in dem die Zusammenhänge zwischen Mittelspannung und ertragbarerer Spannungsamplitude dargestellt werden. In Bild 12.2–64 ist das Prinzip eines *Dauerfestigkeitsschaubildes* nach Smith für Zugmittelspannungen dargestellt. Aus mehreren Wöhlerkurven werden ausgehend von der Mittelspannungsachse die unterschiedlichen Mittelspannungen σ_m der Einzelversuche auf die Mittelspannungslinie übertragen (Bild 12.2–64a) und anschließend die Spannungsamplituden σ_A der Dauerfestigkeit aufgetragen (Bild 12.2–64b). Zusätzlich wird die

> Die *Wechselfestigkeit* σ_W ist die Dauerfestigkeit bei einer Mittelspannung von $\sigma_m = 0$. Der Betrag von Ober- und Unterspannung ist gleich groß $\sigma_o = |\sigma_u|$.

> Bei der *Schwellfestigkeit* σ_{Sch} gilt $\sigma_m = \sigma_A$. Bei der Druckschwellfestigkeit σ_{dSch} ist $\sigma_m < 0$; bei der Zugschwellfestigkeit σ_{zSch} ist $\sigma_m > 0$.

Zugfestigkeit R_m im Diagramm aufgenommen. Diese lässt sich im Smith-Diagramm als größtmögliche Mittelspannung bei kleinster Amplitude ($\sigma_a = 0$) auffassen. Bei der Verbindung der Endpunkte ergeben sich die Grenzlinien der Ober- und Unterspannung. Befindet sich bei der Anwendung des Materials die Belastung innerhalb des eingegrenzten Bereichs, wird diese ohne Bruch dauernd ertragen.

Diese Art der Aufstellung des *Smith-Diagramms* ist unter Berücksichtigung der Überlebenswahrscheinlichkeit experimentell äußerst aufwendig. Eine vereinfachte Ermittlung des Smith-Diagramms lässt sich durch die Bestimmung der *Wechselfestigkeit* σ_W mit $\sigma_m = 0$, der im Zugversuch ermittelten Zugfestigkeit R_m und der Streckgrenze R_e bestimmen (Bild 12.2–65). Zunächst werden die Ober- und Unterspannung der Wechselfestigkeit mit der Zugfestigkeit durch eine Gerade verbunden (Bild 12.2–65a). Die tatsächlichen Messwerte liegen außerhalb des nun eingegrenzten Bereichs, sodass auch hier von Bruchfreiheit ausgegangen werden kann. Da eine plastische Verformung im Maschinenbau ebenfalls als Versagen gilt, werden alle Spannungen > R_e ausgeschlossen (horizontale Linie von R_e zum Punkt 3). Die zur Streckgrenze R_e gehörende Unterspannung kann grafisch ermittelt werden, indem vom Schnittpunkt R_e und der Grenzlinie der Oberspannung (1) das Lot bis zur Grenzlinie der Unterspannung (Punkt 2) gefällt wird. Um den technisch nutzbaren Bereich im *Dauerfestigkeitsdiagramm* endgültig einzugrenzen (Bild 12.2–65b), werden die Punkte 2 und 3 verbunden.

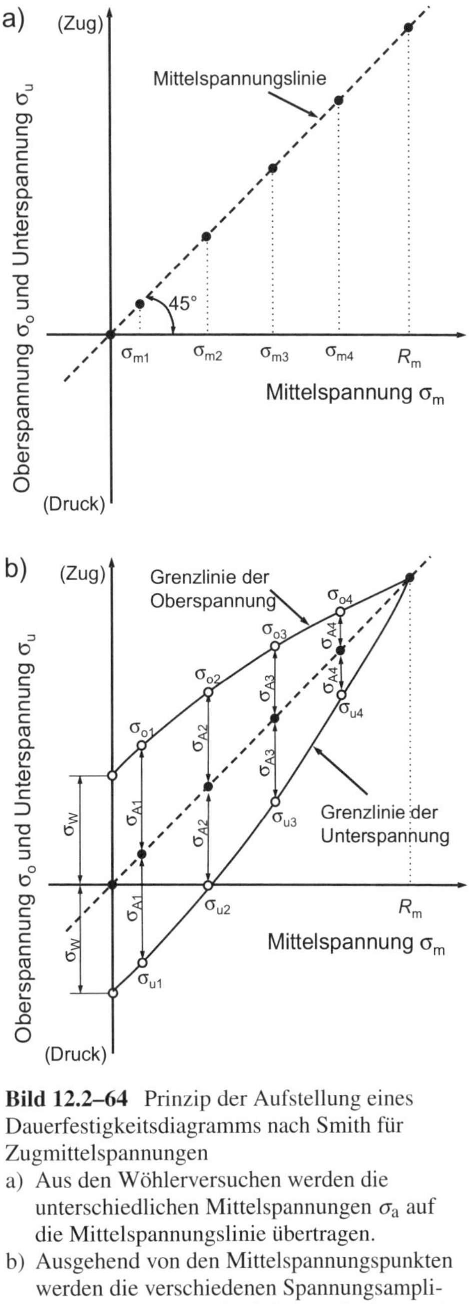

Bild 12.2–64 Prinzip der Aufstellung eines Dauerfestigkeitsdiagramms nach Smith für Zugmittelspannungen

a) Aus den Wöhlerversuchen werden die unterschiedlichen Mittelspannungen σ_a auf die Mittelspannungslinie übertragen.

b) Ausgehend von den Mittelspannungspunkten werden die verschiedenen Spannungsamplituden σ_A der Dauerfestigkeit nach oben und unten abgetragen, sodass sich die Ober- und Unterspannung (σ_o, σ_u) der Einzelversuche ergeben.

Aus dem *Dauerfestigkeitsdiagramm* lässt sich die Dauerschwingfestigkeit in Abhängigkeit von jeder vorgegebenen Mittelspannung ablesen. Deshalb dienen die Diagramme dem Konstrukteur als Grundlage bei der Bemessung schwingend beanspruchter Teile. Die Darstellung des *Smith-Diagramms* kann auf Druckmittelspannungen erweitert werden (Bild 12.2–66). Eingezeichnet sind außerdem die Wechselfestigkeit σ_W und Schwellfestigkeit σ_{Sch} als Sonderfälle der Dauerfestigkeit. Bei der Wechselfestigkeit σ_W ist die maximal dauerhaft ertragene Amplitude σ_A gleich der Ober- und Unterspannung. Die Mittelspannung σ_m ist null. Bei der Schwellfestigkeit σ_{Sch} ist die dauerhaft ertragene Spannungsamplitude gleich dem Betrag der Mittelspannung $|\sigma_m|$. Handelt es sich um eine Zugschwellfestigkeit σ_{zSch}, dann ist $\sigma_u = 0$ und für die Mittelspannung gilt $\sigma_m > 0$ und $\sigma_m = \sigma_A$. Bei der Druckschwellfestigkeit σ_{dSch} ist die Oberspannung gleich null, $\sigma_m < 0$ und $|\sigma_m| = \sigma_A$.

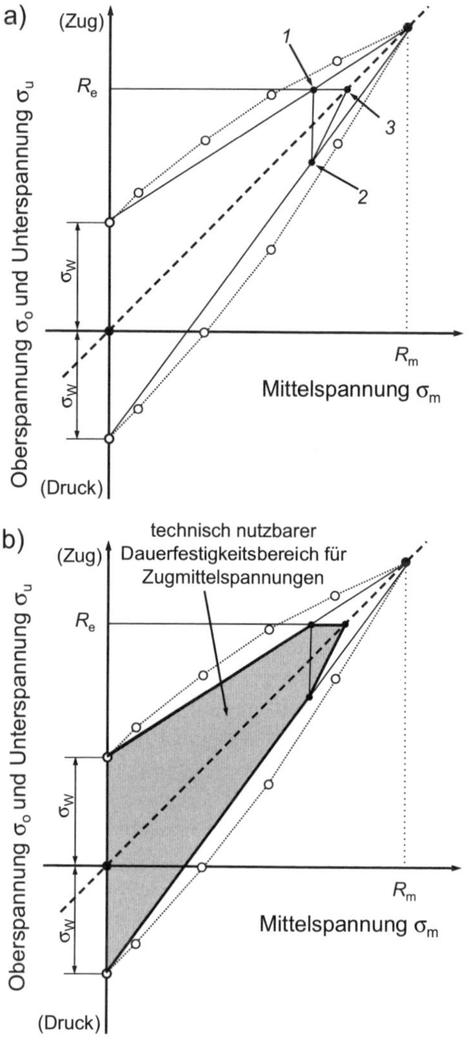

Bild 12.2–65 Vereinfachtes Smith-Diagramm für Zugmittelspannungen
a) Konstruktion des vereinfachten Smith-Diagramms mithilfe der Wechselfestigkeit σ_W, der Zugfestigkeit R_m und der Streckgrenze R_e
b) technisch nutzbarer Bereich für Zugmittelspannungen

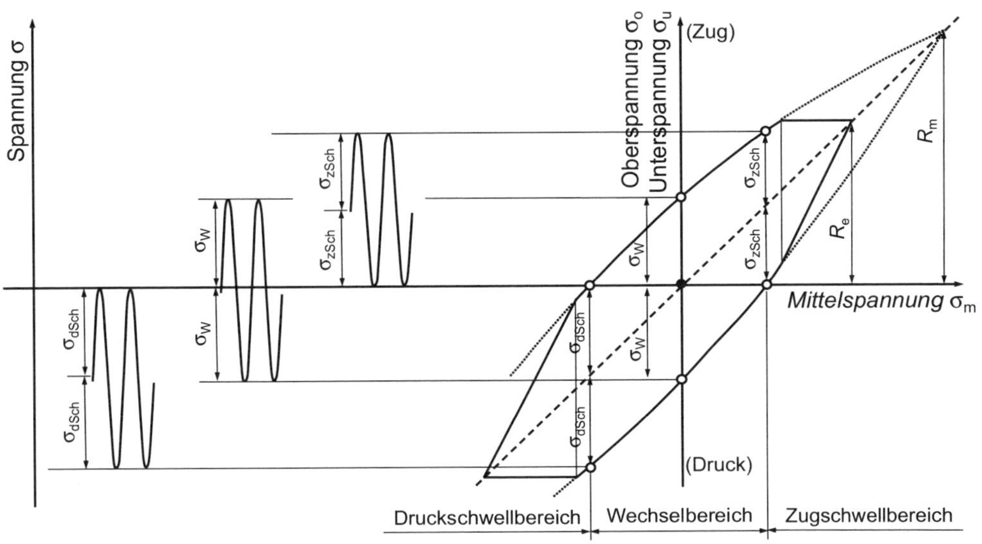

Bild 12.2–66 Dauerfestigkeitsschaubild nach Smith mit wichtigen Werkstoffkennwerten für Druck- und Zugmittelspannungen (schematisch)

Übung 12.2–16
Schildern Sie typische Merkmale eines Dauerbruches!

Übung 12.2–17
Wodurch entstehen Dauerbrüche?

Übung 12.2–18
Welcher metallkundliche Vorgang ist für die sinkende Festigkeit mit zunehmender Schwingspielzahl verantwortlich?

Übung 12.2–19
Bei welchen Bauteilen treten schwingende Beanspruchungen auf?

Übung 12.2–20
Was kann der Konstrukteur aus Dauerfestigkeitsdiagrammen entnehmen?

12.3 Zerstörungsfreie Werkstoffprüfung

Lernziele

Der Lernende kann ...
- die Aufgaben der zerstörungsfreien Werkstoffprüfung nennen,
- das Wesen von Röntgen- und Gammastrahlen charakterisieren und ihre Anwendung erläutern,
- das physikalische Prinzip der Fehlersuche mit Ultraschall erklären,
- die Anwendung von Ultraschallprüfköpfen beschreiben,
- die Entstehung eines magnetischen Feldes erklären (Wiederholung aus Physik, Abschnitt Magnetismus),
- das Prüfprinzip des Magnetpulververfahrens skizzieren und schildern,
- Tastspul-, Gabelspul- und Durchlaufspulverfahren gegenüberstellen und ihre Anwendung nennen.

12.3.0 Übersicht

Die Eigenschaften bzw. die Funktion der Werkstoffe/Bauteile werden durch die *zerstörungsfreien Prüfverfahren* nicht beeinträchtigt. Eine extra Probenentnahme und die anschließende mechanische Zerstörung zur Bestimmung der Eigenschaften ist in der Regel nicht erforderlich, sodass diese Verfahren auch zur *Prozess- und Produktüberwachung* eingesetzt werden können. Die zerstörungsfreien Prüfverfahren beruhen auf bekannten Wechselwirkungen verschiedener Energieformen mit dem Werkstoff/dem Werkstück, deren Grundprinzipien aus der Physik bekannt sind. Infrage kommen zunächst elektrische und magnetische Felder (Magnetpulververfahren, Wirbelstromprüfung), die Ausbreitung und Reflexion elastischer Wellen (akustische Prüfverfahren, z. B. Ultraschall) sowie die Wirkung energiereicher Strahlung (Isotopenprüfung, Rötgendurchstrahlungsprüfung). Während die herkömmliche Werkstoffprüfung konkret über Festigkeit, Härte, Zusammensetzung oder Gefügezustand eines Werkstoffes Auskunft gibt, zieht man bei den zerstörungsfreien Verfahren aus dem Verhalten der Werkstoffe gegenüber physikalischen Einflüssen verschiedenster Art Rückschlüsse auf den Werkstoffzustand bzw. auf Materialfehler.

Aufgaben der zerstörungsfreien Werkstoffprüfung
- Fehlersuche in der Produktkontrolle (Risse, Poren, Lunker, Dopplungen bei gewalzten Blechen, Bindefehler bei Schweißnähten usw.)
- Prüfung der Zusammensetzung und der Struktur (z. B. chemische Zusammensetzung, Homogenität, Gefüge und Struktur, siehe auch Abschnitt 12.4)
- Ermittlung von Geometriekenngrößen (z. B. Randschichtdickenmessung, Wanddickenmessung von Rohren, Blechdickenmessung während des Walzens)
- Ermittlung des Werkstoffzustandes über physikalische Größen (z. B. Eigenspannungsmessung, indirekte Härtemessung)

In diesem Abschnitt werden die wichtigsten Verfahren der zerstörungsfreien Materialprüfung vorgestellt. Es wird gezeigt, dass bestimmte physikalische Werkstoffeigenschaften (z. B. Absorption von Röntgen- und Gammastrahlen, Reflexion von Ultraschallwellen) zum Nachweis von Fehlern genutzt werden.

12.3.1 Durchstrahlungsprüfung

Für die *Durchstrahlungsprüfung* werden in erster Linie *Röntgen- und Gammastrahlen* genutzt. Dabei handelt es sich um elektromagnetische Wellen, die in der Lage sind, Festkörper zu durchdringen.

Röntgenstrahlen entstehen z. B. in Röntgenröhren (Bild 12.3–1). Die Erzeugung erfolgt in einer evakuierten Röhre mit Katode (Drahtwendel aus Wolframdraht) und Anode. Eine angelegte Hochspannung setzt aus der hocherhitzten Katode energiereiche Elektronen frei, die mit großer Geschwindigkeit auf die Anode auftreffen (Katodenstrahlen). Die Elektronen werden beim Auftreffen auf die metallische Anode stark abgebremst. Ein Teil der Energie wird in Röntgenstrahlen (*Bremsstrahlung*) umgewandelt, die aus einem Fenster der Röntgenröhre austreten und praktisch genutzt werden können. Die Wellenlänge der *Röntgenstrahlung* ist mit 10^{-12} m bis 10^{-8} m deutlich kurzwelliger als die bei sichtbarem Licht ($\lambda \approx 0{,}5 \cdot 10^{-6}$ m).

Wichtige Verfahren der Strahlungsprüfung

Materialprüfung mit Röntgenstrahlen (Strahlungsquelle: Röntgenröhre)	Materialprüfung mit Gammastrahlen (Strahlungsquelle: radioaktive Isotope)

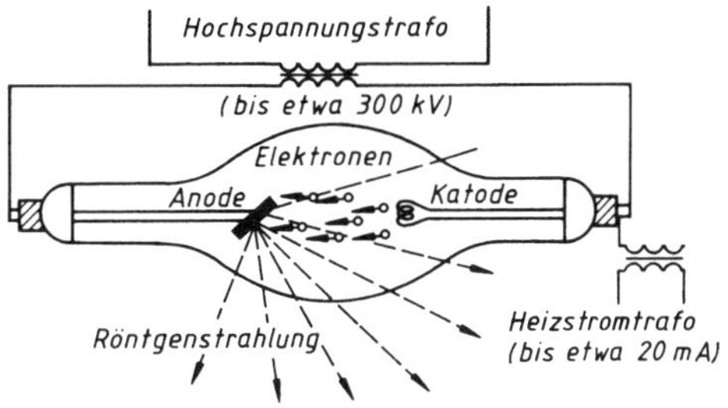

Bild 12.3–1 Röntgenröhre – Prinzip der Bremsstrahlung

In Abhängigkeit von der Beschleunigungsspannung zwischen Katode und Anode sowie der Heizspannung in der Katode ergibt sich ein typisches *Bremsspektrum* der Röntgenstrahlung (Bild 12.3–2). Eine höhere Heizspannung führt zur verstärkten Emission von Elektronen. Das Spektrum der Strahlung und die Lage des Maximums bleiben gleich. Die *Intensität der Strahlung* wird erhöht. Eine höhere Beschleunigungsspannung verschiebt das Röntgenspektrum zu kürzeren Wellenlängen und erhöht die Intensität – die *Härte der Strahlung* und damit das *Durchdringungsvermögen* wächst.

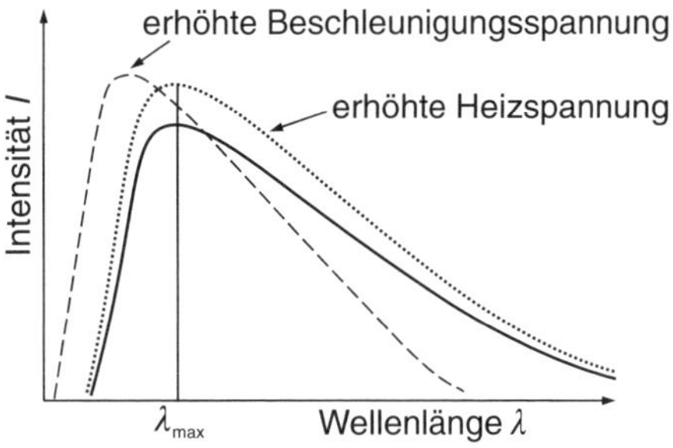

Bild 12.3–2 Einfluss der Beschleunigungs- und Heizspannung auf das Bremsspektrum

Gammastrahlung wird frei, wenn radioaktive (instabile) Isotope zerfallen. *Isotope* sind Atomarten eines chemischen Elementes mit gleicher Protonen-, aber unterschiedlicher Neutronenzahl. Das in der *Gammadefektoskopie* häufig verwendete Cobalt-60-Isotop wird in Reaktoren durch Neutronenbeschuss erzeugt (Bild 12.3–3). Das instabile Isotop zerfällt mehr oder weniger schnell, ohne dass von außen weitere Energie zugeführt wird. Es entsteht ein stabiler Atomkern, zum Beispiel Nickel 60. Beim radioaktiven Zerfall entsteht Gammastrahlung und häufig werden zusätzlich Elektronen abgegeben (β-Strahlung).

Röntgen- und Gammastrahlen sind elektromagnetische Wellen, die in der Lage sind, Festkörper zu durchdringen. Röntgenstrahlen entstehen beim Auftreffen energiereicher Elektronen auf Metalloberflächen. Gammastrahlen entstehen durch den Zerfall *radioaktiver Isotope*.

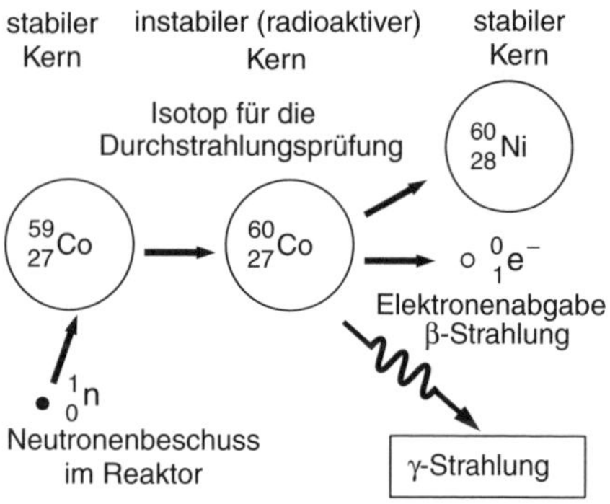

Bild 12.3–3 Entstehung der Gammastrahlung aus einem Cobalt-60-Isotop

Dringt die Röntgen- oder Gammastrahlung in einen Festkörper ein, so *wird die Strahlung geschwächt*, d. h. die eintretende Intensität der Strahlung ist größer als die austretende Intensität (Bild 12.3–4). Die *Durchdringungsfähigkeit* eines Bauteiles kann über die austretende Intensität charakterisiert werden. Sie hängt neben der Wellenlänge der Strahlung von der chemischen Zusammensetzung des Werkstoffes und der Dicke des Bauteiles ab. Ändert sich in einem Bauteil die chemische Zusammensetzung (z. B. Schlackeeinschluss im Stahl) oder aber im Inneren befindet sich ein Hohlraum (z. B. Poren, Lunker, offener Bindefehler in einer Schweißnaht), so wird sich die austretende Strahlungsintensität gegenüber dem homogenen Werkstoff ändern. Der Zusammenhang kann über das *Schwächungsgesetz* beschrieben werden:

$$I = I_0\, e^{-\mu d}$$

I Intensität der austretenden Strahlung
I_0 Intensität der eintretenden Strahlung
d Bauteildicke
μ Schwächungskoeffizient (Werkstoffkonstante)

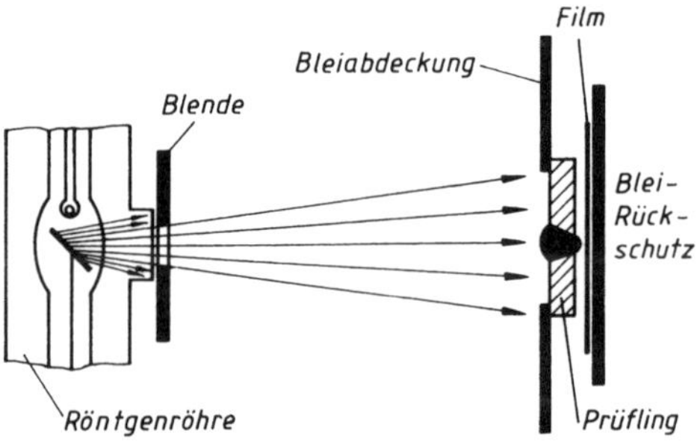

Bild 12.3–4 Röntgendurchstrahlung (Prüfprinzip)

Hinter das Prüfobjekt wird ein Röntgenfilm gelegt. Eine unterschiedliche Intensität der austretenden Röntgen- oder Gammastrahlung führt zur unterschiedlichen *Schwärzung* des Filmes. Damit ist es möglich, die Inhomogenitäten oder Fehler in einem Werkstück aufzufinden (Bild 12.3–5). Durch Verstärkerfolien kann die Filmschwärzung erhöht werden. Auftretende Streustrahlen verringern den Kontrast und verschlechtern die Fehlererkennbarkeit. In erster Linie wird der Kontrast durch die Wellenlänge bestimmt. Die weicheren Röntgenstrahlen ergeben kontrastreichere Bilder als Aufnahmen mit Gammastrahlen. Darüber hinaus wird durch die Wahl des Filmes und seine Entwicklung der Kontrast beeinflusst. Die Bildschärfe wird durch Größe und Abstand der Strahlungsquelle bestimmt. Abstand und Belichtungszeiten entnimmt man für die gewählte Röhrenspannung bzw. entsprechend den Strahlungswerten des radioaktiven Isotopes den zur Prüfeinrichtung gehörenden Diagrammen.

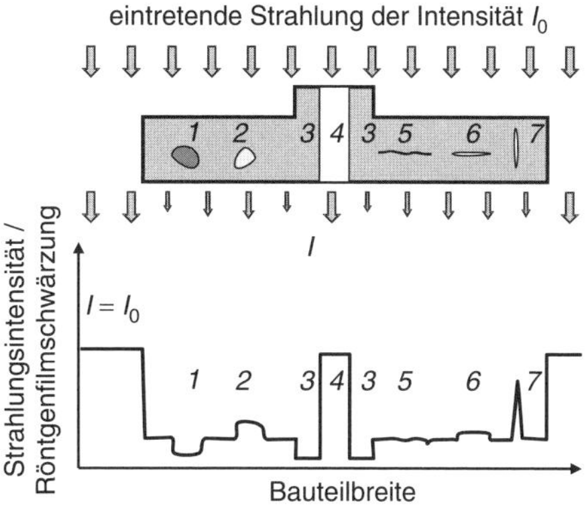

Bild 12.3–5 Einfluss der Bauteilgeometrie und der Materialfehler auf die Intensität der austretenden Strahlung bzw. die Schwärzung des Röntgenfilmes;

1 Materialinhomogenität mit höherem Schwächungsindex μ als Grundwerkstoff
2 Materialinhomogenität mit kleinerem Schwächungsindex μ als Grundwerkstoff
3 größere Materialdicke d
4 durchgehende Bohrung
5 zugedrückter Querriss (z. B. Dopplung; schlecht nachweisbar)
6 offener Querriss
7 Längsriss

Neben der Abbildung auf Röntgenfilmen kommen auch weitere Bildgebungsverfahren infrage. Das sind die Verwendung von *Fluoreszenzschirmen* sowie ein System aus Fluoreszenzschirm, Röntgenbildverstärkern und digitaler Kamera. Die moderne digitale Bildverarbeitungstechnik erlaubt hochauflösende, rauscharme und kontrastreiche Durchstrahlungsbilder. Die aus der Medizin bekannte *Computertomographie* erlaubt sogar dreidimensionale Abbildungen. Dabei werden die Objekte aus mehreren Blickwinkeln „scheibchenweise“ durchstrahlt und mithilfe einer Computersoftware ein räumliches Bild erzeugt.

Die *Durchstrahlungstechnik* wird in erster Linie eingesetzt, um Fehler im Inneren der Werkstücke wie Gasblasen, Lunker, Dopplungen, Risse usw. festzustellen. Besonders wichtig sind diese Verfahren zur Prüfung von Schweißnähten.

Mit *Röntgen- und Gammastrahlen* kann man Fehler im Inneren der Werkstücke wie Gasblasen, Lunker, Dopplungen, Risse usw. feststellen. Besondere Verbreitung haben beide Verfahren bei der Prüfung von Schweißnähten erlangt (Bild 12.3–6). Wird die Probe von verschiedenen Seiten bestrahlt, lässt sich die Lage und Ausdehnung des jeweiligen Fehlers bestimmen. Für sehr dicke Werkstücke und auf Baustellen wird der transportable Gammastrahler eingesetzt. Die Röntgenanlage ist an das elektrische Netz gebunden und wird bei dünneren Wanddicken bzw. leicht durchstrahlbaren Stoffen eingesetzt.

Röntgen- und Gammastrahlen können aufgrund ihrer hohen Energie bei entsprechender Dosierung gesundheitliche Schäden verursachen. Nur ausgebildetes Fachpersonal darf unter Beachtung der Strahlenschutzverordnung bzw. Röntgenverordnung die Durchstrahlungsprüfung durchführen.

Neben der Röntgen- und Gammastrahlung können für eine Durchstrahlungsprüfung u. U. auch sichtbares oder infrarotes Licht (Glasprüfung) und Neutronen oder Elektronen eingesetzt werden.

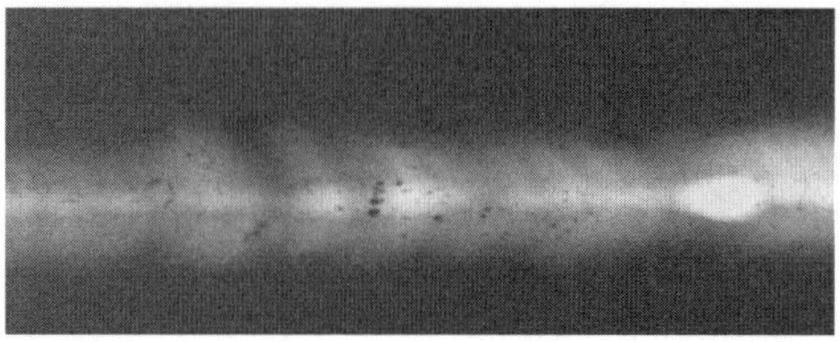

Bild 12.3–6 Röntgenbild einer Schweißnaht mit Poren

Tabelle 12.3–1 Vor- und Nachteile der Gammastrahlung

Vorteile	Nachteile
keine äußere Energiezufuhr	geringe Intensität (höhere Belichtungszeiten, Spezialfilme)
komplizierte Formen prüfbar	höherer Strahlenschutzaufwand
dicke Schichten prüfbar	geringer Kontrast
allseitige Strahlenausbreitung (mehrere Werkstücke gleichzeitig prüfbar)	ständige Strahlung (auch bei Nichtbenutzung)
transportable Geräte	

Tabelle 12.3–2 Eigenschaften radioaktiver Isotope (Nuklide)

Nuklid	Halbwertszeit	Energie der γ-Strahlung MeV	durchstrahlbare Wandstärke mm Stahl
Cobalt $^{60}_{27}Co$	5,25 a	1,17; 1,33	50 ... 160
Caesium $^{137}_{55}Cs$	30 a	0,67	30 ... 100
Iridium $^{192}_{77}Ir$	74 d	0,3 ... 0,5	8 ... 80
Thulium $^{170}_{69}Tm$	128 d	0,084	$\leqq 4$
Tantal $^{182}_{73}Ta$	117 d	0,040 ... 1,22	40 ... 125

12.3.2 Ultraschallprüfung

Im Gegensatz zu den elektromagnetischen Wellen handelt es sich bei den Schallwellen um *elastische (mechanische) Wellen*. Das heißt, die Teilchen des untersuchten Stoffes/Festkörpers werden in einem bestimmten Frequenzbereich selbst zum Schwingen angeregt. Werkstoffe werden in einem Frequenzbereich über 20 kHz geprüft. Diese hohen Frequenzen liegen über dem hörbaren Frequenzbereich (16 Hz bis 16 kHz) und werden als *Ultraschall* bezeichnet.

In einem elastischen, homogenen Stoff breitet sich der *Ultraschall* vom Erregerort nahezu ungehindert aus (Bild 12.3–7b). Durch einen äußeren Druckimpuls werden dabei die äußeren Teilchen *elastisch* zusammengedrückt. Diese Teilchen werden aus ihrer Ruhelage gebracht. Eine solche elastische Verformung hat eine Spannung zur Folge (siehe Hooke'sches Gesetz, Abschnitt 12.2.1). Nach dem Impuls bauen sich diese Spannungen wieder ab. Dadurch wird potenzielle Energie frei, was wiederum zum Auseinanderziehen der oberflächennahen Teilchen führt. Die Teilchen schwingen dann hin und her (Bild 12.3–7b). Da die oberflächennahen Teilchen im Festkörper über chemische Bindung mit den darunter liegenden Teilchen verbunden sind, überträgt sich diese abwechselnde Komprimierung – Dekomprimierung auf die Nachbarn. Die *Druckwelle* bewegt sich durch den Festkörper und wird als *Longitudinalwelle* bezeichnet. Die Teilchen (Moleküle, Atome) schwingen parallel zur Ausbreitungsrichtung der Welle. Die Strecke zwischen zwei Teilchen, die gleich stark zusammengedrückt sind, entspricht der *Wellenlänge* λ. Die *Frequenz* f ist die Anzahl der Schwingungen eines Teilchens in der Sekunde. Die *Schallgeschwindigkeit* c, mit der sich die elastische Welle ausbreitet, ist eine Werkstoffkonstante. Sie ist vom Elastizitätsmodul und der Dichte eines Werkstoffes abhängig.

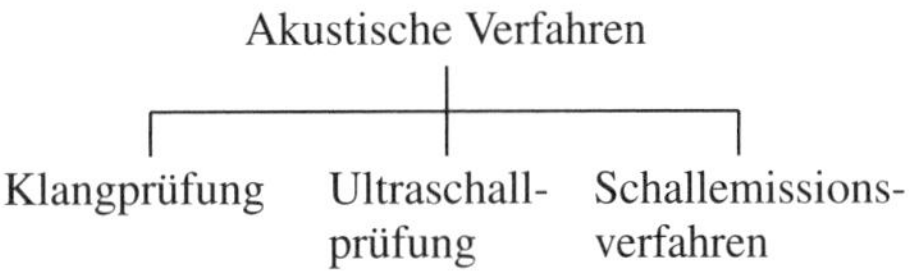

> *Ultraschall* ist die Bezeichnung für (elastische) Wellen mit einer Frequenz oberhalb von 20 kHz. Die in der Ultraschallprüftechnik eingesetzten Frequenzen liegen zwischen 100 kHz und 100 MHz.

Zwischen Schallgeschwindigkeit, der Frequenz und der Wellenlänge besteht folgender Zusammenhang:

$c = \lambda \cdot f$

Festkörper können nicht nur Druck übertragen, sondern auch Schub. Das heißt, neben der Druckwelle (*Longitudinalwelle*) kann sich im Festkörper bei einer entsprechenden Anregung auch eine Schubwelle (*Transversalwelle*) ausbreiten (Bild 12.3–7c). Bei der *Transversalwelle* schwingen die Teilchen senkrecht zur Ausbreitungsrichtung. *Longitudinalwellen* sind etwa doppelt so schnell wie *Transversalwellen.* In Tabelle 12.3–3 sind die Schallgeschwindigkeiten und die Dichte einiger wichtiger Materialien aufgeführt.

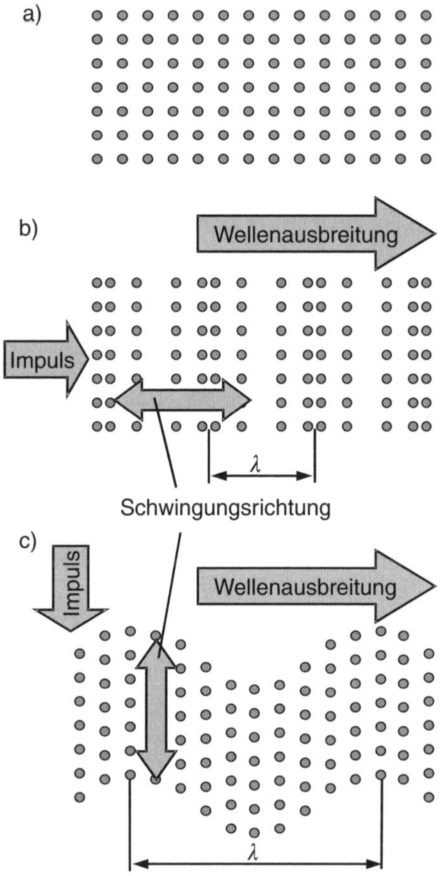

Bild 12.3–7 Ausbreitung von Schallwellen im Kristall
a) ungestörter Kristall in Ruhelage
b) Longitudinalwelle
c) Transversalwelle

Für die Erzeugung/den Empfang der Schallwellen wird der piezoelektrische *Effekt* bzw. seine Umkehrung genutzt. Piezoelektrische Materialien (z. B. Quarz) sind in der Lage, einen von außen wirkenden Druck in eine elektrische Spannung umzuwandeln (Wellenempfang) bzw. beim Anlegen einer Wechselspannung mechanische Wellen (Schallwellen) zu erzeugen. Die piezoelektrischen Geber/Empfänger sind in die *Ultraschallprüfköpfe* integriert. Man unterscheidet im Wesentlichen drei Prüfkopfformen (Bild 12.3–8). Der *Senkrechtprüfkopf* (Normalprüfkopf) sendet und empfängt Schallwellen senkrecht zur Oberfläche. Er wird in erster Linie für die Blech-, Schmiedeteil- und Gussteilprüfung eingesetzt. Der *SE-Prüfkopf* hat

Longitudinalwellen (Druckwellen) breiten sich parallel und *Transversalwellen* breiten sich senkrecht zur Schwingungsrichtung aus. Zur Erzeugung und zum Empfang von Ultraschallwellen wird der *piezoelektrische Effekt* genutzt. Piezoelektrische Materialien können bei einer von außen wirkenden mechanischen Spannung eine elektrische Spannung erzeugen.

jeweils eine getrennte Sende- und Empfangseinheit und wird für die Prüfung dünnwandiger Bauteile und zur Wanddickenbestimmung eingesetzt. Der *Winkelprüfkopf* sendet und empfängt die Schallwellen schräg zur Werkstückoberfläche. Insbesondere in der Schweißnahtprüfung findet er Anwendung.
Im Gegensatz zu den Durchstrahlungsverfahren wird der Ultraschall im Festkörper nur geringfügig geschwächt. Aus diesem Grund sind mit Ultraschall sehr große Materialdicken prüfbar. Trifft die Schallwelle auf eine Grenzfläche, z. B. die Oberfläche zu einem anderen Stoff mit anderer Dichte, wird die Welle aufgespalten. Trifft die Welle senkrecht zur Ausbreitungsrichtung auf die Grenzfläche, wird sie in eine reflektierte und eine durchgehende Welle aufgeteilt. Die Schallwelle wird reflektiert und gebrochen, wenn sie schräg auf die Grenzfläche trifft. Der Anteil der reflektierten bzw. durchgelassenen Wellen lässt sich durch das *Reflexionsgesetz* beschreiben:

$$R = (100 - D) \quad \text{in}\,\%$$

R Reflexionsfaktor
D Durchlässigkeitsfaktor

Die beiden Faktoren ergeben sich aus den Schallwiderständen Z (auch Schallimpedanz) der beiden sich berührenden Medien:

$$R = \frac{Z_1 - Z_2}{Z_1 + Z_2}, \quad Z_1 = \varrho_1 \cdot c_1, \quad Z_2 = \varrho_2 \cdot c_2$$

Z Schallwiderstand
ϱ Dichte des Mediums
c Schallgeschwindigkeit im Medium

Der *Schallwiderstand* von Stahl Z_1 ist viel größer als der Schallwiderstand von Luft Z_2. Dadurch wird eine Schallwelle an der Oberfläche eines Stahlwerkstückes überwiegend reflektiert.

Wellen ändern ihre Ausbreitung und Amplitude beim Auftreffen auf eine Grenzfläche. Aus diesem Umstand lassen sich die Ultraschallprüfmethoden ableiten.

Tabelle 12.3–3 Dichte und Schallgeschwindigkeit

Werkstoff	Dichte in g/cm^3	Schallgeschwindigkeit in km/s c_l	c_t
ferritischer Stahl	7,7	5,95	3,23
Gusseisen	7,2	3,5 ... 5,6	2,2 ... 3,2
Aluminium	2,7	6,32	3,13
Kupfer	8,9	4,7	2,26
Messing	8,1	3,83	2,05
Hartmetall	11 ... 15	6,8 ... 7,3	4,0 ... 4,7

c_l Schallgeschwindigkeit der Longitudinalwellen
c_t Schallgeschwindigkeit der Transversalwellen

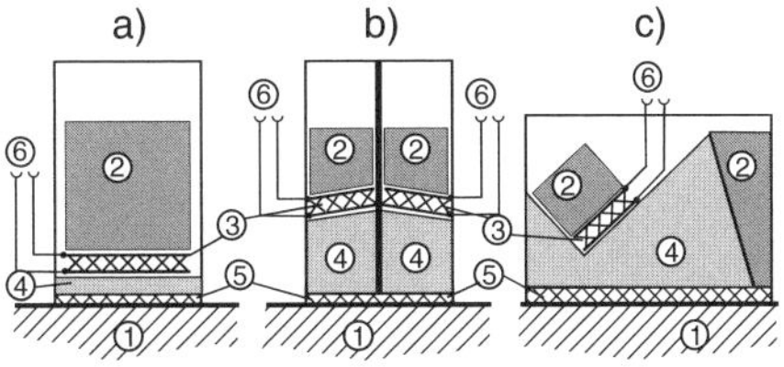

Bild 12.3–8 Prinzipieller Aufbau der Ultraschallprüfköpfe
a) Senkrechtprüfkopf
b) SE-Prüfkopf
c) Winkelprüfkopf

1 Prüfobjekt
2 Dämpfungskörper
3 piezoelektrischer Wandler (Schwinger)
4 Schallleiter/Schutzschicht
5 Koppelmedium
6 Elektroden

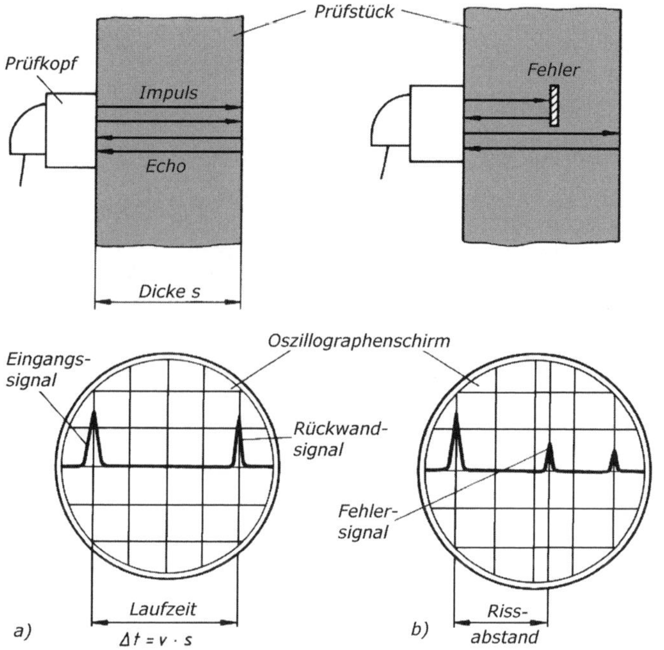

Bild 12.3–9 Prinzip des Impuls-Echo-Verfahrens
a) fehlerfreie Probe
b) Probe mit Materialfehler (z. B. Riss)

Das *Impuls-Echo-Verfahren* (Bild 12.3–9) beruht auf dem Reflexionsgesetz. Die Schallwelle wird beim Auftreffen auf eine Grenzfläche (z. B. Luftpolster an einer Fehlstelle) nahezu vollkommen reflektiert. Die reflektierten Wellen werden vom sendenden Schallprüfkopf wieder aufgenommen. Um ein eindeutiges Bild zu erhalten, werden Impulse ausgesendet, deren Laufzeit gemessen wird.

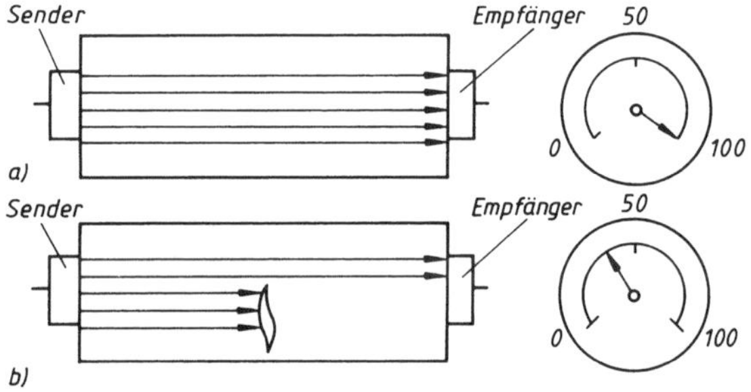

Bild 12.3–10 Prinzip des Durchschallungsverfahrens
a) fehlerfreie Probe
b) Probe mit Materialfehler (z. B. Riss oder Dopplung)

Beim *Durchschallungsverfahren* (Bild 12.3–10) befindet sich die Probe zwischen Sender und Empfänger. Durch Abtasten des Querschnittes unter gleich bleibenden Ankopplungsbedingungen misst man die

Tabelle 12.3–4 Fehlersuche mit Ultraschall

Fehlerfreies Bauteil

Der Abstand von Sendeimpuls und Rückwandecho ist ein Maß für die Bauteildicke und kann zur zerstörungsfreien Bestimmung der Wandstärke genutzt werden.

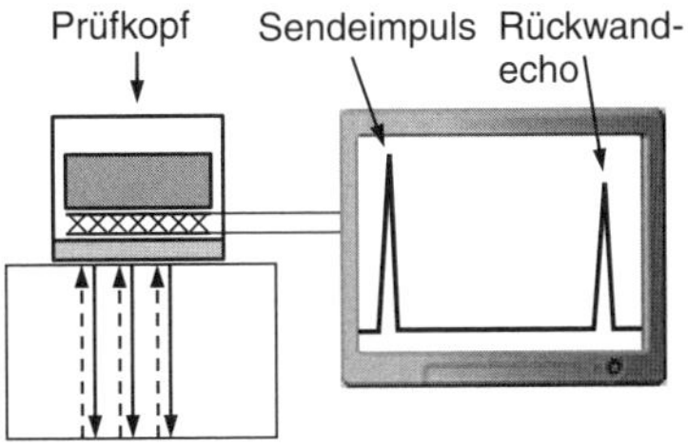

Großer Riss senkrecht zur Wellenausbreitung

Die Schallwelle wird komplett reflektiert, sodass kein Rückwandecho entsteht. Die Laufzeit bis zum Rissecho ist ein Maß für den Abstand des Risses von der Oberfläche. Das zweite Rissecho entsteht durch die Hin- und Herbewegung der Welle zwischen Bauteil- und Rissoberfläche. Der Abstand zwischen Sendeimpuls und erstem Rissecho ist gleich groß wie zwischen erstem und zweitem Rissecho.

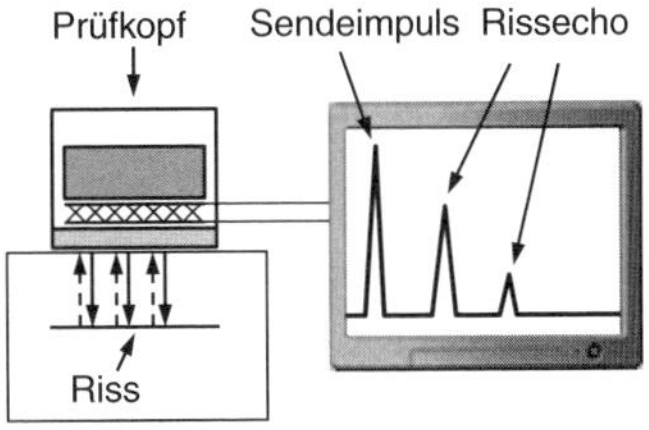

Großer Riss parallel zur Wellenausbreitung

Die Schallwelle wird erst von der Rückwand reflektiert. Riss ist hier nicht nachweisbar! Die Verwendung eines Winkelprüfkopfes oder eine 90° gedrehte Schallung ist sinnvoll.

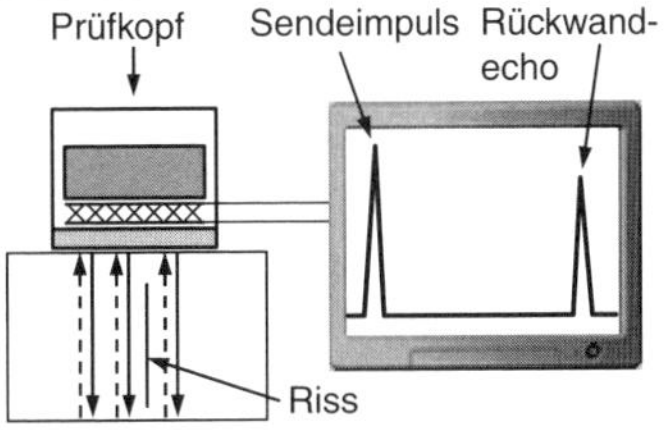

Großer Riss geneigt zur Schallwelle

Die Schallwelle wird vom Riss reflektiert. Die reflektierte Welle erhält durch die Neigung des Risses eine andere Richtung. Das fehlende Rückwandecho weist den Fehler nach, gibt aber keine Auskunft über die Lage des Risses. Die Verwendung eines Winkelprüfkopfes ist auch hier sinnvoll.

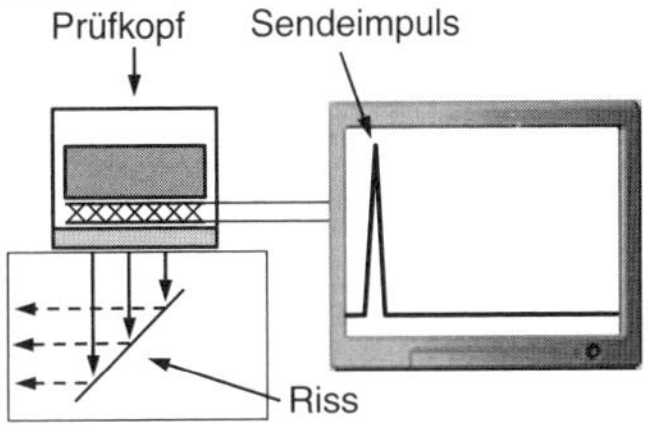

Kleiner unregelmäßiger Riss teilweise geneigt zur Schallwelle

Die Schallwelle wird vom Riss nur teilweise reflektiert, sodass ein verkleinertes Rückwandecho entsteht. Der unregelmäßige Verlauf des Risses führt dazu, dass ein Teil der reflektierten Welle zum Prüfkopf zurückgelangt, sodass eine Abschätzung der Lage des Risses erfolgen kann.

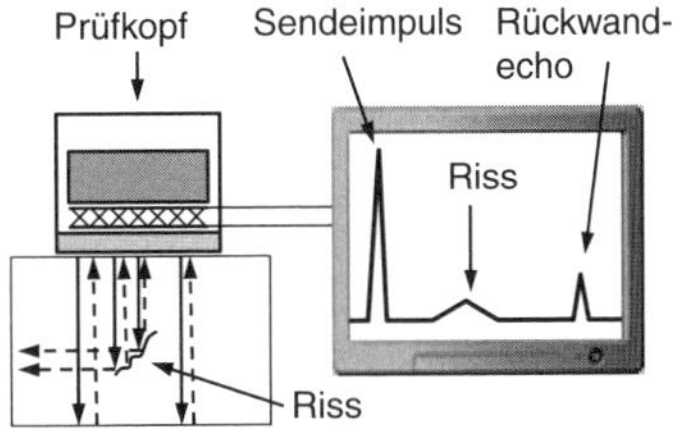

Fehler in einer Schweißnaht (Bindefehler, Poren)

Die Schallwelle wird bei einer fehlerlosen Naht nicht zum Winkelprüfkopf reflektiert. Nur ein Fehler verursacht ein Reflexionsecho.

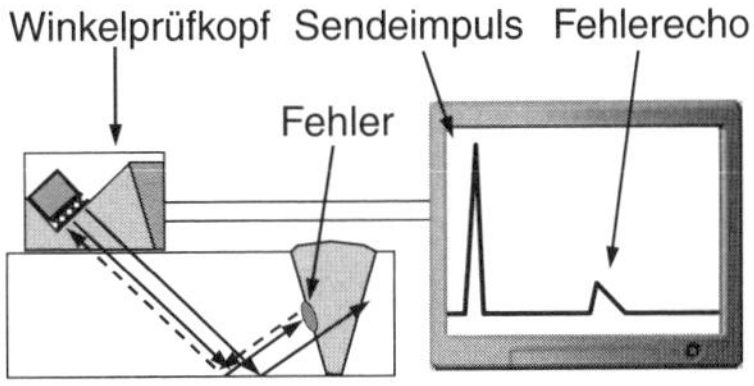

Schwankungen der Schallintensität, die von Inhomogenitäten im Werkstück herbeigeführt werden. Diese Intensitätsschwankungen können durch elektronische Wandlung sichtbar gemacht werden. Man erhält ein der Schnittstelle entsprechendes Bild mit sich dunkel abzeichnenden Störstellen (Schallbildverfahren).

In Tabelle 12.3–4 sind einige typische Materialfehler und ihr Nachweis mithilfe des Ultraschalles aufgeführt.

12.3.3 Magnetische Prüfverfahren

12.3.3.1 Einführung

Außer der mechanischen und elektrostatischen Kraftwirkung kann in einem Festkörper ein *magnetisches Feld* auftreten (Bild 12.3–11). Wie in einem elektrischen Feld ziehen sich innerhalb eines magnetischen Feldes entgegengesetzt gerichtete magnetische Ladungen an und gleichgerichtete stoßen sich ab. Die magnetischen Ladungen werden als Magnetpole (Nord- und Südpol) bezeichnet. Das magnetische Verhalten der Stoffe kann auf die Elektronenkonfiguration der Stoffe zurückgeführt werden (siehe Abschnitt 1.1.1), wobei insbesondere die Nebenquantenzahlen eine Rolle spielen. Das magnetische Feld wird durch die *magnetische Feldstärke H* und die *magnetische Flussdichte B* beschrieben. Beide Größen sind über die *Permeabilität* μ verbunden:

$$B = \mu \cdot H = \mu_r \cdot \mu_0 \cdot H$$

μ absolute Permeabilität eines Stoffes
μ_r relative Permeabilität eines Stoffes (Materialkonstante)
μ_0 Permeabilität des Vakuums (Induktionskonstante)

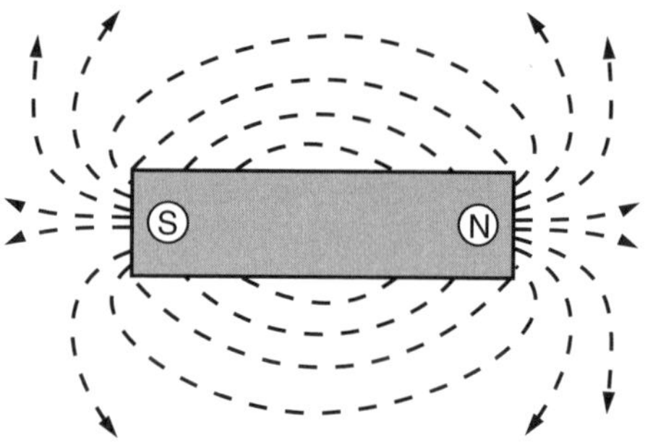

Bild 12.3–11 Verlauf der Kraftfeldlinien in einem Stabmagneten

> Die *relative magnetische Permeabilität* μ_r kennzeichnet das Stoffverhalten gegenüber äußeren Magnetfeldern. Man unterscheidet dia-, para- und ferromagnetische Stoffe. Ferromagnetische Stoffe werden in ein äußeres Magnetfeld hineingezogen. Durch die Wirkung eines äußeren Magnetfeldes lassen sich ferromagnetische Stoffe magnetisieren.

Die magnetische Permeabilität μ_r kennzeichnet das Stoffverhalten gegenüber äußeren Magnetfeldern. Man unterscheidet:

Diamagnetische Stoffe (Edelgase, Cu, Ag) werden aus einem äußeren Magnetfeld herausgedrückt ($\mu_r < 1$).

Paramagnetische Stoffe (Cr, Mn) haben ein sehr kleines resultierendes, magnetisches Moment. Sie werden in ein äußeres Magnetfeld gezogen ($\mu_r > 1$).

Ferromagnetische Stoffe (Fe, Co, Ni, Fe_2O_3) haben ein großes magnetisches Moment und werden sehr stark in ein Magnetfeld hineingezogen ($\mu_r \gg 1$). Ferromagnetische Stoffe haben größere Materialbereiche, in denen die magnetischen Momente vieler Atome gleich orientiert sind (Weiß'sche Bezirke). Durch ein äußeres Magnetfeld lassen sich die magnetischen Momente gleich orientieren (Magnetisierung).

Aus diesen physikalischen Grundlagen wird deutlich, dass eine Änderung des Materiales (z. B. nichtmetallische Einschlüsse, Poren, Lunker, Risse) eine Änderung der Permeabilität und Richtungsänderung der Magnetfeldlinien zur Folge hat. Diese Eigenschaftsänderungen werden bei der *Wirbelstrom- und Magnetpulverprüfung* zur Fehlererkennung ausgenutzt.

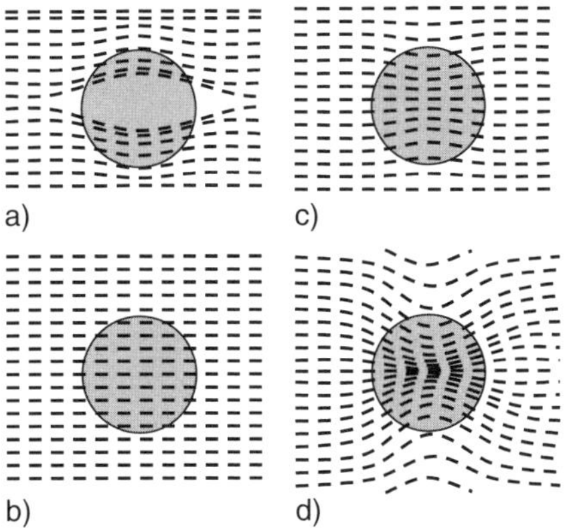

Bild 12.3–12 Einfluss des Werkstoffes auf ein äußeres homogenes Magnetfeld
a) diamagnetischer Werkstoff
b) Werkstoff mit $\mu_r = 0$
c) paramagnetischer Werkstoff
d) ferromagnetischer Werkstoff

> Verändert sich in einem Werkstoff die Zusammensetzung (z. B. andere Phasen, nichtmetallische Einschlüsse) oder es liegen andere Materialfehler (Risse, Hohlräume) vor, so hat das Auswirkungen auf die *magnetischen Eigenschaften* des Stoffes. Gleichzeitig werden die Feldlinien eines überlagerten, äußeren Magnetfeldes verändert.

12.3.3.2 Magnetpulverprüfung

Das *Magnetpulververfahren* gestattet an *ferromagnetischen Proben* den Nachweis feiner Risse, Bindefehler und Fremdeinschlüsse. Allerdings müssen sich die Fehler unmittelbar an oder dicht unter der Oberfläche (Oberflächenabstand ≤ 5 mm) befinden. Das *Magnetpulververfahren* nutzt die Streuung des Magnetfeldes an oberflächennahen Defekten aus (Bild 12.3–13).

> Das Magnetpulververfahren repräsentiert eine Gruppe zerstörungsfreier Schnellprüfverfahren. Als Rissprüfverfahren bewährt es sich besonders bei größeren Stückzahlen. Mit dem Verfahren kann die Lage und Länge oberflächennaher Risse, aber nicht die Risstiefe bestimmt werden.

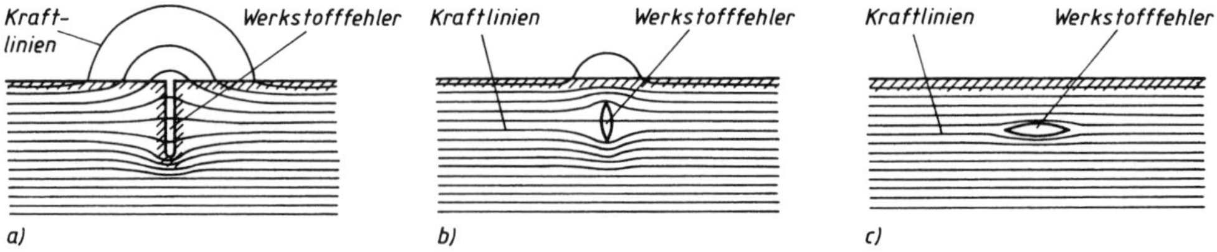

Bild 12.3–13 Streuung magnetischer Kraftlinien
a) Oberflächenriss, senkrecht
b) Riss dicht unter der Oberfläche, senkrecht
c) Riss deutlich unter der Oberfläche (nicht nachweisbar)

Voraussetzung für die Magnetpulverprüfung ist eine Ausrichtung des Magnetfeldes in der Probe (*Magnetisierung*). Diese ist nur an ferromagnetischen Stoffen (z. B. ferritische, perlitische oder martensitische Stähle, Ni, Co), jedoch nicht an para- oder diamagnetischen Stoffen möglich.

Das *Magnetpulververfahren* beruht auf der Entstehung von *magnetischen Streufeldern* an Rissen bzw. Werkstoffinhomogenitäten. Im Bereich des Streufeldes sammeln sich ferromagnetische Teilchen, die als Pulverraupen an der Oberfläche den Fehler im UV-Licht sichtbar machen.

In der magnetisierten Probe werden die Kraftfeldlinien des Magnetfeldes an Rissen oder nichtmetallischen Einschlüssen abgelenkt. Kleine freibewegliche, ferromagnetische Teilchen werden aufgesprüht, bewegen sich zu diesen *Streufeldern* und sammeln sich dort an (Bild 12.3–14). Ein einfacher visueller Nachweis ist somit möglich. Die Magnetpulver bestehen in der Regel aus feinsten Eisenspänen oder aus Eisenoxidpulver (Fe_2O_3 oder Fe_3O_4). Die Pulver können in einer Suspension verteilt sein und werden als handelsübliches Spray angeboten (i. R. Pulver-Öl-Suspension). Für eine bessere Kontrastierung werden die Pulver eingefärbt. Ebenfalls zu einer Verbesserung der Fehlererkennung führen Suspension aus ferromagnetischen Teilchen und einem fluoreszierenden Mittel. Bei einer Betrachtung unter UV-Licht heben sich die Fehlstellen als *Magnetpulverraupen* deutlich ab. Die Lage und die Länge von Rissen kann somit schnell und mit einfachen Mitteln bestimmt werden. Eine Aussage zur Risstiefe ist mit dem Magnetpulververfahren nicht möglich.

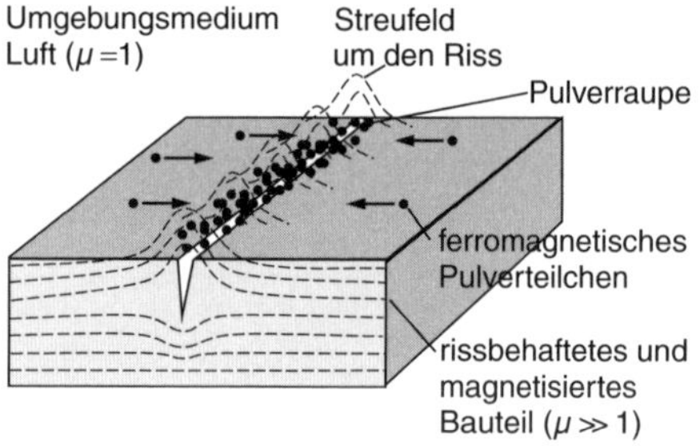

Bild 12.3–14 Prinzip der Magnetpulverprüfung

Da die Streufelder zwingend bis zur Oberfläche reichen müssen, können nur oberflächennahe Risse nachgewiesen werden. Nur wenn sich die Fehler senkrecht zu den Feldlinien befinden, kommt es zur Streuung des Magnetfeldes. Das heißt, Fehler, die parallel zu den Feldlinien angeordnet sind, können nicht nachgewiesen werden. Der Werkstoffprüfer hat aber über die Wahl des Magnetisierungsverfahrens die Möglichkeit, die Richtung der Magnetfeldlinien zu beeinflussen. Die üblichen *Magnetisierungsmethoden* sind nachfolgend aufgeführt.

Jochmagnetisierung (Fremderregung, Bild 12.3–15) – Das Werkstück wird mit den Polen des Elektromagneten unmittelbar in Berührung gebracht. Entsprechend dem Kraftlinienfluss werden vorzugsweise Querrisse sichtbar gemacht.

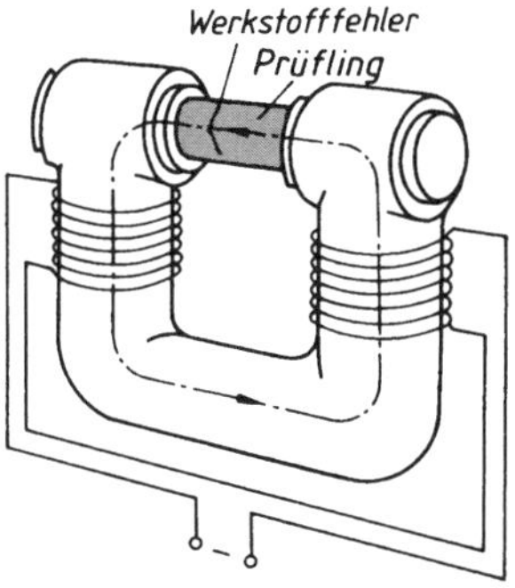

Bild 12.3–15 Jochmagnetisierung

Selbstdurchflutung (Selbsterregung, Bild 12.3–16) – Durch das Werkstück wird ein starker Strom geschickt, der ein ringförmiges, senkrecht zur Stromachse gerichtetes Feld erzeugt. Damit werden Längsrisse sichtbar gemacht.

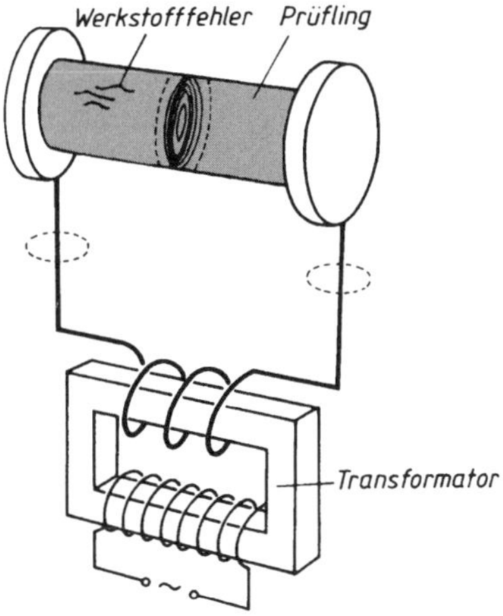

Bild 12.3–16 Selbstdurchflutung

Hilfsdurchflutung (Bild 12.3–17) – Für Rohre und andere Hohlkörper wird diese Art der Felderzeugung angewendet. Der Hilfsleiter ist ein von innen mit Kühlflüssigkeit durchflossenes Kupferrohr.

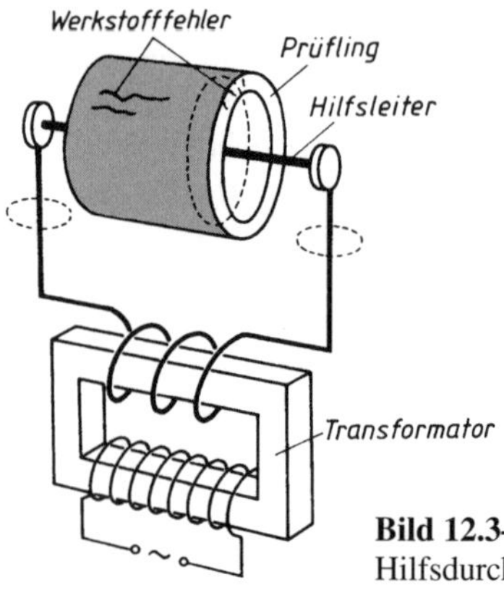

Bild 12.3–17 Hilfsdurchflutung

Mischmagnetisierung (Bild 12.3–18) – Bei dieser Magnetisierungsart handelt es sich um eine Kombination von Selbst- und Fremderregung. Es wird ein magnetisches Gleichfeld und senkrecht dazu ein Wechselfeld erzeugt. Die Mischmagnetisierung bietet den Vorteil, unterschiedlich orientierte Risse (Längs- und Querrisse) zu finden.
Da die Magnetisierung bei der Weiterverarbeitung oder beim späteren Einsatz der Bauteile nachteilig sein kann, müssen die geprüften Bauteile nach der Magnetpulverprüfung *entmagnetisiert* werden.

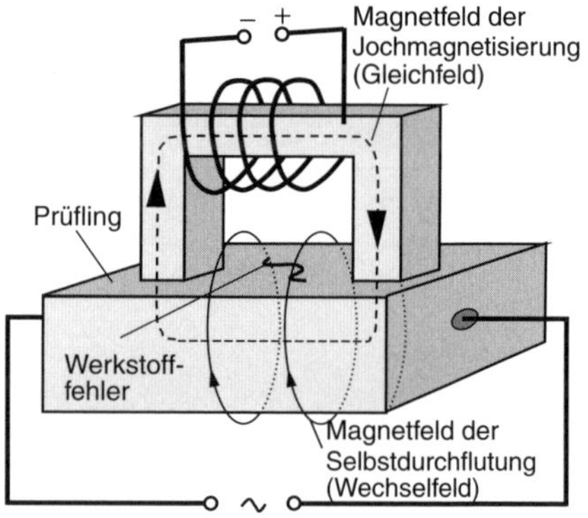

Bild 12.3–18 Mischmagnetisierung (Überlagerung eines Gleich- und Wechselfeldes durch Kombination von Jochmagnetisierung und Selbstdurchflutung)

12.3.3.3 Wirbelstromprüfung

Die *Wirbelstromprüfung*, auch *magnetinduktives Verfahren*, beruht auf der elektromagnetischen *Induktion*, also der gegenseitigen Beeinflussung von elektrischen und magnetischen Effekten. Gegenüber der Magnetpulverprüfung können Fehler auch in etwas größeren Tiefen (ca. 5 mm) noch nachgewiesen werden. Außerdem ist eine Aussage über die Größe der Fehler möglich. Mit der Wirbelstromprüfung lassen sich metallische oder nichtmetallische Schichtdicken bequem ermitteln. Ein entscheidender Vorteil der

Bei der *Wirbelstromprüfung* wird über ein magnetisches Wechselfeld in das zu prüfende Werkstück ein Wirbelstrom induziert. Der Wirbelstrom hat ein eigenes Magnetfeld, das dem primären Magnetfeld entgegengesetzt ist. Änderungen der Zusammensetzung, des Gefüges oder der Geometrie des Bauteiles bzw. Fehler im Werkstück führen zu einer Veränderung des Wirbelstromes. Ein veränderter Wirbelstrom beeinflusst den Wechselstromwiderstand Z in der Empfängerspule.

Wirbelstromprüfung ist die gute Automatisierbarkeit. Voraussetzung für eine magnetinduktive Prüfung ist die elektrische Leitfähigkeit der Probe.
Eine von einem Wechselstrom durchflossene Spule (Primärspule) ist automatisch immer von einem *magnetischen Wechselfeld* (Primär- oder Erregerfeld) umgeben (Bild 12.3–19). Trifft dieses Wechselmagnetfeld auf ein elektrisch leitfähiges Material, wird dort ein Wirbelstrom *induziert*. Diese Wirbelströme in der Probe erzeugen wiederum ein eigenes Magnetfeld (sekundäres Magnetfeld), das entsprechend der *Lenz'schen Regel* dem primären Magnetfeld der Primärspule entgegengesetzt ist. Das hat zur Folge, dass das Magnetfeld der Primärspule geschwächt wird. In einer zweiten Spule (Sekundär- oder Empfängerspule) wird ein Strom induziert, der sich aus der Überlagerung der beiden Magnetfelder ergibt. Die Änderung des *Wechselstromwiderstandes* Z (*Impedanz oder Scheinwiderstand*) in der Sekundärspule ist die Messgröße beim Wirbelstromverfahren.

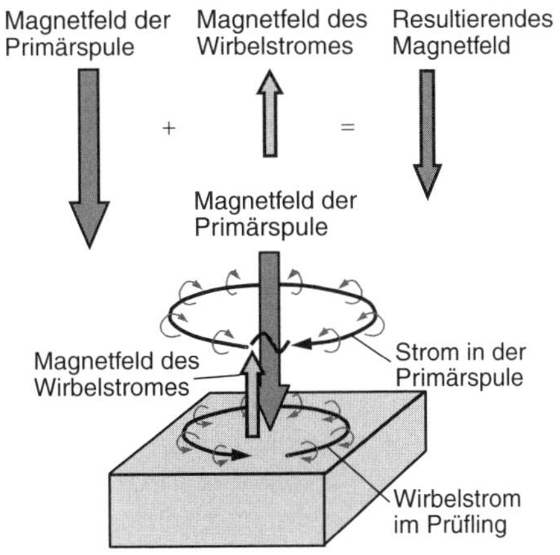

Bild 12.3–19 Entstehung des Wirbelstromes durch magnetische Induktion und Beeinflussung des Magnetfeldes durch den Wirbelstrom

Der *Wechselstromwiderstand* Z setzt sich aus dem Ohm'schen Widerstand R und dem induktiven Widerstand X_L zusammen:

$$Z = \frac{U}{I} = \sqrt{R^2 + X_L^2}$$
$$= \sqrt{\left(\varrho \cdot \frac{l}{A}\right)^2 + (2 \cdot \pi \cdot f \cdot L)^2}$$

U Spannung
I Stromstärke
ϱ spezifischer elektrischer Widerstand des Spulendrahtes
l Länge des Spulendrahtes
A Spulenquerschnitt
f Frequenz des Wechselstromes
L Induktivität der Spule mit $L = n^2 \cdot \mu \cdot A/l$
n Windungszahl der Spule
μ Permeabilität des Werkstoffes

Der induktive Widerstand verursacht außerdem eine *Phasenverschiebung* φ zwischen Strom und Spannung, d. h. die Spannungs- und Stromspitzen sind zeitlich verschoben.

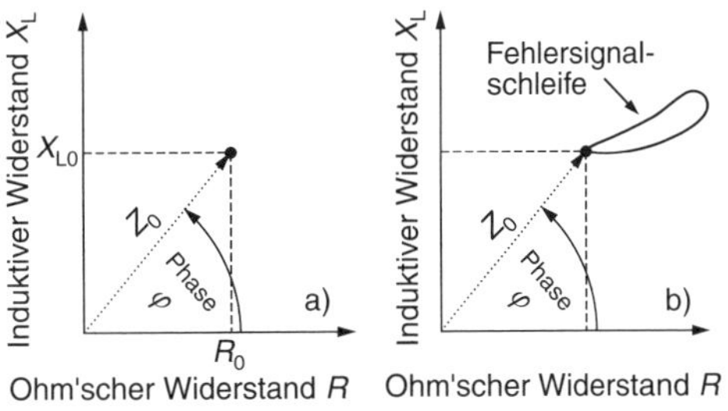

Bild 12.3–20 Darstellung der Prüfergebnisse bei der Wirbelstromprüfung – Impedanzebene
a) Der augenblickliche Wert des Messsignales führt zu einem Punkt, der seine Lage beibehält solange sich die induzierten Ströme nicht ändern (z. B. fehlerfreies Bauteil).
b) Treten in der Probe Fehler auf, ändert sich der Wirbelstrom. Daraus resultiert eine Änderung der Phase, des induktiven und des Ohm'schen Widerstandes (Bildung einer Fehlersignalschleife).

Für die Auswertung der Wirbelstromuntersuchungen bieten sich die Darstellungen des induktiven Widerstandes über den Ohm'schen Widerstand (*Impedanzebene*, Bild 12.3–20) oder die Darstellung der Widerstände über der Zeit an (Bild 12.3–21). Die Ausbreitung der Wirbelströme in der Probe wird von den elektrischen und magnetischen Eigenschaften (Widerstand, Permeabilität), der Bauteilgeometrie (Schichtdicke, Oberflächenrauheit), aber auch vom Spulenabstand und der Prüffrequenz beeinflusst. Die Prüffrequenz ist entscheidend für die Eindringtiefe des Wirbelstromes. Je niedriger die Frequenz ist, umso tiefer dringt der Wirbelstrom ein. Hohe Frequenzen sind dagegen sehr gut für die Untersuchung oberflächennaher Bereiche geeignet. Risse, Poren und nichtmetallische Einschlüsse beeinflussen den Stromfluss und führen zu einer geringeren Leitfähigkeit. Es fließen somit geringere Wirbelströme, was wiederum eine Veränderung der beiden Widerstände zur Folge hat.

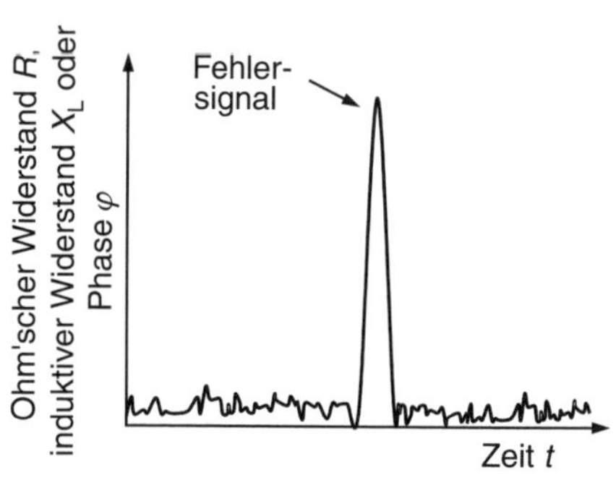

Bild 12.3–21 Darstellung der Messgrößen bei der Wirbelstromprüfung über der Zeit

Haupteinflussgrößen bei der Wirbelstromprüfung:

Probe:
- elektrische Leitfähigkeit
- magnetische Permeabilität
- Abmessungen, Wandstärke

Prüfgerät:
- Frequenz des elektrischen Wechselfeldes
- Größe und Form der Spule
- Entfernung zwischen Spule und Prüfkörper

Für die Wirbelstromprüfung können verschiedene Spulenanordnungen gewählt werden:
Das *Tastspulverfahren* (Bild 12.3–22) ist ein häufig angewendetes Wirbelstromverfahren. Im einfachsten Fall wird nur mit einer Spule gearbeitet (Erregerspule = Empfängerspule). Die durch die Spule induzierten Wirbelströme wirken auf diese zurück und ändern ihre Impedanz. Bei Tastspulen mit einer Spulenkombination von Primär- und Sekundärspule wird in die Sekundärspule ein Strom induziert. Der induzierte Strom wird von der Probe im Wechselstromwiderstand und in der Phasenverschiebung beeinflusst. Diese Spulen werden zur Fehlersuche an ebenen Bauteilen, aber auch zur Schichtdickenmessung oder zur indirekten Härtebestimmung eingesetzt.

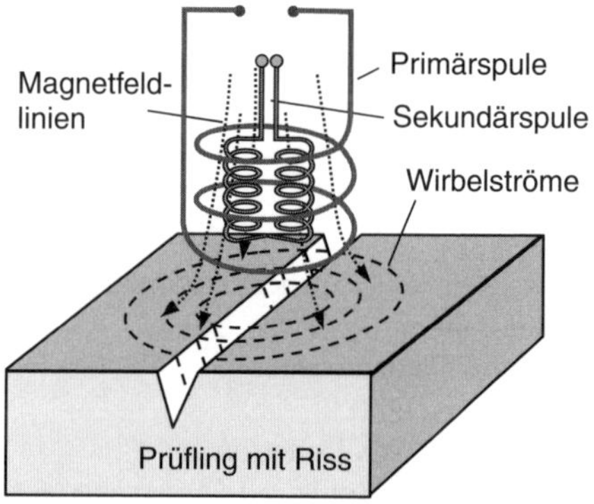

Bild 12.3–22 Prinzip des Tastspulverfahrens

Die *Durchlaufspule* wird vorwiegend zur automatisierten Prüfung von rotationssymmetrischen langen Halbzeugen (Rohre, Stangen) eingesetzt. Eine Sonderform sind die Durchlaufspulen mit *Differenzempfängerspule* (Bild 12.3–23). Diese haben zwei entgegengesetzt geschaltete Empfängerspulen. Alle gleichartigen Signale heben sich auf. Es wird nur dann ein Signal angezeigt, wenn die Werkstoff-/Bauteileigenschaften nicht übereinstimmen.

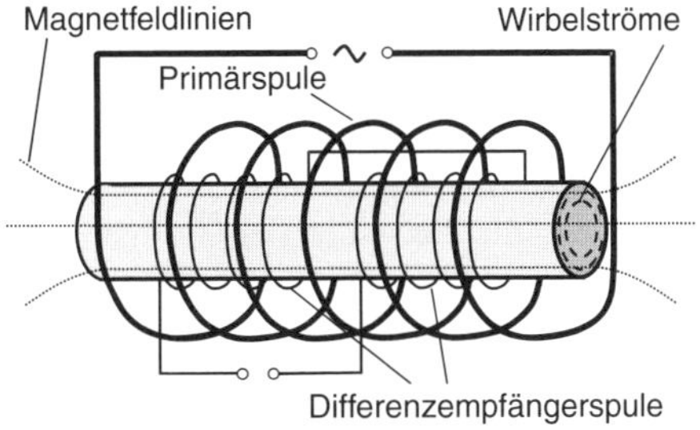

Bild 12.3–23 Durchlaufspule mit Differenzempfängerspule

Einsatz der Wirbelstromprüfung:
- Fehlerprüfung im oberflächennahen Bereich (Risse, Poren, Einschlüsse)
- indirekte Bestimmung von Werkstoffeigenschaften (Härte) bzw. der Gefügezusammensetzung
- Werkstoffsortierung
- Messung von Schichtdicken und z. T. Wandstärken

Übung 12.3–1
Welche Vorteile bietet eine zerstörungsfreie Materialprüfung für den Fertigungsprozess?

Übung 12.3–2
Wodurch unterscheiden sich Röntgen- und Gammastrahlen?

Übung 12.3–3
Wie bilden sich Hohlräume (Lunker, Gasblasen) und Schlackeneinschlüsse beim Durchstrahlen von Gussteilen auf dem Röntgenfilm ab? Begründen Sie Ihre Antwort!

Übung 12.3–4
Warum können mithilfe des Ultraschalles auch sehr dickwandige Teile geprüft werden?

Übung 12.3–5
Warum können Risse, die parallel zur Ausbreitungsrichtung der Ultraschallwelle liegen, nicht nachgewiesen werden?

Übung 12.3–6
Wodurch werden beim Magnetpulververfahren Oberflächenrisse sichtbar?

Übung 12.3–7
Wie kann man Längs- und Querrisse bei der Prüfung von Wellen ermitteln?

12.4 Gefügeanalyse – Materialographie

Lernziele

Der Lernende kann ...

- die Aufgaben der Gefügeanalyse aufführen,
- erklären, wie ein Gefügebild (Schliffbild) eines metallischen Werkstoffes entsteht,
- an einfachen Beispielen erläutern, dass der Behandlungszustand der Werkstoffe am Gefügebild erkennbar ist,
- den Unterschied zwischen Raster- und Transmissionselektronenmikroskop erläutern.

12.4.0 Überblick

In den vorangegangenen Abschnitten wurde immer wieder darauf hingewiesen, dass die Werkstoffeigenschaften entscheidend von der *Struktur* und vom *Gefüge* des Werkstoffes abhängig sind. Mit dem Begriff *Struktur* ist im Wesentlichen der *kristalline Aufbau* des Materiales (Kristallgittertyp, Gitterkonstanten) gemeint. Dagegen beschreibt das *Gefüge* die Art, die Menge, die Verteilung, die Form und die Größe der Gefügebestandteile bzw. Phasen sowie die Grenzflächen zwischen den einzelnen Gefügebestandteilen (Korn-, Zwillings- oder Phasengrenzen, Oberflächen). All diese Merkmale haben einen entscheidenden Einfluss auf die Eigenschaften des Werkstoffes (z. B. Festigkeit, Zähigkeit, Härte).
Die Gefügeanalyse umfasst die qualitative und quantitative Beschreibung des Gefüges (*Materialographie*). Zusammen mit anderen Werkstoffprüfverfahren dienen diese Untersuchungsmethoden der Forschung, der Qualitätsanalyse im Fertigungsprozess und der Aufklärung von Schadensfällen. Die Materialographie wird in die *Metallographie*, die *Plastographie* bzw. die *Keramographie* unterteilt.
Das gewählte Untersuchungsverfahren richtet sich nach der Auflösung, die erforderlich ist, um die entscheidenden Details des Gefüges/der Grenzflächen voneinander zu unterscheiden. Es gibt neben der *Makroskopie* (augenscheinliche Untersuchung, Vergrößerung bis 20 : 1) die *Mikroskopie* mit Lichtmikroskopen, Rasterelektronenmikroskopen (REM) oder Transmissionselektronenmikroskopen (TEM).

12.4.1 Makroskopische Untersuchungen

Einige wichtige Aussagen über den Werkstoffzustand lassen sich u. U. bereits durch eine *augenscheinliche Beurteilung* der Prüfobjekte treffen. Eine Vergrößerung wird also nicht unbedingt benötigt. Die mögliche Auflösung ist mit ca. 0,1 mm sehr begrenzt. Die Untersuchungsobjekte werden meist im Ausgangszustand beurteilt, aber auch ein metallographischer Schliff (siehe Abschnitt 12.4.2) ist möglich. Solche augenscheinlichen Untersuchungen werden z. B. eingesetzt zur:

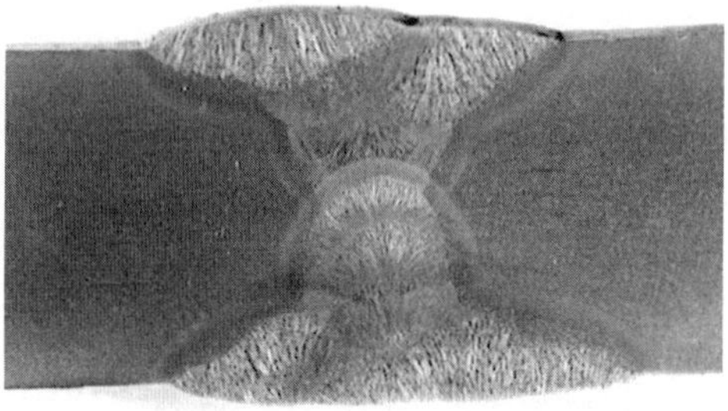

Bild 12.4–1 Mehrlagen-Schweißnaht, geätzt in 5%iger alkoholischer HNO_3, 1 : 1

- *Rissprüfung* (u. U. auch mit farblichen Kontrastierungsmitteln – Farbeindringprüfung = Penetrationsverfahren; wird auch zu den zerstörungsfreien Prüfverfahren gerechnet)
- Beurteilung von *Bruchflächen* (z. B. Spröd-, Verformungs- oder Dauerbruch)
- Beurteilung von *Randschichthärtezonen*
- *Schweißnahtbeurteilung* (Bild 12.4–1)
- Untersuchung von verformten Materialien (*Faserverlauf*; Bild 12.4–2)

Dokumentiert werden die Untersuchungen mit herkömmlichen fotografischen Aufnahmen. In den letzten Jahren hat sich dabei immer mehr die digitale Fotografie in Verbindung mit einer digitalen Speicherung und Archivierung durchgesetzt. Um verschiedene Bilder vergleichen zu können, gehört immer die Angabe der Vergrößerung oder ein Maßbalken zur Aufnahme.

Bild 12.4–2 Faserverlauf nach Kaltstauchung, geätzt in Oberhofer Ätzmittel, 1 : 1

12.4.2 Lichtmikroskopie

Mithilfe von Lichtmikroskopen kann man erheblich kleinere Werkstoffdetails > 0,2 µm auflösen. Dabei liegen die Vergrößerungen in einem Bereich zwischen 20 : 1 und 1 000 : 1. Die *lichtmikroskopischen Gefügeuntersuchungen* werden entsprechend dem untersuchten Material in *Metallographie*, *Keramographie* und *Plastographie* unterteilt.

> Die *Metallographie* ist ein Teilgebiet der Metallkunde. Die Metallographie beschäftigt sich mit der Untersuchung und Beschreibung des Gefüges metallischer Werkstoffe und stellt den Zusammenhang zu den Zustandsdiagrammen, den Eigenschaften und damit der Verwendung von technischen Legierungen her.

Auflichtmikroskope haben eine geringe Tiefenschärfe, d. h. sie können nur die Bereiche scharf abbilden, die sich in einer Ebene befinden. Um die verschiedenen Gefügebestandteile voneinander unterscheiden zu können, ist in der Regel eine *Kontrastierung* zwingend notwendig. Damit wird deutlich, dass scharfe und kontrastreiche Gefügeabbildungen eine aufwendige Probenpräparation erfordern. Diese läuft in folgenden Schritten ab:

Probenentnahme – Das Gefüge darf beim Trennen (Sägen, Trennschleifen) und auch bei der weiteren Bearbeitung der Schlifffläche nicht beeinflusst werden. Es ist darauf zu achten, dass keine Verformungen oder unzulässigen Erwärmungen auftreten. Man erreicht dies mit geringen Schnittkräften bzw. durch Kühlen. Die entnommene Probe muss das Gefüge des untersuchten Werkstoffes repräsentativ wiedergeben. Die Lage und die Richtung der Probe ist zu dokumentieren (z. B. Längs-, Quer- oder Flachprobe bei gewalzten Blechen). Außerdem ist die Probe sofort nach der Entnahme mit einer Nummerierung/Bezeichnung zu versehen.

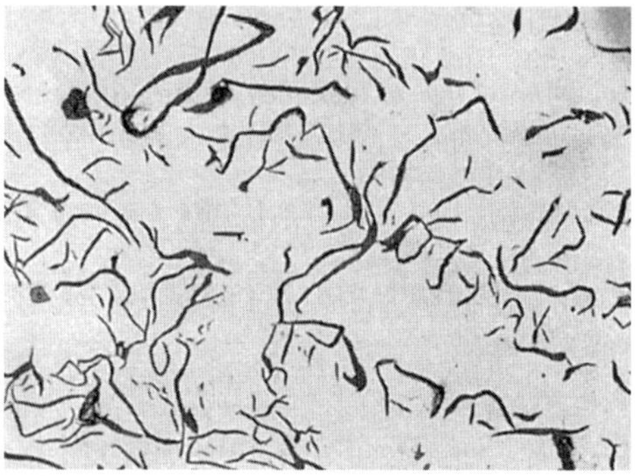

Bild 12.4–3 Gusseisen mit Lamellengraphit, ungeätzt, 100 : 1

Einfassen der Probe – Um Kantenabrundungen beim anschließenden Schleifen zu vermeiden bzw. um die Handhabung zu verbessern, werden die Proben eingefasst. Im einfachsten Fall geschieht das in einer Schliffklammer. Häufig werden die Proben in einem Polymer auf Epoxidharz-, Polyesterharz- oder Acrylbasis eingebettet. Soll der Schliff auch rasterelektronenmikroskopisch betrachtet werden, ist ein elektrisch leitfähiges Einbettmittel zu verwenden.

Nassschleifen und *Polieren* dienen dazu, die Bearbeitungsschicht, die durch das Trennen entstanden ist, zu beseitigen und gleichzeitig eine ebene Fläche mit sehr geringer Rautiefe herzustellen. Sie ist für eine einheitlich scharfe Gefügeabbildung im Auflichtmikroskop erforderlich. Zum Nassschleifen kommen vorwiegend Schleifpapiere mit Aluminiumoxid (Al_2O_3, Korund) oder Siliciumcarbid (SiC) als Schleifmittel in verschiedenen Körnungen zum Einsatz. Zum Polieren werden Sprays oder Pasten mit feinsten Diamantpartikeln (0,25 . . . 15 µm) verwendet. Diese werden auf Polierscheiben mit Poliertüchern (Baumwolle, Wolle, Filz, synthetische Fasern) aufgetragen. Das Schleifen und Polieren erfolgt heute meist in Maschinen, bei denen die Drehzahl der Schleif- und Polierscheiben, der Anpressdruck der Probe und die Polierzeit eingestellt werden können. Neben dem mechanischen gibt es auch noch chemisches und elektrolytisches Polieren.

Reinigen und Trocknen – Zwischen den Schleif- und Polierstufen sowie am Ende der Präparation müssen die Schliffe gereinigt werden. In erster Linie erfolgt das, um keine Reste der gröberen Schleifmittel in die nächste Bearbeitungsstufe einzutragen. Üblicherweise erfolgt die Reinigung in Wasser oder in Ethanol, gelegentlich in einem Ultraschallbad. Um Korrosion an der Schlifffläche zu vermeiden, sind die Proben sofort nach dem Reinigen zu trocknen.

Kontrastierung – Die meisten Gefügebestandteile eines metallischen Werkstoffes haben im polierten Zustand ein ähnliches Reflexionsverhalten, sodass eine Unterscheidung ohne Kontrastierung im Lichtmikroskop nicht möglich ist. Ausnahmen sind oxidische, silikatische und sulfidische Einschlüsse im Stahl oder Graphit im Grauguss (Bild 12.4–3). Das Kontrastieren dient zum Sichtbarmachen und Identifizieren aller unterschiedlichen Gefügebestandteile sowie der Korn- bzw. Phasengrenzflächen. Das wichtigste Verfahren zur Kontrastierung ist das *Ätzen*. Dabei wird die Oberfläche der Körner durch einen elektrochemischen Prozess je nach Zusammensetzung oder Orientierung der Kristalle unterschiedlich stark abgetragen (Kornflächenätzung, Bild 12.4–4). Bei der Korngrenzenätzung erfolgt der elektrochemische Angriff nur auf die Korngrenze (Bild 12.4–5). Die geeigneten Ätzmittel sind der Literatur bzw. entsprechenden Laborhandbüchern zu entnehmen. Für Stahl werden vorwiegend Lösungen aus Ethanol und 1 % bis 5 % Salpetersäure (alkoholische Salpetersäure) verwendet. Neben dem chemischen Ätzen gibt es noch das *elektrolytische Ätzen*. Die Proben werden durch das Wirken des Elektrolyten und das Anlegen einer bestimmten Stromdichte galvanisch abgetragen.

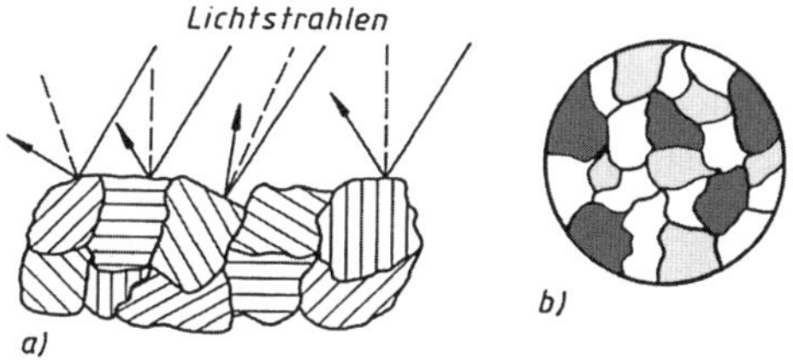

Bild 12.4–4 Kornflächenätzung
a) Schnitt durch die geätzte Fläche
b) mikroskopischer Bildausschnitt der geätzten Fläche

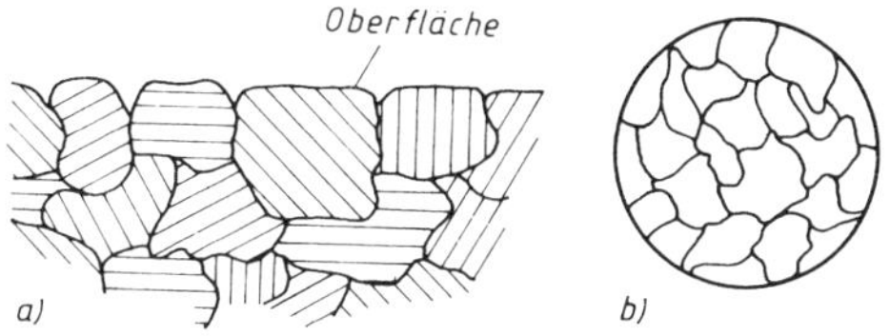

Bild 12.4–5 Korngrenzenätzung
a) Schnitt durch die geätzte Fläche
b) mikroskopischer Bildausschnitt der geätzten Fläche

Ein anschauliches Beispiel für eine kontrastreiche Gefügeabbildung zeigt Bild 12.4–6. Das perlitische Gefüge eines eutektoiden Stahles lässt die Zementitlamellen in der hellen, ferritischen Grundmasse sehr deutlich erkennen.

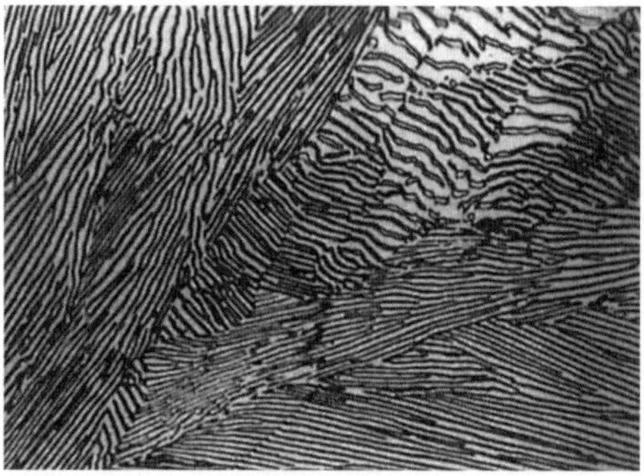

Bild 12.4–6 100 % Perlit in einem Stahl mit 0,8 % Kohlenstoff, geätzt mit 3%iger alkoholischer HNO_3, 100 : 1

Außer dem Ätzen können auch lichtoptische Kontrastierungsverfahren wie Phasen- oder Interferenzkontrast oder die Verwendung von polarisiertem Licht eingesetzt werden. Diese lichtoptischen Kontrastierungsverfahren erfordern entsprechende Zusatzeinrichtungen am Mikroskop. Zur optischen Kontrastierung ist auch die *Hell- und Dunkelfeldbeleuchtung* zu zählen (Bild 12.4–7). Beide unterscheiden sich im Strahlengang des Lichtes. Die Hellfeldbeleuchtung wird für die meisten Gefügeuntersuchungen genutzt. Die Dunkelfeldbeleuchtung ist besonders geeignet um die Korngrenzen hervorzuheben. Gleichzeitig kann im Dunkelfeld der Bearbeitungszustand des Schliffes (Kratzer) sehr gut beurteilt werden.

Präparationsschritte für die lichtmikroskopische Gefügeanalyse:

1. Probenentnahme
2. Einfassen der Probe
3. Ebnen (Schleifen)
4. Glätten (Polieren)
5. Reinigen und Trocknen
6. Kontrastieren

Die lichtmikroskopischen Untersuchungen dienen zur:

- Bestimmung der Gefüge (z. B. bei Stählen – ferritisches, ferritisch-perlitisches, perlitisches, bainitisches, austenitisches oder martensitisches Gefüge)
- Bestimmung der Gefügeanteile (z. B. Perlitanteil in einem Stahl)
- Bestimmung der Verteilung der Gefügeanteile
- Korngrößenbestimmung
- Beschreibung der Form der Gefügebestandteile (z. B. globularer oder lamellarer Graphit im Grauguss, Bild 12.4–3)
- Beschreibung des Wärmebehandlungszustandes
- Untersuchung von Korrosionsprodukten
- Schichtdickenbestimmung
- Beschreibung des Kaltverformungszustandes (z. B. Streckungsgrad der Körner)

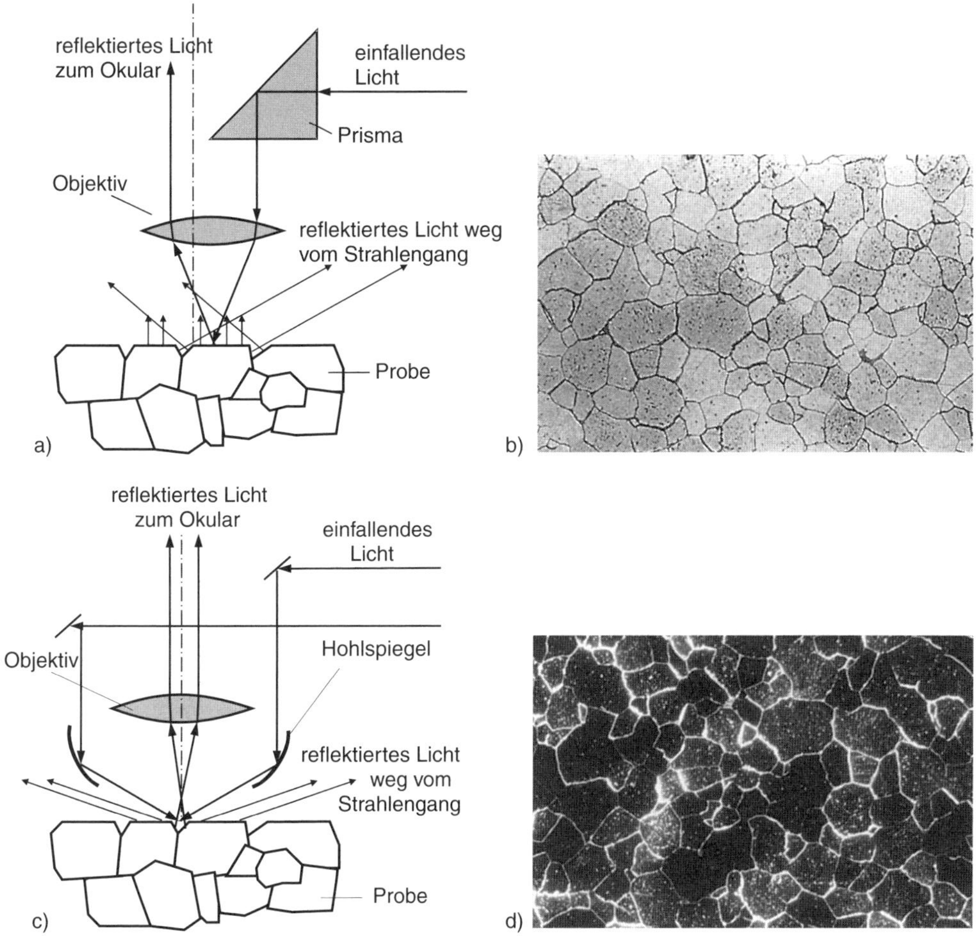

Bild 12.4–7 Möglichkeiten des Strahlenganges im Auflichtmikroskop
a) Prinzip der Hellfeldbeleuchtung
b) Gefügeausschnitt bei Hellfeldbeleuchtung
c) Prinzip der Dunkelfeldbeleuchtung
d) gleicher Gefügeausschnitt (b) bei Dunkelfeldbeleuchtung

Für lichtmikroskopische Gefügeuntersuchungen werden i. Allg. *Auflichtmikroskope* verwendet (Bild 12.4–8). Für die Dokumentation und auch für eine spätere *quantitative Gefügeanalyse* (z. B. Bestimmung der Gefügeanteile oder der Korngröße) werden Gefügebilder angefertigt. Deshalb besitzen die Mikroskope häufig einen eigenen Strahlengang für fotografische Aufnahmen. Moderne Mikroskope sind mit Digitalkameras ausgestattet. Die digitalen Bilder werden mit entsprechenden Bildverarbeitungssystemen verarbeitet und archiviert. Häufig ist die Software mit einem Modul zur automatischen quantitativen Gefügeanalyse verbunden.

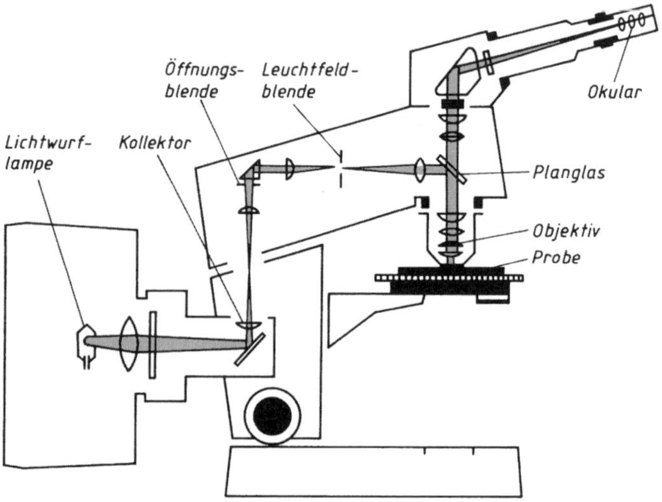

Bild 12.4–8 Schematischer Aufbau eines Auflichtmikroskopes

12.4.3 Rasterelektronenmikroskopie

Wie bereits o. g. ist bei einem Lichtmikroskop die Auflösung des zu untersuchende Werkstoffbereiches mit 0,2 µm, bedingt durch die Wellenlänge des sichtbaren Lichtes, begrenzt. Auch die geringe Tiefenschärfe der abgebildeten Objekte lässt eine Untersuchung von rauen Oberflächen (z. B. Bruchflächen) nicht zu. Eine erheblich höhere Auflösung (> 10 nm) bei gleichzeitig verbesserter Tiefenschärfe erlaubt das *Rasterelektronenmikroskop* (REM). Mit dem REM ist es möglich, eine Oberfläche mittels eines Elektronenstrahles, der sehr fein gebündelt wird, abzutasten.

Schematisch ist der Aufbau eines REM im Bild 12.4–9 dargestellt. Durch das Erhitzen einer Wolframkatode werden Elektronen erzeugt, die durch die großen Spannungen zwischen Katode und Anode beschleunigt werden. Es entsteht ein *Elektronenstrahl.* Elektronen werden sehr stark von der umgebenden Materie in ihrer Beweglichkeit beeinflusst. Deshalb müssen die Rasterelektronenmikroskope evakuiert werden.

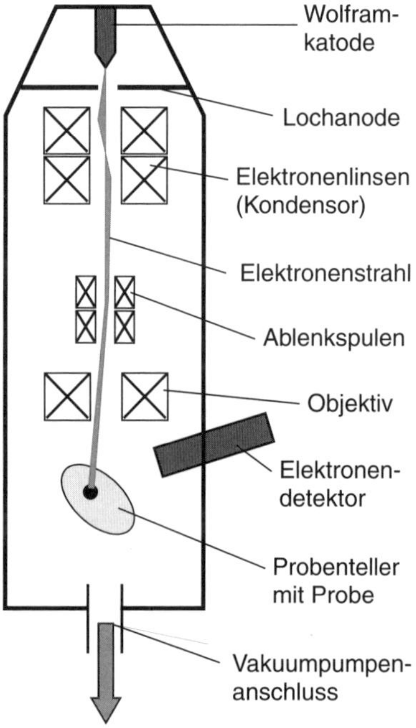

Bild 12.4–9 Schematischer Aufbau eines Rasterelektronenmikroskopes

Ähnlich wie das Licht in optischen Linsen wird der Elektronenstrahl durch elektromagnetische Linsen (Kondensor, Objektiv) fokussiert. Mithilfe der Ablenkspulen kann man die Richtung des Elektronenstrahles gezielt beeinflussen – also die Probe definiert in Zeilen abrastern. Durch das Auftreffen der Elektronen auf die Probe werden aus dem Material Sekundärelektronen emittiert. Wie viele Sekundärelektronen abgegeben werden, hängt entscheidend vom Auftreffwinkel des Elektronenstrahles ab. Dieser Effekt wird bei der Bildentstehung genutzt und führt zur Kontrastierung des Bildes. Die Sekundärelektronen können über einen Detektor gezählt werden. Zu jedem abgerasterten Punkt auf der Probe gehört also eine bestimmte Anzahl gemessener Sekundärelektronen. Beim Bildaufbau wird dann der Position des Elektronenstrahles auf der Probe und der Anzahl der Sekundärelektronen ein Grauwert zugeordnet, sodass sich am Ende ein Graustufenbild ergibt.

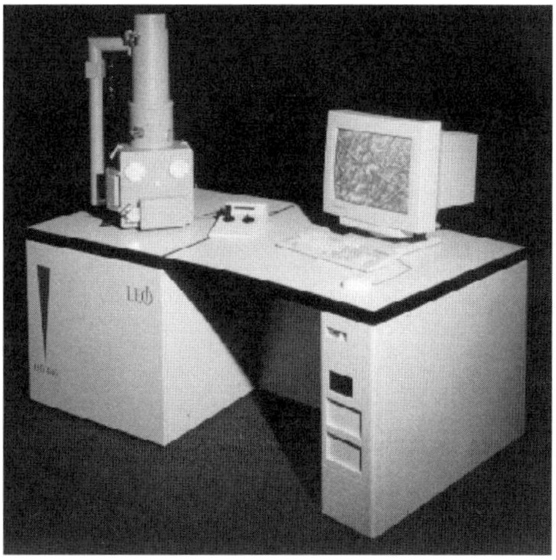

Bild 12.4–10 Rasterelektronenmikroskop LEO 440 (LEO Electron Microskopy Ltd./Cambridge)

> Mit dem *Rasterelektronenmikroskop* ist es möglich, eine Oberfläche mittels eines Elektronenstrahles, der sehr fein gebündelt wird, abzutasten. Dabei werden Sekundärelektronen vom Probenmaterial abgegeben, deren Anzahl für die Bildentstehung genutzt wird.

Untersucht werden können entsprechend der Größe des REM nur sehr kleine Proben, die elektrisch leitfähig sein müssen. Die Proben müssen sauber, fett-, wasser- und ölfrei sein. Keramiken oder Kunststoffe müssen vor der Untersuchung mit einem leitfähigen Material (Au, C oder Au-Pd) bedampft werden. Metallografische Schliffe (Abschnitt 12.4.2) können nur dann untersucht werden, wenn ein leitfähiges Einbettmittel verwendet wurde.

Vorteile der Rasterelektronenmikroskopie:

- sehr große Auflösung
- hohe Tiefenschärfe
- über Zusatzgeräte kann die chemische Zusammensetzung und die Gitterstruktur des Werkstoffes auch lokal, z. B. an kleinsten Gefügebestandteilen ermittelt werden (z. B.: Elektronenstrahlmikroanalyse ESMA)
- auch Bruchflächen und andere nichtpräparierte Oberflächen können untersucht werden

Eingesetzt wird das REM bei:
- Gefügeuntersuchungen, insbesondere bei der Ausbildung von feinsten Körnern/Phasen (z. B. Untersuchung der Carbidausscheidungen von Vergütungsstählen)
- Bruchflächenuntersuchungen (Bild 12.4–11)
- Untersuchung von Oberflächen (z. B. Verschleiß- und Korrosionsschäden)

Nachteile der Rasterelektronenmikroskopie:
- sehr hohe Anschaffungs- und Wartungskosten
- Proben müssen elektrisch leitfähig, sehr sauber, fett-, wasser- und ölfrei sein
- nur Proben mit einer begrenzten Größe können untersucht werden

Neben den freigesetzten Elektronen wird beim Elektronenbeschuss auch *Röntgenstrahlung* frei. Ein Vorteil moderner Geräte dieser Art besteht darin, dass durch Kombination der Rasterelektronenmikroskopie und Röntgenmikroanalyse die chemische Zusammensetzung im Mikrobereich in sehr kurzer Zeit mit hoher Genauigkeit möglich ist (Elektronenstrahlmikroanalyse ESMA).

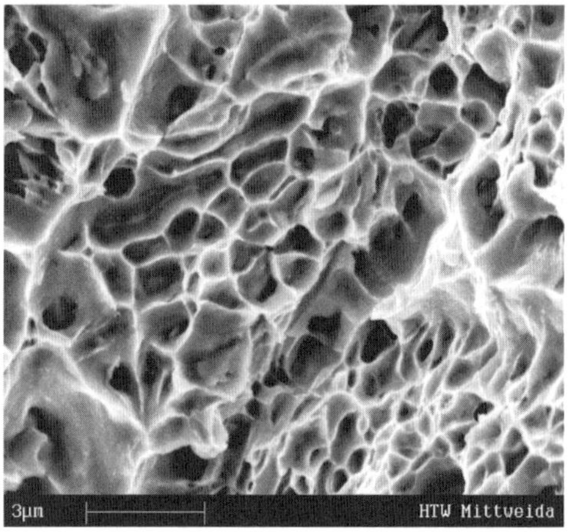

Bild 12.4–11 REM-Aufnahme der Bruchfläche des Stahles C45 nach Zugbeanspruchung (Verformungsbruch auch Wabenbruch)

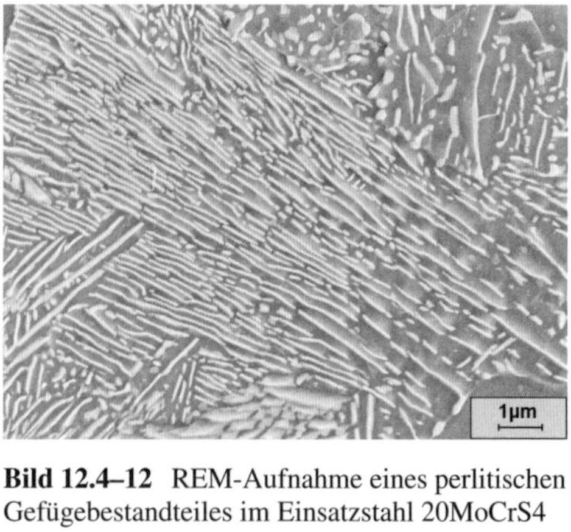

Bild 12.4–12 REM-Aufnahme eines perlitischen Gefügebestandteiles im Einsatzstahl 20MoCrS4

12.4.4 Transmissionselektronenmikroskopie

Wenn die untersuchten Objekte sehr dünn sind, können beschleunigte Elektronen das Material durchdringen. In Abhängigkeit vom untersuchten Werkstoff, seiner kristallinen Struktur und seinen Gitterbaufehlern kommt es zur Absorption, Beugung und Streuung der Elektronen. Dieser Effekt wird bei einem *Transmissionselektronenmikroskop* (TEM) ausgenutzt. In Abhängigkeit von der *Dichte* und der *Ordnungszahl* des Materiales, der *Dicke* der Probe sowie der *realen Struktur* der untersuchten Bereiche werden unterschiedlich viele Elektronen vom Material aufgenommen (absorbiert). Die hindurchgelassenen Elektronen werden gezählt und tragen ähnlich wie beim REM zur Bildentstehung bei. Prinzipiell funktioniert ein TEM ganz ähnlich wie ein REM, nur dass hier die Information aus den hindurchgelassenen (nichtabsorbierten) Elektronen gezogen wird.

Beim *Transmissionselektronenmikroskop* werden dünnste Folien von Elektronen durchstrahlt. Durch die Wechselwirkung mit dem untersuchten Material werden die Elektronen absorbiert, gestreut oder gebeugt. Diese Wechselwirkungen sind messbar und werden in ein Bild umgewandelt. Das TEM eignet sich besonders gut zur Untersuchung von Gitterdefekten.

Die Probenpräparation für das TEM ist äußerst aufwendig. Durch elektrolytischen Abtrag oder durch einen Ionenstrahlabtrag werden dünnste Folien hergestellt. Die Folien müssen je nach Beschleunigungsspannung des TEM eine Dicke von 0,01 µm bis 0,3 µm haben.
Bei einer Auflösung von bis zu 0,5 nm können selbst kleine Gitterfehler wie Versetzungen, Kleinwinkelkorngrenzen und Stapelfehler (siehe Abschnitt 1.1.2.3) sichtbar gemacht werden. Neben der kristallinen Orientierung können also auch Aussagen über die Art, die Anzahl, die Größe und die Verteilung von Gitterdefekten sowie von feinsten Ausscheidungen getroffen werden.

Bild 12.4–13 TEM-Aufnahme eines zyklisch verformten Einsatzstahles; Versetzungszellbildung in den ferritischen Gefügebereichen

Übung 12.4–1
Welche Bedeutung haben materialografische Untersuchungen?

Übung 12.4–2
Nennen Sie die Hauptarbeitsgänge für die Vorbereitung einer Probe für eine Betrachtung mit dem Auflichtmikroskop!

Übung 12.4–3
Welche Aufgabe hat die Elektronenmikroskopie?

Lernzielorientierter Test zu Kapitel 12

1. Welche Eigenschaft (Ziel der Untersuchung) wird durch welche Prüfverfahrens-Hauptgruppe ermittelt? Ordnen Sie!

Prüfverfahren (Hauptgruppe)	Ziel der Untersuchung
A mechanisch	G elektrische Leitfähigkeit
B zerstörungsfrei	
C metallographisch	H Zerspanbarkeit
D chemisch	I Schweißnahtkontrolle
E physikalisch	
F technologisch	K Härte
	L Korngröße des Gefüges
	M Fünfer-Analyse (C, Si, Mn, P, S) Stahl

2. Das Formelzeichen für Normalspannung ist
   A e
   B α
   C σ
   D A
   E N
3. Die Dehnsteifigkeit (Widerstand gegen elastische Verlängerung bei Zugbeanspruchung) eines Stabes wird bestimmt durch
   A die Größe der Last F
   B den Elastizitätsmodul E
   C die Bruchdehnung A_5 bzw. A_{10}
   D die Querschnittsfläche des Stabes S_0
   E die Oberfläche des Stabes S_m
4. Die obere Streckgrenze R_{eH} ist
   A eine Formänderungsgröße
   B eine Spannung
   C die größte Dehnung
   D ein elektrischer Widerstand
   E eine Kraft
5. Im normalen Zugversuch (ohne Feindehnungsmessung) wird ermittelt
   A R_m
   B HB
   C R_e, R_p
   D Z
   E A
6. Für die Vickers-Härteprüfung ist typisch
   A Messung der Eindringtiefe
   B Messung der Diagonalen des quadratischen Eindruckes
   C Prüfung weicher Werkstoffe
   D Prüfung harter Werkstoffe
   E nur für dicke Werkstücke anwendbar
   F für dünne Bleche und Schichten geeignet
7. Zähe Werkstoffe (Stähle) zeichnen sich besonders durch folgende Eigenschaften aus:
   A wenig riss- und bruchanfällig
   B sie sind schwingungsdämpfend
   C sie haben niedrige Übergangstemperaturen
   D sie sind gut spanbar
   E sie werden durch Materialunterbrechungen (Kerben) spröder

8. Eine Zug-Druck-Schwingbeanspruchung liegt im Wechselbereich, wenn
   A $\sigma_m \geqq \sigma_a$; σ_o und σ_u negativ
   B $\sigma_m = \sigma_a$; σ_o und σ_u positiv
   C $\sigma_m < \sigma_a$; σ_o und σ_u verschiedene Vorzeichen
   D $\sigma_m > \sigma_a$; σ_o und σ_u positiv
9. σ_D ist
   A eine Druckspannung
   B die Dauerschwingfestigkeit (Dauerfestigkeit)
   C die Druckfestigkeit des betreffenden Werkstoffes
   D $\sigma_m \pm \sigma_A$
   E eine Maßangabe für eine dynamische Belastung
10. Mit Röntgen- und Gammastrahlen lassen sich grobe Materialfehler nachweisen:
   A Strahlen werden, abhängig vom Material und der Art des Fehlers, unterschiedlich geschwächt
   B An der Werkstückoberfläche reflektieren die Strahlen stark
   C Die Strahlen schwärzen Filme wie sichtbares Licht
   D Elemente mit hoher Ordnungszahl sind schwer durchstrahlbar
   E Elemente mit niedriger Ordnungszahl sind schwer durchstrahlbar

Lösungsteil

Lösungen der Übungen

1.1–1 Atomhülle (-schale)

1.1–2 Atombindung (Elektronenpaarbindung)
Ionenbindung (Elektrovalenz)
Metallbindung
Zwischenformen und Nebenvalenzbindung

1.1–3 Elektronenabgabe, starke Bindungskräfte zwischen den „freien“ Elektronen (−) und den Metallionen (+), Metallgitter, typische Metalleigenschaften, elektrisch leitend

1.1–4 wenn eine kristalline Struktur (Gitterstruktur) vorliegt

1.1–5 kleinste Volumeneinheit des Raumgitters mit allen Symmetriemerkmalen des Kristallsystems

1.1–6 Gitterkonstante, Achsenwinkel, Zahl der Atome pro Elementarzelle, Packungsdichte

1.1–7 Die Elementarzelle des kfz-Gitters ist ein Würfel; Atome (Metallionen) „sitzen“ an den 8 Eckpunkten und in der Mitte der 6 Würfelflächen (Schnittpunkte der Flächendiagonalen)

1.1–8 dichtest besetzte Gitterebenen können unterschiedlich geschichtet (= gestapelt) sein:
hdP ... ABABABA...
kfz ... ABCABCA...

1.1–9 polymorphe Metalle existieren in verschiedenen Temperaturintervallen in unterschiedlichen Kristallstrukturen (z. B. Fe, Sn)

1.1–10 Realkristalle berücksichtigen Abweichungen vom idealen Aufbau (Gitterfehler oder Defekte) und die Einlagerung von Fremdatomen in das Metallgitter

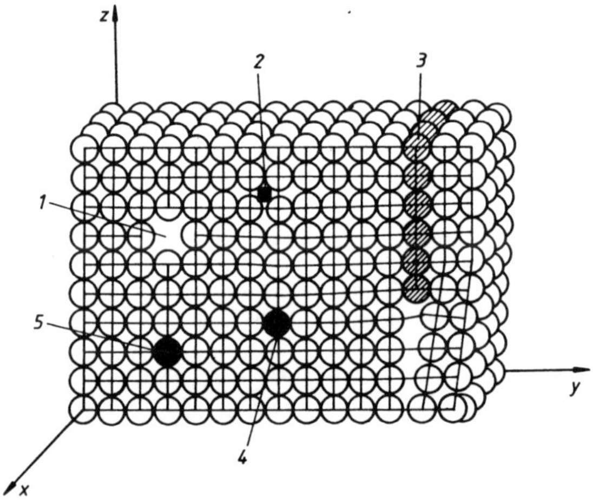

1 Leerstelle
2 Fremdatom auf Zwischengitterplatz
3 Versetzung
4 kleineres Fremdatom auf einem Gitterplatz
5 größeres Fremdatom auf einem Gitterplatz

1.1–11 das Gitter wird deformiert (Aufweitung bei zusätzlicher Einlagerung von Atomen, Verengung bei kleinerem Fremdatom auf Zwischengitterplatz)

1.1–12 haben Richtungssinn; können sich bewegen; können sich auflösen oder vermehren; sind Ursache für Eigenspannung und Verfestigung metallischer Werkstoffe

1.1–13 Innerhalb eines „Stapels“ existieren verschiedene Gitterstrukturen (z. B. kfz und hdP)

1.1–14 Gleitebenen sind Ebenen dichtester Atomanordnung

1.1–15 Anisotropie

1.1–16 Umformen, Kristallisation aus der Schmelze unter bestimmten Abkühlbedingungen; teilweise bei Glühverfahren und elektrolytischer Abscheidung möglich

1.1–17 natürlich „gewachsener“ oder „gezüchteter“ Kristallit mit einheitlicher Gitterorientierung (wenig Gitterfehler und hohe Reinheit)

1.1–18 wegen polykristalliner Struktur; Kristallite haben verschiedene Gitterorientierung, richtungsabhängige Unterschiede heben sich damit auf

1.2–1 Phasen sind homogene Bestandteile eines stofflichen Systems; sie haben gleiche chemische und physikalische Eigenschaften;
Arten: gasförmige, flüssige und feste Phasen
Lösungs- und Verbindungsphasen

1.2–2 latente Wärme (Schmelzwärme, Verdampfungswärme) führt zu konstanter Temperatur bei Phasenumwandlung

1.2–3 Paarung zweier verschiedener Metalle führt zur Induzierung der Thermospannung (*Seebeck*-Effekt)

1.2–4 Erstarrung beginnt mit der Keimbildung, ausgehend von den Keimen wachsen die Kristalle räumlich bis zu ihrem „Zusammenschluss“; Schmelze ist völlig erstarrt; das metallische Gefüge liegt vor

1.2–5 feinkörniges Gefüge bewirkt günstige Festigkeitseigenschaften; hohe Keimzahl (evtl. durch „Impfen“ der Schmelze); rasche Abkühlung

1.3–1 Spannung ist ein Maß für die mechanische Beanspruchung eines Werkstoffes; sie ist das Verhältnis aus Beanspruchungsgröße (Kraft, Moment) und Querschnittsgröße (Fläche, Widerstandsmoment)
Normalspannungen wirken senkrecht zur Querschnittsfläche des beanspruchten Bauteils; Tangentialspannungen wirken in dieser Ebene

1.3–2 Formänderung (Änderung von Maß und Form) tritt stets als Folge wirkender Spannungen auf; elastisch, d. h. solange eine Spannung wirkt; plastisch = bleibende Formänderung

1.3–3 es tritt keine Strukturveränderung ein; elastische Rückfederung nach Wegnahme der Last

1.3–4 Anhäufung und Stau von Versetzungen führt zur Erhöhung der Festigkeit bei der Kaltumformung

1.4–1 Platzwechsel und Wanderung von Atomen (Ionen) durch Wärmeenergiezufuhr

1.4–2 Aktivierungsenergie

1.4–3 Konzentrationsunterschied; Streben nach Ausgleich der chemischen Potenzialdifferenz

1.4–4 D fällt mit abnehmender Temperatur; bei Raumtemperatur häufig keine Diffusion mehr möglich

1.4–5 Kaltumformung und anschließende Erwärmung (Rekristallisationsschwelle)

1.4–6 Kornneubildung bei kaltverformtem Gefüge, wenn der metallische Werkstoff auf $T > T_{\mathrm{R\,min}}$ erwärmt wird

1.4–7 das Gefüge besitzt geringe Festigkeit, spröde; geringe Umformgrade, zu hohe und zu lange Glühungen vermeiden

1.4–8 Festigkeitsanstieg durch Umformen; bei der Rekristallisation stellen sich wieder niedrige Festigkeitswerte ein (Entfestigung)

2.1–1 Austauschmischkristall (Substitutionsmischkristall), Einlagerungsmischkristall, Überstruktur

2.1–2 komplizierte Gitterstruktur, hart, spröde

2.1–3 Gemisch zweier oder mehrerer fester Phasen (heterogener Gefügeaufbau)

2.2–1 Volumen V, Druck p und Temperatur T

2.2–2 liquid = flüssig
Der Liquiduspunkt einer Legierung ist die Temperatur, oberhalb der nur eine flüssige Phase (Schmelze) vorliegt.
solid = fest
Der Soliduspunkt einer Legierung ist die Temperatur, unterhalb der nur feste (= kristalline) Phasen vorliegen.
Zwischen Solidus- und Liquidustemperatur existieren feste und flüssige Phasen nebeneinander.

2.2–3 Zwei Komponenten einer Legierung sind ineinander löslich, wenn sie in der Lage sind, beim Erstarren ein gemeinsames Raumgitter aufzubauen; d. h., eine Komponente ist im Gitter der anderen Komponente „gelöst“

2.2–4 Unter Freiwerden von Wärme entstehen aus der Schmelze zwei Kristallarten in feinkristallinem, meist schichtartig angeordnetem Gemenge

2.2–5 aus dem Verhältnis der abgewandten Hebelarme (Konodenabschnitte), Bild 2.2–11

2.2–6 Mischungslücke ist ein Konzentrationsbereich eines Legierungssystems, in dem zwei Mischkristallarten nebeneinander im Gleichgewicht existieren; sie tritt bei begrenzter Löslichkeit (im festen Zustand) auf

2.3–1 Durch die Bildung der Mischkristalle erhöht sich die Festigkeit (Kennwert: Streckgrenze)

2.3–2 feine Verteilung einer 2. Phase kann zu extremen, nichtlinearen Eigenschaftsänderungen führen (z. B. Aushärten, Martensithärten)

3.1–1

α	krz bis	898 bzw.	911 °C
γ	kfz	898 bzw.	911 bis 1 392 °C
δ (α)	krz		1 392 bis 1 536 °C

3.1–2 Haltepunkte (A arrèt = halt); A_3 gibt, abhängig vom C-Gehalt, die unterste Austenittemperatur an
(c chauffage = Erwärmen; r refroidissement = Abkühlen)

3.2–1 gelöst (Mischkristall), gebunden (Fe_3C), als Graphit

3.3–1 *metastabiles System* Fe-Fe_3C:
Kohlenstoff liegt „gebunden“ als Fe_3C vor;
stabiles System Fe-C:
Kohlenstoff liegt ungebunden als Graphit (bzw. Temperkohle) vor

3.3–2 langsame Abkühlung und „carbidzerlegende“ Elemente (z. B. Si, Al)

3.4–1 Komponente Fe ist polymorph (α-γ-δ-Umwandlung);
Komponente Fe_3C (Zementit, Eisencarbid = „gebundener“ Kohlenstoff) ist konzentrationsabhängig oberhalb bestimmter Temperaturen nicht beständig (metastabil, d. h. nicht stabil)

3.4–2 Ledeburit

3.5–1 Eine *Phase* hat gleiche chemische und physikalische Eigenschaften; *Gefüge* besteht aus einer (z. B. Ferrit, Austenit) oder mehreren Phasen (z. B. Perlit); die mechanischen Eigenschaften werden vorwiegend vom Gefügeaufbau bestimmt

3.5–2 krz-Gitter, weich, relativ gut verformbar, geringe C-Löslichkeit

3.5–3 Gitter ist kubisch-flächenzentriert

3.5–4 hoher Verschleißwiderstand (gute „Schneidhaltigkeit“)

3.5–5

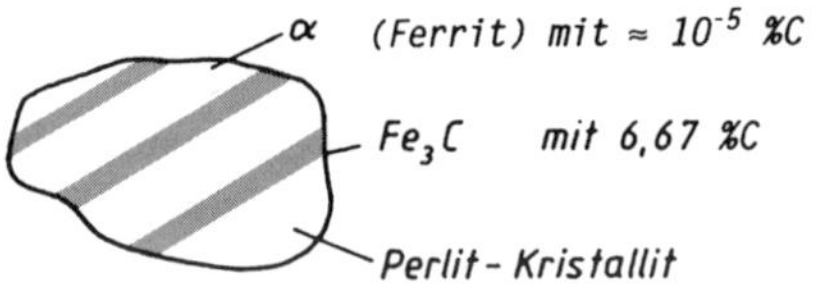

3.6–1 Einsatzstähle, Vergütungsstähle

3.6–2 2,06 % C (Ausnahme: einige chromlegierte Stähle)

3.7–1 bei grau erstarrtem Gusseisen

3.7–2 nein

4.1–1 Bearbeitbarkeit, Festigkeit und Zähigkeit der Bauteile, Verschleißwiderstand, Dauerfestigkeit usw.

4.1–2 thermische, thermochemische und thermomechanische Verfahren

4.1–3 es bilden sich Austenitkeime über A_{c1}, danach Auflösung des Perlits und Umwandlung des Ferrits, bei Austenittemperatur kommt es zur Auflösung restlicher Carbide

4.1–4 Korngröße des Austenits, Konzentration und Homogenität der γ-Mischkristalle, Menge und Verteilung der Carbide (Restcarbide)

4.1–5 A_{c3} verschiebt sich zu höheren Temperaturen (z. B. höhere Härtetemperatur erforderlich)

4.1–6 es wird feinlamellarer, härter und fester (Perlit, Sorbit, Troostit)

4.1–7 Härtegefüge Martensit

4.1–8 durch chemische Zusammensetzung, Korngröße des Austenits (Temperatur, Haltezeit), Homogenität des Austenits

4.1–9 nach dem Härten noch vorhandener Austenit; besonders bei legierten Stählen zu beachten; weiche Stellen!

4.1–10
1. Austenitstufe
2. Perlitstufe
3. Zwischenstufe
4. Martensitstufe

4.1–11 Umwandlungsverhalten und Schweißbarkeit der Stähle, Behandlungsanleitung für Bainitisieren, Warmbadhärten u. a. Verfahren

4.2–1 „Zusammenbacken“ zu wenigen, größeren Kristalliten (Körner); dieser Zustand wird angestrebt

4.2–2 Das Zweiphasengebiet Ferrit + Austenit wird beim Erwärmen und Abkühlen durchschritten; es kommt zu zweimaliger Keimbildung und „Umkörnung“

4.2–3 wenn ein grobkörniges und ungleichmäßiges Gefüge oder nadelige Gussstrukturen vorliegen (Beispiele: nach Gießen, Schweißen, fehlerhafter Wärmebehandlung)

4.2–4

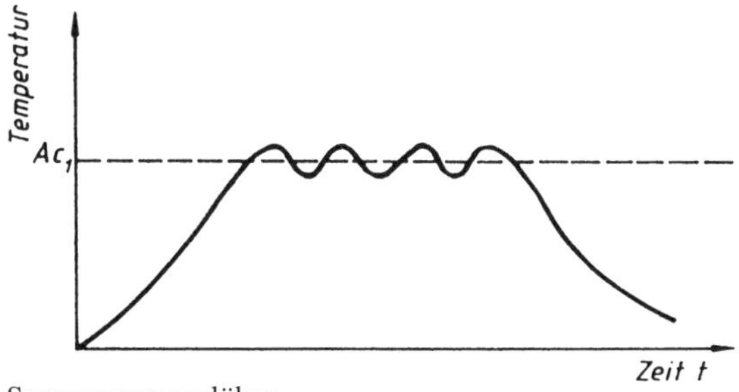

4.2–5 Spannungsarmglühen

4.2–6 häufig gefordert: hoher Verschleißwiderstand, hohe Festigkeit (Vergüten); gutes Dauerschwingverhalten (Randschichthärten)

4.2–7 hauptsächlich vom C-Gehalt

4.2–8 Diese Stähle haben eine hohe *kritische Abkühlgeschwindigkeit*; durch den Wärmestau im Innern des Werkstückes kann sie beim Abschrecken aus dem Austenitgebiet nur in der Randzone wirksam überschritten werden

4.2–9

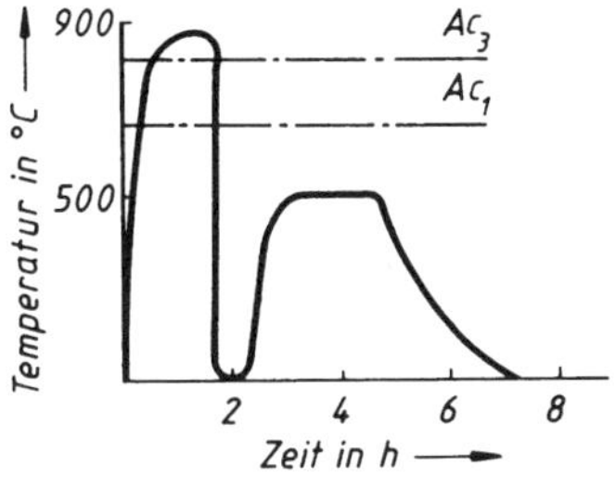

1. Härten (rasche Abkühlung aus dem Austenitgebiet)
2. Anlassen (Wiedererwärmen auf relativ hohe Temperaturen)

4.2–10 Die Festigkeit (Streckgrenze) wird erhöht; die Zähigkeit bleibt relativ hoch; vergütete Teile sind hoch dauerschwingbeanspruchbar

4.2–11 1. Wiedererwärmung auf Anlasstemperatur entfällt; weniger Energieverbrauch
2. Gefahr von Härtespannungen und -rissen wird vermieden
3. Aufbau des Zwischenstufengefüges Bainit bringt noch bessere Festigkeits- und Zähigkeitseigenschaften

4.2–12 höhere Erwärmung bringt weitere Annäherung an den Gleichgewichtszustand; die Eigenschaften ändern sich

4.2–13 Flammhärten, Induktionshärten, Laser- und Elektronenstrahlhärten, nach der Art der Wärmequelle

4.2–14 nach dem ZTA-Schaubild verschieben sich die Umwandlungstemperaturen bei sehr schneller Erwärmung zu höheren Werten

4.2–15 schnell, sauber, Oberfläche nahezu zunderfrei, automatisierbar

4.2–16 Eisenwerkstoffe mit ausreichendem C-Gehalt ($C > 0{,}3\,\%$)

4.3–1 Beschichten: Es wird eine Schicht auf das Werkstück aufgebracht; Diffusionszone ist möglich
Thermochemische Behandlung (TCB): Es wird die chemische Zusammensetzung der Randzone eines Werkstückes verändert; Diffusion ist Hauptprozess

4.3–2
- um sie härtbar zu machen
- um sie verschleißfester zu machen
- um sie chemisch beständiger zu machen usw.

4.3–3 1. Aufkohlen (Zementieren, Einsetzen)
2. Härten
3. Anlassen (Entspannen)

4.3–4 nach der Art der C-abgebenden Mittel:
1. Pulveraufkohlung
2. Badaufkohlung
3. Gasaufkohlung

nach dem Temperatur-Zeit-Verlauf:
1. Direkthärtung
2. Härtung nach langsamem Abkühlen (und evtl. spanender Bearbeitung)
3. Rand-, Kern-, Doppelhärtung usw.

4.3–5 *Eht* = Abstand vom Rand in das Werkstoffinnere bis zu einem Abfall der Härte auf 550 HV 1 (Grenzhärte)
HV Härte nach Vickers

4.3–6 durch Kernhärten, Doppelhärten („Kernrückfeinen“)

4.3–7 auf der Bildung sehr harter, intermetallischer Phasen Metall-Stickstoff (Nitride)

4.3–8 maßbeständig, wesentlich höher temperaturbeständig als das Härtegefüge Martensit, sehr dünne Härtezonen möglich, hoher Verschleißwiderstand

4.4–1 Zielgerichtete Kombinationen von Umformung und Wärmebehandlung; man erhält Form und gewünschte Eigenschaften in besonders wirkungsvoller Weise

4.4–2 geringerer Energie- und Zeitaufwand (kostengünstiger), verzugsärmer

4.4–3 Nach Bild 4.4–3 folgt der Austenitumformung
- isotherme Umwandlung in der Zwischenstufe (man erhält Bainit) oder
- isotherme Umwandlung in der Perlitstufe (man erhält Ferrit/Perlit) oder
- Abschreckhärtung (man erhält Martensit)

5.1–1 Stahlguss: in der Regel C-Gehalt $< 2{,}06\,\%$; hat keine eutektische Gefügebestandteile, ist metastabil erstarrt
Gusseisen: C-Gehalt $> 2{,}06\,\%$; hat immer eutektische Gefügebestandteile, stabil oder metastabil erstarrt

5.1–2 Schrumpfung bei der Erstarrung der Schmelze zu einem kristallinen Festkörper; Im Festkörper sind die Atome dichter gepackt als in der Schmelze.

5.1–3 stabile Erstarrung: Kohlenstoff ist nach der Erstarrung im Eisengitter gelöst (Mischkristallbildung) oder liegt als freier Graphit vor.

metastabile Erstarrung: Kohlenstoff ist nach der Erstarrung im Eisengitter gelöst (Mischkristallbildung) oder ist im Zementit (Fe_3C) gebunden.

5.1–4 Lamellen-, Kugel-, und Vermiculargraphit, Temperkohle
Eine runde bzw. globulare Ausbildung des Graphits (Kugelgraphit und Temperkohle) führt bei gleichem Grundgefüge zu einer deutlich höheren Festigkeit als bei Lamellengraphit. Vermiculargraphit führt zu Eigenschaften, die zwischen GJS und GJL liegen.

5.1–5 durch hohen Anteil an C und Si (siehe Maurer-Diagramm); durch langsame Abkühlung ab der A_{c1}-Temperatur

5.2–1 Eine kleine Wanddicke führt zu einer hohen Abkühlgeschwindigkeit, sodass ein perlitisches Grundgefüge zu erwarten ist. Große Bauteildicken begünstigen die Ferritbildung.

5.2–2 Graphitlamellen wirken wie innere Kerben, die bei einer Zugbelastung mehrachsige Zugspannungen im Kerbgrund hervorrufen. Diese behindern die plastische Verformung.

5.2–3 durch Art, Anteil und Korngröße des Grundgefüges (Ferrit, Ferrit-Perlit, Perlit), durch Größe und Verteilung des Graphits

5.2–4 Erhöhen der Verschleißbeständigkeit

5.2–5 z. B. günstig in der Herstellung, gutes Formfüllungsvermögen, geringe Schwindung/Schrumpfung bei der Erstarrung/Abkühlung, schwingungsdämpfend, gute Spanbarkeit, gute Wärmeleitfähigkeit

5.3–1 höhere Festigkeit und Dauerfestigkeit bei gleichzeitig deutlich verbesserter Zähigkeit

5.3–2 Versprödend wirkender Phosphor und Schwefel würde die gewünschte Zähigkeit verschlechtern. Die Zugabe von Mg, das zur Einformung des Graphits zu Kugeln benötigt wird, erfordert eine ausgiebige Entschwefelung. Zu hohe Mn-Gehalte führen zur Zementitbildung.

5.3–3 über die Art des Grundgefüges (kann über Wärmebehandlung gesteuert werden), über Anteil Größe und Verteilung der Graphitkugeln

5.3–4 gleiche oder höhere Festigkeit bei deutlich verbesserter Zähigkeit

5.4–1 endformnahe Herstellung von komplizierten Geometrien bereits durch Vergießen

5.4–2 um das grobkörnige und spröde Widmannstätten-Gefüge zu beseitigen, Seigerungen abzubauen, das Ausdiffundieren von versprödend wirkendem Wasserstoff zu begünstigen und um Eigenspannungen abzubauen

5.4–3 Wärmebehandlung von Temperguss; führt zum Zerfall von metastabilem Fe_3C zu Austenit und Graphit; Austenit wird bei der anschließenden Abkühlung je nach Abkühlgeschwindigkeit zu Ferrit, Perlit oder Ferrit-Perlit umgewandelt.

5.4–4 durch den hohen Anteil an ledeburitischen Carbiden

5.4–5 besser vergießbar, höhere thermische Leitfähigkeit, niedrigere Wärmedehnung, höhere Wärmeleitfähigkeit, bessere Schwingungsdämpfung

6.1–1 Roheisen ist Eisen mit hohen Anteilen an den stahlbegleitenden Elementen Kohlenstoff ($\approx 4 \ldots 5\,\%$), Silicium, Mangan, Schwefel und Phosphor. Roheisen wird im Hochofen erzeugt und wäre im erstarrten Zustand nicht schmiedbar. Deshalb wird Roheisen in einem sauerstoffblasenden Konverter zu Stahl weiterverarbeitet.

6.1–2 Frischen führt zur Beseitigung der stahlbegleitenden Elemente aus dem Roheisen. Die dabei entstehenden Oxide sind entweder gasförmig und werden an die Atmosphäre abgegeben oder sie sind flüssig und schwimmen auf der Oberfläche des Rohstahls in der Schlacke.

6.1–3 Ein zu hoher Schwefelgehalt bewirkt eine Versprödung des Stahls und beeinflusst die Schweißbarkeit negativ.

6.1–4 Die Warmumformung bewirkt die definierte Formgebung eines Halbzeugs, bewirkt aber gleichzeitig die Zertrümmerung des grobkörnigen Gussgefüges. Die dadurch eingestellte Feinkörnigkeit des Gefüges verbessert die Festigkeit *und* die Zähigkeit des Stahls.

6.1–5 Nein, da der Grenzgehalt für legierte Stähle bei 1,65 % Mangan liegt.

6.1–6	Edelstähle weisen einen niedrigeren Phosphor- und Schwefelgehalt ($\leq$ 0,025 %) und einen besonders niedrigen Gehalt an nichtmetallischen Einschlüssen auf. Sie sprechen gleichmäßig auf eine Wärmebehandlung an und haben gegenüber Qualitätsstählen homogenere Eigenschaften.		
6.1–7	S235JR	S	Stahl für den Stahlbau
		235	Mindeststreckgrenze 235 MPa
		JR	Garantierte Schlagenergie 27 J bei 20 °C
	16MnCr5	16	0,16 % Kohlenstoff
		MnCr	Legierungselemente sind Mangan und Chrom
		5	Stahl enthält $5/4\,\% = 1{,}25\,\%$ Mangan und geringe Zusätze an Chrom
	42CrMo4+QT	42	0,42 % Kohlenstoff
		CrMo	Legierungselemente sind Chrom und Molybdän
		4	Stahl enthält $4/4\,\% = 1\,\%$ Chrom und geringe Zusätze an Molybdän
		+QT	Stahl wurde gehärtet und angelassen (vergütet)
	X6Cr13	X	Mindestens ein Legierungselement weist einen Gehalt $\geq$ 5 % auf.
		6	Der Kohlenstoffgehalt beträgt 0,06 %.
		Cr13	Der Chromanteil liegt bei 13 %.
	HS2-9-2-8	HS	Schnellarbeitsstahl (high speed steel)
		2	2 % Wolfram
		9	9 % Molybdän
		2	2 % Vanadium
		8	8 % Cobalt

6.1–8 Das Werkstoffnummernsystem erlaubt eine einfache Erfassung und Verarbeitung bei der computergestützten Bestellung und Lagerüberwachung von Stahlwerkstoffen.

6.2–1 Normalisierend gewalzte Baustähle sind uneingeschränkt schweißgeeignet und haben eine deutlich verbesserte Tieftemperaturzähigkeit gegenüber herkömmlichen warmgewalzten Baustählen.

6.2–2 Die Schweißeignung eines Baustahls hängt in erster Linie vom Kohlenstoffgehalt und dem Anteil der Legierungs- und Begleitelemente ab.

6.2–3 Für die statische Auslegung eines Tragwerks ist die Streckgrenze R_e des Werkstoffs entscheidend, da eine plastische Verformung der Konstruktion ausgeschlossen werden muss.

6.2–4 Warmgewalzte Baustähle oder Feinkornbaustähle haben ein gleichgewichtsnahes ferritisch-perlitisches Gefüge. Vergütete Baustähle, die eine erheblich höhere Härte besitzen, weisen ein Vergütungsgefüge (angelassener Martensit oder Martensit + Bainit) auf.

6.2–5 Wetterfeste Baustähle sind nicht korrosionsfrei. Im Vergleich zu herkömmlichen Baustählen ist nur die Korrosionsgeschwindigkeit erheblich geringer.

6.2–6 Im Vergleich zu randschichtgehärteten Stählen sind Oberflächenhärte und die Verschleißbeständigkeit höher.
Im Vergleich zum Nitrieren ist die Dauer der Wärmebehandlung deutlich geringer. Der Härtegradient ist nicht so steil, wie bei nitrierten Randschichten.
Das Einsatzhärten führt zu enormen Druckeigenspannungen an der Oberfläche. Diese verbessern die Dauerfestigkeit der Bauteile.

6.2–7 Metall-Stickstoff-Verbindungen

6.2–8 Legierte Vergütungsstähle härten deutlich tiefer ein. Das führt bei dickwandigen Bauteilen zu einer größeren Kernfestigkeit.

6.2–9 Die nitrierten Randschichten neigen unter schlagartiger Beanspruchung zum Abplatzen.

6.2–10 Diese Stähle bilden auf der Oberfläche eine dünne, festhaftende Oxidschicht (Passivierung), die den Ladungsträgertransport (Metall-Ionen- und Elektronenaustausch) sehr stark behindert.

6.2–11 Das Gitter des Austenits ist kubisch-flächenzentriert und besitzt sehr viele gleichwertige aktivierbare Gleitsysteme. Damit gibt es für die Versetzungen sehr viele Möglichkeiten sich zu bewegen. Versetzungsbewegung ist aber die Voraussetzung, um örtliche Spannungsspitzen durch plastische Verformung abzubauen.

6.2–12 Bei Querschnitten über 5 mm härten diese Stähle nicht mehr durch. Es bilden sich dann im Kern bei der Abkühlung gleichgewichtsnähere Gefüge aus, die eine höhere Zähigkeit aufweisen.

6.2–13 Das Sekundärhärtemaximum ist auf die Ausscheidung von feinstverteilten Sondercarbiden zurückzuführen, die sich erst in der vierten Anlassstufe bilden.

6.2–14 Schnellarbeitsstähle besitzen gegenüber den Warmarbeitsstählen einen höheren Anteil an Kohlenstoff und mehr sondercarbidbildende Elemente.

6.2–15 In erster Linie ist es die Teilchenverfestigung durch Sondercarbide.

7.2–1 geringe Dichte, gute Korrosionsbeständigkeit, gut legierbar, sehr gut umformbar, hohe elektrische Leitfähigkeit, polierbar, verfestigend bei Umformung

7.2–2 Ja, unter Schutzgas oder mit Flussmittel (Oxidbildung muss vermieden werden)

7.2–3 chemische Beständigkeit, Deckschichtbildung (Passivierung)

7.2–4 *Gussgefüge* („Primärgefüge"); meist grob, spitznadelig, wenig zäh
Knetgefüge („Sekundärgefüge", rekristallisiertes Gefüge): rundliche Kristallite, fest und zäh, gut umformbar,
Unterscheidung gilt für alle metallischen Werkstoffe;
Gusslegierungen: gut geeignet zur Herstellung von Gussteilen;
Knetlegierungen: Halbzeuge zur Weiterverarbeitung

7.2–5

Festigkeit, Härte	Aushärtbarkeit
Wärmedehnzahl	Korngröße (Veredeln)
Leitfähigkeit	usw.
chem. Beständigkeit	
Umformbarkeit	

7.2–6 „Veredeln" wird bei Al-Gusslegierungen zur Erhöhung der Festigkeit durchgeführt (z. B. mit Na); ein „Impfen" der Schmelze führt zu Feinkornbildung

7.2–7 240 bis 300 °C

7.2–8
- Mischkristall mit temperaturabhängiger (fallender) Löslichkeit
- Intermetallische Verbindung bei Gleichgewicht
- Elemente, die Vorgang begünstigen und Ergebnis stabilisieren (z. B. Mg)

7.2–9 Legieren, Kaltumformen, Vergüten, Aushärten

7.2–10

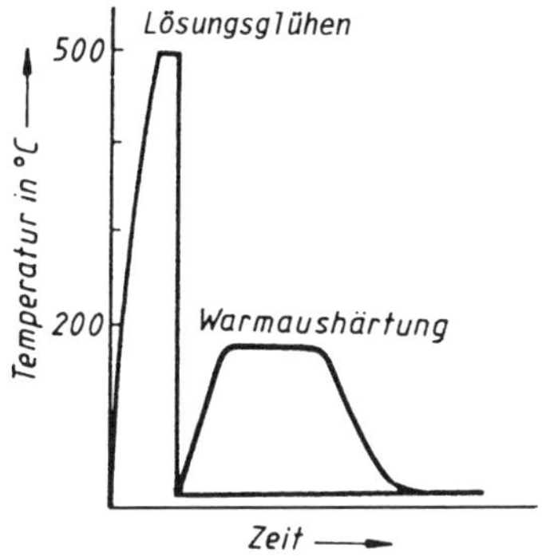

Für Teile aus AlMgSi gilt:
1. Lösungsglühen bei etwa 530 °C
2. Abschrecken auf Raumtemperatur
3. Erwärmen auf etwa 180 °C, es erfolgt die Aushärtung

7.3–1
- gute Leitfähigkeit für Wärme und Elektrizität
- chemische Beständigkeit
- hervorragend umformbar
- schlecht gießbar
- bedingt schweißbar

7.3–2 Sauerstofffreies Kupfer verwenden; Glühen und Schweißen nur unter Schutzgas durchführen

7.3–3 Kupfer besitzt kfz-Gitter, diese Kristallstruktur hat viele Gleitsysteme (Gleitebenen und -richtungen), daher gut umformbar

7.3–4 Kupferlegierungen mit bis zu 45 % Zn und 3 % Pb

7.3–5 Kupfer-Zink-Legierung mit 40 % Zn, Mn- und Pb-haltig

7.3–6 zunehmender Zinkanteil vermindert die Gießtemperatur; gut gießbar

7.3–7 Der große Temperaturbereich bei der Erstarrung fördert die Ausbildung von Zonenmischkristallen
7.3–8 Federwerkstoffe, Bronzen für verschleißbeanspruchte sowie korrosionsgefährdete Teile
7.3–9 Kupfer-Zinn-Legierung mit 12 % Sn (Zinnbronze), Schleuderguss

7.4–1 Gitterstruktur hdP
7.4–2 niedrige Dichte

7.5–1 Titan ist mechanisch, thermisch und chemisch außergewöhnlich hoch beanspruchbar
7.5–2 chemische Industrie, Luft- und Raumfahrtindustrie
7.5–3 es sind Streckgrenzen bis über 1 000 N/mm^2 erreichbar

8.1–1 Gießen: Metall bzw. Legierung flüssig, wird in eine Form gegossen und erstarrt zu kompaktem Körper
Sintern: Feststoffpulver bzw. -gemisch wird verdichtet und durch eine Wärmebehandlung zu einem mehr oder weniger porösen Körper „zusammengebacken" (Sintern = „Brennen")
8.1–2 hoher Pressdruck bewirkt (bereits vor dem Sintern) hohe Dichte; Pulverkörner haften schon gut aneinander
8.1–3 durch die Verringerung des Porenvolumens

8.2–1 Notlaufeigenschaften („Selbstschmierung" der Lager, indem Öl aus den Poren auf die Gleitflächen abgegeben wird) vorteilhaft
8.2–2 durch die Carbide WC, TaC, TiC
8.2–3 Hartstoffe sind Oxide (z. B. SiO_2, Al_2O_3), Carbide (z. B. WC, TaC, TiC) und Nitride (z. B. CBN); sie sind sehr hart und schmelzen bei hohen Temperaturen
8.2–4 Schneidkeramik, Fadenführungselemente, Ziehsteine

9.1–1 Streben nach Rückkehr in den energieärmeren (thermodynamisch stabileren) Zustand
9.1–2 trockene Gase, Schmelzen, organische Substanzen
9.1–3 Si, Cr, Al
9.1–4 Auflösung, Quellung, Rissbildung z. B. durch organische Lösungsmittel
9.1–5 ein galvanisches Element aus Anode, Katode, Ionenstrom im Elektrolyten und Elektronenstrom im Metall
9.1–6 *Wasserstoffkorrosion*: in sauren Elektrolyten, H^+ wird reduziert;
Sauerstoffkorrosion: in neutralen Elektrolyten: O_2 wird reduziert
9.1–7 $1/2\,O_2 + H_2O + 2e^- \rightarrow 2OH^-$
9.1–8 Ursache ist die Passivierung (es bildet sich eine Schutzschicht aus)
9.1–9 Korrosionselement auf kleinstem Raum; z. B. zwei verschiedene Mischkristallarten plus Elektrolyt

9.2–1 siehe Bilder 9.2–2, 9.2–3 und 9.2–6
9.2–2 durch unterschiedliche Sauerstoffkonzentration kann sich ein Belüftungselement ausbilden; durch Kapillarwirkung wird Elektrolyt lange festgehalten (starke örtliche Korrosion)
9.2–3 die Korrosion beim Kontakt verschiedener Metalle (das unedlere Metall löst sich auf)
9.2–4
- un- und niedriglegierte Stähle plus Alkalilaugen bei hoher Temperatur
- austenitische nichtrostende Standardstähle plus chloridhaltige Lösungen
- CuZn-Legierungen plus Ammoniak

9.2–5 wenig Korrosionsprodukte (schwer erkennbar), plötzliches Versagen (Gewaltbruch) möglich
9.2–6 *Erosionskorrosion:* Abtrag von Schutzschichten durch schnell strömende Medien (evtl. zusätzlich mit abrasiven Partikeln);
Kavitationskorrosion: Schädigung der Oberfläche als Folge der Kavitation (implodierende Gasblasen)
9.2–7 keine Dauerfestigkeit mehr vorhanden, nur noch „Korrosionszeitfestigkeit"

9.3–1 *aktiver Korrosionsschutz:* Eingriff in die Reaktion durch Änderung der Bedingungen, des Werkstoffs oder des Mediums
passiver Korrosionsschutz: Trennschicht schaffen zwischen Elektrolyt und Metalloberfläche und dadurch die Reaktion verhindern (Beschichten)

9.3–2 *KKS mit Opferanoden:* Verbinden des zu schützenden Metalls mit einem unedleren Metall; dieses liefert die Elektronen für die Katodenreaktion;
KKS mit Fremdstrom: Verbinden des zu schützenden Metalls mit dem Minuspol einer Gleichstromquelle; diese liefert die Elektronen für die Katodenreaktion

9.3–3 reaktionshemmende Zusätze zum Elektrolyten

9.3–4 Pigmente, Bindemittel, Lösungsmittel, Zusatzstoffe

9.3–5 *Schleuderverfahren:* Kunststoffpulverteichen werden auf die erwärmte Oberfläche geschleudert und schmelzen dort auf;
Elektrostatisches Pulverspritzen: Pulverteilchen und Werkstück werden gegensinnig elektrostatisch aufgeladen, Pulver wird vom Werkstück angezogen und bleibt haften

9.3–6 100 %ige Rohstoffausnutzung, umweltfreundlich, hochwertige Beschichtungen

9.3–7 *Schmelztauchen:* Eintauchen des Bauteils in eine Schmelze des Überzugsmetalls;
Galvanisieren: Elektrochemische Abscheidung des Überzugsmetalls aus einem Elektrolyten, Werkstück als Katode geschaltet

9.3–8 Eintauchen von Stahlteilen in eine Zinkschmelze; Schichtdicken von 120 ... 150 µm

9.3–9 an Poren oder Oberflächenverletzungen würde sich ein Lokalelement ausbilden und der (unedlere) Stahl verstärkt angegriffen (Kontaktkorrosion)

10.1–1 Kunststoffe sind hochmolekulare organische Werkstoffe, die aus Makromolekülen aufgebaut sind. Die Makromoleküle entstehen durch chemische Verkettungsreaktionen von Monomeren (niedermolekulare Verbindungen). Sie werden in die drei Hauptgruppen Thermoplaste, Elastomere und Duroplaste eingeteilt.

10.1–2 Ein Monomer ist eine niedermolekulare organische Verbindung, ist also, im Gegensatz zu Polymeren, ein kurzkettige Verbindung (in der Regel kurzkettige Kohlenstoff-, meist Kohlenwasserstoffverbindung).

10.1–3 Polymerisation, Polyaddition, Polykondensation

10.1–4 Bei Copolymeren sind die Makromoleküle aus unterschiedlichen Monomeren hergestellt. Die Polymerblends, auch Kunststofflegierungen, bestehen aus unterschiedlichen Arten von Polymeren, sind demzufolge aus unterschiedlichen Makromolekülen zusammengesetzt.

10.1–5 Duroplastische Kunststoffe sind über Hauptvalenzbindungen sehr stark räumlich vernetzt. Sie sind deshalb sehr fest, spröd und nicht schmelzbar.
Thermoplastische Kunststoffe sind unvernetzt. Der Zusammenhalt der Makromoleküle wird durch mechanische Verschlaufungen und durch Nebenvalenzbindungen (z. B. Dipolkräfte) erreicht. Die Nebenvalenzbindungen können oberhalb der Glasübergangstemperatur T_g gelöst werden. Bei $T > T_g$ sind Thermoplaste zäh und reagieren auf eine Spannung überwiegend viskoelastisch. Thermoplaste sind schmelzbar.

10.1–6 Ein Vernetzungsknoten ist eine Hauptvalenzbindung zwischen den Makromolekülen. Er hat die räumliche Vernetzung zur Folge.

10.1–7 Ein teilkristalliner Thermoplast ist ein Kunststoff, der aus fadenartigen Makromolekülen besteht. Die Makromoleküle ordnen sich ganz definiert und regelmäßig an. Es entsteht, wie bei Kristallen, eine bestimmte geometrische Abfolge von Molekülen. Die regelmäßige Anordnung beruht auf der Ausbildung von Ladungsschwerpunkten. Neben den kristallinen Bereichen liegen im Kunststoff aber immer auch ungeordnete teilkristalline Bereiche vor.

10.1–8 Hilfs- und Zusatzstoffe verbessern die Verarbeitungs- und Gebrauchseigenschaften von Kunststoffen oder machen bestimmte Erzeugnisformen erst möglich. Zu den Hilfs- und Zusatzstoffen gehören die Weichmacher (Vermindern der Glasübergangstemperatur), Füll- und Verstärkungsstoffe (Festigkeitssteigerung, ökonomische Gründe), Treibmittel (Herstellung von Schaumstoffen), Farbstoffe (dekorative Gründe), Antistatika (Vermeidung von statischer Aufladung) und Stabilisatoren (Verbesserung der UV-Beständigkeit).

10.2–1 Bei der Glasübergangstemperatur kommt es zu einem Übergang von energieelastischer Verformung zur visko- bzw. entropieelastischen Verformung. Obwohl bei den Kunststoffarten erhebliche Unterschiede bestehen, kann bei allen Kunststoffen bei Temperaturen oberhalb der Glasübergangstemperatur eine Verminderung der Festigkeit und ein Anstieg der Dehnung festgestellt werden.

10.2–2 Duroplaste sind fest und spröd, weil die räumliche Vernetzung über Hauptvalenzbindungen kein Abgleiten der Moleküle zulässt.

10.2–3 Amorphe Thermoplaste sind oberhalb der Glasübergangstemperatur überwiegend viskoelastisch. Sie sind zäh, haben eine deutlich niedrigere Festigkeit und einen kleineren Elastizitätsmodul als bei $T > T_g$.

10.2–4 Unter Viskoelastizität wird eine zeitabhängige reversible Verformung verstanden. Wird ein Bauteil/eine Probe belastet, so steigt bei gleich bleibender Last die Dehnung allmählich an. Bei Entlastung geht der Körper nicht sofort, sondern auch erst nach einer gewissen Zeit in seine Ausgangslage zurück.

10.2–5 Die Ursache für dieses viskoelastische Materialverhalten liegt in örtlich unterschiedlich großen zwischenmolekularen Bindungskräften, die vom Molekülabstand abhängen. Der Molekülabstand kann durch Eigenbewegung der Moleküle (ab T_g verstärkt möglich) verändert werden, sodass der Widerstand, den die Nebenvalenzbindung der Verformung entgegensetzt, zeitlich veränderlich ist.

10.2–6 Da bei Duroplasten die räumliche Vernetzung ein Abgleiten der Moleküle verhindert, ist die Viskoelastizität weniger stark ausgeprägt als bei Thermoplasten.

10.3–1 Welcher technologische Ablauf ist erforderlich, wenn man aus Thermoplasten Formteile herstellen möchte?

1. Plastifizieren des Thermoplasts durch Temperaturerhöhung über die Schmelztemperatur
2. Formfüllen mit plastifiziertem Thermoplast unter Berücksichtigung der Viskoplastizität (Form wird zeitverzögert gefüllt)
3. Abkühlen des Thermoplasts in der Form, bis Formstabilität erreicht ist, bei amorphen Thermoplasten bis $T < T_g$, bei teilkristallinen kann die Entnahme schon bei Temperaturen über T_g erfolgen

10.3–2 Nach der Vernetzung kann ein Duroplast nicht mehr aufgeschmolzen werden.

10.3–3 Bei der spangebenden Formgebung von Thermoplasten entsteht durch Reibung sehr viel Wärme. Da Thermoplaste eine schlechte Wärmeleitfähigkeit besitzen, kommt es zu örtlich sehr hohen Temperaturen. Das kann zum Aufschmelzen des Kunststoffs führen, die Form verändern und damit den Verlust der Gebrauchseigenschaften zur Folge haben.

11.1–1 Verbundwerkstoffe sind Werkstoffe, die aus mindestens zwei anderen Werkstoffen (Matrix und Verstärkungsphase) zusammengefügt wurden. Diese beiden Phasen gehören zur gleichen oder zu verschiedenen Werkstoffhauptgruppen.

11.1–2 Verbundwerkstoffe sind makroskopisch homogen und mikroskopisch heterogen. Werkstoffverbunde sind makroskopisch heterogen und mikroskopisch homogen.

11.1–3 Die Matrix ist die Grundsubstanz, in die ein anderer Stoff (Verstärkungskomponente) eingebettet ist. Sie ist die umgebende, umhüllende bzw. kontinuierliche Phase. Die Verstärkungsphase ist chemisch und/oder physikalisch voneinander durch die Matrix getrennt. Sie ist die verteilte, nicht zusammenhängende, dispergierte Phase.

11.1–4 Kurzfaser-, Langfaser-, Teilchen-, Schicht-, Durchdringungsverbundwerkstoff

11.1–5 Bei aushärtbaren Legierungen werden die Teilchen bedingt durch nachlassende Löslichkeit aus Mischkristallen ausgeschieden. Teilchen und Matrix werden also nicht durch mechanisches oder thermisches Fügen verbunden.

11.1–6 Der Einsatz von teuren Verbundwerkstoffen ist dann gerechtfertigt, wenn die Eigenschaften gegenüber dem Matrixwerkstoff entscheidend verbessert wurden oder eine gewünschte Eigenschaftskombination erreicht wird, die die Einzelkomponente (Matrix und Verstärkungskomponente) nicht aufweist.

11.1–7 höhere Festigkeit, höhere Steifigkeit bei niedriger Dichte

11.2–1 Die Teilchen behindern die Versetzungsbewegung. Versetzungen müssen die Teilchen schneiden oder umgehen. Risse werden abgelenkt, verzweigen sich an den Teilchen oder werden durch eine Phasenumwandlung zugedrückt.

11.2–2 Risse wachsen normalerweise in der Ebene der größten Normalspannung. Wird der Riss durch ein Teilchen abgelenkt, befindet er sich automatisch in einer Ebene mit niedrigerer Normalspannung. Wird an der Rissspitze ein kritischer Normalspannungswert nicht mehr erreicht, kommt der Riss zum Stillstand.

11.2–3 Die Teilchen müssen fest und ausreichend zäh sein. Sie sollten klein und homogen verteilt sein. Sie sollten allseitig von Matrix umgeben sein. Die Haftung zwischen Teilchen und Matrix muss gut sein, aber die Teilchen sollten möglichst nicht in der Matrix löslich sein.

11.2–4 Die Packungsdichte in der metastabilen tetragonalen Phase des ZrO_2 ist größer als in der stabilen monoklinen Zustandsform.

11.2–5 Aufgrund der höheren Zähigkeit sind größere Schnittkräfte und ein höherer Materialabtrag (Spantiefe) möglich.

11.2–6 Fasern sind lange, dünne und biegbare bzw. flexible Gebilde mit einem Längen-Durchmesser-Verhältnis größer 100 : 1, einem Durchmesser oder einer Breite kleiner als 250 µm. Sie weisen eine sehr hohe Zugfestigkeit auf.

11.2–7 Ursache ist ein größerer Defektabstand in der Faser im Vergleich zum kompakten Material mit der gleichen chemischen Zusammensetzung (Faserparadoxon).

11.2–8 Erreichen von nahezu isotropen Eigenschaften

11.2–9 Vlies, Gelege, Gewebe, Geflecht, Gestrick

11.2–10 Fasern haben im Vergleich zu kompaktem Material einen sehr großen Defektabstand. Der Bruch der Faser erfolgt aber in der Regel an solchen Schwachstellen. Deshalb brechen die Faser in einem gewissen Abstand zum Matrixriss und müssen erst aus der Matrix gezogen werden. Dabei muss die Reibung zwischen Matrix und Fasern überwunden werden. Die Kraft zur entgültigen Materialtrennung fällt deshalb nur langsam und allmählich in Stufen ab (Pull-out-Effekt).

12.1–1 Sprödbrüche breiten sich sehr schnell aus (etwa Schallgeschwindigkeit). Das Versagen deutet sich nicht mit einer plastischen Verformung an.

12.1–2 Beispiele für das kombinierte Wirken mehrerer Beanspruchungen:

- Spannungsrisskorrosion (mechanische und korrosive Beanspruchung)
- Versprödung von Kunststoffen unter starker Sonneneinstrahlung (mechanische Beanspruchung und UV-Strahlung)
- Versprödung von ferritisch-perlitischen Stählen mit sinkender Temperatur (thermische und mechanische Beanspruchung)

12.2–1 Bei beiden Proben ist im Gebiet der Einschnürung mit der gleichen Verlängerung zu rechnen. Da aber die Ausgangslängen L_0 unterschiedlich sind, hat die lokal begrenzte Verlängerung im Gebiet der Einschnürung bei kürzeren Proben einen stärkeren Einfluss auf die Bruchdehnung.

12.2–2 R_e ist die Streckgrenze. Sie kennzeichnet den Übergang vom elastischen zum plastischen Werkstoffverhalten. $R_{p0,2}$ ist die Dehngrenze bei einer vorgegebenen plastischen Dehnung von 0,2 % (Dehngrenze bei plastischer Extensometerdehnung von $e = 0{,}2\,\%$). Der Werkstoff ist also bereits um einen kleinen Betrag bleibend verformt.

12.2–3 Der Elastizitätsmodul E charakterisiert den Anstieg der Hooke'schen Geraden. Er ist ein Maß für die Steifigkeit eines Werkstoffs. Im Bereich der elastischen Verformung entspricht er dem Verhältnis von Spannung zur Dehnung $E = \Delta\sigma/\Delta e$. Er beträgt für ferritisch-perlitische Stähle 210 GPa.

12.2–4

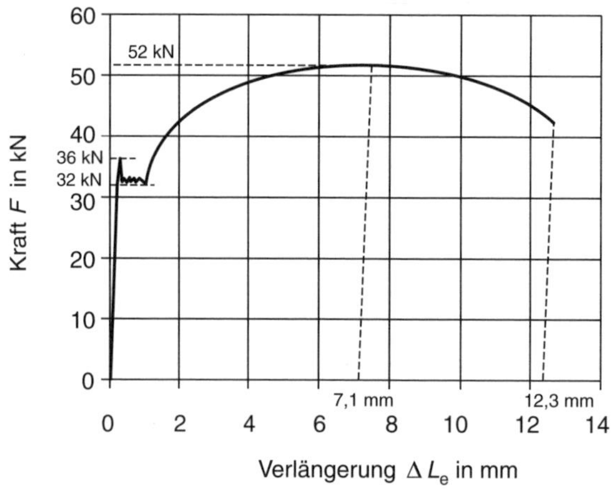

Anfangsquerschnitt: $S_0 = \frac{\pi}{4} {d_0}^2 = 78{,}54\,\text{mm}^2$

untere Streckgrenze: $R_{\text{eL}} = \frac{32\,000\,\text{N}}{78{,}54\,\text{mm}^2} = 407\,\text{MPa}$

obere Streckgrenze: $R_{\text{eH}} = \frac{36\,000\,\text{N}}{78{,}54\,\text{mm}^2} = 458\,\text{MPa}$

Zugfestigkeit: $R_\text{m} = \frac{52\,000\,\text{N}}{78{,}54\,\text{mm}^2} = 662\,\text{MPa}$

Achten Sie darauf, dass bei der Bestimmung der Gleichmaß- und Bruchdehnung die Hooke'sche Gerade parallel zu verschieben ist!

Gleichmaßdehnung: $A_\text{g} = \frac{7{,}1\,\text{mm}}{50\,\text{mm}} \cdot 100\,\% = 14{,}2\,\%$

Bruchdehnung: $A = \frac{12{,}3\,\text{mm}}{50\,\text{mm}} \cdot 100\,\% = 24{,}6\,\%$

12.2–5 Die Bruchdehnung einer Probe mit einer Probenlänge von $L_0 = 11{,}3 \cdot \sqrt{S_0} = 10 \cdot d_0$ beträgt $A_{11,3} = 25\,\%$.

12.2–6 Da bei der wahren Spannung die momentane Kraft auf den momentanen Querschnitt bezogen wird und dieser mit zunehmender Dehnung stetig abnimmt, liegt beim Zugversuch die wahre Spannung σ über der technischen Spannung R.

12.2–7 Härte ist der Widerstand, den ein Werkstoff dem Eindringen eines anderen (härteren) Körpers entgegensetzt.

12.2–8 Eindringkörper ist eine Kugel, die sich plastisch verformen würde. Die Tiefe des Eindruckes ist zu gering, sodass die Kanten des Eindruckes nicht deutlich erkennbar wären.

12.2–9 mit dem Härtemessverfahren nach Vickers im Kleinkraftbereich

12.2–10 HRC unterscheidet sich im verwendeten Eindringkörper (Diamantpyramide), der Prüfkraft und der Auswertung. Im Gegensatz zu den anderen beiden Verfahren wird nicht die Oberfläche des Härteeindruckes bestimmt, sondern die Eindringtiefe des Prüfkörpers. Sie ist proportional zur Härte.

12.2–11 Der Werkstoff ist gering plastisch verformbar sowie bruchempfindlich, besonders bei schlagartiger Beanspruchung.

12.2–12 Es treten Spannungsspitzen auf; Riss- und damit Bruchgefahr!

12.2–13 Die Bruchmechanik gibt Auskunft über die Belastung, die ein rissbehaftetes Bauteil erträgt, ohne zu versagen bzw. erlaubt einen Rückschluss auf die kritische Fehlergröße.

12.2–14 Der Kerbschlagbiegeversuch gibt Auskunft über die Sprödbruchneigung eines Werkstoffes. In Verbindung mit unterschiedlichen Prüftemperaturen (Temperaturkonzept) lassen sich mögliche Einsatztemperaturen für den Werkstoff festlegen.

12.2–15 LEBM: spröde Werkstoffe, die sich nicht oder nur sehr wenig an der Rissspitze verformen. FBM: zähe, gut verformbare Werkstoffe, die Spannungsspitzen an der Rissspitze durch plastische Verformung abbauen können.

12.2–16 Anriss, Ermüdungsbruchfläche (Rastlinien), Restbruchfläche (Gewaltbruch)

12.2–17 durch schwingende bzw. wechselnde Beanspruchung; Kerben

12.2–18 Ermüdung

12.2–19 z. B. bei Achsen, Wellen, Zahnrädern

12.2–20 für die vorliegende Beanspruchungsart: Dauerschwingfestigkeit in Abhängigkeit einer vorgegebenen Mittelspannung (σ_A, σ_W, σ_{Sch}) und die statische Kenngröße Fließgrenze (Streckgrenze)

12.3–1 Teile sind ohne Beeinträchtigung weiter bearbeitbar, Prüfprozess lässt sich vielfach ohne zusätzlichen Aufwand eingliedern und automatisieren; zeitsparend

12.3–2 Die Strahlungsquellen sind verschieden, Gammastrahlen sind kurzwelliger (härter).

12.3–3 Hohlräume sind dunkler, Schlackeneinschlüsse heller, geschwächte Strahlung schwärzt Röntgenfilm weniger.

12.3–4 Der Schall wird im Festkörper nur wenig geschwächt.

12.3–5 Solche Fehler reflektieren die Schallwelle nicht. Eine Schallung in 45°-Richtung ist erforderlich.

12.3–6 An Fehlstellen (Rissen) tritt das Magnetfeld als Streufeld auf; ferromagnetische Pulverteilchen werden angezogen („Raupen“ bilden sich)

12.3–7 durch kombinierte Quer- und Längsdurchflutung der Wellen (Jochmagnetisierung und Selbstdurchflutung)

12.4–1 Sie ermöglichen Gefügebeurteilung, Qualitätssicherung in der Fertigung, Aufklärung von Schadensfällen.

12.4–2 Probenentnahme, Einfassen der Probe, Ebnen (Schleifen), Glätten (Polieren), Reinigen und Trocknen, Kontrastieren (z. B. Ätzen)

12.4–3 Abbildung von feinsten Gefügebestandteilen, die mit dem Lichtmikroskop nicht mehr auflösbar sind; Untersuchung von Bruchflächen (hohe Tiefenschärfe; Abbildung von feinsten Kristallgitterfehlern (Versetzungen, Ausscheidungen, Phasengrenzflächen)

Lösungen der Testaufgaben

Zu Kapitel 1

1. B C D
2. B D
3. C D
4. B D E
5. C E
6. A C
7. A C E
8. B C D
9. B C E
10. A D E
11. B D E
12. B D E

Zu Kapitel 2

1. A AuCu, $AuCu_3$, Fe_3Al, FeCo, Ni_3Fe
   B Cu-Ni, γ-Fe-Ni, Ag-Au, Au-Pt, Co-Ni, Al-Cu
   C Cu-Ag, Cu-Zn, Ni-Ag
   D WC, W_2C, Mo_2C, VC, TiC, TiN, Mo_2N, Fe_4N, Mg_2Pb, Mg_2Cu, Al_2Cu
2. B D
3. B C E
4. B D E

Zu Kapitel 3

1. A C E
2. B C E
3. A gelöst (Mischkristall)
   B gebunden (intermetallische Phase)
   C frei (reiner C)
4. A C E
5. A 0,02 % (fast reines Fe)
   B 2,06 % (ca. 100fach)
   C 6,67 % (mehr als 300fach)
   D unbegrenzt
6. A Ferrit + Perlit
   B Perlit (Eutektoid)
   C Perlit + Sekundärzementit
   D Perlit + Ledeburit + Sekundärzementit
   E Ledeburit (Eutektikum)
   F Primärzementit + Ledeburit
7. B C E
8. A Primärzementit, B Sekundärzementit } Eisencarbid Fe_3C

Zu Kapitel 4

1. B C E
2. A C D
3. B C D
4. A C E
5. A Diffusionsglühen (Homogenisierungsglühen)
   B Normalisieren
   C Rekristallisationsglühen
   D Spannungsarmglühen
6. A Anwärmen (Vorwärmen)
   B Durchwärmen (Temperaturausgleich Rand/Kern)
   C Halten
   D Abkühlen
7. B C E
8. A C
9. B C E
10. A Einsatzhärten
    B Randschichthärteverfahren mit intensiv wirkender Wärmequelle (Flammhärten, Induktionshärten, Elektronenstrahlhärten, Laserstrahlhärten)
    C Nitrieren
11. B D
12. A Härte nach Brinell
    B kritische Abkühlgeschwindigkeit
    C Aufkohlungstiefe
    D Einsatzhärtetiefe
    E Hochtemperaturthermomechanische Behandlung
    F Zeit-Temperatur-Auflösung (-Diagramm)

Zu Kapitel 5

1. D
2. B
3. A C
4. A D E F
5. B C E

6. A Gusseisen mit Lamellengraphit
   B Gusseisen mit Kugelgraphit
   C schwarzer Temperguss
   D Stahlguss für den Maschinenbau
7. A C
8. B C E
9. C E
10. A B C

Zu Kapitel 6

1. B
2. C
3. 0,33 % C
   Legierungselemente sind Chrom, Molybdän, Vanadium
   enthält 12/4 % = 3 % Cr,
   9/10 % = 0,9 % Mo und Zusätze an V
4. Mindestens ein Legierungselement weist einen Anteil > 5 % auf (Stahl ist hochlegiert)
   0,15 % C
   Legierungselemente sind Chrom, Molybdän
   enthält 13 % Cr und Zusätze an Mo
5. B C E
6. A C E
7. A-4, B-9, C-6, D-8, E-7, F-5, G-1, H-2, I-3

Zu Kapitel 7

1. C
2. Fe, Al, Cu
3. A C E
4. B C E
5. A D E
6. A B D E
7. C
8. A C D
9. B
10. B D E
11. A C

Zu Kapitel 8

1. A C D
2. B C E
3. A C E
4. A C E

Zu Kapitel 9

1. B C E
2. D
3. B D
4. B D
5. B D
6. A B C D E

Zu Kapitel 10

1. B C D
2. A E
3. C
4. B
5. A B C D
6. D

Zu Kapitel 11

1. C
2. A B C D E
3. B
4. C E
5. C D
6. A B C
7. A D E
8. B C D

Zu Kapitel 12

1. A-K, B-I, C-L, D-M, E-G, F-H
2. C
3. B D
4. B
5. A C D E
6. B D F
7. A C E
8. C
9. B D
10. A C D

Weiterführende Literatur

Bargel/Schulze: Werkstoffkunde.Springer Verlag 2012
Bergmann: Werkstofftechnik. Teil 1, Teil 2. Carl Hanser Verlag 2013/2009
Blumenauer: Werkstoffprüfung. Wiley-VCH 2007
Blumenauer/Pusch: Technische Bruchmechanik Wiley-VCH 2003
Friedrich: Tabellenbuch Metall- und Maschinentechnik. Europa Lehrmittelverlag 2008
Grellmann/Seidler: Kunststoffprüfung. Carl Hanser Verlag 2011
Hellerich/Harsch/Baur: Werkstoff-Führer Kunststoffe. Carl Hanser Verlag 2010
Heine: Werkstoffprüfung. Fachbuchverlag Leipzig im Carl Hanser Verlag 2011
Hofmann/Spindler: Werkstoffe in der Elektrotechnik. Carl Hanser Verlag 2013
Hornbogen: Werkstoffe. Springer Verlag 2012
Kollenberg: Technische Keramik. Vulkan Verlag 2010
Menges: Werkstoffkunde Kunststoffe. Carl Hanser Verlag 2011
MerkelThomas: Taschenbuch der Werkstoffe. Fachbuchverlag Leipzig im Carl Hanser Verlag 2008
Riehle/Simmchen: Grundlagen der Werkstofftechnik. Wiley-VCH 2000
Reuter: Methodik der Werkstoffauswahl. Fachbuchverlag Leipzig im Carl Hanser Verlag 2014
Baur/Rudolph/Osswald (Hrsg): Saechtling Kunststoff-Taschenbuch. Carl Hanser Verlag 2013
Schatt/Worch/Pompe: Werkstoffwissenschaft. Wiley-VCH 2011
Schatt/Wieters/Kieback: Pulvermetallurgie/Technologie und Werkstoffe. Wiley-VCH 2007
Schumann/Oettel: Metallographie. Wiley-VCH 2011
Tietz: Technische Keramik. VDI Verlag 1994

Auskunfts- und Beratungsstellen

- Stahl-Zentrum
  Sohnstraße 65, 40237 Düsseldorf
  www.stahl-online.de
- Deutsches Kupferinstitut
  Am Bonneshof 5, 40474 Düsseldorf
  www.kupferinstitut.de
- Süddeutsches Kunststoff-Zentrum
  Frankfurter Straße 15–17, 97082 Würzburg
  www.skz.de
- IMA Materialforschung und Anwendungstechnik GmbH
  Technische Werkstoffinformation: Werkstoffdatenbanken und Informationssysteme,
  Werkstoffanwendungsberatung
  Postfach 80 01 44, D-01101 Dresden
  www.ima-dresden.de
- Dr. Sommer Werkstofftechnik GmbH
  Anwendungsinstitut zur Einsatzoptimierung von Werkstoffen, Verfahren,
  Wärmebehandlung
  Hellenthalstraße 2, D-47661 Issum-Sevelen
  www.werkstofftechnik.com

Sachwortverzeichnis

H

I

J

K